# 石油产品
# 行业标准汇编

## 2025

中国石油化工集团有限公司科技部◎编

中国石化出版社
·北京·

**图书在版编目(CIP)数据**

石油产品行业标准汇编. 2025 / 中国石油化工集团有限公司科技部编. -- 北京：中国石化出版社，2025. 9. -- ISBN 978-7-5114-8111-5

Ⅰ. TE626-65

中国国家版本馆 CIP 数据核字第 2025N56G27 号



**中国石化出版社出版发行**

地址:北京市东城区安定门外大街 58 号
邮编:100011 电话:(010)57512500
发行部电话:(010)57512575
http://www.sinopec-press.com
E-mail:press@sinopec.com
北京艾普海德印刷有限公司印刷
全国各地新华书店经销

*

880 毫米×1230 毫米 16 开本 60.75 印张 1845 千字
2025 年 9 月第 1 版　2025 年 9 月第 1 次印刷
定价:318.00 元

# 出版说明

《石油产品行业标准汇编 2020》出版至今已有 5 年多的时间。5 年以来，有些标准进行了复审修订，有些标准经过复审已废止，同时不断有新的标准发布实施。因此，产品的生产和销售企业、科研和教学单位以及产品的广大用户热切期盼出版新的标准汇编。为满足各方需求，中国石油化工集团有限公司科技部组织相关单位重新编辑出版了《石油产品行业标准汇编 2025》。

本标准汇编收录了截止 2025 年 6 月底发布的石油产品行标准共 164 项，编排方式按照产品专业分为九大类。为了便于查阅，每大类按照标准序号编排。本汇编全面系统地反映了石油产品行业标准的最新情况，可为使用者提供最新的产品标准信息。

本汇编收录的行业标准的属性已在目录上标明(SH、SH/T 或 NB/SH/T)，年代号用 4 位数字表示。鉴于部分行业标准是在标准清理整顿前出版的，现尚未修订，故正文部分仍保留原样；读者在使用这些行业标准时，其属性以目录上标明的为准。

本汇编包括的标准，由于出版的年代不同，其格式、计量单位及术语不尽相同。本次汇编只对原标准中技术内容上的错误及其他明显不当之处做了更正。

本汇编与《石油和石油产品试验方法行业标准汇编 2025》同时出版，后者分为 10 个分册，10 个分册的目录作为附录放在了本汇编的尾部，以方便读者检索和查阅。

本汇编经标准化技术归口单位审阅，如有疏漏之处，恳请指正。

中国石油化工集团有限公司科技部

2025 年 7 月

# 目　录

## 一、燃料



## 二、溶剂和化工原料



## 三、润滑油



## 四、润滑脂

## 五、石油蜡

## 六、石油沥青



## 七、油品应用

## 八、添加剂



## 九、其他

# 一、燃　　料

ICS 75.160
E 44

SH

# 中华人民共和国石油化工行业标准

**NB/SH/T 0527—2019**

代替 NB/SH/T 0527—2015

# 石油焦(生焦)

**Petroleum coke(Green coke)**

2019-12-30 发布　　2019-12-30 实施

国家能源局　发布

# 前　言

本标准按照 GB/T 1.1—2009 给出的规则起草。

本标准代替 NB/SH/T 0527—2015《石油焦（生焦）》。

本标准与 NB/SH/T 0527—2015 相比，主要技术变化参见资料性附录 C。

本标准由中国石油化工集团有限公司提出。

本标准由全国石油产品和润滑剂标准化技术委员会石油燃料和润滑剂分技术委员会（SAC/TC280/SC1）归口。

本标准起草单位：中国石油化工股份有限公司石油化工科学研究院、中国石化炼油销售有限公司、中国石油化工股份有限公司金陵分公司、中国石油天然气股份有限公司锦州石化公司、中国石油化工股份有限公司济南分公司、中国石油天然气股份有限公司兰州石化公司。

本标准主要起草人：陈丽卿、祝馨怡、王慧宇、申海平、王永邦、栾郭宏、孔春华、李丙庚、宋丹。

本标准所代替标准的历次版本发布情况为：

——ZB E 44002—1986、SH/T 0527—1992、NB/SH/T 0527—2015。

# 石油焦（生焦）

## 1 范围

本标准规定了石油加工过程中由焦化装置生产的石油焦（生焦）的产品分类、要求和试验方法、检验规则及标志、包装、运输和储存。

本标准适用于进口以及国内销售的石油焦（生焦）（不包括企业自产自用、异地调配的自用石油焦（生焦））。本标准包括普通石油焦（生焦）和石油针状焦（生焦）。普通石油焦（生焦）适用于作普通功率石墨电极、铝用炭素原料以及燃料等；石油针状焦（生焦）适用于作超高功率、高功率石墨电极以及锂离子电池负极材料原料等。

## 2 规范性引用文件

下列文件对于本文件的应用是必不可少的。凡是注日期的引用文件，仅注日期的版本适用于本文件。凡是不注日期的引用文件，其最新版本（包括所有的修改单）适用于本文件。

GB/T 211 煤中全水分的测定方法

GB/T 214—2007 煤中全硫的测定方法

GB/T 387 深色石油产品硫含量测定法（管式炉法）

GB/T 3074.4 石墨电极热膨胀系数（CTE）测定方法

GB/T 24528 炭素材料体积密度测定方法

GB/T 24533 锂离子电池石墨类负极材料

GB/T 25214 煤中全硫测定 红外光谱法

GB/T 30732 煤的工业分析方法 仪器法

GB/T 32158 煤系针状焦

SH/T 0026 石油焦挥发分测定法

SH/T 0029 石油焦灰分测定法

SH/T 0032 石油焦总水分测定法

SH/T 0033 石油焦真密度测定法

NB/SH/T 0164 石油及相关产品包装、储运及交货验收规则

SH/T 0172 石油产品硫含量测定法（高温法）

SH/T 0313—1992 石油焦检验法

NB/SH/T 0656 石油产品及润滑剂中碳、氢、氮的测定 元素分析仪法

SN/T 1829 石油焦炭中铝、钡、钙、铁、镁、锰、镍、硅、钠、钛、钒、锌含量测定 电感耦合等离子体原子发射光谱（ICP-AES）法

YB/T 5189 炭素材料挥发分的测定

YS/T 63.16 铝用炭素材料检测方法 第16部分：元素含量的测定 波长色散X射线荧光光谱分析方法

YS/T 587.5 炭阳极用煅后石油焦检测方法 第5部分：微量元素的测定

ASTM D5600 用电感耦合等离子原子发射光谱法分析石油焦中痕量金属含量的试验方法（ICP-AES）(Standard Test Method for Trace Metals in Petroleum Coke by Inductively Coupled Plasma Atomic Emission Spectrometry（ICP-AES））

## 3 产品分类

本标准产品包括普通石油焦（生焦）和石油针状焦（生焦）。

普通石油焦（生焦）按灰分和硫含量的大小及用途分为 1 号、2A、2B、2C、3A、3B、3C。普通石油焦（生焦）1 号主要适用于炼钢工业中制作普通功率石墨电极，也适用于炼铝工业中制作铝用炭素；2A、2B、2C 主要适用于炼铝工业中制作铝用炭素；3A、3B、3C 主要适用于制作碳化硅、工业硅、炼铝工业中制作铝用炭素等。

石油针状焦（生焦）按热膨胀系数和硫含量的大小分为 1 号、2 号和 3 号。1 号石油针状焦（生焦）主要适用于制作超高、高功率石墨电极；2 号、3 号石油针状焦（生焦）主要适用于制作高功率石墨电极。1 号、2 号石油针状焦（生焦）也可适用于制作锂离子电池负极材料。

## 4 要求和试验方法

普通石油焦（生焦）的技术要求和试验方法见表 1。

**表 1　普通石油焦（生焦）的技术要求和试验方法**

| 项　　目 | | 质量指标 | | | | | | | 试验方法 |
|---|---|---|---|---|---|---|---|---|---|
| | | 1 号 | 2A | 2B | 2C | 3A | 3B | 3C | |
| 硫含量[a]（质量分数）/% | 不大于 | 0.5 | 1.0 | 1.5 | 1.5 | 2.0 | 2.5 | 3.0 | GB/T 214—2007 中第 4 章 |
| 挥发分（质量分数）/% | 不大于 | 12.0 | 12.0 | 12.0 | 12.0 | 12.0 | 12.0 | 12.0 | SH/T 0026[b] |
| 灰分（质量分数）/% | 不大于 | 0.30 | 0.35 | 0.40 | 0.45 | 0.50 | 0.50 | 0.50 | SH/T 0029[c] |
| 总水分[d]（质量分数）/% | | 报告 | | | | | | | SH/T 0032、GB/T 211 |
| 真密度（煅烧 1300℃，5h）/（g/cm³） | 不小于 | 2.05 | — | — | — | — | — | — | SH/T 0033[e] |
| 粉焦量[f]（质量分数）/% | 不大于 | 35 | 报告 | 报告 | 报告 | — | — | — | 附录 A |
| 微量元素含量/（μg/g） | 不大于 | | | | | | | | YS/T 63.16[g] |
| 硅 | | 300 | 300 | 报告 | — | — | — | — | |
| 钒 | | 150 | 300 | 报告 | — | — | — | — | |
| 铁 | | 250 | 300 | 报告 | — | — | — | — | |
| 钙 | | 200 | 300 | 报告 | — | — | — | — | |
| 镍 | | 150 | 250 | 报告 | — | — | — | — | |
| 钠 | | 100 | 200 | 报告 | — | — | — | — | |
| 氮含量（质量分数）/% | | 报告 | — | — | — | — | — | — | NB/SH/T 0656 |

[a] 铝用炭素原料由石油焦生产企业与使用企业协商确定。试验方法也可采用 GB/T 387、GB/T 25214 和 SH/T 0172 方法测定，结果有争议时，以 GB/T 214—2007 中第 4 章为仲裁方法。

[b] 也可采用 GB/T 30732、YB/T 5189 方法测定，结果有争议时，以 SH/T 0026 为仲裁方法。

[c] 也可采用 GB/T 30732 方法测定，结果有争议时，以 SH/T 0029 为仲裁方法。

[d] 参照总水分，由供需双方协商确定扣水率。

[e] 也可采用 GB/T 32158、GB/T 24533 方法测定，结果有争议时，以 SH/T 0033 为仲裁方法。

[f] 用户对普通石油焦（生焦）有其他块粒大小的要求时，可与生产单位协商。

[g] 也可采用 ASTM D5600、YS/T 587.5 和 SN/T 1829 方法测定，结果有争议时，以 YS/T 63.16 为仲裁方法。

石油针状焦（生焦）的技术要求和试验方法见表2。

**表2　石油针状焦（生焦）的技术要求和试验方法**

| 项　　目 | | 质量指标 | | | 试验方法 |
|---|---|---|---|---|---|
| | | 1号 | 2号 | 3号 | |
| 硫含量（质量分数）/% | 不大于 | 0.4 | 0.5 | 0.5 | GB/T 214—2007 中第4章[a] |
| 挥发分（质量分数）/% | 不大于 | 6.00 | 8.00 | 10.0 | SH/T 0026[b] |
| 灰分（质量分数）/% | 不大于 | 0.10 | 0.25 | 0.30 | SH/T 0029[c] |
| 总水分[d]（质量分数）/% | 不大于 | 报告 | 报告 | 报告 | SH/T 0032 GB/T 211 |
| 真密度（煅烧1300℃，5h）/（$g/cm^3$） | 不小于 | 2.12 | 2.11 | 2.10 | SH/T 0033[e] |
| 粉焦量[f]（质量分数）/% | 不大于 | 35 | 报告 | 报告 | 附录A |
| 热膨胀系数（CTE）（室温~600℃）/（$10^{-6}$/℃） | 不大于 | 1.3 | 1.5 | 1.7 | GB/T 3074.4[g] |
| 微量元素含量/（μg/g） | 不大于 | | | | YS/T 63.16[h] |
| 硅 | | 100 | 报告 | 报告 | |
| 钒 | | 80 | 报告 | 报告 | |
| 铁 | | 150 | 报告 | 报告 | |
| 钙 | | 100 | 报告 | 报告 | |
| 镍 | | 100 | 报告 | 报告 | |
| 钠 | | 100 | 报告 | 报告 | |
| 氮含量（质量分数）/% | 不大于 | 0.5 | 0.6 | 报告 | NB/SH/T 0656 |

[a]也可采用GB/T 387、GB/T 25214和SH/T 0172方法测定，结果有争议时，以GB/T 214—2007中第4章为仲裁方法。

[b]也可采用GB/T 30732、YB/T 5189方法测定，结果有争议时，以SH/T 0026为仲裁方法。

[c]也可采用GB/T 30732方法测定，结果有争议时，以SH/T 0029为仲裁方法。

[d]参照总水分，由供需双方协商确定扣水率。

[e]也可采用GB/T 32158、GB/T 24533方法测定，结果有争议时，以SH/T 0033为仲裁方法。

[f]用户对石油针状焦（生焦）有其他块粒大小的要求时，可与生产单位协商。

[g]试样制备见附录B。

[h]也可采用ASTM D5600、YS/T 587.5和SN/T 1829方法测定，结果有争议时，以YS/T 63.16为仲裁方法。

## 5　检验规则

### 5.1　检验分类与检验项目

#### 5.1.1　出厂检验

出厂批次检验项目包括：硫含量、挥发分、灰分、总水分。

在原材料和生产工艺没有发生可能影响产品质量的变化时，1号普通石油焦（生焦）出厂周期检验项目包括：真密度、微量元素、氮含量、粉焦量3个月检测一次；2A、2B普通石油焦（生焦）周期检验项目包括：微量元素、粉焦量3个月检测一次；2C普通石油焦（生焦）周期检验项目包括：粉焦量3个月检测一次。石油针状焦（生焦）的出厂周期性检验项目包括：真密度、热膨胀系数、粉焦量，微量元素、氮含量3个月检测一次。

#### 5.1.2 型式检验

在下列情况下进行型式检验：

a）新产品投产或产品定型鉴定时；

b）原材料、生产工艺等发生较大变化，可能影响产品质量时；

c）出厂检验结果与上次型式检验结果有较大差异时。

### 5.2 组批

在原材料、生产工艺不变的条件下，按延迟焦化装置焦炭塔每一生产周期出焦量，也可按每个焦池或焦堆为一批次。

### 5.3 取样

按 SH/T 0313—1992 方法 A 的规定取样。

### 5.4 判定规则

出厂检验或型式检验结果符合表 1 或表 2 的技术要求，则判定该批产品合格。

### 5.5 复验规则

如出厂检验或型式检验结果中有不符合表 1 或表 2 技术要求的规定时，按 SH/T 0313—1992 方法 A 的规定自同批产品中重新抽取双倍量样品，对不符合项目进行复验，复验结果仍不符合技术要求时，则判定该批产品为不合格。

## 6 标志、包装、运输、储存

标志、包装、运输、储存及交货验收按 NB/SH/T 0164 进行。

# 附　录　A
## （规范性附录）
## 石油焦粉焦量测定法

### A.1　范围

**A.1.1**　本方法规定了石油焦中粉焦量的测定。

**A.1.2**　本方法适用于测定石油焦中的粉焦量，用质量分数表示。

### A.2　术语和定义

**A.2.1**　子样：用取样铲以相等间隔的时间在同一批焦化塔中取出的每份样品。

**A.2.2**　副样：在同一批焦化塔中取得的数份子样均匀混合的样品。

**A.2.3**　大样：将副样按缩分法而得的样品。

**A.2.4**　缩分：将样品分开或减少的过程。

### A.3　仪器设备

**A.3.1**　取样铲：能盛 2kg 样品的平铲。

**A.3.2**　装样袋：能装 10kg 样品的塑料袋或其他材料做成的口袋。

**A.3.3**　筛子：筛孔为 8mm 的水平面分样筛。

**A.3.4**　装样盘：能装入 4kg 样品使其厚度为 10mm 的搪瓷盘或塑料盘。

**A.3.5**　铁板（或木板）：干净的能平放和混合 10kg 样品。

**A.3.6**　台秤：感量为 1g。

### A.4　准备工作

#### A.4.1　取子样数

参照 SH/T 0313—1992 中 4.1.1 焦流中采样的规定，即用机械采样器或人工从焦流中采样时，应根据总焦量计算石油焦有效流过时间，并在该时间内等时间间隔采样。每批样的采样份数不能小于 5 份，试样总量不小于 10kg。

#### A.4.2　取子样的时间间隔

采样的间隔时间 $I$（h），按式（A.1）计算：

$$I=\frac{t}{n} \qquad (A.1)$$

式中：

$t$——出焦总时间，h；

$n$——采取子样的数目。

**A.5　试验步骤**

**A.5.1**　按计算出的采样间隔时间，对同一批焦化塔中的焦按A.4中要求采样5次或5次以上，每次采取到的样需分别盛放在事先准备好贴有标签的、干净的装样袋内，已装入试样的装样袋需用绳子扎紧。

**A.5.2**　将采到的数份子样倒入干净的铁板（或木板）上，并均匀混合试样使其铺成20mm~40mm厚的平面。按4份缩分法取出4kg为副样。

**A.5.3**　将4kg副样倒入装样盘内铺成10mm厚的平面，按20份缩分法取出1kg为大样。

**A.5.4**　先在筛子下面放入一个干净的装样盘用来盛放过筛时漏下的粉焦。此后将1kg大样分批倒入筛子内，使其每次铺成20mm厚，用手左右连续移动筛子至少3次，全部大样过筛后，称出装样盘内的粉焦质量（g）。

**A.5.5**　粉焦量$X$（%）按式（A.2）计算：

$$X=\frac{m}{1000}\times 100 \qquad \text{(A.2)}$$

式中：

$m$——粉焦质量，g；

1000——试样总质量，g。

# 附 录 B
（规范性附录）
热膨胀系数（*CTE*）测定试样的制备

## B.1 范围

B.1.1 本方法规定了制备测定石油焦热膨胀系数（*CTE*）试样的过程。
B.1.2 本方法适用于石油焦热膨胀系数（*CTE*）测定试样的制备。

## B.2 试样的制备方法

### B.2.1 煅烧

选取有代表性的粒度在30mm以下的生焦（未经煅烧）约4kg，置于实验室矽阻炉内进行煅烧，其升温条件为：室温→130℃→265℃→400℃→535℃→665℃→800℃→935℃→1065℃→1200℃→1300℃。各区间升温需1h，共计10h，在1300℃保温5h。也可不经煅烧，直接采用煅后石油针状焦，同样选取有代表性的粒度在30mm以下的样品约4kg，直接进行下面的步骤。

### B.2.2 破碎

将煅烧料在球磨机里进行细磨，其试样最后粒度组成控制在：小于0.075mm质量分数为40%±2%，0.15mm~0.5mm质量分数为25%±5%，0.075mm~0.15mm质量分数不控制。从中称取1kg的试样。

### B.2.3 混捏

将磨好的试料与粒度为1mm以下的电极沥青混合均匀，然后将此料于预先加热好的混捏锅中进行混捏。混捏过的容积为1L，被混捏的混合样为1.1kg，混捏温度为120℃~140℃，混捏时间不少于1h，黏结剂含量质量分数根据吸附性大小而定，一般为27%~28%。

### B.2.4 压型

将混捏好的糊料立即在挤压机中挤压成直径为30mm，长度为80mm的小圆棒型生制品试样。模子温度：糊缸温度约95℃±1℃；咀子温度约110℃±1℃。

注：模子温度可按实际模具情况而定。

预压条件：压力为6.0MPa，时间为2min。

压出条件：调整糊料的温度或挤压压力，保持压出温度的一致，每分钟挤压一根。生制品体积密度要求不小于1.60g/cm$^3$。

### B.2.5 焙烧

将生制品装入壁厚为20mm的石墨坩埚或高铝坩埚里，用小于2mm的沙子或小于1mm煅后石油焦为填充料，在矽阻炉里焙烧成焙烧试样。操作如下：

在坩埚底部放一层约25mm厚的填充料，试样在填充料上面，试样之间及试样与坩埚之间间隙应大于15mm，并用填充料填实。试样上层覆盖填充料不少于30mm。

试样在矽阻炉里焙烧，焙烧温度按表 B.1 控制。

**表 B.1　焙烧温度**

| 温度范围/℃ | 升温速度/（℃/h） | 时间/h |
|---|---|---|
| 室温~200 | 30 | 6 |
| 200~500 | 10 | 30 |
| 500~700 | 25 | 8 |
| 700~1100 | 50 | 8 |
| 1100 | 保温 | 4 |
| 注：温度是指试样温度。 | | |

### B.2.6　石墨化

焙烧试样在高温炉里，于氩气保护气体中进行石墨化，其升温控制条件为：

| | |
|---|---|
| 室温~1300 ℃ | 15min |
| 1300℃~1500℃ | 5min |
| 1500℃~2000℃ | 10min |
| 2000℃~2500℃ | 15min |
| 2500℃~2700℃ | 15min |
| 2700℃ | 4h |

## B.3　试样选取

对生制品、焙烧品及石墨化后的试样，进行体积密度的测定（生制品体积密度不小于 1.60g/cm$^3$），体积密度的测定按 GB/T 24528 进行。取体积密度差值不超过 0.02g/cm$^3$ 的石墨化后的两根试样，作为测定热膨胀系数（*CTE*）的试样。

## B.4　试样要求

两端面要垂直于试样轴向，其平行度不大于 0.1mm/100mm，试样表面无可见裂纹或瑕疵。

# 附 录 C
## (资料性附录)
## 本标准与 NB/SH/T 0527—2015 的主要差异

表 C.1 给出了本标准与 NB/SH/T 0527—2015 的主要差异的一览表。

**表 C.1 本标准与 NB/SH/T 0527—2015 的主要差异**

| 品种及项目 | NB/SH/T 0527—2015 | | 本标准 | |
|---|---|---|---|---|
| | 章条编号 | 标准内容 | 章条编号 | 标准内容 |
| 范围 | 1 | 本标准规定了以各种渣油或重油为原料……。本标准适用于作普通功率石墨电极…… | 1 | 本标准规定了石油加工过程中由焦化装置生产的石油焦（生焦）的产品分类……。本标准适用于进口以及国内销售的石油焦（生焦）(不包括企业自产自用、异地调配的自用石油焦（生焦）)。本标准包括普通石油焦（生焦）和石油针状焦（生焦)。普通石油焦（生焦）适用于作普通功率石墨电极、铝用炭素原料以及燃料等；石油针状焦（生焦）适用于作超高功率、高功率石墨电极以及锂离子电池负极材料原料等 |
| 产品分类 | 3 | ……普通石油焦（生焦）按灰分和硫含量的大小及用途分为 1 号、2A、2B、3A、3B。普通石油焦（生焦）1 号主要适用于炼钢工业中制作普通功率石墨电极，也适用于炼铝工业中制作铝用炭素；2A、2B 主要适用于炼铝工业中制作铝用炭素；3A、3B 主要适用于制作碳化物、炭素行业用原料…… | 3 | ……普通石油焦（生焦）按灰分和硫含量的大小及用途分为 1 号、2A、2B、2C、3A、3B、3C。普通石油焦（生焦）1 号主要适用于炼钢工业中制作普通功率石墨电极，也适用于炼铝工业中制作铝用炭素；2A、2B、2C 主要适用于炼铝工业中制作铝用炭素；3A、3B、3C 主要适用于制作碳化硅、工业硅、炼铝工业中制作铝用炭素等 |
| 表 1 | 4 | 牌号：1 号、2A、2B、3A、3B | 4 | 牌号：1 号、2A、2B、2C、3A、3B、3C |
| | | 表 1 脚注 a | | 增加内容：铝用炭素原料由石油焦生产企业与使用企业协商确定 |
| | | 1 号的真密度：<br>不小于 2.04g/cm$^3$ | | 1 号的真密度：<br>不小于 2.05g/cm$^3$ |
| | | 挥发分试验方法 | | 增加 YB/T 5189 |
| | | 真密度试验方法 | | 删除 ASTM D2638，增加 GB/T 32158、GB/T 24533 |

表 C.1（续）

| 品种及项目 | NB/SH/T 0527—2015 | | 本标准 | |
|---|---|---|---|---|
| | 章条编号 | 标准内容 | 章条编号 | 标准内容 |
| 表 1 | 4 | 2A 的微量元素：<br>硅含量、钒含量、铁含量、钙含量、镍含量、钠含量均为：报告 | 4 | 2A 的硅含量不大于 300μg/g，钒含量不大于 300μg/g，铁含量不大于 300μg/g，钙含量不大于 300μg/g，镍含量不大于 250μg/g，钠含量不大于 200μg/g |
| | | 2A 的灰分：不大于 0.4% | | 2A 的灰分：不大于 0.35% |
| | | 2B 的灰分：不大于 0.5% | | 2B 的灰分：不大于 0.4% |
| | | 2B 的微量元素硅含量、钒含量、铁含量、钙含量、镍含量、钠含量不作规定 | | 2B 的微量元素硅含量、钒含量、铁含量、钙含量、镍含量、钠含量指标均为：报告 |
| | | 无 2C 牌号 | | 增加 2C 牌号及其相关技术要求 |
| | | 3A 的灰分：不大于 0.6% | | 3A 的灰分：不大于 0.5% |
| | | 3A 的挥发分：不大于 14% | | 3A 的挥发分：不大于 12% |
| | | 3B 的硫含量：不大于 3.0% | | 3B 的硫含量：不大于 2.5% |
| | | 3B 的挥发分：不大于 14% | | 3B 的挥发分：不大于 12% |
| | | 3B 的灰分：不大于 0.6% | | 3B 的灰分：不大于 0.5% |
| | | 无 3C 牌号 | | 增加 3C 牌号及其相关技术要求 |
| 表 1，表 2 | 4 | 微量元素有脚注说明：该项目由供需双方协商确定 | 4 | 取消“协商”脚注说明，规定 YS/T 63.16 为仲裁方法 |
| | | 粉焦量有脚注说明：该项目由供需双方协商确定 | | 取消粉焦量的脚注说明中的“该项目由供需双方协商确定”，保留其他说明 |
| | | 硫含量的试验方法：以 GB/T 387 为仲裁方法 | | 硫含量的试验方法：以 GB/T 214—2007 中第 4 章为仲裁方法 |
| 表 2 | 4 | 1 号的硫含量：不大于 0.5% | 4 | 1 号的硫含量：不大于 0.4% |
| | | 1 号的灰分：不大于 0.3% | | 1 号的灰分：不大于 0.1% |
| | | 1 号、2 号、3 号的总水分：不大于 8% | | 1 号、2 号、3 号的总水分：报告脚注[d] 改为：参照总水分，由供需双方协商确定扣水率 |
| | | 挥发分试验方法 | | 增加 YB/T 5189 |
| | | 真密度试验方法 | | 删除 ASTM D2638，增加 GB/T 32158、GB/T 24533 |

表 C.1（续）

| 品种及项目 | NB/SH/T 0527—2015 | | 本标准 | |
|---|---|---|---|---|
| | 章条编号 | 标准内容 | 章条编号 | 标准内容 |
| 表 2 | 4 | 1 号的热膨胀系数（*CTE*）/（$10^{-6}$/℃）：不大于 1.5 | 4 | 1 号的热膨胀系数（*CTE*）/（$10^{-6}$/℃）：不大于 1.3 |
| | | 1 号的微量元素：<br>硅含量：不大于 300μg/g<br>铁含量：不大于 250μg/g<br>镍含量：不大于 150μg/g | | 1 号的微量元素：<br>硅含量：不大于 100μg/g<br>铁含量：不大于 150μg/g<br>镍含量：不大于 100μg/g |
| | | 2 号的灰分：不大于 0.3% | | 2 号的灰分：不大于 0.25% |
| | | 2 号的热膨胀系数（*CTE*）/（$10^{-6}$/℃）：不大于 2.0 | | 2 号的热膨胀系数（*CTE*）/（$10^{-6}$/℃）：不大于 1.5 |
| | | 2 号的氮含量：报告 | | 2 号的氮含量：不大于 0.6% |
| | | 3 号的热膨胀系数（*CTE*）/（$10^{-6}$/℃）：不大于 2.5 | | 3 号的热膨胀系数（*CTE*）/（$10^{-6}$/℃）：不大于 1.7 |
| 出厂检验 | 5.1.1 | ……2A 普通石油焦（生焦）周期检验项目包括：微量元素、粉焦量三个月检测一次；2B 普通石油焦（生焦）周期检验项目包括：粉焦量三个月检测一次。…… | 5.1.1 | ……2A、2B 普通石油焦（生焦）周期检验项目包括：微量元素、粉焦量三个月检测一次；2C 普通石油焦（生焦）周期检验项目包括：粉焦量三个月检测一次。…… |
| 附录 B | — | 无 B.4 内容 | B.4 | 两端面要垂直于试样轴向，其平行度不大于 0.1mm/100mm，试样表面无可见裂纹或瑕疵 |

## 中华人民共和国石油化工行业标准

SH/T 0553—1993

# 工业丙烷、丁烷

本标准95号工业丙烷、丁烷参照采用ISO 9162:89《液化石油气规格》。

## 1 主题内容与适用范围

本标准规定了由炼厂气经脱硫、分离而制得工业丙烷、工业丁烷产品的技术条件。

工业丙烷产品主要用于金属零件淬火、渗碳的保护气、与丁烷混合做雾化剂、脱沥青溶剂及高热值燃料。

工业丁烷产品主要用作玻壳加工、机械制造业、纺织印染业的高热值燃料、打火机专用气及化工发泡剂。

## 2 引用标准

GB 5842 液化石油气钢瓶

GB/T 6602 液化石油气蒸气压测定法(LPG法)

GB 10478 液化气体铁道罐车技术条件

GB/T 12576 液化石油气蒸气压和相对密度及辛烷值计算法

GB/T 13290 工业用丙烯和丁二烯液态采样法

SH/T 0222 液化石油气总硫含量测定法(电量法)

SH/T 0230 液化石油气组成测定法(色谱法)

SH/T 0232 液化石油气铜片腐蚀试验法

SH/T 1141 工业用裂解碳四的组成测定 气相色谱法

## 3 技术要求

| 项目 | | | 工业丙烷 | | | 工业丁烷 | | | 试验方法 |
|---|---|---|---|---|---|---|---|---|---|
| | | | 95号 | 85号 | 70号 | 95号 | 85号 | 70号 | |
| 组分 | 丙烷,%(*V/V*) | 不小于 | 95 | 85 | 70 | — | | | SH/T 1141 |
| | $C_2$烃类,%(*V/V*) | 不大于 | 报告 | 报告 | 3 | — | | | |
| | 不饱和烃,%(*V/V*) | | 报告 | 报告 | 报告 | — | | | |
| | 丁烷,%(*V/V*) | 不小于 | — | | | 95 | 85 | 70 | SH/T 0230 |
| | $C_5$及$C_5$以上烃类,%(*V/V*) | 不大于 | — | | | 无 | 1 | 2 | |
| | 不饱和烃,%(*V/V*) | | — | | | 报告 | 报告 | 报告 | |
| 蒸气压(37.8℃), kPa | | 不大于 | 1430 | | | 485 | | | GB/T 6602 1) |
| 铜片腐蚀, 级 | | 不大于 | 1 | | | 1 | | | SH/T 0232 |
| 总硫含量, $mg/m^3$ | | 不大于 | 10 | 20 | 30 | 30 | 40 | 50 | SH/T 0222 |

注: 1) 蒸气压允许用GB/T 12576进行计算, 当有争议时, 以GB/T 6602为准。

中国石油化工总公司 1993-06-11 批准　　1994-05-01 实施

## 4 采样

采样按 GB/T 13290 规定进行。

## 5 标志、包装、运输、储存

5.1 工业丙烷、工业丁烷储罐，必须符合国家劳动总局颁发的《劳锅字[1990]8 号》关于《压力容器安全监察规程》的要求。

5.2 汽车和火车运输、充装丙烷、丁烷及其标志，必须符合国家劳动总局颁发的《(81)劳总锅字 1 号》关于《液化石油气汽车槽车安全管理规定》和 GB 10478 关于《液化气体铁道罐车技术条件》的要求。

5.3 钢瓶运输只能一层摆放，所用钢瓶必须符合 GB 5842 的要求，并应有橡胶或聚乙烯护圈。

5.4 储运丙烷、丁烷容器的容积及使用的量具，按有关计量单位计算、校验，或以供需双方所同意的方法进行换算与标定。

---

**附加说明：**

本标准由天津石油化工公司提出。

本标准由石油化工科学研究院技术归口。

本标准由天津石化公司第二石油化工厂负责起草。

本标准主要起草人王景玉、李辉、安丽琴。

# 二、溶剂和化工原料

# 中华人民共和国石油化工行业标准

SH 0004—1990

# 橡胶工业用溶剂油

## 1　主题内容与适用范围

本标准规定了由原油直馏馏分或催化重整抽余油所得的橡胶工业用溶剂油三种质量等级的技术条件。

本标准所属产品适用于作橡胶工业的溶剂。

## 2　引用标准

GB/T 259　石油产品水溶性酸及碱测定法

GB/T 260　石油产品水分测定法

GB/T 380　石油产品硫含量测定法(燃灯法)

GB/T 511　石油产品和添加剂机械杂质测定法(重量法)

GB/T 1884　原油和液体石油产品密度实验室测定法(密度计法)

GB/T 1885　石油计量表

GB/T 4756　石油液体手工取样法

GB/T 6536　石油产品蒸馏测定法

SH 0164　石油产品包装、贮运及交货验收规则

SH/T 0166　重整原料油及生成油中 $C_6 \sim C_9$ 芳烃含量测定法(气相色谱法)

SH/T 0174　芳烃和轻质石油产品硫醇定性试验法(博士试验法)

SH/T 0236　石油产品溴值测定法

SH/T 0253　轻质石油产品中总硫含量测定法(电量法)

注：除非在标准中另有明确规定，上述引用标准都应用现行的有效标准。

## 3　技术内容

3.1　产品质量等级

本标准所属产品按质量分为优级品、一级品和合格品三种等级。

3.2　技术要求

| 项　　目 | | 质量指标 | | | 试验方法 |
|---|---|---|---|---|---|
| | | 优级品 | 一级品 | 合格品 | |
| 密度(20℃)，kg/m³ | 不大于 | 700 | 730 | — | GB/T 1884、GB/T 1885 |
| 馏程： | | | | | GB/T 6536 |
| 初馏点，℃ | 不低于 | 80 | 80 | 80 | |
| 110℃馏出量，% | 不小于 | 98 | 93 | — | |
| 120℃馏出量，% | 不小于 | — | 98 | 98 | |
| 残留量，% | 不大于 | 1.0 | 1.5 | — | |

中国石油化工总公司 1991-03-26 批准　　　　1992-04-01 实施

续表

| 项　目 | | 质量指标 | | | 试验方法 |
|---|---|---|---|---|---|
| | | 优级品 | 一级品 | 合格品 | |
| 溴值，gBr/100g | 不大于 | 0.12 | 0.14 | 0.31 | SH/T 0236 |
| 芳香烃含量,% | 不大于 | 1.5 | 3.0 | 3.0 | SH/T 0166 |
| 硫含量,% | 不大于 | 0.018 | 0.020 | 0.050 | GB/T 380[1)] |
| 博士试验 | | 通过 | | — | SH/T 0174 |
| 水溶性酸或碱 | | 无 | | | GB/T 259 |
| 机械杂质及水分[2)] | | 无 | | | |
| 油渍试验[3)] | | 合格 | | | |

注：1）允许用 SH/T 0253 测定。在有异议时，用 GB/T 380 仲裁。

2）将试样注入 100mL 玻璃量筒中，在室温 20℃±5℃观察，必须透明，不允许有悬浮和沉降的机械杂质及水。有异议时，按 GB/T 511 和 GB/T 260 进行测定。

3）将溶剂油经蒸馏测定的残留物，用小滤纸滤入干净的容积为 10mL～25mL 的试管或量筒中，用吸管取其滤液往清洁的滤纸同一处滴 3 滴，然后将此滤纸在室温 20℃±5℃下放置 30min，如滤纸上没有油渍存在，即认为合格。

3.3　卫生、安全和环境保护方面的要求

3.3.1　使用橡胶工业用溶剂油的工作场所、空气中溶剂浓度不得超过 300mg/$m^3$。

3.3.2　本标准所属产品不允许含有四乙基铅。

## 4　标志、包装、运输与贮存

标志、包装、运输、贮存及交货验收按 SH 0164 进行。

## 5　取样

取样按 GB/T 4756 进行，取 2L 橡胶工业用溶剂油作为检验和留样用。

中华人民共和国石油化工行业标准

SH/T 0114—1992

# 航空洗涤汽油

## 1 主题内容与适用范围

本标准规定了航空洗涤汽油的技术条件。

本标准适用于从天然原油制得的直馏轻汽油，不含裂化馏分和四乙基铅。

本标准所属产品用于精密机件的洗涤。

## 2 引用标准

GB/T 255 石油产品馏程测定法

GB/T 258 汽油、煤油、柴油酸度测定法

GB/T 259 石油产品水溶性酸及碱测定法

GB/T 260 石油产品水分测定法

GB/T 380 石油产品硫含量测定法(燃灯法)

GB/T 509 发动机燃料实际胶质测定法

GB/T 511 石油产品和添加剂机械杂质测定法(重量法)

GB/T 4756 石油液体手工取样法

GB/T 5096 石油产品铜片腐蚀试验法

SH 0164 石油产品包装、贮运及交货验收规则

SH/T 0234 轻质石油产品碘值和不饱和烃含量测定法(碘-乙醇法)

## 3 技术要求

| 项目 | | 质量指标 | 试验方法 |
|---|---|---|---|
| 馏程: | | | GB/T 255 |
| 初馏点,℃ | 不低于 | 40 | |
| 10%馏出温度,℃ | 不高于 | 80 | |
| 50%馏出温度,℃ | 不高于 | 105 | |
| 90%馏出温度,℃ | 不高于 | 145 | |
| 干点,℃ | 不高于 | 180 | |
| 残留及损失量,%(*V/V*) | 不大于 | 2.5 | |
| 酸度，mgKOH/100 mL | 不大于 | 1 | GB/T 258 |
| 水溶性酸或碱 | | 无 | GB/T 259 |
| 铜片腐蚀(50℃，3h)，级 | 不大于 | 1 | GB/T 5096 |
| 硫含量,%(*m/m*) | 不大于 | 0.05 | GB/T 380 |
| 碘值，gI/100g | 不大于 | 10 | SH/T 0234 |
| 实际胶质，mg/100 mL | 不大于 | 2 | GB/T 509 |
| 机械杂质及水分 | | 无 | 2) |

注：1）使用航空洗涤汽油的工作场所，空气中的汽油浓度不得超过 0.3mg/L。

2）将试样注入 100mL 玻璃量筒中观察。应当透明，没有悬浮和沉降的机械杂质及水分。在有异议时，按 GB/T 511 和 GB/T 260 方法进行测定。

中国石油化工总公司 1992-05-20 批准 1992-05-20 实施

## 4 包装、标志、贮运及交货验收

本产品的包装、标志、贮运及交货验收按 SH 0164 进行。

## 5 取样

取样按 GB/T 4756 进行，取 2L 航空洗涤汽油作为检验和留样用。

---

**附加说明：**
本标准由中国石油化工总公司提出。
本标准由石油化工科学研究院技术归口。
本标准由石油化工科学研究院负责起草。
自本标准实施之日起，原国家标准 GB 1789—79(88)《航空洗涤汽油》作废。

# 三、润　滑　油

中华人民共和国石油化工行业标准

SH/T 0017—1990

# 轴　承　油

## 1　主题内容与适用范围

本标准规定了矿油型轴承油的技术条件。

本标准中所属产品包括 L-FC 和 L-FD 两个品种，L-FC 为抗氧防锈型油，L-FD 为抗氧防锈抗磨型油。

本标准中所属产品适用于锭子、轴承、液压系统、齿轮和汽轮机等工业机械设备，L-FC 还可适用于有关离合器。

## 2　引用标准

GB/T 260　石油产品水分测定法
GB/T 261　石油产品闪点测定法(闭口杯法)
GB/T 265　石油产品运动黏度测定法和动力黏度计算法
GB/T 510　石油产品凝点测定法
GB/T 511　石油产品和添加剂机械杂质测定法(重量法)
GB/T 2433　添加剂和含添加剂润滑油硫酸盐灰分测定法
GB/T 2541　石油产品黏度指数算表
GB/T 3141　工业液体润滑剂　ISO 黏度分类
GB/T 3142　润滑剂承载能力测定法(四球法)
GB/T 3535　石油产品倾点测定法
GB/T 3536　石油产品闪点和燃点测定法(克利夫兰开口杯法)
GB/T 4756　石油液体手工取样法
GB/T 4945　石油产品和润滑剂酸值和碱值测定法(颜色指示剂法)
GB/T 5096　石油产品铜片腐蚀试验法
GB/T 6540　石油产品颜色测定法
GB/T 7305　石油和合成液水分离性测定法
GB/T 7631.4　润滑剂和有关产品(L 类)的分类 第 4 部分：F 组(主轴、轴承和有关离合器)
GB/T 11143　加抑制剂矿物油在水存在下防锈性能试验法
GB/T 12579　润滑油泡沫特性测定法
GB/T 12581　加抑制剂矿物油的氧化特性测定法
SH 0164　石油产品包装、贮运及交货验收规则
SH/T 0189　润滑油抗磨损性能测定法(四球机法)
SH/T 0196　润滑油抗氧化安定性测定法
SH/T 0305　石油产品密封适应性指数测定法

## 3　技术内容

3.1　产品质量等级

L-FD 按质量分为一级品和合格品二个等级。L-FC 只订一级品。

3.2　产品标记

标记示例：

轴承油 L-FC32(一级品)SH/T 0017

中国石油化工总公司 1991-03-26 批准　　　　1992-04-01 实施

3.3 技术要求

| 项目 | 质量指标 | | | | | | | | | | | | | | | | | | | | | | | | | 试验方法 |
|---|---|---|---|---|---|---|---|---|---|---|---|---|---|---|---|---|---|---|---|---|---|---|---|---|---|---|
| 品种 | L-FC | | | | | | | | | | | L-FD | | | | | | | | | | | | | | |
| 质量等级 | 一级品 | | | | | | | | | | | 一级品 | | | | | | | 合格品[1] | | | | | | | |
| 黏度等级(按 GB/T 3141) | 2 | 3 | 5 | 7 | 10 | 15 | 22 | 32 | 46 | 68 | 100 | 2 | 3 | 5 | 7 | 10 | 15 | 22 | 2 | 3 | 5 | 7 | 10 | 15 | 22 | — |
| 运动黏度(40℃), $mm^2/s$ | 1.98~2.42 | 2.88~3.52 | 4.14~5.06 | 6.12~7.48 | 9.00~11.0 | 13.5~16.5 | 19.8~24.2 | 28.8~35.2 | 41.4~50.6 | 61.2~74.8 | 90~110 | 1.98~2.42 | 2.88~3.52 | 4.14~5.06 | 6.12~7.48 | 9.00~11.0 | 13.5~16.5 | 19.8~24.2 | 1.98~2.42 | 2.88~3.52 | 4.14~5.06 | 6.12~7.48 | 9.00~11.0 | 13.5~16.5 | 19.8~24.2 | GB/T 265 |
| 黏度指数 不小于 | — | | | 报告 | | | | | | | | — | | | 报告 | | | | — | | | 报告 | | | | GB/T 2541 |
| 倾点,℃ 不高于 | -18 | | | | | -12 | | | | | -6 | -12 | | | | | | | — | | | | | | | GB/T 3535 |
| 凝点,℃ 不高于 | — | | | | | | | | | | | — | | | | | | | -15 | | | | | | | GB/T 510 |
| 闪点,℃:<br>a. 开口 不低于 | — | — | — | 115 | 140 | | | 160 | 180 | | | — | — | — | 115 | 140 | | | — | | | | | | | GB/T 3536 |
| b. 闭口 不低于 | 70 | 80 | 90 | — | | | | | | | | 70 | 80 | 90 | — | | | | 60 | 70 | 80 | 90 | 100 | 110 | 120 | GB/T 261 |
| 中和值, mgKOH/g | 报告 | | | | | | | | | | | 报告 | | | | | | | — | | | | | | | GB/T 4945 |
| 泡沫性(泡沫倾向/泡沫稳定性, 24℃) mL/mL 不大于 | 100/10 | | | | | | | | | | | 100/10 | | | | | | | — | | | | | | | GB/T 12579 |
| 腐蚀试验(铜片, 100℃, 3h), 级 不大于 | 1(50℃) | 1 | | | | | | | | | | 1(50℃) | 1 | | | | | | 1(50℃) | 1 | | | | | | GB/T 5096 |
| 液相锈蚀试验(蒸馏水) | 无锈 | | | | | | | | | | | 无锈 | | | | | | | — | | | | | | | GB/T 11143 |
| 抗磨性:<br>a. 最大无卡咬负荷 $P_B$, N(kgf) 不小于 | — | | | | | | | | | | | — | | | | | | | 343 (35) | 392 (40) | | | 441 (45) | | 490 (50) | GB/T 3142 |
| b. 磨斑直径[2](196N, 60min, 75℃, 1500r/min), mm 不大于 | — | | | | | | | | | | | 0.5 | | | | | | | — | | | | | | | SH/T 0189 |

**续表**

| 项目 | 质量指标 | | | | | | | | | | | | | | | | | | | | | | | | | 试验方法 |
|---|---|---|---|---|---|---|---|---|---|---|---|---|---|---|---|---|---|---|---|---|---|---|---|---|---|---|
| 品种 | L－FC | | | | | | | | | | | L－FD | | | | | | | | | | | | | | |
| 质量等级 | 一级品 | | | | | | | | | | | 一级品 | | | | | | | 合格品[1] | | | | | | | |
| 黏度等级（按 GB/T 3141） | 2 | 3 | 5 | 7 | 10 | 15 | 22 | 32 | 46 | 68 | 100 | 2 | 3 | 5 | 7 | 10 | 15 | 22 | 2 | 3 | 5 | 7 | 10 | 15 | 22 | — |
| 运动黏度（40℃），$mm^2/s$ | 1.98~2.42 | 2.88~3.52 | 4.14~5.06 | 6.12~7.48 | 9.00~11.0 | 13.5~16.5 | 19.8~24.2 | 28.8~35.2 | 41.4~50.6 | 61.2~74.8 | 90~110 | 1.98~2.42 | 2.88~3.52 | 4.14~5.06 | 6.12~7.48 | 9.00~11.0 | 13.5~16.5 | 19.8~24.2 | 1.98~2.42 | 2.88~3.52 | 4.14~5.06 | 6.12~7.48 | 9.00~11.0 | 13.5~16.5 | 19.8~24.2 | GB/T 265 |
| 氧化安定性：<br>a. 酸值到 2.0mgKOH/g 时间[3]，h 不小于 | — | | | | | 1000 | | | | | | — | | | | | 1000 | | — | | | | | | | GB/T 12581 |
| b. 氧化后酸值增加，mgKOH/g 不大于 | 0.2 | | | | | — | | | | | | 0.2 | | | | | — | | 0.2 | | | | | | | SH/T 0196（用 100℃） |
| 氧化后沉淀，% 不大于 | 0.02 | | | | | — | | | | | | 0.02 | | | | | — | | 0.02 | | | | | | | |
| 橡胶密封适应性指数 | 报告 | | | | | | | | | | | 报告 | | | | | | | — | | | | | | | SH/T 0305 |
| 硫酸盐灰分，% | — | | | | | | | | | | | 报告 | | | | | | | — | | | | | | | GB/T 2433 |
| 色度，号 | 报告 | | | | | | | | | | | 报告 | | | | | | | 报告 | | | | | | | GB/T 6540 |
| 水分，% 不大于 | 痕迹 | | | | | | | | | | | 痕迹 | | | | | | | 痕迹 | | | | | | | GB/T 260 |
| 机械杂质，% 不大于 | 无 | | | | | | | | | 0.007 | | 无 | | | | | | | 无 | | | | | | | GB/T 511 |
| 抗乳化性（40－37－3mL），min 不大于 | 报告（黏度等级≤22 用 25℃；32～68 用 54℃；100 用 82℃） | | | | | | | | | | | 报告（用 25℃） | | | | | | | — | | | | | | | GB/T 7305 |

注：1）1995 年 1 月 1 日起取消 L－FD（合格品）。

2）FD2（一级品）的磨斑直径测定的温度条件为 50℃。

3）为保证项目。

## 4 标志、包装、运输、贮存

标志、包装、运输、贮存及交货验收按 SH 0164 进行。

## 5 取样

取样按 GB/T 4756 进行，取 2L 作检验和留样用。

---

**附加说明：**

本标准由石油化工科学研究院技术归口。

本标准由石油化工科学研究院负责起草。

本标准主要起草人陈铁飞。

本标准中一级品参照采用法国标准 NF E 60-203-1983《机床用润滑剂的订货用规格》中 FC 和 FD。

自本标准实施之日起，原石油工业部部标准 SY 1229—82(88)《主轴油》作废。

中华人民共和国石油化工行业标准

SH/T 0094—1991

# 蜗轮蜗杆油

## 1 主题内容与适用范围

本标准规定了矿物油或合成油型蜗轮蜗杆油的技术条件。

本标准所属产品分 L-CKE 和 L-CKE/P 两个品种。

L-CKE 为复合型蜗轮蜗杆油，主要用于铜-钢配对的圆柱型和双包围等类型的承受轻负荷、传动中。平稳无冲击的蜗轮蜗杆副，包括该设备的齿轮及滑动轴承、汽缸、离合器等部件的润滑，及在潮湿环境下工作的其他机械设备的润滑，在使用过程中应防止局部过热和油温在 100℃ 以上时长期运转。

L-CKE/P 为极压型蜗轮蜗杆油，主要用于铜-钢配对的圆柱型承受重负荷，传动中有振动和冲击的蜗轮蜗杆副，包括该设备的齿轮和直齿圆柱齿轮等部件的润滑，及其他机械设备的润滑。如果要用于双包围等类型的蜗轮蜗杆副必须有油品生产厂的说明。

## 2 引用标准

GB/T 259 石油产品水溶性酸及碱测定法
GB/T 260 石油产品水分测定法
GB/T 265 石油产品运动黏度测定法和动力黏度计算法
GB/T 511 石油产品和添加剂机械杂质测定法(重量法)
GB/T 1995 石油产品黏度指数计算法
GB/T 3141 工业液体润滑剂 ISO 黏度分类
GB/T 3142 润滑剂承载能力测定法(四球法)
GB/T 3535 石油产品倾点测定法
GB/T 3536 石油产品闪点和燃点测定法(克利夫兰开口杯法)
GB/T 4756 石油液体手工取样法
GB/T 4945 石油产品和润滑剂酸值和碱值测定法(颜色指示剂法)
GB/T 5096 石油产品铜片腐蚀试验法
GB/T 7305 石油和合成液水分离性测定法
GB/T 8021 石油产品皂化值测定法
GB/T 11143 加抑制剂矿物油在水存在下防锈性能试验法
GB/T 12579 润滑油泡沫特性测定法
GB/T 12581 加抑制剂矿物油的氧化特性测定法
SH/T 0024 润滑油沉淀值测定法
SH/T 0161 石油产品中氯含量测定法(烧瓶燃烧法)
SH 0164 石油产品包装、贮运及交货验收规则
SH/T 0303 添加剂中硫含量测定法(电量法)
SH/T 0505 含聚合物油剪切安定性测定法(超声波剪切法)

中国石油化工总公司 1992-01-15 批准　　　　1992-12-01 实施

## 3 技术内容

3.1 本标准所属产品按质量分为一级品和合格品。

3.2 技术要求

<table>
<tr><td>项　目</td><td colspan="20">质 量 指 标</td><td rowspan="3">试验方法</td></tr>
<tr><td>品　种</td><td colspan="10">L-CKE</td><td colspan="10">L-CKE/P</td></tr>
<tr><td>质 量 等 级</td><td colspan="5">一级品</td><td colspan="5">合格品</td><td colspan="5">一级品</td><td colspan="5">合格品</td></tr>
<tr><td>黏度等级(按 GB/T 3141)</td><td>220</td><td>320</td><td>460</td><td>680</td><td>1000</td><td>220</td><td>320</td><td>460</td><td>680</td><td>1000</td><td>220</td><td>320</td><td>460</td><td>680</td><td>1000</td><td>220</td><td>320</td><td>460</td><td>680</td><td>1000</td><td>—</td></tr>
<tr><td>运动黏度(40℃)，$mm^2/s$</td><td>198~242</td><td>288~352</td><td>414~506</td><td>612~748</td><td>900~1100</td><td>198~242</td><td>288~352</td><td>414~506</td><td>612~748</td><td>900~1100</td><td>198~242</td><td>288~352</td><td>414~506</td><td>612~748</td><td>900~1100</td><td>198~242</td><td>288~352</td><td>414~506</td><td>612~748</td><td>900~1100</td><td>GB/T 265</td></tr>
<tr><td>闪点(开口)，℃　不低于</td><td>200</td><td colspan="4">220</td><td colspan="5">180</td><td>200</td><td colspan="4">220</td><td colspan="5">180</td><td>GB/T 3536</td></tr>
<tr><td>黏度指数　不小于</td><td colspan="10">90</td><td colspan="10">90</td><td>GB/T 1995</td></tr>
<tr><td>倾点，℃　不高于</td><td colspan="10">-6</td><td colspan="5">-12</td><td colspan="5">-6</td><td>GB/T 3535</td></tr>
<tr><td>水溶性酸或碱</td><td colspan="10">无</td><td colspan="10">—</td><td>GB/T 259</td></tr>
<tr><td>机械杂质，%　不大于</td><td colspan="5">0.02</td><td colspan="5">0.05</td><td colspan="5">0.02</td><td colspan="5">0.05</td><td>GB/T 511</td></tr>
<tr><td>水分　不大于</td><td colspan="10">痕迹</td><td colspan="10">痕迹</td><td>GB/T 260</td></tr>
<tr><td>中和值，mgKOH/g　不大于</td><td colspan="10">1.3</td><td colspan="5">1.0</td><td colspan="5">1.3</td><td>GB/T 4945</td></tr>
<tr><td>皂化值，mgKOH/g</td><td colspan="5">9~25</td><td colspan="5">5~25</td><td colspan="10">不大于 25</td><td>GB/T 8021</td></tr>
<tr><td>腐蚀试验(铜片，100℃，3h)，级　不大于</td><td colspan="10">1</td><td colspan="10">1</td><td>GB/T 5096</td></tr>
<tr><td>液相锈蚀试验：<br>蒸馏水</td><td colspan="10">无锈</td><td colspan="5">—</td><td colspan="5">无锈</td><td rowspan="2">GB/T 11143</td></tr>
<tr><td>合成海水</td><td colspan="10">—</td><td colspan="5">无锈</td><td colspan="5">—</td></tr>
<tr><td>沉淀值，mL　不大于</td><td colspan="10">0.05</td><td colspan="10">—</td><td>SH/T 0024</td></tr>
<tr><td>硫含量，%　不大于</td><td colspan="10">1.00</td><td colspan="10">1.25</td><td>SH/T 0303</td></tr>
<tr><td>氯含量[1)]　不大于</td><td colspan="10">—</td><td colspan="5">0.03</td><td colspan="5">—</td><td>SH/T 0161</td></tr>
<tr><td>抗乳化性(82℃，40-37-3mL)，min　不大于</td><td colspan="5">60</td><td colspan="5">—</td><td colspan="5">60</td><td colspan="5">—</td><td>GB/T 7305</td></tr>
<tr><td>泡沫性(泡沫倾向/泡沫稳定性)，mL/mL<br>24℃　不大于<br>93.5℃　不大于<br>后 24℃　不大于</td><td colspan="10">75/10</td><td colspan="5">75/10</td><td colspan="5">-/300<br>-/25<br>-/300</td><td>GB/T 12579</td></tr>
<tr><td>氧化安定性[2)](酸值达到 2mgKOH/g 时间)，h　不小于</td><td colspan="5">350</td><td colspan="5">—</td><td colspan="5">350</td><td colspan="5">—</td><td>GB/T 12581</td></tr>
<tr><td>综合磨损指数(1500r/min)，N　不小于</td><td colspan="10">—</td><td colspan="10">392</td><td>GB/T 3142</td></tr>
</table>

续表

| 项目 | 质量指标 | | | | | | | | | | | | | | | | | | | | 试验方法 |
|---|---|---|---|---|---|---|---|---|---|---|---|---|---|---|---|---|---|---|---|---|---|
| 品种 | L-CKE | | | | | | | | | | L-CKE/P | | | | | | | | | | |
| 质量等级 | 一级品 | | | | | 合格品 | | | | | 一级品 | | | | | 合格品 | | | | | |
| 黏度等级(按 GB/T 3141) | 220 | 320 | 460 | 680 | 1000 | 220 | 320 | 460 | 680 | 1000 | 220 | 320 | 460 | 680 | 1000 | 220 | 320 | 460 | 680 | 1000 | — |
| 剪切安定性试验[3)](40℃运动黏度下降率),% 不大于 | 6 | | | | | — | | | | | 6 | | | | | — | | | | | SH/T 0505 |

注：1）对矿油型，未加含氯添加剂时可不测定含氯量。

2）保证项目，每年测一次。

3）加有增粘剂的黏度等级油必须测定。

## 4 标志、包装、运输与贮存

标志、包装、运输、贮存及交货验收按 SH 0164 进行。

## 5 取样

取样按 GB/T 4756 进行，取 2L 作检验和留样用。

---

**附加说明：**

本标准由兰州炼油化工总厂提出。

本标准由石油化工科学研究院技术归口。

本标准由兰州炼油化工总厂负责起草。

本标准主要起草人赵立志。

本标准中所属产品 L-CKE 参照采用美国军用标准 MIL-L-15019E-1982 中 6135 号；L-CKE/P 参照采用美国军用标准 MIL-L-18486B(OS)-1982。

中华人民共和国石油化工行业标准

SH/T 0138—1994

代替 SH 0138—92

# 10号仪表油

## 1 主题内容和适用范围

本标准规定了由原油切割的馏分，经深度加工而制得的仪表油的技术条件。

本标准所属产品适用于控制测量仪表(包括低温下操作)的润滑。

## 2 引用标准

GB/T 259 石油产品水溶性酸及碱测定法
GB/T 261 石油产品闪点测定法(闭口杯法)
GB/T 265 石油产品运动黏度测定法和动力黏度计算法
GB/T 508 石油产品灰分测定法
GB/T 511 石油产品和添加剂机械杂质测定法(重量法)
GB/T 1884 原油和液体石油产品密度实验室测定法(密度计法)
GB/T 1885 石油计量表
GB/T 3535 石油倾点测定法
GB/T 4756 石油液体手工取样法
GB/T 4945 石油产品和润滑剂酸值和碱值测定法(颜色指示剂法)
GB/T 5096 石油产品铜片腐蚀试验法
GB/T 6540 石油产品颜色测定法
GB/T 11133 液体石油产品水含量测定法(卡尔·费休法)
SH 0164 石油产品包装、贮运及交货验收规则
SH/T 0196 润滑油抗氧化安定性测定法

注：除非在标准中另有明确规定，上述引用标准都应是现行的有效标准。

## 3 技术内容

### 3.1 产品质量等级

本标准所属产品按质量分为一等品和合格品两种等级。

### 3.2 技术要求

| 项目 | | 质量指标 | | 试验方法 |
|---|---|---|---|---|
| 质量等级 | | 一等品 | 合格品 | |
| 运动黏度(40℃)，$mm^2/s$ | | 9~11 | | GB/T 265 |
| 中和值，mgKOH/g | 不大于 | 0.02 | 0.05 | GB/T 4945 |
| 灰分,% | 不大于 | 0.005 | | GB/T 508 |
| 水溶性酸或碱 | | 无 | | GB/T 259 |
| 机械杂质 | | 无 | | GB/T 511 |

中国石油化工总公司 1994-10-07 批准　　1995-07-01 实施

**续表**

| 项　　目 | | 质量指标 | | 试验方法 |
|---|---|---|---|---|
| 质量等级 | | 一等品 | 合格品 | |
| 水分(出厂)，mg/kg | 不大于 | 50 | 100 | GB/T 11133 |
| 闪点(闭口)，℃ | 不低于 | 130 | 125 | GB/T 261 |
| 倾点，℃ | 不高于 | -52 | -50 | GB/T 3535 |
| 腐蚀(100℃，3h)，级 | 不大于 | 1 | | GB/T 5096 |
| 颜色，号 | 不大于 | 0.5 | 1.0 | GB/T 6540 |
| 密度(20℃)，$kg/m^3$ | 不大于 | 900 | | GB/T 1884 及 GB/T 1885 |
| 氧化安定性[1)] | | | | SH/T 0196 |
| 氧化后酸值，mgKOH/g | 不大于 | 0.10 | — | |
| 氧化后沉淀物，% | 不大于 | 0.01 | — | |

注：1）氧化条件：温度 140℃，空气流速 50mL/min，氧化时间 14h，氧化管中放入钢球、铜球各一枚(低碳钢球和 $T_1$ 铜球，直径为 5mm±0.1mm)。氧化安定性可作为保证项目，每半年至少测定一次。

## 4　包装、标志、贮存、运输

包装、标志、贮存、运输及交货验收按 SH 0164 进行。

## 5　取样

取样按 GB/T 4756 进行，取 2L 作为检验和留样用。

---

**附加说明：**

本标准由石油化工科学研究院技术归口。

本标准由克拉玛依炼油厂负责起草。

本标准主要起草人张国瑛、马勇、方惠。

本标准参照采用原苏联国家标准 ГОСТ 1805-76《МВП 仪表油》。

中华人民共和国石油化工行业标准

SH/T 0139—1995

代替 SH 0139—92

# 车 轴 油

## 1 主题内容与适用范围

本标准规定了以矿物油馏分经脱蜡等工艺或加入增黏和降凝等添加剂而制得的车轴油的技术条件。

本标准所属产品适用于铁路车辆和蒸汽机车滑动轴承的润滑。

## 2 引用标准

GB/T 259 石油产品水溶性酸及碱测定法
GB/T 260 石油产品水分测定法
GB/T 265 石油产品运动黏度测定法和动力黏度计算法
GB/T 510 石油产品凝点测定法
GB/T 511 石油产品和添加剂机械杂质测定法(重量法)
GB/T 514 石油产品试验用玻璃液体温度计技术条件
GB/T 2541 石油产品黏度指数算表
GB/T 3535 石油倾点测定法
GB/T 3536 石油产品闪点和燃点测定法(克利夫兰开口杯法)
GB/T 4756 石油液体手工取样法
SH 0164 石油产品包装、贮运及交货验收规则
SH/T 0195 润滑油腐蚀试验法
SH/T 0505 含聚合物油剪切安定性测定法(超声波剪切法)

## 3 产品牌号

本产品按适用季节及运动黏度分为冬用、夏用、通用三种牌号车轴油。

## 4 技术要求

| 项目 | | 质量指标 | | | 试验方法 |
|---|---|---|---|---|---|
| | | 冬用 | 夏用 | 通用 | |
| 运动黏度, $mm^2/s$ | | | | | GB/T 265 |
| 40℃ | | 30~40 | 70~80 | 报告 | |
| 50℃ | | 报告 | 报告 | 31~36 | |
| 动力黏度(-40℃, 剪切速率 $3s^{-1}$), Pa·s | 不大于 | 150 | — | 175 | 附录 A |
| 黏度指数 | 不小于 | — | | 95 | GB/T 2541 |
| 闪点(开口),℃ | 不低于 | 145 | 165 | 165 | GB/T 3536 |
| 凝点,℃ | 不高于 | -40 | -10 | -40 | GB/T 510 |

中国石油化工总公司 1995-06-15 批准　　1995-10-01 实施

续表

| 项　　目 | | 质量指标 | | | 试验方法 |
|---|---|---|---|---|---|
| | | 冬用 | 夏用 | 通用 | |
| 倾点,℃ | 不高于 | 报告 | | | GB/T 3535 |
| 挥发失重,%(*m/m*) | 不大于 | — | | 3.5 | 附录 B |
| 剪切安定性：50℃运动黏度下降率,% | | — | | 实测 | SH/T 0505 |
| 腐蚀(钢片，100℃，3h) | | 合　格 | | | SH/T 0195 |
| 水溶性酸或碱 | | 无 | | | GB/T 259 |
| 水分 | 不大于 | 痕　迹 | | | GB/T 260 |
| 机械杂质,% | 不大于 | 0.05 | | | GB/T 511 |

## 5　包装、标志、贮运

包装、标志、贮存、运输及交货验收按 SH 0164 进行。

## 6　取样

取样按 GB/T 4756 进行，取 2L 作检验和留样用。

# 附　录　A
# 车轴油低温动力黏度测定法
（补充件）

本方法适用于测定车轴油的低温动力黏度。

## A.1　方法概要

采用 RV 型旋转黏度计，在低温下测得加在转子和锭子之间油样的内摩擦力，从而计算出试样的低温动力黏度，以帕·秒(Pa·s)表示。

## A.2　仪器、材料与试剂

A.2.1　仪器

A.2.1.1　$RV_2$ 型或 $RV_3$ 型旋转黏度计。

A.2.1.2　循环制冷器。

A.2.1.3　广口保温瓶：高约 24cm，外径约 23cm(装冷却液恒温用)，另备一任意规格广口保温瓶(装干冰用)。

A.2.1.4　电动搅拌器：转速 200r/min～4000r/min。

A.2.1.5　温度计：符合 GB/T 514 中的运动黏度用 9 号温度计。

A.2.1.6　烧杯：50mL 或 100mL。

A.2.1.7　搪瓷杯或烧杯：1000mL。

A.2.1.8　竹镊子。

A.2.1.9　闭式电炉。

A.2.1.10　吹风机。

A.2.2　材料与试剂

A.2.2.1　干冰或其他制冷剂。

A.2.2.2　工业乙醇：作冷却介质用。

A.2.2.3　溶剂汽油或石油醚：60℃～90℃或 30℃～60℃。

A.2.2.4　脱脂棉。

## A.3　准备工作

A.3.1　试样在试验前必须经过脱水和用滤纸过滤除去水分和机械杂质。

A.3.2　在测定试样黏度前，必须用溶剂汽油或石油醚清洗转子和外筒，然后用吹风机吹干。

## A.4　试验步骤

A.4.1　用冷浴法恒温

A.4.1.1　装样：把试样预热到 50℃±1℃，冷却到 20℃±1℃，然后倒入外筒内至环形标线处。

A.4.1.2　预热：把转子(内筒)安装到心轴上，再把装试样的外筒安装在仪器上，用盛有 40℃±1℃热水的搪瓷杯或烧杯预热外筒 7min(水面应与外筒下凸沿平)。

A.4.1.3　恒温：预热后，擦净外筒上的水，立即将外筒浸入在-43℃～-45℃的冷却液中(冷却液面与外筒的下凸沿平)，开动搅拌器在 5min 之内将冷却液温度调至-40℃±0.1℃，然后，在此温度范围内保持 32min。

A.4.2　用循环制冷器法恒温

A.4.2.1　按循环制冷器使用说明书将冷剂循环管与黏度计相连接,开启制冷器,使试验温度降至约-42℃。

A. 4. 2. 2　装样：按 A4. 1. 1。

A. 4. 2. 3　预热：把转子装在外筒中(不得使试样浸没转子上端)，放入装有 40℃±1℃热水的搪瓷杯或烧杯内，预热 7min(水面应与外筒下凸沿平)。

A. 4. 2. 4　恒温：预热后，立即将盛有试样的外筒及转子安装到仪器上，在 5min 之内将温度调至 -40℃±0. 1℃，然后，在此温度范围内保持 32min。

A. 4. 3　测量

按 A4. 1 或 A4. 2 恒温到达时间后，立即按仪器说明书上规定的步骤进行测量，在指示器刻度盘上读取偏转角($\alpha$)或扭矩($S$)。

## A. 5　计算

试样在温度为 $t$℃时的动力黏度 $\eta_t$(Pa · s)按式(A. 1)或式(A. 2)计算：

$$\eta_t = \frac{\tau}{D} = \frac{Z \cdot \alpha}{D} \times \frac{1}{10} \quad \cdots\cdots (A.1)$$

式中：$\tau$——剪切应力，dyn/cm$^2$；

$D$——剪切速率(本试验中取Ⅱ档 5a 值为 3)，s$^{-1}$；

$Z$——转筒常数，dyn/cm$^2$；

$\alpha$——偏转角；

1/10——将 P(泊)换算为 Pa · s 的系数。

$$\eta_t = \frac{C \cdot S}{n} \times \frac{1}{1000} \quad \cdots\cdots (A.2)$$

式中：$C$——仪器系数，mPa · s/刻度 · min；

$S$——扭矩相当值(由作图查表得知)刻度；

1/1000——将 mPa · s 换算为 Pa · s 的系数；

$n$——试验速率[按式(A. 3)求得]，min$^{-1}$。

$$n = \frac{D}{M} \quad \cdots\cdots (A.3)$$

式中：$D$——剪切速率(本试验中取值为 3)，s$^{-1}$；

$M$——剪切系数(按各仪器说明书给定的系数)，min/s。

## A. 6　精密度

重复性：重复测定的两个结果与其算术平均值之差不应超过算术平均值的 5%。

## A. 7　报告

取重复测定两个结果的算术平均值作为试样的动力黏度，以帕 · 秒(Pa · s)表示，并注明试验时的剪切速率。

仲裁试验时，以 RV$_2$ 型黏度计冷浴法恒温测得的结果为准。

## 附 录 B
## 车轴油挥发失重测定法
（补充件）

本方法适用于测定车轴油的挥发失重。

### B.1 方法概要

试样在 80℃的烘箱内蒸发 8h，测其挥发失重的量，以质量面分数表示。

### B.2 仪器

B.2.1 老化试验箱：上海 401A 型或同类老化试验箱。
B.2.2 分析天平：感量 0.0001g。
B.2.3 干燥器。
B.2.4 培养皿：外径 90mm，高 18mm±1mm。

### B.3 准备工作

B.3.1 将培养皿洗净，烘干，置于干燥器中备用。
B.3.2 调整老化试验箱：转盘上缘高度调到距箱底板 290mm 处；左右气孔及箱后排气阀全开，进气阀调到最小；箱的温度调到 80℃±1℃。

### B.4 试验步骤

B.4.1 将干净的培养皿在 80℃±1℃烘箱中烘 30min，取出置于干燥器内 30min，称量（称准至 0.0002g）。
B.4.2 向称量过的培养皿内称取试样 15g±0.1g（称准至 0.0002g）。
B.4.3 将称好的试样放在调整好的老化试验箱内的转盘上，用夹子将培养甲稳定好，再打开转动及鼓风开关，记录时间，试样在 80℃±1℃的老化箱内放置 8h，然后取出，置于干燥器内 30 min，称量（称准至 0.0002g）。

### B.5 计算

试样的挥发失重 $X[\%(m/m)]$按式（B.1）计算：

$$X=\frac{G_1-G_2}{G_1-G}\times 100 \qquad \text{(B.1)}$$

式中：$G_1$——试验前试样和培养皿的质量，g；
$G_2$——试验后试样和培养皿的质量，g；
$G$——空培养皿的质量，g。

### B.6 精密度

重复性：平行测定两个结果与其算术平均值之差不应超过算术平均值的 3%。

### B.7 报告

取平行测定两个结果的算术平均值作为试样的挥发失重，以质量百分数表示。

---

**附加说明：**

本标准由石油化工科学研究院技术归口。

本标准由独山子炼油厂负责起草。

本标准主要起草人申国禧、李子全、孟淑芳。

自本标准实施之日起，原国家标准 GB/T 488—86《车轴油》作废。

中华人民共和国石油化工行业标准

SH 0358—1995

# 10号航空液压油

代替 SH 0358—1992

## 1 主题内容与适用范围

本标准规定了由直馏轻质馏分油，经脱蜡及深度精制，并加有增黏剂、抗氧剂及染色剂，但不得加有降凝剂的航空液压油的技术条件。

本标准所属产品适用于航空液压机构的工作液，也可作为类似工作环境的其他液压机构的工作液。

## 2 引用标准

GB/T 259 石油产品水溶性酸及碱测定法
GB/T 264 石油产品酸值测定法
GB/T 265 石油产品运动黏度测定法和动力黏度计算法
GB/T 267 石油产品闪点与燃点测定法(开口杯法)
GB/T 510 石油产品凝点测定法
GB/T 511 石油产品和添加剂机械杂质测定法(重量法)
GB/T 1884 原油和液体石油产品密度实验室测定法(密度计法)
GB/T 1885 石油计量表
GB/T 4756 石油液体手工取样法
GB/T 5096 石油产品铜片腐蚀试验法
GB/T 6536 石油产品蒸馏测定法
GB/T 11133 液体石油产品水含量测定法(卡尔·费休法)
SH 0164 石油产品包装、贮运及交货验收规则
SH/T 0208 航空液压油热氧化安定性及腐蚀测定法
SH/T 0505 含聚合物油剪切安定性测定法(超声波剪切法)

## 3 技术要求

| 项　　目 | | 质量指标 | 试验方法 |
|---|---|---|---|
| 外观 | | 红色透明液体 | 目测 |
| 运动黏度，$mm^2/s$ | | | GB/T 265 |
| 50℃ | 不小于 | 10 | |
| -50℃ | 不大于 | 1250 | |
| 腐蚀(70℃±2℃，24h)，级 | 不大于 | 2 | GB/T 5096 |
| 初馏点，℃ | 不低于 | 210 | GB/T 6536 |

中国石油化工总公司 1995-06-15 批准　　　　1995-10-01 实施

续表

| 项目 | | 质量指标 | 试验方法 |
|---|---|---|---|
| 酸值，mgKOH/g | 不大于 | 0.05 | GB/T 264[1)] |
| 闪点(开口)，℃ | 不低于 | 92 | GB/T 267 |
| 凝点，℃ | 不高于 | -70 | GB/T 510 |
| 水分，mg/kg | 不大于 | 60 | GB/T 11133 |
| 机械杂质，% | | 无 | GB/T 511 |
| 水溶性酸或碱 | | 无 | GB/T 259 |
| 油膜质量(65℃±1℃，4h) | | 合格 | 2) |
| 低温稳定性(-60℃±1℃，72h) | | 合格 | 附录 A |
| 超声波剪切(40℃运动黏度下降率)，% | 不大于 | 16 | SH/T 0505 |
| 氧化安定性(140℃，60h) | | | SH/T 0208 |
| a. 氧化后运动黏度，$mm^2/s$ | | | |
| 50℃ | 不小于 | 9.0 | |
| -50℃ | 不大于 | 1500 | |
| b. 氧化后酸值，mgKOH/g | 不大于 | 0.15 | |
| c. 腐蚀度，$mg/cm^2$ | | | |
| 钢片 | 不大于 | ±0.1 | |
| 铜片 | 不大于 | ±0.15 | |
| 铝片 | 不大于 | ±0.15 | |
| 镁片 | 不大于 | ±0.1 | |
| 密度(20℃)，$kg/m^3$ | 不大于 | 850 | GB/T 1884 及 GB/T 1885 |

注：1) 用95%乙醇(分析纯)抽提，用0.1%溴麝香草酚蓝作指示剂。

2) 油膜质量的测定：将清洁的玻璃片浸入试油中取出，垂直地放在恒温器中干燥，在65℃±1℃下保持4h，然后在15~25℃下冷却30~45min，观察在整个表面上油膜不得呈现硬的黏滞状。

## 4 包装、标志、贮存、运输

包装、标志、贮存、运输及交货验收按 SH 0164 进行。

## 5 取样

取样按 GB/T 4756 进行，取 2L 作为检验和留样用。

# 附 录 A
# 航空液压油低温稳定性测定法
（补充件）

## A.1 主题内容与适用范围

本方法规定了测定航空液压油低温稳定性的方法，亦可用于其他有相似要求的液压油。

## A.2 方法概要

将试样装入专用试管中，密封后，置于-60℃±1℃低温冷浴中，经过72h后观察试样有无白色混浊现象产生。

## A.3 仪器与材料

A.3.1 试管：硼硅玻璃制成直径14~15mm，高170mm±1mm，具塞或软木塞代替。
A.3.2 烧杯：250mL。
A.3.3 移液管：5mL。
A.3.4 温度计：-80~20℃。
A.3.5 冷浴：能保证温度控制在-60℃±1℃范围内，并带有自动搅拌装置。
A.3.6 干燥器。

## A.4 材料与试剂

A.4.1 材料
A.4.1.1 定性滤纸：使用前在105~110℃烘箱中干燥并保持其清洁。
A.4.2 试剂
A.4.2.1 无水氯化钙。
A.4.2.2 无水乙醇：分析纯。
A.4.2.3 汽油：无硫直馏汽油。
A.4.2.4 冷却剂：干冰或液态氮、液态氧。

## A.5 准备工作

A.5.1 将试样摇匀，倒入250mL烧杯中，加入无水氧化钙，浸泡脱水，然后经过干燥滤纸过滤。
A.5.2 将试管、移液管用直馏汽油、肥皂水除去油污，以自来水洗涤，蒸馏水冲净后置于105~110℃干燥箱中干燥，放入干燥器中备用(干燥后的仪器内壁不应留有油迹、水迹)。
A.5.3 用移液管量取5mL过滤好的试样，注入试管内。
A.5.4 为防止油面上部空间湿气的影响，在试管油面上部置一卷成圆筒形的干燥滤纸，滤纸紧贴试管内壁，滤纸下端距油面不少于10mm。
A.5.5 用软木塞将试管塞好，用软膏严格密封。

## A.6 试验步骤

A.6.1 当冷浴温度达到-60℃±1℃时，将装好试样的试管放入冷浴中，使试管中油面低于冷却剂液面30~50mm，冷浴中温度计水银球应位于试油中部。记录放入时间，试验过程中谨防震动试样，更不得中途取出在室温中观察。

A. 6. 2 冷浴在不断搅拌下，以冷却剂 A. 4. 2. 4 调节温度在-60℃±1℃至试验结束。

A. 6. 3 试验 72h 后，缓慢地提起试管避免晃动，立即仔细观察试样的变化情况。

## A. 7 结果判断

试样不得出现混浊或结晶，若试样无分层及浑浊现象或仅仅是试样表面有 1mm 左右的白色物，室温后白色物消失，亦认为试样合格。

## A. 8 报告

A. 8. 1 经判断认为试样低温稳定性合格者，则报告其“合格”，否则为“不合格”。

A. 8. 2 平行测定的两个试验，若结果不同，则试验应重做。

---

**附加说明：**

本标准由石油化工科学研究院技术归口。

本标准由克拉玛依炼油厂负责起草。

本标准主要起草人马勇、方慧。

本标准非等效采用前苏联标准 ГОСТ 6794-75(89)《МАСЛО АМГ-10》。

中华人民共和国石油化工行业标准

SH/T 0360—1992

# 13 号机械油
# (专用锭子油)

代替 SY 1206—74(88)

## 1 主题内容与适用范围

本标准规定了经深度精制工艺制得的 13 号机械油的技术条件。

本标准所属产品适用于军队使用。

## 2 引用标准

GB/T 259 石油产品水溶性酸及碱测定法
GB/T 264 石油产品酸值测定法
GB/T 265 石油产品运动黏度测定法和动力黏度计算法
GB/T 267 石油产品闪点与燃点测定法(开口杯法)
GB/T 508 石油产品灰分测定法
GB/T 510 石油产品凝点测定法
GB/T 511 石油产品和添加剂机械杂质测定法(重量法)
GB/T 1884 原油和液体石油产品密度实验室测定法(密度计法)
GB/T 1885 石油计量表
GB/T 4756 石油液体手工取样法
SH 0164 石油产品包装、贮存及交货验收规则
SH/T 0257 润滑油水分定性试验法
SH/T 0328 润滑脂腐蚀试验法(常温法)

## 3 技术要求

| 项目 | | 质量指标 | 试验方法 |
|---|---|---|---|
| 运动黏度，$mm^2/s$ | | | GB/T 265 |
| 20℃ | 不大于 | 49 | |
| 50℃ | 不大于 | 12.0~14.0 | |
| 酸值，mgKOH/g | 不大于 | 0.07 | GB/T 264 |
| 灰分，% | 不大于 | 0.005 | GB/T 508 |
| 腐蚀试验(钢片) | | 合格 | SH/T 0328[1)] |
| 水溶性酸或碱 | | 无 | GB/T 259 |
| 机械杂质 | | 无 | GB/T 511 |
| 水分 | | 无 | SH/T 0257 |
| 闪点(开口)，℃ | 不低于 | 163 | GB/T 267 |
| 凝点，℃ | 不高于 | -45 | GB/T 510 |
| 密度(20℃)，$kg/m^3$ | | 888~896 | GB/T 1884 和 GB/T 1885 |

注：1) 腐蚀试验时以 40 号或 50 号的钢片二块置入试料中 6h，然后取出悬于空气中 6h，如此重复试验三遍。

中国石油化工总公司 1992-05-20 批准　　1992-05-20 实施

## 4 标志、包装、运输、贮存

标志、包装、运输、贮存及交货验收按 SH 0164 进行。本产品以马口铁制的容器包装，在容器外部标明产品名称、生产日期、毛重和净重等，运输以木箱包装，在木箱上用黑漆标明生产厂，并附以质量检查卡片。

## 5 取样

取样按 GB/T 4756 进行，取 2L 试验油样，由生产单位会同用户代表用火漆或封口胶签封，并保留 6 个月。

# 前　　言

本标准等效采用 ISO/TR 10481：1993《润滑剂、工业润滑油和有关产品-L类-机床用 L-AN、L-FC、L-FD 和 L-G 品种的规格》中 L-G 品种(即导轨油)对 SH/T 0361—92 进行修订。

本标准与 ISO/TR 10481：1993 的区别如下：

本标准增加了 32 和 46 两个黏度等级(闪点分别定为不低于 150℃和 160℃，其他质量指标参照其他黏度等级油制定)。各黏度等级增加了机械杂质和水分的要求。本标准在格式和文字上作了编辑性修改。

对于导轨油来说，黏-滑特性是一项重要的质量指标，但目前国内外尚未统一公认的与机床导轨润滑实际使用情况吻合性很好的测试方法。本标准与 ISO/TR 10481 相同，由供、需双方商定测试方法。同时在表 1 注 5)中介绍了我国曾采用的黏-滑特性导轨台架的信息。

本标准的技术内容与原 SH/T 0361—92《导轨油》行业标准相比，主要差异如下：

本标准中增加了 46、220 和 320 三个黏度等级；铜片腐蚀由 SH/T 0361—92 中的"100℃，3 小时"为"合格"改为"60℃，3 小时"为"不大于 2 级"；抗磨性指标由原来要求"最大无卡咬负荷"改为要求"磨斑直径"；黏-滑特性由原采用"广州机床研究所"的导轨台架测定"静-动摩擦系数之差值不大于 0.08"改为"由供需双方商定测试方法和指标"；增加了"橡胶相容性、外观、加工液相容性"质量指标。

本标准为推荐性标准，建议各单位积极采用。生产厂(或供需双方)根据生产和使用实际情况参照本标准可以增减某些技术内容而另定企业标准(或协议)。

本标准中附录 A 为提示的附录。

本标准自实施之日起，代替 SH/T 0361—92。

本标准由中国石油化工总公司石油化工科学研究院归口。

本标准由中国石油化工总公司石油化工科学研究院负责起草。

本标准主要起草人：陈丽卿、陈铁飞。

本标准的首版为 SY 1228—82《导轨油》，1988 年进行复审确认，1992 年又改为推荐性行业标准(SH/T 0361—92)。

# ISO 前 言

ISO(国际标准化组织)是由各国标准化团体(ISO 成员)组成的世界性联合会。制定国际标准工作通常由 ISO 技术委员会承担。对技术委员会已确立的课题，每个感兴趣的成员都有在该委员会表达意见的权利。与 ISO 保持联系的各国际组织、政府机关和非政府机关也可以参加委员会的有关工作。在电工技术标准化工作的所有方面，ISO 和国际电工委员会(IEC)保持密切的合作关系。

技术委员会的主要任务是制定国际标准，但是在特殊情况下，技术委员会可以推荐下列类型之一的技术报告出版。

类型一：尽管经过反复努力，仍不能获得作为国际标准发布所必要的支持时；

类型二：该项目仍处于技术研究阶段或由于其他原因有可能在未来(而不是现在)制定为国际标准时；

类型三：技术委员会已收集到与正式出版的国际标准所不同类型的技术资料(如反映在目前技术发展水平下的技术信息)时。

类型一和类型二的技术报告在出版三年之内要进行复审，以确定是否能转为国际标准。类型三的技术报告在其所提供的技术信息不再有效或不再使用之前，不必一定要进行复审。

ISO/TR 10481 是类型二的技术报告，由技术委员会 ISO/TC 28(石油产品和润滑剂)SC 4 分委员会(分类和规格)制定。

本文件以类型二技术报告的形式发布在一系列出版物里(根据 ISO/IEC 指导性的第一部分中的 G4.2.2，1992)，在机床润滑领域里，它是“未来的标准作为暂时使用的”，因为在这个领域里，急需要有一个指导性的标准来满足鉴别产品的需要。

本标准不认为是一种“国际标准”，它只是建议作为暂时应用的，以便它的信息和经验在用于实践中逐渐积累起来。对本文件内容的意见应寄至 ISO 中央秘书处。

本类型二技术报告的复审在发布后不迟于两年内进行，出版物具有选择性：可再延长两年，也可以转成国际标准或取消。

中华人民共和国石油化工行业标准

SH/T 0361—1998

代替 SH/T 0361—1992

# 导　轨　油

**Slide ways oil**

## 1　范围

本标准规定了矿物油型导轨油 L-G 技术条件。

本标准所属产品主要适用于机床滑动导轨的润滑。

## 2　引用标准

下列标准包括的条文，通过引用而构成本标准的一部分。除非在标准中另有规定，下述引用的标准都应是现行有效标准。

GB/T 260　石油产品水分测定法

GB/T 265　石油产品运动黏度测定法和动力黏度计算法

GB/T 511　石油产品和添加剂机械杂质测定法(重量法)

GB/T 1690　硫化橡胶耐液体试验方法

GB/T 1884　原油和液体石油产品密度实验室测定法(密度计法)

GB/T 1885　石油计量表

GB/T 1995　石油产品黏度指数计算法

GB/T 3141　工业液体润滑剂　ISO 黏度分类

GB/T 3535　石油产品倾点测定法

GB/T 3536　石油产品闪点和燃点测定法(克利夫兰开口杯法)

GB/T 4756　石油液体手工取样法

GB/T 4945　石油产品和润滑剂酸值和碱值测定法(颜色指示剂法)

GB/T 5096　石油产品铜片腐蚀试验法

GB/T 7631.11　润滑剂和有关产品(L 类)的分类　第 11 部分：G 组(导轨)

GB/T 11143　加抑制剂矿物油在水存在下防锈性能试验法

SH 0164　石油产品包装、贮运及交货验收规则

SH/T 0189　润滑油抗磨损性能测定法(四球机法)

## 3　技术内容

3.1　产品标记

标记示例：导轨油 L-G68　SH/T 0361—1998

3.2　技术要求

导轨油的技术要求见表 1。

## 4　标志、包装、运输、贮存

标志、包装、运输、贮存及交货验收按 SH 0164 进行。

中国石油化工总公司 1998-06-23 批准　　　　1998-12-31 实施

表 1 导轨油技术要求

| 项 目 | 质量指标 | | | | | | | 试验方法 |
|---|---|---|---|---|---|---|---|---|
| 品种(按 GB/T 7631.11) | L-G | | | | | | | — |
| 黏度等级(按 GB/T 3141) | 32 | 46 | 68 | 100 | 150 | 220 | 320 | — |
| 运动黏度(40℃), $mm^2/s$ | 28.8～35.2 | 41.4～50.6 | 61.2～74.8 | 90～110 | 135～165 | 198～242 | 288～352 | GB/T 265 |
| 黏度指数 | 报告[1] | | | | | | | GB/T 1995 |
| 密度(20℃), $kg/m^3$ | 报告[1] | | | | | | | GB/T 1884<br>GB/T 1885 |
| 中和值, mgKOH/g | 报告[1] | | | | | | | GB/T 4945 |
| 外观(透明度) | 清澈透明 | | | | 透明 | | | 目测[2] |
| 闪点(开口),℃ 不低于 | 150 | 160 | 180 | | | | | GB/T 3536 |
| 腐蚀试验(铜片, 60℃, 3h), 级 不大于 | 2 | | | | | | | GB/T 5096 |
| 液相锈蚀试验(蒸馏水法) | 无锈 | | | | | | | GB/T 11143 |
| 倾点,℃ 不高于 | -9 | | | | | -3 | | GB/T 3535 |
| 抗磨性:[1]<br>磨斑直径(200N, 60min, 1500r/min), mm 不大于 | 0.5[3] | | | | | | | SH/T 0189 |
| 橡胶相容性 | 4) | | | | | | | GB/T 1690 |
| 黏-滑特性 | 5) | | | | | | | 5) |
| 加工液相容性 | 4) | | | | | | | 2) |
| 机械杂质,%(*m/m*) 不大于 | 无 | | | | | 0.01 | | GB/T 511 |
| 水分,%(*m/m*) 不大于 | 痕迹 | | | | | | | GB/T 260 |

1) 这些特性对于机械制造者来说是重要的，但它可随机械设计、材料和操作环境等条件的变化而变化，特性数据应由供油者提供。

2) 供需双方可共同商定测试方法。

3) 尽管四球机试验结果与导轨油的实际使用在吻合程度上有争议，但对于用户在选用导轨油而了解其抗磨性数据时有一定的参考价值。四球机试验条件和指标水平都是建议性的(如果采用转速为 1200r/min 时，应在化验报告单上予以注明)。

4) 供需双方应经常交流测定的数据。

5) 按供、需双方同意的方法测定，由供应者提供数据(我国曾采用“广州机床研究所”自建的模拟导轨润滑系统的实际台架来测定导轨油的静-动摩擦系数的差值，从而了解导轨油在低速下的“爬行”情况，为研制导轨油筛选配方和产品定型起到了指导作用)。

## 5 取样

取样按 GB/T 4756 进行，取 2L 作为检验和留样用。

# 附 录 A
（提示的附录）
## 润滑油黏-滑特性试验法（越秀型黏-滑特性试验机法）

## A.1 范围

本方法适用于在越秀型黏-滑特性试验机上，评定导轨润滑油的抗黏-滑性能，具体指标为静-动摩擦系数之差值 $\Delta\mu$。

黏-滑现象的产生，是两摩擦面间摩擦系数的变化所导致的，$\Delta\mu$ 值愈小，该润滑剂的抗黏-滑性就愈好。

## A.2 仪器

A.2.1 越秀型黏-滑特性试验机（试验台示意图见图 A.1）：

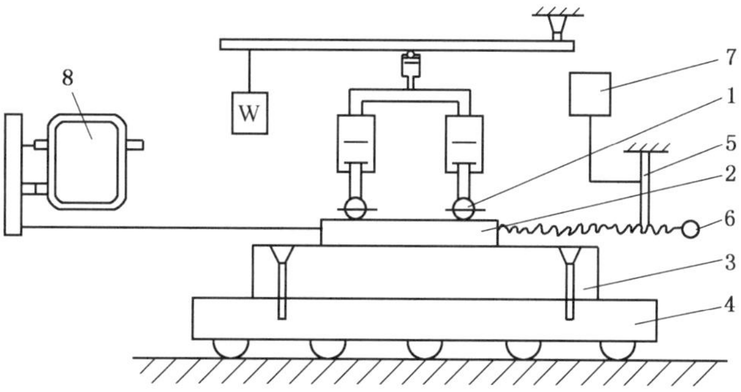


1—加载头；2—上摩擦块；3—下摩擦块；4—工作台；5—弹簧变形片；
6—目测百分表；7—应变电测记录仪；8—碳纸记录仪

**图 A.1**

负荷范围 1960N（200kgf），液压力加载。

下摩擦块水平移动速度为毫米/分钟，无级调速。

上摩擦块是面积分别为（74×82）$mm^2$ 的两块铸铁刮研面，即 I 级铸铁 14~16 点，（25×25）$mm^2$。

下摩擦块是面积为（90×500）$mm^2$ 的铸铁刮研面，即 I 级铸铁 16 点，（25×25）$mm^2$。

A.2.2 秒表。

## A.3 试剂

A.3.1 直馏汽油或溶剂汽油。

A.3.2 石油醚：60~90℃。

## A.4 准备工作

A.4.1 对弹簧变形片进行定期校正，并作出摩擦力与弹簧变形量的关系图（启用试验机作一次校正，作图，以后每年校验一次）。

A.4.2 开机让传动系统空运转 10min。

A.4.3 先用溶剂汽油清洗摩擦副表面，再用石油醚进行清洗，并吹干。

A.4.4 检查摩擦表面是否清洗干净：在负荷为 1470N（150kgf），速度为 0.5cm/min 下测定摩擦副的干摩擦系数(参看操作规程)，干净的摩擦表面在此条件下其干摩擦系数应大于0.3。若达不到此值应在负荷为1470N(150kgf)，速度约为200cm/min下进行干摩擦约10min后，再清洗摩擦表面，重新测定干摩擦系数是否达到0.3，若达到0.3时，将表面清洗、吹干。

## A.5 试验步骤

A.5.1 将试油20mL。均匀地涂布在下摩擦块面上，然后把上摩擦块平放在下摩擦块面上面，并将其右端用螺钉紧固在弹簧变形片的下端。

A.5.2 将加载头下旋至触及上摩擦块时，再下旋0.5~1mm。

A.5.3 把加载液压力调至490N(50kgf)，在快速下跑合10min后，将速度调至零。

A.5.4 将负荷加至1960N(200kgf)所需值，再将速度由小到大调至毫米/分，在3min后进行读取百分表的最大和最小指示值(各取6次平均值)。

## A.6 计算

A.6.1 将百分表的读取值用弹簧变形片校正图换算成静摩擦力和动摩擦力。动摩擦力实际上是取其平均动摩擦力。如图A.2所示。

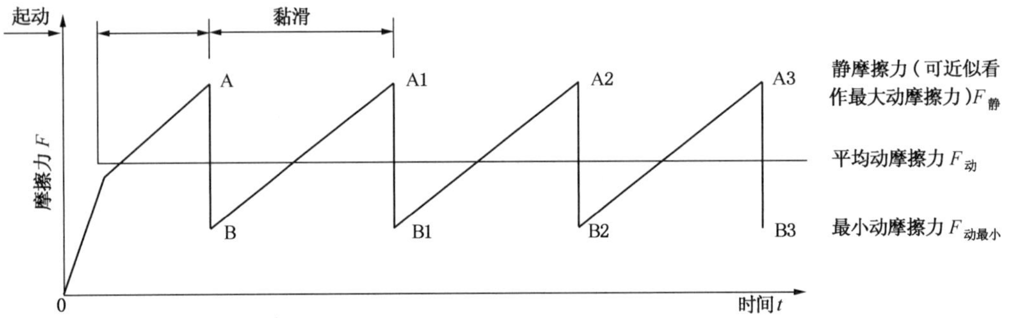


**图 A.2**

由图A.2可见：动摩擦力(即平均动摩擦力) $F_{动}=(F_{动最大}+F_{动最小})/2$

$$\Delta\mu=\mu_{静}-\mu_{动}$$

$$\mu_{静}=F_{静}/P$$

$$\mu_{动}=F_{动}/P$$

$$\Delta\mu=(F_{静}-F_{动最小})/2P$$

式中：$\Delta\mu$——静动摩擦系数差；

$F_{静}$——静摩擦力，N(kgf)；

$F_{动最小}$——最小动摩擦力，N(kgf)；

$P$——正压力，N(kgf)。

## A.7 精密度

二次平行测定 $\Delta\mu$ 值的差值应小于4%。

## A.8 精度的检查

每年用标准油检查二次，标准油 $\Delta\mu$ 值为：

Tonna 72 $\Delta\mu=0.07$

Vactra 2 $\Delta\mu = 0$

32 号汽轮机油加百分之二的油酸，$\Delta\mu = 0$。

# 前　　言

为了提高本产品的使用性能，在原标准的基础上将黏度指数提高 5 个单位，将抗氨试验由保证项目改为每批分析。为了向国际标准靠拢，由控制酸值改为控制中和值，同时增设了加剂前的中和值测定，并将产品分为一等品和合格品。

本标准实施之日起，同时代替 SH 0362—92 抗氨汽轮机油。

本标准由中国石化兰州炼油化工总厂提出。

本标准由中国石油化工总公司石油化工科学研究院技术归口。

本标准起草单位：中国石化兰州炼油化工总厂。

本标准主要起草人：王继、钱福南。

本标准首次发布为：SY 1231—84，1992 年清理整顿为 SH 0362—92。

中华人民共和国石油化工行业标准

SH/T 0362—1996

# 抗氨汽轮机油

代替 SH 0362—92

## 1 范围

本标准规定了由深度精制基础油并加入抗氧、防锈、抗泡等添加剂而制成的抗氨汽轮机油的技术条件。

本标准中所属产品具有较好的抗氨稳定性，适用于大型化肥装置离心式合成气压缩机，冷冻压缩机及汽轮机组的润滑和密封。

## 2 引用标准

GB/T 260 石油产品水分测定法

GB/T 265 石油产品运动黏度测定法和动力黏度计算法

GB/T 508 石油产品灰分测定法

GB/T 511 石油产品和添加剂机械杂质测定法(重量法)

GB/T 1995 石油产品黏度指数计算法

GB/T 3141 工业液体润滑剂 ISO 黏度分类

GB/T 3535 石油产品倾点测定法

GB/T 3536 石油产品闪点和燃点测定法(克利夫兰开口杯法)

GB/T 4756 石油液体手工取样法

GB/T 4945 石油产品和润滑剂酸值和碱值测定法(颜色指示剂法)

GB/T 7305 石油和合成液水分离性测定法

GB/T 11143 加抑制剂矿物油在水存在下防锈性能试验法

GB/T 12581 加抑制剂矿物油的氧化特性测定法

SH 0164 石油产品包装、贮运及交货验收规则

SH/T 0302 抗氨汽轮机油抗氨性能试验法

除非在标准中另有明确规定，上述引用标准都应是现行有效标准。

## 3 技术内容

3.1 产品的分类

本标准按 40℃运动黏度的中心值分为：32、32D、46、68 四个牌号。

3.2 产品质量等级

本产品按质量分为一等品和合格品两个等级。

3.3 技术要求

技术要求见表 1。

## 4 标志、包装、运输、贮存

本产品的标志、包装、运输、贮存、验收按 SH 0164 进行。

中国石油化工总公司 1996-05-24 批准　　1996-12-01 实施

**表 1　技术要求**

| 项　　目 | 质量指标 | | | | | | | | 试验方法 |
|---|---|---|---|---|---|---|---|---|---|
| | 一等品 | | | | 合格品 | | | | |
| 牌号 | 32 | 32D | 46 | 68 | 32 | 32D | 46 | 68 | GB 3141 |
| 运动黏度(40℃)，$mm^2/s$ | 28.8~35.2 | | 41.4~50.6 | 61.2~74.8 | 28.8~35.2 | | 41.4~50.6 | 61.2~74.8 | GB/T 265 |
| 黏度指数　不小于 | 95 | | | | 95[1] | | | | GB/T 1995 |
| 倾点，℃　不高于 | -17 | -27 | -17 | | -17 | -27 | -17 | | GB/T 3535 |
| 闪点(开口)，℃　不低于 | 200 | | | | 180 | | | | GB/T 3536 |
| 中和值(加剂前)，mgKOH/g<br>(加剂后)，mgKOH/g　不大于 | 报　告<br>0.03 | | | | 报　告<br>0.06 | | | | GB/T 4945 |
| 灰分(加剂前)，%　不大于 | 0.005 | | | | 0.005 | | | | GB/T 508 |
| 水分 | 无 | | | | 无 | | | | GB/T 260 |
| 机械杂质 | 无 | | | | 无 | | | | GB/T 511 |
| 氧化安定性(酸值达2.0mgKOH/g)，h　不小于 | 2000 | | | | 1000 | | | | GB/T 12581[2] |
| 破乳化时间(54℃)，(40-37-3)，min　不大于 | 15 | | | 20 | 30 | | | | GB/T 7305 |
| 液相锈蚀试验(15号钢棒，蒸馏水，24h) | 无锈 | | | | 无锈 | | | | GB/T 11143 |
| 抗氨试验 | 合格 | | | | 合格 | | | | SH/T 0302 |

注：

1) 中间基原油生产的抗氨汽轮机油黏度指数允许不低于75。

2) 氧化安定性试验作为保证项目，每年测定一次。

## 5　采样

采样按 GB/T 4756 进行，取 3L 作为检验和留样用。

中华人民共和国石油化工行业标准

SH/T 0363—1992

# 普通开式齿轮油

代替 SY 1232—85

## 1 主题内容与适用范围

本标准规定了以矿物油馏分为基础油，并添加防锈等添加剂及适量沥青质而制得的非稀释型普通开式齿轮油的技术条件。

本标准中所属产品主要适用于开式齿轮、链条和钢丝绳的润滑。

## 2 引用标准

GB/T 267 石油产品闪点与燃点测定法(开口杯法)

GB/T 3142 润滑剂承载能力测定法(四球法)

GB/T 4756 石油液体手工取样法

GB/T 11143 加抑制剂矿物油在水存在下防锈性能试验法

SH 0164 石油产品包装、贮运及交货验收规则

SH/T 0195 润滑油腐蚀试验法

## 3 技术要求

| 项　目 | 质量指标 | | | | | 试验方法 |
|---|---|---|---|---|---|---|
| 黏度等级(按100℃运动黏度划分) | 68 | 100 | 150 | 220 | 320 | — |
| 相近的原牌号 | 1号 | 2号 | 3号 | 3号 | 4号 | — |
| 运动黏度(100℃)，$mm^2/s$ | 60~75 | 90~110 | 135~165 | 200~245 | 290~350 | 附录A |
| 闪点(开口)，℃　不低于 | 200 | | | 210 | | GB/T 267 |
| 腐蚀试验(45号钢片，100℃，3h) | 合格 | | | | | SH/T 0195 |
| 液相锈蚀试验(蒸馏水) | 无锈 | | | | | GB/T 11143 |
| 最大无卡咬负荷($P_B$)，N(kgf)　不小于 | 686(70) | | | | | GB/T 3142 |
| 清洁性 | 必须无砂子和磨料 | | | | | 1) |

注：1) 用5~10倍直馏汽油稀释、中速定量滤低过滤、乙醇苯混合液冲洗残渣，观察滤纸必须无砂子和磨料。

## 4 标志、包装、运输、贮存

标志、包装、运输、贮存及交货验收按SH 0164进行。

## 5 取样

取样按GB/T 4756进行，取2L作为检验和留样用。

中国石油化工总公司 1992-05-20 批准　　1992-05-20 实施

# 附　录　A
# 开式齿轮油黏度测定法
（补充件）

## A1　主题内容与适用范围

本方法适用于测定开式齿轮油的动力黏度，用试样的密度与测定的动力黏度之比，就能得到运动黏度。

本方法所用的黏度计，是用同轴圆筒系统测定流体的流变性质，它特别适用于测定非牛顿流体，如可以测定流体矿物油和沥青等。

## A2　方法概要

将试样置于同轴圆筒系统的环形间隙中，与固定外筒构成测量仪器，外筒置于一个液体循环、恒温器相连接的温度调温槽中，转动内筒，籍测量轴的圆筒形螺旋弹簧相连，螺旋弹簧的偏转可以作为内筒有转矩的量度，偏转的大小可用电位感知，此时分路电流的大小影响交叉线圈仪表的指示。交叉线圈仪表之测定值与转矩成比例，因此，与剪切应力或黏度成比例。

## A3　仪器与材料

A3.1　仪器

A3.1.1　RHEOTEST RV 型黏度计。

A3.1.2　超级恒温器：温度应控制在 15~110℃范围内。

A3.1.3　温度测量设备：使用校正至 0.1℃的液体温度计或用黏度计自备的标准温度计。

A3.2　材料

黏度标准油：用于实验室操作的验证检查，如果所测得的动力黏度不在规定值的±3%内，则试验步骤的每一过程应重新检查，包括温度计的校正，以确定反常结果的来源。

## A4　准备工作

A4.1　在用圆筒开始充料前，用汽油将测量的容器洗净烘干，并以同样方式处理密封盖垫圈。

A4.2　试样含有水或机械杂质时，在试验前必须经过脱水处理，用滤纸除去机械杂质。

## A5　试验步骤

A5.1　将试样 25mL 注入测量仪器。

A5.2　测试部件与测量机构的联接，按下述规定。

A5.2.1　用左手拿住测量圆筒的起槽处，将圆筒口按在测量轴上，再把右手食指放在圆筒底部，将圆筒向上推到顶，如果均匀地推不能使圆筒联接上。那就用左手食指均匀地向上推，直至测量圆筒联接上为止。在重新将测量圆筒往上推入时，如果测量圆筒的标记 $S_1$ 与联接器的标记垂直一致了，即可停住测量圆筒不动。

A5.2.2　靠触觉将准备好的，已充满试样的测量容器接到测量圆筒上，注意使标记 $S_1$ 向前。测量容器口部与测量机构对好后，轻轻地转动并将测量容器向上推。在向上推动测量容器时，压紧杆应在右方，测量容器推到顶，将压紧杆向左转，使测量容器固定牢。

A5.2.3　将带温度计的调温槽与恒温器连通，注意进出口方向，恒温器泵要关闭。将配有密封的调温槽装在测量仪器上，在将调温槽往上推时，压紧杆应在右方，接好后将压紧杆向左转，使调温槽固定在测量器上。固定后才能接通恒温器的电源。调温槽从测量器上取下时，必须放置在比恒温器高的地方，以防止调温槽中的调温液体溢出。

A5.3 试样的黏度与温度有关，因此，在测量黏度时必须有一定准确的温度，仪器安装就绪后，启动恒温器的泵，使调温液体开始循环，当调温槽内温度达到规定温度后，恒温 20min。

A5.4 温度达到后，即可进行测试，仪器功能对测试顺序无特殊要求，测试方法按要测的试样，选择联动装置的转速档，进行单点或多点测定。开启黏度计 5s 以上，待仪表指针稳定后，记录读数。

A5.5 从测量机构上取下调温槽、测试容器和测量圆筒等。按安装时的逆顺序从测量机构上仔细卸下，并将测试圆筒系统，用汽油清洗干净，烘干待用。

## A6 计算

用下列计算公式，将读到的测试值换算为运动黏度。注意剪切应力 $\tau_r$ 和剪切速度 $D_r$ 与圆筒系统的内筒直径有关。

A6.1 试样有效的剪切应力 $\tau_r$($10^{-1}$Pa)按式(A1)计算：

$$\tau_r = Z \cdot \alpha \qquad \text{(A1)}$$

式中：$Z$——圆筒常数，$10^{-1}$Pa·s；

$\alpha$——测试仪器读数，$s^{-1}$。

圆筒常数 $Z$ 按剪切应力范围Ⅰ和Ⅱ分别列入仪器检验单中或标准计量单位校验后给出。

A6.2 试样在温度 $t$ 时的动力黏度 $\eta_t$(Pa·s)按式(A2)计算：

$$\eta_t = \frac{\tau_r}{D_r} \times 100 \qquad \text{(A2)}$$

式中：$\tau_r$——剪切应力，$10^{-1}$Pa；

$D_r$——剪切速度梯度，$s^{-1}$。

试样的动力黏度计算可以简化。设计算因子值 $F$ 为：

$$F = 100D_r^{-1}$$

$$\text{而}\ \tau_r = Z \cdot \alpha$$

$$\text{故}\ \eta = \tau_r \cdot F = Z \cdot F \cdot \alpha$$

计算因子值 $F$ 列于旋转黏度计检验单的转数级表中，表中的数值在电流频率为 50 Hz 时有效，电流频率偏离 50 Hz 时可以进行校正，经频率校正后的计算因子值 $F_r$ 为：

$$F_r = F \times \frac{50}{V}$$

式中：$V$——电流频率。

A6.3 试样的运动黏度 $\nu$($mm^2/s$)按式(A3)计算：

$$\nu = \eta / \rho \qquad \text{(A3)}$$

式中：$\eta$——动力黏度，$10^{-3}$Pa·s；

$\rho$——试样的密度，$g/cm^3$。

注：动力黏度的 SI 单位为 Pa·s(帕[斯卡]秒)，在数值上 1P(泊)= $10^{-1}$Pa·s。

运动黏度的 SI 单位为 $mm^2/s$，在数值上 $1mm^2/s$ = 1cSt(厘斯)。

## A7 精密度

A7.1 重复性

由同一操作者，用同一仪器，在规定的操作条件下，用相同的试样，所测得的两个结果之间的差数，不得超过其算术平均值的±3%。

A7.2 再现性

再现性尚未规定。

## A8 报告

取重复测定两个结果的算术平均值作为试样的运动黏度。

## 附 录 B
## 新旧黏度等级(牌号)对照表
(参考件)

| 本标准采用的黏度等级<br>(按 100℃运动黏度分列) | 旧等级<br>牌号 | ASTM<br>(级) | AGMA<br>(号) |
|---|---|---|---|
| 68 | 1 号 | S 15000 | 10 |
| 100 | 2 号 | S 21500 | 11 |
| 150 | 3 号 | S 31500 | 12 |
| 220 | 3 号 | S 150000 | 13 |
| 320 | 4 号 | — | — |

**附加说明：**
本标准由石油化工科学研究院归口。
本标准由兰州炼油化工总厂负责起草。
本标准主要起草人：安全英。

# 中华人民共和国石油化工行业标准

SH/T 0528—1992

# 矿物油型真空泵油

代替 SY 1634—70

## 1 主题内容与适用范围

本标准规定了矿物油型真空泵油的技术条件。

本标准所属产品适用于各种容积真空泵(机械真空泵)的密封与润滑，也适用于罗茨真空泵(机械增压泵)齿轮传动系统的润滑。

## 2 引用标准

GB/T 259 石油产品水溶性酸及碱测定法
GB/T 260 石油产品水分测定法
GB/T 265 石油产品运动黏度测定法和动力黏度计算法
GB/T 268 石油产品残炭测定法(康氏法)
GB/T 508 石油产品灰分测定法
GB/T 511 石油产品和添加剂机械杂质测定法(重量法)
GB/T 1884 原油和液体石油产品密度实验室测定法(密度计法)
GB/T 1885 石油计量表
GB/T 2541 石油产品黏度指数算表
GB/T 3141 工业液体润滑剂 ISO 黏度分类
GB/T 3535 石油产品倾点测定法
GB/T 3536 石油产品闪点和燃点测定法(克利夫兰开口杯法)
GB/T 4756 石油液体手工取样法
GB/T 4945 石油产品和润滑剂酸值和碱值测定法(颜色指示剂法)
GB/T 5096 石油产品铜片腐蚀试验法
JB/T 7266 容积真空泵性能测量方法 第 2 部分：极限压力的测量
GB/T 6540 石油产品颜色测定法
GB/T 7305 石油和合成液水分离性测定法
GB/T 12579 润滑油泡沫特性测定法
GB/T 12581 加抑制剂矿物油的氧化特性测定法
SH 0164 石油产品包装、贮运及交货验收规则
SH/T 0193 润滑油氧化安定性测定法(旋转氧弹法)
SH/T 0293 真空油脂饱和蒸气压测定法

## 3 技术内容

3.1 产品质量等级

本产品按质量分为优级品、一级品和合格品三个等级。

3.2 技术要求

中国石油化工总公司 1992-09-19 批准　　1993-09-01 实施

| 项目 | | 质量指标 | | | | | | | 试验方法 |
|---|---|---|---|---|---|---|---|---|---|
| 质量等级 | | 优级品 | | | 一级品 | | | 合格品 | |
| 黏度等级(按 GB/T 3141) | | 46 | 68 | 100 | 46 | 68 | 100 | 100 | — |
| 运动黏度(40℃), $mm^2/s$ | | 41.4 ~ 50.6 | 61.2 ~ 74.8 | 90 ~ 110 | 41.4 ~ 50.6 | 61.2 ~ 74.8 | 90 ~ 110 | 90 ~ 110 | GB/T 265 |
| 黏度指数 | 不小于 | 90 | | | 90 | | | — | GB/T 2541 |
| 密度(20℃), $kg/m^3$ | 不大于 | 880 | 882 | 884 | 880 | 882 | 884 | — | GB/T 1884 或 GB/T 1885 |
| 倾点,℃ | 不高于 | -9 | | | -9 | | | -9 | GB/T 3535 |
| 闪点(开口),℃ | 不低于 | 215 | 225 | 240 | 215 | 225 | 240 | 206 | GB/T 3536 |
| 中和值, mgKOH/g | 不大于 | 0.1 | | | 0.1 | | | 0.2 | GB/T 4945 |
| 色度, 号 | 不大于 | 0.5 | 1.0 | 2.0 | 1.0 | 1.5 | 2.5 | — | GB/T 6540 |
| 残炭,% | 不大于 | 0.02 | 0.03 | 0.05 | 0.05 | 0.05 | 0.10 | 0.20 | GB/T 268 |
| 抗乳化性(40-37-3mL), min | | | | | | | | | GB/T 7305 |
| 54℃ | 不大于 | 10 | 15 | — | 30 | 30 | — | — | |
| 82℃ | 不大于 | — | — | 20 | — | — | 30 | 报告 | |
| 腐蚀试验(铜片, 100℃, 3h), 级 | 不大于 | 1 | | | 1 | | | — | GB/T 5096 |
| 泡沫性(泡沫倾向/泡沫稳定性), mL/mL | | | | | | | | | GB/T 12579 |
| 24℃ | 不大于 | 100/0 | | | — | | | — | |
| 93.5℃ | 不大于 | 75/0 | | | — | | | — | |
| 后 24℃ | 不大于 | 100/0 | | | — | | | — | |

**续表**

| 项目 | 质量指标 | | | | | | | 试验方法 |
|---|---|---|---|---|---|---|---|---|
| 质量等级 | 优级品 | | | 一级品 | | | 合格品 | |
| 黏度等级(按 GB/T 3141) | 46 | 68 | 100 | 46 | 68 | 100 | 100 | — |
| 氧化安定性 | | | | | | | | |
| a. 酸值到 2.0mgKOH/g 时间[1)]，h 不小于 | 1000 | | | — | | | — | GB/T 12581 |
| b. 旋转氧弹(150℃)，min | 报告 | | | — | | | — | SH/T 0193 |
| 水溶性酸及碱 | 无 | | | 无 | | | 无 | GB/T 259 |
| 水分，% | 无 | | | 无 | | | 无 | GB/T 260 |
| 机械杂质，% | 无 | | | 无 | | | 无 | GB/T 511 |
| 灰分，% 不大于 | — | | | — | | | 0.005 | GB/T 508 |
| 饱和蒸气压，kPa | | | | | | | | SH/T 0293 |
| 20℃ 不大于 | — | — | — | — | — | — | $5.3\times10^{-5}$ | |
| 60℃ 不大于 | $6.7\times10^{-6}$ | $6.7\times10^{-7}$ | $1.3\times10^{-7}$ | $1.3\times10^{-5}$ | $1.3\times10^{-6}$ | $6.7\times10^{-7}$ | 报告 | |
| 极限压力，kPa | | | | | | | | |
| 分压 不大于 | $2.7\times10^{-5}$ | | | $6.7\times10^{-5}$ | | | — | JB/T 7266[2)] |
| 全压 | 报告 | | | — | | | — | |

注：1）为保证项目。

2）必须用双级优级真空泵作为试验用泵。

## 4 标志、包装、运输、贮存

标志、包装、运输、贮存及交货验收按 SH 0164 进行。

## 5 取样

取样按 GB/T 4756 进行，取 2L 作为检验和留样用。

---

**附加说明：**
本标准由中国石化大连石油化工公司提出。
本标准由石油化工科学研究院技术归口。
本标准由中国石化大连石油化工公司负责起草。
本标准主要起草人葛文蔚。

中华人民共和国石油化工行业标准

SH/T 0564—1993

# 热 处 理 油

## 1 主题内容与适用范围

本标准规定了矿物油型热处理油的技术条件。

本标准所属产品适用于作钢(尤其是合金钢)及其他合金材料淬火和回火等工艺用冷却介质。

## 2 引用标准

GB/T 260 石油产品水分测定法

GB/T 265 石油产品运动黏度测定法和动力黏度计算法

GB/T 3535 石油产品倾点测定法

GB/T 3536 石油产品闪点和燃点测定法(克利夫兰开口杯法)

GB/T 4756 石油液体手工取样法

GB/T 5096 石油产品铜片腐蚀试验法

SH 0004 橡胶工业用溶剂油

SH 0164 石油产品包装、贮运及交货验收规则

SH/T 0219 热处理油热氧化安定性测定法

SH/T 0220 热处理油冷却性能测定法

SH/T 0293 真空油脂饱和蒸气压测定法

## 3 技术内容

### 3.1 产品分类

| 类 别 | 名 称 | 用 途 |
|---|---|---|
| 冷淬火油 | 普通淬火油<br>快速淬火油<br>超速淬火油<br>快速光亮淬火油<br>1号真空淬火油<br>2号真空淬火油 | 用于小尺寸及淬透性好的材料淬火<br>用于中、大型材料淬火<br>用于大型及淬透性差的材料淬火<br>用于中型及淬透性差的材料在可控气氛下淬火<br>用于中型材料在真空状态下淬火<br>用于淬透性好的材料在真空状态下淬火 |
| 热淬火油 | 1号等温(分级)淬火油<br>2号等温(分级)淬火油 | 用于120℃左右热油淬火<br>用于160℃左右热油淬火 |
| 回火油 | 1号回火油<br>2号回火油 | 用于150℃左右回火<br>用于200℃左右回火 |

### 3.2 技术要求

中国石油化工总公司 1993-06-11 批准 1994-05-01 实施

<table>
<tr><th rowspan="2" colspan="2">分类及牌号<br>名称<br>项目</th><th colspan="6">冷淬火油</th><th colspan="2">热淬火油</th><th colspan="2">回火油</th><th rowspan="2">试验方法</th></tr>
<tr><th>普通淬火油</th><th>快速淬火油</th><th>超速淬火油</th><th>快速光亮淬火油</th><th>1 号真空淬火油</th><th>2 号真空淬火油</th><th>1 号等温、分级淬火油</th><th>2 号等温、分级淬火油</th><th>1 号回火油</th><th>2 号回火油</th></tr>
<tr><td colspan="2">运动黏度，$mm^2/s$</td><td></td><td></td><td></td><td></td><td></td><td></td><td></td><td></td><td></td><td></td><td rowspan="3">GB/T 265</td></tr>
<tr><td>40℃</td><td>不大于</td><td>30</td><td>26</td><td>17</td><td>38</td><td>40</td><td>90</td><td>—</td><td>—</td><td>—</td><td>—</td></tr>
<tr><td>100℃</td><td>不大于</td><td>—</td><td>—</td><td>—</td><td>—</td><td>—</td><td>—</td><td>20</td><td>35</td><td>30</td><td>50</td></tr>
<tr><td>闪点(开口),℃</td><td>不低于</td><td>180</td><td>170</td><td>160</td><td>180</td><td>170</td><td>210</td><td>200</td><td>250</td><td>230</td><td>280</td><td>GB/T 3536</td></tr>
<tr><td>燃点,℃</td><td>不低于</td><td>200</td><td>190</td><td>180</td><td>200</td><td>190</td><td>230</td><td>220</td><td>280</td><td>250</td><td>310</td><td>GB/T 3536</td></tr>
<tr><td>水分,%</td><td>不大于</td><td colspan="3">痕迹</td><td colspan="3">无</td><td colspan="2">痕迹</td><td colspan="2">痕迹</td><td>GB/T 260</td></tr>
<tr><td>倾点,℃</td><td>不高于</td><td colspan="3">-9</td><td colspan="3">-5</td><td colspan="2">-5</td><td colspan="2">-5</td><td>GB/T 3535</td></tr>
<tr><td>腐蚀(铜片，100，3h)，级</td><td>不大于</td><td colspan="6">1</td><td colspan="2">1</td><td colspan="2">1</td><td>GB/T 5096</td></tr>
<tr><td>光亮性，级</td><td>不大于</td><td>3</td><td>2</td><td>2</td><td colspan="3">1</td><td colspan="2">2</td><td colspan="2">—</td><td>附录 A</td></tr>
<tr><td>饱和蒸气压(20℃)，kPa</td><td>不高于</td><td colspan="3">—</td><td>—</td><td colspan="2">$6.7\times10^{-6}$</td><td colspan="2">—</td><td colspan="2">—</td><td>SH/T 0293</td></tr>
<tr><td>热氧化安定性 黏度比[1)]</td><td>不大于</td><td colspan="6">1.5</td><td colspan="2">1.5</td><td colspan="2">1.4</td><td rowspan="2">SH/T 0219</td></tr>
<tr><td>热氧化安定性 残炭增加值,%</td><td>不大于</td><td colspan="6">1.5</td><td colspan="2">1.5</td><td colspan="2">1.5</td></tr>
<tr><td>冷却性能 特性温度(80℃时),℃</td><td>不低于</td><td>520</td><td>600</td><td>585</td><td>600</td><td>600</td><td>585</td><td colspan="2">—</td><td colspan="2">—</td><td rowspan="7">SH/T 0220</td></tr>
<tr><td>冷却性能 800→400℃时间(80℃时)，s</td><td>不大于</td><td>5.0</td><td>4.0</td><td>—</td><td>4.5</td><td>5.5</td><td>7.5</td><td colspan="2">—</td><td colspan="2">—</td></tr>
<tr><td>冷却性能 800→300℃时间(80℃时)，s</td><td>不大于</td><td colspan="2">—</td><td>6.0</td><td colspan="3">—</td><td colspan="2">—</td><td colspan="2">—</td></tr>
<tr><td>冷却性能 特性温度(120℃时),℃</td><td>不低于</td><td>—</td><td>500</td><td colspan="4">—</td><td colspan="2">600</td><td colspan="2">—</td></tr>
<tr><td>冷却性能 800→400℃时间(120℃时)，s</td><td>不大于</td><td colspan="6">—</td><td>5.0</td><td>5.5</td><td colspan="2">—</td></tr>
<tr><td>冷却性能 特性温度(160℃时),℃</td><td>不低于</td><td colspan="6">—</td><td>—</td><td>600</td><td colspan="2">—</td></tr>
<tr><td>冷却性能 800→400℃时间(160 时)，s</td><td>不大于</td><td colspan="6">—</td><td>—</td><td>6.0</td><td colspan="2">—</td></tr>
</table>

注：1）冷淬火油测定温度为40℃；热淬火油和回火油测定温度为100℃。

## 4 标志、包装、运输、贮存

标志、包装、运输、贮存及交货验收按 SH 0164 进行。

## 5 取样

取样按 GB/T 4756 进行，取 2L 作检验和留样用。

## 附 录 A
## 热处理油光亮性试验方法
（补充件）

本方法适用于测定热处理油的光亮性。

### A1 方法概要

本方法是将试件在氮气（或其他可控气氛）下加热到840℃，保温5min后，迅速淬入试油中，用比色法评定淬火后试件表面状态来确定热处理油光亮性。

### A2 仪器与材料

A2.1 加热炉（见图A1）：尺寸为300mm×500mm，用耐热钢制作，可恒温在840℃±5℃。

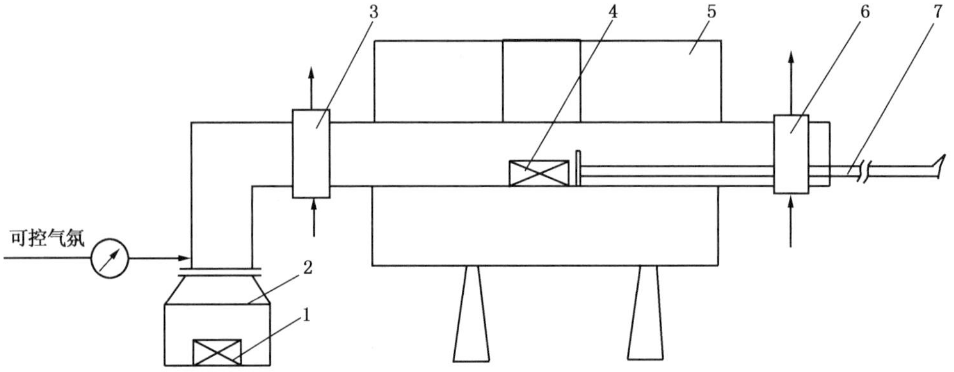


**图A1 热处理油光亮性评定设备示意图**

1，4—试件；2—淬火油槽；3，6—水冷却器；5—加热炉；7—料铲

A2.2 淬火油槽：150mm×200mm不锈钢，壁厚1.5mm。
A2.3 料铲：50mm×35mm×5mm，用耐热钢制成。
A2.4 控温仪表：0～1000℃，精度为0.25级。
A2.5 试件：30mm×10mm×10mmGCr 15钢，表面粗糙度为$\overset{1.6}{\bigtriangledown}$。
A2.6 氮气（纯度99.5%）或其他保护气氛。
A2.7 砂布：粒度为180号。
A2.8 绸布：白色或黄色绸布。

### A3 试剂

A3.1 95%乙醇：分析纯。
A3.2 橡胶工业用溶剂油：符合SH 0004要求。

### A4 准备工作

A4.1 将试件用砂布把表面打磨到粗糙度为$\overset{1.6}{\bigtriangledown}$后，分别用橡胶工业用溶剂油和95%乙醇清洗干净。
A4.2 将可控气氛加热炉升温到840℃±5℃。
A4.3 将氮气或其他可控气氛流量调整至8L/min，并通入到加热炉内。
A4.4 将打磨好的试件送入可控气氛加热炉内进行正火试验，以确定气氛是否合格。正火试验是试件在可控气氛加热炉内加热到840℃±5℃，恒温5min后，在有可控气氛的状态下，随炉降温冷却至室温，然后取出试件，观察试件表面状态，如试件表面光亮如初，无氧化和污染现象，证明气氛合格，否则需调整气氛直至正火试验合格后，方可进行试验。

A4.5　将400mL试油注入淬火油槽中。

## A5　试验步骤

A5.1　将打磨清洗好的试件送入可控气氛加热炉中加热，在840℃±5℃下恒温5min。

A5.2　移动料铲将试件在有可控气氛状态下淬入试油中。

A5.3　待试件在油中冷却至室温时取出，并用橡胶用工业溶剂油和95%乙醇清洗，用绸布擦干。

## A6　结果判断

热处理油光亮性，根据试件淬火后表面的光亮程度分为1~5五个等级，1级最好，5级最差，判断方法见表A1。

**表A1　热处理油光亮性评分表**

| 等　级 | 试件表面状态 |
|---|---|
| 1 | 表面清洁光亮，无氧化、无污染 |
| 2 | 大部分光亮，少部分呈灰色 |
| 3 | 表面灰色并有少量黄色漆膜 |
| 4 | 表面黄色，部分褐色 |
| 5 | 褐色和黑色 |

## A7　报告

根据热处理油光亮性评分表提出报告。

---

**附加说明：**

本标准由大连石油化工公司提出。

本标准由石油化工科学研究院技术归口。

本标准由大连石油化工公司负责起草。

本标准主要起草人王东海、徐莲芬。

本标准参照采用日本工业标准JISK 2242-80《热处理油》。

# 前　言

本标准是非等效采用国际标准化组织技术报告草案 ISO/DTR 12927：1995《润滑剂、工业润滑油和有关产品(L类)—M组(金属加工)—制定标准的导则》而制定的。

本标准中所采用的试验方法标准尽可能采用与 ISO 相当的国家标准(GB)和行业标准(SH)或者直接采用国际标准(ISO)和法国国家标准(NF)。

本标准包括附录 A、附录 B、附录 C、附录 D(均为提示的附录)，其中附录 A、附录 B 和附录 C 是 ISO 技术报告中原来有的，而附录 D 是本标准新增加的内容。

本标准由中国石油化工总公司石油化工科学研究院技术归口。

本标准由中国石油化工总公司石油化工科学研究院负责起草。

本标准起草人：杨大芬。

# ISO 前 言

ISO(国际标准化组织)是由各国标准化团体(ISO成员)组成的世界性联合会。制定国际标准的工作通常是由ISO技术委员会承担。对技术委员会已确立的课题，每个感兴趣的成员都有在该委员会表达意见的权利。与ISO保持联系的各国际组织、政府机关和非政府机关也可以参加委员会的有关工作。在电工技术标准化工作的所有方面，ISO与国际电工委员会(IEC)保持密切的合作关系。

技术委员会的主要任务是制定国际标准。但在特殊的情况时，技术委员会可以提出以下任意一种类型的技术报告的出版物。

类型一：当所要求的建议，尽管在反复的努力下，仍不能获得作为国际标准出版物时；

类型二：当此学科仍继续发展或其他原因，但不可能立即同意成为国际标准时；

类型三：当技术委员会已经从通常出版物中收集了的作为国际标准的不同类型资料(如技术的状态)时。

对于类型一和类型二技术报告在出版3年内复审，再决定它们是否可以转成国际标准；

对于类型三，一直到它们所提供的资料不再有效和有用时，再复审。

ISO/DTR 12927是类型三技术报告，是由ISO/TC 28石油产品和润滑剂，第4分委员会，即分类和标准委员会制定的。

在本导则的前言中解释了决定本文件以技术报告类型三公布的理由。

中华人民共和国石油化工行业标准

SH/T 0665—1998

# 润滑剂和有关产品(L类)—M组(金属加工)—制定标准的导则

**Lubricants and related products (class L)—Family M(metalworking)—Guidelines for establishing specifications**

## 1 范围

考虑到金属加工液标准制定的难度和需要，从而制定了金属加工液标准的导则，以借助于每个品种的特征性能和功能性能来促进 GB/T 7631.5《润滑剂和有关产品(L类)分类 第5部分：M组(金属加工)》的分类标准的应用。

本导则可作为制定每个金属加工液品种标准的准则。每个品种的特征性能和功能性能是作为用户和供应商共同协议的基础，但是对于双方要求单独检测的特殊要求则需另行考虑。对于健康、安全和环保等方面的要求，必须遵照国家规定的有关法规和法律。

## 2 引用标准

下列标准包括的条文，通过引用而构成本标准的一部分。除非在标准中另有明确规定，下述引用标准都应是现行有效标准。

GB/T 261 石油产品闪点测定法(闭口杯法)

GB/T 265 石油产品运动粘度测定法和动力粘度计算法

GB/T 498 石油产品及润滑剂的总分类

GB/T 1884 原油和液体石油产品密度实验室测定法(密度计法)

GB/T 1885 石油计量表

GB/T 3141 工业液体润滑剂 ISO 粘度分类

GB/T 3535 石油产品倾点测定法

GB/T 3536 石油产品闪点和燃点测定法(克利夫兰开口杯法)

GB/T 4945 石油产品和润滑剂酸值和碱值测定法(颜色指示剂法)

GB/T 5096 石油产品铜片腐蚀试验法

GB/T 6540 石油产品颜色测定法

GB/T 6682 分析实验室用水规格和试验方法

GB/T 7631.1 润滑剂和有关产品(L类)的分类 第1部分：总分组

GB/T 7631.5 润滑剂和有关产品(L类)的分类 第5部分：M组(金属加工)

GB/T 8021 石油产品皂化值测定法

GB/T 11143 加抑制剂矿物油在水存在下防锈性能试验法

GB/T 12579 润滑油泡沫特性测定法

SH/T 0251 石油产品碱值测定法(高氯酸电位滴定法)

中国石油化工总公司 1998-06-23 批准 1998-12-31 实施

ISO 6320　动植物油脂折射率测定法
NF T60-187　含水机械加工液—乳化度、可溶适应性和静止时稳定性测定法
NF T60-195　含水机械加工液—在稀释状态下的透明度测定法
NF T60-196　不含水机械加工液—油雾形成倾向的评定
NF T60-197　含水机械加工液和不含水机械加工液—短期和长期贮存试验

## 3　所用代号说明

3.1　M组的详细分类是根据本组产品性能和所要求的主要应用场合来确定。每个品种可由三个英文字母组成的一组代号来表示。
3.2　每个代号的第一个英文字母“M”表示该产品所属的组别，第三个字母单独存在时无任何含义。
3.3　每个代号的第一、二两个英文字母中，“MH”表示不含水金属加工液的标记；“MA”表示一种能与水混合，且最终用户能调配成水溶液的浓缩液的标记。
3.4　在“MH”的产品之后出现的数字表示按GB/T 3141规定的黏度等级；在“MA”中的浓缩液的黏度不能预测。
3.5　每个代号的第三个英文字母单独存在时无意义，三个英文字母连在一起表示产品的类型和最终使用要求。
3.6　在本标准中各品种采用统一方法命名。一个特定产品完整的表示为L-MHA32，L-MAA，一般允许以缩写形式MHA32，MAA来表示。

在完整形式中，前缀字母“L”表示按GB/T 498中的类别；字母“M”表示按GB/T 7631.5中的M组(金属加工)。

## 4　标准导则

4.1　前言

标准通常是由一组性能所组成。根据不同液体的类型(不含水液体和含水液体)具有不同的性能。

4.1.1　特征性能。

4.1.2　功能性能。

4.2　不含水液体

4.2.1　特征性能

这些性能通常是采用石油产品的性能，如：黏度、密度、倾点、颜色和外观等，见表1-1。

**表1-1　制定不含水金属加工液的标准导则**

| No. | 特征性能 | 单　位 | L-[1] | | | | | | | | 试验方法 |
|---|---|---|---|---|---|---|---|---|---|---|---|
| | | | MHA | MHB | MHC | MHD | MHE | MHF | MHG | MHH | |
| 1.1 | 外观 | 级 | 1) | 1) | 1) | 1) | 1) | 1) | | | 目测 |
| 1.2 | 颜色 | 级 | 1) | 1) | 1) | 1) | 1) | 1) | | | GB/T 6540 |
| 1.3 | 嗅味 | 级 | 1) | 1) | 1) | 1) | 1) | 1) | | | 嗅觉 |
| 1.4 | 密度[2] | $kg/m^3$ | 1) | 1) | 1) | 1) | 1) | 1) | | | GB/T 1884<br>GB/T 1885 |
| 1.5 | 黏度[2] | $mm^2/s$ | 1) | 1) | 1) | 1) | 1) | 1) | | | GB/T 265 |
| 1.6 | 闪点<br>开口<br>闭口 | <br>℃<br>℃ | <br>1)<br>1) | <br>1)<br>1) | <br>1)<br>1) | <br>1)<br>1) | <br>1)<br>1) | <br>1)<br>1) | | | 3)<br>GB/T 3536<br>GB/T 261 |
| 1.7 | 倾点 | ℃ | 1) | 1) | 1) | 1) | 1) | 1) | | | GB/T 3535 |

表 1-1(续)

| No. | 特征性能 | 单　位 | L-[1] | | | | | | | | 试验方法 |
|---|---|---|---|---|---|---|---|---|---|---|---|
| | | | MHA | MHB | MHC | MHD | MHE | MHF | MHG | MHH | |
| 1.8 | 皂化值 | mgKOH/g | 4) | 4) | 4) | 4) | 4) | 4) | 4) | 4) | GB/T 8021 |
| 1.9 | 总硫含量 | %(m/m) | 5) | 5) | 5) | 5) | 5) | 5) | 5) | 5) | 5) |
| 1.10 | 铜片腐蚀 | 级 | 1) | 1) | 1) | 1) | 1) | 1) | | | GB/T 5096 |
| 1.11 | 氯含量 | %(m/m) | 6) | 6) | 6) | 6) | 6) | 6) | 6) | 6) | 6) |
| 1.12 | 元素含量 | %(m/m) | 7) | 7) | 7) | 7) | 7) | 7) | 7) | 7) | 7) |

1) 此性质适用于该类产品。
2) 标出温度。
3) 根据产品类型和闪点值选用相应的方法。
4) 某些化合物如：氯化石蜡、硫化脂肪的存在会干扰皂化值的测定。
5) 可用精密的方法如：X 射线、燃烧。如需要可由供应商标明添加剂中的硫含量(如添加的硫、总硫和基础原料中的硫含量)。
6) 可用精密的方法。考虑到环保和处理方面的原因，最终用户可以要求无氯元素的存在。
7) 从金属相容性理由或其他正当理由，最终用户可以要求了解特殊元素的含量和性质，可由最终用户和供应商共同协商这些元素的含量的极限值和性质。

4.2.2　功能性能

要确定这些功能性能是困难的，因为它们必须代表各种各样和特殊的使用场合的性质。

现已有一些标准方法，但不能代表实际工业使用场合。

所提到的关键的功能性能有：

——极压性(EP)；

——抗磨损性；

——减摩擦性；

——防锈性；

——抗雾性；

——过滤性；

——与油漆和合成材料的适应性。

见表 1-2。

表 1-2　制定不含水金属加工液的标准导则

| No. | 功能性能 | 单　位 | L-[1] | | | | | | | | 试验方法 |
|---|---|---|---|---|---|---|---|---|---|---|---|
| | | | MHA | MHB | MHC | MHD | MHE | MHF | MHG | MHH | |
| 2.1 | 泡沫特性 | mL/mL | 1) | 1) | 1) | 1) | 1) | 1) | 1) | 1) | GB/T 12579 |
| 2.2 | 极压性 | | 2) | 2) | 2) | 2) | 2) | 2) | 2) | 2) | 2) |
| 2.3 | 过滤性 | | 3) | 3) | 3) | 3) | 3) | 3) | 3) | 3) | 3) |
| 2.4 | 防锈性 | 级 | 1) | 1) | 1) | 1) | 1) | 1) | 1) | 1) | GB/T 11143 |
| 2.5 | 抗雾性 | %(m/m) | 4) | 4) | 4) | 4) | 4) | 4) | 4) | 4) | NF T60-196 |
| 2.6 | 抗摩性 | 级 | — | 1) | — | — | 1) | 1) | | | 5) |
| 2.7 | 贮存安定性 | 级 | 1) | 1) | 1) | 1) | 1) | 1) | | | NF T60-197[6] |
| 2.8 | 机械加工性 | 级 | 7) | 7) | 4) | 4) | 4) | 4) | 4) | 4) | 7) |

表 1-2(续)

| No. | 功能性能 | 单　位 | L-[1] | | | | | | | | 试验方法 |
|---|---|---|---|---|---|---|---|---|---|---|---|
| | | | MHA | MHB | MHC | MHD | MHE | MHF | MHG | MHH | |

1) 此特性适用于该类产品。
2) 许多试验方法(四球机、法莱克斯、梯姆肯、Reichert)可用来评定金属加工液的极压性。最终用户可以按所指定的方法提出评定的结果，然而极压添加剂的存在并不一定有好的机械加工性，至今，在实验室极压筛选试验和机械加工之间尚未建立明确的相关性。
3) 此特性代表按最终用户用的过滤设备来过滤液体的能力，并不改变液体的物理和化学性。此特性系在实际使用中来评定。
4) 此特性用来检验雾化抑制剂的存在和效率。
5) 由最终用户和供应商共同协商试验方法和极限值。此特性不是必须在所有情况都有用。
6) 短期贮存试验由最终用户和供应商共同协商试验温度。对于含活性硫的产品如采用 0℃ 则太低。
7) 此特性仅能在实际使用中来评定可由最终用户和供应商共同商议有关试验的规范。

4.3 含水液体

4.3.1 特征性能

这些性能与浓缩液有关，在某些情况下由于浓缩液中水或挥发物的存在，不允许采用作为检测石油产品的性能如：黏度、闪点、倾点、乳化度等。由于测定这些性能的方法对水和挥发物很敏感。见表 2-1。

表 2-1 制定含水金属加工液的标准导则

| No. | 特征性能 | 单　位 | L-[1] | | | | | | | | | 试验方法 |
|---|---|---|---|---|---|---|---|---|---|---|---|---|
| | | | MAA | MAB | MAC | MAD | MAE | MAF | MAG | MAH | MAI | |
| 3.1 | 外观 | 级 | 1) | 1) | 1) | 1) | 1) | 1) | 1) | 1) | | 目测 |
| 3.2 | 颜色 | 级 | 1) | 1) | 1) | 1) | 1) | 1) | 1) | 1) | | GB/T 6540 |
| 3.3 | 嗅味 | 级 | 1) | 1) | 1) | 1) | 1) | 1) | 1) | 1) | | 嗅觉 |
| 3.4 | 密度[2] | $kg/m^3$ | 1) | 1) | 1) | 1) | 1) | 1) | 1) | 1) | | GB/T 1884<br>GB/T 1885 |
| 3.5 | 黏度[2] | $mm^2/s$ | 1) | 1) | 1) | 1) | 1) | 1) | 1) | 1) | | GB/T 265 |
| 3.6 | 闪点<br>开口<br>闭口 | <br>℃<br>℃ | <br>1)<br>1) | <br>1)<br>1) | <br>1)<br>1) | <br>1)<br>1) | <br>—<br>— | <br>—<br>— | <br>—<br>— | <br>—<br>— | | 3)<br>GB/T 3536<br>GB/T 261 |
| 3.7 | 倾点[4] | ℃ | 1) | 1) | 1) | 1) | 1) | 1) | — | — | | GB/T 3535 |
| 3.8 | 折射率 | — | 1) | 1) | 1) | 1) | 1) | 1) | 1) | 1) | | ISO 6320 |
| 3.9 | 酸值值 | mgKOH/g | 1) | 1) | 1) | 1) | — | — | — | — | | GB/T 4945 |
| 3.10 | 碱值 | mgKOH/g | 1) | 1) | 1) | 1) | 1) | 1) | 1) | 1) | | SH/T 0251 |
| 3.11 | 皂化值 | mgKOH/g | 5) | 5) | 5) | 5) | 5) | 5) | 5) | 5) | | GB/T 8021 |
| 3.12 | 矿物基础油量 | %(*m*/*m*) | 6) | 6) | 6) | 6) | 6) | 6) | 6) | 6) | | |
| 3.13 | 铜片腐蚀 | 级 | 7) | 7) | 7) | 7) | 7) | 7) | 7) | 7) | | GB/T 5096 |
| 3.14 | 贮存安定性[8]<br>短期储存<br>长期储存 | <br>级<br>级 | <br>1)<br>1) | <br>1)<br>1) | <br>1)<br>1) | <br>1)<br>1) | <br>1)<br>1) | <br>1)<br>1) | <br>1)<br>1) | <br>1)<br>1) | | NF T60-197 |

表 2-1(续)

| No. | 功能性能 | 单 位 | L-[1)] | | | | | | | | | 试验方法 |
|---|---|---|---|---|---|---|---|---|---|---|---|---|
| | | | MAA | MAB | MAC | MAD | MAE | MAF | MAG | MAH | MAI | |

1) 此性质适用于该类产品。
2) 推荐用 20℃温度。最终用户和供应商也可商议用其他温度。
3) 按闪点值选择相应的试验方法。浓缩液中水的存在可能会影响或干扰测定的结果。
4) 此特性不一定适合于所有类型产品。
5) 某些化合物如：氯化石蜡、硫化脂肪的存在会干扰皂化值的测定。
6) 如需要可由供应商给出矿物基础油的含量。
7) 仅在集中分配/混合设备中有铜合金时才要求测定铜片腐蚀。
8) 短期贮存试验推荐采用 0℃和 30℃，由最终用户和供应商根据地区气温共同协商其他温度。

4.3.2 功能性能

此特性是在将浓缩液用标准水或用户实际用水准确稀释到实际使用浓度来测定，此稀释液需精确采用与工业使用要求相符合的浓度。

目前所提到的关键性能有：

——抗腐蚀性；

——泡沫特性；

——乳化稳定性；

——与金属、润滑油、合成材料、密封材料和油漆的适应性；

——pH 值；

——对用户的安全卫生；

——成胶倾向(黏稠残留物形成倾向)；

——极压性(EP)；

——抗磨损性。

见表 2-2。

表 2-2 制定含水金属加工液的标准导则

| No. | 功能性能 | 单 位 | L-[1)] | | | | | | | | | 试验方法 |
|---|---|---|---|---|---|---|---|---|---|---|---|---|
| | | | MAA | MAB | MAC | MAD | MAE | MAF | MAG | MAH | MAI | |
| 4.1 | 外观 | 级 | 1) | 1) | 1) | 1) | 1) | 1) | 1) | 1) | | 目测 |
| 4.2 | 产品类型(透明度)[2)] | 透明密度 | 1) | 1) | 1) | 1) | 1) | 1) | 1) | 1) | | NF T60-195 |
| 4.3 | 乳化度 | 级 | 1) | 1) | 1) | 1) | 1) | 1) | 1) | 1) | | NF T60-187 |
| 4.4 | 乳化稳定性 | 级 | 1) | 1) | 1) | 1) | 1) | 1) | 1) | 1) | | 3) |
| 4.5 | 微生物稳定性 | 级 | 1) | 1) | 1) | 1) | 1) | 1) | 1) | 1) | | 4) |
| 4.6 | 硬度 | TH | 5) | 5) | 5) | 5) | 5) | 5) | 5) | 5) | | |
| 4.7 | 抗腐蚀性<br>铁金属<br>非铁金属 | 级 | <br>1)<br>1) | <br>1)<br>1) | <br>1)<br>1) | <br>1)<br>1) | <br>1)<br>1) | <br>1)<br>1) | <br>1)<br>1) | <br>1)<br>1) | | <br>6)<br>附录 A |
| 4.8 | 泡沫特性 | 级 | 1) | 1) | 1) | 1) | 1) | 1) | 1) | 1) | | 7) |
| 4.9 | pH 值<br>新混合<br>老化后 | pH 单位 | <br>1)<br>1) | <br>1)<br>1) | <br>1)<br>1) | <br>1)<br>1) | <br>1)<br>1) | <br>1)<br>1) | <br>1)<br>1) | <br>1)<br>1) | | 8) |

表 2-2(续)

| No. | 功能性能 | 单　位 | L-[1)] | | | | | | | | | 试验方法 |
|---|---|---|---|---|---|---|---|---|---|---|---|---|
| | | | MAA | MAB | MAC | MAD | MAE | MAF | MAG | MAH | MAI | |
| 4.10 | 黏附/成胶倾向[8)] | 级 | 1) | 1) | 1) | 1) | 1) | 1) | 1) | 1) | | 9) |

1）此性质适用于该类产品。
2）在大多数情况下目测足以测定产品的类型，然而用法国标准 NF T60-195 可用于更精确的产品分类。
3）可能用的方法：NF T60-187、DIN 51367、IP 263。
4）可能用的方法：附录 C、ASTM D3946 或由专门的工作组(如 IBRG/IP)即将出版相适宜的方法。
5）供应商要明确在不发生泡沫和不影响稳定性时水的硬度。
6）可能用的方法：NF T60-186、IP 125、IP 287、DIN 51360 第一和第二部分、ASTM D4627。
7）可能用的方法：NF T60-185、IP 312、ASTM D3519、ASTM D3601。
8）由供应商和最终用户共同协商试验室的老化方法可用来评定 pH 稳定度。可能用的方法：NF T60-193 和 DIN 51369。
9）附录 B 描述测定此特性的四种方法。由供应商和最终用户共同协商选用其中任意一种方法。

## 5 制定标准时所考虑的不完全的特性目录表

### 5.1 前言

提出以下两种表格的形式：

——不含水液体；

——含水液体。

不限于表中所列项目，在考虑到其他特性后可进一步完善。

#### 5.1.1 不含水液体

——特征性能(表 1-1)；

——功能性能(表 1-2)。

#### 5.1.2 含水液体

包括两部分：

——按交付时产品性能(表 2-1)；

——按稀释后产品性能和功能性能(表 2-2)。

# 附 录 A
（提示的附录）
# 含水机械加工液与非铁金属相接触的抗腐蚀性试验法

## A1 范围

本方法适应于加工铜、铜合金和铝、铝合金时的机械加工液抗腐蚀的评定。本方法适用于从MAA到MAH各类型。

## A2 引用标准

ISO 209-1：1988 锻造铝和铝合金化学成分和制品的形成—第1部分：化学成分
ISO 427：1983 锻铜锡合金制品的化学成分和型式
ISO 431：1981 精炼铜型材
ISO 3696：1987 试验室分析用水的规范和试验方法
ISO/DIS 6344-1：1986 涂层研磨材料—磨损分析—第1部分：定义、命名和原理

## A3 原理

一块金属片在规定的时间内浸在要测定的试验液体中，从液体和金属片外观的变化来评定液体的抗腐蚀性。

## A4 试剂和材料

A4.1 乙醇：化学级。
A4.2 丙酮：化学级。
A4.3 水：符合ISO 3696。
A4.4 氯化钙六水化合物（$CaCl_2 \cdot 6H_2O$）：分析级。
A4.5 硫酸镁七水化合物（$MgSO_4 \cdot 7H_2O$）：分析级。

## A5 仪器

用以下试验室通用仪器和玻璃器皿。
A5.1 烧杯：100mL，4个。
A5.2 移液管：5mL。
A5.3 金属试片：长40.0mm±0.2mm，宽8.0mm±0.2mm，厚3.0mm±0.2mm。
由以下金属组成：
——电解铜，CuDHP，符合ISO 431；
——青铜，CuSnSP，符合ISO 427；
——或其他用户和供应商协议的非铁金属。
A5.4 砂纸：400粒度，符合ISO/DIS 6344-1（在水下磨）。
A5.5 砂纸：500粒度，符合ISO/DIS 6344-1（在水下磨）。
A5.6 带刻度量筒：100mL，带玻璃磨口塞，在30mL刻度处可牵引。
A5.7 校正过的烧瓶：100mL。
A5.8 天平：精度接近0.1mg。

## A6 步骤

**A6.1** 试验液体准备

**A6.1.1** 试验水的准备

用天平(A5.8)称取0.076g±0.001g氯化钙(A4.4)和0.0113g±0.001g硫酸镁(A4.5)溶解到装有用量筒(A5.6)量取的100mL水(A4.3)的三角烧瓶(A5.7)中。

**A6.1.2** 含水液体的准备

含水液体是用所推荐浓度$x\%$来准备，以$x$mL试验液体注入装有$(100-x)$mL按A6.1.1准备的水的带刻度量筒(A5.6)中，并剧烈振荡。

**A6.2** 金属试片的准备

试片要在水中抛光。首先用砂纸(A5.4)，再用砂纸(A5.5)，然后用水冲洗，再将试片顺次浸到水(A4.3)，乙醇(A4.1)和丙酮(A4.2)中，最后在空气中干燥。

试片在丙酮中清洗10min之后即可使用。

**A6.3** 试验

用移液管(A5.2)向四个烧杯(A5.1)的每个烧杯中注入要试验的液体，然后将每种试片浸入到前三个杯中，在23℃±2℃下，保持72h±1h，第四个烧杯作为参照用。最后将四个烧杯放在同样的条件下存放。

经过72h±1h后，移出试片，用水(A4.3)清洗后，再将它们放到空气中干燥，并将液体留下。

**A6.4** 评价

经试验以后的试片和液体按表A1和表A2评价。

**表A1 液体的评价**

| 级 | 外 观 | 级 | 外 观 |
|---|---|---|---|
| 0 | 外观无变化 | 2 | 明显变色 |
| 1 | 轻微变色 | 3 | 变色和/或沉淀 |

液体的外观是与第四个烧杯中的液体比较。

**表A2 金属试片的腐蚀评价**

| 级 | 外 观 | 级 | 外 观 |
|---|---|---|---|
| 0 | 抛光表面 | 2 | 应予以考虑或中等变色 |
| 1 | 表面轻微变色 | 3 | 腐蚀 |

## A7 结果表示

试验的结果是用对试片和试验液体评价的两个数字来表示。按A6.4金属试验片表示，见表A3：

**表A3 试验的结果**

| 试片的性质 | 试片的外观，级 | 液体的外观，级 |
|---|---|---|
| 铜 | | |
| 青铜 | | |
| 铝合金 | | |

## A8 试验报告

本试验报告包括以下几部分内容：

a）试验产品的类型和性能；

b）引用方法即为 ISO/DTR 12927 附录 A；
c）试验的结果（见 A7）；
d）含水液体的浓度；
e）产品规定的或协议的偏差；
f）试验的日期。

## 附　录　B
（提示的附录）
## 含水机械加工液—成胶倾向的评定

### B0　引言

含水金属加工液的特性，存在几种可能评定胶质和胶质产生倾向的方法。

a）方法 A
用测量移去一个圆环的阻力来评定胶质产生的倾向。
b）方法 B
测定胶质的溶解度。
c）方法 C
测定一对锭子/孔配合间的黏附力。
d）方法 D
测定两个平面之间的黏附力。

### B1　范围

本标准描述了用不同方法来评定含水机械加工液的胶质形成的倾向，这些方法适用于从 MAA 到 MAH。

### B2　引用标准

ISO 286-2：1988　公差和配合的 ISO 系统　第 2 部分：孔轴的标准公差级和极限偏差表
ISO 3692：1987　分析实验室用水　标准和试验方法
ISO/DIS 6344-1：1986　可涂研磨—磨粒尺寸的分析—第 1 部分：定义、命名和原理
NF A32-101：1987　铸铁制品—石墨铸铁铸塑薄片

### B3　定义

本方法应用如下的定义。

成胶：含水液体经过在空气中蒸发，会残留下有机和/或矿物沉淀物（胶质），这些残留物取决于含水液体的稠度和它们在水中或机械加工中的析离度，这些残留物会危害机械加工的操作，如对锭子、工作台、机床刀具或测量仪器阻塞，这些后果都是胶质所致。

### B4　含水液体的制备

含水液体推荐使用浓度是由最终用户和供应商共同商议，这种水既可以是最终用户的水，也可以是合成硬水（NF T 60—188，DIN 51360 见参考目录和其他标准）。

### B5　方法 A：测量移去一个圆环的阻力来评定成胶倾向

#### B5.1　原理

按机械加工通常使用的浓度和所规定的体积中浸入一个带扁平环的铂金夹子，在规定的条件下

经蒸发后，测量胶质。

**B5.2** 试剂和材料

**B5.2.1** 氯仿：化学级。

**B5.2.2** 水：符合 ISO 3692 中类型Ⅱ。

**B5.3** 仪器

用以下试验室通用仪器和玻璃器皿。

**B5.3.1** 铸铁坩埚：见图 B1，用 NF A32-101 FGL300 铁制作。

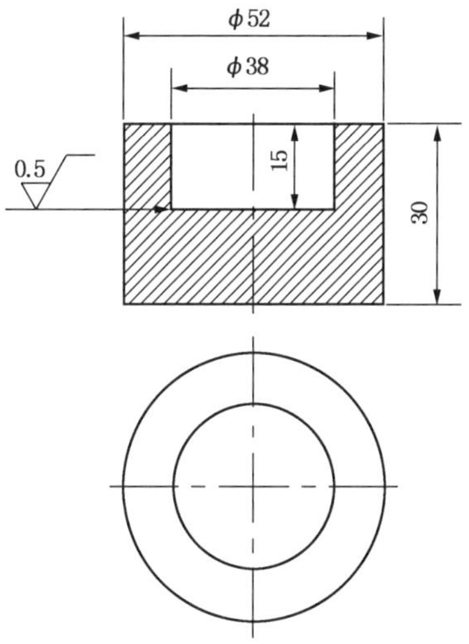


**图 B1 铸铁坩埚**

**B5.3.2** Lecomte du Nouy1 类型张力仪，允许拉力 180Nm 和其相应的配件。

**B5.3.3** 铂金丝环：配上直径 0.37mm±0.1mm 和圆周长 60mm±0.1mm(按圆环直径约为 19mm)的夹子。

**B5.3.4** 通风烘箱：保持温度 85℃±1℃。

**B5.3.5** 移液管：带 10mL 刻度。

**B5.3.6** 精密计时钟：准确到 1/10s。

**B5.3.7** 干燥器：装有干燥剂，如氯化钙、硅胶。

**B5.3.8** 砂纸：P600 号磨料，符合 ISO/DIS 6344-1。

**B5.3.9** 铜片：宽 5mm±1mm；长 70mm±5mm；厚 0.2mm±0.1mm，2 片。

**B5.4** 调正张力仪

首先将环(A5.3.3)放到张力仪上，然后按制造商要求将标尺调到 0，并且将臂调到水平。

**B5.5** 步骤

**B5.5.1** 准备

用氯仿(B5.2.1)清洗坩埚(B5.3.1)中，以除去胶质的痕迹，如果在清洗中遇到困难，则在水中(B5.2.2)用砂纸(B5.3.8)擦洗。

用移液管(B5.3.5)将按 B4 准备的 10mL 乳化/溶解液体转移到坩埚(B5.3.1)中。

用氯仿(B5.2.1)仔细清洗铂金环，并用本生灯烤铂金环，将按上述准备好的环和夹子(B5.3.3)放入装有试验液体的坩埚中。

为了避免环发生位移，用两块金属片(B5.3.9)固定夹子的支叉(见图 B2)。

经 72h±1h 以后从烘箱将组合件移到干燥器(B5.3.7)中，并冷却 3h±5min。

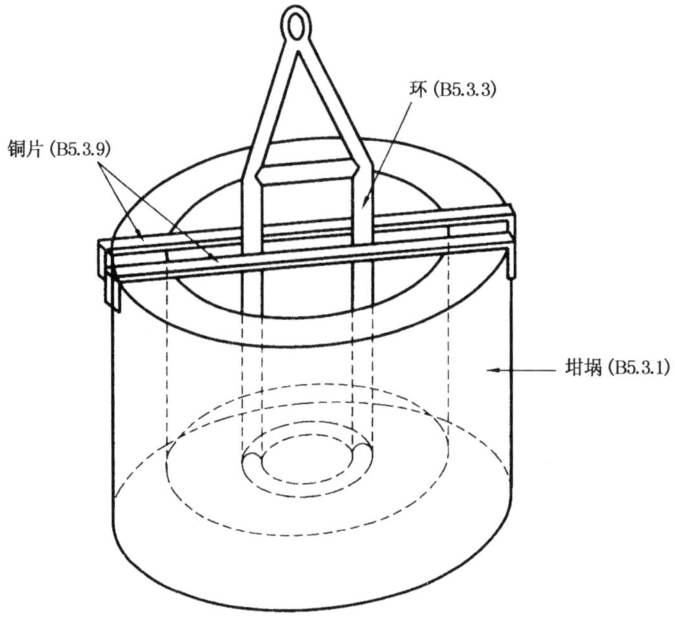


图 B2 示意图

注意 1：当环在坩埚中冷却时，如移动坩埚要防止环滑下。
移动铜片(B5.3.9)时，要极其注意不要碰到夹子的支叉。
在室温 23℃±2℃时将坩埚放到张力仪的支撑架上。
调整张力仪支撑架的高度，使得臂处在两个平行记号之间的平行位置。
将带有环的夹子缚到臂上，要极其小心不要移动环。

**B5.5.2** 测量

在准备好以后进行两次测量。

**B5.5.2.1** 变量 1：测量拉力。

按每 20s 施加 5mN/m 力逐渐增加。

如果在施加 180mN/m 时，环被拉开，则从刻度盘上长度单位读出拉力值。

如果读到 180mN/m 时，环没被拉开，则停止试验。

**B5.5.2.2** 变量 2：测量沉入与蒸馏水(软水)接触后的拉力。

取 10mL 水(B5.2.2)在室温下静止 30min。

注意 2：也可取常用浓度的液体来代替蒸馏水。

然后按 B5.5.2.1 进行。

**B5.6** 结果的表示

液体胶质生成倾向的结果是以环被拉开三次所用力的算术平均值来表示，mN/m。如果环在 180mN/m 没被拉开，则表示为>180mN/m。

## B6 方法 B：测定胶质的溶解度

**B6.1** 原理

按机械加工通常使用的浓度和所规定的体积放入表面皿中，在规定的条件下蒸发后，测定残留液体的流动性和在水中的溶解物。

**B6.2** 试剂和材料

**B6.2.1** 水：符合 ISO 3696 中类型Ⅱ。

**B6.2.2** 混合物：将 50mL 甲苯(B6.2.4)与 5mL 水(B6.2.1)，再加 495mL 无水异丙醇(B6.2.5)混合。

**B6.2.3** 水：符合 ISO 3696 中类型Ⅲ。

**B6.2.4** 甲苯：技术级。

**B6.2.5** 异丙醇：技术级。

**B6.3** 仪器

用以下试验室通用仪器和玻璃器皿。

**B6.3.1** 表面皿：外径 100mm。

**B6.3.2** 烧杯：100mL，矮型。

**B6.3.3** 分液漏斗：100mL 带塞子。

**B6.3.4** 自然对流烘箱：保持 70℃±2℃。

**B6.3.5** 强制对流烘箱：保持 70℃±2℃。

**B6.3.6** 机械搅拌机：工作转速 600r/min，带夹盘。

**B6.3.7** 搅拌棒：带有 120mm 长，19mm 宽和 15mm 厚的不锈钢的叶片。

**B6.3.8** 干燥器：装有干燥剂(硅胶)。

**B6.3.9** 可折叠的滤纸：直径 185mm。

**B6.4** 步骤

注意 3：本试验方法也可用来评定在使用中的含水机械加工液的成胶倾向，在此情况要用分液漏斗(B6.3.3)静止 4h，仔细分离出外来油。

**B6.4.1** 蒸发

将 20mL 要试验的产品涂到两个表面皿(B6.3.1)，并将其每个分别放入：

——自然对流烘箱中，保持 70℃±2℃下 24h。

——强制对流烘箱中，保持 70℃±2℃下 15h。

到时间后，将玻璃器皿从烘箱中取出放到干燥器(B6.3.8)中冷却 1h，然后称量每个玻璃器皿，并且推算出干燥残留物 A 的重量。

**B6.4.2** 残留物的蒸发

**B6.4.2.1** 流动性

将装有蒸发后残留物的两个玻璃器皿中(B6.3.1)的其中一个保持垂直的位置(拇指和食指之间)测量第一滴掉到玻璃器皿边缘的时间。

如果时间为：

<30s，则认为残留物为液体。

>30s，则认为残留物为非液体。

也要注意残留物的外观：

——无结晶沉淀物存在；

——黏附部分(拉成线状物)。

**B6.4.2.2** 测定残留物的溶解度

仪器的简图，见图 B3。

将装有叶片(B6.3.7)搅拌棒放入烧杯(B6.3.2)中，使其高于烧杯(B6.3.2)底部 10mm，离边 15mm。

在烧杯(B6.3.2)中装入水(B6.2.1)，使水面离上部边缘 35mm 以下。

将表面皿固定在支架上，将凹面镜的边朝向搅拌棒的叶片。

表面皿必须全部浸入水中，使其最底的边缘离烧杯的底部为 10mm，并使其水平直径与烧杯的边相接触。

将搅拌棒以 600r/min 转速旋转 15min±15s。

到时间后，移出玻璃器皿，将玻璃器皿放入装有水(B6.1)的烧杯中浸三次，每次 2s，然后取出沥干 15s±5s。如果残留物沉在玻璃表面的背面，用一张浸有混合物(B6.2.2)的纸将残留物除去。

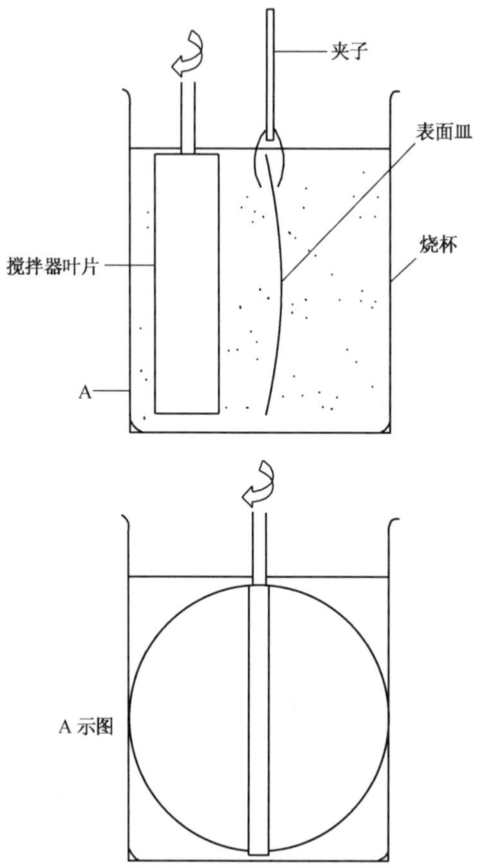


**图 B3 溶解残留物设备**

将玻璃器皿放在烘箱(B6.3.4)中，在 70℃±2℃下烘 2h±5min，到时间后，将玻璃器皿放在干燥器(B6.3.8)中冷却 1h，然后称量玻璃器皿以及推测出残留物的重量。

**B6.5** 计算

残留物的溶解度 $S$(%)按式(B1)计算：

$$S=\frac{A-B}{A}\times100=\frac{C}{A}\times100 \qquad \text{(B1)}$$

式中：$S$——残留物的溶解度,%($m/m$)；

$A$——按 B6.4.1 得到的干残留物的质量；

$B$——按 B6.4.2.2 得到的干残留物的质量；

$C$——相当于 $A-B$，可溶产品的质量。

**B6.6** 结果的表示

按 B6.4.2 表示残留物的流动性和外观。

残留物的溶解度 $S$(%)是测定以两类蒸发条件下(B6.4.1)($S_{24}$h 和 $S_{15}$h)。

## B7 方法 C：测定一对锭子/孔配和黏附力

**B7.1** 原理

在液体中，将一个不锈钢轴插入带有孔的一块板中，此块/钢组和件经干燥后，把它们放到天平的平底盘上，此天平可以用来测量将块和轴分开所需的力。

**B7.2** 试剂和材料

**B7.2.1** 氯仿：技术级。

**B7.2.2** 丙酮：技术级。

**B7.3** 仪器。

用以下试验室通用仪器和玻璃器皿。

**B7.3.1** 不锈钢块：直径 22mm，高 15mm，在中心有一个直径 8mm 的孔（见图 B4）。

**B7.3.2** 不锈钢锭子：直径 8mm，高 19mm，两边呈锥形，符合 ISO 286-2（见图 B4），将锭子装入 H7 g6 块的孔中。

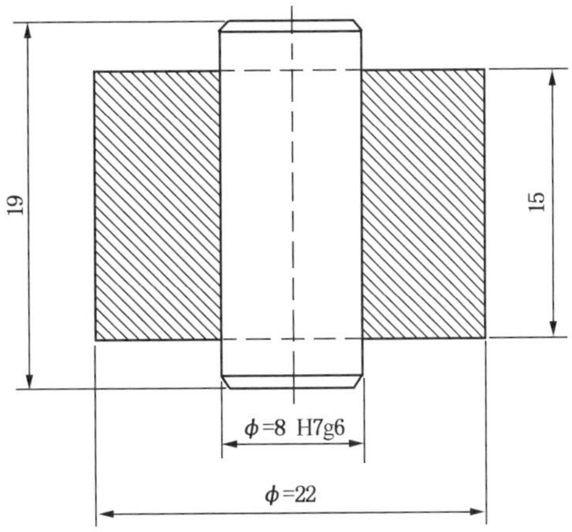


**图 B4 孔/轴系统**

**B7.3.3** 烧杯：100mL，矮型。

**B7.3.4** 天平：精度达 0.1mg。

**B7.3.5** 无棉纸。

**B7.4** 步骤

**B7.4.1** 清洗块中的孔和轴

用无棉纸（B7.3.5）蘸上氯仿（B7.2.1），仔细清洗轴（B7.3.2）和块中的孔（B7.3.1），以便除去上次试验遗留下的残留物/沉淀物/胶质，清洗后用丙酮（B7.3.2）漂洗，然后在空气中干燥。

**B7.4.2** 测量

将按 B4 准备的乳化液注入到烧杯（B7.3.3）中，然后将块（B7.3.1）放到乳化液中，再将轴（B7.3.2）插到块的孔中（见图 B5）。

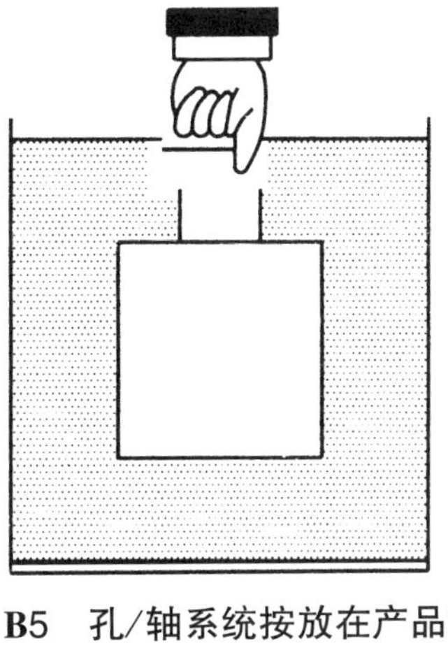

**图 B5 孔/轴系统按放在产品中**

然后将块/轴的组合件从乳化液中移出后，在室温下，干燥 96h±1h。

到时间后，将组合件放到天平盘（B7.3.4）上，并用手指（见图 B6）测量从孔将锭子拔出所用的力。

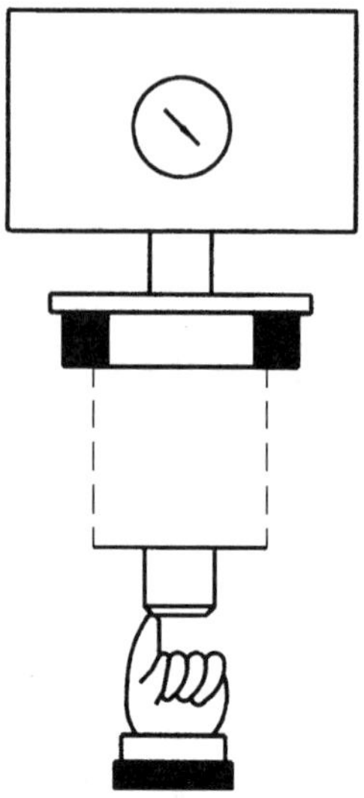

**图 B6　测量孔和轴之间的黏附力**

**B7.5**　结果的表示

结果是以从孔拔出锭子所需的力 $F$(N)来表示：

$$F = (m_a - m_s) \times 9.81 \times 10^{-3}$$

式中：$m_a$——组合件的质量，g；

$m_s$——分离出的质量，g。

## B8　方法 D：测定两个平面之间的黏附力

**B8.1**　原理

在两块扁平面上涂有需要试验的产品，在规定的条件下脱水(干燥)，经干燥后，用一台牵引机械进行测定拉开两个面所需的力。

**B8.2**　试剂与材料

**B8.2.1**　氯仿：技术级。

**B8.2.2**　丙酮：技术级。

**B8.3**　仪器

用以下试验室通用仪器和玻璃器皿。

**B8.3.1**　不锈钢模板：4 块(见图 B7)。

**B8.3.2**　盖子：与模板相配合(见图 B7)。

**B8.3.3**　1kg 砝码：8 个。

**B8.3.4**　自然通风烘箱：保持温度 105℃±1℃。

**B8.3.5**　油漆刷子。

**B8.3.6**　玻璃棒。

**B8.3.7**　牵引机械：可以提供全速为 75mm/min，配有能测量到 5kN 的测力器。

**B8.3.8**　无棉纸。

**B8.3.9**　天平：精度为 0.1mg。

**B8.4**　步骤

**B8.4.1**　清洗模板和盖子

用纸(B8.3.8)蘸上氯仿(B8.2.1)仔细清洗模板(B8.3.1)和盖子(B8.3.2)，然后用丙酮(B8.2.2)漂洗，最后在空气中干燥。

**B8.4.2** 测量

向4块模板(B8.3.1)的每块板称量4g±0.1g要试验的液体，然后用玻璃棒(B8.3.6)拨开，将模板放到温度为105℃±2℃的烘箱中，保持60min±5min。

到时间后，从烘箱中取出4块模板，用油漆刷子(B8.3.5)向4个盖子(B8.3.2)上仔细地涂上要试验的液体，然后将它们放到模板上，并使两个表面完全粘贴。

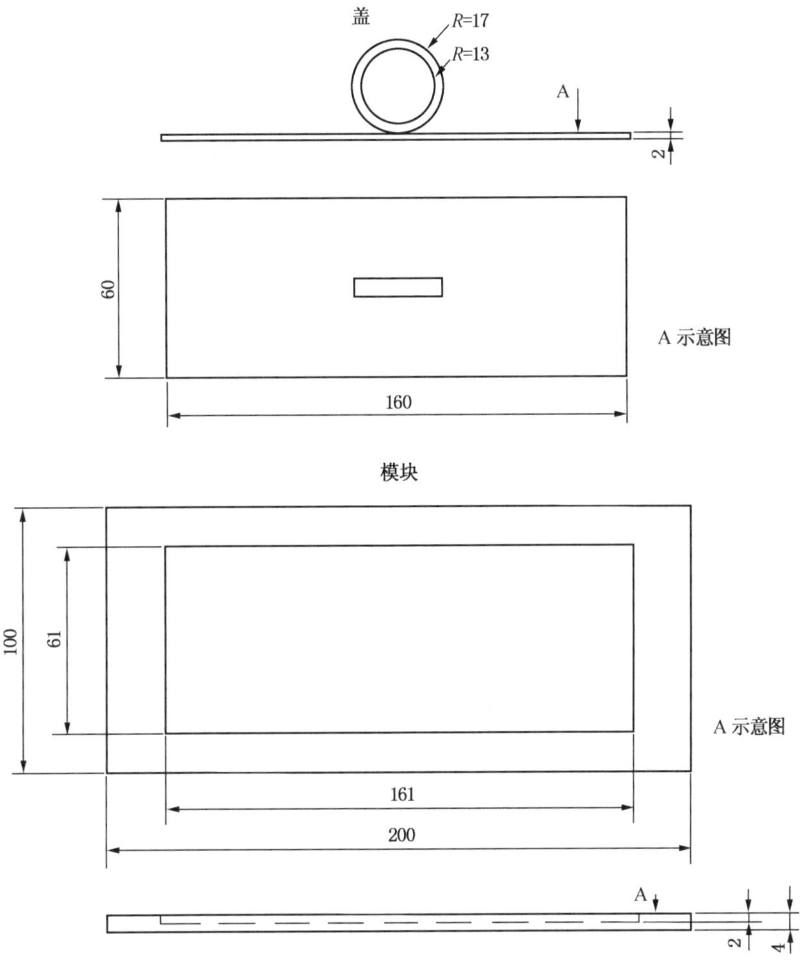


**图B7 模块和盖**

向4个盖子的每个盖子上放两个1kg的砝码，再将模块、盖子和砝码放到温度为105℃±2℃的烘箱中，保持60min±5min之后，将它们移出在室温冷却至少3h，移开每个盖上的砝码。

移走砝码，将模块/盖子和组合件，放到具有全速为75mm/min的牵引机械(B8.3.7)，测定从模块中分开盖子所需的力$F$。

**B8.5** 结果的表示

进行两次试验，得到8个测量值$F_i$，从模块中分开盖子所需的力$F$(N)按式(B2)计算：

$$F=\frac{1}{8}\sum_{i=1}^{8}F_i \qquad \text{(B2)}$$

成胶值$G$(N/m²)按式(B3)计算：

$$G=\frac{F}{S} \qquad \text{(B3)}$$

式中：$S$——盖子和模子之间相接触的面积，m²。

**B8.6** 试验报告

a) 产品类型和性能；

b）所用的参考方法，即 ISO/DTR 12927 附录 B 中的方法 A，B，C 或 D；

c）含水液体的浓度（见 B4）；

d）所用水的硬度（对方法 A、C 和 D）；

e）试验结果：

——方法 A，按 B5.6；

——方法 B，按 B6.6；

——方法 C，按 B7.5；

——方法 D，按 B8.5；

f）偏差：按协议或规定的方法；

g）试验的数据。

**B8.7** 参考文献

NF T60-188 含水机械加工液—试验用合成水的准备

DIN 51360 冷却润滑剂的试验—水和冷却防腐性测定—屑/滤纸方法

## 附 录 C

（提示的附录）

## 含水金属加工液微生物稳定性的评定

**警告**：使用本方法会涉及到危险的物质、操作和设备。本标准不打算提出与其使用有关的所有安全问题。本标准使用者有责任在使用前应建立相应的安全和健康的试验的操作以及测定正常极限值。

注：本方法是法国标准化协会的现行标准。

### C1 范围

方法是用于评定水与机械加工液混合物液的微生物的稳定性，该液体可用新鲜的，也可用已知硬度水进行稀释。此方法适用从 MAA 到 MAH 范围。

### C2 引用标准

DIN 51360-2：1981 冷却润滑剂的试验—防腐蚀性的测定—屑/滤纸方法

IP 287：1994 与水混合的金属加工液防锈性的测定—屑/滤纸方法

NF T60-186：1993 含水金属加工液—与非铁金属接触防锈性的评定法

NF T60-193：1993 含水金属加工液—pH 值的测定法

### C3 原理

将一定体积要试验的液体稀释，放在特殊的仪器中循环，并测定以下的参数：体积、流速、浓度和稀释水量。

在规定的时间，将液体用一种特定的细菌培养液培养，同时从中取出液体的试样，检查细菌的总增长率和以下的特性：pH 值、防锈性。

### C4 试剂和材料

**C4.1** 水：符合 ISO 3696 中类型Ⅱ。

**C4.2** 氯化钙六水化合物（$CaCl_2 \cdot 6H_2O$）：分析级。

**C4.3** 硫酸镁七水化合物（$MgSO_4 \cdot 7H_2O$）：分析级。

**C4.4** 铸铁屑：NF T60-186 或 DIN 51360。

C4.5 细菌培养液

a）五种细菌

——食油假单细胞；

——铜绿假单细胞；

——大肠杆菌；

——费氏柠檬酸细菌；

——变形杆菌。

b）一种酵母菌

——念珠菌 SP（无白色念珠菌）。

c）一种霉菌

——腐皮镰胞。

## C5 仪器

用以下试验室通用仪器和玻璃器皿：

C5.1 循环系统：如图 C1 所示，包括以下部分：

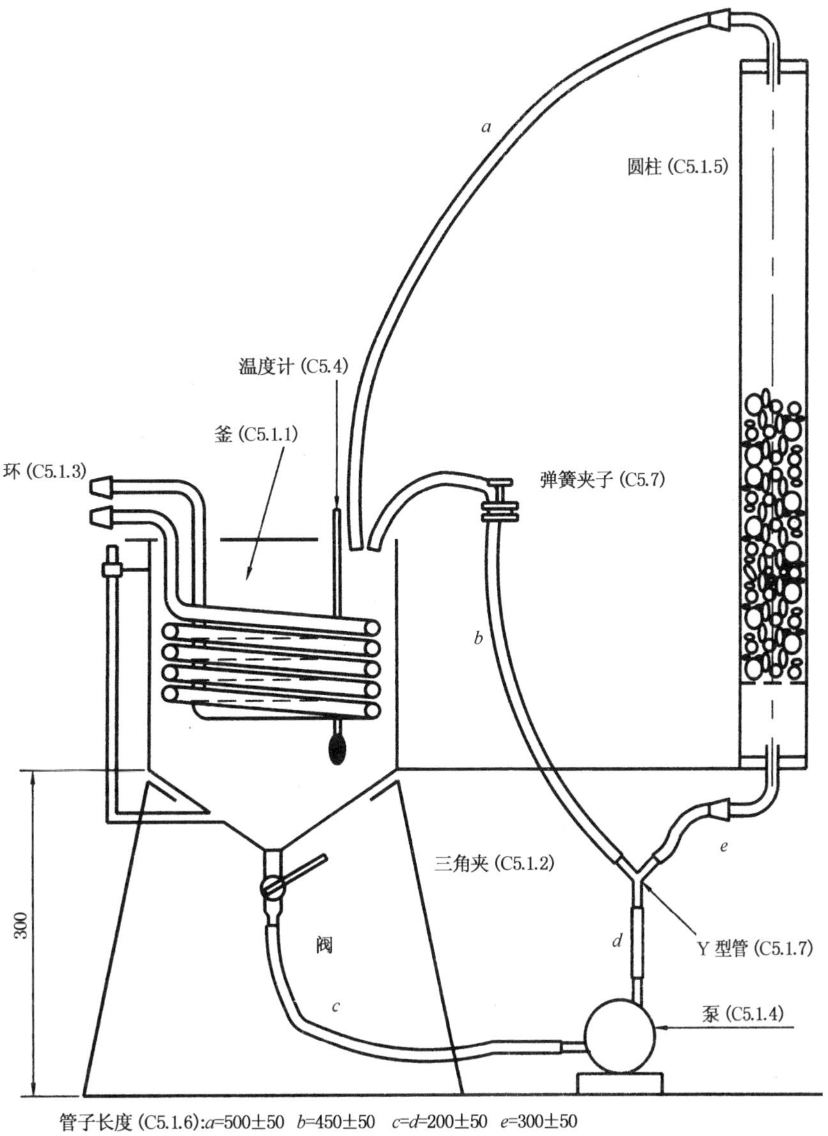


图 C1 循环系统示意图

C5.1.1 不锈钢釜：带有一个圆锥形底部的圆柱，容量为10L，配有一个水平指示器和一个可移动的盖，底部有一个小管，并装有一个阀和一个防护的不锈钢的格板(120mm×120mm；格子1/1，十字交叉线)，图C2为釜的草图。

C5.1.2 支承釜(C5.1.1)的三角架。

C5.1.3 玻璃冷却环：与水龙头相连接(用内径为7mm的管子，盘成直径为210mm，5盘的螺旋上升形)。

C5.1.4 不锈钢离心泵：在6m压头时为350L/h流速容量。

C5.1.5 玻璃圆柱(见图C2)。

C5.1.6 管子：用硅橡胶(内径为10mm)。

C5.1.7 Y型联接器。

C5.1.8 所需的夹具(夹子和夹卡)。

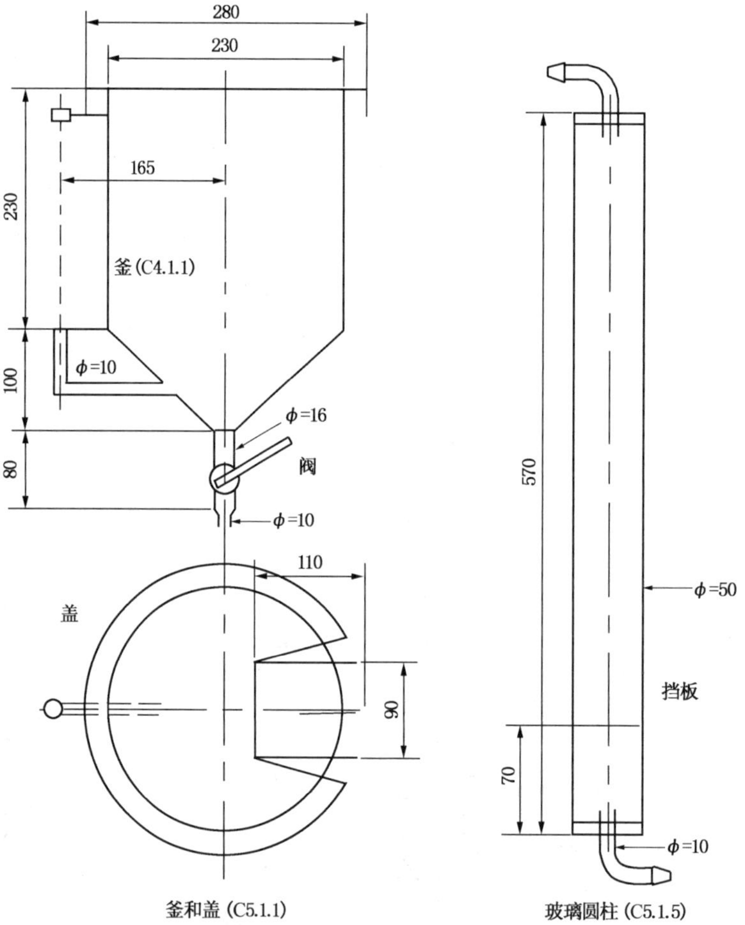


图C2 釜盖和玻璃圆柱示意图

C5.2 玻璃球：直径为6mm、8mm和10mm。

C5.3 纱布带：符合国家药物的规定。

C5.4 温度计：60℃以上，精度为1℃。

C5.5 带刻度的量筒：250mL。

C5.6 带刻度的量筒：2000mL。

C5.7 弹簧夹子。

C5.8 烧杯：200mL。

C5.9 清洗装置：如瓶刷。

C5.10　计时器：精度为1s。

C5.11　尼龙刷：爪型。

C5.12　100mL采样瓶，在小于30mm处有一个小孔。

C5.13　微生物计数仪：

C5.13.1　细菌培烘箱：可调到30℃±0.5℃。

C5.13.2　试验室烘箱：可调到180℃±2℃或120℃±2℃。

C5.13.3　培养介质：所用计量：[1]。

——总细菌(浸渍试片)；

——酵母菌(浸渍试片)；

——霉菌(浸渍试片)；

——硫酸盐还原剂(带有在深层培养毛细管的试管)。

C5.14　校正烧瓶：1000mL。

C5.15　天平：精度约0.1mg。

## C6　步骤

选择放置于一个既不黑暗又不直接暴露于太阳的地方，按图C1安装试验装置，但不装圆柱。

C6.1　填装圆柱

向四个烧杯(C5.8)中称量每种类型玻璃球(C5.2)200g±10g和15g±1g的铸铁屑(C4.4)。

在玻璃圆柱(C5.1.5)的格板上捆上四条厚的砂布带(C5.3)。

向圆柱中依次装入从最大到最小的玻璃球，然后放入铸铁屑。

C6.2　金属加工液的准备

准备5L试验水。用天平(C5.15)称取0.380g±0.0001g氯化钙(C4.2)和0.066g±0.001g硫酸镁(C4.3)溶于用烧瓶(C5.14)量取的1000mL水(C4.1)中。

注意4：此准备工作最好在星期一进行。

打开阀，用量筒(C5.6)量取水为23℃±2℃(用C5.4温度计测量)的已准备好的试验水4850mL±50mL水注入釜(C5.1.1)中。

注意5：也可用其他双方协议的水。

启动泵(C5.1.4)，并用弹簧夹(C5.7)控制进入玻璃圆柱的流速，并借助于带刻度量筒(C5.5)和计时器(C5.10)，使其到阀的速度为80L/h±10L/h。

向经1min循环后的水(C5.1.3)中用量筒(C5.5)加入150mL±5mL[3%(*V/V*)]的机械加工液。

所得到的液冲洗圆柱(C5.1.5)。

向釜上加盖。

允许水在玻璃冷却环(C5.1.3)中循环，并调节水的流速使溶液的温度维持在23℃±2℃(用C5.4温度计测量)。

此时间为试验开始的时间，$t_0$。

C6.3　进行试验

试验按表C1所述的循环进行。

试验从1到9顺序进行。

按C6.3所述进行6次循环。

1) CRION DIAGNOSTICA (EASCULT TTC为总细菌，EASICULT M为酵母菌和霉菌；EASICULT为硫酸盐还原剂)，DIFCO(HY-CHECK总细菌，HYCHECK为酵母菌和霉菌)STERLING(STERIBIOTEST GKT总计量，STERIBIOTST HS为酵母菌和霉菌)，是适合使用的商品的例子。所给出的信息是为方便于本方法的使用者，但是ISO对三种产品还未给于正式命名。

注意 6：在试验过程中值得注意的是循环液外观的变化，如沉淀的形成，泡沫的出现。

在周末停止试验，用弹簧夹子夹住圆柱的进口，以避免圆柱的干燥。

在采样 4h 后对样品进行测定。

**C6.4　微生物计数**

本方法描述了含水切削加工液微生物稳定性的微生物计数。

本微生物计数法是一种简单的方法，用事先准备的培养介质，规定了计数的方法。

**C6.4.1　操作步骤**

将样品瓶（C5.12）放在 120℃，1bar（$1\times10^5 N/m^2$）细菌烘箱（C5.13.1）下，或在 180℃ 烘箱（C5.13.2）中至少 2h。

培养介质的接种要在采样后 2h 后进行，否则将样品保持在 5℃±2℃ 的暗处。

**C6.4.1.1　总细菌、酵母菌、霉菌和硫酸盐还原剂**

用带有一定培养介质的试片浸在样品中 30s。再将试片放到管子内，把管子放到细菌烘箱（C5.13.1）中培养。

培养期结束后，读出菌落数和/或对照标准试板。

注意 7：对总细菌的培养期一般为 48h，对酵母菌和霉菌的培养期一般为 48h 和 96h 之间。

在任何情况下要遵循浸渍试片制造商的说明。

**表 C1　循环操作**

| 操作步骤 | No | 开始（t）或再启动的时间 | | | | | | |
|---|---|---|---|---|---|---|---|---|
| | | 星期一<br><5min | 星期二<br>24h±h | 星期三<br>48h±1h | 星期四<br>72h±1h | 星期五<br>96h±h | 周末 | 星期一<br>168h±1h[1] |
| 在圆柱出口处采集 100mL 样品到瓶子（C5.12） | 1 | × | | | | | | × |
| 测定 pH 值[2]和防锈性[3] | 2 | × | | | | | | × |
| 硫酸盐还原剂<br>采样<br>读数 | 3 | × | | | | <br><br>× | | × |
| 总细菌<br>浸入试片<br>读数 | 4 | | | × | <br><br>× | <br><br>×[4] | | |
| 酵母菌<br>浸入试片<br>读数 | 5 | | | × | | <br><br>× | | <br><br>×[4] |
| 霉菌<br>浸入试片<br>读数 | 6 | | | × | | <br><br>× | | <br><br>×[4] |
| 在培养液（C4.5）中培养 | 7 | × | × | × | × | × | | ×[5] |
| 釜中装满新鲜液体溶液[6] | 8 | × | | | | | | ×[5] |
| 经 64h 后，停止液体循环 | 9 | | | | | ×[7] | | |

1）星期一“168”也是下一个循环的开始，每个循环再一次启动在相同的时间和相同的操作步骤。
2）用 NF T60-193 规定的方法（见图 C2）。
3）用 NF T60-186 规定的方法（见图 C2）。
4）第二个读数将优先保留，除非此数读不出。在此情况用第一读数。如果第一读数不易读出（滑片全盖住），则标记为“0”。
5）除了第六次循环以外。
6）用 3%（V/V）浓度，见 C6.2。
7）在 $t_0$+104h。

C6.4.1.2　硫酸盐还原剂

将培养介质放在一个高的培养器中，放入合适的培养源(硫酸铁琼脂)进行培养。

培养期结束后，用比较板来比较培养介质外观的变化。

注意 8：——当用与其不相干的外来油来覆盖样品时，建议按以下处理：

——允许瓶子静止足够的时间，以使外来油完全分开(一般静止时间 5~10min 是足够)；

——用无菌移液管移走杂质油层；

——进行微生物的控制(将试片放入瓶中)。

C6.4.2　循环浸渍试片的处理

试片可用以下的方法容易处理：

——煅烧；

——浸入杀菌介质中；

——通过自动控制进行杀菌。

C6.5　清洗系统

排空系统。

拆下管子(C5.16)，釜的不锈钢板(C5.11)，必须丢掉管子。

排空圆柱(C5.1.5)，并丢掉玻璃球和铸铁屑的混合物。

用自来水和清洗剂(C4.6)的混合物，以及用刷子(C5.11)和清洗器(C5.9)来清洗系统的各部分，以及泵(C5.1.4)。

用自来水清洗整个组合件五次。

安装好仪器为下一次使用。

## C7　结果

按表 C3 要求整理试验中所得的结果。

——细菌总数(GT)和级别；

——酵母菌(Y)和级别；

——霉菌(M)和级别；

——硫酸盐还原剂(S)和级别；

——pH 值和级别；

——防锈性和级别。

级别由表 C2 中给出。

金属加工液微生物稳定性是通过相应的六次循环的级别的平均值的总级别来表示。

## C8　精度

本方法的精度正在考虑。

## C9　试验报告

试验报告至少包括以下几方面：

a) 试验报告的名称和性能；

b) 参照方法，即 ISO/DTR 12927 附录 C；

c) 根据 C7 所得到的试验结果；

d) 在试验过程中观察产品的各种变化；

e) 协议偏差或产品偏差；

f) 试验的日期。

**表 C2　级　　别**

| 总细菌数/mL(GT) | 级　　别 | 霉菌存在(M) | 级　　别 |
|---|---|---|---|
| <103 | 10 | 无 | 10 |
| 103~104 | 6 | + | 6 |
| 104~105 | 4 | ++ | 2 |
| 105~106 | 2 | +++ | 0 |
| >106 | 0 | | |
| **霉菌总数(Y)** | **级　　别** | **硫酸盐还原剂的存在(S)** | **级　　别** |
| <103 | 10 | 无 | 10 |
| 103~104 | 6 | + | 6 |
| 104~105 | 4 | ++ | 2 |
| 105~106 | 2 | +++ | 0 |
| >106 | 0 | | |
| **pH 值[1)]** | **级　　别** | **腐蚀值** | **级　　别** |
| 0 | 10 | 0~0 | 10 |
| 0~0.2 | 6 | 0~1 | 10 |
| 0.2~0.4 | 4 | 1~0 | 10 |
| 0.4~0.6 | 2 | 1~1 | 10 |
| >0 | 0 | | |
| | | 1~2 | 6 |
| | | 2~2 | 2 |
| | | 2~3 | 2 |
| | | 2~4 | 2 |
| | | 3~3 | 0 |
| | | 3~4 | 0 |
| | | 3~5 | 0 |

1）与新鲜产品的 pH 值的比较。

**表 C3　含水金属加工液微生物稳定性**

| | ISO/DIR 927 附录 C | | | | | | | | NF T60-193 pH | NF T60-186 腐蚀 | 总级别 |
|---|---|---|---|---|---|---|---|---|---|---|---|
| | 总细菌(GT) | | 酵母菌(Y) | | 霉菌(M) | | 硫酸盐还原剂(S) | | | | |
| 循环 | 数值 | 级别 | 数值 | 级别 | 数值 | 级别 | 数值 | 级别 | | | |
| 循环 0 | | | | | | | | | | | |
| 循环 1 | | | | | | | | | | | |
| 循环 2 | | | | | | | | | | | |
| 循环 3 | | | | | | | | | | | |
| 循环 4 | | | | | | | | | | | |
| 循环 5 | | | | | | | | | | | |

## C10　参考资料

PSA 试验方法　D60 1605：微生物计数法

PSA 试验方法　D55 1721：含水金属加工液微生物稳定性

# 附　录　D

（提示的附录）

**金属加工液选用表**

**D1**　金属加工液选用表，适用于对金属切削加工工序和塑型加工工序中的各种加工方法。

**D2**　表 D1 列出金属切削加工工序和磨削加工，以及电火化加工对加工不同金属材料(铸铁、碳钢，合金钢、不锈钢、硬质合金钢、铜、铜合金、铝和铝合金)时，金属加工液选用表。

**表 D1　金属切削加工工序用金属切削加工液选用表**

| 材料 \ 机械加工 | | 铸铁 | | 碳钢 | | 合金钢 | | 不锈钢 | | 硬质合金钢 | | 铜、铜合金 | | 铝、铝合金 | |
|---|---|---|---|---|---|---|---|---|---|---|---|---|---|---|---|
| 加工方法 | | 不含水液 | 含水液 | 不含水液 | 含水液 | 不含水液 | 含水液 | 不含水液 | 含水液 | 不含水液 | 含水液 | 不含水液 | 含水液 | 不含水液 | 含水液 |
| 切削加工 | 车削 | | MAAC<br>MABC<br>MAEC | | MAAC<br>MABC<br>MAEC | | MABC<br>MAFC<br>MAHC | | MAAC<br>MAEC<br>MAGC | | MAGC<br>MAHC | | MAAC<br>MAEC | | MAAC<br>MAEC |
| | 铣削 | MHAC<br>MHBC | | MHBC<br>MHCC<br>MHEC | | MHCC<br>MHEC | | MHBC<br>MHCC<br>MHEC | | MHEC | | MHAC | | MHAC | |
| | 钻(镗)削 | MHBC<br>MHEC | MAEC | MHBC<br>MHCC | MAFC | MHCC<br>MHEC | MAFC | MHBC<br>MHCC | MAFC | MHEC | | MHBC | MAEC | MHBC | MAEC |
| | 深孔钻削 | MHCC<br>MHEC | | MHBC<br>MHEC | | MHEC<br>MHFC | | MHCC<br>MHEC | | MHEC | | | MACC | | MACC |
| | 铰削 | MHCC | MAEC | MHCC | MAFC | MHCC<br>MHDC | MAFC | MHCC<br>MHEC | MAFC | MHEC<br>MHFC | | MHCC | MAEC | MHCC | MAEC |
| | 齿轮加工 | | | MHCC<br>MHDC | | MHEC<br>MHFC | | MHBC<br>MHCC | | MHEC<br>MHFC | | MHBC<br>MHCC | | | |
| | 拉削 | MHDC | MABC<br>MAEC | MHDC<br>MHFC | MADC<br>MAFC | MHEC<br>MHFC | MADC<br>MAFC | MHEC | | MHEC<br>MHFC | | MHCC | | MHBC | MABC |
| | 攻丝 | MHDC | | MHDC<br>MHFC | | MHFC | MADC | MHEC | | MHEC<br>MHFC | | MHCC | | MHBC | |
| | 锯削 | MHCC | MABC<br>MACC | MHCC<br>MHEC | MACC<br>MAFC | MHEC | MAFC<br>MAHC | MHEC | | MHEC<br>MHFC | | MHEC | | MHBC | MABC |
| | NC 加工中心 | MHBC<br>MHCC | MAEC<br>MAFC | MHCC<br>MHEC | MAEC<br>MAFC | MHCC<br>MHEC | MAEC<br>MAFC | MHCC<br>MHEC | MAEC<br>MAFC | MHEC<br>MHFC | | MHCC | MAEC<br>MAFC | MHEC | MAEC<br>MAFC |
| 磨削加工 | 粗磨 | | MAGA | | MAGA<br>MAHA | | MAHA | | MAHA | | MAGA | | MAGA | | MAGA |
| | 精磨 | | MAGA | | MAGA<br>MAHA | | MAGA | | MAGA | | MAGA | | MAGA | | MAGA |
| | 高速磨削 | | MAHA | | MAHA | | MAHA | | MAHA | | MAGA | | MAGA | | MAGA |
| | 强力磨削 | | MAHA | | MAHA | | MAHA | | MAHA | | MAGA | | MAHA | | MAGA |
| | 珩磨 | MHCA | | MHCA | | MHCA<br>MHEA<br>MHFA | | MHCA<br>MHEA | | MHEA | | MHCA | | MHCA | |
| | 电火化加工 | MHAE | | MHAE | | MHAE | | MHAE | | MHAE | | MHAE | | MHAE | |

注:表中第四个英文字母代表各种加工方法,其中 C——切削加工,A——磨削加工,E——电火化加工。

**D3** 表 D2 列出金属塑型加工工艺加工不同金属材料时，金属加工液选用表。

冲压工艺包括各种塑型加工工艺如冲压拉伸、挤压、拉拔、锻压和轧制等，表 D2、D3、D4、D5 和 D6 列出各种塑型加工对加工不同金属(碳钢、合金钢、不锈钢、铜、铜合金、铝和铝合金)时金属加工液的选用。

**表 D2 冲压拉伸工艺金属加工液选用表**

| 机械加工材料 | 碳　钢 | | 合金钢 | | 不锈钢 | | 铜、铜合金 | | 铝、铝合金 | |
|---|---|---|---|---|---|---|---|---|---|---|
| 加工液类别 / 加工深度 | 不含水液 | 含水液 | 不含水液 | 含水液 | 不含水液 | 含水液 | 不含水液 | 含水液 | 不含水液 | 含水液 |
| 深 | MHCA<br>MHDS<br>MHES<br>MHFS | | MHCA<br>MHDS<br>MHES<br>MHFS<br>MHGS | | MHCS<br>MHDS<br>MHES<br>MHFS | MADS | MHCS<br>MHES | MADS | MHCS<br>MHES | MAFS |
| 中 | MHCS<br>MHES | MABS<br>MADS | MHCS<br>MHES | MABS<br>MADS | MHCS<br>MHES | MABS | MHCS<br>MHES | MABS | MHCS<br>MHES | MAAS<br>MABS |
| 浅 | MHBC<br>MHCS<br>MHDS<br>MHES | MAAS<br>MABS | MHCS<br>MHES | MABS<br>MADS | MHCS<br>MHES | MAAS | MHBS | MAAS | MHBS | MAAS |
| 注：表中第四个英文字母 S 代表冲压拉伸工艺。 | | | | | | | | | | |

**表 D3 挤压工艺用金属加工液选用表**

| 机械加工材料 | 碳　钢 | | 合金钢 | | 不锈钢 | | 铜、铜合金 | | 铝、铝合金 | |
|---|---|---|---|---|---|---|---|---|---|---|
| 加工液类别 / 加工深度 | 不含水液 | 含水液 | 不含水液 | 含水液 | 不含水液 | 含水液 | 不含水液 | 含水液 | 不含水液 | 含水液 |
| 冷加工 | MHBI<br>MHEI | MADI | MHBI<br>MHEI | MADI | MHBI<br>MHEI | MADI | MHBI<br>MHEI | MADI | MHBI<br>MHEI | MADI |
| 热加工 | | MADI | | MADI | | MADI | | | | |
| 注：表中第四个英文字母 I 代表挤压工艺。 | | | | | | | | | | |

**表 D4 拉拔工艺用金属加工液选用表**

| 机械加工材料 | 碳　钢 | | 合金钢 | | 不锈钢 | | 铜、铜合金 | | 铝、铝合金 | |
|---|---|---|---|---|---|---|---|---|---|---|
| 加工液类别 / 加工深度 | 不含水液 | 含水液 | 不含水液 | 含水液 | 不含水液 | 含水液 | 不含水液 | 含水液 | 不含水液 | 含水液 |
| 冷拉伸 | MHBW | MABW | MHBW | MABW | MHGW<br>MHHW | MABW<br>MAIW | MHBW | MABW | MHBW | MABW |
| 热拉伸 | | | | | | | MHGW | | MHBW | |
| 注：表中第四个英文字母 W 代表拉拔工艺。 | | | | | | | | | | |

**表 D5 锻压工艺用金属加工液选用表**

| 机械加工材料 | 碳　钢 | | 合金钢 | | 不锈钢 | | 铜、铜合金 | | 铝、铝合金 | |
|---|---|---|---|---|---|---|---|---|---|---|
| 加工液类别 / 加工深度 | 不含水液 | 含水液 | 不含水液 | 含水液 | 不含水液 | 含水液 | 不含水液 | 含水液 | 不含水液 | 含水液 |
| 冷锻 | MHBF | MAGF<br>MAHF | MHBF | MAGF<br>MAHF | MHBF | MAGF<br>MAHF | MHBF | MAGF<br>MAHF | MHBF | MAGF<br>MAHF |
| 热锻 | | MAGF<br>MAHF | | MAGF<br>MAHF | | MAGF<br>MAHF | | | | |
| 注：表中第四个英文字母 F 代表锻压工艺。 | | | | | | | | | | |

**表 D6 轧制工艺用金属加工液选用表**

| 机械加工材料 | 碳　钢 | | 合金钢 | | 不锈钢 | | 铜、铜合金 | | 铝、铝合金 | |
|---|---|---|---|---|---|---|---|---|---|---|
| 加工液类别 / 加工深度 | 不含水液 | 含水液 | 不含水液 | 含水液 | 不含水液 | 含水液 | 不含水液 | 含水液 | 不含水液 | 含水液 |
| 冷轧 | MHAR<br>MHBA<br>MHCR<br>MHER | MABR<br>MAGR<br>MADR<br>MAER<br>MAFR | MHAR<br>MHBR<br>MHCR<br>MHER | MABR<br>MAGR | MHAR<br>MHBR<br>MHCR<br>MHER | MABR<br>MAGR | MHAR<br>MHBR<br>MHCR<br>MHER | MABR<br>MAGR<br>MADR<br>MAER | MHAR<br>MHBR<br>MHCR | MABR<br>MADR<br>MAER |
| 热轧 | MHER | MABS<br>MADS | | MABR<br>MAGR | | MABR<br>MAGR | | | | |
| 注：表中第四个英文字母 R 代表轧制工艺。 | | | | | | | | | | |

ICS 75.100
E 34

# SH

# 中华人民共和国石油化工行业标准

SH/T 0676—2005
代替 SH/T 0676—1999

# 水冷二冲程汽油机油

Water-cooled two-stroke-cycle gasoline engine oils

2005-04-11 发布　　2005-09-01 实施

中华人民共和国国家发展和改革委员会　发布

# 前　　言

本标准与美国船舶制造商协会制定的《NMMA 许可证试验 TC-W3，二冲程汽油机润滑油》(英文版)的一致性程度为非等效。

本标准代替 SH/T 0676—1999《TC-WⅡ水冷二冲程汽油机油》。

本标准与 SH/T 0676—1999 相比主要差异如下：

——增加了 TC-W3 等级的水冷二冲程汽油机油的质量指标。

——将水冷二冲程汽油机油技术要求中倾点的质量指标由不高于-25℃改为不高于-28℃。

——将水冷二冲程汽油机油技术要求中的清净性及一般性能评定项目中的质量指标改为通过。

——增加产品的检验规则。

本标准由中国石油化工集团公司提出。

本标准由中国石油化工股份有限公司石油化工科学研究院归口。

本标准起草单位：中国石油化工股份有限公司茂名分公司。

本标准主要起草人：华献君、王伟明。

本标准于 1999 年首次发布，本次为第一次修订。

# 水冷二冲程汽油机油

## 1 范围

本标准规定了采用高黏度指数基础油，加入多种添加剂制成的水冷二冲程汽油机油的要求和试验方法、检验规则及标志、包装、运输和贮存。

本标准所属产品适合于各种功率的水冷二冲程汽油发动机的润滑。

## 2 规范性引用文件

下列文件中的条款通过本标准的引用而成为本标准的条款。凡是注日期的引用文件，其随后所有的修改单(不包括勘误的内容)或修订版均不适用于本标准，然而，鼓励根据本标准达成协议的各方研究是否可使用这些文件的最新版本。凡是不注日期的引用文件，其最新版本适用于本标准。

GB/T 260　石油产品水分测定法

GB/T 265　石油产品运动黏度测定法和动力黏度计算法

GB/T 511　石油产品和添加剂机械杂质测定法(重量法)

GB/T 3535　石油倾点测定法

GB/T 3536　石油产品闪点和燃点测定法(克利夫兰开口杯法)

GB/T 4756　石油液体手工取样法(GB/T 4756—1998，neq ISO 3170：1988)

SH 0164　石油产品包装、贮存及交货验收规则

SH/T 0633　水冷二冲程汽油机油锈蚀测定法

SH/T 0634　水冷二冲程汽油机油滤清器堵塞倾向测定法

SH/T 0647　水冷二冲程汽油机油早燃倾向评定法

SH/T 0648　水冷二冲程汽油机油清净性及一般性能评定法

SH/T 0670　水冷二冲程汽油机油润滑性评定法

SH/T 0671　二冲程汽油机油流动性及其与汽油混溶性测定法

SH/T 0697　水冷二冲程汽油机油互溶性测定法

SH/T 0708　水冷二冲程汽油机油清净性及一般性能评定法(OMC 70HP 法)

SH/T 0709　水冷二冲程汽油机油清净性及一般性能评定法(Mercury 15HP 法)

## 3 分类

本标准所属产品按质量要求分为 TC-W2 和 TC-W3 两个等级。

## 4 要求和试验方法

水冷二冲程汽油机油技术要求和试验方法见表 1。

**表 1　水冷二冲程汽油机油技术要求和试验方法**

| 项　　目 | | 质量指标 | | 试验方法 |
|---|---|---|---|---|
| | | TC-W2 | TC-W3 | |
| 运动黏度(100℃)/($mm^2$/s) | | 6.5~9.3 | | GB/T 265 |
| 闪点(开口)/℃ | 不低于 | 70 | | GB/T 3536 |

表 1(续)

| 项目 | | 质量指标 | | 试验方法 |
|---|---|---|---|---|
| | | TC-W2 | TC-W3 | |
| 倾点/℃ | 不高于 | -28 | | GB/T 3535 |
| 机械杂质/%(质量分数) | 不大于 | 0.01 | | GB/T 511 |
| 水分/%(质量分数) | 不大于 | 痕迹 | | GB/T 260 |
| 锈蚀试验<br>锈蚀面积/% | 不大于 | 参比油锈蚀面积 | | SH/T 0633 |
| 滤清器堵塞倾向试验<br>流动速率变化/% | 不大于 | 20 | | SH/T 0634 |
| 早燃倾向试验，发生早燃次数 | 不多于 | 参比油的早燃次数 | | SH/T 0647 |
| 润滑性试验，平均扭矩降 | 不大于 | 参比油平均扭矩降 | | SH/T 0670 |
| 低温流动性/混溶性试验<br>低温流动性(-25℃)/(mPa·s)<br>混溶性(-25℃)，翻转次数 | 不大于<br>不大于 | 7500<br>参比油的 110% | | SH/T 0671 |
| 相容性试验 | | — | 通过 | SH/T 0697 |
| 清净性及一般性能评定 | | 通过 | | SH/T 0648 |
| 清净性及一般性能评定 OMC 70HP 法 | | — | 通过 | SH/T 0708 |
| 清净性及一般性能评定 Mercury 15HP 法 | | — | 通过 | SH/T 0709 |

## 5 检验规则

### 5.1 检验分类与检验项目

本产品检验分为出厂检验、周期检验和型式检验。

#### 5.1.1 出厂检验

出厂检验项目包括：运动黏度、闪点、倾点、机械杂质、水分。

#### 5.1.2 周期检验

正常生产时，锈蚀试验、滤清器堵塞倾向试验、低温流动性/混溶性试验、相容性试验为周期检验项目，每年测定一次。

#### 5.1.3 型式检验

润滑性试验、早燃倾向试验、清净性及一般性能试验为型式检验项目。

在下列情况下进行型式检验。

a）新产品投产或产品定型鉴定时；

b）原材料、工艺等发生较大变化，可能影响产品质量时；

c）出厂检验或周期检验结果与上次型式检验结果有较大差异时。

### 5.2 组批

在原材料、工艺不变的条件下，产品每生产一罐或釜为一批。

### 5.3 取样

取样按 GB/T 4756 进行，取 4L 作为检验和留样用。

### 5.4 判断规则

出厂检验和周期检验结果应全部合格，方可出厂。

### 5.5 复检规则

如出厂检验和周期检验结果中有不符合表 1 技术要求的规定时，按 GB/T 4756 的规定重新抽取双倍样品进行复检，复检结果如仍有至少一项不符合表 1 技术要求的规定时，则判断该批产品为不合格。

## 6 标志、包装、运输和贮存

本产品的标志、包装、运输和贮存及交货验收按 SH 0164 进行。但包装采用小包装(含 200L 大桶)，直供时可采用散装。

# 前　言

本标准等效采用日本工业标准 JIS K 2246-1994《防锈油》第 1~4 条产品规格部分制定。

本标准与 JIS K 2246-1994 的主要差异：

1. 本标准的产品命名采用 GB/T 7631.6。

2. 本标准不包括 JIS K 2246-1994 的试验方法部分。

3. 对一般润滑油型防锈油增加了叠片试验项目。

本标准自生效之日起代替 SH/T 0095《L-RG 溶剂稀释型防锈油》、SH/T 0354《溶剂稀释型防锈油》、SH/T 0367《置换型防锈油》、SH/T 0602《L-RA 水置换型防锈油》、SH/T 0096《L-RK 脂型防锈油》和 SH/T 0366《石油脂型防锈脂》等标准。

本标准中附录 A、附录 B、附录 C、附录 D 均为标准的附录。

本标准中附录 E 为提示的附录。

本标准由中国石油化工集团公司提出。

本标准由中国石油化工集团公司石油化工科学研究院技术归口。

本标准由中国石油化工集团公司石油化工科学研究院和茂名石化公司研究院负责起草。

本标准主要起草人：龙化骊、徐名逢、周宏。

中华人民共和国石油化工行业标准

SH/T 0692—2000

代替 SH/T 0095—1991(1998)
SH/T 0096—1991(1998)
SH/T 0354—1992(1998)
SH/T 0366—1992(1998)
SH/T 0367—1992(1998)
SH/T 0602—1994

# 防　锈　油

**Rust preventive oils**

## 1　范围

本标准规定了以石油溶剂、润滑油基础油等为基础原料，加入多种添加剂调制而成的防锈油的技术条件。

本标准所属产品适用于以钢铁为主的金属材料及其制品的暂时防腐保护。

## 2　引用标准

下列标准包括的条文，通过引用而构成本标准的一部分，除非在标准中另有明确规定，下述引用标准都应是现行有效标准。

GB/T 261　石油产品闪点测定法(闭口杯法)
GB/T 265　石油产品运动黏度测定法和动力黏度计算法
GB/T 269　润滑脂和石油脂锥入度测定法
GB/T 711　优质碳素结构钢热轧厚钢板和宽钢带
GB/T 1995　石油产品黏度指数计算法
GB/T 2361　防锈油脂湿热试验法
GB/T 3535　石油产品倾点测定法
GB/T 3536　石油产品闪点和燃点测定法(克利夫兰开口杯法)
GB/T 4756　石油液体手工取样法
GB/T 5096　石油产品铜片腐蚀试验法
GB/T 5231　加工铜化学成分和产品形状
GB/T 6538　发动机油表观黏度测定法(冷启动模拟机法)
GB/T 7304　石油产品和润滑剂酸值测定法(电位滴定法)
GB/T 7631.6　润滑剂和有关产品(L类)的分类　第6部分：R组(暂时保护防腐蚀)
GB/T 8026　石油蜡和石油脂滴熔点测定法
GB/T 12579　润滑油泡沫特性测定法
SH/T 0025　防锈油盐水浸渍试验法
SH/T 0035　防锈油脂蒸发量测定法
SH/T 0036　防锈油水置换性试验法
SH/T 0060　防锈脂吸氧测定法(氧弹法)
SH/T 0063　防锈油干燥性试验法
SH/T 0080　防锈油脂腐蚀性试验法
SH/T 0081　防锈油脂盐雾试验法

国家石油和化学工业局 2000-06-30 批准　　　2000-12-01 实施

SH/T 0082　防锈油脂流下点试验法
SH/T 0083　防锈油耐候试验法
SH/T 0105　溶剂稀释型防锈油油膜厚度测定法
SH/T 0106　防锈油人汗防蚀性试验法
SH/T 0107　防锈油人汗洗净性试验法
SH 0164　石油产品包装、贮运及交货验收规则
SH/T 0211　防锈油脂低温附着性试验法
SH/T 0212　防锈油脂除膜性试验法
SH/T 0214　防锈油脂分离安定性试验法
SH/T 0215　防锈油脂沉淀值和磨损性测定法
SH/T 0216　防锈油喷雾性试验法
SH/T 0218　防锈油脂试验试片制备法
SH/T 0584　防锈油脂包装贮存试验法(百叶箱法)
SH/T 0660　气相防锈油试验方法

## 3　定义

本标准采用下列定义。

3.1　防锈油　rust preventive oil

含有腐蚀抑制剂，主要用于暂时防止金属大气腐蚀的油品。

3.2　除指纹型防锈油　fingerprint removing type rust preventive oil

能除去金属表面附着的指纹的防锈油。

3.3　溶剂稀释型防锈油　solvent cutback rust preventive oil

将不挥发性材料溶解或分散到石油溶剂中的防锈油。涂敷后，溶剂挥发形成防护膜。

3.4　脂型防锈油　grease type rust preventive oil

以石油脂为基础材料常温下呈半固体状的防锈油。

3.5　润滑油型防锈油　lubricating type rust preventive oil

以石油润滑油馏分为基础材料的防锈油。

3.6　气相防锈油　vapor phase type rust preventive oil

含有在常温下能气化的缓蚀剂的防锈油。

3.7　黏度变化　viscosity change

试样在规定条件下加热除去挥发性物质后运动黏度变化，用加热前后试样的黏度变化率表示。

3.8　沉淀值　precipitation number

把试样与规定溶剂混合，在规定条件下离心分离，此时生成沉淀物的数值(mL)即为沉淀值。

3.9　烃溶解性　hydrocarbon solubility

试样与规定用溶剂混合，在规定条件下离心分离后，静置24h，观察试样溶液有无相变化或分离现象。

3.10　泡沫性　foaming characteristics

在规定时间，把一定流速的空气吹入保持一定温度的试样中，然后静置10min，观察其泡沫量，用mL表示。

3.11　氧化安定性　oxidation stability

把催化剂加入试样中，在规定温度下用搅拌棒搅拌试样一定时间，使其氧化，测定试样氧化后的运动黏度和总酸值的变化，评定试样的抗氧化性。

3.12　吸氧量　oxygen absorption content

将催化剂放入试样中，然后一并放入氧弹内，充入规定压力的氧气，在规定温度下加热氧弹，

根据100h后氧气压力的减少，确定试样的抗氧化性能。

3.13 膜厚 film thickness

将试样用规定的方法涂敷在试片上，垂直保持24h，检测附着膜质量，计算油膜厚度，用μm表示。

3.14 干燥性 drying characteristics

将试样用规定的方法涂在试片上，垂直保持一定时间后，油膜的干燥状态视为试样的干燥性。

3.15 流下点 flow down point

试样油膜在设定温度下垂直保持1h，油膜流落到基准线的温度即为流下点。

3.16 低温附着性 low-temperature adhesion property

试样膜在低温金属表面上的附着性能。

3.17 除膜性 film removability

试样膜被石油溶剂去除的性能。

3.18 磨损性 wearability

表示试样混入机械杂质使金属制品擦伤的性能。

3.19 挥发性物质量 volatile matter content

试样在规定条件下加热时产生的挥发性物质的量。

3.20 分离安定性 separating stability

试样在规定的温度条件下有无相变或分离。

3.21 喷雾性 sprayability

在一定条件下喷雾时，试样雾滴的均匀性。

3.22 腐蚀性 corrosivity

试样对金属的腐蚀性、变色性。

3.23 水置换性 water displacement property

试样对附着在金属表面上的水的置换性和防锈性。

3.24 酸中和性 acid neutralization property

试样对酸性物质的中和防锈性能。

3.25 除指纹性 fingerprints removing property

试样对附着在金属表面的指纹的去除性和防止指纹引起的锈蚀性。

3.26 人汗防蚀性 fingerprints anti-corrosive property

防止附着在试样膜上的指纹引起的锈蚀的能力。

3.27 透明性 transparency

涂覆在金属面上的试样膜在规定条件下放置后，从膜上读金属面上印记的性能。

3.28 包装贮存性 shed storage property

将在规定条件下涂有试样的试片包装，放在装有水槽的百叶箱中，评定其防锈能力。

3.29 气相防锈性 vapor phase anti-rust property

试样中的气相防锈剂在密闭条件下对裸露金属的防锈性。

3.30 暴露后气相防锈性 vapor phase anti-rust property after exposure

试样在规定条件下经室内暴露后，其气相防锈剂在密闭条件下对金属表面的防锈性。

3.31 加热后气相防锈性 vapor phase anti-rust property after heating

试样在规定条件下加热暴露后，其气相防锈剂在密闭条件下对金属表面的防锈性。

## 4 产品分类

4.1 分类

本标准将防锈油分为除指纹型防锈油、溶剂稀释型防锈油、脂型防锈油、润滑油型防锈油和气相防锈油五种类型，根据膜的性质、油品的黏度等细分为 15 个牌号，如表 1 所示。

**表 1　防锈油分类**

| 种　　类 | | | 代　号<br>L- | 膜的性质 | 主 要 用 途 |
|---|---|---|---|---|---|
| 除指纹型防锈油 | | | RC | 低黏度油膜 | 除去一般机械部件上附着的指纹，达到防锈目的 |
| 溶剂稀释型防锈油 | Ⅰ | | RG | 硬质膜 | 室内外防锈 |
| | Ⅱ | | RE | 软质膜 | 以室内防锈为主 |
| | Ⅲ | 1 号 | REE-1 | 软质膜 | 以室内防锈为主<br>(水置换型) |
| | | 2 号 | REE-2 | 中高黏度油膜 | |
| | Ⅳ | | RF | 透明，硬质膜 | 室内外防锈 |
| 脂型防锈油 | | | RK | 软质膜 | 类似转动轴承类的高精度机加工表面的防锈，涂敷温度 80℃以下 |
| 润滑油型防锈油 | Ⅰ | 1 号 | RD-1 | 中黏度油膜 | 金属材料及其制品的防锈 |
| | | 2 号 | RD-2 | 低黏度油膜 | |
| | | 3 号 | RD-3 | 低黏度油膜 | |
| | Ⅱ | 1 号 | RD-4-1 | 低黏度油膜 | 内燃机防锈。以保管为主，适用于中负荷，暂时运转的场合 |
| | | 2 号 | RD-4-2 | 中黏度油膜 | |
| | | 3 号 | RD-4-3 | 高黏度油膜 | |
| 气相防锈油 | | 1 号 | RQ-1 | 低黏度油膜 | 密闭空间防锈 |
| | | 2 号 | RQ-2 | 中黏度油膜 | |

4.2　代号

产品代号按 GB/T 7631.6 的规定。对 GB/T 7631.6 不包括的气相防锈油产品代号暂定为 L-RQ。

## 5　技术条件

各类产品技术条件应符合表 2~表 6 的规定。

**表 2　L-RC 除指纹型防锈油技术要求**

| 项　　目 | | 质 量 指 标 | 试 验 方 法 |
|---|---|---|---|
| 闪点,℃ | 不低于 | 38 | GB/T 261 |
| 运动黏度(40℃)，$mm^2/s$ | 不大于 | 12 | GB/T 265 |
| 分离安定性 | | 无相变，不分离 | SH/T 0214 |
| 除指纹性 | | 合格 | SH/T 0107 |
| 人汗防蚀性 | | 合格 | SH/T 0106 |
| 除膜性(湿热后) | | 能除膜 | SH/T 0212 |
| 腐蚀性(质量变化)，$mg/cm^2$ | | 钢　±0.1<br>铝　±0.1<br>黄铜　±1.0<br>锌　±3.0<br>铅　±45.0 | SH/T 0080[1)] |
| 湿热(A 级)，h | 不小于 | 168 | GB/T 2361 |
| 1) 试验片种类可与用户协商。 | | | |

### 表 3 溶剂稀释型防锈油技术要求

| 项目 | | 质量指标 L-RG | L-RE | L-REE-1 | L-REE-2 | L-RF | 试验方法 |
|---|---|---|---|---|---|---|---|
| 闪点,℃ | 不低于 | 38 | 38 | 38 | 70 | 38 | GB/T 261 |
| 干燥性 | | 不粘着状态 | 柔软状态 | 柔软状态 | 柔软或油状态 | 指触干燥(4h)<br>不粘着(24h) | SH/T 0063 |
| 流下点,℃ | 不低于 | 80 | — | | | 80 | SH/T 0082 |
| 低温附着性 | | 合格 | | | | | SH/T 0211 |
| 水置换性 | | — | | 合格 | | — | SH/T 0036 |
| 喷雾性 | | 膜连续 | | | | | SH/T 0216 |
| 分离安定性 | | 无相变，不分离 | | | | | SH/T 0214 |
| 除膜性 | 耐候性后 | 除膜(30 次) | — | | | | SH/T 0212[1)] |
| | 包装贮存后 | — | 除膜(15 次) | 除膜(6 次) | | 除膜(15 次) | |
| 透明性 | | — | | | | 能看到印记 | 附录 B |
| 腐蚀性(质量变化)，mg/cm² | | 钢 ±0.2　黄铜 ±1.0　锌 ±7.5<br>铝 ±0.2　镁 ±0.5　镉 ±5.0<br>铬 不失去光泽 | | | | | SH/T 0080[2)] |
| 膜厚，μm | 不大于 | 100 | 50 | 25 | 15 | 50 | SH/T 0105 |
| 防锈性 | 湿热(A 级)，h 不小于 | — | 720[1)] | 720[1)] | 480 | 720[1)] | GB/T 2361 |
| | 盐雾(A 级)，h 不小于 | 336 | 168 | — | | 336 | SH/T 0081 |
| | 耐候(A 级)，h 不小于 | 600 | — | | | | SH/T 0083 |
| | 包装贮存(A 级)，d 不小于 | — | 360 | 180 | 90 | 360 | SH/T 0584[1)] |

1）为保证项目，定期测定；
2）试验片种类可与用户协商。

### 表 4 L-RK 脂型防锈油技术要求

| 项目 | | 质量指标 | 试验方法 |
|---|---|---|---|
| 锥入度(25℃)，1/10mm | | 200~325 | GB/T 269 |
| 滴熔点,℃ | 不低于 | 55 | GB/T 8026 |
| 闪点,℃ | 不低于 | 175 | GB/T 3536 |
| 分离安定性 | | 无相变，不分离 | SH/T 0214 |
| 蒸发量,%(*m/m*) | 不大于 | 1.0 | SH/T 0035 |
| 吸氧量，kPa(100h，99℃) | 不大于 | 150 | SH/T 0060 |
| 沉淀值，mL | 不大于 | 0.05 | SH/T 0215 |
| 磨损性 | | 无伤痕 | SH/T 0215 |
| 流下点,℃ | 不低于 | 40 | SH/T 0082 |
| 除膜性 | | 除膜(15 次) | SH/T 0212 |

**表 4(续)**

| 项　　目 | | 质量指标 | 试验方法 |
|---|---|---|---|
| 低温附着性 | | 合格 | SH/T 0211 |
| 腐蚀性(质量变化)，$mg/cm^2$ | | 钢±0.2　黄铜±0.2　锌±0.2<br>铅±1.0　铝　±0.2　镁±0.5<br>镉±0.2<br>除铅外，无明显锈蚀、污物及变色 | SH/T 0080[1)] |
| 防锈性 | 湿热(A级)，h　　不小于 | 720 | GB/T 2361[2)] |
| | 盐雾(A级)，h　　不小于 | 120 | SH/T 0081 |
| | 包装贮存(A级)，d　　不小于 | 360 | SH/T 0584[2)] |

1) 试验片种类可与用户协商；
2) 为保证项目，定期测定。

**表 5　润滑油型防锈油技术要求**

| 项　　目 | 质量指标 | | | | | | 试验方法 |
|---|---|---|---|---|---|---|---|
| | L-RD-1 | L-RD-2 | L-RD-3 | L-RD-4-1 | L-RD-4-2 | L-RD-4-3 | |
| 闪点,℃　　不低于 | 180 | 150 | 130 | 170 | 190 | 200 | GB/T 3536 |
| 倾点,℃　　不高于 | -10 | -20 | -30 | -25 | -10 | -5 | GB/T 3535 |
| 运动黏度，$mm^2/s$　40℃ | 100±25 | 18±2 | 13±2 | | — | — | GB/T 265 |
| 100℃ | — | — | — | — | 9.3~12.5 | 16.3~21.9 | |
| 低温动力黏度(-18℃)，mPa·s　　不大于 | — | | | 2 500 | — | | GB/T 6538 |
| 黏度指数　　不小于 | — | | | 75 | 70 | | GB/T 1995 |
| 氧化安定性(165.5℃，24h) | | | | | | | 附录 C |
| 黏度比　　不大于 | | | | 3.0 | 2.0 | | |
| 总酸值增加，mgKOH/g　不大于 | — | | | 3.0 | 3.0 | | |
| 挥发性物质量,%($m/m$)　　不大于 | — | | | 2 | | | SH/T 0660 |
| 泡沫性，泡沫量，mL | | | | | | | GB/T 12579 |
| 24℃　　不大于 | | | | 300 | | | |
| 93.5℃　　不大于 | — | | | 25 | | | |
| 后 24℃　　不大于 | | | | 300 | | | |
| 酸中和性 | — | | | 合格 | | | SH/T 0660 |
| 叠片试验，周期 | 协议 | | | — | | | 附录 A |
| 铜片腐蚀(100℃，3h),级　不大于 | 2 | | | — | | | GB/T 5096 |
| 除膜性，湿热后 | 能除膜 | | | | | | SH/T 0212 |
| 防锈性　湿热(A级)，h　　不小于 | 240 | 192 | | 480 | | | GB/T 2361 |
| 防锈性　盐雾(A级)，h　　不小于 | 48 | — | | — | | | SH/T 0081 |
| 防锈性　盐水浸渍(A级)，h　不小于 | — | | | 20 | | | SH/T 0025 |

**表6 气相防锈油技术要求**

| 项目 | | 质量指标 | | 试验方法 |
|---|---|---|---|---|
| | | L-RQ-1 | L-RQ-2 | |
| 闪点,℃ 不低于 | | 115 | 120 | GB/T 3536 |
| 倾点,℃ 不高于 | | -25.0 | -12.5 | GB/T 3535 |
| 运动黏度，$mm^2/s$ | 100℃ | — | 8.5~13.0 | GB/T 265 |
| | 40℃ | 不小于10 | 95~125 | |
| 挥发性物质量,%(*m*/*m*) 不大于 | | 15 | 5 | SH/T 0660 |
| 黏度变化,% | | -5~20 | | 附录D |
| 沉淀值，mL 不大于 | | 0.05 | | SH/T 0215 |
| 烃溶解性 | | 无相变，不分离 | | SH/T 0660 |
| 酸中和性 | | 合格 | | SH/T 0660 |
| 水置换性 | | 合格 | | SH/T 0036 |
| 腐蚀性(质量变化)，$mg/cm^2$ | | 铜 ±1.0<br>钢 ±0.1<br>铝 ±0.1 | | SH/T 0080 |
| 防锈性 | 湿热(A级)，h 不小于 | 200 | | GB/T 2361 |
| | 气相防锈性 | 无锈蚀 | | SH/T 0660 |
| | 暴露后气相防锈性 | 无锈蚀 | | |
| | 加温后气相防锈性 | 无锈蚀 | | |

## 6 标志、包装、运输、贮存

标志、包装、运输、贮存及交货验收按SH 0164进行。

## 7 取样

取样按GB/T 4756进行，取2L作为检验和留样用。

# 附 录 A
（标准的附录）
# 防锈油—长期叠片腐蚀试验

## A1 范围

本方法用于评定防锈油产品对碳素结构钢或其他材质(用户提出)重叠或卷置时的防腐性能。

## A2 方法概要

把已知光洁度的试验片涂上试验样品，夹在两个不锈钢片之间，经过一定温度和湿度的循环作用，观察试片变化，评定试样的防腐性。

## A3 设备

A3.1 试验片：符合 SH/T 0218 的 A 或 B 试片。

注：可以选择用户所需要的其他材质。

A3.2 浸渍槽。

A3.3 不锈钢吊钩。

A3.4 不锈钢“盖”板。

A3.5 不起毛的、有吸收能力的纸。

A3.6 气候箱。

A3.7 压板：重 2kg，用以保持试片上各点压力一致。

## A4 试剂和材料

石油醚：化学纯。

## A5 试验步骤

A5.1 按 SH/T 0218 准备试验片

注：可按用户和生产厂协商的特殊条件。

A5.2 将试验片浸入放有试样的浸渍槽(A3.2)中，提起后，在无灰尘、室温条件下，沥干 72h。

A5.3 将上述试片用两片不锈钢“盖”板夹紧，把压板(A3.7)放上。

A5.4 将上述组合体放入运转的气候箱中，气候箱每 7 天作为一个试验周期，每个周期：

——前 5 天，每天：8h，湿度 99%、温度 40℃，后 16h，湿度 75%、温度 20℃；

——后 2 天，每天：湿度 65%、温度 20℃。

A5.5 每个周期结束后，拆开组合体，检查接触面的状况，给出 4 个接触面的评定结果：

a) 无变化。

b) 有容易去除的印迹或污物。

c) 有一些不能去除的印迹或污物。

d) 有大量的不能去除的印迹或污点。

## A6 结果的表示

记录试片未发生变化的周期数。

当试片的变化大于评定结果 A5.5b)情况时，终止试验，记录最后的评定结果。

记录产品的气味。

## A7 试验报告

a）试验片的种类。
b）按 A6 说明试验结果。
c）试验片的润湿情况。
d）通过协商或其他原因，与规定的试验条件不符的情况。

# 附 录 B
（标准的附录）
# 透明性试验方法

## B1 适用范围

本方法适用于测定溶剂稀释型 L-RF 防锈油的透明性。

## B2 方法概要

将预先刻有印记的试片，经涂膜、干燥后，看能否观察到涂膜下的印记。

## B3 仪器与材料

**B3.1** 试片：按 SH/T 0218《防锈油脂试验试片制备法》A 法准备 2 片 A 试片或 B 试片。
**B3.2** 刻印工具：能够打上 5mm 印记数字或文字的冲头。

## B4 试验步骤

**B4.1** 用刻印工具在试片的面上，打上 2 个明显的印记。
**B4.2** 按 SH/T 0218 中 B 法对试片进行涂膜。
**B4.3** 其中一片经 24h 干燥后，另一片经 SH/T 0584《防锈油脂包装贮存试验法（百叶箱法）》后，用肉眼从涂膜外观察能否看到印记。

## B5 试验结果

记录是否能看到印记。

# 附 录 C
（标准的附录）
# 内燃机油氧化安定性测定法

## C1 适用范围

本方法用于评定内燃机用封存防锈油氧化安定性。

## C2 方法概要

将催化剂浸入试样中，在 165.5℃条件下，用搅拌棒搅拌试样 24h，使其氧化后，测定氧化油的运动黏度和总酸值，与未氧化油比较，求出黏度比及总酸值的增量。

试验以装入同一试样的 2 个试验容器为一组进行。

## C3 试验仪器及试验材料

C3.1 内燃机油氧化安定性试验器由以下 a) ~ e) 构成。图 C1 所示为组装图之一。

a) 恒温槽：恒温槽具有搅拌器、电热器及温度调节器，可将温度保持在 165.5℃ ±0.5℃，试验容器底部距恒温槽顶部 120mm，在浴液中可将试验容器浸泡 90mm 以上(参见图 C1)。

b) 温度计：测温范围 150℃ ~200℃，分度值为 0.5℃，长度 250mm，全浸。

c) 试验容器及试验容器盖

1) 试验容器：尺寸及构造如图 C2 所示，由硼硅酸耐热玻璃制成。

参考：GB/T 11143 的 4.1.3 规定用烧杯与此相当。

2) 试验容器盖：由酚醛树脂制成，形状、尺寸如图 C3 所示，备有搅拌棒插入孔。

注：变形或破损的盖，可使内部空气置换比例发生变化，因此有时造成试验结果的偏离，应引起注意。

d) 试样搅拌棒：由硼硅酸耐热玻璃或不锈钢制成，形状、尺寸如图 C4 所示。

e) 转子：由图 C1 所示形状从下方将试样搅拌棒插入，卡盘将其保持在离试样容器底部 10mm 的位置，以 1300r/min±15r/min 旋转(防止其震动)。

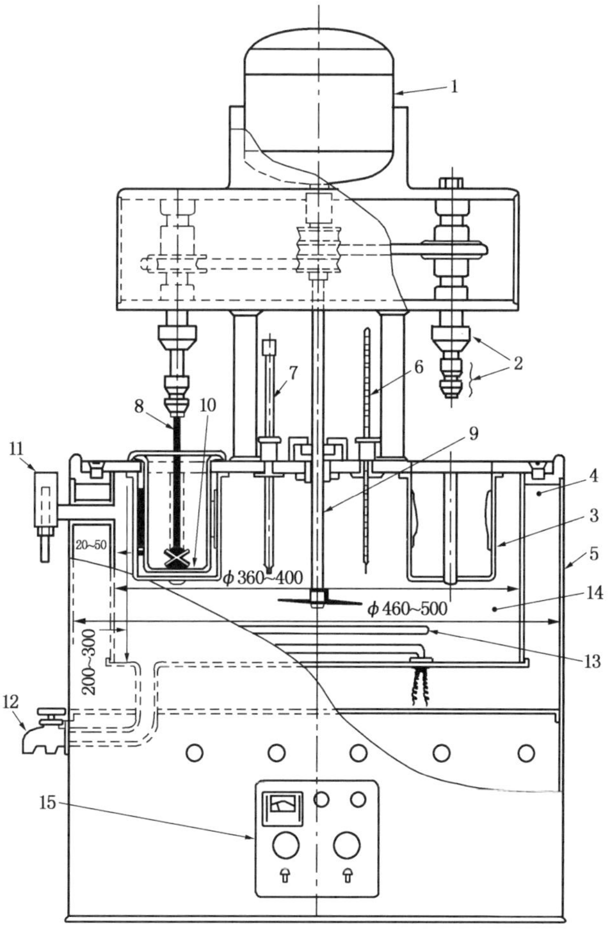


1—电动机；2—转子；3—试验容器固定装置；4—保温材料；5—保温壁；
6—温度计；7—温度调节器；8—试样搅棒；9—搅拌器；10—试验容器；
11—溢水管；12—排放栓；13—电热器；14—浴槽；15—操作盘

**图 C1 氧化安定性试验器**

图 C2　试验容器

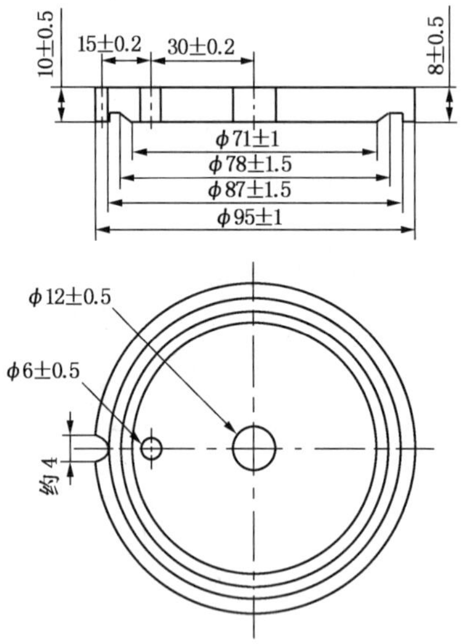


图 C3　试验容器盖

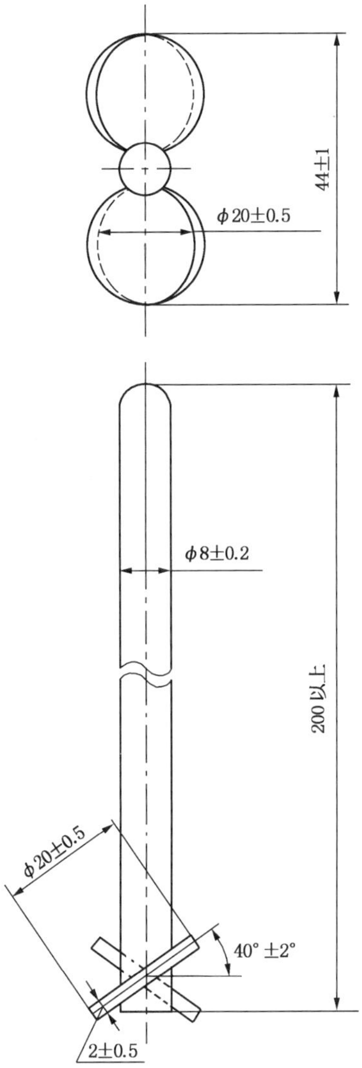


图 C4　试样搅拌棒

C3.2　催化剂及其他试验材料

C3.2.1　催化剂

a) 钢：符合 GB/T 711 中的 10 号，厚度 0.5mm，宽 26mm，长 121.4mm。

b) 铜：符合 GB/T 5231 中的 T2，厚度 0.5mm，宽 26mm，长 60.4mm。

注：如图 C5 所示，在钢及铜催化剂两端开固定孔（$\phi$1.0mm）。

参考：可用参考图 C1 所示形状的钢及铜催化剂。铜催化剂两端的折线弯曲成爪，钢催化剂两端有插入爪的沟孔。两个催化剂组合时，铜催化剂爪插入钢催化剂沟孔，按折线将爪使劲弯下固定。

C3.2.2　研磨材料：400 号氧化铝研磨布或纸。

C3.2.3　脱脂棉。

C3.3　试剂

C3.3.1　庚烷：化学纯。

C3.3.2　石油醚：化学纯。

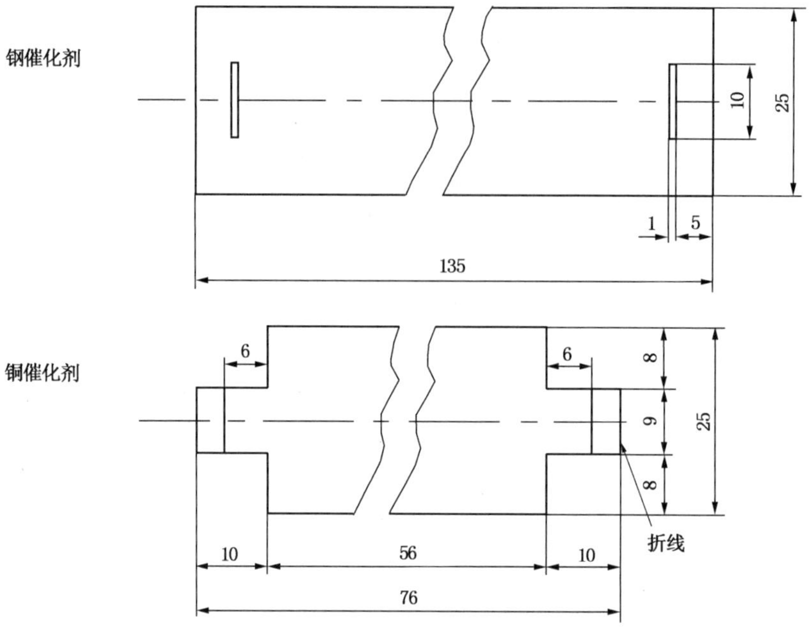


参考图 C1附带爪、沟孔的催化剂

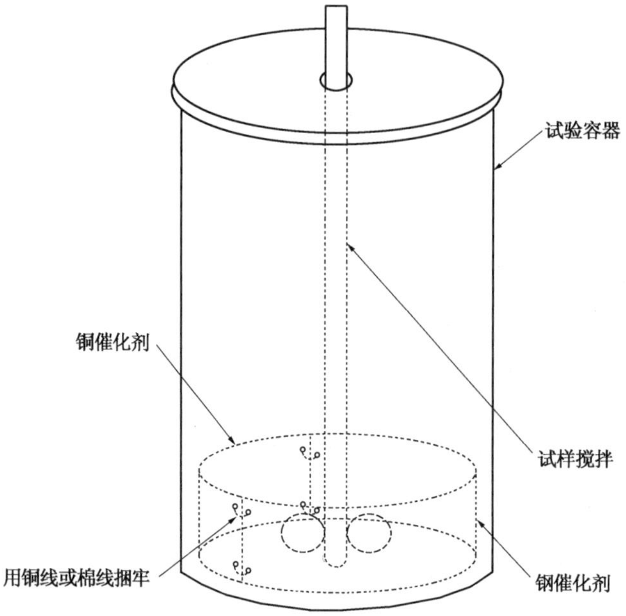


**图 C5　试样容器及催化剂的安装**

## C4　取样

按 GB/T 4756 规定。

## C5　试验准备

**C5.1**　将试验容器、试样搅拌棒在铬酸洗液或同等的洗净剂中浸泡 2h 以上，用自来水充分冲净，再用蒸馏水洗数次后将其干燥。

注：1) 试样搅拌棒是不锈钢的情况下，用合适的溶剂洗净后干燥。

2) 铬酸洗液废弃时，应做废液无害化处理。

**C5.2**　用脱脂棉沾合适的溶剂(庚烷、石油醚等)很好地擦拭两个催化剂后，用研磨布或研磨纸磨出新面，再用脱脂棉将磨粉全部擦干净，按图 C5 所示组装。研磨后的催化剂应尽可能快地用于试验。另外，研磨过的催化剂要用清洁干燥的脱脂棉或手套拿取，不要直接用手接触。

**C5.3** 将恒温槽的温度控制在 165.5℃±0.5℃。

注：根据温度读取范围，尽可能将温度计插深。

## C6 试验步骤

**C6.1** 如图 C5 所示，在放入催化剂的 2 个试验容器中，各自在常温下放入 250mL 试样，将它们固定在恒温槽上的试验容器固定装置上。然后，让试样搅拌棒穿过试验容器盖，将容器盖好。将试样搅拌棒安装在转子上，使叶片下端距容器底部 10mm。这时不要用手直接触摸试样搅拌棒浸泡的部分。

**C6.2** 使试样搅拌棒以 1300r/min±15r/min，按一定方向旋转搅拌试样。试样搅拌棒开始旋转的时间即是试验开始时间，并将此时间记下。

**C6.3** 经 24h 后，将试验容器从恒温槽取出，用干净的镊子取下催化剂，将试验容器内的试样(以下称氧化油)冷却至室温。

**C6.4** 氧化试验前的试样(以下称未氧化油)、变为室温的氧化油迅速地进行以下试验。

a) 按 GB/T 265 测定未氧化油及氧化油 40℃时的运动黏度。

b) 按 GB/T 7304 的规定测定未氧化油及氧化油的总酸值。

## C7 计算方法

**C7.1** 黏度比：从氧化前后的试样运动黏度，由下式算出运动黏度比，保留小数点后 2 位。

$$R = \nu_2/\nu_1$$

式中：$R$——运动黏度比；

$\nu_1$——40℃下的未氧化油运动黏度，$mm^2/s$；

$\nu_2$——40℃下的氧化油的运动黏度，$mm^2/s$。

两个试验结果之差不超过平均值 14%时，此平均值为黏度比。

两个试验结果之差超过平均值的 14%时，重新试验。

**C7.2** 总酸值的增加：算出氧化前后试样的总酸值的差，保留 3 位有效数字。但不足 1mg KOH/g 时，保留小数点后 2 位。两个试验结果之差不超过表 C1 允许差时，其平均值为总酸值的增加。两个试验结果之差超过表 C1 的允许差时，重新试验。

**表 C1 允许差** mg KOH/g

| 总酸值增加 | 允许差 |
|---|---|
| 0.05~1.0 | 0.3 |
| 1.0 以上~5.0 | 1 |
| 5.0 以上~20 | 4 |

## 附 录 D
（标准的附录）
## 黏度变化计算法

把按 SH/T 0660 方法测定挥发性物质前后的试样，按 GB/T 265 测定 40℃运动黏度。黏度变化按下式计算，用两个试验结果的平均值表示，精确到小数点后一位。

$$\nu(\%) = [(\nu_1 - \nu_2)/\nu_1] \times 100$$

式中：$\nu$——黏度变化，%；

$\nu_1$——新油的运动黏度，$mm^2/s$；

$\nu_2$——挥发性物质蒸发后的运动黏度，$mm^2/s$。

## 附 录 E
（提示的附录）

本标准的防锈油产品代号与等效标准 JIS K 2246-1994 产品代号的对应关系如表 E1 所示。

**表 E1 本标准产品代号与 JIS K 2246-1994 的对应关系**

| 本标准产品代号 | JIS K 2246-1994 中代号 |
|---|---|
| L-RC | NP-0 |
| L-RG | NP-1 |
| L-RE | NP-2 |
| L-REE-1 | NP-3-1 |
| L-REE-2 | NP-3-2 |
| L-RF | NP-19 |
| L-RK | NP-6 |
| L-RD-1 | NP-7 |
| L-RD-2 | NP-8 |
| L-RD-3 | NP-9 |
| L-RD-4-1 | NP-10-1 |
| L-RD-4-2 | NP-10-2 |
| L-RD-4-3 | NP-10-3 |
| L-RQ-1 | NP-20-1 |
| L-RQ-2 | NP-20-2 |

ICS 75.100
CCS E 34

SH

# 中华人民共和国石油化工行业标准

NB/SH/T 6034—2021

# 农机传动系统用润滑油

## Lubricant oil for agricultural machinery drive line transmission

2021-11-16 发布　　2022-05-16 实施

国家能源局　发布

# 前　　言

本文件按照 GB/T 1. 1—2020《标准化工作导则　第 1 部分：标准化文件的结构和起草规则》的规定起草。

请注意本文件的某些内容可能涉及专利。本文件的发布机构不承担识别专利的责任。

本文件由中国石油化工集团有限公司提出。

本文件由全国石油产品和润滑剂标准化技术委员会石油燃料和润滑剂分技术委员会（SAC/TC280/SC1）归口。

本文件起草单位：中国石化润滑油有限公司、中国石油天然气股份有限公司润滑油分公司、中国一拖集团有限公司、雷沃重工股份有限公司、中国农业机械化科学研究院。

本文件主要起草人：于宏涛、文彦龙、雷凌、刘红、黄东升、冯春凌、庞清荣、赵庆亮、张国茹、王玉玲、周康、葛志伟、周建强、樊建。

# 农机传动系统用润滑油

## 1 范围

本文件规定了农业机械传动系统用润滑油的要求和试验方法、检验规则、标识、包装、储运及交货验收。

本文件适用于带有湿式离合器或湿式制动器的农业机械传动系统，也适用于只含有机械传动系统的农业机械和机械传动与液压系统共用油箱的农业机械。

## 2 规范性引用文件

下列文件中的内容通过文中的规范性引用而构成本文件必不可少的条款。其中，注日期的引用文件，仅该日期对应的版本适用于本文件；不注日期的引用文件，其最新版本（包括所有的修改单）适用于本文件。

GB/T 260 石油产品水含量的测定 蒸馏法

GB/T 265 石油产品运动黏度测定法和动力黏度计算法

GB/T 511 石油和石油产品及添加剂机械杂质测定法

GB/T 1995 石油产品黏度指数计算法

GB/T 2541 石油产品黏度指数算表

GB/T 3535 石油产品倾点测定法

GB/T 3536 石油产品闪点和燃点的测定 克利夫兰开口杯法

GB/T 4756 石油液体手工取样法

GB/T 5096 石油产品铜片腐蚀试验法

GB/T 11143 加抑制剂矿物油在水存在下防锈性能试验法

GB/T 11145 润滑剂低温黏度的测定 勃罗克费尔特黏度计法

GB/T 12579 润滑油泡沫特性测定法

GB/T 14832 标准弹性体材料与液压液体的相容性试验

GB/T 17040 石油和石油产品硫含量的测定 能量色散 X 射线荧光光谱法

GB/T 17476 使用过的润滑油中添加剂元素、磨损金属和污染物以及基础油中某些元素测定法（电感耦合等离子体发射光谱法）

GB/T 30515 透明和不透明液体石油产品运动黏度测定法及动力黏度计算法

GB/T 35472.6 湿式自动变速箱摩擦元件试验方法 第 6 部分：摩擦性能与压力、速度、温度关系试验方法

GB/T 37208 非金属纸基湿式摩擦材料

NB/SH/T 0164 石油及相关产品包装、储运及交货验收规则

SH/T 0224 石油添加剂中氮含量测定法（克氏法）

SH/T 0226 添加剂和含添加剂润滑油中锌含量测定法

SH/T 0270 添加剂和含添加剂润滑油的钙含量测定法

SH/T 0296 添加剂和含添加剂润滑油的磷含量测定法（比色法）

SH/T 0303　添加剂中硫含量测定法（电量法）

SH/T 0305　石油产品密封适应性指数测定法

NB/SH/T 0306　润滑油承载能力的评定　FZG 目测法

SH/T 0307　石油基液压油磨损特性测定法（叶片泵法）

NB/SH/T 0656　石油产品及润滑剂中碳、氢、氮的测定　元素分析仪法

SH/T 0657　液态石油烃中痕量氮的测定　氧化燃烧和化学发光法

SH/T 0689　轻质烃及发动机燃料和其他油品的总硫含量测定法（紫外荧光法）

NB/SH/T 0704　石油和石油产品中氮含量的测定　舟进样化学发光法

SH/T 0771　石油产品倾点测定法（自动压力脉冲法）

NB/SH/T 0845　传动润滑剂黏度剪切安定性的测定　圆锥滚子轴承试验机法

NB/SH/T 0967　润滑剂包装标识通则

CEC L-48-00　自动变速箱油品氧化稳定性的测定　人工老化法（Oxidation stability of lubricating oils used in automotive transmissions by artificial ageing）

## 3　术语和定义

本文件没有需要界定的术语和定义。

## 4　要求和试验方法

农机传动系统用润滑油的技术要求和试验方法应符合表 1 的规定。

**表 1　农机传动系统用润滑油的技术要求和试验方法**

| 项　　目 | | 质量指标 | 试验方法 |
|---|---|---|---|
| 运动黏度（100 ℃）/（$mm^2/s$） | | 9.1～12.5 | GB/T 265[a] |
| 运动黏度（40 ℃）/（$mm^2/s$） | | 报告 | |
| 黏度指数 | 不小于 | 120 | GB/T 1995[b] |
| 闪点（开口）/℃ | 不低于 | 200 | GB/T 3536 |
| 倾点/℃ | 不高于 | -36 | GB/T 3535[c] |
| 表观黏度（-20℃）/（mPa·s） | 不大于 | 5500 | GB/T 11145 |
| 表观黏度（-35℃）/（mPa·s） | 不大于 | 70000 | |
| 泡沫性（泡沫倾向/泡沫稳定性）/（mL/mL） | | | GB/T 12579 |
| 24 ℃ | 不大于 | 25/0 | |
| 93.5 ℃ | 不大于 | 50/0 | |
| 后 24 ℃ | 不大于 | 25/0 | |
| 水分（质量分数）/% | 不大于 | 痕迹 | GB/T 260 |
| 机械杂质（质量分数）/% | 不大于 | 0.01 | GB/T 511 |
| 液相锈蚀 | | 合格 | GB/T 11143 A 法 |
| 铜片腐蚀（121 ℃，3 h）/级 | 不大于 | 1 | GB/T 5096 |
| 元素含量 | | | |
| 硫（质量分数）/% | | 报告 | GB/T 17040[d] |

**表1　农机传动系统用润滑油的技术要求和试验方法（续）**

| 项　　目 | | 质量指标 | 试验方法 |
|---|---|---|---|
| 磷（质量分数）/% | | 报告 | GB/T 17476[e] |
| 氮（质量分数）/% | | 报告 | NB/SH/T 0704[f] |
| 钙（质量分数）/% | | 报告 | GB/T 17476[g] |
| 锌（质量分数）/% | | 报告 | GB/T 17476[h] |
| FZG 齿轮机试验（A/8．3/90）/失效级 | 不小于 | 10 | NB/SH/T 0306 |
| KRL 剪切安定性（20 h） | | | NB/SH/T 0845 |
| 剪切后 100 ℃运动黏度/（$mm^2/s$） | 不小于 | 6．8 | |
| 剪切后 100 ℃运动黏度下降率/% | 不大于 | 30 | |
| 热氧化稳定性（150 ℃，192 h） | | | CEC L-48-00 B 法 |
| 100 ℃运动黏度变化/% | 不大于 | 25 | |
| 酸值变化（以 KOH 计）/（mg/g） | | 报告 | |
| 摩擦性能 | | | GB/T 35472．6[i] |
| 中点动摩擦系数（$\mu_M$） | 不小于 | 0．08 | |
| 末端动摩擦系数（$\mu_E$） | | 报告 | |
| $E/M$ | | 0．8～1．6 | |
| 泵性能试验 总磨损量/mg | 不大于 | 100 | SH/T 0307 |
| 密封适应性指数 | 不大于 | 8 | SH/T 0305 |
| 密封材料相容性 | | | GB/T 14832 |
| NBR1（100 ℃，168 h） | | | |
| 体积变化率/% | | -5～10 | |
| 拉伸强度变化率/% | | -40～10 | |
| 拉断伸长率变化率/% | | -40～10 | |
| 硬度变化/（IRHD） | | -5～5 | |
| NBR2（100 ℃，168 h） | | | |
| 体积变化率/% | | -5～10 | |
| 拉伸强度变化率/% | | -40～10 | |
| 拉断伸长率变化率/% | | -40～10 | |
| 硬度变化/（IRHD） | | -5～5 | |

[a] 也可采用 GB/T 30515 进行，结果有争议时以 GB/T 265 为仲裁方法。

[b] 也可采用 GB/T 2541 进行，结果有争议时以 GB/T 1995 为仲裁方法。

[c] 也可采用 SH/T 0771 进行，结果有争议时以 GB/T 3535 为仲裁方法。

[d] 也可采用 SH/T 0303、SH/T 0689、GB/T 17476 进行，结果有争议时以 GB/T 17040 为仲裁方法。

[e] 也可采用 SH/T 0296 进行，结果有争议时以 GB/T 17476 为仲裁方法。

[f] 也可采用 SH/T 0224、NB/SH/T 0656、SH/T 0657 进行，结果有争议时以 NB/SH/T 0704 为仲裁方法。

[g] 也可采用 SH/T 0270 进行，结果有争议时以 GB/T 17476 为仲裁方法。

[h] 也可采用 SH/T 0226 进行，结果有争议时以 GB/T 17476 为仲裁方法。

[i] 试验所使用的摩擦片形状、尺寸参考 GB/T 35472．6 中规定的标准摩擦片，摩擦片满足 GB/T 37208 中 2 类摩擦片性能要求。

# 5 检验规则

## 5.1 检验分类

### 5.1.1 出厂检验

出厂检验包括出厂批次检验和出厂周期检验。

出厂批次检验项目包括：运动黏度（100 ℃）、运动黏度（40 ℃）、黏度指数、倾点、水分、机械杂质、铜片腐蚀、液相锈蚀、泡沫性。

在原材料和生产工艺没有发生可能影响产品质量的变化时，出厂周期检验项目包括：闪点、表观黏度（−20 ℃）、表观黏度（−35 ℃）、硫、磷、氮、钙、锌每五批检验一次。

### 5.1.2 型式检验

型式检验项目包括表 1 规定的全部项目。

在下列情况下进行型式检验：

a）新产品投产或产品定型检验时；

b）原材料、生产工艺等发生较大变化，可能影响产品质量时；

c）出厂检验或周期检验与上次型式检验结果有较大差异时。

## 5.2 组批

在原材料、工艺不变的条件下，产品每生产一罐或釜为一组（批）。

## 5.3 取样

取样按 GB/T 4756 进行，取样量应满足出厂检验或型式检验和留样所需数量。

## 5.4 判定规则

出厂检验结果符合表 1 中的技术指标要求，则判定该批产品合格。

## 5.5 复验规则

如出厂检验结果中有不符合表 1 中技术要求的规定时，按 GB/T 4756 的规定重新抽取双倍量样品，对不符合项目进行复验；复验结果如仍不符合表 1 中技术要求，则判定该批产品为不合格。

# 6 标识、包装、储运及交货验收

本产品标识按 NB/SH/T 0967 进行。

本产品包装、储运及交货验收按 NB/SH/T 0164 进行。

ICS 75. 100
CCS E 34

SH

# 中华人民共和国石油化工行业标准

NB/SH/T 6040—2021

# 机器人用摆线针轮(RV)减速器润滑油

## Rotate vector(RV) gear oil for robot

2021-11-16 发布 2022-05-16 实施

国家能源局 发布

# 前　言

本文件按照 GB/T 1.1—2020《标准化工作导则　第 1 部分：标准化文件的结构和起草规则》的规定起草。

请注意本文件的某些内容可能涉及专利。本文件的发布机构不承担识别专利的责任。

本文件由中国石油化工集团有限公司提出。

本文件由全国石油产品和润滑剂标准化技术委员会合成油脂分技术委员会（SAC/TC280/SC5）归口。

本文件起草单位：中国石化润滑油有限公司北京研究院、中国石油兰州润滑油研究开发中心、重庆大学机械传动国家重点实验室、长城汽车股份有限公司徐水分公司、神龙汽车股份有限公司制造工程部。

本文件主要起草人：孟震英、刘红、王帅彪、于海、李朝阳、李永伟、黄佳成、赵海鹏、王丽娟。

# 机器人用摆线针轮（RV）减速器润滑油

## 1 范围

本文件规定了以合成油等为基础油，加入功能添加剂调制而成的机器人用摆线针轮（RV）减速器润滑油的技术要求和试验方法、检验规则、标识、包装、储运及交货验收。

本文件所属产品适用于机器人用摆线针轮（RV）减速器的润滑。

## 2 规范性引用文件

下列文件中的内容通过文中的规范性引用而构成本文件必不可少的条款。其中，注日期的引用文件，仅该日期对应的版本适用于本文件；不注日期的引用文件，其最新版本（包括所有的修改单）适用于本文件。

GB/T 260 石油产品水含量的测定 蒸馏法

GB/T 265 石油产品运动黏度测定法和动力黏度计算法

GB/T 388 石油产品硫含量测定法（氧弹法）

GB/T 1995 石油产品黏度指数计算法

GB/T 3141 工业液体润滑剂 ISO 黏度分类

GB/T 3142 润滑剂承载能力的测定 四球法

GB/T 3535 石油产品倾点测定法

GB/T 3536 石油产品 闪点和燃点的测定 克利夫兰开口杯法

GB/T 4756 石油液体手工取样法

GB/T 7304 石油产品酸值的测定 电位滴定法

GB/T 11143 加抑制剂矿物油在水存在下防锈性能试验法

GB/T 12579 润滑油泡沫特性测定法

GB/T 17040 石油和石油产品中硫含量的测定 能量色散 X 射线荧光光谱法

GB/T 17476 使用过的润滑油中添加剂元素、磨损金属和污染物以及基础油中某些元素测定法（电感耦合等离子体发射光谱法）

GB/T 35089 机器人用精密齿轮传动装置 试验方法

GB/T 37718 机器人用精密行星摆线减速器

DL/T 432 电力用油中颗粒度测定方法

SH/T 0123 极压润滑油氧化性能测定法

SH/T 0172 石油产品硫含量测定法（高温法）

NB/SH/T 0164 石油及相关产品包装、储运及交货验收规则

NB/SH/T 0189 润滑油抗磨损性能的测定 四球法

NB/SH/T 0306 润滑油承载能力的评定 FZG 目测法

NB/SH/T 0845 传动润滑剂黏度剪切安定性的测定 圆锥滚子轴承试验机法

NB/SH/T 0847 极压润滑油摩擦磨损性能的测定 SRV 试验机法

NB/SH/T 0877 润滑油橡胶相容性测定法

NB/SH/T 0967 润滑剂包装标识通则

## 3 术语和定义

本文件没有需要界定的术语和定义。

## 4 技术要求和试验方法

机器人用摆线针轮（RV）减速器润滑油的技术要求和试验方法见表1。

## 5 检验规则

### 5.1 检验分类

#### 5.1.1 出厂检验

出厂批次检验项目包括：运动黏度、黏度指数、倾点、水分、闪点、元素含量、清洁度、泡沫性、液相锈蚀、四球机试验。

在生产工艺和原材料没有变化的情况下，出厂周期检验项目包括：氧化安定性、齿轮机试验、SRV摩擦磨损试验、剪切安定性（KRL）每年进行一次检验。

#### 5.1.2 型式检验

型式检验项目包括第4章表1规定的所有检验项目。

在下列情况下进行型式检验：

a）新产品投产或产品定型鉴定时；

b）原材料、工艺等发生较大变化，可能影响产品质量时；

c）出厂检验结果与上次型式检验结果有较大差异时。

### 5.2 组批

在原材料、工艺不变的条件下，产品每生产一罐或釜为一批（组），按批进行检验。

### 5.3 取样

取样按GB/T 4756进行，每批（组）产品取样5 L作为检验和留样用。

### 5.4 判定规则

出厂检验结果全部符合第4章表1中的技术指标要求，则判定该批产品合格。

### 5.5 复验规则

如检验结果中有不符合第4章表1中的技术要求的规定时，按GB/T 4756的规定自同批产品中重新抽取双倍样品进行复检；复检结果如仍不符合第4章规定的技术要求时，则判该批产品为不合格。

## 6 标识、包装、储运及交货验收

标识按NB/SH/T 0967进行。

包装、储运及交货验收按 NB/SH/T 0164 进行。

**表 1　机器人用摆线针轮（RV）减速器润滑油的技术要求和试验方法**

| 试验项目 | | 质量指标 | 试验方法 |
|---|---|---|---|
| 黏度等级 | | 150 | GB/T 3141 |
| 运动黏度（40℃）/（$mm^2/s$） | | 135～165 | GB/T 265 |
| 运动黏度（100℃）/（$mm^2/s$） | | 报告 | |
| 黏度指数 | 不小于 | 130 | GB/T 1995 |
| 倾点/℃ | 不高于 | -36 | GB/T 3535 |
| 闪点（开口）/℃ | 不低于 | 200 | GB/T 3536 |
| 水分（质量分数）/%<br>PAO 及极性相当的基础油产品<br>PAG、酯类油及极性相当的基础油产品 | <br>不大于<br>不大于 | <br>痕迹<br>0. 1 | GB/T 260 |
| 元素含量<br>硫/（mg/kg）<br>磷/（mg/kg）<br>硼/（mg/kg） | | <br>报告<br>报告<br>报告 | <br>GB/T 17040[a]<br>GB/T 17476<br>GB/T 17476 |
| 清洁度/级 | 不大于 | 8 | DL/T 432 |
| 泡沫性（泡沫倾向/泡沫稳定性）/（mL/mL）<br>24 ℃<br>93. 5 ℃<br>后 24 ℃ | <br>不大于<br>不大于<br>不大于 | <br>50/0<br>50/0<br>50/0 | GB/T 12579 |
| 液相锈蚀（24 h）<br>蒸馏水 | | <br>无锈 | GB/T 11143（A 法） |
| 氧化安定性（121 ℃，312 h）<br>100 ℃运动黏度增长/%<br>沉淀值/mL | <br>不大于<br>不大于 | <br>6<br>0. 1 | SH/T 0123 |
| 四球机试验<br>最大无卡咬负荷（$P_b$）/N（kgf）<br>综合磨损指数/N（kgf）<br>磨斑直径（392 N，60 min，75 ℃，1200 r/min）/mm | <br>不小于<br>不小于<br>不大于 | <br>784（80）<br>392（40）<br>0. 50 | <br>GB/T 3142<br><br>NB/SH/T 0189 |
| 承载能力<br>齿轮机试验（FZG 目测法）（A/8. 3/90）/失效级 | <br>不小于 | <br>12 | NB/SH/T 0306 |
| SRV 摩擦磨损试验（300 N，50 ℃，50 Hz，2 h，1 mm）<br>磨斑直径/mm<br>平均摩擦系数 | <br>不大于 | <br>0. 60<br>报告 | NB/SH/T 0847 |
| 剪切安定性[b]（KRL 法）（20h）<br>剪切后 40 ℃运动黏度/（$mm^2/s$） | | 135～165 | NB/SH/T 0845 |
| 密封材料相容性试验<br>FPM（100 ℃，168 h）<br>体积变化率/%<br>拉伸强度变化率/%<br>拉断伸长率变化率/%<br>硬度变化 | | <br><br>报告<br>报告<br>报告<br>报告 | NB/SH/T 0877 |

表 1 机器人用摆线针轮（RV）减速器润滑油的技术要求和试验方法（续）

| 试验项目 | | 质量指标 | 试验方法 |
|---|---|---|---|
| 台架试验（E110 减速器[c]） | | | GB/T 35089 |
| 减速器评价 | | 通过 | GB/T 37718 |
| 油品酸值增加（以 KOH 计）/（mg/g） | 不大于 | 1.0 | GB/T 7304 |
| 试验后油品 40 ℃黏度/（$mm^2/s$） | | 135~165 | GB/T 265 |

[a] 测试方法也包括 GB/T 388、SH/T 0172，结果有争议时，以 GB/T 17040 为仲裁方法。
[b] 不加黏度指数改进剂的产品，不必进行剪切安定性测试。
[c] 试验减速器满足 GB/T 37718。

ICS 75.100
CCS E 34

SH

# 中华人民共和国石油化工行业标准

NB/SH/T 6042—2021

# 纯电动汽车减速箱用油

## Lubricant oil for electric vehicle reducer

2021-11-16 发布　　2022-05-16 实施

国家能源局　发布

# 前　言

本文件按照 GB/T 1.1—2020《标准化工作导则　第 1 部分：标准化文件的结构和起草规则》的规定起草。

请注意本文件的某些内容可能涉及专利。本文件的发布机构不承担识别专利的责任。

本文件由中国石油化工集团有限公司提出。

本文件由全国石油产品和润滑剂标准化技术委员会石油燃料和润滑剂分技术委员会（SAC/TC280/SC1）归口。

本文件起草单位：中国石化润滑油有限公司、华为技术有限公司、株洲齿轮有限责任公司、北京新能源汽车股份有限公司、上海捷能汽车技术有限公司、泛亚汽车技术中心有限公司、中国石油天然气股份有限公司润滑油分公司。

本文件主要起草人：周铁、张国茹、雷凌、汪一波、刘祥环、赵春艳、邸鹏伟、陈飞、丁月蕾、周康、周金能、王志辉、肖奇、皮志鹏、王丽娟。

# 纯电动汽车减速箱用油

## 1　范围

本文件规定了以精制矿物油、合成油或二者混合为基础油，加入多种添加剂调制而成的纯电动汽车减速箱润滑油的产品品种、要求和试验方法、检验规则、标识、包装、储运及交货验收。

本文件所属产品适用于纯电动乘用汽车一档减速箱系统，也适用于增程式电动汽车一档减速箱系统。

## 2　规范性引用文件

下列文件中的内容通过文中的规范性引用而构成本文件必不可少的条款。其中，注日期的引用文件，仅该日期对应的版本适用于本文件；不注日期的引用文件，其最新版本（包括所有的修改单）适用于本文件。

GB/T 260　石油产品水含量的测定　蒸馏法

GB/T 265　石油产品运动黏度测定法和动力黏度计算法

GB/T 507　绝缘油　击穿电压测定法

GB/T 1995　石油产品黏度指数计算法

GB/T 3142　润滑剂承载能力的测定　四球法

GB/T 3535　石油产品倾点测定法

GB/T 3536　石油产品　闪点和燃点的测定　克利夫兰开口杯法

GB/T 4756　石油液体手工取样法

GB/T 5096　石油产品铜片腐蚀试验法

GB/T 5654　液体绝缘材料　相对电容率、介质损耗因数和直流电阻率的测量

GB/T 11145　润滑剂低温黏度的测定　勃罗克费尔特黏度计法

GB/T 12579　润滑油泡沫特性测定法

GB/T 17040　石油和石油产品中硫含量的测定　能量色散 X 射线荧光光谱法

GB/T 17476　使用过的润滑油中添加剂元素、磨损金属和污染物以及基础油中某些元素测定法（电感耦合等离子体发射光谱法）

NB/SH/T 0059　润滑油蒸发损失的测定　诺亚克法

NB/SH/T 0164　石油及相关产品包装、储运及交货验收规则

NB/SH/T 0704　石油和石油产品中氮含量的测定　舟进样化学发光法

SH/T 0722　润滑油高温泡沫特性测定法

NB/SH/T 0845　传动润滑剂黏度剪切安定性的测定　圆锥滚子轴承试验机法

NB/SH/T 0877　润滑油橡胶相容性测定法

NB/SH/T 0944.1　润滑剂抗磨损性能的测定　FE8 滚动轴承磨损试验机法　第 1 部分：润滑油

NB/SH/T 0967　润滑剂包装标识通则

ASTM D7896　瞬态热线液体导热系数法测定发动机冷却剂及相关流体的热导率、热扩散率、体积热容量（Standard test method for thermal conductivity, thermal diffusivity, and volumetric heat capacity of engine coolants and related fluids by transient hot wire liquid thermal conductivity method）

ASTM E1269　用差式扫描热量测定仪（DSC）测定比热容量的标准试验方法（Standard test method for determining specific heat capacity by differential scanning calorimetry）

CEC L-48-00　自动变速箱油品氧化稳定性的测定　人工老化法（Oxidation stability of lubricating oils used in automotive transmissions by artificial ageing）

CEC L-84-02　高极压润滑剂的 FZG 擦伤承载能力测定法（FZG scuffing load carrying capacity test for high EP oils）

## 3　术语和定义

本文件没有需要界定的术语和定义。

## 4　产品品种

本产品按电机冷却方式分为：水冷电机纯电动汽车减速箱用油和油冷电机纯电动汽车减速箱用油。

## 5　要求和试验方法

水冷电机纯电动汽车减速箱用油和油冷电机纯电动汽车减速箱用油的技术要求和试验方法应分别符合表 1 和表 2 的规定。

## 6　检验规则

### 6.1　检验分类

#### 6.1.1　出厂检验

出厂检验包括出厂批次检验和出厂周期检验。

水冷电机纯电动汽车减速箱用油出厂批次检验项目包括：运动黏度（100 ℃）、运动黏度（40 ℃）、黏度指数、倾点、表观黏度（-40 ℃）、水分、泡沫性、铜片腐蚀（121 ℃，3 h）。在原材料和生产工艺没有发生可能影响产品质量的变化时，出厂周期检验项目包括：闪点、元素含量，每十批检验一次；KRL 剪切稳定性（20 h），每年检验一次。

油冷电机纯电动汽车减速箱用油出厂批次检验项目包括：运动黏度（100 ℃）、运动黏度（40 ℃）、黏度指数、倾点、表观黏度（-40 ℃）、水分、泡沫性、铜片腐蚀（150 ℃，3 h）。在原材料和生产工艺没有发生可能影响产品质量的变化时，出厂周期检验项目包括：闪点、元素含量、击穿电压（常温），每十批检验一次；KRL 剪切稳定性（20 h）、蒸发损失（200 ℃，1 h），每年检验一次。

#### 6.1.2　型式检验

水冷电机纯电动汽车减速箱用油型式检验项目包括表 1 规定的全部项目，油冷电机纯电动汽车减速箱用油型式检验项目包括表 2 规定的全部项目。

在下列情况下进行型式检验：

a）新产品投产或产品定型检验时；

b）原材料、生产工艺等发生较大变化，可能影响产品质量时；

c）出厂检验或周期检验与上次型式检验结果有较大差异时。

**表 1　水冷电机纯电动汽车减速箱用油的技术要求和试验方法**

| 项　　目 | | 质量指标 | 试验方法 |
|---|---|---|---|
| 运动黏度（100 ℃）/（$mm^2/s$） | 不大于 | 7.0 | GB/T 265 |
| 运动黏度（40 ℃）/（$mm^2/s$） | | 报告 | GB/T 265 |
| 黏度指数 | 不小于 | 120 | GB/T 1995 |
| 闪点（开口）/℃ | 不低于 | 180 | GB/T 3536 |
| 表观黏度（-40 ℃）/（mPa·s） | 不大于 | 15000 | GB/T 11145 |
| 倾点/℃ | 不高于 | -40 | GB/T 3535 |
| 泡沫性（泡沫倾向/泡沫稳定性）/（mL/mL） | | | |
| 24 ℃ | 不大于 | 25/0 | GB/T 12579 |
| 93.5 ℃ | 不大于 | 50/0 | |
| 后 24 ℃ | 不大于 | 25/0 | |
| 150 ℃ | 不大于 | 100/0 | SH/T 0722 |
| 水分（质量分数）/% | 不大于 | 痕迹 | GB/T 260 |
| KRL 剪切安定性 | | | |
| 20h 剪切后 100 ℃运动黏度下降率/% | 不大于 | 10 | NB/SH/T 0845 |
| 192h 剪切后 100 ℃运动黏度下降率/% | 不大于 | 15 | |
| 元素含量 | | | |
| 硫（质量分数）/% | | 报告 | GB/T 17040 |
| 磷（质量分数）/% | | 报告 | GB/T 17476 |
| 氮（质量分数）/% | | 报告 | NB/SH/T 0704 |
| 铜片腐蚀（121 ℃，3 h）/级 | 不大于 | 1 | GB/T 5096 |
| DKA 氧化稳定性（160 ℃，192h） | | | |
| 100 ℃运动黏度变化率/% | 不大于 | 10 | |
| 酸值变化（以 KOH 计）/（mg/g） | 不大于 | 3 | CEC L-48-00 B 法 |
| 油泥评级 | 不大于 | 2 | |
| FZG 齿轮试验机试验（A10/16.6R/90 ℃） | | | |
| 失效级 | 不小于 | 6 | CEC L-84-02 |
| FE8 轴承试验（80 ℃/80 kN/7.5 r/min/80 h） | | | |
| 滚柱磨损/mg | 不大于 | 50 | NB/SH/T 0944.1 |
| 橡胶材料兼容性 | | | |
| 氟橡胶（150 ℃，168h） | | | |
| 体积变化率/% | | -5～10 | |
| 拉伸强度变化率/% | | -40～10 | NB/SH/T 0877 |
| 拉断伸长率变化率/% | | -40～10 | |
| 硬度变化/（IRHD） | | -5～5 | |

表 2 油冷电机纯电动汽车减速箱用油的技术要求和试验方法

| 项目 | | 质量指标 | 试验方法 |
|---|---|---|---|
| 运动黏度（100 ℃）/（$mm^2/s$） | 不大于 | 7.0 | GB/T 265 |
| 运动黏度（40 ℃）/（$mm^2/s$） | | 报告 | GB/T 265 |
| 黏度指数 | 不小于 | 120 | GB/T 1995 |
| 闪点（开口）/℃ | 不低于 | 180 | GB/T 3536 |
| 表观黏度（-40 ℃）/（mPa·s） | 不大于 | 15000 | GB/T 11145 |
| 倾点/℃ | 不高于 | -40 | GB/T 3535 |
| 泡沫性（泡沫倾向/泡沫稳定性）/（mL/mL） | | | |
| 24 ℃ | 不大于 | 25/0 | GB/T 12579 |
| 93.5 ℃ | 不大于 | 50/0 | |
| 后 24 ℃ | 不大于 | 25/0 | |
| 150 ℃ | 不大于 | 100/0 | SH/T 0722 |
| 水分（质量分数）/% | 不大于 | 痕迹 | GB/T 260 |
| KRL 剪切安定性 | | | NB/SH/T 0845 |
| 20 h 剪切后 100 ℃运动黏度下降率/% | 不大于 | 10 | |
| 192 h 剪切后 100 ℃运动黏度下降率/% | 不大于 | 15 | |
| 元素含量 | | | |
| 硫（质量分数）/% | | 报告 | GB/T 17040 |
| 磷（质量分数）/% | | 报告 | GB/T 17476 |
| 氮（质量分数）/% | | 报告 | NB/SH/T 0704 |
| 铜片腐蚀（150 ℃，3 h）/级 | 不大于 | 1 | GB/T5096 |
| 铜片腐蚀（150 ℃，168 h） | | | |
| 铜片评级/级 | | 报告 | GB/T 5096 |
| 试验后油品中铜元素含量（质量分数）/% | 不大于 | 0.02 | GB/T 17476 |
| 蒸发损失（200 ℃，1 h），（质量分数）/% | 不大于 | 10 | NB/SH/T 0059 |
| DKA 氧化稳定性（170 ℃，192 h） | | | CEC L-48-00 B 法 |
| 100 ℃运动黏度变化率/% | 不大于 | 15 | |
| 酸值变化（以 KOH 计）/（mg/g） | 不大于 | 5 | |
| 油泥评级 | 不大于 | 2 | |
| FZG 齿轮试验机试验（A10/16.6R/90 ℃） | | | CEC L-84-02 |
| 失效级 | 不小于 | 6 | |
| FE8 轴承试验（80 ℃/80 kN/7.5 r/min/80 h） | | | |
| 滚柱磨损/mg | 不大于 | 50 | NB/SH/T 0944.1 |
| 导热系数（20 ℃）/［W/（m·K）］ | 不小于 | 0.13 | ASTM D7896 |
| 比热容（20 ℃）/［J/（g·K）］ | | 报告 | ASTM E1269 |
| 击穿电压（常温）/kV | 不小于 | 45 | GB/T 507 |
| 体积电阻率/（MOhm·m） | | | GB/T 5654 |
| 25 ℃ | 不小于 | 100 | |
| 80 ℃ | 不小于 | 10 | |

表 2　油冷电机纯电动汽车减速箱用油的技术要求和试验方法（续）

| 项　　目 | 质量指标 | 试验方法 |
|---|---|---|
| 橡胶材料兼容性 | | |
| 氟橡胶（150 ℃，168h） | | |
| 体积变化率/% | -5~10 | NB/SH/T 0877 |
| 拉伸强度变化率/% | -40~10 | |
| 拉断伸长率变化率/% | -40~10 | |
| 硬度变化/IRHD | -5~5 | |
| 注：本表所述油冷电机系统为电机与减速箱共用同一种润滑油的系统。 | | |

## 6.2　组批

在原材料、工艺不变的条件下，产品每生产一罐或釜为一组（批）。

## 6.3　取样

取样按 GB/T 4756 进行，取样量应满足出厂检验或型式检验和留样所需数量。

## 6.4　判定规则

水冷电机纯电动汽车减速箱用油出厂检验结果全部符合表 1 中的技术指标要求，则判定该批产品合格。油冷电机纯电动汽车减速箱用油出厂检验结果全部符合表 2 中的技术指标要求，则判定该批产品合格。

## 6.5　复验规则

水冷电机纯电动汽车减速箱用油和油冷电机纯电动汽车减速箱用油出厂检验结果中如有不符合相应的表 1 或表 2 中技术要求的情形，则按 GB/T 4756 的规定重新抽取双倍量样品，对不符合项目进行复验；复验结果如仍不符合技术要求的规定，则判定该批产品为不合格。

# 7　标识、包装、储运及交货验收

标识按 NB/SH/T 0967 进行。

包装、储运及交货验收按 NB/SH/T 0164 进行。

# 四、润　滑　脂

中华人民共和国石油化工行业标准

SH/T 0010—1990

# 热定型机润滑油

代替 ZB E40 004—1986

## 1 主题内容与适用范围

本标准规定了热定型机润滑油的技术条件。

本标准适用于以合成油为基础油，并加有抗氧添加剂等制成的热定型机润滑油。

符合本标准的产品按使用温度分 4402，4402-1，4402-2 三个牌号，最高使用温度为 220℃，适用于纺织印染工业热定型机的链条及其他类似机械的润滑。

## 2 引用标准

GB/T 265 石油产品运动黏度测定法和动力黏度计算法

GB/T 267 石油产品闪点与燃点测定法(开口杯法)

GB/T 1995 石油产品黏度指数计算法

GB/T 4756 石油和液体石油产品取样法(手工法)

GB/T 7304 石油产品和润滑剂中和值测定法(电位滴定法)

SH 0164 石油产品包装、贮运及交货验收规则

SH/T 0195 润滑油腐蚀试验法

SH/T 0259 润滑油热氧化安定性测定法

SH/T 0337 润滑脂蒸发度测定法

## 3 技术要求

| 项　目 | | 质量指标 | | | 试验方法 |
|---|---|---|---|---|---|
| 牌　号 | | 4402 | 4402-1 | 4402-2 | |
| 运动黏度，$mm^2/s$ | | | | | GB/T 265 |
| 100℃ | 不小于 | 25 | 25 | 65 | |
| 40℃ | | 测定 | 测定 | 测定 | |
| 黏度指数 | 不小于 | 150 | 150 | 200 | GB/T 1995 |
| 酸值，mgKOH/g | 不大于 | 0.2 | 0.1 | 0.1 | GB/T 7304 |
| 闪点，℃ | 不低于 | 240 | 250 | 240 | GB/T 267 |
| 蒸发度(200℃，2h)，% | 不大于 | — | 20 | — | SH/T 0337[1)] |
| 蒸发度(180℃，2h)，% | 不大于 | 15 | — | 15 | |
| 腐蚀(45 号钢，100℃，3h) | | 合格 | | | SH/T 0195 |

注：1）蒸发皿按 SH/T 0259 规定的尺寸，称样时用滴管往蒸发皿中装 0.10g±0.01g 试样。

中国石油化工总公司 1991-03-26 批准　　1992-04-01 实施

## 4 检验规则

4.1 检验分类

产品检验分出厂检验与型式检验。

4.2 检验项目

出厂检验与型式检验项目均按技术要求进行全检。

## 5 包装、标志、贮运

本产品的包装、标志、贮存、运输及交货验收按 SH 0164 进行。

## 6 取样

6.1 取样按 GB/T 4756 进行。

6.2 从平均试样中取两份同等数量的样品(每份 1L)，作为检验和留样用。

---

**附加说明：**

本标准由中国石油化工总公司提出。

本标准由中国石油化工总公司一坪化工厂技术归口。

本标准由中国石油化工总公司一坪化工厂负责起草。

本标准主要起草人李淑范、姜昶盛、卓世富、陈怡生。

ICS 75.100
E 40

SH

# 中华人民共和国石油化工行业标准

NB/SH/T 0011—2020
代替 SH/T 0011—1990

# 耐油密封润滑脂

## Grease for oil resistant and sealing

2020-10-23 发布 2021-02-01 实施

国家能源局 发布

# 前　言

本标准按照 GB/T 1.1—2009 给出的规则起草。

本标准代替 SH/T 0011—1990《7903 号耐油密封润滑脂》，与 SH/T 0011—1990 相比，主要技术变化如下：

——本标准名称变更为《耐油密封润滑脂》；

——本标准增加了产品分类，分为Ⅰ型和Ⅱ型，Ⅰ型中分为 A、B 两个牌号，7903 号耐油密封润滑脂属于 B 牌号；

——本标准制定了Ⅱ型产品技术指标；

——本标准扩展了产品稠度范围。

本标准由中国石油化工集团有限公司提出。

本标准由全国石油产品和润滑剂标准化技术委员会合成油脂分技术委员会（SAC/TC280/SC5）归口。

本标准起草单位：中国石化润滑油有限公司。

本标准主要起草人：欧阳秋、杜云仙。

本标准所代替标准的历次版本发布情况为：

——SH/T 0011—1990。

# 耐油密封润滑脂

## 1 范围

本标准规定了采用适当稠化剂稠化合成油，并加有抗氧化、抗腐蚀等添加剂制成的耐油密封润滑脂的要求、试验方法、检验规则、标识、包装、运输和储存的要求。

本标准所属产品适用于机械设备、机床、变速箱、管路、阀门以及飞机燃油过滤系统等与燃料油、润滑油、天然气、水和乙醇等介质相接触的装配贴合面、轴封、螺纹接头、阀芯等部位的静密封面和低速下滑动、转动动密封面的密封（或辅助密封）和润滑。使用温度范围：-10℃～+150℃。

## 2 规范性引用文件

下列文件对于本文件的应用是必不可少的。凡是注日期的引用文件，仅注日期的版本适用于本文件。凡是不注日期的引用文件，其最新版本（包括所有的修改单）适用于本文件。

GB/T 269 润滑脂和石油脂锥入度测定法

GB/T 3498 润滑脂宽温度范围滴点测定法

GB/T 7326 润滑脂铜片腐蚀试验法

NB/SH/T 0164 石油及相关产品包装、储运及交货验收规则

SH/T 0229 固体和半固体石油产品取样法

SH/T 0452 润滑脂贮存安定性试验法

SH/T 0453 润滑脂抗水和抗水乙醇（1∶1）溶液性能试验法

NB/SH/T 0967 润滑剂包装标识通则

## 3 产品分类

本标准的产品分为Ⅰ型和Ⅱ型润滑脂两种类别。

Ⅰ型——润滑脂状，按稠度分为 A、B 两个牌号。

Ⅱ型——圆柱状密封棒。

注：7903 耐油密封润滑脂属Ⅰ型 B 类。

## 4 要求和试验方法

耐油密封润滑脂的技术要求和试验方法见表 1。

**表 1 耐油密封润滑脂技术要求和试验方法**

| 项目 | 质量指标 | | | 试验方法 |
|---|---|---|---|---|
| | Ⅰ型 | | Ⅱ型 | |
| | A | B | | |
| 外观 | 黏稠均匀油膏 | | 黏稠圆柱棒[a] | 目测 |

表 1（续）

| 项　　目 | 质量指标 | | | 试验方法 |
|---|---|---|---|---|
| | Ⅰ型 | | Ⅱ型 | |
| | A | B | | |
| 1/4 不工作锥入度/0.1mm | 20~54 | 55~72 | 16~24 | GB/T 269 |
| 滴点/℃　　不低于 | 250 | | | GB/T 3498 |
| 腐蚀（T2 铜片，100℃，24h）　　不大于 | 1b[b] | | | GB/T 7326 甲法 |
| 抗水和抗水乙醇（1∶1）溶液性能 | | | | SH/T 0453 |
| 　蒸馏水 | 通过[c] | | | |
| 　水-乙醇（1∶1）溶液 | 通过[c] | | | |
| 抗燃料性 | | | | 附录 A |
| 　溶解度（质量分数）/%　　不大于 | 20 | | | |
| 　脂外观 | 通过[d] | | | |
| 膜稳定性和钢腐蚀（45 号钢，100℃，7d） | 通过[e] | | | 附录 B |
| 贮存安定性（54℃，120d） | | | | SH/T 0452 |
| 　外观 | 通过[f] | | 通过[f] | |
| 　1/4 不工作锥入度/0.1mm | — | | 16~24 | |
| 　物理性状 | — | | 通过[g] | |

[a] 规格尺寸根据实际使用要求与用户协商确定。
[b] 腐蚀试验后润滑脂颜色无变绿现象，铜片腐蚀程度不得超过 1b。
[c] 浸泡后的脂不溶解，不分解，允许溶液轻微浑浊。
[d] 浸入燃油的铝片上润滑脂层不应有明显的变化，燃油不应引起润滑脂膨胀、起泡或分解，脂对金属的粘附力也不应减弱。
[e] 钢片上不应有树脂状沉积物及腐蚀现象。
[f] 贮存后的润滑脂不应有分油、粒状物或任何不均匀现象。
[g] Ⅱ型润滑脂贮存后物理性状不得有变软或失去黏性，能保持棒状的分离形态，并不能有粉碎或弯曲变形的现象。

## 5 检验规则

### 5.1 检验分类与检验项目

5.1.1 本产品检验分为出厂检验和型式检验。

5.1.2 出厂检验分为：出厂批次检验和出厂周期性检验。出厂批次检验项目包括：外观、不工作锥入度、腐蚀。出厂周期性检验项目包括：滴点每十批检验一次，抗水和抗水乙醇（1∶1）溶液性能、抗燃料性每年检验一次。

5.1.3 型式检验：型式检验项目包括第 4 章表 1 中规定的所有检验项目，在下列情况下应进行型式检验：

——新产品投产或产品定型鉴定时；

——原材料、工艺等发生较大变化，可能影响产品性能时；

——出厂检验结果与上次型式检验结果有较大差异时；

——国家质量监督机构提出进行型式检验时。

### 5.2 组批

在原材料、工艺不变的条件下，产品每生产一罐或釜为一组（批）。

### 5.3 取样

取样按 SH/T 0229 进行。每批产品取两份同等数量的样品（每份 1kg）作为检验和留样用。

### 5.4 判定规则

出厂检验和型式检验结果符合第 4 章的技术要求，则判定该批产品合格。

### 5.5 复验规则

如出厂批次检验和出厂周期检验结果中有不符合第 4 章技术要求的规定时，按 SH/T 0229 的规定重新抽取双倍样品进行复检，复检结果如仍有一项不符合第 4 章技术要求的规定时，则判定该批产品为不合格。

## 6 标识、包装、运输和储存

标识按 NB/SH/T 0967 进行。

包装、运输和储存及交货验收按 NB/SH/T 0164 进行。

# 附　录　A
# （规范性附录）
# 润滑脂的抗燃料性方法

## A.1　主题内容与适用范围

本方法适用于测定润滑脂抵抗燃料溶解作用的能力。

## A.2　方法概要

本方法包括测定润滑脂在标准燃料中的溶解度，以及观察润滑脂在标准燃料中浸泡 8h 后引起的物理变化。

## A.3　试剂和材料

**A.3.1**　标准燃料：由 6 份体积的异辛烷（化学纯）、2.5 份体积的甲苯（化学纯）和 1.5 份体积的二甲苯（化学纯）的混合液组成。

**A.3.2**　铝片：LY12 型，50mm×13mm×0.4mm。

## A.4　仪器或设备

**A.4.1**　离心机：约 650r/min，旋开直径（旋转时相对的离心管尖之间的距离）约 40mm，或相当的其他离心机，这种相当的离心机必须根据旋开直径 $d$（mm）按下式修正转速 $n$（r/min）：$n=\sqrt{\frac{400}{d}}\times 650$。

**A.4.2**　机械式振荡器：冲程约 40mm，速度约 700 次/min。

**A.4.3**　离心试管：100mL。

**A.4.4**　移液管：50mL，25mL。

**A.4.5**　试管：外径约 13mm，长约 75mm，带塞子。

**A.4.6**　蒸气浴：与蒸发皿相配。

**A.4.7**　烘箱：100℃±1℃。

**A.4.8**　天平：感量 0.2mg。

## A.5　样品

试验用润滑脂约 2g。

## A.6　试验步骤

### A.6.1　试样在标准燃料中溶解度的测定方法

**A.6.1.1**　称取 1g 试样（准确至 0.2mg），均匀地涂在离心试管的内壁上，并加入 50mL 标准燃料，盖上瓶盖。

**A.6.1.2**　用机械式振荡器摇动离心管，直到试样完全分散（约 1h）。

**A.6.1.3**　将振荡后的离心试管进行离心，直到试样和液体完全分离，液体呈清澈透明为止。

**A.6.1.4**　用移液管从离心式管中吸取 25mL 清澈的液体至称量后的蒸发皿中（准确至 0.2mg）。

**A.6.1.5**　在通风橱内，将蒸发皿放在蒸气浴上加热，直到液体蒸发完毕；然后将蒸发皿放入恒温箱内，在 100℃±1℃的温度下干燥 1.5h。

**A.6.1.6**　将干燥后的蒸发皿取出并冷却至室温后称量（准确至 0.2mg）。计算残留物的重量，并根据式（A.1）计算试样溶于燃料中的百分数：

$$x=\frac{200A}{B} \quad \text{(A.1)}$$

式中：

$x$——溶解度的百分数，%；

$A$——残留物的重量，g；

$B$——试样的重量，g。

**A.6.2 试样在燃料中的浸泡变质情况的测试方法**

**A.6.2.1** 将标准燃料注入试管中，至深度约 25mm，再将两面都均匀地涂上润滑脂的铝片放入试管内，使铝片半截浸泡在燃料液中，盖上塞子，在室温下（约 25℃）放置 8h。

**A.6.2.2** 8h 后从试管中取出铝片（注意不要搅动试样），立即浸入新鲜的燃料液内，同时检查试样的溶胀湿润情况，黏性变化、起泡、裂纹或其他变化，并记录观察到的现象。

# 附 录 B
## （规范性附录）
## 耐油密封润滑脂的膜稳定性和钢腐蚀试验方法

**B.1 主题内容与适用范围**

本方法适用于测定耐油密封润滑脂（耐油脂）的膜稳定性及钢腐蚀。

**B.2 方法概要**

试验耐油脂的组合体于100℃下在烘箱中保持7d，届时取出自然冷却至室温，拆开组合体，观察脂的硬度、分油及除颜色以外的其他变化，同时记录与脂接触的钢片的腐蚀迹象。

**B.3 试剂和材料**

**B.3.1 试剂**

**B.3.1.1** 丙酮：化学纯。

**B.3.1.2** 乙醇：化学纯。

**B.3.2 材料**

**B.3.2.1** 45号钢片：100mm×50mm×8.5mm。

**B.3.2.2** 铝垫片：50mm×25mm×0.4mm。

**B.3.2.3** 刮刀。

**B.3.2.4** 铁夹子：数把。

**B.3.2.5** 不锈钢镊子：数把。

**B.4 仪器或设备**

**B.4.1** 烘箱：100℃±1℃。

**B.4.2** 天平：感量0.2g。

**B.4.3** 台钳。

**B.5 试样**

试验用耐油脂约2g。

**B.6 分析步骤**

**B.6.1** 先用150号、再用320号碳化硅砂纸打磨试验钢片，使表面粗糙度 $R_a$ 值达0.8μm~0.2μm。

**B.6.2** 分别用乙醇和丙酮清洗试验钢片和铝垫片。然后用绸布擦干待用。

**B.6.3** 称取试样约2g，涂在钢片中央，钢片的两端各放一块铝垫片，以确保50mm×50mm的有效试验面积。

**B.6.4** 将另一钢片压在涂脂的钢片上。相互挤压，用台钳夹紧，挤出多余脂，用刮刀清除。从台钳上取下，用钢夹夹紧，构成试验组合体。

**B.6.5** 将试验组合体放入100℃±1℃的烘箱中，保持7d。

**B.6.6** 届时打开烘箱，取出试验组合体，自然冷却至室温。拆开组合体，观察润滑脂的分油、硬度以及除颜色以外的变化迹象。然后，用刮刀将脂刮掉，再分别用乙醇和丙酮清洗试片，擦干后，观察与脂接触的钢片上是否有树脂状沉积物或腐蚀的迹象。

中华人民共和国石油化工行业标准

SH/T 0113—1992

# 压延机用润滑脂

## 1 主题内容与适用范围

本标准规定了压延机用润滑脂的技术要求，包装、标志、贮运与取样。

本标准适用于由钙钠皂制得的润滑脂。

符合本标准的产品适用于在集中输送润滑剂的压延机轴上使用。

本产品原料组成%（*m*/*m*）如表 1 所示。

表 1

| 原　　料 | 组　　成 |
|---|---|
| 棉籽油（其中包括硫化油） | 11±1 |
| 硬化油或牛油 | 3±1 |
| 石灰（换算为 CaO） | 2±0. 5 |
| 工业氢氧化钠 | 按全部皂化所需的量 |
| 全损耗系统用油 L-AN 100 | 余量 |

## 2 引用标准

GB/T 269　润滑脂和石油脂锥入度测定法

GB/T 387　深色石油产品硫含量测定法（管式炉法）

GB/T 392　润滑脂压力分油测定法

GB/T 512　润滑脂水分测定法

GB/T 513　润滑脂机械杂质测定法（酸分解法）

GB/T 4929　润滑脂滴点测定法

SH 0164　石油产品包装、贮运及交货验收规则

SH/T 0229　固体和半固体石油产品取样法

SH/T 0331　润滑脂腐蚀试验法

## 3 技术要求

表 2

| 项　　目 | | 质量指标 | | 试验方法 |
|---|---|---|---|---|
| | | 1 号 | 2 号 | |
| 外观 | | 由黄色至棕褐色的均匀软膏 | | 目测 |
| 滴点，℃ | 不低于 | 80 | 85 | GB/T 4929 |
| 工作锥入度，0. 1mm | | 310～355 | 250～295 | GB/T 269 |

中国石油化工总公司 1992-05-20 批准　　　　1992-05-20 实施

表 2（续）

| 项　　目 | 质量指标 | | 试验方法 |
|---|---|---|---|
| | 1号 | 2号 | |
| 腐蚀（含碳 0.4%~0.5%的钢片，100℃，3h） | 合格 | | SH/T 0331 |
| 杂质（酸分解法） | 无 | | GB/T 513 |
| 水分，% | 0.5~2.0 | | GB/T 512 |
| 硫含量，%　　不小于 | 0.3 | | GB/T 387 |
| 压力分油，% | 测定项目 | | GB/T 392 |

## 4 包装、标志、贮运

本产品的包装、标志、贮存、运输及交货验收按 SH 0164 进行。

## 5 取样

取样按 SH/T 0229 进行，取 1.5kg 作为检验和留样用。

---

**附加说明：**

本标准由石油化工科学研究院技术归口。

自本标准实施之日起，原国家标准 GB 493—65（88）《压延机用润滑脂》作废。

中华人民共和国石油化工行业标准

SH/T 0368—1992

# 钙钠基润滑脂

代替 ZB E36 001—1988

## 1　主题内容与适用范围

本标准规定了钙钠基润滑脂的技术要求，包装、标志、贮运与取样。

本标准适用于脂肪酸钙钠皂稠化矿物油制备的润滑脂。其混合比为：$Na_2O$ : CaO 应在 3.5 : 1～4 : 1 范围内。

符合本标准的产品适用于铁路机车和列车的滚珠轴承、小电动机和发电机的滚动轴承以及其他高温轴承等的润滑。上限工作温度为 100℃，在低温情况下不适用。

## 2　引用标准

GB/T 265　石油产品运动黏度测定法和动力黏度计算法

GB/T 269　润滑脂和石油脂锥入度测定法

GB/T 512　润滑脂水分测定法

GB/T 513　润滑脂机械杂质测定法（酸分解法）

GB/T 4929　润滑脂滴点测定法

SH 0164　石油产品包装、贮运及交货验收规则

SH/T 0229　固体和半固体石油产品取样法

SH/T 0329　润滑脂游离碱和游离有机酸测定法

SH/T 0331　润滑脂腐蚀试验法

## 3　技术要求

| 项　　目 | 质量指标 | | 试验方法 |
|---|---|---|---|
| | 2号 | 3号 | |
| 外观 | 由黄色到深棕色的均匀软膏 | | 目测 |
| 滴点，℃　　不低于 | 120 | 135 | GB/T 4929 |
| 工作锥入度，0.1mm | 250～290 | 200～240 | GB/T 269 |
| 腐蚀（40 或 50 号钢片、59 号黄铜片，100℃，3h） | 合格 | | SH/T 0331 |
| 游离碱，NaOH%　　不大于 | 0.2 | | SH/T 0329 |
| 游离有机酸 | 无 | | SH/T 0329 |
| 杂质（酸分解法） | 无 | | GB/T 513 |
| 水分，%　　不大于 | 0.7 | | GB/T 512 |
| 矿物油黏度（40℃），$mm^2/s$ | 41.4～74.8 | | GB/T 265 |

中国石油化工总公司 1992-05-20 批准　　1992-05-20 实施

## 4 包装、标志、贮运

本产品的包装、标志、贮存、运输及交货验收按 SH 0164 进行。

## 5 取样

取样按 SH/T 0229 进行，取 1kg 作为检验和留样用。

---

**附加说明：**

本标准由石油化工科学研究院技术归口。

中华人民共和国石油化工行业标准

SH/T 0369—1992

代替 ZB E36 002—1988

# 石墨钙基润滑脂

## 1 主题内容与适用范围

本标准规定了石墨钙基润滑脂的技术要求，包装、标志、贮运与取样。

本标准适用于由动植物油钙皂稠化 68 机械油并加有鳞片石墨而制成的润滑脂。其组成%（m/m）如下：

| | |
|---|---|
| 动植物油钙皂 | 12±1 |
| 全损耗系统用油 L-AN 68 | 78±1 |
| 鳞片石墨 | 10±1 |

符合本标准产品适用于压延机的人字齿轮，汽车弹簧，起重机齿轮转盘，矿山机械，绞车和钢丝绳等高负荷、低转速的粗糙机械的润滑。

## 2 引用标准

GB/T 512　润滑脂水分测定法

GB/T 4929　润滑脂滴点测定法

SH 0164　石油产品包装、贮运及交货验收规则

SH/T 0229　固体和半固体石油产品取样法

SH/T 0331　润滑脂腐蚀试验法

## 3 技术要求

| 项　目 | | 质量指标 | 试验方法 |
|---|---|---|---|
| 外观 | | 黑色均匀油膏 | 目测 |
| 滴点，℃ | 不低于 | 80 | GB/T 4929 |
| 腐蚀1)（钢片，100℃，3h） | | 合格 | SH/T 0331 |
| 安定性2),3) | | 合格 | |
| 水分，% | 不大于 | 2 | GB/T 512 |

注：1）腐蚀试验用含碳 0.4%~0.5%的钢片进行。

2）当验收时，安定性指标为生产厂保证项目无需检查。

3）在密闭的玻璃容器中保存一个月无油析出。

## 4 包装、标志、贮运

本产品的包装、标志、贮存、运输及交货验收按 SH 0164 进行。

中国石油化工总公司 1992-05-20 批准　　1992-05-20 实施

## 5 取样

取样按 SH/T 0229 进行，取 1kg 作为检验和留样用。

---

**附加说明：**

本标准由石油化工科学研究院技术归口。

中华人民共和国石油化工行业标准

SH/T 0370—1995

代替 SH 0370—1992

# 复合钙基润滑脂

## 1 主题内容与适用范围

本标准规定了复合钙基润滑脂的技术要求、包装、标志、贮运与取样。

本标准适用于由乙酸钙复合的脂肪酸钙皂稠化矿物润滑油并加有抗氧添加剂而制成的润滑脂。

符合本标准的产品具有良好的抗水性、机械安定性和胶体安定性。适用于工作温度在-10～150℃范围及潮湿条件下机械设备润滑。按 GB/T 7631.8 的规定，其代号分别为：L-XADGA1；L-XADGA2；L-XADGA3。

## 2 引用标准

GB/T 269　润滑脂和石油脂锥入度测定法

GB/T 4929　润滑脂滴点测定法

GB/T 7325　润滑脂和润滑油蒸发损失测定法

GB/T 7326　润滑脂铜片腐蚀试验法

GB/T 7631.8　润滑剂和有关产品（L类）的分类　第8部分：X组（润滑脂）

SH/T 0109　润滑脂抗水淋性能测定法

SH 0164　石油产品包装、贮运及交货验收规则

SH/T 0229　固体和半固体石油产品取样法

SH/T 0324　润滑脂钢网分油测定法（静态法）

SH/T 0325　润滑脂氧化安定性测定法

注：除非在标准中另有明确规定，上述引用标准都应是现行有效标准。

## 3 技术要求

| 项　目 | 质量指标 | | | 试验方法 |
|---|---|---|---|---|
| | 1号 | 2号 | 3号 | |
| 工作锥入度，0.1mm | 310～340 | 265～295 | 220～250 | GB/T 269 |
| 滴点，℃　不低于 | 200 | 210 | 230 | GB/T 4929 |
| 钢网分油（100℃，24h），%　不大于 | 6 | 5 | 4 | SH/T 0324 |
| 腐蚀（$T_2$ 铜片，100℃，24h） | 铜片无绿色或黑色变化 | | | GB/T 7326 乙法 |
| 蒸发量（99℃，22h），%　不大于 | 2.0 | | | GB/T 7325 |
| 水淋流失量（38℃，1h），%　不大于 | 5 | | | SH/T 0109 |
| 延长工作锥入度（100000次），0.1mm 变化率，%　不大于 | 25 | | 30 | GB/T 269 |

中国石油化工总公司 1995-08-14 批准　　　　1995-12-01 实施

续表

| 项目 | 质量指标 | | | 试验方法 |
|---|---|---|---|---|
| | 1号 | 2号 | 3号 | |
| 氧化安定性（99℃，100h，0.760 MPa）<br>压力降，MPa | 报告 | | | SH/T 0325 |
| 表面硬化试验（50℃，24h）<br>不工作 1/4 锥入度差，0.1mm　不大于 | 35 | 30 | 25 | 附录 A |

## 4 包装、标志、贮运

本产品的包装、标志、贮存、运输及交货验收按 SH 0164 进行。

## 5 取样

取样按 SH/T 0229 进行，取 2.5kg 作为检验和留样用。

# 附 录 A
# 复合钙基润滑脂表面硬化测定方法
（补充件）

## A1 主题内容与适用范围

本方法适用于测定复合钙基润滑脂表面由于吸湿或在贮存过程中产生硬化的程度，以 1/4 锥入度变化差来表示。

## A2 引用标准

GB/T 269 润滑脂和石油脂锥入度测定法
SH/T 0229 固体和半固体石油产品取样法

## A3 方法概要

将试样装入 1/4 脂杯内，放入加水干燥器中在 50℃ 的饱和水蒸气状态下，放置 24h 后取出，测定不工作 1/4 锥入度值。以未经吸湿试验的不工作 1/4 锥入度值与经吸湿试验后的 1/4 锥入度值之差表示表面硬化程度。

## A4 仪器或设备

**A4.1** 锥入度计，附有 1/4 锥入度圆锥体，1/4 锥入度脂杯 3 个，锥体和撞杆的总重量为 9.38g ±0.025g。
**A4.2** 玻璃干燥器。
**A4.3** 水浴缸，尺寸与 GB/T 269 中 4.5 条规定相同。
**A4.4** 恒温箱，温度能控制到±1℃。
**A4.5** 秒表，分度为 0.1 s。
**A4.6** 小刮刀。
**A4.7** 温度计，0~50℃，分度为 0.5℃。

## A5 准备工作

**A5.1** 先将玻璃干燥器装一定量的水（自来水），水量为干燥器底部容积的三分之二，然后放上圆孔瓷板，盖紧玻璃罩盖，再把干燥器放入恒温箱（50℃±1℃）中，恒温 1h，使干燥器内达到 50℃ 的饱和水蒸气状态。
**A5.2** 按照 SH/T 0229 方法取样，把部分试样装入 1/4 锥人度脂杯中，脂面应高于脂杯的三分之一，然后放入正方形金属盒中，盖上盖，在 25℃±0.5℃ 的水浴缸中恒温，使试样达到 25℃，如果室温和水浴温度之差在 5℃ 之内，恒温 10min；若温差大于 5℃ 时，恒温 20min。注意水浴中水位应浸近金属盒的边缘，不得浸过边缘。
**A5.3** 取出试样，不经工作，参照 GB/T 269 中的第 10 章随即做不工作 1/4 锥入度的测定，测定至少三次，每次用一个脂杯的润滑脂试样进行，并取三次符合精密度要求的测定结果计算算术平均值，作为试样未经吸湿试验前的 1/4 锥入度值 $X_1$。

## A6 试验步骤

**A6.1** 把余下的试样分别装入三个 1/4 锥入度脂杯中，为了消除气泡，可用小刮刀轻微翻动，然后用小刮刀刮平试样表面，除去多余的润滑脂，再放入已恒温好的干燥器内的圆孔瓷板上（样品不宜太多，以免堵塞瓷孔），盖上干燥器盖，放入恒温箱中。

**A6.2** 保持恒温箱温度在50℃±1℃，恒温过程中为了防止干燥器盖因水气冲动而揭开，要经常注意干燥器玻璃盖是否密封，以免影响测定结果。

**A6.3** 经24 h后取出试样，放入正方形金属盒中，盖上盖，然后放入25℃±0.5℃的水浴缸中，恒温15min，注意水浴中的水面，应浸近金属盒边缘，不得超过边缘。

**A6.4** 取出金属盒中的试样，参照GB/T 269中10章，不要翻动润滑脂，进行1/4锥入度的测定。圆锥体向润滑脂内沉入时，不应接触杯壁，做完后锥体要用滤纸或棉花擦净。

**A6.5** 测定进行三次，每次用一个脂杯的润滑脂试样进行，注意要取用刚从水浴缸中取出的试样。按照精密度规定取三次测定结果的算术平均值$X_2$，作为试样24h后的不工作1/4锥入度值。

## A7 计算

$$润滑脂吸湿后表面硬化程度 = X_1 - X_2 \quad \cdots\cdots (A1)$$

式中：$X_1$——为试样未经吸湿试验前的不工作1/4锥入度值；

$X_2$——为试样经24h吸湿试验后的不工作1/4锥入度值。

## A8 精密度

**A8.1** 三次测定结果最大值和最小值差数不应超过下列数值：

| | |
|---|---|
| 30个单位以下 | 2个单位 |
| 30~50个单位 | 3个单位 |
| 50个单位以上 | 5个单位 |

**A8.2** 取三次测定结果的算术平均值，作为试验测定结果。

若在三次测定结果中，有一次测定值特别大，而其余二次测定值差数符合上述要求时，则可只取这二次测定值的算术平均值，作为试验测定结果。

---

**附加说明：**

本标准由石油化工科学研究院提出。

本标准由石油化工科学研究院技术归口。

本标准由石油化工科学研究院负责起草。

本标准主要起草人李显名。

中华人民共和国石油化工行业标准

SH/T 0371—1992

# 铝 基 润 滑 脂

代替 ZB E36 004—1988

## 1 主题内容与适用范围

本标准规定了铝基润滑脂的技术要求，包装、标志、贮运与取样。

本标准适用于由脂肪酸铝皂稠化矿物润滑油而得的、具有高度耐水性的铝基润滑脂。

符合本标准的产品适用于航运机器摩擦部分润滑及金属表面的防蚀。

## 2 引用标准

GB/T 269　润滑脂和石油脂锥入度测定法

GB/T 512　润滑脂水分测定法

GB/T 513　润滑脂机械杂质测定法（酸分解法）

GB/T 4929　润滑脂滴点测定法

SH 0164　石油产品包装、贮运及交货验收规则

SH/T 0229　固体和半固体石油产品取样法

SH/T 0319　润滑脂皂分测定法

SH/T 0333—1992　润滑脂防护性能测定法

## 3 技术要求

| 项　　目 | 质 量 指 标 | 试 验 方 法 |
|---|---|---|
| 外观 | 淡黄色到暗褐色的光滑透明油膏 | 目测 |
| 滴点，℃　　不低于 | 75 | GB/T 4929 |
| 工作锥入度，0.1mm | 230～280 | GB/T 269 |
| 防护性能 | 合格 | SH/T 0333 |
| 水分 | 无 | GB/T 512 |
| 杂质（酸分解法） | 无 | GB/T 513 |
| 皂含量，%　　不低于 | 14 | SH/T 0319 |

## 4 包装、标志、贮运

本产品的包装、标志、贮存、运输及交货验收按 SH 0164 进行。

## 5 取样

取样按 SH/T 0229 进行，取 2kg 作为检验和留样用。

---

**附加说明：**

本标准由石油化工科学研究院技术归口。

中国石油化工总公司 1992-05-20 批准　　1992-05-20 实施

ICS 75.100
E 36

SH

# 中华人民共和国石油化工行业标准

NB/SH/T 0373—2013
代替 SH/T 0373—1992

# 铁道润滑脂（硬干油）

**Railway grease**

2013-06-08 发布　　　　2013-10-01 实施

国家能源局　发布

# 前　　言

本标准按照 GB/T 1.1—2009 给出的规则起草。

本标准与前苏联 ГУМПС-51 规格为非等效。

本标准代替 SH/T 0373—1992（2003）。

本标准与 SH/T 0373—1992（2003）相比主要变化如下：

——范围中“680 号蒸汽汽缸油”改为“高黏度矿物油”。

——增加了分类和标记章和检验规则章。

——腐蚀项目的试验方法由 SH/T 0328 改为本标准附录 A。

——增加了附录 A 润滑脂腐蚀试验法（常温法）。

本标准由中国石油化工集团公司提出。

本标准由全国石油产品和润滑剂标准化技术委员会石油燃料和润滑剂分技术委员会（SAC/TC280/SC1）归口。

本标准起草单位：中国石油化工股份有限公司石油化工科学研究院。

本标准主要起草人：刘中其。

本标准历次版本发布情况为：

——SYB 1411—1959；

——SY 1411—1977；

——ZBE 36006—1988；

——SH/T 0373—1992；

——SH/T 0373—1992（2003）。

# 铁道润滑脂（硬干油）

## 1 范围

本标准规定了铁道润滑脂（硬干油）的技术要求，检验规则，标志、包装、运输和贮存。

本标准适用于蒸汽机车大轴及其他高速高压的摩擦副接触表面所使用的由脂肪酸钠皂稠化高黏度矿物油并添加少量极压添加剂而制得的铁路润滑脂（硬干油）。

## 2 规范性引用文件

下列文件对于本文件的应用是必不可少的。凡是注日期的引用文件，仅所注日期的版本适用于本文件。凡是不注日期的引用文件，其最新版本（包括所有的修改单）适用于本文件。

GB/T 269 润滑脂和石油脂锥入度测定法（GB/T 269—1991，eqv ISO 2137：1985）

GB/T 512　润滑脂水分测定法

GB/T 513　润滑脂机械杂质测定法（酸分解法）

GB/T 4929　润滑脂滴点测定法（GB/T 4929—1985，eqv ISO/DP 2176：1979）

SH 0164　石油产品包装、贮运及交货验收规则

SH/T 0229　固体和半固体石油产品取样法

SH/T 0319　润滑脂皂分测定法

SH/T 0328　润滑脂腐蚀试验法（常温法）

SH/T 0329　润滑脂游离碱和游离有机酸测定法

## 3 分类和标记

### 3.1 产品分类

本标准所属产品按锥入度分为 8 号和 9 号。

### 3.2 产品标记

符合本标准表 1 技术要求的铁道润滑脂应标记为：产品名称 产品型号 标准号

示例：铁道润滑脂 8 号 SH/T 0373。

## 4 要求和试验方法

铁道润滑脂的技术要求和试验方法见表 1。

表 1　铁道润滑脂的技术要求和试验方法

| 项　　目 | | 质量指标 | | 试验方法 |
|---|---|---|---|---|
| | | 9 号 | 8 号 | |
| 外观 | | 绿褐至黑褐色半固体纤维状砖形油膏 | | 目测 |
| 滴点/℃ | 不低于 | 180 | | GB/T 4929 |
| 块锥入度/（0.1mm）<br>25℃<br>75℃ | | <br>20～35<br>50～75 | <br>35～45<br>75～100 | GB/T 269 |
| 游离有机酸含量（以油酸计）（质量分数）/% | 不大于 | 0.3 | | SH/T 0329 |
| 游离碱含量（以 NaOH 计）（质量分数）/% | 不大于 | 0.3 | | SH/T 0329 |
| 杂质含量（酸分解法）（质量分数）/% | 不大于 | 0.2 | | GB/T 513 |
| 腐蚀（40 或 50 号钢片、59 号黄铜片，常温，24h） | | 合格 | | 附录 A |
| 水分含量（质量分数）/% | 不大于 | 0.5 | | CB/T 512 |
| 矿物油含量（质量分数）/% | 不小于 | 45 | 50 | SH/T 0319 |

## 5　检验规则

### 5.1　检验分类与检验项目

产品检验分出厂检验和型式检验。

#### 5.1.1　出厂检验

出厂批次检验项目包括：外观、滴点、块锥入度。

在生产工艺和原材料没有变化的情况下，出厂周期检验项目包括：游离有机酸、游离碱、杂质、腐蚀、水分、矿物油含量，每年检验一次。

#### 5.1.2　型式检验

型式检验项目包括技术要求表中的全部项目。有下列情况之一时，应进行型式检验：

a）新产品投产或产品定型鉴定时；

b）原材料、工艺等发生较大变化，可能影响产品质量时；

c）出厂检验结果与上次型式检验结果有较大差异时。

### 5.2　组批

在原材料、工艺不变的条件下，产品每生产一罐或釜为一组（批）。

### 5.3　取样

取样按 SH/T 0229 进行，取 1.5kg 作为检验和留样用。

### 5.4　判定规则

出厂检验和型式检验结果符合第 4 章的技术要求，则判定该产品合格。

### 5.5 复验规则

如出厂检验结果中有不符合第4章技术指标的规定时，按 SH/T 0229 的规定重新取样进行复检，复检结果如仍有不符合本标准规定的技术指标时，则判该批产品为不合格。

## 6 标志、包装、运输和贮存

本产品的标志、包装、运输、贮存及交货验收按 SH 0164 进行。

# 附 录 A
（规范性附录）
润滑脂腐蚀试验法（常温法）

## A.1 范围

本标准规定了润滑脂腐蚀试验法。
本标准适用于测定室温下润滑脂对金属的腐蚀性。

## A.2 规范性引用文件

下列文件对于本文件的应用是必不可少的。凡是注日期的引用文件，仅所注日期的版本适用于本文件。凡是不注日期的引用文件，其最新版本（包括所有的修改单）适用于本文件。

GB/T 679 化学试剂 乙醇（95%）

GB/T 690 化学试剂 苯

GB 1922 油漆及清洗用溶剂油

## A.3 方法概要

以浸入润滑脂的金属片表面与润滑脂在室温下，经一定时间作用后所发生的颜色变化，来确定润滑脂对金属的腐蚀性。

## A.4 试剂与材料

### A.4.1 试剂

**A.4.1.1** 95%乙醇，符合 GB/T 679 要求。

**A.4.1.2** 苯，符合 GB/T 690 要求。

**A.4.1.3** 溶剂油，符合 GB 1922 要求。

### A.4.2 材料

**A.4.2.1** 金属片：20mm ×20mm ×3mm。

**A.4.2.2** 脱脂棉。

**A.4.2.3** 砂纸或砂布：粒度为 180 号或 220 号。

## A.5 仪器

**A.5.1.1** 瓷蒸发皿。

**A.5.1.2** 玻璃皿，高度不低于 40mm。

**A.5.1.3** 放大镜，放大倍数为 6 倍到 8 倍。

**A.5.1.4** 瓷刮刀。

## A.6 试验步骤

**A.6.1** 将金属片磨光，用溶剂油在瓷皿中洗涤，然后用95%乙醇浸湿的脱脂棉擦拭，再用干棉花擦干，勿与手接触。

**A.6.2** 洗过擦干的金属片在放大镜下观察时，不许有锈或污点的痕迹。

**A.6.3** 用玻璃皿装满试样，将金属片全部挤入试样中，金属试片上方的试样，用刮刀刮平，然后将玻璃皿封盖，在室温（15℃～20℃）下静置。静置时间按各种润滑脂产品标准规定。

**A.6.4** 经过规定时间后，自玻璃皿中取出金属片，移入盛有乙醇-苯混合液（体积比1:4）的瓷皿中，用棉花小心除去上面的试样，再用热乙醇-苯混合液将金属片洗涤数次，以彻底除去试样。

钢片须立即用干脱脂棉擦拭，并仔细观察。

黄铜片或铜片须首先观察，是否有绿色存在，然后用干脱脂棉轻轻擦拭，再仔细观察。

## A.7 判断

**A.7.1** 用肉眼观察，在金属片上没有斑点和明显的不均匀的颜色变化，即认为试样合格。在试验铜片及铜合金片时，允许金属片有轻微的均匀变色。

**A.7.2** 如仅有一块金属片上有腐蚀痕迹，则应重新试验，第二次试验时即使在一块金属片上再度出现上述的腐蚀情况，即认为试样不合格。

中华人民共和国石油化工行业标准

# 2号航空润滑脂
# (202润滑脂)

SH/T 0375—1992

代替 ZB E360 08—1988

## 1 主题内容与适用范围

本标准规定了2号航空润滑脂的技术要求，包装、标志、贮运与取样。

本标准适用于由试用通过的试样所采用的原料和生产工艺制得的润滑脂。

符合本标准的产品，适用于较宽温度范围内工作的滚动轴承的润滑。

## 2 引用标准

GB/T 269 润滑脂和石油脂锥入度测定法

GB/T 512 润滑脂水分测定法

GB/T 513 润滑脂机械杂质测定法（酸分解法）

GB/T 4929 润滑脂滴点测定法

SH/T 0048 润滑脂相似黏度测定法

SH 0164 石油产品包装、贮运及交货验收规则

SH/T 0229 固体和半固体石油产品取样法

SH/T 0321—1992 润滑脂漏斗分油测定法

SH/T 0329 润滑脂游离碱和游离有机酸测定法

SH/T 0331 润滑脂腐蚀试验法

SH/T 0335 润滑脂化学安定性测定法

SH/T 0336 润滑脂杂质含量测定法（显微镜法）

## 3 技术要求

| 项　目 | | 质量指标 | 试验方法 |
|---|---|---|---|
| 外观[1] | | 由黄至浅褐色的均匀软膏 | 目测 |
| 滴点,℃ | 不低于 | 170 | GB/T 4929 |
| 工作锥入度，0.1mm | | 285~315 | GB/T 269 |
| 腐蚀（T3铜片，100℃，3h） | | 合格 | SH/T 0331 |
| 水分 | | 无 | GB/T 512 |
| 游离碱，NaOH% | 不大于 | 0.1 | SH/T 0329 |
| 杂质（酸分解法） | | 无 | GB/T 513 |
| 相似黏度（-30℃，$\bar{D}=10s^{-1}$），Pa·s | 不大于 | 1500 | SH/T 0048 |
| 漏斗分油（75℃，24h），% | | 3~6 | SH/T 0321 |

中国石油化工总公司 1992-05-20 批准　　　　1992-05-20 实施

续表

| 项　　目 | | 质量指标 | 试验方法 |
|---|---|---|---|
| 化学安定性（100℃，100h，0.80MPa）<br>压力降，MPa | 不大于 | 0.05 | SH/T 0335 |
| 杂质（显微镜法），个/$cm^3$ | | | SH/T 0336 |
| 直径 25μm～75μm | 不大于 | 1500 | |
| 直径 75μm～100μm | 不大于 | 600 | |
| 直径 100μm 以上 | | 无 | |

注：1）将润滑脂在 50mm×30mm×2mm 的玻璃板上涂成 1mm 厚的脂层，对光观察。

## 4　包装、标志、贮运

本产品的包装、标志、贮存、运输及交货验收按 SH 0164 进行。

## 5　取样

取样按 SH/T 0229 进行，取 1.5 kg 作为检验和留样用。

---

**附加说明：**

本标准由石油化工科学研究院技术归口。
本标准由抚顺石油一厂负责起草。

中华人民共和国石油化工行业标准

SH/T 0378—1992

# 复合铝基润滑脂

代替 ZB E36 025—1989

## 1 主题内容与适用范围

本标准规定了复合铝基润滑脂的技术要求，包装、标志、贮运与取样。

本标准适用于由复合铝皂稠化矿物润滑油所制成的润滑脂。

符合本标准的产品，适用于-20～+160℃范围的各种机械设备及集中润滑系统。

## 2 引用标准

GB/T 269 润滑脂和石油脂锥入度测定法

GB/T 3498 润滑脂宽温度范围滴点测定法

GB/T 5018 润滑脂防腐蚀性试验法

GB/T 7325 润滑脂和润滑油蒸发损失测定法

GB/T 7326 润滑脂铜片腐蚀试验法

SH/T 0048 润滑脂相似黏度测定法

SH/T 0109 润滑脂抗水淋性能测定法

SH 0164 石油产品包装、贮运及交货验收规则

SH/T 0229 固体和半固体石油产品取样法

SH/T 0324 润滑脂钢网分油测定法（静态法）

SH/T 0325 润滑脂氧化安定性测定法

SH/T 0336 润滑脂杂质含量测定法（显微镜法）

## 3 技术要求

| 项目 | | 质量指标 | | | 试验方法 |
|---|---|---|---|---|---|
| | | 0号 | 1号 | 2号 | |
| 滴点，℃ | 不低于 | 235 | | | GB/T 3498 |
| 工作锥入度，0.1mm | | 355～385 | 310～340 | 265～295 | GB/T 269 |
| 腐蚀（T2 铜片，100℃，24h） | | 铜片无绿色或黑色变化 | | | GB/T 7326 乙法 |
| 钢网分油（100℃，24h），%（*m/m*） | 不大于 | — | 10 | 7.0 | SH/T 0324 |
| 蒸发量（99℃，22h），%（*m/m*） | 不大于 | 1.0 | | | GB/T 7325 |
| 氧化安定性（99℃，100h，0.770MPa）压力降，MPa | 不大于 | 0.070 | | | SH/T 0325 |
| 水淋流失量（38℃，1 h），%（*m/m*） | 不大于 | — | 10 | 10 | SH/T 0109 |
| 延长工作锥入度（100000次） | 不大于 | 420 | 390 | 360 | GB/T 269 |

中国石油化工总公司 1992-05-20 批准　　1992-05-20 实施

**续表**

| 项　　目 | | 质量指标 | | | 试验方法 |
|---|---|---|---|---|---|
| | | 0号 | 1号 | 2号 | |
| 杂质，个/$cm^3$ | | | | | SH/T 0336 |
| 25μm 以上 | 不大于 | | 3000 | | |
| 75μm 以上 | 不大于 | | 500 | | |
| 125μm 以上 | 不大于 | | 0 | | |
| 相似黏度（-10℃，$10s^{-1}$），Pa·s | 不大于 | 250 | 300 | 550 | SH/T 0048 |
| 防腐蚀性，级 | 不大于 | | 2 | | GB/T 5018 |

## 4　包装、标志、贮运

本产品的包装、标志、贮存、运输及交货验收按 SH 0164 进行。

## 5　取样

取样按 SH/T 0229 进行，取 1.5kg 作为检验和留样用。

---

**附加说明：**

本标准由石油化工科学研究院技术归口。

本标准由石油化工科学研究院负责起草。

本标准主要起草人金宝印。

中华人民共和国石油化工行业标准

**SH/T** 0382—1992

# 精密机床主轴润滑脂

代替 SY 1416—1980（1988）

## 1　主题内容与适用范围

本标准规定了精密机床主轴润滑脂的技术要求，包装、标志、贮运与取样。

本标准适用于12-羟基硬脂酸锂皂稠化精制润滑油，并加有抗氧化等添加剂而制得的润滑脂。

符合本标准的产品适用于精密机床和磨床的高速磨头主轴的长期润滑。

## 2　引用标准

GB/T 269　润滑脂和石油脂锥入度测定法

GB/T 392　润滑脂压力分油测定法

GB/T 512　润滑脂水分测定法

GB/T 513　润滑脂机械杂质测定法（酸分解法）

GB/T 4929　润滑脂滴点测定法

SH 0164　石油产品包装、贮运及交货验收规则

SH/T 0229　固体和半固体石油产品取样法

SH/T 0329　润滑脂游离碱和游离有机酸测定法

SH/T 0331　润滑脂腐蚀试验法

SH/T 0335　润滑脂化学安定性测定法

## 3　技术要求

| 项　　目 | | 质量指标 | | 试验方法 |
|---|---|---|---|---|
| | | 2号 | 3号 | |
| 滴点,℃ | 不低于 | 180 | | GB/T 4929 |
| 工作锥入度，0.1mm | | 265~295 | 220~250 | GB/T 269 |
| 压力分油,% | 不大于 | 20 | 15 | GB/T 392 |
| 游离碱，NaOH% | 不大于 | 0.1 | | SH/T 0329 |
| 腐蚀（T3铜片，100℃，3h） | | 合格 | | SH/T 0331 |
| 杂质（酸分解法） | | 无 | | GB/T 513 |
| 水分,% | 不大于 | 痕迹 | | GB/T 512 |
| 化学安定性（100℃，100h，0.80MPa） | | | | |
| 压力降，MPa | 不大于 | 0.03 | | SH/T 0335 |
| 氧化后酸值，mgKOH/g | 不大于 | 1.0 | | SH/T 0329 |

中国石油化工总公司 1992-05-20 批准　　　　1992-05-20 实施

## 4 包装、标志、贮运

本产品的包装、标志、贮存、运输及交货验收按 SH 0164 进行。

## 5 取样

取样按 SH/T 0229 进行，取 1.5kg 作为检验和留样用。

---

**附加说明：**

本标准由石油化工科学研究院技术归口。

本标准由无锡炼油厂负责起草。

ICS 75.100
E 36

SH

# 中华人民共和国石油化工行业标准

NB/SH/T 0383—2017
代替 SH/T 0383—2005

# 炮用润滑脂

## Cannon grease

2017-12-27 发布　　2018-06-01 实施

国家能源局　发布

# 前　言

本标准按照 GB/T 1.1—2009 给出的规则起草。

本标准代替 SH/T 0383—2005《炮用润滑脂》。

本标准与 SH/T 0383—2005《炮用润滑脂》相比主要变化如下：

——修改标准适用范围；

——修改腐蚀试验条件；

——修改防护性能试验条件；

——修改机械杂质试验条件；

——滴点的要求由不低于 50℃修改为不低于 65℃；

——保持能力的要求 由不小于 0.6mg/cm$^2$ 修改为不小于 1.5mg/cm$^2$；

——增加外观要求；

——增加低温性能要求；

——增加锥入度要求；

——增加第 3 章标记；

——增加第 5 章检验规则。

本标准由中国石油化工集团公司提出。

本标准由全国石油产品和润滑剂标准化技术委员会石油燃料和润滑剂分技术委员会（SAC/TC280/SC1）归口。

本标准起草单位：中国石化润滑油有限公司天津分公司。

本标准主要起草人：王先会、吴宝杰、刘振国、李素、高艳青、刘宽发、冯强、李勇、王兆坤、张洪滨、张会情。

本标准历次版本发布情况为：

——SYB 1502—56；

——SY 1502—77；

——SH/T 0383—92；

——SH/T 0383—2005。

# 炮用润滑脂

## 1 范围

本标准规定了炮用润滑脂的标记、要求和试验方法、检验规则及标志、包装、运输和贮存。

本标准适用于涂抹火炮身管内膛、金属备件、金属工具等的金属表面，而使其不受腐蚀的润滑脂。

## 2 规范性引用文件

下列文件对于本文件的应用是必不可少的。凡是注日期的引用文件，仅所注日期的版本适用于本文件。凡是不注日期的引用文件，其最新版本（包括所有的修改单）适用于本文件。

GB/T 264 石油产品酸值测定法

GB/T 265 石油产品运动黏度测定法和动力黏度计算法

GB/T 269—91 润滑脂和石油脂锥入度测定法

GB/T 511 石油和石油产品及添加剂机械杂质测定法

GB/T 512 润滑脂水分测定法

SH/T 0164 石油产品包装、贮运及交货验收规则

SH/T 0229 固体和半固体石油产品取样法

SH/T 0331 润滑脂腐蚀试验法

SH/T 0327 润滑脂灰分测定法

NB/SH/T 0387—2014 钢丝绳用润滑脂 附录C（钢丝绳用润滑脂低温性能测定法）

## 3 标记

符合本标准表1技术要求的炮用润滑脂应标记为：产品名称 标准号。

示例：炮用润滑脂 NB/SH/T 0383。

## 4 要求和试验方法

技术要求和试验方法见表1。

**表1 炮用润滑脂技术要求和试验方法**

| 项 目 | | 质量指标 | 试验方法 |
|---|---|---|---|
| 外观 | | 黄色至深褐色均匀油膏 | 目测 |
| 滴点/℃ | 不低于 | 65 | 附录A |
| 腐蚀（45号钢片及$T_3$铜片，100℃，3h） | | 合格 | SH/T 0331[a] |
| 防护性能（45号钢片，50℃，30h） | | 合格 | 附录B |
| 保持能力（60℃，24h）/（$mg/cm^2$） | 不小于 | 1.5 | 附录C |

**表1　炮用润滑脂技术要求和试验方法（续）**

| 项　　目 | | 质量指标 | 试验方法 |
|---|---|---|---|
| 运动黏度（100℃）/（$mm^2/s$） | | 12~15 | GB/T 265[b] |
| 酸值/（mgKOH/g） | 不大于 | 0.3 | GB/T 264 |
| 水溶性酸碱 | | 中性或弱碱性 | 附录D |
| 机械杂质（质量分数）/% | 不大于 | 0.07 | GB/T 511[c] |
| 水分（质量分数）/% | | 无 | GB/T 512 |
| 灰分（质量分数）/% | 不大于 | 0.07 | SH/T 0327 |
| 低温性能（-43℃，30min） | | 合格 | NB/SH/T 0387—2014　附录C |
| 锥入度（25℃）/0.1mm | | 报告 | GB/T 269 第三篇 |

[a] 腐蚀试验用45号钢片和 $T_3$ 铜片的磨光金属片，置入热至100℃±2℃的试料中，再按 SH/T 0331 操作。

[b] 将试样加热到100℃后，再按 GB/T 265 操作。

[c] 将 GB/T 511 中试样取样量由100g修改为取试料10g。

## 5　检验规则

### 5.1　检验分类与检验项目

产品检验分出厂检验和型式检验。

#### 5.1.1　出厂检验

出厂批次检验项目包括：外观、滴点、腐蚀、运动黏度、水溶性酸碱、水分、锥入度。

在生产工艺和原材料没有变化的情况下，出厂周期检验项目包括：酸值、机械杂质、灰分，每半年检验一次；防护性能、保持能力、低温性能，每年检验一次。

#### 5.1.2　型式检验

型式检验项目包括技术要求表中的全部项目。有下列情况之一时，应进行型式检验。

a）新产品投产或产品定型鉴定时；

b）原材料、工艺等发生较大变化，可能影响产品质量时；

c）出厂检验结果与上次型式检验结果有较大差异时。

### 5.2　组批

在原材料、工艺不变的条件下，产品每生产一罐或釜为一批。

### 5.3　取样

取样按 SH/T 0229 进行，取1.5kg作为检验和留样用。

### 5.4　判定规则

出厂检验和型式检验结果符合第4章的技术要求，则判定该产品合格。

### 5.5 复验规则

如出厂检验结果中有不符合第 4 章技术指标的规定时，按 SH/T 0229 的规定重新取样进行复检，复检结果如仍有不符合规定的技术指标时，则判该批产品为不合格。

## 6 标志、包装、运输和贮存

本产品的标志、包装、运输、贮存及交货验收按 SH/T 0164 进行。

# 附 录 A
# （规范性附录）
# 润滑脂和固体烃滴点测定法

## A.1 范围

本方法规定了润滑脂和固体烃滴点的测定。
本方法适用于测定润滑脂和固体烃的滴点。

## A.2 规范性引用文件

下列文件对于本文件的应用是必不可少的。凡是注日期的引用文件，仅所注日期的版本适用于本文件。凡是不注日期的引用文件，其最新版本（包括所有的修改单）适用于本文件。

GB/T 514 石油产品试验用液体温度计技术条件

GB/T 6682 分析实验室用水规格和试验方法

## A.3 方法概要

本方法是将润滑脂或固体烃装入滴点计的脂杯中，在规定的加热条件下，脂杯中的试样滴出第 1 滴液体或流出油柱 25mm 时的温度称为滴点。

## A.4 材料

蒸馏水、甘油或其他耐高温的介质。

## A.5 仪器

A.5.1 液体浴：

A.5.1.1 滴点计：符合 GB 514 的要求，附有金属套管和玻璃脂杯。脂杯的细口边缘是磨平的。

A.5.1.2 玻璃试管：直径 40mm~50mm，长度 180mm~200mm。

A.5.1.3 高型烧杯：容量 800mL~1000mL，或用 1500mL~2000mL 的烧杯。

A.5.1.4 石棉网。

A.5.1.5 电炉或喷灯。

A.5.2 空气浴滴点测定器（滴点计、玻璃试管与 A.5.1.1 和 A.5.1.2 中规定相同）。

A.5.3 刮刀。

A.5.4 秒表。

A.5.5 温度计：0℃~300℃，分度值为 1℃，供测量浴温用。

## A.6 准备工作

A.6.1 用刮刀将试样表面刮掉，然后在不靠近容器壁的至少三处取约等量的试样，装在小烧杯中。

A. 6. 2 测定皂基润滑脂时，将小烧杯中的试样仔细掺匀，不应使试样里形成空气泡。随后，用刮刀将掺匀的润滑脂紧密地装满脂杯，不应掺进空气泡。装满试样的脂杯要仔细地拭净，在脂杯的宽口刮去多余的润滑脂。然后把脂杯插进滴点计的套管内，使脂杯宽口的边缘与套管内部凸出边缘紧密贴合。从脂杯细口挤出的润滑脂要用刀刮掉。

A. 6. 3 测定某些烃基润滑脂、凡士林和石油脂时，将小烧杯中的试样加热熔化至 100℃。此外，事先将脂杯的细口一端平放在倒置的装满碎冰的小烧杯上，或平放在覆置于冰块的玻璃板上。然后向脂杯倒满熔化的试样。装满试样的脂杯要留在冷冻的烧杯底上或玻璃板上保持 20min。随后，把装有试样的脂杯插进滴点计的套管内，从脂杯细口挤出的试样要用刮刀刮掉。

A. 6. 4 测定固体烃产品（如提纯地蜡、提纯地蜡和石蜡的混合物等）时，将小烧杯中的试样加热熔化至 100℃，并预先将脂杯的细口一端平放在光滑的金属表面上。然后向脂杯中的固体烃产品稍有凝固时，立即从金属表面取起脂杯并把多余的试样从脂杯刮掉。此时，把装好试样的脂杯趁热插进滴点计的套管内，并用刮刀把挤出来的试样刮掉。随后，将装有脂杯的滴点计在空气中冷到室温。

注：向滴点计放入装好试样的脂杯时，脂杯应插进套管内，不得旋入套管中。

## A. 7 试验步骤

A. 7. 1 加热浴的安装：

A. 7. 1. 1 试样滴点在 100℃（包括 100℃）以下时，采用以液体为介质的加热浴。其安装是用支架上的夹子将试管固定在高型烧杯中，使管身成为垂直状态，并使试管底端与烧杯底相距 10mm～20mm。然后向烧杯中注入适用的加热介质。试样滴点低于 80℃时，在烧杯内注入蒸馏水；试样滴点高于 80℃时，注入甘油或其他介质。试管要浸入液体中 120mm～150mm。同时在浴内安装一支 0℃～300℃的温度计，使水银球的下端与安滴点计脂杯的细口边缘在同一水平面上。

A. 7. 1. 2 试样滴点高于 100℃时，采用空气浴滴点测定器。

A. 7. 2 在试管底部放入一张圆形白纸，然后将装有试样的滴点计套上软木塞，装入试管中，使温度计和试管的轴心线互相重合，并使脂杯的细口边缘和试管底端的白纸相距 25mm。

A. 7. 3 对采用以液体为介质的加热浴应用电炉或喷灯加热；对用空气为介质的仪器接通电源对空气浴加热。使浴温匀速上升，当试管中的滴点计温度达到预期滴点前 10℃时，控制升温速度为每分钟 1℃左右。

A. 7. 4 从脂杯滴出第 1 滴流体时，或从脂杯流出的油柱与试管底部的白纸刚接触时，立即读出温度，作为试样的滴点。

## A. 8 精密度

### A. 8. 1 重复性

重复测定两个结果间的差数，不应超过下列数值：

| 滴点/℃ | 允许差数/℃ |
|---|---|
| <100 | 1 |
| 100～200 | 2 |
| >200 | 5 |

## A.9 报告

取重复测定两个结果的算术平均值，作为试样的滴点。

# 附　录　B
(规范性附录)
润滑脂防护性能测定法

## B.1　范围

本标准规定了润滑脂防护性能测定法。
本标准适用于测定润滑脂在湿度增高时防止金属锈蚀的能力。

## B.2　规范性引用文件

下列文件对于本文件的应用是必不可少的。凡是注日期的引用文件，仅所注日期的版本适用于本文件。凡是不注日期的引用文件，其最新版本（包括所有的修改单）适用于本文件。

SH 0004　橡胶工业用溶剂油

GB/T 6682　分析实验室用水规格和试验方法

## B.3　方法概要

本方法是将润滑脂均匀涂抹在金属片上，将涂脂的金属片置于盛有蒸馏水的干燥器之带孔瓷板上。盖上干燥器，将其放在热至50℃或60℃的恒温器内，保持到规定时间（24h或48h）后，用溶剂洗涤金属片，擦净、观察并判断。

## B.4　试剂与材料

### B.4.1　试剂

**B.4.1.1**　95%乙醇：分析纯。

### B.4.2　材料

**B.4.2.1**　橡胶工业用溶剂油，符合SH 0004的要求。
**B.4.2.2**　蒸馏水：符合GB/T 6682中三级水的要求。
**B.4.2.3**　工业滤纸。
**B.4.2.4**　脱脂棉。
**B.4.2.5**　砂布或砂纸：粒度为180号或220号。

## B.5　仪器

**B.5.1**　金属片：边长为50mm的正方形金属片，或直径为56mm的圆形金属片。厚3mm~4mm。金属的牌号在试样的产品标准中规定。

每块金属片有一直径5mm的孔，正方形金属片孔眼中心位于一个角上距边5mm的地方，圆形金属片孔眼中心则位于距边缘5mm的地方。

金属片的全部表面（包括圆孔的壁）加工至 $R_a$ 值：0.4~0.2。

金属片的编号刻在侧面。

**B.5.2** 瓷皿。

**B.5.3** 钢针或电刻机。

**B.5.4** 放大镜：6 倍~8 倍。

**B.5.5** 刮刀。

**B.5.6** 玻璃棒。

**B.5.7** 干燥器。

**B.5.8** 恒温器：可以调整为 50℃±2℃和 60℃±2℃。

**B.5.9** 框模（金属框）：壁厚 3mm~4mm。

**B.5.10** 温度计：100℃，分度为 1℃。

## B.6 准备工作

**B.6.1** 将金属片在瓷皿内用溶剂油冲洗，并依次以滤纸、95%乙醇润湿的棉花，以及干棉花擦净。不得用手接触金属片的宽面。

**B.6.2** 用放大镜观察准备的金属片。金属片上不应有腐蚀的痕迹、溶剂蒸发所造成的斑点以及绒毛等。

金属片宽面上的点和细小凹痕用电刻机或钢针刻划成圆圈。

**B.6.3** 用刮刀将试样的表面层刮掉，然后在不靠近容器壁的至少三处，取约等量的试样。将总量不少于 200g 的试样收集在瓷皿内，搅拌均匀备用。

**B.6.4** 用蒸馏水洗涤干燥器并往干燥器中注蒸馏水 30mm~35mm 高，放上带孔瓷板。

## B.7 试验步骤

**B.7.1** 用刮刀将试样涂在准备好的金属片的各面上。涂 3mm~4mm 厚的一层。借框模用刮刀抹平试样以得到均匀平坦的脂层。

试验每一个试样时使用两个样品号的金属片。将涂好试样的金属片分别平放在瓷皿内或容器内，每一个瓷皿或容器内放一片。

**B.7.2** 将盛有金属片的瓷皿放入干燥器内。瓷皿的数目不得超过四个。

盖上干燥器，将其放在热至 50℃或 60℃并能维持至试样的产品标准所规定的时间（24h 或 48h）之恒温器中。保持规定的温度精确至±2℃。

**B.7.3** 到规定的试验时间后，从恒温器中取出干燥器，依次拿出金属片以进行冲洗和观察。

用滤纸和溶剂油润湿的棉花小心地从每块金属片上擦掉试样。

然后在溶剂油和 95%乙醇中洗涤金属片，再用棉花或滤纸擦净。

铜片、黄铜片和青铜片在洗涤完了之后立刻（不必用棉花或滤纸擦净）观察以确定有无铜绿的存在，然后用脱脂棉擦净，再重新观察。

## B.8 判断

**B.8.1** 如果在金属片的距圆孔和边 1mm 以外的表面上没有用肉眼可以观察到的铜绿、锈点（用钢针或电刻机圈过的除外），则认为试样试验合格。

**B.8.2** 如果只在一块金属片上发现了腐蚀痕迹，则重新进行试验。在复试中即使在一块金属片上发现腐蚀痕迹时，即认为试样试验不合格。

# 附 录 C
## (规范性附录)
## 润滑脂保持能力测定法

### C.1 范围

本标准规定了润滑脂保持能力测定法。

本方法适用于测定润滑脂在金属表面上的保持能力。

### C.2 规范性引用文件

下列文件对于本文件的应用是必不可少的。凡是注日期的引用文件，仅所注日期的版本适用于本文件。凡是不注日期的引用文件，其最新版本（包括所有的修改单）适用于本文件。

SH 0004 橡胶工业用溶剂油

### C.3 方法概要

本方法是在金属表面上涂抹一定厚度的脂层，在规定的温度 60℃ 下及规定的时间 24h 内滴落后，测定遗留在每平方厘米金属表面上的润滑脂油层的质量。

### C.4 材料

**C.4.1** 橡胶工业用溶剂油，符合 SH 0004 的要求。

**C.4.2** 工业滤纸。

### C.5 仪器

**C.5.1** 钢辊：两个，45 号钢制，其尺寸大小见图 1，钢辊的筒状体与锥体部分用不大于 0.01mm 的环钩分开，表面研磨到 $R_a$ 值为 0.4 的粗糙度。

**C.5.2** 金属套管：由青铜或钢制成，尺寸大小见图 2，其内表面研磨到 $R_a$ 值为 0.4。

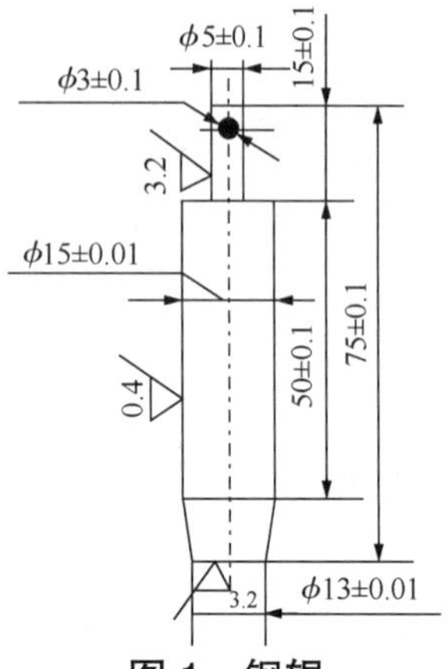


图 1 钢辊

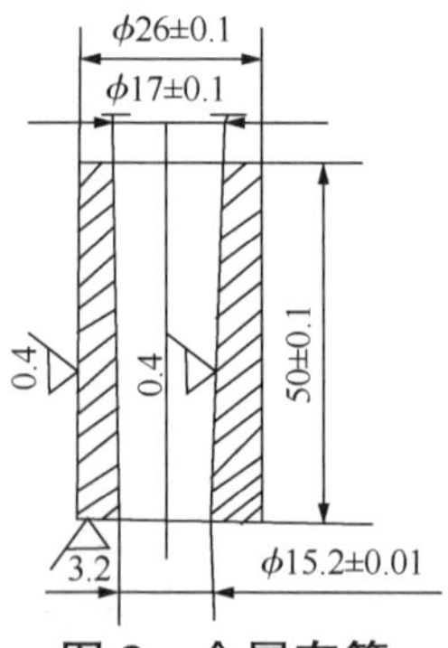


图 2 金属套管

C.5.3 金属挂钩或S形的玻璃挂钩：长约30mm为悬挂钢辊用。
C.5.4 悬挂钢辊的支柱。
C.5.5 自动调节恒温箱：温度能控制到±1℃。
C.5.6 瓷杯。
C.5.7 刮刀。
C.5.8 玻璃棒：长约100mm。
C.5.9 天平：精度为0.001g。

## C.6 准备工作

C.6.1 钢辊及套管用溶剂油洗涤并用滤纸擦干。
C.6.2 钢辊称量精确到0.001g。
C.6.3 用刮刀除去试样的表面，然后在不靠近器壁的至少三处取约等量的试样，放置一杯中并仔细搅匀。
C.6.4 在准备好的钢辊表面及套管的内表面，用玻璃棒涂上试样层，钢辊经依垂线垂直放置的并与试验台距约80mm的套管较大一端进入，为了较好地充满钢辊和套管之间的空隙，须使钢辊在套管内旋转几次，然后钢辊在重力的作用下（如试样很稠时，可用玻璃棒压入）自套管中出来，如此方法涂两个钢辊；钢辊表面应为均匀的试样层（用肉眼观察），如试样层稍不均匀，则需反复进行，通过套管操作，获得均匀试样层后，用滤纸擦拭钢辊的锥体部分至环沟处，如液体试样则锥体部分不必用滤纸擦拭。

## C.7 试验步骤

C.7.1 涂好试样的钢辊用挂钩悬挂在支柱上，并放入恒温箱中，恒温箱中的温度在1h内逐渐升到60℃，并在此温度下钢辊留置到24h，然后从恒温箱中取出钢辊并用滤纸擦干钢辊锥体部分到环钩。
C.7.2 称量带试样钢辊精确到0.001g。
C.7.3 如果需在几个温度下继续测定时，将称量后的钢辊放入恒温箱中，在上次试验温度下在1h内加热到其次的规定温度，并在此温度下钢辊留置到所规定的时间之后，擦掉钢辊锥体部分的试样，并称精确到0.001g。
C.7.4 如果在这一温度或另一温度下进行各种时间的继续测定时，将称量后的钢辊放入恒温箱中在上一次试验温度下继续放置到其次的规定时间，然后擦干钢辊的锥体部分，并称精确到0.001g。

## C.8 判断

如果试验后的钢辊表面的试样层有裂痕和全部滑落时。则认为试样不能再用以继续测定。有时裂痕和滑落发生在某一钢辊的表面上，可进行第二次试验，当第二次试验后得到同样的结果$X$时，则认为该试样不能再用以继续测定。

## C.9 计算

遗留在金属表面上的试样层质量$X$(mg/cm$^2$）按下式计算：

$$X=[(G_1-G_2)\times1000]/23.55$$

式中：

$G_1$——试验后油和钢辊的质量，g；

$G_2$——钢辊的质量，g；

23.55——计算的钢辊表面积，$cm^2$。

## C.10 精密度

### C.10.1 重复性

重复测定两个结果间的差数，不应超过其算术平均值的±10%。

## C.11 报告

取重复测定两个结果的算术平均值，保留小数点后两位，作为测定结果。

# 附　录　D
（规范性附录）
润滑脂水溶性酸碱测定法

## D.1　范围

本标准规定了测定防蚀润滑脂、凡士林及提纯地蜡水溶性酸或碱的方法。

本标准适用于防蚀润滑脂、凡士林及提纯地蜡。

## D.2　规范性引用文件

下列文件对于本文件的应用是必不可少的。凡是注日期的引用文件，仅所注日期的版本适用于本文件。凡是不注日期的引用文件，其最新版本（包括所有的修改单）适用于本文件。

GB/T 6682　分析实验室用水规格和试验方法

## D.3　方法概要

本方法是用水抽出润滑脂、凡士林或提纯地蜡中的水溶性酸或碱，并根据所加入的指示剂颜色的变化而确定其水溶性酸或碱性。

## D.4　试剂与材料

### D.4.1　试剂

**D.4.1.1**　石油醚：60℃～90℃，分析纯。

**D.4.1.2**　氢氧化钾：分析纯，配成 5.6g/L 氢氧化钾水溶液。

**D.4.1.3**　盐酸：分析纯，配成 0.1mol/L 盐酸标准滴定溶液。

**D.4.1.4**　酚酞：配成 10g/L 的乙醇指示液。

**D.4.1.5**　95%乙醇（质量分数）：分析纯。

**D.4.1.6**　石蕊溶液。

注 1：用下列方法制配石蕊溶液：将小块石蕊放在瓷皿中用 85%乙醇在水浴上加热并搅拌之。将含有着色杂质的乙醇抽出物倒去，如此处理进行三次。

先将残留物溶于热水中，再移入量筒中，并在此处留置数日以使之澄清。澄清过的透明溶液蒸发至只剩原体积的 1/3 后，再用虹吸管将其注入瓷皿中，并用冰乙酸使成酸性。

然后，将溶液在水浴上重新蒸发至成果酱状的稠度为止，再用过量 90%的乙醇使浅蓝着色的物质沉淀。

将沉淀物滤出，并在用乙醇洗涤后于几张滤纸间夹干，然后使溶于蒸馏水中（比例 1∶30，质量）。

注 2：如有配好的出售的石蕊溶液时，许可使用。

### D.4.2　材料

蒸馏水：实验室用三级水。

## D.5 仪器

**D.5.1** 量筒：100mL，具有磨砂塞。
**D.5.2** 滴定管：50mL，附有滴定管架。
**D.5.3** 瓷皿：100mL。
**D.5.4** 玻璃棒。
**D.5.5** 水浴。

## D.6 试验步骤

**D.6.1** 将80mL石油醚、20mL蒸馏水及3滴石蕊溶液倒入量筒中，仔细摇动1min，再使其澄清，析出的水层须为中性，即呈紫色。如果溶液为酸性或碱性时，则用若干滴碱或酸的溶液中和。将中和过的混合液平均注入两个量筒中，即向每一个量筒中各注入40mL石油醚及10mL含有石蕊溶液的水溶液。进行的方法如下：首先将10mL石蕊溶液注入空量筒中，无须注意所加入的石油醚的数量。其次自第二个量筒中，除剩下的40mL石油醚外，将其多余的数量移入第一个量筒中。然后将各量筒仔细摇动，放入水浴中，使其稍微加热后，放在白纸上以比较石蕊溶液的颜色。两个量筒中的颜色必须一致。
**D.6.2** 将预先在瓷皿中熔化了的试样（液体试样可不必熔化就注入量筒中）10mL，注入第一个量筒中（第二个量筒作空白试验）。用塞子将两个量筒塞好后，摇动3min，然后放入50℃～60℃的水浴中，使乳浊液破坏得较好。待分层后，将两个量筒放在白纸上，观察石蕊溶液颜色的变化。比较颜色时，应在反射光线下进行。
**D.6.3** 溶液颜色的变化，当试样为酸性时呈红色，为中性时呈紫色，为碱性时呈蓝色。进行碱的定量测定时，将盛有试样的量筒中的水层用0.1mol/L盐酸标准滴定溶液（D.4.1.3条）。在摇动下滴定，直至得到与空白量筒中石蕊溶液一样的颜色为止。滴定时所生成的乳浊液在水浴中稍微加热，以使之破坏。

## D.7 计算

试样中的碱含量 $X$（NaOH%（质量分数））按下式计算：

$$X=(V\times C\times 0.040\times 100)/(10\rho)=(V\times C\times 4.0)/(10\rho)$$

式中：

$V$——滴定试样所消耗盐酸标准滴定溶液的体积，mL；

$C$——盐酸标准滴定溶液的实际浓度，mol/L；

$\rho$——试样的密度，g/mL；

0.040——与1.00mL盐酸标准滴定溶液（$C$（HCl）＝1.000mol/L）相当的以克表示的碱（以氢氧化钠表示）的质量。

## D.8 精密度

### D.8.1 重复性

重复测定两个结果与算术平均值的差数，不应大于±3%。

## D.9 报告

定性试验，溶液颜色的变化，当试样呈红色时为酸性，呈紫色时为中性，呈蓝色时为碱性。

定量试验，如碱含量低于0.02%（质量分数）时，则认为是弱碱性，如碱含量高于0.02%（质量分数）时，则认为是碱性。

ICS 75.100
E 36

# SH

# 中华人民共和国石油化工行业标准

SH/T 0384—2005

# 弹 药 保 护 脂
# (弹保脂)

**Lubricating grease for ammunition protect**

2005-11-28 发布 2006-06-01 实施

中华人民共和国国家发展和改革委员会 发 布

# 前　　言

本标准修改采用前苏联标准 ГОСТ 4113—80《弹药保护脂》。

本标准代替 SH/T 0384—1992《弹药保护脂(弹保脂)》。

本标准与 SH/T 0384—1992 相比主要变化如下:

——取消原注①。

——对原注③(现注 b)进行了编辑性修改。

——增加了规范性附录 A 与附录 B。

本标准的附录 A 与附录 B 为规范性附录。

本标准由中国石油化工集团公司提出。

本标准由中国石油化工股份有限公司石油化工科学研究院归口。

本标准起草单位:中国石油化工股份有限公司石油化工科学研究院。

本标准主要起草人:杨玮。

本标准所代替标准的历次版本发布情况为:

——SY 1505—77;

——SY 1505—77(88);

——SH/T 0384—92。

# 弹药保护脂(弹保脂)

## 1 范围

本标准规定了弹药保护脂的技术要求和试验方法，包装、标志、贮运与取样。

本标准适用于涂抹弹药，以防腐蚀的润滑脂。

## 2 规范性引用文件

下列文件中的条款通过本标准的引用而成为本标准的条款。凡是注日期的引用文件，其随后所有的修改单(不包括勘误的内容)或修订版均不适用于本标准，然而，鼓励根据本标准达成协议的各方研究是否可使用这些文件的最新版本。凡是不注日期的引用文件，其最新版本适用于本标准。

GB/T 254 半精炼石蜡

GB/T 264 石油产品酸值测定法

GB/T 511 石油产品和添加剂机械杂质测定法(重量法)

GB/T 512 润滑脂水分测定法

SH/T 0229 固体和半固体石油产品取样法

SH/T 0331 润滑脂腐蚀试验法

## 3 要求和试验方法

弹药保护脂的技术要求与试验方法见表1。

表1 弹药保护脂技术要求和试验方法

| 项目 | | 质量指标 | 试验方法 |
|---|---|---|---|
| 滴点,℃ | 不低于 | 55 | 附录A |
| 腐蚀(铜片及钢片，100℃，3h) | | 合格 | SH/T 0331[a] |
| 水溶性酸碱反应 | | 中性或弱碱性 | 附录B |
| 酸值，mgKOH/g | 不大于 | 0.28 | GB/T 264 |
| 机械杂质,%(质量分数) | 不大于 | 0.07 | GB/T 511[b] |
| 水分,%(质量分数) | | 无 | GB/T 512 |

[a] 腐蚀试验用40或50号钢片与59号黄铜片的磨光金属片，垂直浸入加热至95℃的试料中，在100℃±2℃下留置3h。

试验完毕清洗试验片时，洗过的钢片立即用干的脱脂棉擦拭，仔细检查，铜片须先行检查，确定有无绿色，再用干脱脂棉轻轻擦拭，重新仔细检查。

[b] 为配合生产缩短分析时间，机械杂质的原条文修改为取试料10g，用溶剂油稀释至5倍以温苯洗涤再行测定。原方法中所使用之溶剂为溶剂油或苯，若试料不能完全溶于上述溶剂时，则可改用四氯化碳作溶剂。机械杂质中不许有砂粒及其他摩擦物。

## 4 包装、标志、贮存

本产品以马口铁制的容器包装，容器外须以墨漆标明品名、生产日期、毛重与净重等，运输时应以木箱包装，在木箱上以黑漆标明生产厂的代号，并附以质量检验卡片。

## 5 取样

经分析后的均一试料，采样1kg由生产厂会同用户代表用火漆或封口胶签封，并保留6个月。取样须按SH/T 0229进行。

# 附　录　A
## （规范性附录）
## 润滑脂和固体烃滴点测定法

### A.1　范围

本标准规定了润滑脂和固体烃滴点测定法。
本标准适用于测定润滑脂和固体烃的滴点。

### A.2　规范性引用文件

下列文件中的条款通过本标准的引用而成为本标准的条款。凡是注日期的引用文件，其随后所有的修改单(不包括勘误的内容)或修订版均不适用于本标准，然而，鼓励根据本标准达成协议的各方研究是否可使用这些文件的最新版本。凡是不注日期的引用文件，其最新版本适用于本标准。

GB/T 514　石油产品试验用玻璃液体温度计技术条件
GB/T 6682　分析实验室用水规格和试验方法

### A.3　方法概要

将润滑脂或固体烃装入滴点计的脂杯中，在规定的加热条件下，脂杯中的试样滴出第 1 滴液体或流出油柱 25mm 时的温度称为滴点。

### A.4　材料

蒸馏水、甘油或其他耐高温的介质。

### A.5　仪器

A.5.1　液体浴
A.5.1.1　滴点计：符合 GB/T 514 的要求，附有金属套管和玻璃脂杯。脂杯的细口边缘是磨平的。
A.5.1.2　玻璃试管：直径 40mm~50mm，长度 180mm~200mm。
A.5.1.3　高型烧杯：容量 800mL~1000mL，或用 1500mL~2000mL 的烧杯。
A.5.1.4　石棉网。
A.5.1.5　电炉或喷灯。
A.5.2　空气浴滴点测定器(滴点计、玻璃试管与 A.5.1.1 和 A.5.1.2 中规定相同)。
A.5.3　刮刀。
A.5.4　秒表：分度值 0.1s。
A.5.5　温度计：0℃~300℃，分度值为 1℃，供测量浴温用。

### A.6　准备工作

A.6.1　用刮刀将试样的表层刮掉，然后在不靠近容器壁的至少三处取约等量的试样，装在小烧杯中。
A.6.2　测定皂基润滑脂时，将小烧杯中的试样仔细掺匀，不应使试样里形成空气泡。随后，用刮刀将掺匀的润滑脂紧密地装满脂杯，不应掺进空气泡。装满试样的脂杯要仔细地拭净，在脂杯的宽口刮去多余的润滑脂。然后把脂杯插进滴点计的套管内，使脂杯宽口的边缘与套管内部凸出边缘紧密贴合。从脂杯细口挤出的润滑脂要用刀刮掉。
A.6.3　测定某些烃基润滑脂、凡士林和石油脂时，将小烧杯中的试样加热熔化至 100℃。此外，事先将脂杯的细口一端平放在倒置的装满碎冰的小烧杯上，或平放在覆置于冰块的玻璃板上。然后向脂杯倒满熔化的试样。装满试样的脂杯要留在冷冻的烧杯底上或玻璃板上保持 20min。随后，把装有试样的脂杯插进滴点计的套管内，从脂杯细口挤出的试样要用刮刀刮掉。

A.6.4 测定固体烃产品(如提纯地蜡、提纯地蜡和石蜡的混合物等)时，将小烧杯中的试样加热熔化至 100℃，并预先将脂杯的细口一端平放在光滑的金属表面上。然后向脂杯倒满熔化的试样，待脂杯中的固体烃产品稍有凝固时，立即从金属表面取起脂杯并把多余的试样从脂杯刮掉。此时，把装好试样的脂杯趁热插进滴点计的套管内，并用刮刀把挤出来的试样刮掉。随后，将装有脂杯的滴点计在空气中冷到室温。

注：向滴点计放入装好试样的脂杯时，脂杯应插进套管内，不得旋入套管中。

## A.7 试验步骤

A.7.1 加热浴的安装

A.7.1.1 试样滴点在 100℃(包括 100℃)以下时，采用以液体为介质的加热浴。其安装是用支架上的夹子将试管固定在高型烧杯中，使管身成为垂直状态，并使试管底端与烧杯底相距 10mm～20mm。然后向烧杯中注入适用的加热介质。试样滴点低于 80℃时，在烧杯内注入蒸馏水；试样滴点高于 80℃时，注入甘油或其他介质。试管要浸入液体中 120mm～150mm。同时在浴内安装一支 0℃～300℃的温度计，使水银球的下端与安滴点计脂杯的细口边缘在同一水平面上。

A.7.1.2 试样滴点高于 100℃时，采用空气浴滴点测定器。

A.7.2 在试管底部放入一张圆形白纸，然后将装有试样的滴点计套上软木塞，装入试管中，使温度计和试管的轴心线互相重合，并使脂杯的细口边缘与试管底端的白纸相距 25mm。

A.7.3 对采用以液体为介质的加热浴应用电炉或喷灯加热；对用空气为介质的仪器接通电源时空气浴加热。使浴温匀速上升，当试管中的滴点计温度达到预期滴点前 10℃时，控制升温速度为每分钟 1℃左右。

A.7.4 从脂杯滴出第 1 滴流体时，或从脂杯流出的油柱与试管底部的白纸刚接触时，立即读出温度，作为试样的滴点。

## A.8 精密度

重复性：重复测定两个结果间的差数，不应超过下列数值。

| 滴点,℃ | 允许差数,℃ |
|---|---|
| <100 | 1 |
| 100～200 | 2 |
| >200 | 5 |

## A.9 报告

取重复测定两个结果的算术平均值，作为试样的滴点。

# 附　录　B
## （规范性附录）
## 防蚀润滑脂、凡士林及提纯地蜡水溶性酸碱测定法

### B.1　范围

本标准规定了测定防蚀润滑脂、凡士林及提纯地蜡水溶性酸或碱的方法。

本标准适用于防蚀润滑脂、凡士林及提纯地蜡。

### B.2　规范性引用文件

下列文件中的条款通过本标准的引用而成为本标准的条款。凡是注日期的引用文件，其随后所有的修改单（不包括勘误的内容）或修订版均不适用于本标准，然而，鼓励根据本标准达成协议的各方研究是否可使用这些文件的最新版本。凡是不注日期的引用文件，其最新版本适用于本标准。

GB/T 6682　分析实验室用水规格和试验方法

### B.3　方法概要

用水抽出润滑脂、凡士林或提纯地蜡中的水溶性酸或碱，并根据所加入的指示剂颜色的变化而确定其水溶性酸碱性。

### B.4　试剂与材料

**B.4.1　试剂**

**B.4.1.1**　石油醚：60℃~90℃，分析纯。

**B.4.1.2**　氢氧化钾：分析纯。配成 5.6g/L 氢氧化钾溶液。

**B.4.1.3**　盐酸：分析纯。配成 0.1mol/L 盐酸标准滴定溶液。

**B.4.1.4**　酚酞：配成 10g/L 的乙醇指示液。

**B.4.1.5**　95%（质量分数）乙醇：分析纯。

**B.4.1.6**　石蕊溶液。

注 1：用下列方法配制石蕊溶液：将小块石蕊放在瓷皿中用 85%（质量分数）的乙醇在水浴上加热并搅拌之。将含有着色杂质的乙醇抽出物倒去，如此处理进行三次。先将残留物溶于热水中，再移入量筒中，并在此处留置数日以使之澄清。澄清过的透明溶液蒸发至只剩原体积的 1/3 后，再用虹吸管将其注入瓷皿中，并用冰乙酸使成酸性。然后，将溶液在水浴上重新蒸发至成果浆状的稠度为止，再用过量 90%（质量分数）的乙醇使浅蓝着色的物质沉淀。将沉淀物滤出，并在用乙醇洗涤后于几张滤纸间夹干，然后使溶于蒸馏水中（比例 1 30，质量）。

注 2：如有配好的出售的石蕊溶液时，许可使用。

**B.4.2　材料**

蒸馏水。

### B.5　仪器

**B.5.1**　量筒：100mL，具有磨砂塞。

**B.5.2**　滴定管：50mL，附有滴定管架。

**B.5.3**　瓷皿：100mL。

**B.5.4**　玻璃棒。

**B.5.5**　水浴。

## B.6 试验步骤

### B.6.1 加石蕊

**B.6.1.1** 将80mL石油醚，20mL蒸馏水及3滴石蕊溶液倒入量筒中，仔细摇动1min，再使其澄清，析出的水层须为中性，即呈紫色。如果溶液为酸性或碱性时，则用若干滴碱或酸的溶液中和。将中和过的混合液平均注入两个量筒中，即向每一个量筒中各注入40mL石油醚及10mL含有石蕊溶液的水溶液。进行的方法如下：首先将10mL石蕊溶液注入空量筒中，无须注意所加入的石油醚的数量。其次自第二次量筒中，除剩下的40mL石油醚外，将其多余的数量移入第一个量筒中。然后将各量筒仔细摇动，放入水浴中，使其稍微加热后，放在白纸上以比较石蕊溶液的颜色。两个量筒中的颜色必须一致。

**B.6.1.2** 将预先在瓷皿中熔化了的试样(液体试样可不必熔化就注入量筒中)10mL注入第一个量筒中(第二个量筒作空白试验)。用塞子将两个量筒塞好后，摇动3min，然后放入50℃~60℃的水浴中，使乳浊液破坏得较好。待分层后，将两个量筒放在白纸上，观察石蕊溶液颜色的变化。比较颜色时，应在反射光线下进行。

**B.6.1.3** 溶液颜色的变化，当试样为酸性时呈红色，为碱性时呈蓝色。进行碱的定量测定时，将盛有试样的量筒中的水层用0.1mol/L盐酸标准滴定溶液(B.4.1.3)在摇动下滴定，直至得到与空白量筒中石蕊溶液一样的颜色为止。滴定时所生成的乳浊液在水浴中稍微加热，以使之破坏。

### B.6.2 加酚酞(用于医药用凡士林)

**B.6.2.1** 将40mL石油醚及预先在瓷皿中熔化了的10mL凡士林注入量筒中。然后放在水浴中稍微加热，并将混合液摇动至凡士林全部溶解为止。

往所得的溶液可加入10mL中性新沸腾的蒸馏水及3~4滴酚酞乙醇指示液，并再重新摇动3min。

**B.6.2.2** 在水浴中使乳浊液破坏后，将量筒移在白纸上，观察其水层颜色的变化。

如果呈玫瑰色或红色时，则表示为弱碱性或碱性。如为无色溶液时可加入0.1mL的氢氧化钾溶液(B.3.1.2)如不呈红色，则为酸性；如呈红色，则为中性。

注：如遇不易分层时，可用洁净的铁丝圈在水浴上搅拌量筒中的溶液。

用上法(3滴石蕊液及20mL蒸馏水)配制好的蒸馏水石蕊溶液可直接使用。

## B.7 计算

试样中的碱含量$X$[NaOH%(质量分数)]按下式计算：

$$X=\frac{V\cdot c\times 0.040\times 100}{10\rho}=\frac{V\cdot c\times 4.0}{10\rho}$$

式中：

$V$——滴定试样所消耗盐酸标准滴定溶液的体积，mL；

$c$——盐酸标准滴定溶液的实际浓度，mol/L；

$\rho$——试样的密度，g/mL；

0.040——与1.00mL盐酸标准滴定溶液[$c$(HCl)=1.000mol/L]相当的以克表示的碱(以氢氧化钠表示)的质量。

## B.8 精密度

重复性：重复测定两个结果与算术平均值的差数，不应大于±3%。

## B.9 报告

定性试验，如碱含量低于0.02%(质量分数)时，则认为是弱碱性；如碱含量高于0.02%(质量分数)时，则认为是碱性。

ICS 75.100
E 36

SH

# 中华人民共和国石油化工行业标准

NB/SH/T 0385—2017
代替 SH/T 0385—1992

# 3 号仪表润滑脂

## Instrument grease No. 3

2017-12-27 发布 2018-06-01 实施

国家能源局 发布

# 前　言

本标准按照 GB/T 1.1—2009 给出的规则起草。

本标准与 SH/T 0385—1992 相比主要变化如下：

——删除了标准名称中的“（54 号低温润滑脂）”；

——增加了检验规则章；

——增加了标准的英文名称；

——取消了范围中微晶蜡的限定和组成规定；

——技术要求中滴点的试验方法由 SH/T 0115《润滑脂和固体烃滴点测定法》改为 GB/T 4929《润滑脂滴点测定法》，滴点的质量指标由 60℃提高到 80℃；

——技术要求中工作锥入度指标由 230（0.1mm）~265（0.1mm）调整为 240（0.1mm）~280（0.1mm）；

——技术要求中机械杂质项目试验方法由 GB/T 511《石油产品和添加剂机械杂质测定法》改为 SH/T 0336《润滑脂杂质含量测定法》，杂质的质量指标作相应改变；

——删除了技术要求中热安定性和游离有机酸项目。

本标准由中国石油化工集团公司提出。

本标准由全国石油产品和润滑剂标准化技术委员会石油燃料和润滑剂分技术委员会（SAC/TC280/SC1）归口。

本标准起草单位：中国石油化工股份有限公司石油化工科学研究院。

本标准主要起草人：刘中其、刘大军。

本标准所代替标准的历次版本发布情况为：

——SY 1506—1965；

——SY 1506—1965（88）；

——SH/T 0385—1992。

# 3号仪表润滑脂

## 1 范围

本标准规定了由10号仪表油作为基础油制成的3号仪表润滑脂的要求和试验方法、检验规则、标志、包装、运输和贮存。

本标准所属的产品适用于工作温度在-60℃~60℃范围的仪器仪表润滑。

## 2 规范性引用文件

下列文件对于本文件的应用是必不可少的。凡是注日期的引用文件，仅所注日期的版本适用于本文件。凡是不注日期的引用文件，其最新版本（包括所有的修改单）适用于本文件。

GB/T 269 润滑脂和石油脂锥入度测定法

GB/T 512 润滑脂水分测定法

GB/T 4929 润滑脂滴点测定法

SH/T 0138 10号仪表油

SH/T 0164 石油产品包装、贮运及交货验收规则

SH/T 0229 固体和半固体石油产品取样法

SH/T 0331 润滑脂腐蚀试验法

SH/T 0336 润滑脂杂质含量测定法（显微镜法）

## 3 要求和试验方法

3号仪表润滑脂的技术要求和试验方法见表1。

**表1 3号仪表润滑脂的技术要求和试验方法**

| 项　目 | | 质量指标 | 试验方法 |
|---|---|---|---|
| 外观 | | 均匀油膏 | 目测[a] |
| 滴点/℃ | 不低于 | 80 | GB/T 4929 |
| 工作锥入度/（0.1mm） | | 240~280 | GB/T 269 |
| 腐蚀（$T_2$铜、铝、45[#]钢片，100℃，3h） | | 合格 | SH/T 0331 |
| 水分（质量分数）/% | | 无 | GB/T 512 |
| 杂质/（个/$cm^3$） | 不大于 | | SH/T 0336 |
| 10μm~25μm | | 1000 | |
| 25μm~74μm | | 500 | |
| ≥75μm | | 0 | |

[a] 在玻璃板上，涂约1mm厚的脂层，对光观察。

## 4 检验规则

### 4.1 检验分类与检验项目

产品检验分出厂检验和型式检验。

#### 4.1.1 出厂检验

出厂检验分出厂批次检验和出厂周期检验。

出厂批次检验项目包括：外观、滴点、工作锥入度、腐蚀。

在生产工艺和原材料没有变化的情况下，出厂周期检验项目包括：杂质、水分，每年检验一次。

#### 4.1.2 型式检验

型式检验项目包括技术要求表 1 中的全部项目。有下列情况之一时，应进行型式检验：

a）新产品投产或产品定型鉴定时；

b）原材料、工艺等发生较大变化，可能影响产品质量时；

c）出厂检验结果与上次型式检验结果有较大差异时。

### 4.2 组批

在原材料、工艺不变的条件下，产品每生产一罐或釜为一组（批）。

### 4.3 取样

取样按 SH/T 0229 进行，取 1.5kg 作为检验和留样用。

### 4.4 判定规则

出厂检验和型式检验结果均符合第 3 章的技术要求，则判定该产品合格。

### 4.5 复验规则

如出厂检验结果中有不符合第 3 章技术要求的规定时，按 SH/T 0229 的规定重新取样进行复检，复检结果如仍有不符合本标准规定的技术要求时，则判该批产品为不合格。

## 5 标志、包装、运输和贮存

本产品的标志、包装、运输、贮存及交货验收按 SH/T 0164 进行。

ICS 75.100
E 36

# SH

# 中华人民共和国行业标准

NB/SH/T 0387—2014
代替 SH/T 0387—1992(2005)
SH/T 0388—1992(2005)

# 钢丝绳用润滑脂

## Wire rope greases

2014-06-29 发布　　2014-11-01 实施

国家能源局　发布

# 前　言

本标准按照 GB/T 1.1—2009 给出的规则起草。

本标准代替 SH/T 0387—1992（2005）《钢丝绳表面脂》和 SH/T 0388—1992（2005）《钢丝绳麻芯脂》。

本标准与 SH/T 0387—1992（2005）《钢丝绳表面脂》和 SH/T 0388—1992（2005）《钢丝绳麻芯脂》相比主要变化如下：

——将 SH/T 0387—1992（2005）与 SH/T 0388—1992（2005）整合为一个标准，根据用途和加涂方式不同分为Ⅰ型、Ⅱ型、Ⅲ型三个型号；

——增加了第 3 章分类和标记；

——钢丝绳表面脂的滴点由原来的不低于 58℃，修改为不低于 65℃，钢丝绳麻芯脂的滴点由原来的 45℃~55℃，修改为不低于 60℃；

——滑落试验的试验条件由 55℃，1 h 改为 60℃，1 h，合格判断条件由原来的四个面上的脂不滑落，修改为 6 个面上的脂均不滑落；

——湿热试验的表述方式，由原来的“试验 30 d 合格”改为“试验结果为 A 级的时间不小于 30 d”；

——盐雾试验指标由原来的“实测”改为“试验结果为 A 级的时间不小于 7 d”；

——增加了第 5 章检验规则；

——增加了钢丝绳用润滑脂滴点测定法附录。

本标准由中国石油化工集团公司提出。

本标准由全国石油产品和润滑剂标准化技术委员会石油燃料和润滑剂分技术委员会（SAC/TC280/SCI）归口。

本标准起草单位：长沙众城石油化工有限责任公司。

本标准主要起草人：宋自良、卢金。

本标准历次版本发布情况为：

——SH 0387—1987；

——SH/T 0387—1992；

——SH 0388—1987；

——SH/T 0388—1992。

# 钢丝绳用润滑脂

## 1 范围

本标准规定了钢丝绳用润滑脂的分类和标记、要求和试验方法、检验规则及标志、包装、运输和贮存。

本标准适用于由石油烃或脂肪酸皂稠化矿物润滑油并加入抗氧、防锈等多种添加剂所制得的钢丝绳用润滑脂。

符合本标准的产品，Ⅰ型为钢丝绳表面脂，适用于钢丝绳生产厂的封存防护和润滑。Ⅱ型为钢丝绳麻芯脂，适用于钢丝绳麻芯的润滑和防腐。Ⅲ型为钢丝绳维护用脂，适用于钢丝绳使用过程的防护和润滑，在检查、清洁钢绳后，不需加热，直接刷涂或机械加注。

## 2 规范性引用文件

下列文件对于本文件的应用是必不可少的。凡是注日期的引用文件，仅所注日期的版本适用于本文件。凡是不注日期的引用文件，其最新版本（包括所有的修订单）适用于本文件。

GB/T 259 石油产品水溶性酸及碱测定法

GB/T 265 石油产品运动黏度测定法和动力黏度计算法

GB/T 269 润滑脂和石油脂锥入度测定法

GB/T 512 润滑脂水分测定法

GB/T 514 石油产品试验用液体温度计技术条件

GB/T 2361 防锈油脂湿热试验法

GB/T 4929 润滑脂滴点测定法

SH/T 0081 防锈油脂盐雾试验法

SH 0164 石油产品包装、贮运及交货验收规则

SH/T 0229 固体和半固体石油产品取样法

SH/T 0331 润滑脂腐蚀试验法

## 3 分类和标记

### 3.1 产品分类

产品按适用场所及加涂方式分为Ⅰ、Ⅱ、Ⅲ三个型号。

### 3.2 产品标记

钢丝绳用润滑脂应标记为：[产品名称] [产品型号] [标准号]。

示例：钢丝绳用润滑脂 Ⅲ型 NB/ SH/T 0387。

## 4 要求和试验方法

技术要求和试验方法见表1。

表1 技术要求和试验方法

| 项 目 | 质量指标 | | | 试验方法 |
|---|---|---|---|---|
| | Ⅰ | Ⅱ | Ⅲ | |
| | 表面脂 | 麻芯脂 | 维护用脂 | |
| 外观 | 褐色至深褐色均匀油膏 | | | 目测 |
| 运动黏度[a]（100℃）/（$mm^2/s$） ≥ | 20 | 25 | — | GB/T 265 |
| 滴点/℃ ≥ | 65 | 60 | — | 附录A |
| | — | — | 160 | GB/T 4929 |
| 工作锥入度/（1/10mm） | — | — | 280～320 | GB/T 269 |
| 腐蚀（45号钢片，$T_3$铜片，100℃，3 h） | 合格 | 合格 | 合格 | SH/T 0331 |
| 水分（质量分数）/% ≤ | 痕迹 | 痕迹 | 痕迹 | GB/T 260 |
| 水溶性酸或碱 | 无 | 无 | 无 | GB/T 259 |
| 滑落试验（60℃，1 h） | 合格 | — | 合格 | 附录B |
| 湿热试验（10号钢片，A级）/d ≥ | 30 | 30 | 30 | GB/T 2361 |
| 盐雾试验（10号钢片，A级）/d ≥ | 7 | 7 | 7 | SH/T 0081 |
| 低温性能（-30℃，30 min） | 合格 | | | 附录C |

[a]用户可与供应商协商。

## 5 检验规则

### 5.1 检验分类

产品检验分出厂检验和型式检验。

#### 5.1.1 出厂检验

出厂批次检验项目包括：外观、运动黏度、工作锥入度、滴点、腐蚀、水分、水溶性酸或碱。

在生产工艺和原材料没有变化的情况下，出厂周期检验项目包括：滑落试验、低温性能，每半年检验一次；湿热试验、盐雾试验，每年检验一次。

#### 5.1.2 型式检验

型式检验项目包括技术要求表中的全部项目。有下列情况之一时，应进行型式检验。

a）新产品投产或产品定型鉴定时；

b）原材料、工艺等发生较大变化，可能影响产品质量时；

c）出厂检验结果与上次型式检验结果有较大差异时。

### 5.2 组批

在原材料、工艺不变的条件下，产品每生产一罐或釜为一批。

### 5.3 取样

取样按 SH/T 0229 进行，取 1.5 kg 作为检验和留样用。

### 5.4 判定规则

出厂检验和型式检验结果符合第 4 章表 1 的技术要求，则判定该产品合格。

### 5.5 复验规则

如检验结果中有不符合第 4 章技术指标的规定时，按 SH/T 0229 的规定重新取样进行复检，复检结果如仍有不符合本标准规定的技术指标时，则判该批产品为不合格。

## 6 标志、包装、运输和贮存

本产品的标志、包装、运输、贮存及交货验收按 SH 0164 进行。

# 附 录 A
## （规范性附录）
## 钢丝绳用润滑脂滴点测定法

## A.1 方法概要

将钢丝绳用润滑脂装入滴点计的脂杯中，在规定的加热条件下，记录脂杯中的试样滴出第1滴液体或流出油柱25 mm时的温度作为滴点。

## A.2 材料

蒸馏水、甘油或其他耐高温的介质。

## A.3 仪器

### A.3.1 液体浴

A.3.1.1 滴点计：符合GB/T 514的要求，附有金属套管和玻璃脂杯。脂杯的细口边缘是磨平的。
A.3.1.2 玻璃试管：直径40 mm~50 mm，长度180 mm~200 mm。
A.3.1.3 高型烧杯：容量800 mL~1000 mL，或用1500 mL~2000 mL的烧杯。
A.3.1.4 石棉网。
A.3.1.5 电炉或喷灯。
A.3.2 空气浴滴点测定器（滴点计、玻璃试管与A3.1.1和A3.1.2中规定相同）。
A.3.3 刮刀。
A.3.4 秒表。
A.3.5 温度计：0℃~300℃，分度值为1℃，供测量浴温用。

## A.4 准备工作

A.4.1 用刮刀将试样的表层刮掉，然后在不靠近容器壁的至少三处取约等量的试样，装在小烧杯中。
A.4.2 将小烧杯中的试样加热熔化至100℃。此外，事先将脂杯的细口一端平放在倒置的装满碎冰的小烧杯上，或平放在覆置于冰块的玻璃板上。然后向脂杯倒满熔化的试样。装满试样的脂杯要留在冷冻的烧杯或玻璃板上保持20 min。随后，把装有试样的脂杯插进滴点计的套管内，从脂杯细口挤出的试样要用刮刀刮掉。

注：向滴点计放入装好试样的脂杯时，脂杯应插进套管内，不得旋入套管中。

## A.5 试验步骤

A.5.1 加热浴的安装：
A.5.1.1 试样滴点在100℃以下（包括100℃）时，采用液体为介质的加热浴。其安装是用支架上的夹子将试管固定在高型烧杯中，使管身成为垂直状态，并使试管底端与烧杯底相距10 mm~20 mm。然后向烧杯中注入适用的加热介质。试样滴点低于80℃时，在烧杯内注入蒸馏水；试样滴点较高时，注入甘油或其他介质。试管要浸入液体中120 mm~150 mm。同时在浴内安装一支0℃~300℃的温度计，使水银球的下端与安装滴点计脂杯的细口边缘在同一水平面上。

**A.5.1.2** 试样滴点高于100℃时，采用空气浴滴点测定器。

**A.5.2** 在试管底部放入一张圆形白纸，然后将装有试样的滴点计套上软木塞，装入试管中，使温度计和试管的轴心线互相重合，并使脂杯的细口边缘与试管底端的白纸相距25 mm。

**A.5.3** 对采用以液体为介质的加热浴应用电炉或喷灯加热，对用空气为介质的仪器接通电源时空气浴加热。使浴温匀速上升，当试管中的滴点计温度达到预期滴点前10℃时，控制升温速度为每分钟1℃左右。

**A.5.4** 从脂杯中滴出第一滴流体时，或从脂杯流出的油柱与试管底部的白纸刚接触时，立即读出温度，作为试样的滴点。

## A.6 精密度

重复性：重复测定两个结果间的差数，不应超过下列数值。

| 滴点/℃ | 允许差数/℃ |
|---|---|
| <100 | 1 |
| 100~200 | 2 |
| > 200 | 5 |

## A.7 报告

取重复测定两个结果的算术平均值，作为试样的滴点。

# 附　录　B
# （规范性附录）
# 钢丝绳用润滑脂滑落测定法

## B.1　方法概要

本方法是将涂好钢丝绳用润滑脂的试片在60℃±0.5℃的条件下，经1h后观察从金属表面滑落的情况。

## B.2　试剂与材料

B.2.1　无水乙醇。
B.2.2　橡胶工业用溶剂油。
B.2.3　砂布：0号和00号。
B.2.4　钢片：50 mm × 50 mm×（3 mm~5 mm），钢片每距两边5 mm处开孔，直径为3 mm~5 mm。
B.2.5　涂油模具金属片：50 mm×51 mm×0.4 mm±0.1 mm，中心有直径为20 mm的圆孔，要求模具表面光滑平整。

## B.3　仪器

B.3.1　搪瓷烧杯或玻璃烧杯：300 mL~500 mL。
B.3.2　玻璃吸管。
B.3.3　温度计：0℃~150℃。
B.3.4　电炉。
B.3.5　刮刀。
B.3.6　镊子。
B.3.7　挂钩。
B.3.8　电热鼓风恒温干燥箱，附有温度计，0℃~100℃，分度0.5℃。

## B.4　准备工作

B.4.1　将三块钢片的全部表面用砂布纵向磨光至光亮为止。
B.4.2　磨好的钢片，先用溶剂油，后用热乙醇洗涤，吹干，冷至室温。
B.4.3　模具用溶剂油洗净，保持光洁无油迹。
B.4.4　将钢片与涂油模具吻合好。
B.4.5　将试样放入搪瓷杯内，加热到100℃~105℃，用玻璃吸管浸入油中预热后吸取油样，一次注入模具内，待冷却到半凝固状态即用刮刀将多余的脂刮去，取出模具，要求模具平整，继续冷却20 min以上。维护用脂不需加热，直接将样品搅拌均匀后用刮刀刮入模具，使样品平整。

**注：**按上述方法涂3片，共6个面。

## B.5 试验步骤

将涂好脂冷却后的试片，挂入已恒定温度的烘箱内，1 h 后观察结果。

## B.6 判断

**B.6.1** 试片上的油膜产生任何位移和流失现象均为滑落。

**B.6.2** 6 个面上的脂均不滑落，则为合格。

# 附　录　C
（规范性附录）
钢丝绳用润滑脂低温性能测定法

## C.1　方法概要

本方法是将涂好钢丝绳用润滑脂的试片在规定的低温条件下，使试片进行弯曲，观察脆裂情况，判断油脂的低温柔软性。

## C.2　试剂与材料

**C.2.1**　工业酒精。
**C.2.2**　干冰。
**C.2.3**　橡胶工业用溶剂油。
**C.2.4**　脱脂棉，纱布。
**C.2.5**　砂纸：0 号和 00 号。

## C.3　仪器

**C.3.1**　黄铜片或紫铜片：70 mm × 30 mm ×（0.1~0.15）mm，两端中心线距边缘 2.0mm 处开孔。
**C.3.2**　涂片顶板 90 mm×45 mm×0.7 mm±0.1 mm，中间有 55 mm×9 mm±0.1 mm 的孔槽（见图 C.1），底板 100 mm×50 mm×3 mm 平整的金属板（见图 C.2）。

其余 12.5 ▽

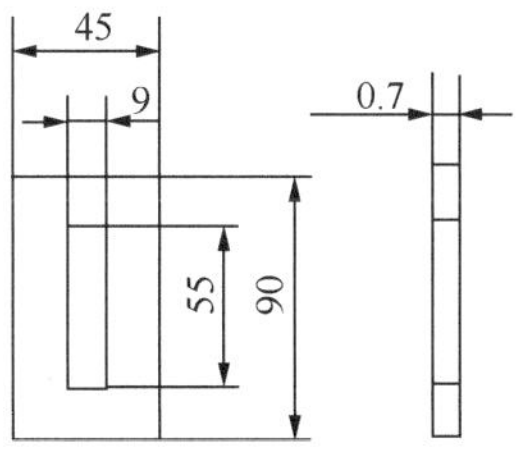


材料：铜

图 C.1　顶板

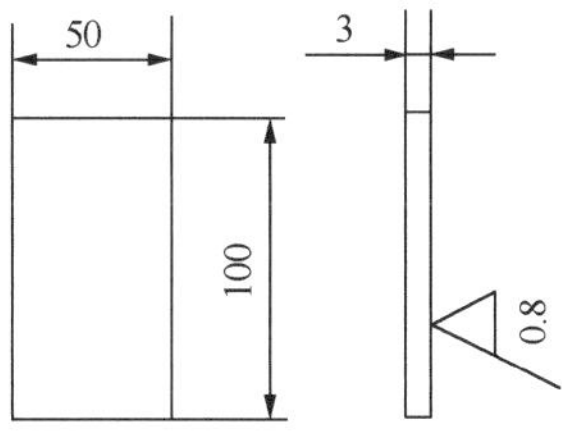


材料：A3

图 C.2　底板

**C.3.3**　直径 15 mm，长 70 mm 轴。
**C.3.4**　固体轴支架（见图 C.3）。
**C.3.5**　保温瓶：3.2 L，内径 12 cm 。
**C.3.6**　高型烧杯：800 mL。
**C.3.7**　液体温度计：符合 GB/T 514 规定。
**C.3.8**　温度计：0℃ ~150℃。
**C.3.9**　刮刀，镊子。

C.3.10　玻璃吸管。

C.3.11　电炉。

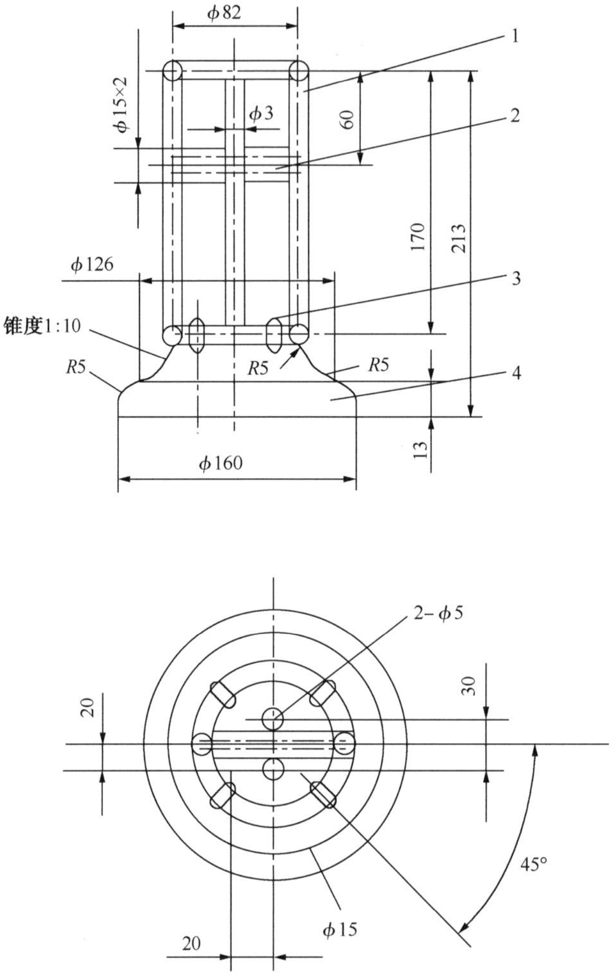


1—钢丝框架；2—管(无缝钢管)；
3—固定钢丝钉(钢丝)；4—软木塞

**图 C.3　固体轴支架**

C.3.12　挂钩，尼龙线。

## C.4　准备工作

### C.4.1　铜片的处理

铜片的试验面用 0 号和 00 号砂纸打磨，打磨的纹路与长边平行。打磨后的铜片用溶剂油清洗，再用纱布或脱脂棉擦干，处理后的铜片光亮平整，不得有划伤和油迹。

### C.4.2　铜片涂样

把清洗干净的铜片夹在涂片顶板和底板之间，将油脂加热至 100℃～105℃（Ⅲ型产品不用加热），用玻璃吸管吸取油样，一次性注入顶板孔槽处。待冷却呈凝固状态后，用刮刀刮去多余的脂，Ⅲ型产品直接用刮刀将样品刮入孔槽处。从涂脂器中取出铜片，油膜要求平整，然后将涂好试样的铜片悬挂在支架固定轴中间，油膜向下，再将支架放入高型烧杯中。

## C.5 试验步骤

将上述烧杯放入盛有酒精的保温瓶中，并向保温瓶内注入干冰，使其温度降到试验温度，在试验温度±1℃的条件下，保持 30 min，然后在 2 s 内完成拉线动作，使铜片绕轴弯曲 180℃，取出支架，观察脆裂情况，依此法进行两次平行试验。

## C.6 结果判断

若两片铜片油膜均出现脱落，低温性能不合格。若两片铜片油膜均未出现脱落，则判定合格。若出现一片铜片油膜脱落、脆裂，而另一片铜片油膜不脱落、脆裂，则需重复试验，如仍有脱落、脆裂，则判定为不合格。

中华人民共和国石油化工行业标准

SH 0431—1992

# 7017-1 号高低温润滑脂

代替 ZB E40 001—1986

## 1 主题内容与适用范围

本标准规定了 7017-1 号高低温润滑脂的技术要求、检验规则、包装，贮运及交货验收。

本标准适用于以脲类化合物稠化硅油，并加有多种添加剂制成的 7017-1 号高低温润滑脂。

符合本标准的产品适用于宽温度条件下工作的滚珠和滚柱轴承的润滑。使用温度范围为：-60℃～+250℃，短期可达 300℃。

## 2 引用标准

GB/T 269 润滑脂和石油脂锥入度测定法
GB/T 392 润滑脂压力分油测定法
GB/T 3498 润滑脂宽温度范围滴点测定法
SH/T 0048 润滑脂相似黏度测定法
SH 0164 石油产品包装、贮运及交货验收规则
SH/T 0229 固体和半固体石油产品取样法
SH/T 0331 润滑脂腐蚀试验法
SH/T 0335 润滑脂化学安定性测定法
SH/T 0337 润滑脂蒸发度测定法

## 3 技术要求

| 项目 | | 质量指标 | 试验方法 |
|---|---|---|---|
| 外观 | | 灰色均匀油膏 | 目测 |
| 滴点，℃ | 不低于 | 300 | GB/T 3498 |
| 1/4 锥入度，0.1mm | | 65～80 | GB/T 269 |
| 压力分油，%(m/m) | 不大于 | 15.0 | GB/T 392 |
| 蒸发度，%(m/m) | | | SH/T 0337 |
| 200℃ | 不大于 | 4.0 | |
| 250℃ | | 测定 | |
| 相似黏度(-50℃，$10s^{-1}$)，Pa·s | 不大于 | 1 800 | SH/T 0048 |
| 腐蚀(T3 铜片，100℃，3h) | | 合格 | SH/T 0331[1)] |
| 化学安定性(0.78MPa 氧压下，120℃，100h) | | | SH/T 0335 |
| 压力降，MPa | 不大于 | 0.034 | |

注：1）金属片尺寸为 25mm×25mm×3mm，烧杯容积为 50mL。

中国石油化工总公司 1992-05-20 批准　　1992-05-20 实施

## 4 检验规则

4.1 检验分类

产品检验分出厂检验和型式检验。

4.2 出厂检验

产品在出厂时必须进行以下检验：

a. 外观；

b. 滴点；

c. 1/4 锥入度；

d. 压力分油；

e. 蒸发度；

f. 相似黏度；

g. 腐蚀。

产品经生产技术检验部门进行出厂检验，检验合格后，附有产品检验合格证，方可出厂。

4.3 型式检验

对产品质量进行全面考核，即对本标准中规定的技术要求进行全部检验。

4.3.1 有下列情况之一时，一般应进行型式检验：

a. 产品转产时；

b. 正式生产时，如原料、工艺等有较大改变，可能影响产品性能时；

c. 产品长期停产后，恢复生产时；

d. 出厂检验结果与上次型式检验有较大差异时；

e. 国家质量监督机构提出进行型式检验要求时。

4.3.2 型式检验每年至少进行一次。

4.4 分批、取样和判定

4.4.1 分批

以生产单元一次或数次投料生产，混合均匀的产品为一批。

4.4.2 取样

4.4.2.1 取样按 SH/T 0229 进行。

4.4.2.2 从平均试样中取两份同等数量的样品（每份 0.5kg）作为检验和留样用。

4.4.3 判定

根据每批质量检验结果，对照技术要求的质量指标进行判定。

## 5 包装、标志、贮运及交货验收

本产品的包装、标志、贮存、运输及交货验收按 SH 0164 进行。

---

**附加说明：**

本标准由中国石化一坪化工厂提出。

本标准由中国石化一坪化工厂技术归口。

本标准由中国石化一坪化工厂负责起草。

本标准于 1978 年 9 月首次发布，第二次修订于 1986 年 5 月。

ICS 75.100
E 40

SH

# 中华人民共和国石油化工行业标准

NB/SH/T 0432—2013

代替 SH/T 0432—1992

# 润滑密封硅脂

## Lubricating and sealing silicone grease

2013-06-08 发布　　2013-10-01 实施

国家能源局　发布

# 前 言

本标准按照 GB/T 1.1—2009 给出的规则起草。

本标准代替 SH/T 0432—92（1998）《7502、7503 号硅脂》。

本标准与 SH/T 0432—92（1998）相比主要变化如下：

——名称修改为《润滑密封硅脂》，原 SH/T 0432—92（1998）中 7502 号硅脂对应本标准中Ⅰ型硅脂，7503 号硅脂对应本标准中Ⅱ型硅脂。

——本标准中Ⅰ型硅脂，增加不工作锥入度、工作锥入度、铜腐蚀（T2Cu）、不溶性和橡胶相容性项目，取消 1/4 锥入度，钢网分油（质量分数）指标由“不大于 8%”修订为“不大于 6%”。

——本标准中Ⅱ型硅脂，增加工作锥入度、不溶性、橡胶相容性和氧化安定性试验后酸值变化项目，取消 1/4 锥入度。

——本标准进行编辑性修改，Ⅰ型、Ⅱ型润滑密封硅脂技术要求和试验方法分列于表 1、表 2。

本标准由中国石油化工集团公司提出。

本标准由全国石油产品和润滑剂标准化技术委员会合成油脂分技术委员会（SAC/TC280/SC5）归口。

本标准起草单位：中国石油化工股份有限公司润滑油重庆分公司。

本标准主要起草人：卢现菊、赵玉贞、颜自力。

本标准所代替标准的历次版本发布情况：

——ZBE 40002—88；

——SH/T 0432—92；

——SH/T 0432—92（1998）。

# 润滑密封硅脂

## 1 范围

本标准规定了润滑密封硅脂（Ⅰ型、Ⅱ型）的要求、试验方法、检验规则、标志、包装、运输和贮存。

本标准适用于由硅胶稠化硅油，并加有多种添加剂制成的Ⅰ型、Ⅱ型润滑密封硅脂。

## 2 规范性引用文件

下列文件对于本文件的应用是必不可少的。凡是注日期的引用文件，仅所注日期的版本适用于本文件。凡是不注日期的引用文件，其最新版本（包括所有的修改单）适用于本文件。

GB/T 269 润滑脂和石油脂锥入度测定法

GB/T 392 润滑脂压力分油测定法

NB/SH/T 0324 润滑脂分油的测定 锥网法

SH/T 0048 润滑脂相似黏度测定法

SH 0164 石油产品包装、贮运及交货验收规则

SH/T 0229 固体和半固体石油产品取样法

SH/T 0331 润滑脂腐蚀试验法

SH/T 0335 润滑脂化学安定性测定法

SH/T 0337 润滑脂蒸发度测定法

SH/T 0452 润滑脂贮存安定性试验法

SH/T 0691 润滑剂的合成橡胶溶胀性测定法

## 3 产品分类

本标准根据使用范围不同分为Ⅰ型和Ⅱ型两个产品。

本标准所属Ⅰ型产品适用于橡胶与金属间的密封和润滑，与某些化学品接触的玻璃、陶瓷或金属阀门旋器、接头等低速滑动部位的密封与润滑，电位器的阻尼、电器的绝缘与密封，液体联轴节的填充介质等，还可用于真空度达 $1.33\times10^{-4}$ Pa 的真空系统的润滑与密封。适用温度范围：-54℃～205℃，短期可达 260℃。

本标准所属Ⅱ型产品适用于用作黑色金属部件（带螺纹或不带螺纹）的配合面的腐蚀抑制剂和润滑剂，也可用于电器的防护与绝缘。适用温度范围：-60℃～200℃。

## 4 要求和试验方法

润滑密封硅脂Ⅰ型、Ⅱ型的技术要求和试验方法分别见表1、表2。

**表 1　I 型润滑密封硅脂技术要求和试验方法**

| 项　　目 | | 质量指标 | 试验方法 |
|---|---|---|---|
| 外观 | | 白色半透明均匀油膏 | 目测 |
| 锥入度/0.1mm<br>不工作锥入度<br>工作锥入度 | <br><br>不大于 | <br>250~310<br>310 | GB/T 269 |
| 压力分油/%（质量分数） | 不大于 | 5.0 | GB/T 392 |
| 蒸发度（200℃，1h）/%（质量分数） | 不大于 | 2.0 | SH/T 0337 |
| 腐蚀（100℃，3h）<br>45 号钢<br>LC9 超硬铝合金<br>T2 铜 | | <br>合格<br>合格<br>合格 | SH/T 0331[a] |
| 相似黏度（-40℃，$10s^{-1}$）/（Pa·s） | 不大于 | 1100 | SH/T 0048 |
| 分油及蒸发（204℃，30h）/%（质量分数）<br>钢网分油<br>蒸发损失 | <br>不大于<br>不大于 | <br>6.0<br>2.0 | NB/SH/T 0324[b] |
| 抗水密封性 | | 合格 | 附录 A |
| 高温稳定性试验（204℃，24h）<br>1/4 锥入度/0.1mm | | <br>55~70 | 附录 B |
| 不溶性/%（质量分数）<br>蒸馏水<br>乙醇 | <br>不大于<br>不大于 | <br>0.4<br>7.0 | 附录 C |
| 橡胶相容性（NBR-L 胶，70℃，168h）<br>体积变化/%（体积分数） | | <br>-10~+10 | SH/T 0691 |
| 贮存稳定性（38℃，6 个月）<br>1/4 锥入度/0.1mm | | <br>55~70 | SH/T 0452 |

[a] 腐蚀试验中金属试片尺寸为 25mm×25mm×3mm，烧杯容积为 50mL。

[b] 测定分油及蒸发时，镍丝锥网应挂在玻璃棒上，使镍丝锥网悬挂于烧杯内。试验后按下列两式计算钢网分油和蒸发损失值，其余按 SH/T 0324 的程序进行。

$$钢网分油/\%（质量分数）=（P_1\times100）/W$$

$$蒸发损失/\%（质量分数）=（P_2\times100）/W$$

式中：

$P_1$——烧杯中分出油的质量，g；

$P_2$——整个装置的质量损失，g；

$W$——试验样品质量，g。

**表 2　Ⅱ型润滑密封硅脂技术要求和试验方法**

| 项　　目 | | 质量指标 | 试验方法 |
|---|---|---|---|
| 外观 | | 白色半透明均匀油膏 | 目测 |
| 锥入度/0.1mm<br>工作锥入度 | | <br>250~320 | GB/T 269 |
| 压力分油/%（质量分数） | 不大于 | 8.0 | GB/T 392 |

表 2　Ⅱ型润滑密封硅脂技术要求和试验方法（续）

| 项　　目 | 质量指标 | 试验方法 |
|---|---|---|
| 蒸发度（200℃，1h）/%（质量分数）　不大于 | 3.0 | SH/T 0337 |
| 腐蚀（100℃，3h）<br>45 号钢<br>LC9 超硬铝合金<br>T2 铜 | <br>合格<br>合格<br>合格 | SH/T0331[a] |
| 相似黏度（$-54$℃，$25s^{-1}$）/（Pa·s）　不大于 | 250 | SH/T 0048 |
| 分油及蒸发（150℃，24h）/%（质量分数）<br>钢网分油　不大于<br>蒸发损失　不大于 | <br>4.0<br>2.0 | NB/SH/T 0324[b] |
| 抗水密封性 | 合格 | 附录 A |
| 不溶性/%（质量分数）<br>蒸馏水　不大于 | <br>1.0 | 附录 C |
| 橡胶相容性（NBR-L 胶，70℃，168h）<br>体积变化/%（体积分数） | <br>报告 | SH/T 0691 |
| 氧化安定性（0.78MPa 氧压下，99℃，100h）　不大于<br>氧化后压力降/MPa<br>酸值变化/（mgKOH/g） | <br>0.034<br>5 | SH/T 0335 |
| 贮存稳定性（38℃，6 个月）<br>1/4 锥入度/0.1mm | <br>62～75 | SH/T 0452 |

[a] 腐蚀试验中金属试片尺寸为：25mm×25mm×3mm，烧杯容积为 50mL。

[b] 测定分油及蒸发时，镍丝锥网应挂在玻璃棒上，使镍丝锥网悬挂于烧杯内。试验后按下列两式计算钢网分油和蒸发损失值，其余按 SH/T 0324 的程序进行。

$$\text{钢网分油}/\%\text{（质量分数）} = (P_1 \times 100) / W$$

$$\text{蒸发损失}/\%\text{（质量分数）} = (P_2 \times 100) / W$$

式中：

$P_1$——烧杯中分出油的质量，g；

$P_2$——整个装置的质量损失，g

$W$——试验样品质量，g。

## 5　检验规则

### 5.1　检验分类与检验项目

本产品检验分为出厂检验和型式检验。

#### 5.1.1　出厂检验

Ⅰ型、Ⅱ型产品出厂批次检验项目包括外观、锥入度、腐蚀、压力分油、相似黏度、蒸发度、钢网分油和蒸发损失。

Ⅰ型产品出厂周期性检验项目包括不工作锥入度、低温转矩、高温稳定性试验、不溶性、抗水密封性和橡胶相容性，每年检验一次；贮存稳定性每三年检验一次。

Ⅱ型产品出厂周期性检验项目包括不溶性、抗水密封性、橡胶相容性和化学安定性，每年检验一次。贮存稳定性每三年检验一次。

### 5.1.2 型式检验

型式检验项目包括第4章表1或表2规定的所有检验项目。

在下列情况下进行型式检验：

a）新产品投产或产品定型鉴定时；

b）原材料、工艺等发生较大变化，可能影响产品性能时；

c）出厂检验结果与上次型式检验结果有较大差异时。

## 5.2 组批

在原材料、工艺不变的条件下，产品每生产一罐或釜为一组（批）。

## 5.3 取样

取样按SH/T 0229进行，每批产品取样2kg作为检验和留样用。

## 5.4 判定规则

按照检验规则要求进行检验，满足规定指标，视为合格。

## 5.5 复验规则

如出厂检验结果中有不符合第4章表1或表2中技术指标的规定时，按SH/T 0229的规定重新抽取双倍样品进行复检，复检结果如仍有一项不符合本标准规定的技术指标时，则判该批产品为不合格。

# 6 标志、包装、运输和贮存

本产品的包装、标志、贮存、运输及交货验收按SH 0164进行。

# 附 录 A
## （规范性附录）
## 抗水密封性试验

### A.1 范围

本方法适用于测定Ⅰ型、Ⅱ型润滑密封硅脂的抗水密封性能。

### A.2 方法概要

将浸过氯化钴水溶液并干燥成蓝色的滤纸放在玻璃皿的底部，上面用脂填满，将皿放入水中，规定条件下放置后观察滤纸颜色变化。

### A.3 试剂与材料

A.3.1 氯化钴溶液：浓度25%（质量分数）。
A.3.2 定量滤纸：$\phi$22mm。
A.3.3 蒸馏水：三级。

### A.4 仪器、设备

A.4.1 烘箱：能维持25℃±3℃及105℃±1℃。
A.4.2 玻璃皿：规格$\phi$30mm×11mm。
A.4.3 培养皿：规格$\phi$100mm×15mm。
A.4.4 刮刀。

### A.5 分析步骤

A.5.1 将五张定量滤纸（A.3.2）在氯化钴溶液（A.3.1）中完全浸透后取出，用相同的干燥定量滤纸吸去滤纸表面过多的溶液，然后将其放入温度恒定在105℃±1℃的烘箱中，干燥3h~4h至全部变成蓝色，取出后放入干燥器中冷至室温。
A.5.2 将干燥器中冷至室温的定量滤纸分别放入五个玻璃皿（A.4.2）底部，用刮刀（A.4.4）将被测润滑脂试样填入玻璃皿，覆盖在滤纸上，装填时应避免混入空气泡，直至填满玻璃皿并用刮刀刮平脂表面。
A.5.3 将五个玻璃皿放入培养皿（A.4.3）中，再往培养皿中加满蒸馏水（A.3.3），保证装有润滑脂的玻璃皿完全浸泡在水中，在25℃±3℃下保持24h，然后观察滤纸上粉红色的呈现情况。

### A.6 分析结果

5只玻璃皿中的滤纸至少有3张不呈现粉红色，才可判断合格，否则为不合格。观察时，沿着滤纸边沿3mm内的颜色变化可以忽略不计。

# 附　录　B
# （规范性附录）
# 高温稳定性试验

## B.1　范围

本方法适用于测定Ⅰ型润滑密封硅脂的高温稳定性能。

## B.2　方法概要

将润滑脂在高温下烘烤后测试其1/4锥入度。

## B.3　仪器、设备

B.3.1　玻璃皿：$\phi$30mm×25mm。
B.3.2　烘箱：能维持204℃±3℃。

## B.4　分析步骤

将润滑脂样装入玻璃皿（B.3.1）中，试样面低于皿口2mm～3mm，置于烘箱（B.3.2）中，在204℃±3℃试验条件下恒温24h后，取出按GB/T 269测定1/4锥入度。

# 附　录　C
（规范性附录）
不溶性试验

## C.1　范围

本方法适用于测定Ⅰ型、Ⅱ型润滑密封硅脂的不溶性。

## C.2　方法概要

将润滑脂加入蒸馏水、乙醇等溶剂中，在25℃±1℃温度下，保持168h后，测定润滑脂在溶剂中溶解的质量分数。

## C.3　试剂与材料

**C.3.1**　蒸馏水：三级。
**C.3.2**　乙醇：化学试剂，符合GB/T 679 乙醇（95%）。

## C.4　仪器、设备

**C.4.1**　三角瓶：250mL。
**C.4.2**　烧杯：250mL。
**C.4.3**　烘箱：能维持25℃±1℃及72℃±1℃。

## C.5　分析步骤

**C.5.1**　准备三只已称过质量的三角瓶（C.4.1）或烧杯（C.4.2），分别称取3.0g±0.1g的试样涂抹在其内壁，其中一只作为空白样，放入干燥器中待用。
**C.5.2**　分别往另外两只中注入100ml溶剂或足量的水使其能淹没烧杯里的试样。
**C.5.3**　用磨口塞盖住三角瓶或用锡箔纸盖住烧杯，在25℃±1℃下放置168h。每隔24h，用手轻轻晃动三角瓶或烧杯一次，时间不超过5s。
**C.5.4**　168h后倒掉三角瓶或烧杯中的溶剂或水，用蒸馏水小心地冲洗容器和润滑脂直到所有溶剂被洗掉。将其与干燥器中空白样一起放入烘箱，在72℃±1℃温度下恒温20h，取出后放入装有氯化钙的干燥器中冷却4h。
**C.5.5**　称取三角瓶或烧杯（含有残余试样）的质量，计算出试样损失的质量分数，减去空白样的变化值，即为不溶性试验结果，单位为：%（质量分数）。
**C.5.6**　不溶性试验结果按式C.1计算：

$$C=\left(\frac{G_1-G_2}{G_1}-\frac{G_3-G_4}{G_3}\right)\times 100 \qquad (C.1)$$

式中：

$C$——不溶性质量分数，%；

$G_1$——试验前样品质量，g；

$G_2$——试验后样品质量，g；

$G_3$——空白样试验前样品质量，g；

$G_4$——空白样试验后样品质量，g。

ICS 75.100
E 40

SH

# 中华人民共和国石油化工行业标准

NB/SH/T 0434—2013
代替 SH 0434—1992

# 4839 号抗化学润滑油

## 4839 Anti-chemical lubricating oil

2013-06-08 发布 2013-10-01 实施

国家能源局 发布

# 前　言

本标准按照 GB/T 1.1—2009 给出的规则起草。

本标准替代 SH 0434—92《4839 号抗化学润滑油》。

本标准与 SH 0434—92 相比，除编辑性修改外主要技术变化如下：

——修改了油品密度的测定法（见第 2 章和“表 1”，1992 版的第 2 章和“表 1”）；

——增加了塑料桶的包装形式（见 5.2）。

本标准由中国石油化工集团公司提出。

本标准由全国石油产品和润滑剂标准化技术委员会合成油脂分技术委员会（SAC/TC280/SC5）归口。

本标准起草单位：中国石油化工股份有限公司润滑油分公司。

本标准主要起草人：宋恒凯、辛虎、刘建芳、李杏涛。

本标准的历次版本情况如下：

——ZB E40 005—86，SH 0434—92。

# 4839 号抗化学润滑油

## 1 范围

本标准规定了4839号抗化学润滑油的技术要求和试验方法、检验规则、包装、标志、贮运及交货验收。

本标准适用于氟氯碳油调制的抗化学润滑油。

符合本标准的产品适用于制氧系统氧气阀门润滑及其他与强腐蚀性介质接触的各种机器轴承润滑，并可作为陀螺液使用。

## 2 规范性引用文件

下列文件对于本文件的应用是必不可少的。凡是注日期的引用文件，仅所注日期的版本适用于本文件。凡是不注日期的引用文件，其最新版本（包括所有的修改单）适用于本文件。

GB/T 265 石油产品运动粘度测定法和动力黏度计算法

GB/T 510 石油产品凝点测定法

GB/T 601 化学试剂 标准滴定溶液的制备

GB/T 614 化学试剂 折光率测定通用方法

GB/T 4756 石油液体手工取样法

GB/T 13377 原油和液体或固体石油产品 密度或相对密度的测定 毛细管塞比重瓶和带刻度双毛细管比重瓶法

SH 0164 石油产品包装、贮运及交货验收规则

## 3 要求和试验方法

4839号抗化学润滑油的技术要求和试验方法见表1。

表1 4839号抗化学润滑油的技术要求

| 项 目 | 质 量 指 标 | 试 验 方 法 |
|---|---|---|
| 外观 | 室温下为透明或半透明液体 | 目测 |
| 运动黏度（50℃）/（$mm^2/s$） | 20~40 | GB/T 265 |
| 凝点/℃ 不高于 | -10 | GB/T 510 |
| 密度（25℃）/（$kg/m^3$） | 1900~2000 | GB/T 13377 |
| 酸值/（mgKOH/g） 不大于 | 0.05 | 附录A |
| 折光率 $N_D^{25}$ | 实测 | GB/T 614 |

## 4 检验规则

### 4.1 检验分类和检验项目

#### 4.1.1 出厂检验

出厂检验项目包括：外观、运动黏度、密度、酸值和折光率。

#### 4.1.2 型式检验

对产品质量进行全面考核，即对本标准中规定的技术要求进行全部检验。

有下列情况之一时，一般应进行型式检验：

a）新产品投产或产品定型鉴定时；

b）原料、工艺等发生较大改变，可能影响产品质量时；

c）出厂检验结果与上次型式检验有较大差异时。

### 4.2 组批

在原材料、工艺不变的条件下，产品每生产一罐或釜为一组（批）。

### 4.3 取样

取样按 GB/T 4756 的规定进行，每批产品取样 0.5L 作为检验和留样用。

### 4.4 判定

出厂检验和型式检验结果符合表 1 规定时，则判定为合格。

### 4.5 复验

如果出厂批次检验和出厂周期检验结果中有不符合表 1 规定时，按 GB/T 4756 的规定自同批产品中重新抽取双倍量样品，对不合格项目进行复验。复验结果如仍不符合表 1 规定时，则判定该批产品不合格。

## 5 包装、标志、贮运及交货验收

5.1 本产品的包装、标志、贮运、运输及交货验收按 SH 0164 的规定进行。

5.2 本产品采用清洁、密封、干燥的无色玻璃瓶、铝桶包装或塑料桶，每玻璃瓶净重 1kg，每铝桶净重 10kg，塑料桶包装为每桶净重 1kg 或每桶净重 5kg。

5.3 包装瓶或盒上贴有标签，标签上注有厂名、产品名称、产品净重、批号等。

5.4 本产品存放在阴凉、干燥处。

# 附　录　A
（规范性附录）
# 含氟油产品酸值测定法

## A.1　范围

本方法规定了全氟碳油、氟氯碳油、全氟醚类油产品酸值测定方法。
本方法适用于测定全氟碳油、氟氯碳油、全氟醚类油产品的酸值。

## A.2　规范性引用文件

GB/T 601　化学试剂　标准滴定溶液的制备

## A.3　方法提要

用沸腾的60%乙醇水溶液抽取出试样中的酸性成分，然后用氢氧化钾标准溶液滴定。

## A.4　符号及定义

本附录中涉及的符号和定义见表A.1。

**表A.1　符号及定义**

| 符　号 | 定义 | 单位 |
|---|---|---|
| $x$ | 酸值 | mgKOH/g |
| $c$ | 氢氧化钾溶液的物质的量浓度 | mol/L |
| $V$ | 滴定时消耗氢氧化钾标准溶液体积 | mL |
| $M$ | 氢氧化钾的摩尔质量 | g/mol |
| $m$ | 试样质量 | g |

## A.5　试剂

**A.5.1**　乙醇：95%（质量分数），优级纯。
**A.5.2**　氢氧化钾：优级纯。
**A.5.3**　酚酞：指示剂。

## A.6　仪器、设备

**A.6.1**　锥形烧瓶：24号内磨口，250mL或300mL。
**A.6.2**　球形回流冷凝管：24号外磨口，长约300mm。
**A.6.3**　微量滴定管：2mL，分度为0.02mL。

A.6.4　分析天平：感量为0.01g。
A.6.5　电热恒温水浴：温度波动：±0.5℃；控温范围：室温至100℃。

## A.7　准备工作

A.7.1　0.5%酚酞指示剂的配制：称0.5g酚酞溶于100mL95%乙醇中。
A.7.2　氢氧化钾标准溶液［$c$（KOH）=0.05mol/L］的配制：称3g氢氧化钾溶于煮沸过并冷却后的1000mL蒸馏水中，摇匀配制而成。
A.7.3　60%（质量分数）的乙醇溶液：用95%乙醇和蒸馏水按体积比15：7配成。
A.7.4　氢氧化钾标准溶液［$c$（KOH）=0.05mol/L］的标定：按GB/T 601的规定进行（其中称样为0.3g）。

## A.8　分析步骤

A.8.1　用清洁、干燥的锥形瓶称取试样5.00g±0.50g，称准至0.01g。
A.8.2　在另一只清洁、干燥的锥形瓶中，加入50mL60%（质量分数）的乙醇溶液，装上回流冷凝管。在不断摇动下，将60%（质量分数）乙醇煮沸5min除去溶解于60%（质量分数）乙醇内的二氧化碳。
A.8.3　在煮沸过的60%（质量分数）乙醇中加入3滴至4滴0.5%酚酞指示剂，趁热用氢氧化钾标准溶液［$c$（KOH）=0.05mol/L］中和滴定至溶液呈粉红色为终点。
A.8.4　将中和的60%（质量分数）乙醇注入装有已称好试样的锥形瓶中，并装上回流冷凝管。在不断摇动下，将溶液煮沸5min。
A.8.5　在煮沸过的混合溶液中，加入3~4滴酚酞指示剂，趁热用氢氧化钾标准溶液［$c$（KOH）=0.05mol/L］滴定，直到60%（质量分数）乙醇层呈现粉红色为终点。

注：在每次滴定过程中，自锥形瓶停止加热到滴定到达终点所经过的时间不应超过3min。

## A.9　结果表示

试样的酸值由式（A.1）给出：

$$x = \frac{c \cdot V \times M}{m} \tag{A.1}$$

取两次测量结果的算术平均值报出最终结果。两次测量结果间差值，不应超过下列数值：

| 酸值/（mgKOH/g） | 允许差值/（mgKOH/g） |
|---|---|
| 0.05以下 | 0.01 |

ICS 75.100
E 40

SH

# 中华人民共和国石油化工行业标准

NB/SH/T 0437—2014
代替 SH/T 0437—92(1998)

# 7007、7008号通用航空润滑脂

## General purpose aircraft greases 7007、7008

2014-06-29 发布　　2014-11-01 实施

国家能源局　发布

# 前　言

本标准按照 GB/T 1.1 给出的规则起草。

本标准代替 SH 0437—1992（1998）《7007、7008 号通用航空润滑脂》。

本标准与 SH 0437—1992（1998）相比主要变化如下：

——标准属性由强制性改为推荐性。

——滴点试验方法采用 GB/T 3498 代替 SH/T 0115—1992。

——最大无卡咬负荷增加 SH/T 0202 试验方法，指标为“报告”；GB/T 3142 指标由“测定”改为“不小于 491N”。

——滚筒安定性项目锥入度变化值由“测定”改为“不大于 30”。

——防护性能测定方法由 SH/0333 改为附录 A。

——增加工作锥入度、10 万次延长工作锥入度、低温转矩项目，指标均为“报告”。

本标准由中国石油化工集团公司提出。

本标准由全国石油产品和润滑剂标准化技术委员会合成油脂分技术委员会（TC280/SC5）归口。

本标准起草单位：中国石油化工股份有限公司润滑油重庆分公司、中国石油天然气股份有限公司润滑油兰州研发中心。

本标准主起草人：欧阳秋、赵玉贞、颜自力。

本标准所代替标准的历次版本发布情况：

——SY 4006—81、ZB E40008—88、SH 0437—1992、SH 0437—1992（1998）。

# 7007、7008 号通用航空润滑脂

## 1 范围

本标准规定了 7007、7008 号通用航空润滑脂的要求和试验方法、检验规则、标志、包装、运输和贮存。

本标准适用于硬脂酸锂皂稠化双酯，并加有结构改善剂及抗氧添加剂制成的，用于航空电机和微型电机轴承、齿轮及操纵机构的支点、组装联接以及某些仪器、仪表的润滑，使用温度范围在-60℃～120℃的 7007、7008 号通用航空润滑脂。7008 号通用航空润滑脂另加有防锈添加剂。

## 2 规范性引用文件

下列文件对于本文件的应用是必不可少的。凡是注日期的引用文件，仅所注日期的版本适用于本文件。凡是不注日期的引用文件，其最新版本（包括所有的修改单）适用于本文件。

GB/T 269 润滑脂和石油脂锥入度测定法

GB/T 392 润滑脂压力分油测定法

GB/T 3142 润滑剂承载能力测定法（四球法）

GB/T 3498 润滑脂宽温度范围滴点测定法

SH/T 0048 润滑脂相似黏度测定法

SH/T 0122 润滑脂滚筒安定性测定法

SH 0164 石油产品包装、贮运及交货验收规则

SH/T 0202 润滑脂极压性能测定法（四球机法）

SH/T 0229 固体和半固体石油产品取样法

SH/T 0331 润滑脂腐蚀试验法

SH/T 0335 润滑脂化学安定性测定法

SH/T 0336 润滑脂杂质含量测定法（显微镜法）

SH/T 0337 润滑脂蒸发度测定法

SH/T 0338 滚珠轴承润滑脂低温转矩测定法

## 3 产品分类

本标准的产品按使用性能分为 7007 号通用航空润滑脂和 7008 号通用航空润滑脂两种。

## 4 要求和试验方法

本标准的技术要求和试验方法见表 1。

表 1　技术要求和试验方法

| 项　　目 | | 质量指标 | | 试验方法 |
|---|---|---|---|---|
| | | 7007 号通用航空润滑脂 | 7008 号通用航空润滑脂 | |
| 外观 | | 浅灰色至浅褐色均匀油膏 | 浅黄色至褐色均匀油膏 | 目测[a] |
| 滴点/℃ | 不低于 | 160 | | GB/T 3498 |
| 锥入度/0.1 mm<br>1/4 工作锥入度<br>工作锥入度<br>十万次延长工作锥入度 | | <br>55~76<br>报告<br>报告 | | GB/T 269 |
| 腐蚀（T3 铜，100℃，3 h） | | 合格 | | SH/T 0331[b] |
| 压力分油（质量分数）/% | 不大于 | 26.0 | 20.0 | GB/T 392 |
| 相似黏度（−50℃，10 $s^{-1}$）/（Pa·s） | 不大于 | 1100 | 1000 | SH/T 0048 |
| 蒸发度（120℃）（质量分数）/% | 不大于 | 2.0 | | SH/T 0337 |
| 化学安定性（0.78 MPa 氧压下，100℃，100 h）压力降/MPa | 不大于 | 0.034 | | SH/T 0335 |
| 滚筒安定性<br>1/4 锥入度变化值/0.1mm | 不大于 | 30 | | SH/T 0122 |
| 承载能力（最大无卡咬负荷 $P_B$，常温）/N | 不小于 | 491<br>报告 | | GB/T 3142<br>SH/T 0202 |
| 杂质含量/（颗/$cm^3$）<br>直径 25 μm~74 μm<br>直径 75 μm~124 μm<br>直径大于等于 125 μm | <br>不多于<br>不多于<br> | <br>5000<br>1000<br>无 | | SH/T 0336 |
| 防护性能（45 号钢、H62 黄铜，60℃，48 h） | | — | 合格 | 附录 A |
| 低温转矩（−60℃）/（N·m）<br>起动力矩<br>运转力矩 | 不大于 | <br>报告<br>报告 | | SH/T 0338 |

[a] 本产品遇光变色，不影响使用。
[b] 金属片尺寸为 25 mm×25 mm×3 mm，烧杯容积为 50 mL。

## 5　检验规则

### 5.1　检验分类与检验项目

#### 5.1.1　检验分类

本产品检验分为出厂检验和型式检验。

#### 5.1.2　出厂检验

出厂批次检验项目包括：外观、滴点、1/4 工作锥入度、腐蚀、压力分油、相似黏度、蒸发度、杂质含量。

在原材料和生产工艺没有发生可能影响产品质量的变化时，出厂周期检验项目包括：滚筒安定性、工作锥入度、十万次延长工作锥入度每20批检验1次；化学安定性、防护性能、低温转矩、承载能力每年检测1次。

#### 5.1.3 型式检验

型式检验项目为第4章技术要求规定的所有检验项目。

在下列情况下进行型式检验：

——新产品投产或产品定型鉴定时；

——原材料、生产工艺等发生较大变化，可能影响产品质量时；

——出厂检验或周期检验结果与上次型式检验结果有较大差异时。

### 5.2 组批

在原材料、工艺不变的条件下，产品每生产一罐或釜为一批。

### 5.3 取样

取样按SH/T 0229进行。每批产品取两份同等数量的样品（每份0.5 kg）作为检验和留样用。

### 5.4 判定规则

出厂检验或型式检验结果符合第4章的技术要求，则判定该批产品合格。

### 5.5 复验规则

如出厂检验或型式检验结果中如有不符合第4章技术要求的规定时，按SH/T 0229的规定自同批产品中重新抽取双倍样品进行复检，复检结果如仍有一项不符合第4章技术要求的规定时，则判定该批产品为不合格。

## 6 标志、包装、运输和贮存

6.1 标志、包装、运输和贮存及交货验收按SH 0164进行。

6.2 本标准的产品采用清洁、干燥的容器包装，每盒净重分0.25 kg和1 kg两种型式。

# 附　录　A
# （规范性附录）
# 润滑脂防护性能测定法

## A.1　范围

本附录规定了润滑脂防护性能的测定方法。

本附录适用于测定润滑脂在湿度增高时防止金属锈蚀的能力。

## A.2　方法概要

将润滑脂均匀涂抹在金属片上，将涂脂的金属片置于盛有蒸馏水的干燥器之带孔瓷板上。盖上干燥器，将其放在热至50℃～60℃的恒温器内，保持到规定时间后，用溶剂洗涤金属片，擦净、观察并判断。

## A.3　试剂与材料

### A.3.1　试剂

A.3.1.1　95%乙醇：分析纯。

### A.3.2　材料

A.3.2.1　橡胶工业用溶剂油

A.3.2.2　蒸馏水

A.3.2.3　工业滤纸

A.3.2.4　脱脂棉

A.3.2.5　砂布或砂纸：粒度为180号或220号。

## A.4　仪器、设备

A.4.1　金属片：边长为50 mm的正方形金属片，或直径为56 mm的圆形金属片。厚3 mm～4 mm。每块金属片有一直径为5 mm的孔，正方形金属片的孔眼中心位于角上距边5 mm的位置，圆形金属片的孔眼中心位于距边缘5 mm的位置。金属片的所有表面（包括圆孔的壁）均加工至$R_a$值0.4～0.2。金属片的编号刻在侧面。试验采用的金属片材质和形状由产品标准中确定。

A.4.2　瓷皿。

A.4.3　钢针或电刻机。

A.4.4　放大镜：6倍～8倍。

A.4.5　刮刀。

A.4.6　玻璃棒。

A.4.7　干燥器。

A.4.8　恒温器：可以保持温度50℃±2℃～60℃±2℃。

A.4.9　框模（金属框）：壁厚3 mm～4 mm。

A.4.10　温度计：100℃，分度值为1℃。

## A.5　准备工作

A.5.1　将金属片在瓷皿内用溶剂油冲洗，并依次以滤纸、95%乙醇润湿的棉花，以及干棉花擦净。不准用手接触金属片的宽面。

A.5.2　用放大镜观察准备的金属片。金属片上不应有腐蚀的痕迹、溶剂蒸发所造成的斑点以及绒毛等。金属片宽面上的点和细小凹痕用电刻机或钢针刻划成圆圈。

A.5.3　用刮刀将试样的表面层刮掉，然后在不靠近容器壁的至少三处，取约等量的试样。将总量不少于200 g的试样收集在瓷皿内，搅拌均匀后备用。

A.5.4　用蒸馏水洗涤干燥器并往干燥器中注蒸馏水30 mm~50 mm深，放上带孔瓷板。

## A.6　试验步骤

A.6.1　用刮刀将试样涂在准备好的金属片的各面上。涂3 mm~4 mm厚的一层。借框模用刮刀抹平试样以得到均匀平坦的脂层。

A.6.2　试验每一个试样使用两个同样类型的金属片。将涂好试样的金属片分别平放在瓷皿内或容器中，每一个瓷皿或容器内放一片涂样金属片。

A.6.3　将盛有金属片的瓷皿放入干燥器内，瓷皿的数目不得超过四个。

A.6.4　盖上干燥器，将其放在热至50℃~60℃并能维持至试样的产品标准所规定的时间（24 h~48 h）的恒温器中。保持规定的温度精确至±2℃。

A.6.5　到规定的试验时间后，从恒温器中取出干燥器，依次拿出金属片以进行冲洗和观察。

A.6.6　用滤纸和溶剂油润湿的棉花小心地从每块金属片上擦掉试样。

A.6.7　然后在溶剂油和95%乙醇中洗涤金属片，再用棉花或滤纸擦净。

A.6.8　铜片、黄铜片和青铜片洗涤完后不必用棉花或滤纸擦净，立即观察以确定有无铜绿的存在，然后用脱脂棉擦净，再重新观察。

## A.7　判断

A.7.1　如果在金属片距圆孔和边1 mm以外的表面上没有用肉眼可见的铜绿、斑点或小点（用钢针或电刻机圈过的除外），则认为试样试验合格。

A.7.2　如果只在一块金属片上发现了腐蚀痕迹，则重新进行试验。在复试中即使在一块金属片上发现腐蚀痕迹时，即认为试样试验不合格。

ICS 75.100
E 40

SH

# 中华人民共和国石油化工行业标准

NB/SH/T 0438—2014
代替 SH/T 0438—1992(1998)

# 7011 号低温极压脂

## Low-temperature extreme-pressure grease 7011

2014-06-29 发布　　2014-11-01 实施

国家能源局　发布

# 前　言

本标准按 GB/T 1.1 给出的规则起草。

本标准代替 SH/T 0438—1992（1998）。

本标准与 SH/T 0438—1992（1998）相比，主要技术差异为：

——标准属性由强制性改为推荐性。

——滴点项目试验方法采用 GB/T 3498，指标由不低于 160℃修订为不低于 170℃。

——承载能力项目质量指标由不低于 50 kgf 修订为不小于 491 N。

——1/4 锥入度项目质量指标由 55~76 修订为 60~76。

——蒸发度项目质量指标由不大于 2.0%修订为不大于 1.5%。

——滚筒安定性项目质量指标由“测定”修订为不大于 30。

本标准由中国石油化工集团公司提出。

本标准由全国石油产品和润滑剂标准化技术委员会合成油脂分技术委员会（TC280/SC5）归口。

本标准主要起草单位：中国石油化工股份有限公司润滑油重庆分公司、中国石油天然气股份有限公司润滑油兰州研发中心。

本标准主要起草人：卢现菊、赵玉贞、颜自力。

本标准代替标准的历次版本情况：

——Q/SY P013—78、SY 4007—81、ZB E40009—1988、SH/T 0438—1992、SH/T 0438—1992（1998）。

# 7011 号低温极压脂

## 1 范围

本标准规定了 7011 号低温极压脂的要求和试验方法、检验规则、标志、包装、运输和贮存。

本标准适用于硬脂酸锂皂稠化酯类油，并加有胶体二硫化钼及抗氧添加剂等制成的，用于飞机上重负荷齿轮、襟翼操纵机构、尾轮和起落架支点轴承，以及其他螺旋转动、链条传动等机械部件的润滑，使用温度范围在-60℃～120℃的 7011 号低温极压脂。

## 2 规范性引用文件

下列文件对于本文件的应用是必不可少的。凡是注日期的引用文件，仅所注日期的版本适用于本文件。凡是不注日期的引用文件，其最新版本（包括所有的修改单）适用于本文件。

GB/T 269 润滑脂和石油脂锥入度测定法

GB/T 392 润滑脂压力分油测定法

GB/T 3142 润滑剂承载能力测定法（四球法）

GB/T 3498 润滑脂宽温度范围滴点测定法

SH/T 0048 润滑脂相似黏度测定法

SH/T 0122 润滑脂滚筒安定性测定法

SH 0164 石油产品包装、贮运及交货验收规则

SH/T 0229 固体和半固体石油产品取样法

SH/T 0331 润滑脂腐蚀试验法

SH/T 0335 润滑脂化学安定性测定法

SH/T 0337 润滑脂蒸发度测定法

## 3 要求和试验方法

7011 号低温极压脂的技术要求和试验方法见表 1。

**表 1 7011 低温极压脂的技术要求和试验方法**

| 项目 | | 质量指标 | 试验方法 |
|---|---|---|---|
| 外观 | | 黑色均匀油膏 | 目测 |
| 滴点/℃ | 不低于 | 170 | GB/T 3498 |
| 1/4 工作锥入度/0.1 mm | | 60～76 | GB/T 269 |
| 腐蚀（T3 铜，100℃，3 h） | | 合格 | SH/T 0331[a] |
| 压力分油（质量分数）/% | 不大于 | 25 | GB/T 392 |
| 相似黏度（-50℃，$D$=10 $s^{-1}$）/（Pa·s） | 不大于 | 1100 | SH/T 0048 |
| 蒸发度（120℃）（质量分数）/% | 不大于 | 1.5 | SH/T 0337 |

表 1（续）

| 项　　目 | | 质量指标 | 试验方法 |
|---|---|---|---|
| 化学安定性（0.78 MPa 氧压下，100℃，100 h）<br>压力降/MPa | 不大于 | 0.034 | SH/T 0335 |
| 承载能力（常温）/N<br>综合磨损值 *ZMZ* | 不小于 | 491 | GB/T 3142 |
| 滚筒安定性<br>1/4 工作锥入度变化值/0.1 mm | 不大于 | 30 | SH/T 0122 |
| [a]金属片尺寸为 25 mm×25 mm×3 mm～5 mm，烧杯容积为 50 mL。 | | | |

## 4　检验规则

### 4.1　检验分类与检验项目

#### 4.1.1　检验分类

本产品检验分出厂检验和型式检验。

#### 4.1.2　出厂检验

出厂批次检验项目包括：外观、滴点、1/4 工作锥入度、腐蚀、压力分油、相似黏度、蒸发度、滚筒安定性。

#### 4.1.3　型式检验

型式检验项目包括第 4 章技术要求规定的所有检验项目。

在下列情况下进行型式检验：

——新产品投产或产品定型鉴定时；

——原材料、工艺等发生较大变化，可能影响产品质量时；

——出厂检验结果与上次型式检验结果有较大差异时。

### 4.2　组批

在原材料、生产工艺不变的条件下，产品每生产一罐或釜为一批。

### 4.3　取样

取样按 SH/T 0229 进行，每批产品取两份同等数量的样品（每份 0.5 kg）作为检验和留样用。

### 4.4　判定规则

出厂检验或型式检验结果符合第 4 章的技术要求，则判定该批产品合格。

### 4.5　复验规则

如出厂检验或型式检验结果中有不符合第 4 章技术要求的规定时，按 SH/T 0229 的规定自同批产品中重新抽取双倍样品进行复验，复验结果如仍有一项不符合第 4 章技术要求的规定时，则判定该批产品为不合格。

## 5 标志、包装、运输和贮存

5.1 标志、包装、运输和贮存及交货验收按 SH 0164 进行。

5.2 本产品采用清洁、干燥的容器包装，每盒净重 0.25 kg。

中华人民共和国石油化工行业标准

SH/T 0442—1992

# 7105号光学仪器极压脂

代替 ZB E40 013—88

## 1 主题内容与适用范围

本标准规定了7105号光学仪器极压脂的技术要求、检验规则、包装、标志、贮运及交货验收。

本标准适用于以脂肪酸锂皂稠化酯类油和优质矿油，并加有二硫化钼和抗氧、防锈、结构改善等添加剂制成的7105号光学仪器极压脂。

符合本标准的产品适用于光学仪器极压部位的润滑，如蜗轮、齿轮、钢铜轴和燕尾槽、滑道等。使用温度范围为：-50℃～+70℃。

## 2 引用标准

GB/T 269 润滑脂和石油脂锥入度测定法
GB/T 392 润滑脂压力分油测定法
SH/T 0048 润滑脂相似黏度测定法
SH/T 0115—1992 润滑脂和固体烃滴点测定法
SH 0164 石油产品包装、贮运及交货验收规则
SH/T 0229 固体和半固体石油产品取样法
SH/T 0331 润滑脂腐蚀试验法
SH/T 0337 润滑脂蒸发度测定法

## 3 技术要求

| 项目 | | 质量指标 | 试验方法 |
|---|---|---|---|
| 外观 | | 黑色均匀油膏 | 目测 |
| 滴点,℃ | 不低于 | 160 | SH/T 0115 |
| 1/4锥入度，0.1mm | | 50～65 | GB/T 269 |
| 压力分油,%(*m*/*m*) | 不大于 | 15.0 | GB/T 392 |
| 蒸发度(120℃),%(*m*/*m*) | 不大于 | 1.0 | SH/T 0337 |
| 相似黏度(-40℃，$10s^{-1}$)，Pa·s | 不大于 | 2000 | SH/T 0048 |
| 腐蚀(T3铜片，100℃，3h) | | 合格 | SH/T 0331[1)] |

注：1) 金属片尺寸为25mm×25mm×3mm，烧杯容积为50mL。

## 4 检验规则

### 4.1 出厂检验

产品在出厂时必须进行本标准技术要求中全部项目的检验。

中国石油化工总公司1992-05-20批准　　1992-05-20实施

产品经生产技术检验部门进行出厂检验，检验合格后，附有产品检验合格证，方可出厂。

4.2 分批、取样和判定

4.2.1 分批

以生产单元一次或数次投料生产，混合均匀的产品为一批。

4.2.2 取样

4.2.2.1 取样按 SH/T 0229 进行。

4.2.2.2 从平均试样中取两份同等数量的样品(每份 0.5kg)作为检验和留样用。

4.2.3 判定

根据每批质量检验结果，对照技术要求的质量指标进行判定。

## 5 包装、标志、贮运及交货验收

5.1 本产品的包装、标志、贮存、运输及交货验收按 SH 0164 进行。

5.2 罐装贮存期为四年，超过贮存期限的产品经复验合格仍可使用。

---

**附加说明：**

本标准由中国石化一坪化工厂提出。

本标准由中国石化一坪化工厂技术归口。

本标准由中国石化一坪化工厂负责起草。

本标准于 1973 年 9 月首次发布，第三次修订于 1988 年 4 月。

中华人民共和国石油化工行业标准

SH/T 0443—1992

# 7106、7107 号光学仪器润滑脂

代替 ZB E40 014—88

## 1 主题内容与适用范围

本标准规定了 7106、7107 号光学仪器润滑脂的技术要求、检验规则、包装、标志、贮运及交货验收。

本标准适用于以脂肪酸铝皂、铅皂稠化硅油和优质矿物油，并加有防锈、抗氧和结构改善等添加剂制成的 7106、7107 号光学仪器润滑脂。

符合本标准的产品适用于光学仪器不同间隙的滚动、滑动部位的润滑和密封。使用温度范围为：-50℃～+70℃。

## 2 产品分类

本产品按用途分为 7106、7107 号两个牌号。7106 号脂适用于较小间隙，7107 号脂适用于较大间隙。

## 3 引用标准

GB/T 269　润滑脂和石油脂锥入度测定法

GB/T 392　润滑脂压力分油测定法

SH/T 0048　润滑脂相似黏度测定法

SH/T 0115—1992　润滑脂和固体烃滴点测定法

SH 0164　石油产品包装、贮运及交货验收规则

SH/T 0229　固体和半固体石油产品取样法

SH/T 0331　润滑脂腐蚀试验法

SH/T 0336　润滑脂杂质含量测定法(显微镜法)

SH/T 0337　润滑脂蒸发度测定法

## 4 技术要求

| 项目 | | 质量指标 | | 试验方法 |
|---|---|---|---|---|
| | | 7106 | 7107 | |
| 外观 | | 黄色至浅褐色均匀油膏，无硬粒夹杂物 | | 目测 |
| 滴点，℃ | 不低于 | 95 | | SH/T 0115 |
| 1/4 锥入度，0.1mm | | 60～75 | 45～60 | GB/T 269 |
| 压力分油，%(*m*/*m*) | 不大于 | 10.0 | 8.0 | GB/T 392 |
| 蒸发度(120℃)，%(*m*/*m*) | 不大于 | 2.0 | | SH/T 0337 |
| 相似黏度(-40℃，$10s^{-1}$)，Pa·s | 不大于 | 2 500 | — | SH/T 0048 |
| 腐蚀(T3 铜片，100℃，3h) | | 合格 | | SH/T 0331[1] |
| 杂质含量 | | 合格 | | SH/T 0336 |

注：1）金属片尺寸为 25mm×25mm×3mm 烧杯容积为 50mL。

中国石油化工总公司 1992-05-20 批准　　　　1992-05-20 实施

## 5 检验规则

5.1 出厂检验

产品在出厂时必须进行本标准技术要求中全部项目的检验。

产品经生产技术检验部门进行出厂检验，检验合格后，附有产品检验合格证，方可出厂。

5.2 分批、取样和判定

5.2.1 分批

以生产单元一次或数次投料生产，混合均匀的产品为一批。

5.2.2 取样

5.2.2.1 取样按 SH/T 0229 进行。

5.2.2.2 从平均试样中取两份同等数量的样品(每份 0.5kg)作为检验和留样用。

5.2.3 判定

根据每批质量检验结果，对照技术要求的质量指标进行判定。

## 6 包装、标志、贮运及交货验收

6.1 本产品的包装、标志、贮存、运输及交货验收按 SH 0164 进行。

6.2 罐装贮存期为四年，超过贮存期限的产品经复验合格仍可使用。

---

**附加说明：**

本标准由中国石化一坪化工厂提出。

本标准由中国石化一坪化工厂技术归口

本标准由中国石化一坪化工厂负责起草。

本标准于 1973 年 9 月首次发布，第三次修订于 1988 年 4 月。

中华人民共和国石油化工行业标准

SH/T 0444—1992

# 7108 号光学仪器防尘脂

代替 ZB E40015—88

## 1 主题内容与适用范围

本标准规定了 7108 号光学仪器防尘脂的技术要求、检验规则、包装、标志、贮运及交货验收。

本标准适用于以白炭黑稠化硅油，并加有结构改善剂制成的 7108 号光学仪器防尘脂。

符合本标准的产品适用于光学仪器的内壁“防尘”。使用温度范围为：-50℃～+70℃。

## 2 引用标准

GB/T 269 润滑脂和石油脂锥入度测定法

GB/T 392 润滑脂压力分油测定法

SH/T 0048 润滑脂相似黏度测定法

SH 0164 石油产品包装、贮运及交货验收规则

SH/T 0229 固体和半固体石油产品取样法

SH/T 0331 润滑脂腐蚀试验法

SH/T 0337 润滑脂蒸发度测定法

## 3 技术要求

| 项目 | | 质量指标 | 试验方法 |
|---|---|---|---|
| 外观 | | 白色至灰白色均匀油膏，无硬粒夹杂物 | 目测 |
| 1/4 锥入度，0.1mm | | 55～70 | GB/T 269 |
| 压力分油，%(*m*/*m*) | 不大于 | 10.0 | GB/T 392 |
| 蒸发度(120℃)，%(*m*/*m*) | 不大于 | 1.0 | SH/T 0337 |
| 相似黏度(-40℃，$10s^{-1}$)，Pa·s | 不大于 | 600 | SH/T 0048 |
| 腐蚀(T3 铜片，100℃，3h) | | 合格 | SH/T 0331[1)] |

注：1) 金属片尺寸为 25mm×25mm×3mm，烧杯容积为 50mL。

## 4 检验规则

4.1 出厂检验

产品在出厂时必须进行本标准技术要求中全部项目的检验。

产品经生产技术检验部门进行出厂检验，检验合格后，附有产品检验合格证，方可出厂。

4.2 分批、取样和判定

4.2.1 分批

以生产单元一次或数次投料生产，混合均匀的产品为一批。

中国石油化工总公司 1992-05-20 批准　　1992-05-20 实施

4.2.2 取样

4.2.2.1 取样按 SH/T 0229 进行。

4.2.2.2 从平均试样中取两份同等数量的样品（每份 0.5kg）作为检验和留样用。

4.2.3 判定

根据每批质量检验结果，对照技术要求的质量指标进行判定。

## 5 包装、标志、贮运及交货验收

5.1 本产品的包装、标志、贮存、运输及交货验收按 SH 0164 进行。

5.2 罐装贮存期为二年，超过贮存期限的产品经复验合格仍可使用。

---

**附加说明：**

本标准由中国石化一坪化工厂提出。

本标准由中国石化一坪化工厂技术归口。

本标准由中国石化一坪化工厂负责起草。

本标准于 1973 年 9 月首次发布，第三次修订于 1988 年 4 月。

中华人民共和国石油化工行业标准

SH/T 0445—1992

代替 ZB E40016—88

# 7112 号宽温航空润滑脂

## 1 主题内容与适用范围

本标准规定了 7112 号宽温航空润滑脂的技术要求、检验规则、包装、标志、贮运及交货验收。

本标准适用于由酰胺和脂肪酸复合锂皂稠化硅油，并加有抗氧、抗腐蚀等添加剂制成的 7112 号宽温航空润滑脂。

符合本标准的产品适用于宽温度范围内轻负荷下工作的仪器、仪表轴承和其他滚动轴承的润滑。如各种航空机载电机、电器、仪表、电动机构以及其他一些低温启动性能要求高的仪器、仪表和微电机的润滑。使用温度范围为：-70℃～+180℃。

## 2 引用标准

GB/T 269 润滑脂和石油脂锥入度测定法

GB/T 392 润滑脂压力分油测定法

SH/T 0048 润滑脂相似黏度测定法

SH/T 0115—1992 润滑脂和固体烃滴点测定法

SH 0164 石油产品包装、贮运及交货验收规则

SH/T 0229 固体和半固体石油产品取样法

SH/T 0331 润滑脂腐蚀试验法

SH/T 0335 润滑脂化学安定性测定法

SH/T 0336 润滑脂杂质含量测定法(显微镜法)

SH/T 0337 润滑脂蒸发度测定法

## 3 技术要求

| 项　　目 | | 质量指标 | 试验方法 |
|---|---|---|---|
| 外观 | | 乳白色均匀光滑油膏 | 目测 |
| 滴点,℃ | 不低于 | 225[1)] | SH/T 0115 |
| 1/4 锥入度，0.1mm | | 66～78 | GB/T 269 |
| 压力分油,%(*m*/*m*) | 不大于 | 20 | GB/T 392 |
| 蒸发度(180℃),%(*m*/*m*) | 不大于 | 3.0 | SH/T 0337 |
| 相似黏度(-60℃，$10s^{-1}$)，Pa·s | 不大于 | 300 | SH/T 0048 |
| 腐蚀(T3 铜片，100℃，3h) | | 合格 | SH/T 0331[2)] |
| 化学安定性(0.78MPa 氧压下，100℃，100h) | | | SH/T 0335 |
| 　压力降，MPa | 不大于 | 0.01 | |

中国石油化工总公司 1992-05-20 批准　　　　1992-05-20 实施

表(续)

| 项　　目 | | 质量指标 | 试验方法 |
|---|---|---|---|
| 杂质含量，颗数/$cm^3$ | | | SH/T 0336 |
| 直径 25μm~74μm | 不多于 | 1000 | |
| 直径 75μm~124μm | 不多于 | 120 | |
| 直径大于等于 125μm | | 无 | |

注：1）本产品为飞机制造厂专用时，滴点按不低于 230℃检验判定和验收。

2）金属片尺寸为 25mm×25mm×3mm，烧杯容积为 50mL。

## 4 检验规则

4.1 检验分类

产品检验分出厂检验和型式检验。

4.2 出厂检验

4.2.1 产品在出厂时必须进行以下检验：

a. 外观；

b. 滴点；

c. 1/4 锥入度；

d. 压力分油；

e. 蒸发度(180℃)；

f. 相似黏度；

g. 腐蚀；

h. 杂质含量。

4.2.2 应向首次使用本产品的飞机制造厂提供产品红外光谱图。

4.2.3 产品经生产技术检验部门进行出厂检验，检验合格后，附有产品检验合格证，方可出厂。

### 4.3 型式检验

对产品质量进行全面考核，即对本标准中规定的技术要求进行全部检验。

4.3.1 有下列情况之一时，一般应进行型式检验：

a. 产品转产时；

b. 正式生产时，如原料、工艺等有较大改变，可能影响产品性能时；

c. 产品长期停产后，恢复生产时；

d. 国家检验结果与上次型式检验有较大差异时；

e. 国家质量监督机构提出进行型式检验要求时。

4.3.2 型式检验每年至少进行一次。

4.4 分批、取样和判定

4.4.1 分批

以生产单元一次或数次投料生产，混合均匀的产品为一批。

4.4.2 取样

4.4.2.1 取样按 SH/T 0229 进行。

4.4.2.2 从平均试样中取两份同等数量的样品(每份 0.5kg)作为检验和留样用。

4.4.3 判定

根据每批质量检验结果，对照技术要求的质量指标进行判定。

## 5 包装、标志、贮运及交货验收

5.1 本产品的包装、标志、贮存、运输及交货验收按 SH 0164 进行。

5.2 本产品采用清洁、干燥的容器包装，每盒净重 0.25kg。

---

**附加说明：**

本标准由中国石化一坪化工厂提出。

本标准由中国石化一坪化工厂技术归口。

本标准由中国石化一坪化工厂负责起草。

本标准主要起草人：谢良森。

本标准于 1984 年 2 月首次发布，第一次修订于 1988 年 4 月。

中华人民共和国石油化工行业标准

SH/T 0446—1992

# 7602号高温密封剂

代替 ZB E40017—88

## 1 主题内容与适用范围

本标准规定了7602号高温密封剂的技术要求、检验规则、包装、标志、贮运及交货验收。

本标准适用于由白炭黑稠化酯类油，并加有聚烯烃及固体填料，按特定工艺制成的7602号高温密封剂。

符合本标准的产品适用于输送蒸汽、稀酸、空气等介质的各种高温高压阀门的二次密封与润滑。介质温度可达530℃，压力达10.29MPa。

## 2 引用标准

GB/T 269 润滑脂和石油脂锥入度测定法

GB/T 3498 润滑脂宽温度范围滴点测定法

SH 0164 石油产品包装、贮运及交货验收规则

SH/T 0229 固体和半固体石油产品取样法

SH/T 0331 润滑脂腐蚀试验法

## 3 技术要求

| 项 目 | | 质量指标 | 试验方法 |
|---|---|---|---|
| 外观 | | 白色至浅黄色塑性棒状物 | 目测 |
| 滴点,℃ | 不低于 | 300 | GB/T 3498 |
| 1/4锥入度(未工作)，0.1mm | | 15~35 | GB/T 269 |
| 腐蚀(45号钢片，100℃，3h) | | 合格 | SH/T 0331[1)] |

注：1) 金属试片尺寸：25mm×25mm×3mm，烧杯容积为50mL。

## 4 检验规则

4.1 出厂检验

产品出厂时必须按照本标准中规定的技术要求进行全部检验。

产品经生产技术检验部门进行出厂检验，检验合格后，附有产品检验合格证，方可出厂。

4.2 分批、取样和判定

4.2.1 分批

以生产单元一次或数次投料生产，混合均匀的产品为一批。

4.2.2 取样

4.2.2.1 取样按照SH/T 0229进行。

4.2.2.2 从平均试样中取两份同等数量的样品(每份0.2kg)作为检验和留样用。

中国石油化工总公司1992-05-20批准 1992-05-20实施

4.2.3 判定

根据每批质量检验结果，对照技术要求的质量指标进行判定。

## 5 包装、标志、贮运及交货验收

本产品的包装、标志、贮存、运输及交货验收按 SH 0164 进行。

---

**附加说明：**

本标准由中国石化一坪化工厂提出。

本标准由中国石化一坪化工厂技术归口。

本标准由中国石化一坪化工厂负责起草。

本标准于 1981 年 6 月首次发布，第一次复审确认于 1988 年 4 月。

中华人民共和国石油化工行业标准

SH/T 0447—1992

# 7163号专用阻尼脂

代替 ZB E40018—88

## 1 主题内容与适用范围

本标准规定了7163号专用阻尼脂的技术要求、检验规则、包装、标志、贮运及交货验收。

本标准适用于由白炭黑稠化硅油，并加有抗腐蚀添加剂和结构改善剂制成的7163号专用阻尼脂。

## 2 引用标准

GB/T 269 润滑脂和石油脂锥入度测定法

GB/T 392 润滑脂压力分油测定法

SH/T 0048 润滑脂相似黏度测定法

SH 0164 石油产品包装、贮运及交货验收规则

SH/T 0229 固体和半固体石油产品取样法

SH/T 0331 润滑脂腐蚀试验法

SH/T 0337 润滑脂蒸发度测定法

## 3 技术要求

| 项 目 | | 质量指标 | 试验方法 |
|---|---|---|---|
| 1/4锥入度，0.1mm | | 75~85 | GB/T 269 |
| 腐蚀(45号钢，100℃，3h) | | 合格 | SH/T 0331及注 |
| 相似黏度(-40℃，$10s^{-1}$)，Pa·s | 不大于 | 300 | SH/T 0048 |
| 蒸发度(120℃，1h)，%(*m/m*) | 不大于 | 15.0 | SH/T 0337 |
| 分油量(200g±5g)，%(*m/m*) | | 测定 | GB/T 392 |

注：金属片尺寸：25mm×25mm×3mm，烧杯容积为50mL。

## 4 检验规则

4.1 出厂检验

产品出厂时必须按照本标准中规定的技术要求进行全部检验。

产品经生产技术检验部门进行出厂检验，检验合格后，附有产品检验合格证，方可出厂。

4.2 分批、取样和判定

4.2.1 分批

以生产单元一次或数次投料生产，混合均匀的产品为一批。

4.2.2 取样

4.2.2.1 取样按照SH/T 0229进行。

中国石油化工总公司1992-05-20批准　　1992-05-20实施

4.2.2.2 从平均试样中取两份同等数量的样品(每份 0.5kg)作为检验和留样用。

4.2.3 判定

根据每批质量检验结果，对照技术要求的质量指标进行判定。

## 5 包装、标志、贮运及交货验收

本产品的包装、标志、贮存、运输及交货验收按 SH 0164 进行。

---

**附加说明：**

本标准由中国石化一坪化工厂提出。
本标准由中国石化一坪化工厂技术归口。
本标准由中国石化一坪化工厂负责起草。
本标准于 1981 年 12 月首次发布，第一次修订于 1988 年 4 月。

ICS 75.100
E 40

# SH

# 中华人民共和国石油化工行业标准

NB/SH/T 0448—2013
代替 SH 0448—1992

# 4802号抗化学润滑油

## 4802 Anti-chemical lubricating oil

2013-06-08 发布　　2013-10-01 实施

国家能源局　发布

# 前　言

本标准按照 GB/T 1.1—2009 给出的规则起草。

本标准替代 SH 0448—92《4802 号抗化学润滑油》。

本标准与 SH 0448—92 相比，除编辑性修改外主要技术变化为：增加了塑料桶的包装形式（见 5.2）。

本标准由中国石油化工集团公司提出。

本标准由全国石油产品和润滑剂标准化技术委员会合成油脂分技术委员会（SAC/TC280/SC5）归口。

本标准起草单位：中国石油化工股份有限公司润滑油分公司。

本标准主要起草人：宋恒凯、辛虎、李杏涛、刘建芳。

本标准的历次版本情况如下：

——ZBE 40010—88，SH 0448—92。

# 4802 号抗化学润滑油

## 1 范围

本标准规定了 4802 号抗化学润滑油的技术要求、检验规则、包装、标志、贮运及交货验收。

本标准适用于由聚全氟异丙醚油调配的抗化学润滑油。

符合本标准的产品适用于接触特殊介质的活门润滑。

## 2 规范性引用文件

下列文件对于本文件的应用是必不可少的。凡是注日期的引用文件，仅所注日期的版本适用于本文件。凡是不注日期的引用文件，其最新版本（包括所有的修改单）适用于本文件。

GB/T 265 石油产品运动黏度测定法和动力黏度计算法

GB/T 510 石油产品凝点测定法

GB/T 4756 石油液体手工取样法

GJB 136A—95 氟氯碳特种油规范

NB/SH/T 0434 4839 号抗化学润滑油

SH 0164 石油产品包装、贮运及交货验收规则

SH/T 0195 润滑油腐蚀试验法

## 3 要求和试验方法

4802 号抗化学润滑油的技术要求和试验方法见表 1。

**表 1 4802 号抗化学润滑油的技术要求**

| 项　　目 | | 质 量 指 标 | 试 验 方 法 |
|---|---|---|---|
| 运动黏度（50℃）/（$mm^2/s$） | 不小于 | 40 | GB/T 265 |
| 凝点/℃ | 不高于 | -30 | GB/T 510 |
| 酸值/（mgKOH/g） | 不大于 | 0.05 | NB/SH/T 0434 附录 A |
| 腐蚀（100℃，3h） | | 合格 | SH/T 0195[a] |
| 水分 | | 无 | GJB 136A—95 附录 A |
| 固体杂质及悬浮物 | | 无 | GJB 136A—95 附录 A |
| [a]本标准所用金属片 AlMg6 或 1Cr18Ni9Ti 是由 703 所提供的。 | | | |

## 4 检验规则

### 4.1 出厂检验

本产品检验为出厂检验。出厂检验项目为第3章表1规定的所有项目。

### 4.2 组批

在原材料和生产工艺不变的条件下，产品每生产一罐或釜为一组（批）。

### 4.3 取样

取样按GB/T 4756的规定进行，每批产品取样0.5L作为检验和留样用。

### 4.4 判定

出厂检验结果符合表1规定时，则判定为合格。

### 4.5 复验

如果出厂检验结果中有不符合表1规定时，按GB/T 4756的规定自同批产品中重新抽取双倍量样品，对不合格项目进行复验。复验结果如仍不符合表1规定时，则判定该批产品不合格。

## 5 包装、标志、贮运及交货验收

5.1 本产品的包装、标志、贮运、运输及交货验收按SH 0164的规定进行。

5.2 本产品采用清洁、密封、干燥的无色玻璃瓶、铝桶包装或塑料桶，每玻璃瓶净重1kg，每铝桶净重10kg，塑料桶包装为每桶净重1kg或每桶净重5kg。

5.3 包装瓶或桶上贴有标签，标签上注有厂名、产品名称、产品净重、批号等。

ICS 75.100
E 40

SH

# 中华人民共和国石油化工行业标准

NB/SH/T 0449—2013
代替 SH 0449—1992

# 7805 号抗化学密封脂

## 7805 Anti-chemical sealing grease

2013-06-08 发布 2013-10-01 实施

国家能源局 发布

# 前　言

本标准按照 GB/T 1.1—2009 给出的规则起草。

本标准替代了 SH 0449—92《7805 号抗化学密封脂》。

本标准与 SH 0449—92 相比，除编辑性修改外主要技术变化如下：

——修改了润滑脂滴点的测定方法（见第 2 章和“表 1”，1992 年版的第 2 章和“表 1”）；

——修改了产品批次的表述（见 4.2.1，1992 年版的 4.2.1）；

——修改了产品取样的表述（见 4.2.2，1992 年版的 4.2.2）；

——增加了塑料盒的包装形式（见 5.1）。

本标准由中国石油化工集团公司提出。

本标准由全国石油产品和润滑剂标准化技术委员会合成油脂分技术委员会（SAC/TC280/SC5）归口。

本标准由中国石油化工股份有限公司润滑油分公司起草。

本标准主要起草人：宋恒凯、辛虎、刘建芳、李杏涛。

本标准的历次版本情况如下：

——SH 0449—92（1998）。

# 7805 号抗化学密封脂

## 1 范围

本标准规定了 7805 号抗化学密封脂的技术要求、检验规则、包装、贮运及交货验收。

本标准适用于由聚全氟异丙醚油及氟塑料粉调配而成的 7805 号抗化学密封脂。

符合本标准的产品适用于接触特殊介质的活门的密封和润滑。

## 2 规范性引用文件

下列文件对于本文件的应用是必不可少的。凡是注日期的引用文件，仅所注日期的版本适用于本文件。凡是不注日期的引用文件，其最新版本（包括所有的修改单）适用于本文件。

GB/T 269 润滑脂和石油脂锥入度测定法

GB/T 392 润滑脂压力分油测定法

GB/T 4929 润滑脂滴点测定法

SH 0164 石油产品包装、贮运及交货验收规则

SH/T 0229 固体和半固体石油产品取样法

SH/T 0331 润滑脂腐蚀试验法

SH/T 0336 润滑脂杂质含量测定法（显微镜法）

SH/T 0337 润滑脂蒸发度测定法

## 3 要求和试验方法

7805 号抗化学密封脂的技术要求和试验方法见表 1。

**表 1 7805 号抗化学密封脂的技术要求**

| 项目 | | 质量指标 | 试验方法 |
|---|---|---|---|
| 外观 | | 白色均匀油膏 | 目测 |
| 滴点/℃ | 不低于 | 120 | GB/T 4929 |
| 1/4 锥入度/0.1mm | | 50~70 | GB/T 269 |
| 蒸发度（100℃，1h）/%（质量分数） | 不大于 | 1 | SH/T0337[a] |
| 分油量（200g±2g）/%（质量分数） | 不大于 | 7 | GB/T 392 |
| 腐蚀（50℃，48h） | | 合格 | SH/T 0331[b] |
| 杂质含量/（颗/$cm^3$） | | | SH/T 0336 |
| 直径≥25μm | 不大于 | 4000 | |
| 直径≥75μm | 不大于 | 120 | |
| 直径≥125μm | | 无 | |

[a]恒温器使用自动恒温烘箱，蒸发皿放在烘箱内中间的一块玻璃板上。

[b]本标准所用金属片（防锈铝合金）由 703 所提供。

## 4 检验规则

### 4.1 出厂检验

本产品检验为出厂检验。出厂检验项目为第3章表1规定的所有项目。

### 4.2 组批

在原材料和生产工艺不变的条件下，产品每生产一罐或釜为一组（批）。

### 4.3 取样

取样按SH/T 0229的规定进行，每批产品取样应不少于0.2kg作为检验和留样用。

### 4.4 判定

出厂检验结果符合表1规定时，则判定为合格。

### 4.5 复验

如果出厂检验结果中有不符合表1规定时，按SH/T 0229的规定自同批产品中重新抽取双倍量样品，对不合格项目进行复验。复验结果如仍不符合表1规定时，则判定该批产品不合格。

## 5 包装、标志、贮运及交货验收

5.1 本产品的包装、标志、贮运、运输及交货验收按SH 0164的规定进行。

5.2 本产品采用清洁、密封、干燥的白色瓷瓶或塑料盒包装，每瓷瓶净重100g，每塑料盒净重500g。

5.3 包装瓶或盒上贴有标签，标签上注有厂名、产品名称、产品净重、批号等。

ICS 75.100
E 40

# SH

# 中华人民共和国石油化工行业标准

NB/SH/T 0454—2018
代替 SH/T 0454—1992

# 特种精密仪表油规范

## Specification for special instrument lubricating oils

2018-10-29 发布 2019-03-01 实施

国家能源局 发布

# 前　言

本标准按照 GB/T 1.1—2009 给出的规则起草。

本标准代替 SH/T 0454—1992《特 3、4、5、14、16 号精密仪表油》。

本标准与 SH/T 0454—1992 相比主要变化如下：

——名称修改为《特种精密仪表油规范》。

——第 1 章增加了产品适用范围和使用温度范围。

——密度项目增加指标要求。

——密度试验方法采用 GB/T 13377、SH/T 0604 和 GB/T 1884 代替 GB/T 2540。

——增加 40℃运动黏度，指标为“报告”。

——腐蚀试验方法由 SH/T 0328 改为附录 A。

——第 5 章“检验规则”文字内容作相应调整。

本标准由中国石油化工集团公司提出。

本标准由全国石油产品和润滑剂标准化技术委员会合成油脂分技术委员会（SAC/TC280/SC5）归口。

本标准起草单位：中国石化润滑油有限公司重庆分公司。

本标准主要起草人：黄健龙

本标准所代替标准的历次版本发布情况：

——SY 1225—66S；

——SY 1225—80；

——SY 1225—80（88）；

——SH 0454—92；

——SH/T 0454—92（1998）。

# 特种精密仪表油规范

## 1 范围

本标准规定了特种精密仪表油的要求和试验方法、检验规则、标志、包装、运输和贮存。

本标准适用于由乙基硅油及低凝点润滑油调配制成的特种精密仪表油。

本标准规定的产品适用于特种精密仪表轴承和摩擦部件的润滑。使用温度范围为：-60℃～+120℃。

## 2 规范性引用文件

下列文件对于本文件的应用是必不可少的。凡是注日期的引用文件，仅所注日期的版本适用于本文件。凡是不注日期的引用文件，其最新版本（包括所有的修改单）适用于本文件。

GB/T 260 石油产品水分测定法

GB/T 264 石油产品酸值测定法

GB/T 265 石油产品运动黏度测定法和动力黏度计算法

GB/T 267 石油产品闪点与燃点测定法（开口杯法）

GB/T 510 石油产品凝点测定法

GB/T 1884 原油和液体石油产品密度实验室测定法（密度计法）

GB/T 4756 石油液体手工取样法

GB/T 13377 原油和液体或固体石油产品 密度或相对密度的测定 毛细管塞比重瓶和带刻度双毛细管比重瓶法

SH/T 0164 石油产品包装、贮运及交货验收规则

SH/T 0604 原油和石油产品密度测定法（U 形管振动法）

## 3 产品分类

本标准的产品分为特 3 号、特 4 号、特 5 号、特 14 号、特 16 号五种。

## 4 技术要求和试验方法

特种精密仪表油的技术要求和试验方法见表 1。

**表 1 特种精密仪表油的技术要求和试验方法**

| 项目 | 质量指标 | | | | | 试验方法 |
|---|---|---|---|---|---|---|
| | 特 3 | 特 4 | 特 5 | 特 14 | 特 16 | |
| 密度[a]（20℃）/（g/cm$^3$） | 0.8800～0.9000 | 0.9000～0.9300 | 0.9200～0.9500 | 0.9100～0.9400 | | GB/T 13377<br>SH/T 0604<br>GB/T 1884 |

表 1（续）

| 项目 | 质量指标 | | | | | 试验方法 |
|---|---|---|---|---|---|---|
| | 特 3 | 特 4 | 特 5 | 特 14 | 特 16 | |
| 运动黏度/（$mm^2/s$）<br>40℃<br>50℃ | 报告<br>11.0~14.0 | | 报告<br>18.0~23.0 | 报告<br>22.5~28.5 | 报告<br>19.0~25.0 | GB/T 265 |
| 闪点（开口）/℃　不低于 | 160 | | 170 | | | GB/T 267 |
| 酸值/（mgKOH/g）　不大于 | 0.20 | | 0.25 | | | GB/T 264 |
| 凝点/℃　不高于 | -65 | -70 | | | | GB/T 510 |
| 机械杂质[b] | 无 | | | | | |
| 水分/% | 无 | | | | | GB/T 260 |
| 腐蚀（50℃，48h）<br>40 号钢片<br>H62 黄铜片<br>LY11 硬铝合金片 | <br>合格<br>合格<br>合格 | | | | | 附录 A |

[a] 仲裁方法为 GB/T 13377。

[b] 测定机械杂质时，将 100mL 试样注入直径为 40mm，容量为 200mL 的量筒内，以 20W 日光灯为光源，用肉眼观察，应透明、无悬浮物及沉淀物。

## 5 检验规则

### 5.1 检验分类与检验项目

#### 5.1.1 检验分类

本产品检验分为出厂检验和型式检验。

#### 5.1.2 出厂检验

出厂批次检验项目包括本标准第 4 章表 1 中的所有检验项目。

#### 5.1.3 型式检验

型式检验项目包括第 4 章表 1 的所有检验项目。

在下列情况下进行型式检验：

a）新产品投产或产品定型鉴定时；

b）原材料、工艺等发生较大变化，可能影响产品性能时；

c）出厂检验结果与上次型式检验结果有较大差异时；

d）技术监督部门或用户提出型式检验要求时。

### 5.2 组批

在原材料、工艺不变的条件下，产品每生产一罐或釜为一组（批）。

## 5.3 取样

取样按 GB/T 4756 进行，每批产品取两份同等数量的样品（每份 0.25kg）作为检验和留样用。

## 5.4 判定规则

出厂检验或型式检验结果符合第 4 章的技术要求，则判定该批产品合格。

## 5.5 复验规则

出厂检验或型式检验的质量指标应符合第 4 章表 1 中的要求，如有一项检验不合格，应重新取样对该项目进行双倍检验。若重复结果仍不合格，则应停止该批产品的交付。复检结果为最终结果并适用于同批产品。

# 6 标志、包装、运输和贮存

本产品的标志、包装、运输和贮存及交货验收按 SH/T 0164 进行。

# 附 录 A
# (规范性附录)
# 特种精密仪表油腐蚀试验方法

## A.1 范围

本方法规定了特种精密仪表油对金属片腐蚀性的测定方法。

本方法适用于测定特种精密仪表油在常温下对金属片的腐蚀性。

## A.2 方法概要

本方法是将金属试片浸入试样，在规定条件下经一定时间作用后，观察金属试片表面所发生的颜色变化来判断试样对金属片的腐蚀性。

## A.3 试剂与材料

A.3.1 试剂

A.3.1.1 95%乙醇：分析纯。

A.3.1.2 石油醚（90℃~120℃）：分析纯。

A.3.2 材料

A.3.2.1 金属试片：尺寸为25mm×25mm×3mm。

A.3.2.2 脱脂棉。

A.3.2.3 砂纸或砂布：粒度为180号或220号。

A.3.2.4 橡胶工业用溶剂油。

## A.4 仪器、设备

A.4.1 烘箱：能恒温至50℃±1℃的恒温箱。

A.4.2 烧杯：50mL。

A.4.3 瓷蒸发皿。

## A.5 准备工作

A.5.1 将金属试片（A.3.2.1）用砂纸或砂布（A.3.2.3）打磨后，浸入盛有橡胶工业用溶剂油（A.3.2.4）的瓷蒸发皿（A.4.3）中洗涤。洗净后先用浸润95%乙醇（A.3.1.1）的脱脂棉（A.3.2.2）擦拭，再用干的脱脂棉蘸干。

注：整个过程勿与手接触。

A.5.2 仔细观察洗净蘸干的金属试片表面，不应有锈蚀痕迹或污点。

## A.6 试验步骤

A.6.1 用烧杯（A.4.2）盛满试样，将准备好的金属试片全部浸入试样中，然后将烧杯封盖在50℃±1℃下的烘箱（A.4.1）中静置。

A.6.2 经过48h±30min后，从烘箱中取出烧杯，再从烧杯中取出金属试片，移入盛有石油醚（A.3.1.2）的瓷蒸发皿中，用脱脂棉沾上石油醚轻轻擦洗金属试片表面，再移入盛有乙醇的瓷蒸发皿洗涤两次。以彻底除去试样。

A.6.3 钢片和硬铝合金片须立即用干脱脂棉擦拭，并仔细观察。

A.6.4 黄铜片须首先观察是否有绿色存在，然后用干脱脂棉轻轻擦拭，再仔细观察。

## A.7 判断

A.7.1 用肉眼观察，在金属试片上没有斑点和明显的不均匀颜色变化，即认为试样试验合格。在试验铜片时，允许铜金属试片有轻微的均匀变色。

A.7.2 如仅有一块金属试片上有腐蚀痕迹，则重新进行试验。在复试中即使在一块金属试片上发现腐蚀痕迹时，即认为试样试验不合格。

ICS 75.100
E 40

# SH

# 中华人民共和国石油化工行业标准

NB/SH/T 0456—2014
代替 SH 0456—1992(1998)

# 特 7 号精密仪表脂

## Precision instrument grease special 7

2014-06-29 发布　　2014-11-01 实施

国家能源局 发布

# 前　言

本标准按照 GB/T 1.1 给出的规则起草。

本标准代替 SH 0456—1992（1998）《特 7 号精密仪表脂》。

本标准与 SH 0456—1992（1998）相比主要变化如下：

——增加外观和强度极限项目。

——滴点项目的试验方法改用 GB/T 3498。

——漏斗分油、腐蚀项目采用附录 A（规范性附录）、附录 B（规范性附录）方法。

本标准由中国石油化工集团公司提出。

本标准由全国石油产品和润滑剂标准化技术委员会合成油脂分技术委员会（TC280/SC5）归口。

本标准起草单位：中国石油化工股份有限公司润滑油重庆分公司、中国石油天然气股份有限公司润滑油兰州研发中心。

本标准主要起草人：康健、欧阳秋、颜自力。

本标准所代替标准的历次版本发布情况：

——SY 1522—1966、SY 1522—1977、SY 1522—1982（1988）、SH 0456—1992、SH 0456—1992（1998）。

# 特 7 号精密仪表脂

## 1 范围

本标准规定了特 7 号精密仪表脂的要求和试验方法、检验规则、标志、包装、运输和贮存。

本标准适用于地蜡和硬脂酸锂皂稠化精密仪表油制成的，用在精密仪器、仪表轴承及摩擦部件上起润滑和防护作用，使用温度范围在-70℃～120℃的特 7 号精密仪表脂。

## 2 规范性引用文件

下列文件对于本文件的应用是必不可少的。凡是注日期的引用文件，仅所注日期的版本适用于本文件。凡是不注日期的引用文件，其最新版本（包括所有的修改单）适用于本文件。

GB/T 512 润滑脂水分测定法

GB/T 513 润滑脂机械杂质测定法（酸分解法）

GB/T 3498 润滑脂宽温度范围滴点测定法

SH/T 0048 润滑脂相似黏度测定法

SH/T 0164 石油产品包装、贮运及交货验收规则

SH/T 0229 固体和半固体石油产品取样法

SH/T 0323 润滑脂强度极限测定法

SH/T 0329 润滑脂游离碱和游离有机酸测定法

SH/T 0337 润滑脂蒸发度测定法

## 3 要求和试验方法

特 7 号精密仪表脂的技术要求和试验方法见表 1。

**表 1 特 7 号精密仪表脂的技术要求和试验方法**

| 项目 | | 质量指标 | 试验方法 |
|---|---|---|---|
| 外观 | | 浅黄色至褐色光滑均匀油膏 | 目测 |
| 滴点/℃ | 不低于 | 180 | GB/T 3498 |
| 相似黏度（-50℃，$10s^{-1}$）/（Pa·s） | 不大于 | 1800 | SH/T 0048 |
| 漏斗分油（50℃，48 h）（质量分数）/% | 不大于 | 2.5 | 附录 A |
| 强度极限（50℃）/Pa | | 报告 | SH/T 0323 |
| 水分（质量分数）/% | | 无 | GB/T 512 |
| 机械杂质（质量分数）/% | | 无 | GB/T 513 |
| 游离碱/NaOH% | 不大于 | 0.05 | SH/T 0329 |
| 蒸发度（120℃，1 h）（质量分数）/% | 不大于 | 2.5 | SH/T 0337 |
| 腐蚀（40 号钢片、H62 黄铜片、LY11 硬铝合金片，50℃，48 h） | | 合格 | 附录 B |
| **注**：强度极限项目为推荐性检测项目，由产品的供需双方根据实际使用情况选择采用。 | | | |

# 4 检验规则

## 4.1 检验分类与检验项目

### 4.1.1 检验分类

本产品检验分为出厂检验和型式检验。

### 4.1.2 出厂检验

出厂检验项目包括第3章技术要求规定的所有检验项目。

### 4.1.3 型式检验

型式检验项目为第3章技术要求规定的所有检验项目。

在下列情况下进行型式检验：

——新产品投产或产品定型鉴定时；

——原材料、工艺等发生较大变化，可能影响产品性能时；

——出厂检验结果与上次型式检验结果有较大差异时。

## 4.2 组批

在原材料、工艺不变的条件下，产品每生产一罐或釜为一批。

## 4.3 取样

取样按SH/T 0229进行，每批产品取两份同等数量的样品（每份0.5 kg）作为检验和留样用。

## 4.4 判定规则

出厂检验或型式检验结果符合第3章的技术要求，则判定该批产品合格。

## 4.5 复验规则

如出厂检验或型式检验结果中有不符合第3章技术要求的规定时，按SH/T 0229的规定自同批产品中重新抽取双倍样品进行复检，复检结果如仍有一项不符合第3章技术要求的规定时，则判定该批产品为不合格。

# 5 标志、包装、运输和贮存

标志、包装、运输和贮存及交货验收按SH 0164进行。

# 附　录　A
（规范性附录）
润滑脂漏斗分油测定法

## A.1　范围

本方法规定了用漏斗分油法测定润滑脂的分油量。

本方法适用于测定润滑脂的析油趋势。它利用提高温度及毛细管作用加速润滑脂胶体结构的变化，进而析出液体来测定析出的油量。

## A.2　方法概要

把一定量的试样放在紧贴漏斗壁的滤纸上，在规定温度下，经一定时间测定其析出的油量。

## A.3　试剂与材料

A.3.1　定量滤纸：快速，直径 90 mm。

## A.4　仪器、设备

A.4.1　测定石油产品锥入度所用仪器的捣脂器

A.4.2　玻璃漏斗：直径 50 mm~70 mm。

A.4.3　离心机用锥形试管：10 mL，分度为 0.05 mL 或 0.1 mL。

A.4.4　恒温器：温度能控制到±1℃。

## A.5　试验步骤

A.5.1　取预先洗涤及干燥过的玻璃漏斗和离心机用的试管各两个，使每个漏斗与试管用塞子连接起来。为了能使空气从试管中逸出，在塞上必须有纵形切口。

A.5.2　用几滴矿物油稍微润湿漏斗，然后将每张滤纸分别放入漏斗中使滤纸紧紧贴在漏斗壁上。

A.5.3　将试样装入捣脂器中，把盖拧上并上下工作 10 次，以便搅拌试样。

A.5.4　恒温器的温度应按照试样的产品标准要求来调整。

A.5.5　自捣脂器内搅拌好的试样中取两份，每份约 20 g，称精确至 0.01 g，放入两只有滤纸的漏斗内。将试样紧密地放在滤纸上。

A.5.6　将装有漏斗的试管，垂直地放在架上，然后放入恒温器内，使在规定温度下精确至±1℃，保持 24 h。

A.5.7　经过 24 h 后，将带有漏斗的试管从恒温器中取出，冷却至 20℃±3℃，并读取析出润滑油的体积，要精确至 0.05 mL。

## A.6 计算

试样的分油量 $X$（%(质量分数)）按式（A.1）计算：

$$X = \frac{V \times 0.9}{m} \times 100 \quad \text{(A.1)}$$

式中：

$V$——析出润滑油的体积，mL；

0.9——润滑油的平均密度，g/mL；

$m$——试样质量，g。

## A.7 精密度

重复性：同一操作者重复测定的两个结果之差不应大于较小结果的 8%。

## A.8 报告

取重复测定两个结果的算术平均值，作为测定结果。

# 附　录　B
（规范性附录）
润滑脂腐蚀试验法（常温法）

## B.1　范围

本方法规定了润滑脂腐蚀试验法。
本方法适用于测定室温下润滑脂对金属的腐蚀性。

## B.2　方法概要

以浸入润滑脂的金属试片表面与润滑脂在室温下，经一定时间作用后所发生的颜色变化，来确定润滑脂对金属的腐蚀性。

## B.3　试剂与材料

### B.3.1　试剂

**B.3.1.1**　95%乙醇：分析纯。
**B.3.1.2**　苯：分析纯。

### B.3.2　材料

**B.3.2.1**　金属片：25 mm×25 mm×3 mm。
**B.3.2.2**　脱脂棉。
**B.3.2.3**　砂纸或砂布：粒度为180号或220号。
**B.3.2.4**　橡胶工业用溶剂油。

## B.4　仪器、设备

**B.4.1**　瓷蒸发皿。
**B.4.2**　玻璃皿：高度不低于40 mm。
**B.4.3**　放大镜：6倍~8倍。
**B.4.4**　瓷刮刀。

## B.5　试验步骤

**B.5.1**　将金属片磨光用溶剂油在瓷皿中洗涤，然后先用95%乙醇浸湿的脱脂棉擦拭，再用干棉花擦干，勿与手接触。
**B.5.2**　洗过擦干的金属片在放大镜下观察时，不许有锈或污点的痕迹。
**B.5.3**　用玻璃皿装满试样，将金属片全部挤入试样中，金属片上方的试样，用刮刀刮平，然后将玻璃皿封盖在室温（15℃~20℃）下静置。静置时间按各种润滑脂产品标准规定。

**B.5.4** 经过规定时间后，自玻璃皿中取出金属片，移入盛有乙醇-苯混合液（体积比 1∶4）的瓷皿中，用棉花小心除去上面的试样，再用热乙醇-苯混合液将金属片洗涤数次，以彻底除去试样。

**B.5.5** 钢片须立即用干脱脂棉擦拭，并仔细观察。

**B.5.6** 黄铜片或铜片须首先观察，是否有绿色存在，然后用干脱脂棉轻轻擦拭，再仔细观察。

## B.6 判断

**B.6.1** 用肉眼观察，在金属片上没有斑点和明显的不均匀的颜色变化，即认为试样合格。在试验铜片及铜合金片时，允许金属片有轻微的均匀变色。

**B.6.2** 如仅有一块金属片上有腐蚀痕迹，则应重新试验，第二次试验时即使在一块金属片上再度出现上述的腐蚀情况，即认为试样不合格。

ICS 75.100
E 40

SH

# 中华人民共和国石油化工行业标准

NB/SH/T 0459—2014
代替 SH 0459—1992(1998)

# 特 221 号润滑脂

Special grease 221

2014-06-29 发布　　2014-11-01 实施

国家能源局　发布

# 前　　言

本标准按照 GB/T 1.1 给出的规则起草。

本标准代替 SH 0459—1992（1998）《特 221 号润滑脂》，与 SH 0459—1992（1998）相比，主要的技术变化如下：

——标准改为推荐性标准。

——本标准的滴点项目由 SH/T 0115 改为 GB/T 3498。

——本标准增加蒸发度项目。

——本标准强度极限指标改为不小于 120Pa，并将其列为推荐检测项目。

——本标准增加工作锥入度项目，其数值范围为 280~360，并将其列为推荐检测项目。

本标准由中国石油化工集团公司提出。

本标准由全国石油产品和润滑剂标准化技术委员会合成油脂分技术委员会（TC280/SC5）归口。

本标准起草单位：中国石油化工股份有限公司润滑油重庆分公司。

本标准主要起草人：龙胜前、卢现菊、颜自力。

本标准的历次发布情况如下：

——SY 1525—80、SY 1525—82（88）、SH 0459—1992（1998）。

# 特 221 号润滑脂

## 1 范围

本标准规定了特 221 号润滑脂的要求和试验方法、检验规则、标志、包装、运输和贮存。

本标准适用于硬脂酸钙和醋酸钙稠化硅油制成的，用于与腐蚀性介质接触的摩擦组合件（如金属与金属或金属与橡胶）的接触面上起润滑和密封作用，也可用于滚动轴承的润滑，使用温度范围在-60℃～+150℃的特 221 号润滑脂。

## 2 规范性引用文件

下列文件对于本文件的应用是必不可少的。凡是注日期的引用文件，仅所注日期的版本适用于本文件。凡是不注日期的引用文件，其最新版本（包括所有的修改单）适用于本文件。

GB/T 269 润滑脂和石油脂锥入度测定法

GB/T 392 润滑脂压力分油测定法

GB/T 512 润滑脂水分测定法

GB/T 513 润滑脂机械杂质测定法（酸分解法）

GB/T 3498 润滑脂宽温度范围滴点测定法

SH/T 0048 润滑脂相似黏度测定法

SH/T 0164 石油产品包装、贮运及交货验收规则

SH/T 0229 固体和半固体石油产品取样法

SH/T 0323 润滑脂强度极限测定法

SH/T 0329 润滑脂游离碱和游离有机酸测定法

SH/T 0331 润滑脂腐蚀试验法

SH/T 0337 润滑脂蒸发度测定法

## 3 要求和试验方法

特 221 号润滑脂的技术要求和试验方法见表 1。

**表 1 特 221 号润滑脂技术要求和试验方法**

| 项 目 | | 质量指标 | 试验方法 |
|---|---|---|---|
| 外观 | | 浅黄色至浅褐色光滑均匀油膏 | 目测 |
| 滴点/℃ | 不低于 | 260 | GB/T 3498[a] |
| 工作锥入度/0.1mm<br>1/4 工作锥入度<br>工作锥入度[b] | | <br>64～84<br>280～360 | GB/T 269 |
| 压力分油（200 g±5 g）（质量分数）/% | 不大于 | 7.0 | GB/T 392 |
| 水分（质量分数）/% | 不大于 | 痕迹 | GB/T 512 |

**表 1（续）**

| 项　　目 | | 质量指标 | 试验方法 |
|---|---|---|---|
| 机械杂质（质量分数）/% | 不大于 | 无 | GB/T 513[c] |
| 游离碱/NaOH% | 不大于 | 0.08 | SH/T 0329[d] |
| 强度极限[b]（50℃）/Pa | 不小于 | 120 | SH/T 0323 |
| 相似黏度（-50℃，$D=10\ s^{-1}$）/（Pa·s） | 不大于 | 800 | SH/T 0048 |
| 腐蚀（T3 铜，100℃，3 h） | | 合格 | SH/T 0331[e] |
| 蒸发度（150℃，1 h）（质量分数）/% | 不大于 | 2.0 | SH/T 0337 |

[a] 测定滴点时，如发现润滑脂样品内有气泡，应将试样涂在玻璃片上，脂层厚度约 2 mm，在 70℃和残压 2.7 kPa~6.7 kPa 的真空干燥箱内放置 1h，取出试样，在干燥器内冷至室温。然后按 GB/T 3498 进行分析。

[b] 本项目为推荐检测项目，供需双方可根据实际情况选择采用。

[c] 测定机械杂质时，置 20 g±0.1 g 试样于烧杯内，再慢慢加入 75 mL 馏程为 60℃~90℃的直馏汽油，搅拌均匀后倒入分液漏斗中，并用汽油洗净烧杯，洗涤液也一并移入分液漏斗中，在分液漏斗中加入 50%醋酸 75 mL，强烈振摇直至试样完全分解为止。然后将分液漏斗中的混合液进行过滤。过滤完后，依次用苯乙醇（体积比 4：1）溶液、乙醇以及热蒸馏水冲洗过滤器，并将过滤器放入 105℃~110℃恒温箱中烘干。再按照 GB/T 513 进行分析。

[d] 测定游离碱时，溶剂采用分析纯的苯，试样溶解后，趁热进行滴定。

[e] 金属片尺寸：25 mm×25 mm×3 mm，烧杯容积为 50 mL。

## 4　检验规则

### 4.1　检验分类与检验项目

#### 4.1.1　检验分类

本产品检验分为出厂检验和型式检验。

#### 4.1.2　出厂检验

出厂批次检验项目包括：外观、滴点、锥入度、压力分油、强度极限、相似黏度、腐蚀。

在原材料和工艺条件没有发生可能影响产品质量的变化时，出厂周期检验项目包括：水分、机械杂质、游离碱和蒸发度每年检验 1 次。

#### 4.1.3　型式检验

型式检验项目包括第 3 章技术要求规定的所有检验项目。

在下列情况下进行型式检验：

——新产品投产或产品定型鉴定时；

——原材料、工艺等发生较大变化，可能影响产品性能时；

——出厂检验结果与上次型式检验结果有较大差异时。

### 4.2　组批

在原材料、工艺不变的条件下，产品每生产一罐或釜为一批。

### 4.3　取样

取样按 SH/T 0229 进行。每批产品取两份同等数量的样品（每份 0.5 kg）作为检验和留样用。

### 4.4 判定规则

出厂检验或型式检验结果符合第 3 章的技术要求，则判定该批产品合格。

### 4.5 复验规则

如出厂检验或型式检验结果中有不符合第 3 章技术要求的规定时，按 SH/T 0229 的规定自同批产品中重新抽取双倍样品进行复检，复检结果如仍有一项不符合第 3 章技术要求的规定时，则判定该批产品为不合格。

## 5 标志、包装、运输和贮存

标志、包装、运输和贮存及交货验收按 SH/T 0164 进行。

# 中华人民共和国石油化工行业标准

SH/T 0465—1992

# 4122 号高低温仪表油

代替 SY 4014—82(88)

## 1 主题内容与适用范围

本标准规定了 4122 号高低温仪表油的技术要求、检验规则、包装、标志、贮运及交货验收。

本标准适用于由氯苯基硅油等调配的高低温仪表油。

符合本标准的产品适用于微型电机轴承的润滑。使用温度范围为：-60℃～+200℃。

## 2 引用标准

GB/T 265 石油产品运动黏度测定法和动力黏度计算法

GB/T 267 石油产品闪点与燃点测定法(开口杯法)

GB/T 510 石油产品凝点测定法

GB/T 4756 石油及液体石油产品取样法(手工法)

GB/T 7304 石油产品和润滑剂中和值测定法(电位滴定法)

GB/T 7325 润滑脂和润滑油蒸发损失测定法

SH 0164 石油产品包装、贮运及交货验收规则

SH/T 0450 合成油氧化腐蚀测定法

SH/T 0464—1992 4121 号低黏度仪表油

## 3 技术要求

| 项 目 | | 质量指标 | 试验方法 |
|---|---|---|---|
| 运动黏度，$mm^2/s$ | | | GB/T 265 及注 |
| 100℃ | 不小于 | 14.0 | |
| 40℃ | | 报告 | |
| -40℃ | | 报告 | |
| -55℃ | 不大于 | 2 500 | |
| 闪点(开口),℃ | 不低于 | 260 | GB/T 267 |
| 凝点,℃ | 不高于 | -65 | GB/T 510 |
| 酸值，mgKOH/g | 不大于 | 0.1 | GB/T 7304 |
| 蒸发度(200℃，22h),% | 不大于 | 1.8 | GB/T 7325 |
| 机械杂质 | | 无 | SH/T 0464 附录 A |
| 氧化腐蚀试验(200℃，72h，50mL 空气/min) | | | SH/T 0450 |
| 运动黏度变化(40℃),% | | ±10 | |
| 酸值增加值，mgKOH/g | | 0.5 | |
| 腐蚀，$mg/cm^2$ | | | |
| 45 号钢片 | | ±0.2 | |
| T3 号铜片 | | ±0.4 | |
| LY11 硬铝合金片 | | ±0.2 | |
| MB8 镁合金片 | | ±0.2 | |

注：测定低温黏度时，在品氏毛细管黏度计(见 GB/T 265)管身 B 的扩张部分以上 10mm 处，刻一环线，试样由管身上口直接注入至刻线处，其余按 GB/T 265 进行。校正黏度计也按此规定进行。

中国石油化工总公司 1992-05-20 批准 1992-05-20 实施

## 4 检验规则

4.1 出厂检验

产品出厂时必须按本标准中规定的技术要求进行全部检验。

产品经生产技术检验部门进行出厂检验，检验合格后，附有产品检验合格证，方可出厂。

4.2 分批、取样和判定

4.2.1 分批

以生产单元一次或数次投料生产，混合均匀的产品为一批。

4.2.2 取样

4.2.2.1 取样按 GB/T 4756 进行。

4.2.2.2 从平均试样中取两份同等数量的样品(0.5L)作为检验和留样用。

4.2.3 判定

根据每批质量检验结果，对照技术要求的质量指标进行判定。

## 5 包装、标志、贮运及交货验收

本产品的包装、标志、贮存、运输及交货验收按 SH 0164 进行。

---

**附加说明：**

本标准由中国石化一坪化工厂提出。

本标准由中国石化一坪化工厂技术归口。

本标准由中国石化一坪化工厂负责起草。

本标准于 1982 年 5 月首次发布，于 1988 年 4 月确认。

ICS 75.120
E 40

# SH

# 中华人民共和国石油化工行业标准

NB/SH/T 0467—2010
代替 SH 0467—1994

# 合成工业齿轮油

# Synthetic industrial gear oils

2011-01-09 发布　　2011-05-01 实施

国家能源局　发布

# 前　言

本标准与美国齿轮制造商协会标准 ANSI/AGMA 9005-D94《工业齿轮润滑》(英文版)和 ANSI/AGMA 9005-E02《工业齿轮润滑》(英文版)的一致性为非等效。

本标准与 SH/T 0467—1994《4403 号合成齿轮油》的主要差异：

——名称不再规定牌号；

——外观不再确定颜色；

——按 GB/T 3141 的规定划分黏度等级为 68~1000 共 8 个黏度级别；

——增加表观黏度、水分、机械杂质、抗乳化性、泡沫特性、液相锈蚀试验等指标；

——重负荷工业齿轮油承载能力(四球机法)烧结负荷指标修改为“2450N”、负荷磨损值指标修改为“441N”，增加磨斑直径指标；

——氧化安定性试验方法由 SH/T 0450 更改为 SH/T 0123，指标作相应变化；

——增加 FZG 齿轮试验机法测定承载能力。

本标准由全国石油产品和润滑剂标准化技术委员会提出。

本标准由全国石油产品和润滑剂标准化技术委员会合成油脂分技术委员会归口。

本标准起草单位：中国石油化工股份有限公司润滑油重庆分公司。

本标准主要起草人：金承华、陈美名

本标准所代替标准的历次版本发布情况：

——SY 4024—1983　4403 号合成齿轮油；

——SH 0467—1992　4403 号合成齿轮油；

——SH/T 0467—1994　4403 号合成齿轮油。

# 合成工业齿轮油

## 1　范围

本标准规定了以合成油为基础油，加入防锈、抗氧、极压抗磨等多种类型添加剂调制而成的合成工业齿轮油的技术要求和试验方法、检验规则、标志、包装、运输和贮存。

本标准所属产品根据基础油类型不同分为合成烃型合成工业齿轮油和聚醚型合成工业齿轮油两大类，根据不同工况分为中负荷和重负荷系列，适用于各种工业闭式齿轮传动装置的润滑。

## 2　规范性引用文件

下列文件中的条款通过本标准的引用而成为本标准的条款。凡是注日期的引用文件，其随后所有的修改单(不包括勘误的内容)或修订版均不适用于本标准，然而，鼓励根据本标准达成协议的各方研究是否可使用这些文件的最新版本。凡是不注日期的引用文件，其最新版本适用于本标准。

GB/T 260　石油产品水分测定法

GB/T 265　石油产品运动黏度测定法和动力黏度计算法

GB/T 511　石油产品和添加剂机械杂质测定法(重量法)

GB/T 1995　石油产品黏度指数计算法

GB/T 3141　工业液体润滑剂　ISO 黏度分类(GB/T 3141—94，eqv ISO 3448：1992)

GB/T 3142　润滑剂承载能力测定法(四球法)

GB/T 3535　石油产品倾点测定法(GB/T 3535—2006，ISO 3016：1994，MOD)

GB/T 3536　石油产品闪点和燃点测定法(克利夫兰开口杯法)(GB/T 3536—83，eqv ISO 2592：1973)

GB/T 4756　石油液体手工取样法(GB/T 4756—1998，eqv ISO 3170：1988)

GB/T 5096　石油产品铜片腐蚀试验法

GB/T 8022　润滑油抗乳化性能测定法

GB/T 11143　加抑制剂矿物油在水存在下防锈性能试验法

GB/T 11145　车用流体润滑剂低温黏度测定法(勃罗克费尔特黏度计法)

GB/T 12579　润滑油泡沫特性测定法(GB/T 12579—2002，eqv ISO 6247：1998)

SH/T 0024　润滑油沉淀值测定法

SH/T 0123　极压润滑油氧化性能测定法

SH 0164　石油产品包装、贮运和交货验收规则

SH/T 0189　润滑油抗磨损性能测定法(四球机法)

SH/T 0306　润滑剂承载能力测定法(CL-100 齿轮机法)

## 3　术语和定义

下列术语和定义适用于本标准。

3.1

**中负荷　medium load**

中负荷是指齿轮的齿面接触应力在 500MPa(500N/mm$^2$)~1100MPa(1100N/mm$^2$)之间。

3.2

**重负荷　heavy load**

重负荷是指齿轮的齿面接触应力大于 1100MPa(1100N/mm$^2$)。

## 4 产品品种和标识

### 4.1 产品品种

4.1.1 本标准包括L-SCKC、L-SCKD、L-GCKC、L-GCKD四个合成工业齿轮油品种。L-SCKC表示合成烃型中负荷合成工业齿轮油，L-SCKD表示合成烃型重负荷合成工业齿轮油，L-GCKC表示聚醚型中负荷合成工业齿轮油，L-GCKD表示聚醚型重负荷合成工业齿轮油。

4.1.2 每个品种按GB/T 3141划分黏度等级，分为68、100、150、220、320、460、680、1000等8个黏度等级，其中68号适用于L-SCKC和L-GCKC。

### 4.2 产品标识

本标准产品的标记为：[质量等级] [黏度等级] [合成工业齿轮油]

例如：L-SCKD 220合成工业齿轮油。

## 5 技术要求和试验方法

合成工业齿轮油的技术要求和试验方法见表1和表2。

**表 1　合成工业齿轮油的技术要求和试验方法(一)**

| 项目 | | 质量指标 | | | | | | | | | | | | | | | 试验方法 |
|---|---|---|---|---|---|---|---|---|---|---|---|---|---|---|---|---|---|
| 品种 | | L-SCKC | | | | | | | | L-SCKD | | | | | | | |
| 黏度等级 (按 GB/T 3141) | | 68 | 100 | 150 | 220 | 320 | 460 | 680 | 1000 | 100 | 150 | 220 | 320 | 460 | 680 | 1000 | — |
| 外观 | | 均匀，透明，无可见悬浮物和污染物 | | | | | | | | 均匀，透明，无可见悬浮物和污染物 | | | | | | | 目测 |
| 运动黏度(40℃)/($mm^2/s$) | | 61.2~74.8 | 90~110 | 135~165 | 198~242 | 288~352 | 414~506 | 612~748 | 900~1100 | 90~110 | 135~165 | 198~242 | 288~352 | 414~506 | 612~748 | 900~1100 | GB/T 265 |
| 黏度指数 | 不小于 | 130 | | | | | | | | 130 | | | | | | | GB/T 1995 |
| 表观黏度达 150000mPa.s 时的温度/℃ | | 报告 | | | | | | | | 报告 | | | | | | | GB/T 11145 |
| 倾点/℃ | 不高于 | -40 | -36 | -30 | -30 | -30 | -24 | -24 | -24 | -36 | -30 | -30 | -30 | -24 | -24 | -24 | GB/T 3535 |
| 闪点(开口)/℃ | 不低于 | 210 | 220 | 220 | 230 | 230 | 230 | 230 | 230 | 220 | 220 | 230 | 230 | 230 | 230 | 230 | GB/T 3536 |
| 水分/%(体积分数) | 不大于 | 痕迹 | | | | | | | | 痕迹 | | | | | | | GB/T 260 |
| 机械杂质/%(质量分数) | 不大于 | 0.02 | | | | | | | | 0.02 | | | | | | | GB/T 511 |
| 泡沫特性(泡沫倾向/稳定性)/(mL/mL) | | | | | | | | | | | | | | | | | GB/T 12579 |
| 24℃ | 不大于 | 50/0 | | | | | | | | 50/0 | | | | | | | |
| 93.5℃ | 不大于 | 50/0 | | | | | | | | 50/0 | | | | | | | |
| 后 24℃ | 不大于 | 50/0 | | | | | | | | 50/0 | | | | | | | |
| 铜片腐蚀(100℃，3h)/级 | 不大于 | 1 | | | | | | | | 1 | | | | | | | GB/T 5096 |
| 液相锈蚀试验(B 法) | | 无锈 | | | | | | | | 无锈 | | | | | | | GB/T 11143 |
| 抗乳化性(82℃) | | | | | | | | | | | | | | | | | GB/T 8022 |
| 油中水/体积分数% | 不大于 | 2.0 | | | | | | | | 2.0 | | | | | | | |
| 乳化层/mL | 不大于 | 1.0 | | | | | | | | 1.0 | | | | | | | |
| 总分离水/mL | 不小于 | 80 | | | | | | | | 80 | | | | | | | |
| 氧化安定性(312h) | | | | | | | | | | | | | | | | | SH/T 0123 |
| 95℃ | | | | | | | | | | | | | | | | | |
| 100℃运动黏度增长/% | 不大于 | 6 | | | | | | | | — | | | | | | | SH/T 0024 |
| 沉淀值/mL | 不大于 | 0.1 | | | | | | | | — | | | | | | | |
| 121℃ | | | | | | | | | | | | | | | | | |
| 100℃运动黏度增长/% | 不大于 | — | | | | | | | | 6 | | | | | | | SH/T 0024 |
| 沉淀值/mL | 不大于 | — | | | | | | | | 0.1 | | | | | | | |
| 承载能力(四球法) | | | | | | | | | | | | | | | | | GB/T 3142 |
| 烧结负荷 $P_D$/N | 不小于 | — | | | | | | | | 2450 | | | | | | | |
| 综合磨损指数/N | 不小于 | — | | | | | | | | 441 | | | | | | | |
| 抗磨损性能(四球机法) 磨斑直径(1800r/min，196N，60min，54℃)/mm | 不大于 | — | | | | | | | | 0.35 | | | | | | | SH/T 0189 |
| 承载能力(FZG 或 CL-100 齿轮机法) 失效级 | 不小于 | 9 | | | | | | | | 12 | | | | | | | SH/T 0306 |

**表 2　合成工业齿轮油的技术要求和试验方法(二)**

| 项　目 | | 质　量　指　标 | | | | | | | | | | | | | | | 试验方法 |
|---|---|---|---|---|---|---|---|---|---|---|---|---|---|---|---|---|---|
| 品　种 | | L-GCKC | | | | | | | | L-GCKD | | | | | | | |
| 黏度等级(按 GB/T 3141) | | 68 | 100 | 150 | 220 | 320 | 460 | 680 | 1000 | 100 | 150 | 220 | 320 | 460 | 680 | 1000 | — |
| 外观 | | 均匀，透明，无可见悬浮物和污染物 | | | | | | | | 均匀，透明，无可见悬浮物和污染物 | | | | | | | 目测 |
| 运动黏度(40℃)/($mm^2$/s) | | 61.2~74.8 | 90~110 | 135~165 | 198~242 | 288~352 | 414~506 | 612~748 | 900~1100 | 90~110 | 135~165 | 198~242 | 288~352 | 414~506 | 612~748 | 900~1100 | GB/T 265 |
| 黏度指数 | 不小于 | 160 | 170 | 180 | 190 | 200 | 220 | 220 | 220 | 170 | 180 | 190 | 200 | 220 | 220 | 220 | GB/T 1995 |
| 表观黏度达 150000mPa·s 时的温度/℃ | | 报告 | | | | | | | | 报告 | | | | | | | GB/T 11145 |
| 倾点/℃ | 不高于 | -40 | -36 | -30 | -30 | -30 | -24 | -24 | -24 | -36 | -30 | -30 | -30 | -24 | -24 | -24 | GB/T 3535 |
| 闪点(开口)/℃ | 不低于 | 210 | 220 | 220 | 230 | 230 | 230 | 230 | 230 | 220 | 220 | 230 | 230 | 230 | 230 | 230 | GB/T 3536 |
| 水分/%(体积分数) | | 报告 | | | | | | | | 报告 | | | | | | | GB/T 260 |
| 机械杂质/%(质量分数) | 不大于 | 0.02 | | | | | | | | 0.02 | | | | | | | GB/T 511 |
| 泡沫特性(泡沫倾向/稳定性)/(mL/mL)<br>24℃<br>93.5℃<br>后 24℃ | <br>不大于<br>不大于<br>不大于 | <br>50/0<br>50/0<br>50/0 | | | | | | | | <br>50/0<br>50/0<br>50/0 | | | | | | | GB/T 12579 |
| 铜片腐蚀(100℃，3h)/级 | 不大于 | 1 | | | | | | | | 1 | | | | | | | GB/T 5096 |
| 液相锈蚀试验(A 法) | | 无锈 | | | | | | | | 无锈 | | | | | | | GB/T 11143 |
| 氧化安定性(312h)<br>95℃<br>100℃运动黏度增长/%<br>121℃<br>100℃运动黏度增长/% | <br><br>不大于<br><br>不大于 | <br><br>报告<br><br>— | | | | | | | | <br><br>—<br><br>报告 | | | | | | | SH/T 0123 |
| 承载能力(四球机法)<br>烧结负荷 $P_D$/N<br>综合磨损指数/N | <br>不小于<br>不小于 | <br>—<br>— | | | | | | | | <br>2450<br>441 | | | | | | | GB/T 3142 |
| 抗磨损性能(四球机法)<br>磨斑直径(1800r/min，196N，60min，54℃)/mm | <br>不大于 | — | | | | | | | | 0.35 | | | | | | | SH/T 0189 |
| 承载能力(FZG 或 CL-100 齿轮机法)<br>失效级 | <br>不小于 | 报告 | | | | | | | | 12 | | | | | | | SH/T 0306 |

## 6 检验规则

### 6.1 检验分类与检验项目

产品检验分出厂检验和型式检验。

#### 6.1.1 出厂检验

产品出厂检验分出厂批次检验和出厂周期检验。产品在交货验收时必须进行以下检验：

表3 合成工业齿轮油出厂批次检验项目

| 项目 | L-SCKC | L-SCKD | L-GCKC | L-GCKD |
|---|---|---|---|---|
| 外观 | ● | ● | ● | ● |
| 运动黏度(40℃) | ● | ● | ● | ● |
| 黏度指数 | ● | ● | ● | ● |
| 倾点 | ● | ● | ● | ● |
| 闪点(开口) | ● | ● | ● | ● |
| 铜片腐蚀 | ● | ● | ● | ● |
| 水分 | ● | ● | ● | ● |
| 机械杂质 | ● | ● | ● | ● |
| 泡沫特性 | ● | ● | ● | ● |
| 抗乳化性(82℃) | ● | ● | — | — |
| 液相锈蚀试验(合成海水) | ● | ● | — | — |
| 液相锈蚀试验(蒸馏水) | — | — | ● | ● |

产品经生产技术检验部门进行出厂检验，检验合格后，附有产品检验合格证，方可出厂。

在产品配方和生产工艺没有变化的情况下，出厂周期检验项目包括：表观黏度达150000mPa·s时的温度、承载能力(四球法)、抗磨损性能(四球机法)每年测定一次，承载能力(FZG齿轮机试验)、氧化安定性每三年审定一次，必要时进行评定。

#### 6.1.2 型式检验

型式检验项目包括本标准表1、表2中规定的所有检验项目。

有下列情况之一时，一般应进行型式检验：

——产品定型鉴定时；

——新产品投产或转产；

——正式生产中，如原料、工艺等有较大改变，可能影响产品性能时；

——产品长期停产后，恢复生产时；

——出厂检验结果与上次型式检验有较大差异时；

——需方有特殊要求时。

### 6.2 组批、取样、判定和复验

#### 6.2.1 组批

在原材料、工艺不变的条件下，每生产一罐或釜，或一次连续进料生产的产品为一批。

#### 6.2.2 取样

取样按GB/T 4756进行。取样3L作为检验和留样用。

#### 6.2.3 判定规则

出厂检验结果符合本标准第5章的技术要求的规定时，判定该产品合格。

#### 6.2.4 复验规则

如出厂检验结果中有一项不符合第5章的技术指标规定时，按GB/T 4756的规定重新抽取双倍样品进行复检，复检结果如仍有项目不符合要求，则判该批产品为不合格。

## 7 包装、标志、贮运及交货验收

本产品的包装、标志、贮存、运输及交货验收按SH 0164进行。

中华人民共和国石油化工行业标准

SH/T 0469—1994

# 7407 号齿轮润滑脂

代替 SH 0469—92

## 1 主题内容与适用范围

本标准规定了 7407 号齿轮润滑脂的技术要求，检验、包装、贮运及交货验收规则。

本标准适用于由复合皂稠化剂稠化矿物油和合成油的混合油，并加有抗氧、极压等添加剂制成的 7407 号齿轮润滑脂。

符合本标准的产品适用于各种低速，中、重负荷齿轮、链轮和联轴节等部位的润滑，适宜采用涂刷润滑方式。使用温度范围为：-10℃ ~ +120℃。

符合本标准的产品不适用于未经跑合过的新齿轮。

## 2 引用标准

GB/T 269 润滑脂和石油脂锥入度测定法

GB/T 3142 润滑剂承载能力测定法(四球法)

GB/T 3498 润滑脂宽温度范围滴点测定法

SH 0164 石油产品包装、贮运及交货验收规则

SH/T 0229 固体和半固体石油产品取样法

SH/T 0331 润滑脂腐蚀试验法

SH/T 0337 润滑脂蒸发度测定法

## 3 技术要求

| 项目 | | 质量指标 | 试验方法 |
|---|---|---|---|
| 外观 | | 深棕色光滑均匀油膏 | 目测 |
| 滴点,℃ | 不低于 | 160 | GB/T 3498 |
| 1/4 工作锥入度，0.1mm | | 75~90 | GB/T 269 |
| 蒸发度(120℃，1h),%(*m/m*) | 不大于 | 2.5 | SH/T 0337 |
| 腐蚀(45 号钢片，100℃，3h) | | 合格 | SH/T 0331 |
| 黏附性(66℃±1℃，150r/min±10r/min) | | | 附录 A |
| 黏附率,%(*m/m*) | | 测定 | |
| 承载能力 | | | GB/T 3142 |
| 最大无卡咬负荷 $P_B$，N | 不小于 | 1078 | |
| 烧结负荷 $P_D$，N | 不小于 | 6080 | |

## 4 检验规则

### 4.1 检验分类

产品检验分出厂检验和型式检验。

中国石油化工总公司 1994-05-04 批准 1994-12-01 实施

4.2 出厂检验

产品出厂前必须进行以下检验：

a. 外观；

b. 滴点；

c. 1/4 工作锥入度；

d. 蒸发度；

e. 腐蚀。

产品经生产技术检验部门检验合格后，附有产品检验合格证，方可出厂。

4.3 型式检验

对标准中规定的技术要求进行全部检验。有下列情况之一时，一般应进行型式检验：

a. 产品转产时；

b. 正式生产中，如原料、工艺等有较大改变，可能影响产品性能时；

c. 产品长期停产后，恢复生产时；

d. 出厂检验结果与上次型式检验结果有较大差异时；

e. 国家质量监督机构提出进行型式检验要求时。

4.4 组批、取样、判定和复验

4.4.1 组批

以生产单元一次或数次投料生产、混合均匀的产品为一批。

4.4.2 取样

4.4.2.1 取样按 SH/T 0229 进行。

4.4.2.2 从平均试样中取两份同等数量的样品(每份 0.5kg)，作为检验和留样用。

4.4.3 判定

根据每批质量检验结果，对照技术要求的质量指标进行判定。检验结果全部符合质量指标为合格。

4.4.4 复验

检验结果如有个别项目不符合本标准技术要求的质量指标时，可对保留样品进行复验(复验应经质量管理部门认可后进行)。复验结果中任一项不符合质量指标，则该批产品不能按合格品出厂。

## 5 包装、标志、贮运及交货验收

本产品的包装、标志、贮存、运输及交货验收按 SH 0164 进行。

# 附　录　A
## 润滑脂黏附性测定法
（参考件）

### A1　主题内容与适用范围

本方法规定了润滑脂黏附性试验的试剂和材料、仪器、设备、试验步骤等。
本方法适用于测定润滑脂对金属表面的黏附性。

### A2　方法概要

在规定的温度下经一定时间的离心作用后，测定润滑脂在试验金属件表面的黏附率。

### A3　试剂

石油醚，90℃～120℃。

### A4　仪器、设备

**A4.1**　同步电动机：转速可控制在100r/min～350r/min±10r/min。
**A4.2**　固定支架：可以固定同步电动机。
**A4.3**　烘箱：内有防护挡圈，可在40℃～200℃范围内控制试验温度。
**A4.4**　试验圆盘及轴组合件：铸铁或铝合金，详见图A1、图A2。
**A4.5**　瓷板。

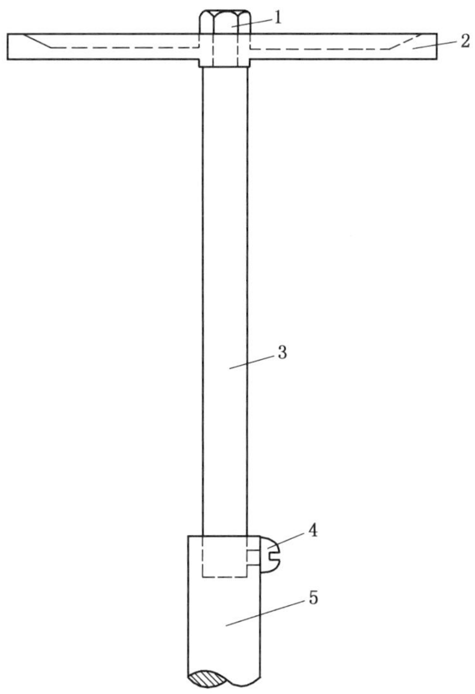


**图A1　试验圆盘及轴组合图**
1—*M*5螺母；2—试验圆盘；3—轴；4—顶丝；5—电动机轴

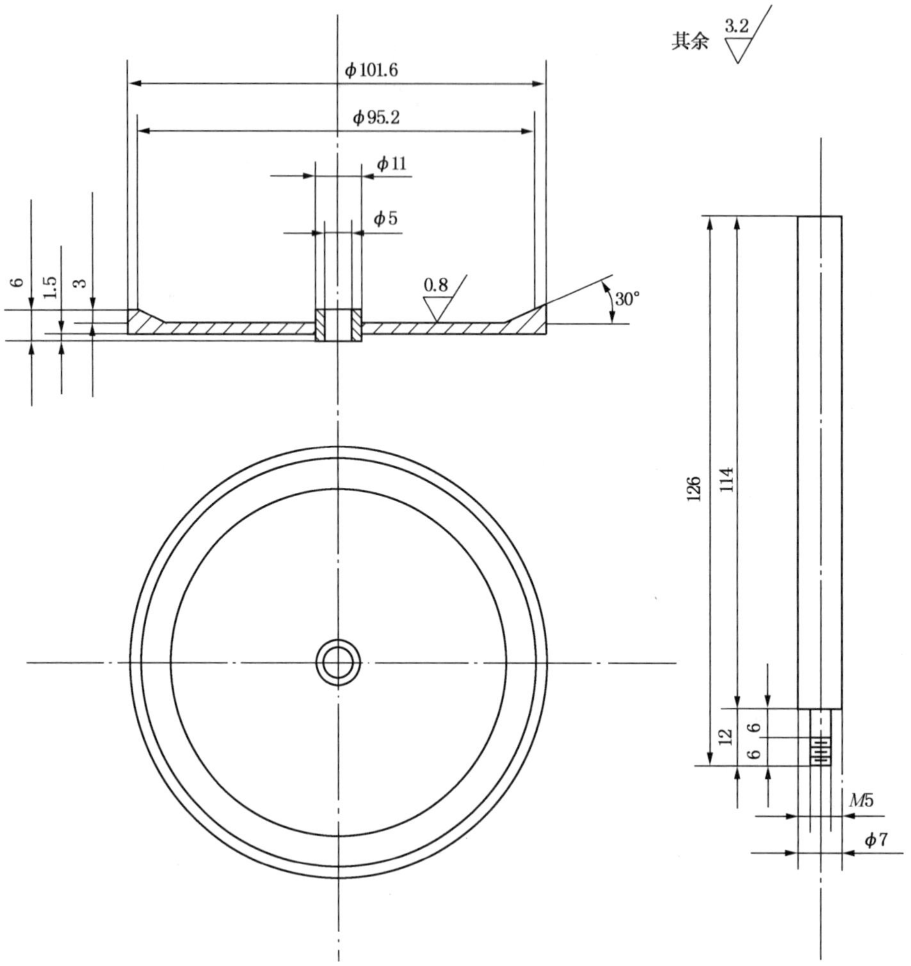


**图 A2 试验圆盘、轴零件图**

**A4.6** 刮刀。

**A4.7** 天平：感量为 0.01g。

## A5 试样

润滑脂约 15g。

## A6 试验步骤

**A6.1** 用石油醚洗净试验用圆盘及轴组合件，烘干。

**A6.2** 在天平上称量烘干后的圆盘及轴组合件，称准至 0.01g。

**A6.3** 用刮刀在瓷板上研匀润滑脂试样，涂抹在圆盘上，赶出带进的气泡，以盘沿高为准刮平试样表面。

**A6.4** 称量装好试样的圆盘及轴组合件质量，称准至 0.01g。

**A6.5** 将称量后的组合件放入烘箱中并与同步电动机轴相连接，用防护挡圈圈住圆盘，加热到试验温度后，恒温 15min。

**A6.6** 开启同步电动机，使其在试验转速下运转 15min。

**A6.7** 运转时间结束，断开电源，取出防护挡圈，从同步电动机上卸下组合件，冷却至室温后称量。

## A7 计算

润滑脂的黏附率按式(A1)计算：

$$X=\frac{G_3-G_1}{G_2-G_1}\times 100 \qquad \cdots\cdots (A1)$$

式中：$X$——润滑脂黏附率，%(m/m)；

$G_1$——试验圆盘及轴组合件的质量，g；

$G_2$——试验前圆盘组合件和脂的质量，g；

$G_3$——试验后圆盘组合件和脂的质量，g。

## A8 报告

取二次重复测定结果的算术平均值作为测定值。

---

**附加说明：**

本标准由中国石化一坪化工厂提出并技术归口。

本标准由中国石化一坪化工厂负责起草。

本标准主要起草人李秀珍、颜自力、黎万祥。

中华人民共和国石油化工行业标准

SH/T 0534—1993

# 极压复合铝基润滑脂

## 1 主题内容与适用范围

本标准规定了极压复合铝基润滑脂的技术要求，包装、标志、贮运与取样。

本标准适用于由复合铝皂稠化矿物润滑油并加入极压添加剂所制得的润滑脂。

符合本标准所属产品，适用于工作温度在-20～160℃范围的高负荷机械设备及集中润滑系统。按GB/T 7631.8的规定，其代号为L-XBEHB0、L-XBEHB1和L-XBEHB2。

## 2 引用标准

GB/T 269 润滑脂和石油脂锥入度测定法
GB/T 3498 润滑脂宽温度范围滴点测定法
GB/T 5018 润滑脂防腐蚀性试验法
GB/T 7325 润滑脂和润滑油蒸发损失测定法
GB/T 7326 润滑脂铜片腐蚀试验法
GB/T 7631.8 润滑剂和有关产品(L类)的分类 第8部分：X组(润滑脂)
SH/T 0048 润滑脂相似黏度测定法
SH/T 0109 润滑脂抗水淋性能测定法
SH 0164 石油产品包装、贮运及交货验收规则
SH/T 0203 润滑脂极压性能测定法(梯姆肯试验机法)
SH/T 0229 固体和半固体石油产品取样法
SH/T 0324 润滑脂钢网分油测定法(静态法)
SH/T 0325 润滑脂氧化安定性测定法
SH/T 0336 润滑脂杂质含量测定法(显微镜法)

## 3 技术要求

| 项目 | | 质量指标 | | | 试验方法 |
|---|---|---|---|---|---|
| | | 0号 | 1号 | 2号 | |
| 工作锥入度，0.1mm | | 355～385 | 310～340 | 265～295 | GB/T 269 |
| 滴点，℃ | 不低于 | 235 | 240 | 240 | GB/T 3498 |
| 腐蚀(T2铜片，100℃，24h) | | 铜片无绿色或黑色 | | | GB/T 7326 乙法 |
| 钢网分油(100℃，24h)，%(m/m) | 不大于 | — | 10 | 7 | SH/T 0324 |
| 蒸发量(99℃，22h)，%(m/m) | 不大于 | 1.0 | | | GB/T 7325 |
| 氧化安定性[1)](99℃，100h，0.770MPa)<br>压力降，MPa | 不大于 | 0.070 | | | SH/T 0325 |

中国石油化工总公司 1993-02-25 批准　　1993-10-01 实施

续表

| 项　　目 | | 质量指标 | | | 试验方法 |
|---|---|---|---|---|---|
| | | 0号 | 1号 | 2号 | |
| 水淋流失量(38℃，1h)，%(*m*/*m*) | 不大于 | — | 10 | 10 | SH/T 0109 |
| 杂质(显微镜法)，个/$cm^3$ | | | | | SH/T 0336 |
| 25μm 以上 | 不大于 | 3000 | | | |
| 75μm 以上 | 不大于 | 500 | | | |
| 125μm 以上 | 不大于 | 0 | | | |
| 相似黏度(-10℃，$10s^{-1}$)，Pa·s | 不大于 | 250 | 300 | 550 | SH/T 0048 |
| 延长工作锥入度(100000 次)，0.1mm 变化率，% | 不大于 | 10 | 13 | 15 | GB/T 269 |
| 防腐蚀性(52℃，48h)，级 | 不大于 | 2 | | | GB/T 5018 |
| 极压性能(梯姆肯法)*OK* 值，N | 不小于 | 156 | | | SH/T 0203 |

注：基础油黏度由生产厂与用户协商确定。

1）为保证项目，每半年测定一次。如原料、工艺变动时必须进行测定。

## 4 包装、标志、贮运

本产品的包装、标志、贮存、运输及交货验收按 SH 0164 进行。

## 5 取样

取样按 SH/T 0229 进行，取 2.5kg 作为检验和留样用。

---

**附加说明：**

本标准由石油化工科学研究院提出并技术归口。

本标准由石油化工科学研究院负责起草。

本标准主要起草人金宝印。

ICS 75.100
E 36

SH

# 中华人民共和国石油化工行业标准

NB/SH/T 0535—2019
代替 SH/T 0535—1993

# 极压复合锂基润滑脂

**Extreme pressure complex lithium lubricating grease**

2019-11-04 发布　　2020-05-01 实施

国家能源局　发布

# 前　　言

本标准按照 GB/T1.1—2009 给出的规则起草。

本标准代替 SH/T 0535—1993《极压复合锂基润滑脂》。

本标准与 SH/T 0535—1993《极压复合锂基润滑脂》相比主要技术变化如下：

——整合极压复合锂基润滑脂的合格品和一等品的质量指标；

——延长工作锥入度变化率统一为 10 万次变化率指标；

——删除 163℃漏失量指标；

——腐蚀试验统一为 GB/T 7326 乙法；

——防腐蚀性按新修订的 GB/T 5018 结果表述方式表示，由原来的“1 级”“2 级”改为“合格”；

——增加了第 3 章分类和标记；

——增加了第 5 章检验规则。

本标准由中国石油化工集团有限公司提出。

本标准由全国石油产品和润滑剂标准化技术委员会石油燃料和润滑剂分技术委员会（SAC/TC/280/SC1）技术归口。

本标准起草单位：中国石油化工股份有限公司石油化工科学研究院。

本标准主要起草人：姜靓、刘中其。

本标准历次版本发布情况为：

——SH/T 0535—1993。

# 极压复合锂基润滑脂

## 1 范围

本标准规定了由复合锂皂稠化润滑油并加入极压添加剂所制得的极压复合锂基润滑脂的分类和标记、要求和试验方法、检验规则及标志、包装、运输和贮存。

本标准适用于高负荷机械设备的润滑用润滑脂。

## 2 规范性引用文件

下列文件对于本文件的应用是必不可少的。凡是注日期的引用文件，仅所注日期的版本适用于本文件。凡是不注日期的引用文件，其最新版本（包括所有的修改单）适用于本文件。

GB/T 269 润滑脂和石油脂锥入度测定法

GB/T3498 润滑脂宽温度范围滴点测定法

GB/T 5018 润滑脂防腐蚀性试验法

GB/T 7326 润滑脂铜片腐蚀试验法

SH/T 0048 润滑脂相似粘度测定法

SH/T 0109 润滑脂抗水淋性能测定法

SH/T 0164 石油产品包装、贮运及交货验收规则

SH/T 0202 润滑脂极压性能测定法（四球机法）

NB/SH/T 0203 润滑脂承载能力的测定 梯姆肯法

SH/T 0204 润滑脂抗磨性能测定法（四球机法）

SH/T 0229 固体和半固体石油产品取样法

NB/SH/T 0324 润滑脂分油的测定 锥网法

SH/T 0325 润滑脂氧化安定性测定法

SH/T 0326 汽车轮轴承润滑脂漏失量测定法

SH/T 0337 润滑脂蒸发度测定法

SH/T 0428 高温下润滑脂在球轴承中的寿命测定法

## 3 产品品种和标记

### 3.1 产品品种

本标准所属产品按工作锥入度分为 1 号、2 号和 3 号。

### 3.2 产品标记

符合本标准表 1 技术要求的极压复合锂基润滑脂应标记为：产品名称 产品牌号 标准号。

**示例：** 极压复合锂基润滑脂 2 号 NB/SH/T 0535。

## 4 要求和试验方法

极压复合锂基润滑脂的技术要求和试验方法见表1。

**表1 极压复合锂基润滑脂技术要求和试验方法**

| 项 目 | | 质量指标 | | | 试验方法 |
|---|---|---|---|---|---|
| | | 1号 | 2号 | 3号 | |
| 工作锥入度/(0.1mm) | | 310~340 | 265~295 | 220~250 | GB/T 269 |
| 延长工作锥入度变化率(质量分数)/%<br>100000次 | 不大于 | 15 | 20 | | GB/T 269 |
| 滴点/℃ | 不低于 | 260 | | | GB/T 3498 |
| 防腐蚀性(52℃,48h) | | 合格 | | | GB/T 5018 |
| 腐蚀($T_2$铜片,100℃,24h) | | 铜片无绿色或黑色变化 | | | GB/T 7326 乙法 |
| 相似黏度(-10℃,$10s^{-1}$)/(Pa·s) | 不大于 | 500 | 800 | 1200 | SH/T 0048 |
| 水淋流失量(38℃,1h)(质量分数)/% | 不大于 | 5 | | | SH/T 0109 |
| 极压性能(四球机法)/N<br>$P_D$<br>*ZMZ* | <br>不小于<br>不小于 | <br>3089<br>441 | | | SH/T 0202 |
| 极压性能(梯姆肯法)*OK*值/N | 不小于 | 156 | | | NB/SH/T 0203 |
| 抗磨性能(四球机法)(1200r/min,40kgf,<br>75℃,60min)/mm | 不大于 | 0.6 | | | SH/T 0204 |
| 分油量(锥网法)(100℃,24h)(质量分数)/% | 不大于 | 6 | 5 | 3 | NB/SH/T 0324 |
| 氧化安定性(99℃,100h,758kPa)压力降/kPa | 不大于 | 70 | | | SH/T 0325 |
| 漏失量(104℃,6h)/g | 不大于 | 3.5 | 2.5 | | SH/T 0326 |
| 蒸发度(180℃,1h)(质量分数)/% | 不大于 | 5 | | | SH/T 0337 |
| 轴承寿命(149℃)/h | 不小于 | 400 | | | SH/T 0428 |

## 5 检验规则

### 5.1 检验分类

产品检验分出厂检验和型式检验。

#### 5.1.1 出厂检验

出厂批次检验项目包括:工作锥入度、滴点、腐蚀和分油量。

在生产工艺和原材料没有发生可能影响产品质量变化的情况下,出厂周期检验项目包括:蒸发度、相似黏度、延长工作锥入度、水淋流失量、氧化安定性和漏失量每半年检验一次,防腐蚀性、极压性能、抗磨性能每年检验一次,轴承寿命每四年检验一次。

#### 5.1.2 型式检验

型式检验项目包括表1中的全部项目。有下列情况之一时,应进行型式检验。

a）新产品投产或产品定型鉴定时；

b）原材料、工艺等发生较大变化，可能影响产品质量时；

c）出厂检验结果与上次型式检验结果有较大差异时。

### 5.2 组批

在原材料、工艺不变的条件下，产品每生产一罐或釜为一组（批）。

### 5.3 取样

取样按 SH/T 0229 进行，取 2.5kg 作为检验和留样用。

### 5.4 判定规则

出厂检验和型式检验结果符合第 4 章的技术要求，则判定该产品合格。

### 5.5 复验规则

如出厂检验和型式检验结果中有不符合表 1 的规定时，按 SH/T 0229 的规定重新抽取双倍样品进行复检，复检结果如仍有不符合项目时，则判该批产品为不合格。

## 6 标志、包装、运输和贮存

本产品的标志、包装、运输、贮存及交货验收按 SH/T 0164 进行。

中华人民共和国石油化工行业标准

SH/T 0536—1993

# 膨润土润滑脂

## 1 主题内容与适用范围

本标准规定了膨润土润滑脂的技术要求，包装、标志、贮运与取样。

本标准适用于由有机膨润土稠化高黏度矿物润滑油并加有添加剂制成的润滑脂。

符合本标准所属产品适用于工作温度在0℃~160℃温度范围的中低速机械设备润滑。

本标准所属产品按GB/T 7631.8的规定，其代号分别为L-XAEGA1、L-XAEGA2和L-XAEGA3。

## 2 引用标准

GB/T 269　润滑脂和石油脂锥入度测定法

GB/T 3498　润滑脂宽温度范围滴点测定法

GB/T 7325　润滑脂和润滑油蒸发损失测定法

GB/T 7326　润滑脂铜片腐蚀试验法

GB/T 7631.8　润滑剂和有关产品(L类)的分类　第8部分：X组(润滑脂)

SH/T 0048　润滑脂相似黏度测定法

SH/T 0109　润滑脂抗水淋性能测定法

SH 0164　石油产品包装、贮运及交货验收规则

SH/T 0229　固体和半固体石油产品取样法

SH/T 0324　润滑脂钢网分油测定法(静态法)

SH/T 0325　润滑脂氧化安定性测定法

## 3 技术要求

| 项　　目 | 质量指标 | | | 试验方法 |
|---|---|---|---|---|
| | 1号 | 2号 | 3号 | |
| 工作锥入度，0.1mm | 310~340 | 265~295 | 220~250 | GB/T 269 |
| 滴点，℃　　不低于 | 270 | | | GB/T 3498 |
| 钢网分油(100℃，30h)，%　　不大于 | 5 | 5 | 3 | SH/T 0324 |
| 腐蚀(T2铜片，100℃，24h) | 铜片无绿色或黑色 | | | GB/T 7326 乙法 |
| 蒸发量(99℃，22h)，%　　不大于 | 1.5 | | | GB/T 7325 |
| 水淋流失量(38℃，1h)，%　　不大于 | 10 | | | SH/T 0109 |
| 延长工作锥入度(100000次)变化率，%　　不大于 | 15 | 20 | 25 | GB/T 269 |

中国石油化工总公司1993-02-25批准　　　　1993-10-01实施

续表

| 项　　目 | 质量指标 | | | 试验方法 |
| --- | --- | --- | --- | --- |
| | 1号 | 2号 | 3号 | |
| 氧化安定性[1)]（99℃，100h，0.770MPa）<br>压力降，MPa　　不大于 | 0.070 | | | SH/T 0325 |
| 相似黏度（0℃，$10s^{-1}$），Pa·s | 报告 | | | SH/T 0048 |

注：1）为保证项目，每半年测定一次。如原料、工艺变动时必须进行测定。

## 4 包装、标志、贮运

本产品的包装、标志、贮存、运输及交货验收按 SH 0164 进行。

## 5 取样

取样按 SH/T 0229 进行，取 2.5kg 作为检验和留样用。

**附加说明：**

本标准由石油化工科学研究院提出并技术归口。

本标准由石油化工科学研究院负责起草。

本标准主要起草人李显名。

中华人民共和国石油化工行业标准

SH/T 0537—1993

# 极压膨润土润滑脂

## 1 主题内容与适用范围

本标准规定了极压膨润土润滑脂的技术要求，包装、标志、贮运与取样。

本标准适用于由有机膨润土稠化精制矿物油并加有极压、抗氧和防锈添加剂制成的润滑脂。

符合本标准所属产品适用于工作温度在-20~180℃温度范围内的高负荷机械设备润滑。

本标准所属产品按 GB/T 7631.8 的规定，其代号分别为 L-XBFHB1 和 L-XBFHB2。

## 2 引用标准

GB/T 269 润滑脂和石油脂锥入度测定法
GB/T 3498 润滑脂宽温度范围滴点测定法
GB/T 5018 润滑脂防腐蚀性试验法
GB/T 7325 润滑脂和润滑油蒸发损失测定法
GB/T 7326 润滑脂铜片腐蚀试验法
GB/T 7631.8 润滑剂和有关产品(L类)的分类 第8部分：X组(润滑脂)
SH/T 0048 润滑脂相似黏度测定法
SH/T 0109 润滑脂抗水淋性能测定法
SH 0164 石油产品包装、贮运及交货验收规则
SH/T 0202 润滑脂极压性能测定法(四球机法)
SH/T 0229 固体和半固体石油产品取样法
SH/T 0324 润滑脂钢网分油测定法(静态法)
SH/T 0325 润滑脂氧化安定性测定法

## 3 技术要求

| 项目 | | 质量指标 | | 试验方法 |
|---|---|---|---|---|
| | | 1号 | 2号 | |
| 工作锥入度，0.1mm | | 310~340 | 265~295 | GB/T 269 |
| 滴点，℃ | 不低于 | 270 | | GB/T 3498 |
| 钢网分油(100℃，30h)，% | 不大于 | 5 | | SH/T 0324 |
| 腐蚀(T2铜片，100℃，24h) | | 铜片无绿色或黑色 | | GB/T 7326 乙法 |
| 蒸发量(99℃，22h)，% | 不大于 | 1.5 | | GB/T 7325 |
| 水淋流失量(38℃，1h)，% | 不大于 | 10 | | SH/T 0109 |
| 延长工作锥入度(100000次)变化率，% | 不大于 | 20 | 25 | GB/T 269 |
| 氧化安定性[1](99℃，100h，0.770MPa)<br>压力降，MPa | 不大于 | 0.070 | | SH/T 0325 |

中国石油化工总公司 1993-02-25 批准　　1993-10-01 实施

续表

| 项　　目 | | 质量指标 | | 试验方法 |
|---|---|---|---|---|
| | | 1号 | 2号 | |
| 相似黏度(−15℃，$10s^{-1}$)，Pa·s | 不大于 | 1200 | 1500 | SH/T 0048 |
| 防腐蚀性(52℃，48h)，级 | 不大于 | 1 | | GB/T 5018 |
| 极压性能(四球机法)*ZMZ* 值，N | 不小于 | 490 | | SH/T 0202 |

注：1) 为保证项目，每半年测定一次。如原料、工艺变动时必须进行测定。

## 4　包装、标志、贮运

本产品的包装、标志、贮存、运输及交货验收按 SH 0164 进行。

## 5　取样

取样按 SH/T 0229 进行，取 2.5kg 作为检验和留样用。

---

**附加说明：**

本标准由石油化工科学研究院提出并技术归口。

本标准由石油化工科学研究院负责起草。

本标准主要起草人李显名。

ICS 75.100
E 36

# SH

# 中华人民共和国石油化工行业标准

NB/SH/T 0587—2016
代替 SH/T 0587—1994

# 二硫化钼锂基润滑脂

## Molybdenum disulfide lithium lubricating grease

2016-12-05 发布　　2017-05-01 实施

国家能源局　发布

# 前　言

本标准按照 GB/T 1.1—2009 给出的规则起草。

本标准代替 SH/T 0587—1994《二硫化钼极压锂基润滑脂》。

本标准与 SH/T 0587—1994《二硫化钼极压锂基润滑脂》相比主要变化如下：

——标准名称更改为《二硫化钼锂基润滑脂》；

——适用范围中删除了“按 GB/T 7631.8 的规定，其代号为 L-XBCHBO；L-XBCHB1；L-XBCHB2”，改为“适用于各种重负荷机械设备滚动和滑动摩擦部位的润滑”（见第 1 章）；

——增加了钼含量指标（见表 1）；

——防腐蚀性要求按新修订的 GB/T 5018 结果表述方式表示，由原来的“不大于 1 级”改为“合格”（见表 1）；

——增加了 3 号极压型二硫化钼锂基润滑脂技术要求（见表 1）；

——增加了普通型二硫化钼锂基润滑脂技术要求（见表 1）；

——增加了第 3 章产品分类（见第 3 章）；

——增加了第 5 章检验规则（见第 5 章）。

本标准与日本工业标准 JIS K2220-2003《润滑脂》的一致性程度为非等效。

本标准由中国石油化工集团公司提出。

本标准由全国石油产品和润滑剂标准化技术委员会石油燃料和润滑剂分技术委员会（SAC/TC280/SC1）归口。

本标准起草单位：中国石油化工股份有限公司石油化工科学研究院、中国石化润滑油有限公司。

本标准主要起草人：姜靓、刘中其、吴宝杰、邢荣艳。

本标准历次版本发布情况为：

——SH/T 0587—1994。

# 二硫化钼锂基润滑脂

## 1 范围

本标准规定了由脂肪酸锂皂稠化矿物基础油并加入二硫化钼等添加剂所制得的二硫化钼锂基润滑脂的分类、要求和试验方法、检验规则、标志、包装、运输和贮存。

本标准的产品适用于工作温度在-20℃~120℃范围内重负荷机械设备滚动和滑动摩擦部位的润滑。

## 2 规范性引用文件

下列文件对于本文件的应用是必不可少的。凡是注日期的引用文件，仅注日期的版本适用于本文件。凡是不注日期的引用文件，其最新版本（包括所有的修改单）适用于本文件。

GB/T 269 润滑脂和石油脂锥入度测定法

GB/T 4929 润滑脂滴点测定法

GB/T 5018 润滑脂防腐蚀性试验法

GB/T 7325 润滑脂和润滑油蒸发损失测定法

GB/T 7326—87 润滑脂铜片腐蚀试验法

SH/T 0048 润滑脂相似粘度测定法

SH/T 0109 润滑脂抗水淋性能测定法

SH 0164 石油产品包装、贮运及交货验收规则

SH/T 0202 润滑脂极压性能测定法（四球机法）

NB/SH/T 0203 润滑脂承载能力的测定 梯姆肯法

SH/T 0229 固体和半固体石油产品取样法

NB/SH/T 0324 润滑脂分油的测定 锥网法

NB/SH/T 0864 润滑脂中金属元素的测定 电感耦合等离子体发射光谱法

## 3 产品分类

产品按极压性分为极压型和普通型两类；按工作锥入度分为 0 号、1 号、2 号和 3 号。

## 4 要求和试验方法

二硫化钼锂基润滑脂的技术要求和试验方法见表 1。

表1 二硫化钼锂基润滑脂技术要求和试验方法

| 项目 \ 牌号 | 极压型 | | | | 普通型 | | | | 试验方法 |
|---|---|---|---|---|---|---|---|---|---|
| | 0号 | 1号 | 2号 | 3号 | 0号 | 1号 | 2号 | 3号 | |
| 工作锥入度/(0.1 mm) | 355~385 | 310~340 | 265~295 | 220~250 | 355~385 | 310~340 | 265~295 | 220~250 | GB/T 269 |
| 延长工作锥入度(100000次)/0.1 mm 不大于 | 420 | 390 | 360 | 330 | 420 | 390 | 360 | 330 | GB/T 269 |
| 滴点/℃ 不低于 | 170 | | 175 | | 170 | | 175 | | GB/T 4929 |
| 防腐蚀性(52℃，48 h) | 合格 | | | | | | | | GB/T 5018 |
| 蒸发量(99℃，22 h)(质量分数)/% 不大于 | 2.0 | | | | | | | | GB/T 7325 |
| 铜片腐蚀($T_2$铜片，100℃，24 h)(乙法) | 铜片无绿色或黑色变化 | | | | | | | | GB/T 7326—87 |
| 相似黏度(-10℃，$10s^{-1}$)/(Pa·s) 不大于 | 150 | 250 | 500 | 800 | 150 | 250 | 500 | 800 | SH/T 0048 |
| 水淋流失量(38℃，1 h)(质量分数)/% 不大于 | — | 10.0 | | | — | 10.0 | | | SH/T 0109 |
| 极压性能(四球机法)$P_B$/N | — | | | | 报告 | | | | SH/T 0202 |
| 极压性能(梯姆肯法)OK值/N 不小于 | 177 | | | | — | | | | NB/SH/T 0203 |
| 钢网分油(100℃，24 h)(质量分数)/% 不大于 | — | 10.0 | 5.0 | | — | 10.0 | 5.0 | | NB/SH/T 0324 |
| 钼含量(质量分数)/% 不小于 | 1.5 | | | | 0.5 | | | | NB/SH/T 0864 |

## 5 检验规则

### 5.1 检验分类

产品检验分出厂检验和型式检验。

#### 5.1.1 出厂检验

出厂检验包括出厂批次检验和出厂周期检验。

出厂批次检验项目包括：工作锥入度、滴点。

在生产工艺和原材料没有发生可能影响产品质量变化的情况下，出厂周期检验项目包括：铜片腐蚀、钢网分油和水淋流失量，每半年检验一次；蒸发量、延长工作锥入度、防腐蚀性、极压性能、相似黏度和钼含量，每年检验一次。

#### 5.1.2 型式检验

型式检验项目包括表1中的全部项目。有下列情况之一时，应进行型式检验。

a）新产品投产或产品定型鉴定时；

b）原材料、工艺等发生较大变化，可能影响产品质量时；
c）出厂检验结果与上次型式检验结果有较大差异时。

### 5.2 组批

在原材料、工艺不变的条件下，产品每生产一罐或釜为一组（批）。

### 5.3 取样

取样按 SH/T 0229 的规定进行，取 5 kg 作为检验和留样用。

### 5.4 判定规则

二硫化钼锂基润滑脂出厂检验和型式检验结果符合表 1 的技术要求，则判定该产品合格。

### 5.5 复验规则

二硫化钼锂基润滑脂如出厂检验和型式检验结果中有不符合表 1 的技术要求时，按 SH/T 0229 的规定重新取样进行复检，复检结果如仍有不符合项目时，则判该批产品为不合格。

## 6 标志、包装、运输和贮存

本产品的标志、包装、运输、贮存及交货验收按 SH 0164 的规定执行。

中华人民共和国石油化工行业标准

SH/T 0595—1994

# 7405号高温高压螺纹密封脂

## 1 主题内容与适用范围

本标准规定了7405号高温高压螺纹密封脂的技术要求，检验、包装、贮运及交货验收规则。

本标准适用于由无机稠化剂稠化矿物油，并加有一定量的固体填料、高分子聚合物和抗腐蚀添加剂等制成的高温高压螺纹密封脂。

符合本标准的产品适用于油气田井下套管螺纹的润滑与密封。也适用于某些高温高压设备螺纹联接处的润滑与密封。

## 2 引用标准

GB/T 269 润滑脂和石油脂锥入度测定法

GB/T 308 滚动轴承 钢球

GB 1922 溶剂油

GB/T 3498 润滑脂宽温度范围滴点测定法

GB/T 12707—1991 工业产品质量分等导则

SH/T 0048 润滑脂相似黏度测定法

SH/T 0109 润滑脂抗水淋性能测定法

SH 0164 石油产品包装、贮运及交货验收规则

SH/T 0229 固体和半固体石油产品取样法

SH/T 0324 润滑脂钢网分油测定法(静态法)

SH/T 0331 润滑脂腐蚀试验法

SH/T 0337 润滑脂蒸发度测定法

HG/T 3-1003 石油醚

## 3 产品质量等级划分

本产品按GB/T 12707划分为一等品和合格品两个质量等级。一等品适用于深井或超深井的井下套管，使用温度达200℃，可承受59MPa蒸汽压力，且能耐中等浓度的酸、碱及盐溶液等化学介质。合格品适用于井深5000m以内的井下套管。

中国石油化工总公司 1994-05-04 批准 1994-12-01 实施

## 4 技术要求

| 项 目 | | 质量指标 | | 试验方法 |
|---|---|---|---|---|
| | | 一等品 | 合格品 | |
| 外观 | | 黑色均匀油膏 | | 目测 |
| 工作锥入度，0.1mm | | 300~340 | | GB/T 269 |
| 滴点，℃ | 不低于 | 250 | 200 | GB/T 3498 |
| 钢网分油(65℃，24h)，%(*m*/*m*) | 不大于 | 5.0 | 8.0 | SH/T 0324 |
| 蒸发度(150℃，1h)，%(*m*/*m*) | 不大于 | 2.0 | 3.0 | SH/T 0337 |
| 相似黏度(-10℃，$10s^{-1}$)，Pa·s | | 测定 | | SH/T 0048 |
| 抗水淋性(65℃±1℃，2h)，%(*m*/*m*) | 不大于 | 5.0 | | SH/T 0109 |
| 腐蚀(45号钢，100℃，3h) | | 合格 | | SH/T 0331[1)] |
| 逸气量(65℃，120h)，mL | 不大于 | 20 | 测定 | 附录A |
| 摩擦系数(常温，SRV试验机) | | 测定 | | 附录B |

注：1) 金属片尺寸为25mm×25mm×3mm，烧杯容积为50mL。

## 5 检验规则

5.1 检验分类

产品检验分出厂检验和型式检验。

5.2 出厂检验

产品在出厂前必须进行以下检验：

a. 外观；

b. 工作锥入度；

c. 滴点；

d. 蒸发度；

e. 相似黏度；

f. 腐蚀。

产品经生产技术检验部门进行出厂检验，检验合格后，附有产品检验合格证，方可出厂。

5.3 型式检验

对本标准中规定的技术要求进行全部检验。

5.3.1 有下列情况之一时，一般应进行型式检验：

a. 产品转产时；

b. 正式生产中，如原料、工艺有较大改变，可能影响产品性能时；

c. 产品长期停产后，恢复生产时；

d. 出厂检验结果与上次型式检验有较大差异时；

e. 国家质量监督机构提出进行型式检验要求时。

5.4 组批、取样、判定和复验

5.4.1 组批

以生产单元一次或数次投料生产、混合均匀的产品为一批。

5.4.2 取样

5.4.2.1 取样按 SH/T 0229 进行。

5.4.2.2 从平均试样中取两份同等数量的样品(每份 0.75kg)作为检验和留样用。

5.4.3 判定

根据每批质量检验结果，对照技术要求的质量指标进行判定。检验结果全部符合质量指标为合格。

5.4.4 复验

检验结果如有个别项目不符合本标准技术要求的质量指标时，可对保留样品进行复验(复验应经质量管理部门认可后进行)。复验结果中任一项不符合质量指标，则该批产品不能按合格品出厂。

## 6 包装、标志与贮运

本产品的包装、标志、贮存、运输及交货验收按 SH 0164 进行。

# 附 录 A
# 螺纹密封润滑脂逸气量测定法
（补充件）

## A1 主题内容与适用范围

本方法规定了螺纹密封润滑脂逸气量的测定方法。

本方法适用于测定螺纹密封润滑脂的逸气量。

## A2 方法概要

将盛有试样的专用密封装置，浸入规定温度的油浴中，经过一定时间后，测定螺纹密封脂排出的气体体积。

## A3 试剂

**A3.1** 溶剂油：符合 GB 1992 中 NY 190 要求。

**A3.2** 石油醚：馏程 60℃～90℃。

## A4 仪器

弹体、气瓶及压力计见图 A1。

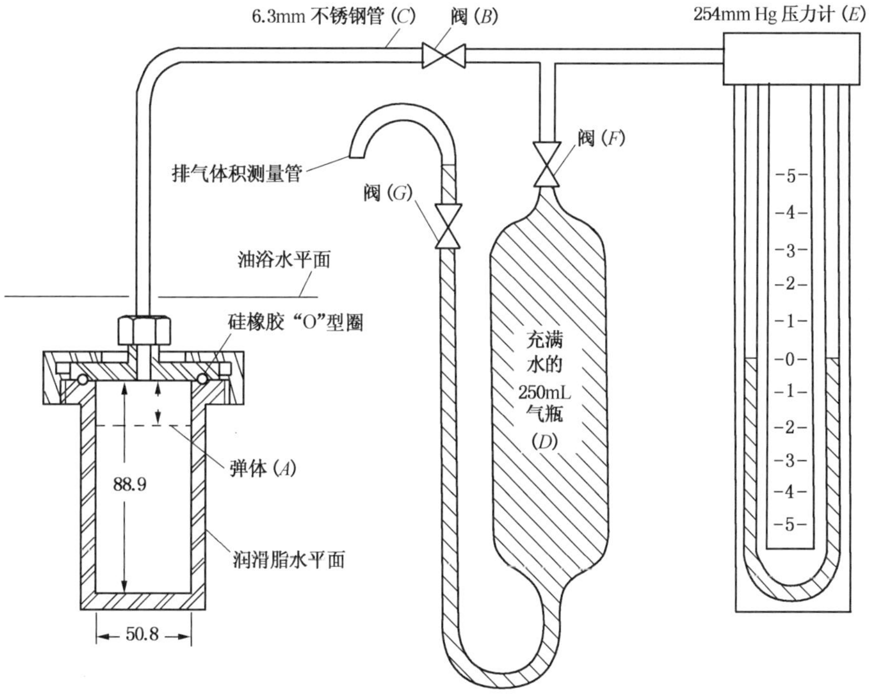


**图 A1 逸气量试验仪器**

## A5 试样

螺纹密封脂约 300g。

## A6 试验步骤

**A6.1** 将试样装入弹体 $A$，使试样表面与内壁上环线(距弹体口 15.9mm)齐平。为防止气泡和使试样表面平整，可震动装样。

**A6.2** 密封弹体，关闭针阀 $B$，将弹体装置放入预先调整到试验温度为 65℃±1℃的油浴中，保持试验温度，同时记录室温。

**A6.3** 用管道 $C$ 将弹体装置与气瓶 $D$ 和压力计 $E$ 连接。

**A6.4** 打开针阀 $B$。

**A6.5** 15min 后，观察和记录由于系统内气体和试样两者膨胀导致的压力计上的气压增值数。

**A6.6** 打开阀 $F$ 和 $G$，用量筒测量被排出的水的体积，并记录之，然后关闭阀 $F$ 和 $G$。

**A6.7** 在试验温度下保持 5d，然后重复步骤 A6.6，同时记录室温。

**A6.8** 计算逸气量

a. 总排水量为：在试验温度下，15min 后测得的被排出的水体积与试验结束时测得的被排出的水体积总和。

b. 计算在试验温度下，从弹体内排出的修正后的空气膨胀量。

c. 逸气量=总排水量-修正后的空气膨胀量。

## A7 试验结果的表述

**A7.1** 试验数据

| | |
|---|---|
| a. 试验温度(油浴温度) | ($t_1$),℃ |
| b. 试验开始时的室温 | ($t_2$),℃ |
| c. 试验结束时的室温 | ($t_3$),℃ |
| d. 空气膨胀系数 | (0.00367)，mL/℃·mL |
| e. 弹体内径 | ($D$)，cm |
| f. 弹体内试样上方空间高度 | ($h$)，cm |
| g. 总排水量 | ($V$)，mL |

**A7.2** 计算

a. 在室温下，弹体内试样上方空气体积 $V_1$(mL)：

$$V_1=\pi(D/2)^2h \quad\cdots\cdots\cdots (A1)$$

b. 在试验温度下，空气体积 $V_1$ 的膨胀量 $V_2$(mL)：

$$V_2=V_1\times 0.00367\times(t_1-t_2) \quad\cdots\cdots\cdots (A2)$$

c. 空气膨胀量 $V_2$ 冷却到室温时的收缩量 $V_3$(mL)：

$$V_3=V_2\times 0.00367\times(t_1-t_3) \quad\cdots\cdots\cdots (A3)$$

d. 修正后的空气膨胀量 $V_4$(mL)：

$$V_4=V_2-V_3 \quad\cdots\cdots\cdots (A4)$$

e. 逸气量 $X$(mL)：

$$X=V-V_4 \quad\cdots\cdots\cdots (A5)$$

# 附 录 B
# 润滑剂摩擦系数测定法（SRV 法）
（补充件）

## B1 主题内容与适用范围

本方法规定了润滑剂摩擦系数测定方法（SRV 法）。
本方法适用于测定润滑油脂的摩擦系数。

## B2 方法概要

本方法是在设定试验条件下，用钢球与圆块在点接触下作往复直线运动来测定润滑油脂的摩擦系数。

## B3 试剂与材料

**B3.1** 试验钢球：GCr15 钢，直径 12.7mm（1/2in），符合 GB/T 308 标准Ⅱ级球。
**B3.2** 试验圆块：GCr15 钢，直径 24mm，高 7.85mm，硬度 HRC 61～65，表面粗糙度 $R_a$0.2（光洁度▽10）。
**B3.3** 溶剂油：符合 GB 1922 中的 NY 190 要求。
**B3.4** 石油醚：馏程 60℃～90℃。

## B4 仪器

SRV 摩擦磨损试验机。

## B5 试样

润滑油或脂约 1g。

## B6 试验步骤

**B6.1** 将试验钢球和圆块浸泡在溶剂油中反复清洗，完全除去钢球和圆块上的防锈层，然后用石油醚清洗，最后，用吹风机吹干待用。
**B6.2** 将试验圆块放到试验腔的基座上，用固定夹夹紧，并在试验圆块的上表面试验部位涂上试样。
**B6.3** 将试验钢球放入球夹具中，旋紧夹具上的固定螺钉，然后将球夹具放到试验腔内的两根支承杆上，拧紧上部的加载螺母及两侧支承杆上的固定螺栓。
**B6.4** 设定试验条件
a. 温度：用控温器设定所要求的温度。如未提要求，则按 40℃设定。
b. 时间：用定时器设定所要求的试验时间。如未提要求，则按 30min 设定。
c. 频率：用频率控制器设定所要求的试验频率。如未提要求，则按 50Hz 设定。
d. 负荷：用加载器施加所要求的负荷。如未提要求，则按 50N 施加。
**B6.5** 待上述试验条件设定及温度稳定后，启动主开关，并通过冲程调节开关使冲程调至所要求值（若未提要求，则调至 0.5mm）。此时试验机完全自控，并自动记录摩擦系数曲线，经设定的试验时间后自动停止运行。

## B7 报告

读出记录纸上曲线稳定后所指示的摩擦系数值，作为测定结果。

**附加说明：**

本标准由中国石化一坪化工厂提出并技术归口。

本标准由中国石化一坪化工厂负责起草。

本标准主要起草人李淑范、肖存亮、曾一兵、陈大鹏。

本标准参照采用美国石油学会标准 API Bull 5A2-1988《套管、油管及管线管螺纹脂》。

# 前　　言

本标准是电位器阻尼脂的产品标准，它将国内电位器用阻尼脂形成系列，标准按 GB/T 1.1—1993 的规定编写。

本标准中附录 A 为标准的附录。

本标准由中国石油化工总公司重庆一坪高级润滑油公司提出。

本标准由中国石油化工总公司重庆一坪高级润滑油公司技术归口。

本标准由中国石油化工总公司重庆一坪高级润滑油公司、长城高级润滑油公司负责起草。

本标准主要起草人：颜自力、李长龙、李天均、薛玉苓。

中华人民共和国石油化工行业标准

# 电位器阻尼脂

SH/T 0640—1997

**Damping greases for potentiometer**

## 1 范围

本标准规定了电位器阻尼脂的技术要求。按锥入度和使用要求分为Ⅰ、Ⅱ、Ⅲ、Ⅳ四种类型。

本标准适用于由皂基或无机稠化剂稠化精制矿油或合成油制成的电位器阻尼脂。

符合本标准的产品适用于旋转式电位器轴系或直滑式电位器滑片与滑轨的阻尼和润滑。Ⅰ型脂的使用温度范围为：-10℃～70℃；Ⅱ型脂的使用温度范围为：-20℃～120℃；Ⅲ、Ⅳ型脂的使用温度范围为：-40℃～150℃。Ⅰ、Ⅱ型脂适用于旋转式电位器；Ⅲ型脂适用于直滑式电位器；Ⅳ型脂适用于直滑式或旋转式电位器。

## 2 引用标准

下列标准包含的条文，通过引用而构成为本标准的一部分。除非在标准中另有明确规定，下列引用标准都应是现行有效标准。

GB/T 269　润滑脂和石油脂锥入度测定法

GB/T 3498　润滑脂宽温度范围滴点测定法

SH/T 0048　润滑脂相似黏度测定法

SH 0164　石油产品包装、贮运及交货验收规则

SH/T 0229　固体和半固体石油产品取样法

SH/T 0331　润滑脂腐蚀试验法

SH/T 0337　润滑脂蒸发度测定法

## 3 技术内容

### 3.1 技术要求

电位器阻尼脂的详细要求见表1。

表1　电位器阻尼脂的详细要求

| 项目 | 质量指标 | | | | 试验方法 |
|---|---|---|---|---|---|
| | Ⅰ型 | Ⅱ型 | Ⅲ型 | Ⅳ型 | |
| 外观 | 乳白色至浅褐色黏稠油膏 | | | | 目测 |
| 1/4工作锥入度，0.1mm | 40～56 | 60～76 | 80～96 | 100～116 | GB/T 269 |
| 滴点，℃　不低于 | 200 | 250 | | 200 | GB/T 3498 |
| 蒸发度，%(m/m)　不大于 | | | | | SH/T 0337 |
| 100℃，1h | 2.0 | — | | — | |
| 120℃，1h | — | 5.0 | | — | |
| 200℃，1h | — | — | | 2.0 | |

中国石油化工总公司 1997-07-12 批准　　1997-12-01 实施

表 1(续)

| 项目 | 质量指标 | | | | 试验方法 |
|---|---|---|---|---|---|
| | Ⅰ型 | Ⅱ型 | Ⅲ型 | Ⅳ型 | |
| 腐蚀(T3 铜，100℃，3h) | 合格 | | | | SH/T 0331 |
| 相似黏度($10s^{-1}$)，Pa·s | | | | | SH/T 0048 |
| -40℃　不大于 | — | — | 300 | 150 | |
| 0℃　不大于 | 2000 | 实测 | — | — | |
| 25℃ | 不小于 250 | 100~500 | — | — | |
| 旋转力矩(20℃，20r/min，转 20 圈)，mN·m | 实测 | 30~100 | — | — | 附录 A |

## 4 检验方法

4.1 本标准中检验方法分为出厂检验和型式检验，见表 2。

表 2 检验方法分类

| 检验项目 | 型式检验 | 出厂检验 |
|---|---|---|
| 外观 | ✓ | ✓ |
| 1/4 工作锥入度 | ✓ | ✓ |
| 滴点 | ✓ | ✓ |
| 蒸发度 | ✓ | ✓ |
| 腐蚀 | ✓ | ✓ |
| 相似黏度 | ✓ | |
| 旋转力矩 | ✓ | |

4.2 有下列情况之一时，应进行型式检验：

a) 产品转产时；

b) 正式生产中，如遇原料、工艺等有较大改变，可能影响产品性能时；

c) 产品长期停产后，恢复生产时；

d) 出厂检验结果与上次型式检验结果有较大差异时；

e) 国家质量监督机构提出进行型式检验要求时；

f) 正常生产时，每年首批全检。

## 5 包装、标志、贮运及交货验收

本产品的包装、标志、贮存、运输及交货验收按 SH 0164 进行。

## 6 取样

6.1 取样按 SH/T 0229 进行。

6.2 从平均试样中取两份同等数量的样品(每份 0.5kg)作为检验和留样用。

# 附 录 A
（标准的附录）
## 电位器阻尼脂旋转力矩测定法

### A1 范围

本方法规定了电位器阻尼脂旋转力矩测定法。
本方法适用于测定转轴式电位器所用阻尼润滑脂的旋转力矩。

### A2 方法原理

本方法是借助于测量杆，通过力矩仪测量一定转速下，电位器阻尼润滑脂的旋转力矩值。

### A3 试剂和材料

**A3.1** 石油醚：90℃～120℃

### A4 仪器和设备

**A4.1** FDT-1 型阻尼力矩测定仪（见图 A1）或相当的旋转力矩测定装置。

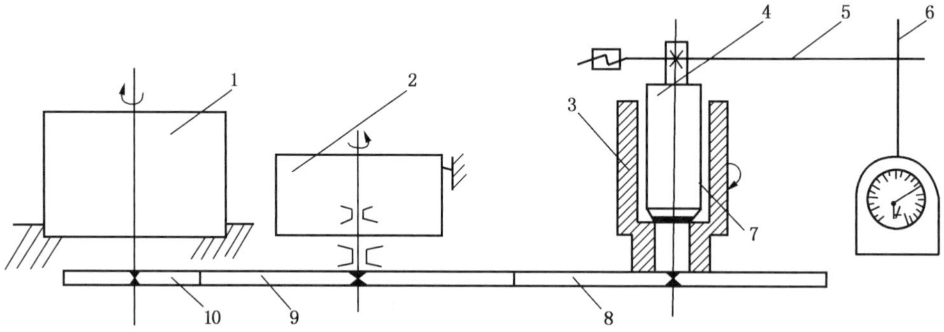


1—电机；2—测速传感器；3—轴套；4—转轴；5—测量杆；6—力矩表；
7—装脂空隙；8—含有试验槽的齿轮；9、10—齿轮（其中 10 为主动轮）

**图 A1 FDT-1 型阻尼力矩测定仪原理图**

**A4.2** 恒温试验箱：包括有高温、低温和常温三种。

### A5 试样

电位器阻尼脂约 0.01kg。

### A6 准备工作

**A6.1** 利用仪器的可调支脚将仪器调整至水平状态。
**A6.2** 用石油醚（A3.1）清洗转轴与轴套，清洗后放置 5min，备用。
**A6.3** 选择量程适当的力矩表，松开力矩表的紧固螺钉，将其安装到定位槽中，用紧固螺钉上紧。

### A7 操作步骤

**A7.1** 将试样均匀地涂抹在清洗干净的转轴表面，厚度约为 0.1mm。
**A7.2** 涂脂后的转轴插入轴套，推拉或旋转数次，以使脂充满轴与轴套之间的空隙，擦去被挤出空隙的多余的脂。

A7.3　将 A6.2.2 准备好的轴与轴套组合件，按要求放入不同的温度的试验箱内，至少恒温 30min。

A7.4　启动电机，调节电机电流，使电机转速达到试验规定的转速，一般为 10r/min±2r/min，或 20r/min±4r/min 后关闭电机。

A7.5　从试验箱中取出组合件，在 5s 内放入试验槽中，启动电机带动轴套开始转动。此时校正转轴与轴套组合件的转速，使其达到试验规定的转速。

A7.6　在达到规定的转动圈数时，记录力矩表的值。

## A8　测定结果的表述

取重复测定二次结果的算术平均值，作为测定结果。

## A9　精密度

A9.1　重复性

二次测定结果与其平均值的差值应小于平均值的 10%。

ICS 75.100
E 36

SH

# 中华人民共和国石油化工行业标准

SH/T 0789—2007

# 极压聚脲润滑脂

## Extreme pressure polyurea lubricating grease

2007-08-01 发布　　2008-01-01 实施

中华人民共和国国家发展和改革委员会　发布

# 前　言

本标准由全国石油产品和润滑剂标准化技术委员会提出。

本标准由中国石油化工股份有限公司石油化工科学研究院归口。

本标准起草单位：中国石油化工股份有限公司石油化工科学研究院。

本标准主要起草人：杨玮、姚立丹、王平。

本标准为首次发布。

# 极压聚脲润滑脂

## 1 范围

本标准规定了极压聚脲润滑脂的要求和试验方法、检验规则及标志、包装、运输和贮存。

本标准所属产品适用于冶金行业钢厂热连铸机集中润滑系统及其他处于高温、高负荷、水淋条件下工作设备的润滑与防护。

## 2 规范性引用文件

下列文件中的条款通过本标准的引用而成为本标准的条款。凡是注日期的引用文件，其随后所有的修改单(不包括勘误的内容)或修订版均不适用于本标准，然而，鼓励根据本标准达成协议的各方研究是否可使用这些文件的最新版本。凡是不注日期的引用文件，其最新版本适用于本标准。

GB/T 269　润滑脂和石油脂锥入度测定法
GB/T 3498　润滑脂宽温度范围滴点测定法
GB/T 5018　润滑脂防腐蚀性试验法
GB/T 7325　润滑脂和润滑油蒸发量损失测定法
GB/T 7326　润滑脂铜片腐蚀试验法
SH/T 0048　润滑脂相似黏度测定法
SH/T 0109　润滑脂抗水淋性能测定法
SH 0164　石油产品包装、贮运及交货验收规则
SH/T 0202　润滑脂极压性能测定法(四球机法)
SH/T 0203　润滑脂极压性能测定法(梯姆肯试验机法)
SH/T 0229　固体和半固体石油产品取样法
SH/T 0324　润滑脂钢网分油测定法(静态法)
SH/T 0325　润滑脂氧化安定性测定法
SH/T 0428　高温下润滑脂在抗磨轴承中工作性能测定法

## 3 要求和试验方法

### 3.1 产品分类

本标准所属产品按锥入度分为0号、1号和2号3个稠度牌号。

### 3.2 技术要求

极压聚脲润滑脂的技术要求与试验方法见表1。

**表1　极压聚脲润滑脂技术要求和试验方法**

| 项　目 | | 质量指标 | | | 试验方法 |
|---|---|---|---|---|---|
| | | 0号 | 1号 | 2号 | |
| 工作锥入度，0.1mm | | 355~385 | 310~340 | 265~295 | GB/T 269 |
| 延长工作锥入度(十万次)<br>差值变化率[a]，% | 不大于 | 15 | 20 | 25 | GB/T 269 |
| 滴点，℃ | 不低于 | 250 | | | GB/T 3498 |
| 钢网分油(100℃，24h)，%(质量分数) | 不大于 | — | 8.0 | 5.0 | SH/T 0324 |
| 腐蚀($T_2$铜片，100℃，24h) | | 铜片无绿色或黑色变化 | | | GB/T 7326 乙法 |

表 1(续)

| 项　目 | | 质量指标 | | | 试验方法 |
|---|---|---|---|---|---|
| | | 0 号 | 1 号 | 2 号 | |
| 蒸发量(99℃，22h),%（质量分数）　不大于 | | 1.5 | | | GB/T 7325 |
| 相似黏度(-10℃，$D=10s^{-1}$)，Pa·s　不大于 | | 300 | 500 | 1000 | SH/T 0048 |
| 水淋流失量(38℃，1h),%（质量分数）　不大于 | | — | 7.0 | 5.0 | SH/T 0109 |
| 氧化安定性(100℃，100h，氧分压 0.785MPa)<br>压力降，MPa　不大于 | | 0.050 | | | SH/T 0325 |
| 防腐蚀性能(52℃，48h) | | 合格 | | | GB/T 5018 |
| 极压性能 | TIMKEN 法，N　不小于 | 178 | | | SH/T 0203 |
| | 四球机法最大无卡咬负荷 $P_B$，N 不小于 | 686 | | | SH/T 0202 |
| 轴承寿命(149℃)，h　不小于 | | — | — | 120 | SH/T 0428 |

[a] 差值变化率计算方法为：工作十万次后的锥入度值与工作 60 次的锥入度值的差值，除以工作 60 次的锥入度值，乘以 100%所得的百分数。

## 4 检验规则

### 4.1 检验分类与检验项目

产品检验分出厂检验和型式检验。

#### 4.1.1 出厂检验

出厂批次检验项目包括：工作锥入度、滴点、腐蚀和钢网分油。

出厂周期检验项目包括：延长工作锥入度、蒸发量、水淋流失量、相似黏度、氧化安定性、防腐蚀性和极压性能每年检验一次。

#### 4.1.2 型式检验

型式检验项目包括技术要求表中的全部项目。有下列情况之一时，应进行型式检验。

a)新产品投产或产品定型鉴定时；

b)原材料工艺等发生较大变化，可能影响产品质量时；

c)出厂检验结果与上次型式检验结果有较大差异时。

### 4.2 组批

在原材料、工艺不变的条件下，产品每生产一罐或釜为一组(批)。

### 4.3 取样

取样按 SH/T 0229 进行，取 6kg 作为检验和留样用。

### 4.4 判定规则

出厂检验和型式检验结果符合第 3 章的技术要求，则判定该产品合格。

### 4.5 复验规则

如出厂检验结果中有不符合第 3 章技术指标的规定时，按 SH/T 0229 的规定重新取样进行复检，复检结果如仍有一项不符合本标准规定的技术指标时，则判该批产品为不合格。

## 5 标志、包装、运输和贮存

本产品的标志、包装、运输、贮存及交货验收按 SH 0164 进行。

ICS 75.120
E 39

SH

# 中华人民共和国石油化工行业标准

NB/SH/T 0849—2010

# 汽车空调合成冷冻机油

## Synthetic refrigerator oil for automotive air-condition

2011-01-09 发布　　2011-05-01 实施

中华人民共和国工业和信息化部　发布

# 前　言

本标准由全国石油产品和润滑剂标准化技术委员会提出。

本标准由全国石油产品和润滑剂标准化技术委员会合成油脂分技术委员会归口。

本标准起草单位：中国石油化工股份有限公司润滑油重庆分公司。

本标准主要起草人：陈美名、李玉平。

本标准为首次发布。

# 汽车空调合成冷冻机油

## 1 范围

本标准规定了以聚乙二醇类合成油为基础油，添加抗氧化剂、防腐蚀剂等添加剂制成的汽车空调合成冷冻机油的要求和试验方法、检验规则、包装、标志、贮存和运输。

本标准所属产品适用于以 R134a 为制冷介质的汽车空调压缩机。适用温度范围：-30℃～+150℃。

## 2 规范性引用文件

下列文件中的条款通过本标准的引用而成为本标准的条款。凡是注日期的引用文件，其随后所有的修改单(不包括勘误的内容)或修订版均不适用于本标准，然而，鼓励根据本标准达成协议的各方研究是否可使用这些文件的最新版本。凡是不注日期的引用文件，其最新版本适用于本标准。

GB/T 265　石油产品运动黏度测定法和动力黏度计算法

GB/T 507　绝缘油击穿电压测定法(GB/T 507—2002，eqv IEC 156：1995)

GB/T 3142　润滑剂承载能力测定法(四球法)

GB/T 3535　石油产品倾点测定法(GB/T 3535—2006，ISO 3016：1994，MOD)

GB/T 3536　石油产品闪点和燃点测定法(克利夫兰开口杯法)(GB/T 3536—2008，ISO 2592：2000，MOD)

GB/T 4756　石油液体手工取样法(GB/T 4756—1998，eqv ISO 3170：1988)

GB/T 5096　石油产品铜片腐蚀试验法

GB/T 7304　石油产品和润滑剂酸值测定法(电位滴定法)

GB/T 11133　液体石油产品水含量测定法(卡尔·费休法)

GJB 562　航空发动机润滑油相容性测定法

SH 0164　石油产品包装、贮运及交货验收规则

SH/T 0451　液体润滑剂贮存安定性试验法

SH/T 0698　在制冷剂系统中冷冻机油的化学稳定性试验法(密封玻璃管法)

SH/T 0699　冷冻机油与制冷剂相溶性试验法

## 3 要求和试验方法

汽车空调合成冷冻机油的技术要求和试验方法见表 1。

**表 1　汽车空调合成冷冻机油的技术要求和试验方法**

| 项　目 | 质量指标 | | | | 试验方法 |
|---|---|---|---|---|---|
| | 46 | 68 | 100 | 150 | |
| 外观 | 透明、均匀液体 | | | | 目测 |
| 运动黏度/($mm^2/s$)<br>40℃<br>100℃ | <br>41.4～50.6<br>报告 | <br>61.2～74.8<br>报告 | <br>90～110<br>报告 | <br>135～165<br>报告 | GB/T 265 |

表 1(续)

| 项　　目 | | 质 量 指 标 | | | | 试验方法 |
|---|---|---|---|---|---|---|
| | | 46 | 68 | 100 | 150 | |
| 闪点(开口)/℃ | 不低于 | 200 | | | | GB/T 3536 |
| 倾点/℃ | 不高于 | -35 | | | | GB/T 3535 |
| 酸值/(mgKOH/g) | 不大于 | 0.15 | | | | GB/T 7304[a] |
| 腐蚀试验($T_2$ 铜，100℃，3h)/级 | 不大于 | 1 | | | | GB/T 5096 |
| 击穿电压/kV | 不小于 | 25 | | | | GB/T 507 |
| 水含量/(mg/kg) | | 报告 | | | | GB/T 11133 |
| 与制冷剂相容性(油分率 5%)/℃ | 不大于 | -35 | | 报告 | | SH/T 0699 |
| 化学稳定性(密封玻璃管法，175℃，14d) | | 无沉淀 | | | | SH/T 0698 |
| 贮存稳定性(24℃±22℃，365d) | | 合格 | | | | SH/T 0451 |
| 承载能力(四球法)/N<br>最大无卡咬负荷 $P_B$<br>烧结负荷 $P_D$<br>综合磨损指数 $ZMZ$ | | <br>报告<br>报告<br>报告 | | | | GB/T 3142 |
| 相容性[b] | | 合格 | | | | GJB 562 |

[a] 采用设置终点法。

[b] 此项目不作为必检项目，可由供需双方协商确定。

## 4 检验规则

### 4.1 检验分类

产品检验分出厂检验和型式检验。

### 4.2 出厂检验

出厂检验项目包括：外观、运动黏度、闪点、倾点、腐蚀试验。

### 4.3 型式检验

型式检验项目为表 1 技术要求规定的所有项目，有下列情况之一时，必须进行型式检验：

a) 新产品投产或产品定型鉴定时；

b) 原材料、工艺等发生较大变化，可能影响产品质量时；

c) 出厂检验结果与上次型式检验结果有较大差异时。

### 4.4 组批

在原材料、工艺不变的条件下，产品每生产一罐或釜为一批。

### 4.5 取样

取样按 GB/T 4756 进行，每批产品取样 3L 作为检验和留样用。

### 4.6 判定规则

出厂检验和型式检验结果符合表 1 技术要求的规定时，则判定该批产品合格。

### 4.7 复验规则

检验结果中如有一个项目不符合表1技术要求的规定时，按GB/T 4756的规定重新抽取双倍样品进行复检，复检结果如仍有一项不符合表1技术要求的规定时，则判定该批产品为不合格。

## 5 标志、包装、运输和贮存

标志、包装、运输、贮存及交货验收按SH 0164进行。

ICS 75.100
E 40

SH

# 中华人民共和国石油化工行业标准

NB/SH/T 0851—2010

## 精密机械和光学仪器用润滑脂

## Greases for precision engineering and optical instruments

2011-01-09 发布　　　　2011-05-01 实施

国家能源局　发布

# 前　　言

本标准修改采用德国标准 DIN 58395《精密机械和光学仪器用润滑材料温度应用范围》、DIN 58396 第一部分《精密机械和光学仪器润滑脂应用等级　润滑脂组》及 DIN 58396 第二部分《精密机械和光学仪器润滑脂　最低要求》。

本标准按上述参标重新起草。

本标准与上述参标的主要差异为：

——本标准以一个标准概括上述三个参标的技术内容，以便于指导用户选用产品。

——本标准增加了防霉试验和显雾试验项目。

本标准的附录 A、附录 B 为规范性附录。

本标准由全国石油产品和润滑剂标准化技术委员会提出。

本标准由全国石油产品和润滑剂标准化技术委员会合成油脂分技术委员会归口。

本标准主要起草单位：中国石油化工股份有限公司润滑油重庆分公司、贵阳新天光电科技有限公司。

本标准主要起草人：颜自力、黄敬、赵玉贞、欧阳秋。

本标准为首次发布。

# 精密机械和光学仪器用润滑脂

## 1 范围

本标准规定了精密机械和光学仪器用润滑脂的应用温度范围、应用等级划分、最低技术要求和试验方法、产品的包装、贮存及交货验收。

本标准所属产品适用于精密机械和光学仪器的润滑。

本标准所属产品不适用于有高负荷要求的精密机械和光学仪器用润滑脂。

## 2 规范性引用文件

下列文件中的条款通过本标准的引用而成为本标准的条款。凡是注日期的引用文件，其随后所有的修改单(不包括勘误的内容)或修订版均不适用于本标准，然而，鼓励根据本标准达成协议的各方研究是否可使用这些文件的最新版本。凡是不注日期的引用文件，其最新版本适用于本标准。

GB/T 269　润滑脂和石油脂锥入度测定法

GB/T 3498　润滑脂宽温度范围滴点测定法

GB/T 5096　石油产品铜片腐蚀试验法

JB/T 9348.1　光学仪器防霉、防雾、防锈试验方法

SH 0164　石油产品包装、贮运及交货验收规则

SH/T 0336　润滑脂杂质含量测定法(显微镜法)

SH/T 0337　润滑脂蒸发度测定法

SH/T 0533　防锈油脂防锈试验试片锈蚀评定方法

SH/T 0640　电位器阻尼脂(附录 A)

SH/T 0681　润滑脂表观粘度测定法

NB/SH/T 0850　精密机械和光学仪器润滑脂流散性测定法

## 3 应用温度范围

精密机械和光学仪器用润滑脂，根据主要的使用工况和温度范围进行划分，划分类别见表 1。

**表 1　精密机械和光学仪器用润滑脂类别和使用温度范围**

| 使用温度范围 | | 温　度/℃ | | | | | | | | 应用实例 |
|---|---|---|---|---|---|---|---|---|---|---|
| | | ≤ -65 | -55 ± 3 | -40 ± 3 | -25 ± 2 | 5 ± 2 | 40 ± 2 | 85 ± 2 | 120 ± 3 | |
| 使用范围 | 代号 | | | | | | | | | |
| 空间范围 | R | | | | ▨ | 5 ~ 40 | | | | 如：光学医学仪器，显微镜等 |
| 正常范围 | N | | ▨ | ▨ | -25 ~ 85 | | | | | 在非极限条件下而且在自由条件下如同手动望远镜 |
| 特殊范围 | S | | ▨ | -40 ~ 120 | | | | | | 在困难条件下仪器 |
| 极限范围 A | EA | ▨ | -55 ~ 120 | | | | | | | 在极限条件下仪器 |
| 极限范围 B | EB | ≤ -65 ~ 85 | | | | | | | | 在极限条件下仪器 |

▨ 此温度范围指仪器在存放和运输中润滑材料适用的温度范围。

□ 此温度范围指仪器使用中润滑材料适用的温度范围。

## 4 应用等级划分

4.1 表2列出精密机械和光学仪器用润滑脂的主要判据；按表2列出的主要判据，精密机械和光学仪器润滑脂划分为表3所列出的应用等级。

表2 精密机械和光学仪器润滑脂划分的主要判据

| 应用等级 | 阻尼力矩<br>(SH/T 0640 附录 A) | 表面静载荷/($N/mm^2$)<br>或($P/cm^2$) | 滑动速度/(cm/s) |
|---|---|---|---|
| 1 | 低 | ≤500 | ≤10 |
| 2 | | | >10~100 |
| 3 | | | ≥100 |
| 4 | 低 | >500~50000 | ≤10 |
| 5 | | | >10~100 |
| 6 | | | ≥100 |
| 7 | 高 | 任何 | ≤30 |

表3 精密机械和光学仪器润滑脂应用等级

| 温度使用范围(见表1) | | 应用等级 | | | | | | |
|---|---|---|---|---|---|---|---|---|
| | | 1 | 2 | 3 | 4 | 5 | 6 | 7 |
| 名称 | 缩写符号 | 润滑脂组(缩写符号) | | | | | | |
| 空间范围(-5℃~40℃) | R | — | R2 | — | — | R5 | — | R7 |
| 正常范围(-25℃~85℃) | N | N1 | N2 | N3 | — | N5 | — | — |
| 特殊范围(-40℃~120℃) | S | — | — | — | S4 | — | S6 | S7 |
| 极限范围 A(-55℃~120℃) | EA | — | — | — | — | EA5 | — | — |
| 极限范围 B(≤-65℃~85℃) | EB | — | — | — | — | EB5 | — | — |

## 5 最低技术要求

根据上述温度应用范围和应用等级划分，精密机械和光学仪器润滑脂相应的最低技术要求和试验方法见表4。

## 表4 精密机械和光学仪器润滑脂最低技术要求和试验方法

| 润滑脂组 | | R2 | R5 | R7 | N1 | N2 | N3 | N5 | 试验方法 |
|---|---|---|---|---|---|---|---|---|---|
| 使用温度范围 | | 5℃~40℃ | | | -25℃~85℃ | | | | |
| 主要判据 | 阻尼力矩/(N·m) | 低 | | 高 | 低 | | | | SH/T 0640<br>附录A |
| | 表面静载荷/(N/mm²) | ≤500 | >500~5000 | 任何 | ≤500 | | | >500~50000 | |
| | 滑动速度/(cm/s) | >10~100 | | ≤30 | ≤10 | >10~100 | ≥100 | >10~100 | |
| 最低要求 | | | | | | | | | |
| 润滑材料特性补充判据 | 基础油 | 矿物油或合成油,如果采用硅油,<br>需要由供需双方协商确定或由供方加以说明 | | | | | | | |
| | 添加剂 | 不做规定,但应由供需双方协商确定,或由供方加以说明 | | | | | | | |
| | 滴点/℃　不低于 | 60 | | | 130 | | | | GB/T 3498 |
| | 锥入度/0.1mm | 340~175 | | 205~85 | 295~130 | 340~175 | 385~220 | 295~175 | GB/T 269 |
| | 延长工作锥入度(一万次)/0.1mm | — | | | 30 | | | | GB/T 269 |
| | 表观黏度(25℃,300s⁻¹)/(mPa·s) | 报　告 | | | | | | | SH/T 0681 |
| | 杂质含量/(颗/cm³)<br>25μm~74μm　不多于<br>75μm~124μm　不多于<br>大于125μm | <br>3000<br>500<br>0 | | | | | | | SH/T 0336 |
| | 蒸发度(1h)/质量分数%　不大于 | 1.0(60℃) | | | 1.5(100℃) | | | | SH/T 0337 |
| | 流散性 | 报　告 | | | | | | | NB/SH/T 0850 |
| | 防护性能/级　不大于<br>45号钢<br>H62黄铜<br>LY12铝 | <br>0(20℃)<br>1(20℃)<br>1(20℃) | | | <br>0(50℃)<br>1(50℃)<br>1(50℃) | | | | 附录A |
| | 铜腐蚀/级　不大于 | 0(20℃) | | | 2(50℃) | | | | GB/T 5096 |
| | 防霉试验(28℃,28d)光学仪器八种混合菌/级 | 0 | | | | | | | JB/T 9348.1 |
| | 显雾试验(30℃~60℃,8h) | 合　格 | | | | | | | 附录B |

表 4（续）

| 润滑脂组 | | S4 | S6 | S7 | EA5 | EB5 | 试验方法 |
|---|---|---|---|---|---|---|---|
| 温度使用范围 | | −40℃~120℃ | | | −55℃~120℃ | ≤−65℃~85℃ | |
| 主要判据 | 阻尼力矩/(N·m) | 低 | | 高 | 低 | | SH/T 0640 附录 A |
| | 表面静载荷/($N/mm^2$) | >500~50000 | | 任何 | >500~50000 | | |
| | 滑动速度/(cm/s) | ≤10 | ≥100 | ≤30 | >10~100 | | |
| 最 低 要 求 | | | | | | | |
| 润滑材料特性补充判据 | 基础油 | 矿物油或合成油，如果采用硅油，需要由供需双方协商确定或由供方加以说明 | | | | | |
| | 添加剂 | 不做规定，但应由供需双方协商确定，或由供方加以说明 | | | | | |
| | 滴点/℃ 不低于 | 150 | | | | 130 | GB/T 3498 |
| | 锥入度/0.1mm | 295~175 | 430~220 | 25~850 | 430~220 | | GB/T 269 |
| | 延长工作锥入度(1 万次)/0.1mm | 30 | | 20 | 30 | | GB/T 269 |
| | 表观黏度(25℃，$300s^{-1}$)/(mPa·s) | 报 告 | | | | | SH/T 0681 |
| | 杂质含量/(颗/$cm^3$)<br>25μm~74μm 不多于<br>75μm~124μm 不多于<br>大于 125μm | 3000<br>500<br>0 | | | | | SH/T 0336 |
| | 蒸发度(1h)(质量分数)/% 不大于 | 1.5(120℃) | | 2.0(120℃) | 1.0(100℃) | | SH/T 0337 |
| | 流散性 | 报 告 | | | | | NB/SH/T 0850 |
| | 防护性能/级 不大于<br>45 号钢<br>H62 黄铜<br>LY12 铝 | <br>0(50℃)<br>1(50℃)<br>1(50℃) | | | | | 附录 A |
| | 铜腐蚀/级 不大于 | 2(50℃) | | | | | GB/T 5096 |
| | 防霉试验(28℃，28d)光学仪器八种混合菌/级 | 0 | | | | | JB/T 9348.1 |
| | 显雾试验(30℃~60℃，8h) | 合 格 | | | | | 附录 B |

## 6 产品的包装、贮存及交货验收

6.1 本标准所属产品的包装、贮存及交货验收按 SH 0164 进行。

6.2 本标准所属产品包装时，还应附带下述文件：

a）产品合格证：应标明生产厂、产品名称、检验合格章、出厂日期及批号、产品有效期；

b）产品说明书：应包括商标、产品名称及规格、适用范围、主要性能指标、使用方法、注意事项等。

# 附　录　A
## (规范性附录)
## 润滑脂防护性能试验法

## A.1　范围

本标准规定了润滑脂防护性能测定法。

本标准适用于测定润滑脂在湿度增高时防止金属锈蚀的能力。

## A.2　方法概要

将润滑脂均匀涂抹在金属片上，将涂脂的金属片置于盛有蒸馏水的干燥器之带孔瓷板上。盖上干燥器，将其放在热至50℃或60℃的恒温器内，保持到规定时间后，用溶剂洗涤金属片，擦净、观察并判断。

## A.3　试剂与材料

A.3.1　试剂

A.3.1.1　95%乙醇：分析纯。

A.3.2　材料

A.3.2.1　工业用溶剂油。

A.3.2.2　蒸馏水。

A.3.2.3　工业滤纸。

A.3.2.4　脱脂棉。

A.3.2.5　砂布或砂纸：粒度为180号或220号。

## A.4　仪器、设备

A.4.1　金属片：边长为50mm的正方形金属片，或直径为5mm~6mm的圆形金属片。厚3mm~4mm。金属的牌号在试样的产品标准中规定。

每块金属片有一直径为5mm的孔，正方形金属片孔眼中心位于一个角上距边5mm的地方，圆形金属片孔眼中心则位于距边缘5mm的地方。

金属片的全部表面（包括圆孔的壁）加工至$R_a$值0.4~0.2。

金属片的编号刻在侧面。

A.4.2　瓷皿：φ55~80mm。

A.4.3　钢针或电刻机。

A.4.4　放大镜：6倍~8倍。

A.4.5　刮刀。

A.4.6　玻璃棒。

A.4.7　干燥器。

A.4.8　恒温器：可以调整为50℃±2℃和60℃±2℃。

A.4.9　框模（金属框）：壁厚3mm~4mm。

A.4.10　温度计：100℃，分度值为1℃。

## A.5　试验程序

A.5.1　试验准备

A.5.1.1　将金属片在瓷皿内用溶剂油冲洗，并依次以滤纸、95%乙醇润湿的脱脂棉，以及干脱脂棉擦净。不准用手接触金属片的宽面。

A.5.1.2　用放大镜观察准备的金属片。金属片上不应有腐蚀的痕迹、溶剂蒸发所造成的斑点以及绒毛等。

金属片宽面上的点和细小凹痕用电刻机或钢针刻划成圆圈。

A.5.1.3　用刮刀将试样的表面层刮掉，然后在不靠近容器壁的至少三处，取约等量的试样。将总量不少于200g的试样收集在瓷皿内，搅拌均匀备用。

A.5.1.4　用蒸馏水洗涤干燥器并往干燥器中注蒸馏水30mm~35mm高，放上带孔瓷板。

A.5.2　试验步骤

A.5.2.1　用刮刀将试样涂在准备好的金属片的各面上。涂3mm~4mm厚的一层。借框模用刮刀抹平试样以得到均匀平坦的脂层。

试验每一个试样时使用两个同样品号的金属片。将涂好试样的金属片分别平放在瓷皿内，每一个瓷皿内放一片。

A.5.2.2　将盛有金属片的瓷皿放入干燥器内。瓷皿的数目不得超过四个。盖上干燥器，将其放在热至50℃或60℃（保持规定的温度精确至±2℃），并能维持至试样的产品标准所规定的时间（24h~48h）之恒温器中，并作好记录。

A.5.2.3　到规定的试验时间后，从恒温器中取出干燥器，依次拿出金属片以进行冲洗和观察。用滤纸和溶剂油润湿的脱脂棉小心地从每块金属片上擦掉试样。然后在溶剂油和95%乙醇中洗涤金属片，除铜片外，用脱脂棉或滤纸擦净。铜片、黄铜片和青铜片在洗涤完了之后立刻观察以确定有无铜绿的存在，然后用脱脂棉擦净，再重新观察，并做好相应的记录。

## A.6　判断

采用SH/T 0533对试验后的金属试片进行判级。

## A.7　报告

报告试验结果各金属片的腐蚀级别。

# 附 录 B
## (规范性附录)
## 光学仪器用润滑脂显雾试验方法

### B.1 范围

本方法适用于评定光学仪器用润滑脂的挥发致雾性能。

### B.2 设备、材料

**B.2.1** 显雾试验装置：可用超级恒温器改装，能控制由室温升至60℃±1℃。自制试验筒盖，筒盖开有四个通孔，用以安插平底玻璃管。试验筒内装有可升降的托架，用于支撑平底玻璃管。

**B.2.2** 电热恒温箱。

**B.2.3** 平底玻璃管：内径30mm，长200mm，管口磨平。用酒精乙醚混合液彻底清擦至无任何痕迹，然后置于电热恒温箱中干燥2h。

**B.2.4** 玻璃试样杯：内径20mm，高30mm。按B.2.3中所述方法进行清洗。

**B.2.5** 刮刀：要求刀口平直。

**B.2.6** 台灯：60W~100W。

**B.2.7** 温度计：0℃~100℃

**B.2.8** 光学玻璃试片：K9平面玻璃，直径35mm，表面要求镀MF2增透膜。用酒精乙醚混合液仔细清擦，然后置于干燥器内待用。

**B.2.9** 酒精乙醚混合液：无水乙醇（化学纯）：无水乙醚（化学纯）=（20~15）：（80~85），按体积分数配制，并依气温高低适当调整配比。

### B.3 试验程序

**B.3.1** 将润滑脂试样装满样杯，用刮刀刮平，样杯内不得留有空隙，试样不得沾污样杯外沿，然后将样杯置于平底玻璃管底部。

**B.3.2** 将平底玻璃管垂直插入已恒温至60℃±1℃的显雾试验装置的试验筒内，调整托架高低，使平底玻璃管三分之一长度外露于筒外，用玻璃棒将样杯拨至平底玻璃管底部的中心位置。

**B.3.3** 将光学玻璃试片适当预热后盖住玻璃管口，用60W~100W灯泡加热，控制光学玻璃试片的温度，使其恒定在30℃±1℃。

**B.3.4** 这时玻璃管上端温度为30℃左右，下端温度为60℃左右，由于温差，使挥发显雾条件形成。此时要注意观察玻璃试片表面的变化，并做好显雾时间的记录。

**B.3.5** 每次试验有两组平行试样，其中一组为对照样品，每组试样不少于3个，试验必须重复三次。

**B.3.6** 重复试验前必须清洗、干燥平底玻璃管和试样杯。

**B.3.7** 每一试样的显雾试验要连续，不能间断进行，否则试验要重做。

### B.4 计算

试样的显雾时间按试验开始到刚发现玻璃试片显雾为止计算，取三次试验的平均值。

### B.5 显雾评定标准

光学仪器用润滑脂试样经8h显雾试验后，在玻璃试片上不显雾为合格。

ICS 75.080
E 40

SH

# 中华人民共和国石油化工行业标准

NB/SH/T 0945—2017

# 合成有机酯型电气绝缘液

**Synthetic organic ester for electrical insulating purposes**

(IEC 61099:2010, Insulating liquids—Specifications for unused synthetic organic esters for electrical purposes, MOD)

2017-12-27 发布 2018-06-01 实施

国家能源局 发布

# 前　言

本标准采用重新起草法，修改采用国际标准 IEC 61099：2010《绝缘液—电工用未用过合成有机酯规范》(英文版) 编制。

本标准与参标 IEC 61099：2010 的技术性差异为：

——本标准名称为：合成有机酯型电气绝缘液；

——本标准省略了原文前言和引言，并将引言中部分内容纳入正文作为警告内容；

——本标准规范性引用文件中，采用的是国内相对应的试验方法标准；

——本标准将附录 B 对电容器油的技术要求列入了正文表 1。

本标准按照 GB/T 1.1—2009 给出的规则起草。

本标准由全国石油产品和润滑剂标准化技术委员会（SAC/TC280）提出。

本标准由全国石油产品和润滑剂标准化技术委员会合成油脂分技术委员会（SAC/TC280/SC5）归口。

本标准由中国石化润滑油有限公司重庆分公司负责起草。

本标准主要起草人：刘月皞、金承华。

本标准为首次发布。

# 合成有机酯型电气绝缘液

## 1 范围

本标准规定了合成有机酯型电气绝缘液的产品分类、技术要求和试验方法、检验规则、标志、包装、运输和贮存。

本标准适用于由合成有机酯制成的电气绝缘液。不适用于用过的合成有机酯型电气绝缘液。

## 2 规范性引用文件

下列文件对于本文件的应用是必不可少的。凡是注日期的引用文件，仅所注日期的版本适用于本文件。凡是不注日期的引用文件，其最新版本（包括所有的修改单）适用于本文件。

GB/T 265 石油产品运动黏度测定法和动力黏度计算法

GB/T 507 绝缘油击穿电压测定法（GB/T 507—2002，eqv IEC 60156：1995）

GB/T 1884 原油和液体石油产品密度实验室测定法（密度计法）（GB/T 1884—2000，eqv ISO 3675：1998）

GB/T 1885 石油计量表（GB/T 1885—1998，eqv ISO 91-2：1991）

GB/T 3143 液体化学产品颜色测定法（Hazen 单位——铂-钴色号）

GB/T 3535 石油产品倾点测定法（GB/T 3535—2006，ISO 3016：1994，MOD）

GB/T 3536 石油产品闪点和燃点的测定 克利夫兰开口杯法（GB/T 3536—2008，ISO 2592：2000，MOD）

GB/T 4756 石油液体手工取样法（GB/T 4756—1998，eqv ISO 3170：1988）

GB/T 4945 石油产品和润滑剂酸值和碱值测定法（颜色指示剂法）

GB/T 5654 液体绝缘材料相对电容率、介质损耗因数和直流电阻率的测量（GB/T 5654—2007，IEC 60247：2004，IDT）

GB/T 7304 石油产品酸值的测定 电位滴定法

GB/T 11133 液体石油产品水含量测定法（卡尔·费休法）

GB/T 11142 绝缘油在电场和电离作用下析气性测定法

GB/T 13377 原油和液体或固体石油产品 密度或相对密度的测定 毛细管塞比重瓶和带刻度双毛细管比重瓶法（GB/T 13377—2010，ISO 3838：2004，MOD）

GB/T 21216 绝缘液体 测量电导和电容确定介质损耗因数的试验方法（GB/T 21216—2007，IEC 61620：1998，IDT）

GB/T 21857 化学品 快速生物降解性 改进的 OECD 筛选试验

NB/SH/T 0207 绝缘液中水含量的测定 卡尔·费休电量滴定法

NB/SH/T 0810 绝缘液在电场和电离作用下析气性测定法（NB/SH/T 0810—2009，IEC 60628（A 法）：1985，MOD）

NB/SH/T 0811 未使用过的烃类绝缘油氧化安定性测定法（NB/SH/T 0811—2009，IEC 61125（C 法）：1992，MOD）

NB/SH/T 0870 石油产品的动力黏度和密度的测定及运动黏度的计算 斯塔宾格黏度计法

NB/SH/T 0886 石油产品倾点的测定 自动倾斜法

SH 0164　石油产品包装、贮运及交货验收规则

SH/T 0206　变压器油氧化安定性测定法（SH/T 0206—1992，eqv IEC 74：1963（1974））

SH/T 0604　原油和石油产品密度测定法（U 型振动管法）（SH/T 0604—2000，eqv ISO 12185：1996）

SH/T 0803　绝缘油中多氯联苯污染物的测定　毛细管气相色谱法（SH/T 0803—2007，IEC 61619：1997，MOD）

## 3　产品分类

本标准所属产品按使用分为变压器用合成有机酯 T1 和电容器用合成有机酯 C1。

## 4　技术要求和试验方法

变压器用合成有机酯 T1 和电容器用有机合成酯 C1 的技术要求和试验方法见表 1。

**表 1　变压器用合成有机酯 T1 和电容器用合成有机酯 C1 的技术要求和试验方法**

| 项目 | | 质量指标 | | 试验方法 |
|---|---|---|---|---|
| | | 变压器用合成有机酯 T1 | 电容器用合成有机酯 C1 | |
| 外观 | | 清亮，无游离水和悬浮物及沉淀 | 清亮，无悬浮物及沉淀 | 目测 |
| 颜色/Hazen | 不大于 | 200 | 200 | GB/T 3143 |
| 密度（20℃）/（$kg/m^3$）[a] | 不大于 | 1.000 | 0.990 | GB/T 1884、GB/T 1885、GB/T 13377、SH/T 0604 |
| 运动黏度/（$mm^2/s$）[b]<br>40℃<br>-20℃ | 不大于 | <br>35<br>3000 | <br>30<br>— | GB/T 265、NB/SH/T 0870 |
| 闪点（开口）/℃ | 不低于 | 250 | 190 | GB/T3536 |
| 燃点/℃ | 不低于 | 300 | 220 | GB/T 3536 |
| 倾点[c]/℃ | 不高于 | -45 | -39 | GB/T 3535、NB/SH/T 0886 |
| 水含量[d]/（mg/kg） | 不大于 | 200[e] | 200[e] | GB/T 11133、NB/SH/T 0207 |
| 酸值[f]/（mgKOH/g） | 不大于 | 0.03 | 0.03 | GB/T 4945、GB/T 7304 |
| 氧化安定性[g]（试验周期 164h）<br>总酸值/（mgKOH/g）<br>油泥（质量分数）/% | <br>不大于<br>不大于 | <br>0.3<br>0.01 | <br>—<br>— | NB/SH/T 0811、SH/T 0206 |
| 击穿电压/kV | 不小于 | 45[e] | 50[e] | GB/T 507 |
| 介质损耗因数[h]（tanδ）（90℃，50Hz） | 不大于 | 0.03 | 0.03 | GB/T 5654、GB/T 21216 |

表 1 变压器用合成有机酯 T1 和电容器用合成有机酯 C1 的技术要求和试验方法（续）

| 项目 | 质量指标 | | 试验方法 |
|---|---|---|---|
| | 变压器用合成有机酯 T1 | 电容器用合成有机酯 C1 | |
| 直流电阻率（90℃）/（GΩ·m）<br>不小于 | 2 | 4.2~4.4 | GB/T 5654 |
| 结晶度 | 通过 | 通过 | 附录 A |
| 析气倾向[i]/（$mm^3$/min） | 报告 | 报告 | GB/T 11142、<br>NB/SH/T 0810 |
| 生物降解性[j] | 测定 | 测定 | GB/T 21857 |
| 多氯联苯（PCB）含量（质量分数）/（mg/kg） | 检测不出 | 检测不出 | SH/T 0803 |

[a] 仲裁方法为 GB/T 1884 和 GB/T 1885。

[b] 仲裁方法为 GB/T 265。

[c] 仲裁方法为 GB/T 3535。

[d] 仲裁方法为 NB/SH/T 0207。

[e] 对于未处理过的液体，作为接受限度。

[f] 仲裁方法为 GB/T 4945。

[g] 仲裁方法为 SH/T 0206。

[h] 仲裁方法为 GB/T 5654。对于频率 48Hz~62Hz，转换值公式：$\tan\delta[f(50\text{Hz})] = \frac{f(\text{Hz})}{50} \times \tan\delta[f(\text{Hz})]$

[i] 仲裁方法为 GB/T 11142。

[j] 本项目由供需双方商议确定。

## 5 检验规则

### 5.1 检验分类和检验项目

#### 5.1.1 出厂检验

出厂批次检验项目包括：外观、颜色、密度、运动黏度（40℃、-20℃）、闪点、燃点、倾点、水含量、酸值、击穿电压、介质损耗因数、直流电阻率、结晶度。

在原材料、生产工艺没有发生可能影响产品质量的变化时，出厂周期检验项目包括：生物降解性、氧化安定性、析气性每年测定 1 次；多氯联苯（PCB）含量每二年测定 1 次。

#### 5.1.2 型式检验

型式检验项目为 4 章表 1 中规定的所有检验项目。

在下列情况下进行型式检验：

a）新产品投产或产品定型型定时；

b）原材料、生产工艺等发生较大变化，可能影响产品质量时；

c）出厂检验结果与上次型式检验结果有较大差异时。

### 5.2 组批

在原材料和生产工艺不变的条件下，每生产一罐或釜为一批。

### 5.3 取样

按 GB/T 4756 进行。从平均试样中取两份同等数量的样品（每份 4L）作为检验和留样用。

### 5.4 判定规则

出厂检验和型式检验结果全部符合第 4 章技术要求时，则判定访批产品合格。

### 5.5 复验规则

如出厂检验和型式检验结果有不符合第 4 章技术要求规定时，按 GB/T 4756 的规定自同批产品中重新抽取双倍样品，对不合格项目进行复验，复验结果如仍不符合技术要求时，则判定该批产品为不合格。

## 6 标志、包装、运输、贮存

标志、包装、运输、贮存及交货验收按 SH 0164 进行。运输和贮存容器应清洁并适于防止任何污染。

# 附 录 A
## （规范性附录）
## 合成有机酯结晶测定法

### A.1 总则

测定合成有机酯的晶体形成可能性可作为型式检验的要求。

### A.2 方法概要

该方法描述了评定合成有机酯在特定条件下结晶倾向性的程序。

### A.3 仪器

A.3.1 合适的结晶盘（150mL~250mL）。

A.3.2 可保持-25℃±1℃的冷冻箱。

### A.4 试验步骤

A.4.1 在结晶盘中倒入大约100mL的待测试合成有机酯样品。

A.4.2 将铺满合成有机酯样品的结晶盘放入-25℃±1℃的冷冻箱中保持16h。

A.4.3 试验结束后，目测样品以检测晶体的存在。

ICS 75.100
E 36

# SH

# 中华人民共和国石油化工行业标准

NB/SH/T 0948—2017

# 轧辊轴承润滑脂

# Roll bearing lubricating greases

2017-12-27 发布　　　　2018-06-01 实施

国家能源局　发布

# 前　　言

本标准按照 GB/T 1.1—2009 规则起草。

本标准由中国石油化工集团公司提出。

本标准由全国石油产品和润滑剂标准化技术委员会石油燃料和润滑剂分技术委员会归口。

本标准起草单位：中国石化润滑油有限公司天津分公司。

本标准主要起草人：莫林和、马爱民、吴宝杰、吴立红、张会情、王黎光。

本标准为首次发布。

# 轧辊轴承润滑脂

## 1 范围

本标准规定了轧辊轴承润滑脂的产品分类和标记、要求和试验方法、检验规则及标志、包装、运输和贮存。

本标准适用于轧辊滚动轴承、钢铁行业的轧机用润滑脂，也适用于矿山、机械和交通运输等轴承用润滑脂。

## 2 规范性引用文件

下列文件对于本文件的应用是必不可少的。凡是注日期的引用文件，仅所注日期的版本适用于本文件。凡是不注日期的引用文件，其最新版本（包括所有的修改单）适用于本文件。

GB/T 269 润滑脂和石油脂锥入度测定法
GB/T 3498 润滑脂宽温度范围滴点测定法
GB/T 5018 润滑脂防腐蚀性试验法
GB/T 7326 润滑脂铜片腐蚀试验法
GB/T 12583 润滑剂极压性能测定（四球法）
SH/T 0048 润滑脂相似黏度测定法
SH/T 0109 润滑脂抗水淋性能测定法
SH/T 0164 石油产品包装、贮运及交货验收规则
NB/SH/T 0203 润滑脂承载能力的测定 梯姆肯法
SH/T 0229 固体和半固体石油产品取样法
NB/SH/T 0324 润滑脂分油的测定 锥网法
SH/T 0325 润滑脂氧化安定性测定法
SH/T 0326 汽车轮轴承润滑脂漏失量测定法
SH/T 0337 润滑脂蒸发度测定法

## 3 产品分类

本标准所属产品按工作锥入度分为 1 号、2 号、3 号 3 个稠度牌号。

## 4 要求和试验方法

轧辊轴承润滑脂的技术要求和试验方法见表 1。

表 1 技术要求和试验方法

| 项目 | 质量指标 | | | 试验方法 |
|---|---|---|---|---|
| | 1 号 | 2 号 | 3 号 | |
| 工作锥入度/（0.1mm） | 310～340 | 265～295 | 220～250 | GB/T 269 |
| 滴点/℃ 不低于 | 250 | 260 | | GB/T 3498 |
| 分油（锥网法）<br>分油量（100℃，24h）（质量分数）/% 不大于 | 10.0 | 7.0 | 5.0 | NB/SH/T 0324 |
| 腐蚀（$T_2$ 铜，100℃，24h） | 铜片无绿色或黑色变化 | | | GB/T 7326（乙法） |
| 延长工作锥入度（100 000 次）/（0.1mm） 不大于 | 390 | 360 | 330 | GB/T 269 |
| 蒸发度（180℃，1h）（质量分数）/% 不大于 | 7.0 | | | SH/T 0337 |
| 水淋损失量（38℃，1h）（质量分数）/% 不大于 | 10 | 7 | 5 | SH/T 0109 |
| 极压性能（四球法）<br>烧结负荷（$P_D$ 值）/N 不小于<br>负荷磨损指数（*LWI* 值）/N 不小于 | <br>3 089<br>441 | | | GB/T 12583 |
| 相似黏度（-10℃，$10s^{-1}$）/（Pa·s） 不大于 | 800 | 1 000 | 1 500 | SH/T 0048 |
| 漏失量（104℃，6h）/g 不大于 | — | 7.0 | 5.0 | SH/T 0326 |
| 承载能力（梯姆肯法）OK 值/N 不小于 | 156 | | | NB/SH/T 0203 |
| 氧化安定性（99℃，100h，758kPa）<br>压力降/kPa 不大于 | 70 | | | SH/T 0325 |
| 防腐蚀性（52℃，48h） | 合格 | | | GB/T 5018 |

## 5 检验规则

### 5.1 检验分类与检验项目

产品检验分出厂检验和型式检验。

5.1.1 出厂检验

出厂批次检验项目包括：工作锥入度、滴点、水淋损失量、蒸发度。

出厂周期检验项目包括：分油（锥网法）、腐蚀、延长工作锥入度、相似黏度，每半年检验一次；极压性能（四球法 $P_D$ 值、*LWI* 值）、漏失量、承载能力（梯姆肯法）、氧化安定性、防腐蚀性，每年检验一次。

5.1.2 型式检验

型式检验项目包括技术要求表中的全部项目。有下列情况之一时，应进行型式检验。

a）新产品投产或产品定型鉴定时；

b）原材料、工艺等发生较大变化，可能影响产品质量时；

c）出厂检验结果与上次型式检验结果有较大差异时。

### 5.2 组批

在原材料、工艺不变的条件下，产品每生产一罐或釜为一批。

### 5.3 取样

取样按 SH/T 0229 进行，取 6kg 作为检验和留样用。

### 5.4 判定规则

出厂检验和型式检验结果符合第 4 章的技术要求，则判定该产品合格。

### 5.5 复验规则

如出厂检验结果中有不符合第 4 章技术指标的规定时，按 SH/T 0229 的规定重新取样进行复检，复检结果如仍有项不符合本标准规定的技术指标时，则判该批产品为不合格。

## 6 标志、包装、运输和贮存

本产品的标志、包装、运输、贮存及交货验收按 SH/T 0164 进行。

ICS 75.100
E 36

SH

# 中华人民共和国石油化工行业标准

NB/SH/T 0949—2017

# 采棉机润滑脂

## Cotton picker spindle lubricating grease

2017-12-27 发布　　2018-06-01 实施

国家能源局　发布

# 前　　言

本标准按照 GB/T 1.1—2009 给出的规则起草。

本标准由中国石油化工集团公司提出。

本标准由全国石油产品和润滑剂标准化委员会石油燃料和润滑剂分技术委员会（SAC/TC280/SC1）归口。

本标准起草单位：中国石油化工股份有限公司石油化工科学研究院，中国农业机械化科学研究院，中国石化润滑油有限公司天津分公司，石河子贵航农机装备有限责任公司。

本标准起草人：姚立丹、韩增德、刘亚春、王晓军、杨海宁、刘中其、潘卓。

本标准为首次发布。

# 采棉机润滑脂

## 1 范围

本标准规定了采棉机润滑脂的产品标记、技术要求和试验方法、检验规则、包装、标志、运输和贮存。

本标准所属产品适用于摘锭、传动齿轮等采棉机零部件的润滑，工作温度范围-10℃～100℃。

## 2 规范性引用文件

下列文件对于本文件的应用是必不可少的。凡是注日期的引用文件，仅所注日期的版本适用于本文件。凡是不注日期的引用文件，其最新版本（包括所有的修改单）适用于本文件。

GB/T269 润滑脂和石油脂锥入度测定法

GB/T 3498 润滑脂宽温度范围滴点测定法

GB/T 4929 润滑脂滴点测定法

GB/T 5018 润滑脂防腐蚀性试验法

GB/T 7326 润滑脂铜片腐蚀试验法

SH/T 0164 石油产品包装、贮运及交货验收规则

SH/T 0202 润滑脂极压性能测定法（四球机法）

SH/T 0204 润滑脂抗磨性能测定法（四球机法）

SH/T 0229 固体和半固体石油产品取样法

SH/T 0337 润滑脂蒸发度测定法

NB/SH/T 0858 润滑脂低温锥入度测定法

NB/SH/T 0869 润滑脂离心分油测定法

## 3 产品标记

本标准所属产品可标记为：[产品名称] [标准号]

示例：采棉机润滑脂 NB/SH/T ××××。

## 4 技术要求和试验方法

采棉机润滑脂的技术要求和试验方法见表 1。

表 1 采棉机润滑脂的技术要求和试验方法

| 项目 | | 质量指标 | 试验方法 |
|---|---|---|---|
| 不工作锥入度/（0.1mm） | | 385~475 | GB/T 269 |
| 低温锥入度（-10℃）/（0.1mm） | 不小于 | 310 | NB/SH/T 0858 |
| 滴点/℃ | 不小于 | 150 | GB/T 3498、GB/T4929[a] |
| 腐蚀（$T_2$ 铜片，100℃，24h） | | 无黑色或绿色变化 | GB/T 7326 |
| 防腐蚀性（52℃，48h） | | 合格 | GB/T 5018 |
| 极压性能（四球机法，1770r/min，10s）<br>$P_D$/N | 不小于 | 1961 | SH/T 0202 |
| 抗磨性能（四球机法，392N，60min）/mm | 不大于 | 0.60 | SH/T 0204 |
| 离心分油率（50℃，10min）（质量分数）/% | | 报告 | NB/SH/T 0869 |
| [a]当试验结果有争议时，以 GB/T 4929 为仲裁方法。 | | | |

## 5 检验规则

### 5.1 检验分类和检验项目

#### 5.1.1 出厂检验

出厂批次检验项目包括：不工作锥入度、离心分油率、腐蚀、滴点。

在原材料和生产工艺没有变化的情况下，出厂周期检验项目包括：防腐蚀性、极压性能、抗磨性能、低温锥入度，每年检测一次。

#### 5.1.2 型式检验

型式检验项目包括技术要求规定的所有检验项目。在下列情况之一时，应进行型式检验：

1）新产品投产或产品定型鉴定时；

2）原材料、工艺等发生变化，可能影响产品质量时；

3）出厂检验结果与上次型式检验结果有较大差异时。

### 5.2 组批

在原料、工艺不变的条件下，产品每生产一罐或一釜为一组（批）。

### 5.3 取样

取样按照 SH/T 0229 进行，每批产品取 1.0kg 作为检验和留样用。

### 5.4 判定规则

出厂检验和型式检验结果符合第 4 章的技术要求的规定时，则判定该批产品合格。

### 5.5 复验规则

如果出厂检验和型式检验结果中有不符合第 4 章技术要求的规定时，按 SH/T 0229 的规定自同批产品中重新抽取双倍量样品，对不合格项目进行复验，如复验结果仍不符合技术要求，则判定该批产品为不合格。

## 6 标志、包装、运输和贮运

本产品的包装、标志、运输、贮存和交货验收按SH/T 0164进行。

ICS 75.100
E 36

SH

# 中华人民共和国石油化工行业标准

NB/SH/T 0985—2019

# 工程机械用润滑脂

## Lubricating grease for construction machinery

2019-06-04 发布 2019-10-01 实施

国家能源局 发布

# 前　言

本标准按照 GB/T 1.1—2009 给出的规则起草。

本标准由中国石油化工集团有限公司提出。

本标准由全国石油产品和润滑剂标准化技术委员会石油燃料和润滑剂分技术委员（SAC/TC280/SC1）归口。

本标准起草单位：中国石化润滑油有限公司、徐州徐工基础工程机械有限公司。

本标准主要起草人：王先会、吴宝杰、谷效英、吴立红、王海金、孙余、郭振俊、王兆坤、张会情、李寒菊。

本标准为首次发布。

# 工程机械用润滑脂

## 1 范围

本标准规定了工程机械用润滑脂的产品分类、技术要求和试验方法、检验规则、标识、包装、运输和贮存。

本标准所属产品适用于包括挖掘机、起重机、装载机等各种工程机械的工作臂轴销、回转支承等部位的润滑，工作温度范围为-20℃～130℃。其中1号产品主要用于冬季或集中供脂系统；2号可冬夏通用，也用于集中供脂系统；3号主要供夏季装填使用。

## 2 规范性引用文件

下列文件对于本文件的应用是必不可少的。凡是注日期的引用文件，仅所注日期的版本适用于本文件。凡是不注日期的引用文件，其最新版本（包括所有的修改单）适用于本文件。

GB/T 265　石油产品运动黏度测定法和动力黏度计算法

GB/T 269　润滑脂和石油脂锥入度测定法

GB/T 528　硫化橡胶或热塑性橡胶　拉伸应力应变性能的测定

GB/T 531.1　硫化橡胶或热塑性橡胶　压入硬度试验方法　第1部分：邵式硬度计法（邵尔硬度）

GB/T 1690　硫化橡胶或热塑性橡胶　耐液体试验方法

GB/T 2361　防锈油脂湿热试验法

GB/T 4929　润滑脂滴点测定法

GB/T 5018　润滑脂防腐蚀性试验法

GB/T 7325　润滑脂和润滑油蒸发损失测定法

GB/T 7326　润滑脂铜片腐蚀试验法

SH/T 0048　润滑脂相似黏度测定法

SH/T 0109　润滑脂抗水淋性能测定法

SH/T 0164　石油产品包装、贮运及交货验收规则

SH/T 0202　润滑脂极压性能测定法（四球机法）

SH/T 0204　润滑脂抗磨性能测定法（四球机法）

SH/T 0229　固体和半固体石油产品取样法

NB/SH/T 0324　润滑脂分油的测定 锥网法

SH/T 0325　润滑脂氧化安定性测定法

SH/T 0429　润滑脂和液体润滑剂与橡胶相容性测定法

NB/SH/T 0967　润滑剂包装标识通则

## 3 产品分类

本标准所属产品按工作锥入度分为1号、2号和3号。

## 4 要求和试验方法

工程机械用润滑脂的技术要求和试验方法见表1。

**表1 工程机械用润滑脂的技术要求和试验方法**

| 项目 | | 质量指标 | | | 试验方法 |
|---|---|---|---|---|---|
| | | 1号 | 2号 | 3号 | |
| 稠化剂类型 | | 报告 | | | — |
| 工作锥入度（25℃，60次）/0.1 mm | | 310~340 | 265~295 | 220~250 | GB/T 269 |
| 不工作锥入度（25℃，0次）/0.1 mm | | 报告 | | | GB/T 269 |
| 延长工作锥入度（100 000次）/0.1 mm | 不大于 | 380 | 350 | 320 | GB/T 269 |
| 基础油运动黏度（100℃）/（$mm^2/s$） | | 报告 | | | GB/T 265 |
| 滴点/℃ | 不低于 | 170 | 175 | 180 | GB/T 4929 |
| 腐蚀（$T_2$铜片，100℃，24 h） | | 铜片无绿色或黑色变化 | | | GB/T 7326 乙法 |
| 钢网分油（100 ℃，24 h）（质量分数）/% | 不大于 | 10.0 | 5.0 | | NB/SH/T 0324 |
| 蒸发损失（99℃，22 h）（质量分数）/% | 不大于 | 2.0 | | | GB/T 7325 |
| 氧化安定性（99℃，100 h，758 kPa）压力降/ kPa | 不大于 | 80 | | | SH/T 0325 |
| 相似黏度（−10℃，$10s^{-1}$）/（Pa·s） | 不大于 | 600 | 950 | 1350 | SH/T 0048 |
| 水淋损失量（38℃，1h）（质量分数）/% | 不大于 | 10 | 8 | | SH/T 0109 |
| 湿热试验（45#钢片，14d）/级 | | A | | | GB/T 2361[a] |
| 极压性能（四球机法），烧结负荷 $P_D$ 值/N | 不小于 | 1961 | | | SH/T 0202 |
| 抗磨性能（四球机法），磨痕直径/mm | 不大于 | 0.70 | | | SH/T 0204 |
| 橡胶相容性试验（100℃，72 h） | | | | | GB/T 1690 及<br>GB/T 531.1<br>GB/T 528 |
| 丁腈橡胶[b] | | | | | |
| 硬度变化 | 不小于 | −30 | | | |
| 拉伸强度变化率/% | 不小于 | −70 | | | |
| 扯断伸长率变化率/% | 不小于 | −80 | | | |
| 体积变化率/% | | 0~+40 | | | |
| 聚氨酯橡胶[c] | | | | | |
| 硬度变化 | | −5~+5 | | | |
| 拉伸强度变化率/% | 不小于 | −70 | | | |
| 扯断伸长率变化率/% | 不小于 | −60 | | | |
| 体积变化率/% | | −5~+15 | | | |

[a] 控制试片上脂膜涂覆厚度为0.2 mm~0.3 mm。在试样涂覆过程中，要避免气泡、划痕和表面条痕。

[b] 橡胶相容性试验用的丁腈橡胶满足SH/T 0429附录A中所示的低丙烯腈丁腈橡胶（NBR−L）。

[c] 橡胶相容性试验用的聚氨酯橡胶满足本标准中附录A所示的聚氨酯橡胶（AU）。

# 5 检验规则

## 5.1 检验分类与检验项目

### 5.1.1 出厂检验

出厂批次检验项目包括：稠化剂类型、工作锥入度、不工作锥入度、滴点。

在生产工艺和原材料没有发生可能影响产品质量变化的情况下，出厂周期检验项目包括：基础油运动黏度、铜片腐蚀、钢网分油、抗磨性能和水淋损失量 ，每半年检验一次；氧化安定性、相似黏度、蒸发损失、延长工作锥入度、密封材料浸泡试验和极压性能，每年检验一次；湿热试验每两年检验一次。

### 5.1.2 型式检验

型式检验项目包括第 4 章表 1 中的全部项目。有下列情况之一时，应进行型式检验：

a）新产品投产或产品定型鉴定时；

b）原材料、工艺等发生较大变化，可能影响产品质量时；

c）出厂检验结果与上次型式检验结果有较大差异时。

## 5.2 组批

在原材料、工艺不变的条件下，产品每生产一罐或釜为一批。

## 5.3 取样

取样按 SH/T 0229 进行，每批产品取 2. 0 kg 作为检验和留样用。

## 5.4 判定规则

出厂检验或型式检验结果符合第 4 章表 1 的技术要求，则判定该产品合格。

## 5.5 复验规则

如出厂检验结果中有不符合第 4 章表 1 中技术指标的规定时，按 SH/T 0229 的规定重新取样进行复检，复检结果如仍有不符合本标准规定的技术指标，则判该批产品为不合格。

# 6 标识、包装、运输和贮存

标识按 NB/SH/T 0967 规定进行。

包装、运输、贮存及交货验收按 SH/T 0164 规定进行。

# 附 录 A
## (规范性附录)
## 聚氨酯橡胶(AU)的物理性能

表 A.1 给出了聚氨酯橡胶(AU)的物理性能。

**表 A.1 聚氨酯橡胶(AU)的物理性能**

| 项目 | | 性能要求 |
|---|---|---|
| 硬度/度 | | 88~98 |
| 扯断伸长率/% | 不小于 | 300 |
| 拉伸强度/MPa | 不小于 | 29.4 |

ICS 75.100
E 36

SH

# 中华人民共和国石油化工行业标准

NB/SH/T 6002—2020

# 中小型电机轴承润滑脂

## Small and medium-size motor bearing grease

2020-10-23 发布　　2021-02-01 实施

国家能源局　发布

# 前　　言

本标准按照 GB/T 1.1—2009 给出的规则起草。

本标准由中国石油化工集团有限公司提出。

本标准由全国石油产品和润滑剂标准化技术委员会石油燃料和润滑剂分技术委员会（SAC/TC280/SC1）归口。

本标准起草单位：中国石化润滑油有限公司。

本标准主要起草人：孙毅、刘亚春、谷红宽、吴宝杰、刘建龙、冯强、王顺顺、吴立红、张会情。

本标准为首次发布。

# 中小型电机轴承润滑脂

## 1 范围

本标准规定了由脂肪酸锂皂稠化矿物润滑油并加入添加剂制成的中小型电机轴承润滑脂的要求和试验方法、检验规则及标识、包装、运输和储存。

本标准适用于一般用途的中小型电机轴承以及其他向心球轴承的润滑脂，适用工作温度范围为-20℃~120℃。

注：中小型电机是指电压1000V以下、50Hz三相交流电源供电，额定功率在0.75kW~375kW范围内，极数为2极、4极和6极，单速封闭自扇冷式、N设计、连续工作制的一般用途电动机或者防爆电动机，中小型电机使用轴承一般内孔尺寸在20mm~110mm（参见GB 18613—2012）。

## 2 规范性引用文件

下列文件对于本文件的应用是必不可少的。凡是注日期的引用文件，仅注日期的版本适用于本文件。凡是不注日期的引用文件，其最新版本（包括所有的修改单）适用于本文件。

GB/T 269 润滑脂和石油脂锥入度测定法

GB/T 4929 润滑脂滴点测定法

GB/T 5018 润滑脂防腐蚀性试验法

GB/T 7325 润滑脂和润滑油蒸发损失测定法

GB/T 7326 润滑脂铜片腐蚀试验法

GB 18613—2012 中小型三相异步电动机能效限定值及能效等级

GB/T 32333 滚动轴承 振动（加速度）测量方法及技术条件

SH/T 0109 润滑脂抗水淋性能测定法

NB/SH/T 0164 石油及相关产品包装、储运及交货验收规则

SH/T 0229 固体和半固体石油产品取样法

NB/SH/T 0324 润滑脂分油的测定 锥网法

SH/T 0325 润滑脂氧化安定性测定法

SH/T 0326 汽车轮轴承润滑脂漏失量测定法

SH/T 0336 润滑脂杂质含量测定法（显微镜法）

SH/T 0338 滚珠轴承润滑脂低温转矩测定法要求和试验方法

NB/SH/T 0967 润滑剂包装标识通则

## 3 技术要求和试验方法

中小型电机轴承润滑脂的技术要求与试验方法见表1。

表 1　中小型电机轴承润滑脂技术要求和试验方法

| 项　　目 | | 质量指标 | 试验方法 |
| --- | --- | --- | --- |
| 外观 | | 均匀油膏 | 目测 |
| 工作锥入度/（0.1mm） | | 265～295 | GB/T 269 |
| 滴点/℃ | 不低于 | 175 | GB/T 4929 |
| 分油量（锥网法，100℃，24h）（质量分数）/% | 不大于 | 5.0 | NB/SH/T 0324 |
| 腐蚀（$T_2$ 铜片，100℃，24h） | | 铜片无绿色或黑色变化 | GB/T 7326 乙法 |
| 蒸发损失（99℃，22h）（质量分数）/% | 不大于 | 1.0 | GB/T 7325 |
| 低温转矩（-20℃）/mN·m | | | SH/T 0338 |
| 起动转矩 | 不大于 | 590 | |
| 运转转矩 | 不大于 | 290 | |
| 氧化安定性（99℃，100h，758kPa） | | | SH/T 0325 |
| 压力降/kPa | 不大于 | 50 | |
| 杂质（显微镜法）/（个/$cm^3$） | | | SH/T 0336 |
| 10μm 以上 | 不大于 | 2 000 | |
| 25μm 以上 | 不大于 | 1 000 | |
| 75μm 以上 | 不大于 | 0 | |
| 延长工作锥入度（100 000 次）/（0.1mm） | 不大于 | 350 | GB/T 269 |
| 漏失量（104℃，6h）/g | 不大于 | 4.0 | SH/T 0326 |
| 水淋损失量（38℃，1h）（质量分数）/% | 不大于 | 8 | SH/T 0109 |
| 防腐蚀性（52℃，48h） | | 合格 | GB/T 5018 |
| 轴承振动值（满足 Z4 组技术要求的 6308 轴承）/dB | 不大于 | 49 | GB/T 32333[a] |
| [a]轴承注脂方式为两面注脂，注脂量 10g～11g。 | | | |

## 4　检验规则

### 4.1　检验分类和检验项目

#### 4.1.1　出厂检验

出厂批次检验项目包括：外观、工作锥入度、杂质、轴承振动值。

在生产工艺和原材料没有可能影响产品质量变化的情况下，出厂周期检验项目包括：滴点、分油量（锥网法）、延长工作锥入度、腐蚀每半年检验一次，蒸发损失、低温转矩、氧化安定性、漏失量、水淋损失量、防腐蚀性每年检验一次。

#### 4.1.2　型式检验

型式检验包括第 3 章表 1 中规定的所有检验项目。

有下列情况之一时，应进行型式检验：

a）新产品投产或产品定型鉴定时；

b）原材料、工艺等发生较大变化，可能影响产品质量时；

c）出厂检验结果与上次型式检验结果有较大差异时。

### 4.2 组批

在原材料、工艺不变的条件下，产品每生产一罐或釜为一批。

### 4.3 取样

取样按 SH/T 0229 进行，取 2kg 作为检验和留样用。

### 4.4 判定规则

出厂检验和型式检验结果符合本标准第 3 章表 1 中的技术要求，则判定该批产品合格。

### 4.5 复验规则

如出厂检验结果中有不符合第 3 章表 1 技术指标的规定时，按 SH/T 0229 的规定重新抽取双倍量样品，对不合格项目进行复验，复验结果如仍不符合要求时，则判定该批产品为不合格。

## 5 标识、包装、运输和储存及交货验收

本产品的标识按 NB/SH/T 0967 进行。

包装、运输、储存及交货验收按 NB/SH/T 0164 进行。

ICS 75.100
E 36

SH

# 中华人民共和国石油化工行业标准

NB/SH/T 6019—2020

# 摩擦式提升机钢丝绳润滑脂和维护油

## Lubricating grease and maintenance oil for wire rope of friction hoist

2020-10-23 发布 2021-02-01 实施

国家能源局 发布

# 前　言

本标准按照 GB/T 1.1—2009 给出的规则起草。

本标准由中国石油化工集团有限公司提出。

本标准由全国石油产品和润滑剂标准化技术委员会石油燃料和润滑剂分技术委员会（SAC/TC280/SC1）归口。

本标准起草单位：爱利丝科技（扬州）有限公司、江苏油龙石油科技有限公司。

本标准起草人：刘方杰、刘颖、王秋月。

本标准为首次发布。

# 摩擦式提升机钢丝绳润滑脂和维护油

## 1 范围

本标准规定了摩擦式提升机钢丝绳润滑脂和维护油的标记、要求和试验方法、检验规则及标志、包装、运输和储存。

本标准适用于摩擦式提升机钢丝绳润滑脂和维护油，也适用于具有主动轮驱动的钢丝绳润滑脂和维护油。

本标准不适用于具有抛物面皮带轮驱动装置的索道钢丝绳润滑脂和维护油，也不适用于扁平提升钢丝绳润滑脂和维护油。

## 2 规范性引用文件

下列文件对于本文件的应用是必不可少的。凡是注日期的引用文件，仅注日期的版本适用于本文件。凡是不注日期的引用文件，其最新版本（包括所有的修改单）适用于本文件。

GB/T 261 闪点的测定宾斯基-马丁闭口杯法

GB/T 269 润滑脂和石油脂锥入度测定法

GB/T 699 优质碳素结构钢

GB/T 711 优质碳素结构钢热轧钢板和钢带

GB/T 4510 石油沥青脆点测定法佛拉斯法

GB/T 4929 润滑脂滴点测定法

GB/T 9789—2008 金属和其他无机覆盖层通常凝露条件下的二氧化硫腐蚀试验

GB/T 32710.7—2016 环境实验仪器及设备安全规范 第7部分：气候环境试验箱

NB/SH/T 0164 石油及相关产品包装、储运及交货验收规则

SH/T 0229 固体和半固体石油产品取样法

SH/T 0329 润滑脂游离碱和游离有机酸测定法

## 3 产品标记

符合本标准技术要求的摩擦式提升机钢丝绳润滑脂和维护油应标记为：产品名称 标准号。

示例：摩擦式提升机钢丝绳润滑脂 NB/SH/T 6019；摩擦式提升机钢丝绳维护油 NB/SH/T 6019。

## 4 要求和试验方法

### 4.1 一般要求

摩擦式提升机钢丝绳润滑脂和维护油应符合下列要求：

a）按照本标准，摩擦式提升机钢丝绳润滑脂和维护油应保证钢丝绳和主动轮摩擦衬垫之间的摩擦系数，摩擦式提升机的摩擦衬垫材料应符合相关标准。润滑时不允许使用凡士林、蜡和油脂。如需计

算钢丝绳的打滑极限值，以摩擦系数 $\mu$ 为 0.25（25℃）来计算；

b）其成分应均匀，如果需要加热，冷却后应能恢复到加热前的性能，即具有可逆性；

c）应含有非挥发性基材，可溶于石油溶剂中；

d）不得含有砂砾、研磨物、蓄意增重物质、水、氯化物或其他类似杂质；

e）不得含有任何能与各种湿气相结合，而形成对钢或锌有腐蚀性的物质，或有害于麻芯或滚筒摩擦衬垫的添加剂或化合物；

f）不得含有任何由于热降解或暴露于阳光下，而形成对钢或锌有腐蚀性的物质，或有害于麻芯或滚筒衬垫的添加剂或化合物；

g）不应有分油现象，虽经多次使用也不得发生硬化现象；

h）如果使用溶剂，则不得含有苯或氯化烃。

## 4.2 钢丝绳纤维芯及填充物的保护

a）应防止纤维吸入水，以保护纤维不腐烂；

b）降低纤维之间的摩擦，使钢丝绳的内部保持持久润滑，防止钢丝绳的钢丝腐蚀；

c）摩擦式提升机钢丝绳润滑脂和维护油应有效地浸渍钢丝绳麻芯。新的未浸渍的纤维材料可含有溶剂可提取的成分，其最大质量允许达到纤维干重的5%，在钢丝绳捻股之前浸渍过的纤维材料中溶剂可提取的成分最大质量允许占纤维干重的20%。

## 4.3 钢丝的保护

a）应防止钢丝腐蚀；

b）减少绳丝之间的摩擦和微动磨损；

c）应具有防水抗水功能；

d）不应含有可溶于水或在水中乳化的成分；

e）应能够在钢丝上形成良好的粘附的封闭的涂层。在正确保养钢丝绳情况下，即使钢丝绳经过多年使用，该涂层仍然能够保持其粘附性能。

## 4.4 储存和工作中成品绳的保护

储存和工作中使用的摩擦式提升机钢丝绳润滑脂和维护油应与钢丝绳生产时使用的油剂相兼容。

摩擦式提升机钢丝绳维护油可以通过无明火加热或添加溶剂的方式涂油。

在使用含溶剂的摩擦式提升机钢丝绳维护油时，应遵守国家有关职业健康保护的规定和有害物环保规定。

## 4.5 技术要求和试验方法

摩擦式提升机钢丝绳润滑脂和维护油技术要求和试验方法见表1。

**表1 摩擦式提升机钢丝绳润滑脂和维护油的技术要求和试验方法**

| 项　　目 | | 质量指标 | | 试验方法 |
|---|---|---|---|---|
| | | 摩擦式提升机钢丝绳润滑脂 | 摩擦式提升机钢丝绳维护油[a] | |
| 摩擦系数 $\mu$ | | | | |
| 20℃时 | 不小于 | 0.25 | 0.25 | 附录A |
| 30℃时 | 不小于 | 0.22 | 0.22 | |
| 闪点（闭口）/℃ | 不低于 | 220 | 60[a] | GB/T 261 |

表 1（续）

| 项目 | | 质量指标 | | 试验方法 |
|---|---|---|---|---|
| | | 摩擦式提升机钢丝绳润滑脂 | 摩擦式提升机钢丝绳维护油[a] | |
| 滴点/℃ | 不低于 | 80 | 80 | GB/T 4929 |
| 粘附强度和可塑性（70 号钢、-12℃和 20℃） | | 合格 | 合格 | 附录 B |
| 软化和老化性能（70 号钢、40℃、28d） | | 合格 | 合格 | 附录 C |
| 防水性能（20℃和 40℃） | 不大于 | 0 级 | 0 级 | 附录 D |
| 水溶性酸含量 | | 无 | 无[a] | SH/T 0329 |
| 防腐蚀能力[b]（70 号钢） | | 至少是 6 个周期 | 至少是 6 个周期 | 附录 E |
| 锥入度 | | [c] | [c] | GB/T 269 |
| 脆点 | | [c] | [c] | GB/T 4510 |

[a] 摩擦式提升机钢丝绳维护油为摩擦式提升机钢丝绳润滑脂加有稀释剂后得到的产品，其闪点和水溶性酸含量项目为含稀释剂的产品性能要求，其余项目为无稀释剂的性能要求。

[b] 当使用于储存和工作中，对于在短时间间隔内需要连续涂抹的润滑脂或维护油而言，需将环境气候、井道中释放的化合物（如二氧化硫等）和试验周期数列为检测条件。

[c] 此项目检测的必要性及要求均由供需双方协商确定。

## 5 检验规则

### 5.1 检验分类

#### 5.1.1 出厂检验

出厂批次检验项目包括：闪点、滴点和粘附强度和可塑性。

在原材料、生产工艺没有发生可能影响产品质量变化时，出厂周期检验项目：摩擦系数、软化和老化性能、20℃和 40℃下的防水性能、水溶性酸含量和防腐蚀能力，检验周期为一年。

#### 5.1.2 型式检验

型式检验项目包括技术要求表中的全部项目。有下列情况之一时，应进行行型式检验：

a）新产品投产或产品定型鉴定时；

b）原料、工艺等发生较大变化，可能影响产品质量时；

c）出厂检验结果与上次型式检验结果有较大差异时。

### 5.2 组批

在原材料、工艺不变的条件下，产品每生产一罐或一釜为一批。

### 5.3 取样

取样按 SH/T 0229 进行，从油脂制造商生产的原始容器中取 300g 作为检验和留样用。

### 5.4 判定规则

出厂检验和型式检验结果全部符合表 1 的技术要求时，则判定该批产品合格。

### 5.5 复验规则

如果出厂检验和型式检验结果中有不符合表1技术要求规定时，按SH/T 0229的规定重新抽取双倍量样品，对不合格项目进行复验，复验结果如仍不符合要求时，则判定该批产品为不合格。

## 6 标志、包装、运输和储存

本产品的标志、包装、运输、储存及交货验收按NB/SH/T 0164进行。

# 附　录　A
## (规范性附录)
## 摩擦系数的测定方法

### A.1　方法概要

在一定拉力的钢丝绳涂抹上测试样，然后分别在20℃和30℃的温度下定速移动摩擦衬垫卡盘，计算其摩擦系数，并在同等条件下做空白试验。

### A.2　试剂与材料

A.2.1　清洗剂（如橡胶工业用溶剂油）。
A.2.2　无水乙醇：化学纯。
A.2.3　脱脂棉或医用纱布。
A.2.4　钢丝绳：直径为52mm、交互捻、六股牵引用钢丝绳裸绳（见图A.1中部件4）。材质应符合GB/T 699中70号钢的质量要求。

### A.3　仪器

矿用钢丝绳摩擦系数试验机。

矿用钢丝绳摩擦系数试验机应满足图A.1要求。

单位为毫米

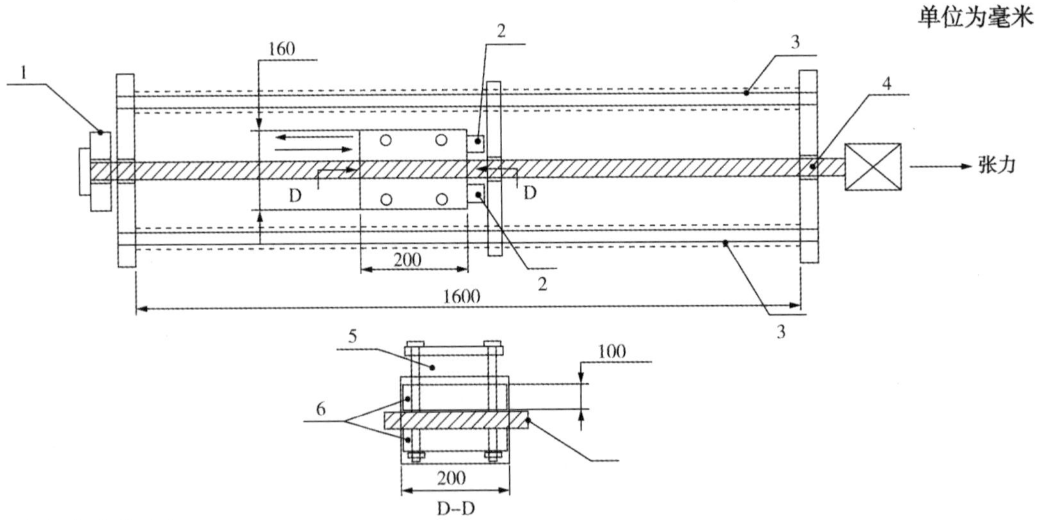


1——钢绳张力传感器0-40T；
2——推拉力传感器0-5T；
3——螺纹传动装置；
4——$\phi$52mm钢丝绳；
5——压力传感器0-3T；
6——摩擦衬垫。

**图A.1　矿用钢丝绳摩擦系数试验机**

## A.4 准备工作

**A.4.1** 每次检测之前，应使用清洗剂和无水乙醇对钢丝绳进行清洁和干燥，使得测试不会受到先前进行测试时残留的测试样和潮湿的影响。

**A.4.2** 应将测试样涂抹在钢丝绳表面。必要时，可以通过加热使测试样更易于涂抹。

**A.4.3** 测试前应将测试样涂层在室温条件下自然干燥16 h。涂抹的测试样计量（不包括挥发性溶剂）应该达到（75±1）$g/m^2$（按照钢丝绳的直径圆柱来计算钢丝绳表面积）。涂抹的数值在检测报告中加以说明。

## A.5 试验步骤

**A.5.1** 在试验机上将试验钢丝绳拉紧，其张力相当于钢丝绳破断拉力的1/7。在拉紧的钢丝绳上以7mm/s的速度移动主动轮摩擦衬垫。在钢丝绳和上下衬垫之间预设压紧力 $P_0$，设表面压强为200N/$cm^2$，受压表面积为钢丝绳直径和衬垫长度的乘积，$P_0$ 由钢丝绳与衬垫表面压强和受压表面积计算而得，即 $P_0$ = 钢丝绳直径（cm）×衬垫长度（cm）×200N/$cm^2$。用压力传感器（见图A.1中部件5）测定瞬间表面压力 $P$，用推拉力传感器（见图A.1中部件2）测定瞬间摩擦力 $F$。

**A.5.2** 首先使用不含测试样的钢丝绳进行测试。极限偏差为±5%。干燥钢丝绳与摩擦衬垫的摩擦系数应记录于附录F检测报告中。

**A.5.3** 然后在钢丝绳温度分别为20℃和30℃的情况下对具有测试样涂层的钢丝绳进行测试。测定的数值应记录于附录F检测报告中。

## A.6 计算

按式（A.1）计算摩擦系数 $\mu$：

$$\mu = \frac{F}{2P} \qquad \text{(A.1)}$$

式中：

$F$——摩擦力，单位为牛顿（N）；

$P$——表面压力，单位为牛顿（N）。

## A.7 报告

总共需进行6次测试。第一次测试目的是创造相同的测试条件，其数值不被计算在内。接下来的针对每次使用的垫圈材料的5次单独测试的平均值作为测定的摩擦系数 $\mu$，应在检测报告中加以说明。

# 附 录 B
## （规范性附录）
## 粘附强度和可塑性的测定方法

### B.1 方法概要

涂有测试样的测试板在规定温度下恒温5d后，围绕芯轴进行180°弯曲测试。

### B.2 试剂和材料

**B.2.1** 无水乙醇：化学纯。
**B.2.2** 石油醚：60℃~90℃分析纯。
**B.2.3** 脱脂棉或医用纱布。
**B.2.4** 砂布（或砂纸）：0号和00号。
**B.2.5** 直径为10mm，长50mm的金属芯轴
**B.2.6** 测试板：尺寸为200mm×35mm×0.3mm，应由符合GB/T 711规定的70号热轧窄钢带制成。

### B.3 仪器

**B.3.1** 高低温试验箱：符合GB/T 32710.7—2016中3.1.105规定。
**B.3.2** 刮刀。
**B.3.3** 镊子。
**B.3.4** 电炉。
**B.3.5** 温度计：0℃~150℃。

### B.4 准备工作

**B.4.1** 用0号和00号砂纸打磨测试板，打磨的纹路与长边平行。打磨后的测试板浸入石油醚，用镊子夹住脱脂棉或医用纱布轻轻擦拭，擦洗干净后再浸入无水乙醇，用镊子夹住脱脂棉或医用纱布擦拭，直至洗净测试板上的磨屑或其他污染物。最后用脱脂棉或医用纱布擦干。处理后的测试板光亮平整，不得有划伤和油迹。
**B.4.2** 将0.25g测试样均匀涂抹在清洁的、温度为80℃的测试板单面上，涂抹长度为90mm，相当于75g/$m^2$。如有必要，可通过加热使测试样更易于涂抹。
**B.4.3** 在室温下将测试板水平放置，干燥2d。

### B.5 试验步骤

#### B.5.1 室温下的弯曲测试

将按B.4.3准备好的两片干燥测试板在室温下（约20℃）水平放置5d，然后将测试板涂层面朝外，围绕芯轴，弯曲180°，使测试板呈U形。

**B.5.2 冷弯曲测试**

将按 B.4.3 准备好的两片干燥测试板水平放在高低温试验箱中，设定温度为（−12±2）℃，放置5d，然后测试板涂层面朝外，围绕芯轴，弯曲 180°，使测试板呈 U 形。

## B.6 报告

如果在弯曲测试过程中和测试结束后用肉眼看不到测试样涂层上有任何裂缝，则判定粘附强度和可塑性合格。

# 附 录 C
# (规范性附录)
# 软化和老化的测定方法

## C.1 方法概要

涂有测试样的测试板置于(40±2.5)℃的环境下，悬挂4周，观察测试板表面是否有裂缝或者皱纹。

## C.2 试剂和材料

C.2.1 无水乙醇：化学纯。
C.2.2 石油醚：60℃~90℃分析纯。
C.2.3 脱脂棉或医用纱布。
C.2.4 砂布(或砂纸)：0号和00号。
C.2.5 测试板：尺寸为100mm×100mm×2mm，应由符合GB/T 711规定的70号热轧窄钢带制成。将测试板边缘钻取一个直径为3mm的吊孔。

## C.3 仪器

C.3.1 电热鼓风恒温干燥箱：配有分度值为0.5℃，量程为0℃~100℃的温度计。
C.3.2 刮刀。
C.3.3 镊子。
C.3.4 挂钩。
C.3.5 电炉。
C.3.6 温度计：0℃~150℃。

## C.4 准备工作

C.4.1 用0号和00号砂纸打磨测试板，打磨的纹路与长边平行。打磨后的测试板浸入石油醚，用镊子夹住脱脂棉或医用纱布轻轻擦拭，擦洗干净后再浸入无水乙醇，用镊子夹住脱脂棉或医用纱布擦拭，直至洗净测试板上的磨屑或其他污染物。最后用脱脂棉或医用纱布擦干。处理后的测试板光亮平整，不得有划伤和油迹。
C.4.2 将0.75g测试样尽可能均匀地涂抹在温度约80℃的测试板单面上。如有必要可通过加热使测试样更易于涂抹。
C.4.3 将测试板在室温下水平放置，干燥2d。

## C.5 试验步骤

将干燥好的测试板放在电热鼓风恒温干燥箱中，设定温度为(40±2.5)℃，悬挂储藏4周。

## C.6 报告

如果用肉眼看不出测试样涂层上有任何裂缝或者皱纹，并且涂层与初始状态时相比没有发生明显变化，则判定软化和老化性能合格。

# 附 录 D
## (规范性附录)
## 润滑脂防水性能检测-静态检测

## D.1 方法概要

将涂有测试样的测试板放入规定温度的水中，恒温 3h 后，观察测试板上样品的受损情况。

## D.2 试剂和材料

**D.2.1** 无水乙醇：化学纯。
**D.2.2** 石油醚：60℃～90℃分析纯。
**D.2.3** 蒸馏水。
**D.2.4** 脱脂棉或医用纱布。

## D.3 仪器

**D.3.1** 测试板：尺寸为 190mm×15mm×3mm 的玻璃片（见图 D.1）。
**D.3.2** 金属模框：外部尺寸为 190mm×15mm×1mm，内部尺寸为 100mm×10mm×1mm，要求模框表面光滑平整。模框也可以配备玻璃片挡块和引导件。

单位为毫米

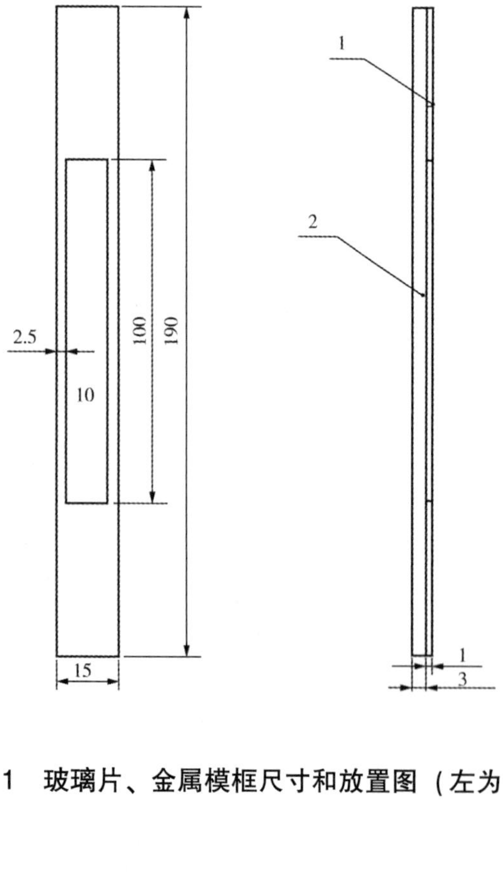


1——金属模框；
2——玻璃片。

**图 D.1 玻璃片、金属模框尺寸和放置图（左为平视图，右为侧视图）**

**D.3.3** 平口圆底玻璃试管，尺寸应满足盛放测试板的需求。
**D.3.4** 镊子。
**D.3.5** 电热鼓风恒温干燥箱：配有分度值为0.5℃，量程为0℃～100℃的温度计。

## D.4 准备工作

**D.4.1** 将测试板浸入石油醚，用镊子夹住脱脂棉或医用纱布轻轻擦拭，擦洗干净后再浸入无水乙醇，用镊子夹住脱脂棉或医用纱布擦拭。最后用脱脂棉或医用纱布擦干。将金属模框放在玻璃片上，以避免油脂溢出。
**D.4.2** 测试样应尽可能不含气泡。取测试样将金属模框填满，不留任何空白。移除金属模框后，测试样必须边缘整齐、厚度均匀（1 mm）。

## D.5 试验步骤

**D.5.1** 将涂有测试样的测试板放入盛有水符合测试温度的平口圆底玻璃试管中，测试样浸入深度约80mm。
**D.5.2** 试管的开口应使用纱布或药棉封闭，以减少水的蒸发。
**D.5.3** 将试管放入温度分别为（20±1）℃和（40±2）℃的恒温干燥箱中，持续放置3 h。在此两种温度下检测测试样时，每次测试应使用新涂测试样的测试板。

## D.6 报告

试验结束后，取出测试板，然后立刻用肉眼检查，与浸入水中之前的测试样进行比较，观察其是否发生了变化，并根据表D.1中的评定标准对试验结果进行判定。

**表D.1 防水性能评定标准**

| 评定等级 | 现象 | 描述 |
|---|---|---|
| 0 | 无变化 | 未出现下列等级中描述的任何特征 |
| 1 | 少量变化 | 测试样表面颜色变化（清亮），润滑脂和维护油表层对水有轻微的吸收 |
| 2 | 中等变化 | 测试样开始溶解，可观察到白黄色黏稠的表面层的形成，水中可见中等或强烈的浑浊 |
| 3 | 强烈变化 | 测试样部分或完全溶解，通常在油分离下面，并形成乳白色水包 |

# 附　录　E
# （规范性附录）
# 防腐蚀能力的测定方法

本标准对防腐蚀能力的试验按照 GB/T 9789—2008《金属和其他无机覆盖层 通常凝露条件下的二氧化硫腐蚀试验》进行，其第 4 章、第 9 章和第 10 章分别按本附录 E. 1、E. 2 和 E. 3 进行。

## E. 1　试样

测试板尺寸为 100mm×100mm×2mm，应由符合 GB/T 711 规定的 70 号热轧窄钢带制成。将测试板边缘钻取一个直径为 3mm 的吊孔。

测试板前期处理：用 0 号和 00 号砂纸打磨，打磨的纹路与长边平行。打磨后的测试板浸入石油醚，用镊子夹住脱脂棉或医用纱布轻轻擦拭，擦洗干净后再浸入无水乙醇，用镊子夹住脱脂棉或医用纱布擦拭，直至洗净测试板上的磨屑或其他污染物。最后用脱脂棉或医用纱布擦干。处理后的测试板光亮平整，不得有划伤和油迹。

在测试板的所有面上均匀地涂抹质量为 0. 75g 的测试样。如有必要，可通过加热使测试样变稀。在常温条件下把有涂层的测试板垂直悬挂在塑料线或者不锈钢丝上干燥 2d。干燥前后测定测试样的涂层质量，并在试验报告中加以说明。

## E. 2　结果评定

每一个试验周期完成后，从悬挂的测试板中提取一个测试板，在测试板的下半部分借助溶剂揭下黏在测试板两面的所有物质。从离测试板表面 20°～40°的角度在色温约为 5000K 的荧光灯下肉眼检查测试板的双面，对测试样的分解和测试板的表面生锈情况进行评价。在每一个试验周期完成后，要观察测试样是否开始分解或者生锈，直至其开始分解或者生锈，即为最后一个周期，记录周期数。若 6 个周期结束后仍未开始分解或者生锈，可由供需双方协商确定是否继续试验。在用肉眼进行检测时，只能对测试板的中间进行采样，不含边缘地带（宽度约为 3mm）。测试板表面出现任何变化都视为腐蚀的开始，如出现细孔，但没有变色，仍视为腐蚀的开始。

## E. 3　试验报告

每一个试验周期完成后，观察测试样是否开始分解或者生锈。如开始分解或者生锈，即为最后一个试验周期。直至第六个周期都未发生分解或者生锈，则判定防腐蚀能力合格。

# 附　录　E
## （资料性附录）
## 摩擦式提升机钢丝绳润滑脂和维护油进行检测的检测报告

检测报告 No. ____________检测对象 ____________

提交人 ____________________________________________

样本名称 __________________________________________

样本描述 __________________________________________

**F.1　摩擦系数 $\mu$**

额定直径和实验绳的结构形式______________________________

钢丝绳张力 $S$ ______________________________N

摩擦式提升机钢丝绳润滑脂和维护油涂抹量______________________________g/m$^2$

表面压力 $P$ ____________N　　　　计算表面压强 $p$ ____________N/cm$^2$

| 摩擦衬垫编号 | 1 | 2 | 3 | 4 |
|---|---|---|---|---|
| 名称 | | | | |
| 制造商 | | | | |

**F.1.1**　按照附录 A 对未涂油的钢丝绳进行的检测。

| | | | | | |
|---|---|---|---|---|---|
| 摩擦系数 $\mu$ | | | | | |
| 室温/℃ | | | | | |
| 相对湿度/% | | | | | |
| 钢丝绳温度/℃ | 测试前 | | | | |
| | 测试后 | | | | |

**F.1.2**　按照附录 A 在钢丝绳 20℃的温度下对涂有摩擦式提升机钢丝绳润滑脂和维护油的钢丝绳进行的检测。

| | | | | | |
|---|---|---|---|---|---|
| 摩擦系数 $\mu$ | | | | | |
| 干燥时间/h | | | | | |
| 室温/℃ | | | | | |
| 相对湿度/% | | | | | |
| 钢丝绳温度/℃ | 测试前 | | | | |
| | 测试后 | | | | |

**F.1.3**　按照附录 A 在钢丝绳 30℃的温度下对涂有摩擦式提升机钢丝绳润滑脂和维护油的钢丝绳进行的检测。

| 摩擦系数 $\mu$ | | | | | |
|---|---|---|---|---|---|
| 干燥时间/h | | | | | |
| 室温/℃ | | | | | |
| 相对湿度/% | | | | | |
| 钢丝绳温度/℃ | 测试前 | | | | |
| | 测试后 | | | | |

**F.2** 按照 GB/T 261 测定闪点（见表 1）________________℃将摩擦式提升机钢丝绳润滑脂和维护油倒入坩埚。

**F.3** 按照 GB/T 269 测滴点（见表 1）________________℃涂抹摩擦式提升机钢丝绳润滑脂和维护油。

**F.4** 按照附录 B 测定粘附强度和可塑性。

在+20℃的情况下 ______________和在-12℃的情况下 ______________

测试板上摩擦式提升机钢丝绳润滑脂和维护油的数量：

No. 1______________g/$m^2$　　No. 2______________g/$m^2$

No. 3______________g/$m^2$　　No. 4______________g/$m^2$

**F.5** 按照附录 C 进行的软化和老化的测定 ________________

测试板上的摩擦式提升机钢丝绳润滑脂和维护油量：

No. 1______________g/$m^2$　　No. 2______________g/$m^2$

**F.6** 按照附录 D 检测摩擦式提升机钢丝绳润滑脂和维护油防水性能（见表 1）。

在+20℃的情况下 ______________和在+40℃的情况下 ______________

**F.7** 按照 SH/T 0329 测定的水溶性酸的含量为 ______________mgKOH/g。

**F.8** 按照附录 E 测定的防腐蚀能力为______________周期。

| 摩擦式提升机钢丝绳润滑脂和维护油重量单位/（g/$m^2$） | | | | | |
|---|---|---|---|---|---|
| 编号 | 干燥前 | 干燥后 | 编号 | 干燥前 | 干燥后 |
| 1 | | | 6 | | |
| 2 | | | 7 | | |
| 3 | | | 8 | | |
| 4 | | | 9 | | |
| 5 | | | 10 | | |

**F.9 评价：**

____________________________________________________________

（测试地点）　　　　　　　　　　　　（检测公司，测试员，签名和盖章）

ICS 75.100
CCS E 40

SH

# 中华人民共和国石油化工行业标准

NB/SH/T 6041—2021

# 机器人用摆线针轮(RV)减速器润滑脂

## Grease for high precision robotic rotate vector(RV) reducer

2021-11-16 发布 2022-05-16 实施

国家能源局 发布

# 前　言

本文件按照 GB/T 1.1—2020《标准化工作导则　第 1 部分：标准化文件的结构和起草规则》的规定起草。

请注意本文件的某些内容可能涉及专利。本文件的发布机构不承担识别专利的责任。

本文件由中国石油化工集团有限公司提出。

本文件由全国石油产品和润滑剂标准化技术委员会石油燃料和润滑剂分技术委员会（SAC/TC280/SC5）归口。

本文件起草单位：中国石化润滑油有限公司、中国石油化工股份有限公司石油化工科学研究院、中国石油天然气股份有限公司润滑油分公司、沈阳新松机器人自动化股份有限公司、秦川机床工具集团股份公司、长城汽车股份有限公司徐水分公司、重庆大学机械传动国家重点实验室。

本文件主要起草人：刘亚春、姚立丹、李建明、冯强、吴宝杰、张广辽、陈为廉、金鸣、张晓凯、康军、王兆坤、仇建伟、杨松林、周多利、高峰、张会情、韩鹏、李永伟、王曙光、李朝阳。

# 机器人用摆线针轮（RV）减速器润滑脂

## 1 范围

本文件规定了机器人用摆线针轮（RV）减速器润滑脂的产品分类、技术要求和试验方法、检验规则及标识、包装、储运及交货验收。

本文件所属产品适用于机器人用摆线针轮（RV）减速器的润滑和防护。工作温度范围：-30℃～120℃。

## 2 规范性引用文件

下列文件中的内容通过文中的规范性引用而构成本文件必不可少的条款。其中，注日期的引用文件，仅该日期对应的版本适用于本文件；不注日期的引用文件，其最新版本（包括所有的修改单）适用于本文件。

GB/T 269　润滑脂和石油脂锥入度测定法

GB/T 4929　润滑脂滴点测定法

GB/T 5018　润滑脂防腐蚀性试验法

GB/T 35089　机器人用精密齿轮传动装置　试验方法

GB/T 37718　机器人用精密行星摆线减速器

NB/SH/T 0164　石油及相关产品包装、储运及交货验收规则

SH/T 0202　润滑脂极压性能测定法（四球机法）

SH/T 0204　润滑脂抗磨性能测定法（四球机法）

SH/T 0229　固体和半固体石油产品取样法

SH/T 0691　润滑剂的合成橡胶溶胀性测定法

NB/SH/T 0721　润滑脂摩擦磨损性能测定法　高频线性振动试验机（SRV）法

SH/T 0790　润滑脂氧化诱导期测定法（压力差示扫描量热法）

NB/SH/T 0967　润滑剂包装标识通则

## 3 术语和定义

本文件没有需要界定的术语和定义。

## 4 产品分类

本文件所属产品按工作锥入度分为 0 号、00 号和 000 号。

## 5 技术要求和试验方法

技术要求和试验方法见表 1。

表 1　机器人用摆线针轮（RV）减速器润滑脂的技术要求和试验方法

| 项　目 | | 技术要求 | | | 试验方法 |
|---|---|---|---|---|---|
| | | 0 号 | 00 号 | 000 号 | |
| 工作锥入度/0.1 mm | | 355～385 | 400～430 | 445～475 | GB/T 269 |
| 滴点/℃ | 不低于 | 170 | 160 | — | GB/T 4929 |
| 防腐蚀性（52 ℃，48 h） | | 合格 | | | GB/T 5018 |
| 流动压力（-30 ℃）/hPa | 不大于 | 1000 | | — | 附录 A |
| 极压性能（四球机法）<br>最大无卡咬负荷（$P_B$ 值）/N<br>烧结负荷（$P_D$ 值）/N | <br>不小于<br>不小于 | <br>883<br>1961 | | | SH/T 0202 |
| 抗磨损性能（四球机法）（75 ℃，1200 r/min，392 N，60 min）<br>磨痕直径 $d$/mm | <br>不大于 | 0.55 | | | SH/T 0204 |
| 抗摩擦磨损性能（SRV 法）（200 N，50 Hz，2 h，50 ℃，1 mm）<br>摩擦系数 | 不大于 | 0.080 | | | NB/SH/T 0721 |
| 氧化诱导期（180℃）/min | 不小于 | 30 | | 20 | SH/T 0790 |
| 橡胶相容性[a] | | 报告 | | | SH/T 0691 |
| 台架验证[a]（机器人用精密齿轮传动装置试验[b]） | | 报告 | | | GB/T 35089 |

[a] 根据客户要求进行，双方协商确定试验条件及指标。

[b] 试验减速器满足 GB/T 37718 标准要求。

## 6　检验规则

### 6.1　检验分类与检验项目

#### 6.1.1　出厂检验

出厂批次检验项目包括：工作锥入度、滴点、抗磨损性能（四球机法）。

出厂周期检验项目包括：极压性能（四球机法）、抗摩擦磨损性能（SRV 法）、流动压力、防腐蚀性、氧化诱导期，每年检验一次。

#### 6.1.2　型式检验

型式检验包括本文件表 1 中的检验项目（除橡胶件密封性相容试验和机器人用精密齿轮传动装置试验外），有下列情况之一时，应进行型式检验：

a）新产品投产或产品定型鉴定时（同时根据实际情况进行机器人用精密齿轮传动装置试验）；

b）原材料、工艺等发生较大变化，可能影响产品质量时；

c）出厂检验结果与上次型式检验结果有较大差异时。

### 6.2　组批

在原材料、工艺不变的条件下，产品每生产一罐或釜为一批。

### 6.3 取样

取样按 SH/T 0229 进行，每批产品取样 3.0kg 作为检验和留样用。

### 6.4 判定规则

出厂检验和型式检验结果符合本文件表 1 的要求时，则判定该批产品合格。

### 6.5 复检规则

如果出厂检验的结果中有不符合本文件表 1 中的要求时，按 SH/T 0229 的规定重新抽取双倍样品对不符合项目进行复检；复检结果如仍有不符合本文件表 1 中的要求时，则判定该批产品为不合格。

## 7 标识、包装、储运及交货验收

标识按 NB/SH/T 0967 中的规定进行；包装、储运及交货验收按 NB/SH/T 0164 中的规定进行。

# 附　录　A
## (规范性)
## 润滑脂流动压力的测定

### A.1　摘要

将装有润滑脂的流动压力测试仪连接到气压发生装置，并在规定的试验温度下，按规定增加压力，直到润滑脂排出试验喷嘴，所需的压力记录为流动压力。

### A.2　化学品

**A.2.1**　压缩气体，通常是压缩空气或氮气。

### A.3　试验装置

#### A.3.1　流动压力测试仪

##### A.3.1.1　恒温装置

恒温装置温度恒定精度要求为±1℃。

##### A.3.1.2　试验喷嘴

选择与流动压力测试仪相匹配的试验喷嘴。

##### A.3.1.3　压力控制装置

通过控制阀或活塞控制试验压力。

##### A.3.1.4　压力计

压力计要求在预期试验结果的压力范围内误差不超过 2 hPa。

##### A.3.1.5　计时器

时间测量误差不超过 1s。

#### A.3.2　压力发生装置

包括钢瓶，压缩气体管或活塞。试验压力可以通过钢瓶或另一压缩气体源的压缩气体（通常为压缩空气或氮气）产生。

### A.4　取样

取样必须符合 SH/T 0229 要求。

## A.5 试验步骤

### A.5.1 清洁试验设备

拧开试验喷嘴，拆下O形圈，仔细清洁，可使用不腐蚀试验喷嘴材质的溶剂进行清洗，保证试验喷嘴内外部无异物及油脂残留。

### A.5.2 装填润滑脂

将润滑脂样品装填入试验喷嘴，并将填充有润滑脂样品的试验喷嘴插入恒温装置并与压力发生装置进行气密连接。

### A.5.3 设定温度

设定恒温装置温度为规定温度，并恒温 120 min±5 min。

### A.5.4 进行试验

恒温结束后，试验压力从0 hPa开始，压力增长率按表A.1要求。当润滑脂排出试验喷嘴时，所需的压力记录为流动压力。

**表A.1 增长率**

| 预计试验结果范围/hPa | 压力以 30 s 的时间间隔增加的增长率/hPa |
|---|---|
| 0~60 | 2 |
| 60~200 | 4 |
| 超过 200 | 25 |

## A.6 结果报告

参照本方法报告润滑脂的试验温度（℃）和流动压力（hPa），要求取整数。

# 五、石　油　蜡

ICS 75.140
E 42

SH

# 中华人民共和国石油化工行业标准

NB/SH/T 0006—2017
代替 SH/T 0006—2002

# 工业白油

**Industrial mineral oil**

2017-12-27 发布　　2018-06-01 实施

国家能源局　发布

# 前　言

本标准按照 GB/T 1.1—2009 给出的规则起草。

本标准代替 SH/T 0006—2002《工业白油》，本标准与 SH/T 0006—2002 的差异如下：

——本标准取消工业白油的等级划分，删除了“优级品”和“合格品”项。

——本标准按照“颜色、倾点、硫含量、芳烃含量、硫酸显色、硝基萘”指标的不同，将工业白油分为Ⅰ类和Ⅱ类。

——本标准增加 22 号、46 号、150 号、220 号、320 号五个牌号。

——本标准“倾点”指标改为“工业白油（Ⅰ）5 号为不高于 0℃，7 号及以上牌号为不高于-6℃”，“工业白油（Ⅱ）5 号为不高于-3℃，7 号及以上牌号为不高于-9℃”。

——本标准中增加“硫含量”和“芳烃含量”指标。

——本标准 150 号、220 号、320 号增加“运动黏度（100℃）”指标。

——本标准 6 章中增加“6.1 条产品标志说明”。

本标准采用重新起草法修改采用日本工业标准 JIS K 2231-1993（2006）《液体石蜡》重新起草，为适应我国国情，对 JIS K2231-1993（2006）进行了修改，主要差异如下：

——本标准的引用标准采用我国相应的国家标准。

——本标准增加了 5 号、7 号、22 号、46 号、150 号、220 号和 320 号七个牌号。

——本标准技术指标中增加了机械杂质、水分、硫含量、芳烃含量、运动黏度（100℃）指标。

——“倾点”和“颜色（赛波特）”两项指标存在差异。

本标准由中国石油化工集团公司提出。

本标准由全国石油产品和润滑剂标准化技术委员会石油蜡类产品标准化分技术委员会（SAC/TC 280/SC3）归口。

本标准起草单位：中国石油化工股份有限公司抚顺石油化工研究院。

本标准主要起草人：雒亚东、王丽君、凌凤香、姚春雷、高俊兴、全辉、张雁玲。

本标准首次发布于 1990 年，2002 年进行了第一次修订。

# 工业白油

**警告：如果不遵守适当的防范措施，本标准所属产品在生产、贮运和使用等过程中可能存在危险。本标准无意对与本产品有关的所有安全问题提出建议。用户在使用本标准之前，有责任建立适当的安全和防护措施，并确立相关规章限制的适用性。**

## 1 范围

本标准规定了工业白油的产品分类、技术要求、试验方法、采样、标志、包装、贮存及交货验收。

本标准适用于石油馏分经脱蜡、化学精制或加氢精制而制取的工业白油。

本标准所属产品适用作化纤、铝材加工、橡胶增塑等用油；也适用于作纺织机械、精密仪器的润滑用油以及压缩机密封用油。

## 2 规范性引用文件

下列文件对于本文件的应用是必不可少的。凡是注日期的引用文件，仅所注日期的版本适用于本文件。凡是不注日期的引用文件，其最新版本（包括所有的修改单）适用于本文件。

GB/T 259 石油产品水溶性酸及碱测定法

GB/T 260 石油产品水分测定法

GB/T 265 石油产品运动黏度测定法和动力黏度计算法

GB/T 511 石油和石油产品及添加剂机械杂质测定法

GB/T 3535 石油产品倾点测定法

GB/T 3536 石油产品闪点和燃点的测定 克利夫兰开口杯法

GB/T 3555 石油产品赛波特颜色测定法（赛波特比色计法）

GB/T 4756 石油液体手工取样法

GB/T 5096 石油产品铜片腐蚀试验法

GB/T 11140 石油产品硫含量的测定 波长色散 X 射线荧光光谱法

SH 0164 石油产品包装、储运及交货验收规则

SH/T 0689 轻质烃及发动机燃料和其他油品的总硫含量测定法（紫外荧光法）

NB/SH/T 0842 石油产品硫含量的测定 波长色散 X 射线荧光光谱法

NB/SH/T 0966 白油中芳烃含量的测定 紫外分光光度法

## 3 产品分类

工业白油按照颜色、倾点、硫含量、芳烃含量、硫酸显色、硝基萘分为工业白油（Ⅰ）和工业白油（Ⅱ）。

工业白油（Ⅰ）按照黏度不同将产品分为 5 号，7 号，10 号，15 号，22 号，32 号，46 号，68 号，100 号，150 号，220 号，320 号共 12 个牌号。

工业白油（Ⅱ）按照黏度不同将产品分为 5 号，7 号，10 号，15 号，22 号，32 号，46 号，68 号，100 号，150 号，220 号，320 号共 12 个牌号。

## 4 技术要求和试验方法

工业白油（Ⅰ）和工业白油（Ⅱ）的技术要求和试验方法分别见表1和表2。

**表 1　工业白油（Ⅰ）技术要求和试验方法**

| 项目 | | 质量指标 | | | | | | | | | | | | 试验方法 |
|---|---|---|---|---|---|---|---|---|---|---|---|---|---|---|
| 牌号 | | 5 | 7 | 10 | 15 | 22 | 32 | 46 | 68 | 100 | 150 | 220 | 320 | |
| 运动黏度（40℃）/（mm²/s） | | 4.14～5.06 | 6.12～7.48 | 9.00～11.0 | 13.5～16.5 | 18.0～26.0 | 28.8～35.2 | 38.0～56.0 | 61.2～74.8 | 90.0～110 | 报告 | 报告 | 报告 | GB/T 265 |
| 运动黏度（100℃）/（mm²/s） | | — | — | — | — | — | — | — | — | — | 13.0～16.5 | 17.0～21.0 | 21.5～26.5 | GB/T 265 |
| 闪点（开口）/℃ | 不低于 | 120 | 130 | 140 | 150 | 160 | 180 | 190 | 200 | 200 | 210 | 220 | 230 | GB/T 3536 |
| 倾点/℃ | 不高于 | 0 | −6 | | | | | | | | | | | GB/T 3535 |
| 颜色/赛波特颜色号 | 不低于 | +25 | | | | | +23 | | | | | | | GB/T 3555 |
| 铜片腐蚀（50℃，3h）/级 | | 1 | — | | | | | | | | | | | GB/T 5096 |
| 铜片腐蚀（100℃，3h）/级 | | — | 1 | | | | | | | | | | | GB/T 5096 |
| 硫含量[a]/（mg/kg） | 不大于 | 10 | | | | | | | | | | | | SH/T 0689 |
| 芳烃含量（质量分数）/% | 不大于 | 5 | | | | | | | | | | | | NB/SH/T 0966 |
| 水分[b]（质量分数）/% | | 无 | | | | | | | | | | | | GB/T 260 |
| 机械杂质[c]（质量分数）/% | | 无 | | | | | | | | | | | | GB/T 511 |
| 水溶性酸或碱 | | 无 | | | | | | | | | | | | GB/T 259 |
| 外观 | | 无色、无异味、无荧光、透明的液体 | | | | | | | | | | | | 目测[d] |

[a] 也可采用 GB/T 11140 和 NB/SH/T 0842 进行测定，结果有异议时，以 SH/T 0689 方法为准。

[b] 可用目测法：即将试样注入 100mL 玻璃量筒中，在室温（20℃±5℃）下观察，应透明，没有悬浮和沉降的水分，结果为“无”。结果有异议时，按 GB/T 260 测定。

[c] 可用目测法：即将试样注入 100mL 玻璃量筒中，在室温（20℃±5℃）下观察，应透明，没有悬浮和沉降的杂质，结果为“无”。结果有异议时，按 GB/T 511 测定。

[d] 将试样注入 100mL 玻璃量筒中，室温（20℃±5℃）下观察，无色，无异味，无荧光，无游离水。

**表 2　工业白油（Ⅱ）技术要求和试验方法**

| 项目 | | 质量指标 | | | | | | | | | | | | 试验方法 |
|---|---|---|---|---|---|---|---|---|---|---|---|---|---|---|
| 牌号 | | 5 | 7 | 10 | 15 | 22 | 32 | 46 | 68 | 100 | 150 | 220 | 320 | |
| 运动黏度（40℃）/（mm²/s） | | 4.14~5.06 | 6.12~7.48 | 9.00~11.0 | 13.5~16.5 | 18.0~26.0 | 28.8~35.2 | 38.0~56.0 | 61.2~74.8 | 90.0~110 | 报告 | 报告 | 报告 | GB/T 265 |
| 运动黏度（100℃）/（mm²/s） | | — | — | — | — | — | — | — | — | — | 13.0~16.5 | 17.0~21.0 | 21.5~26.5 | GB/T 265 |
| 闪点（开口）/℃ | 不低于 | 120 | 130 | 140 | 150 | 160 | 180 | 190 | 200 | 200 | 210 | 220 | 230 | GB/T 3536 |
| 倾点/℃ | 不高于 | -3 | -9 | | | | | | | | | | | GB/T 3535 |
| 颜色/赛波特颜色号 | 不低于 | +30 | | | | | | | | | | | | GB/T 3555 |
| 铜片腐蚀（50℃，3h）/级 | | 1 | — | | | | | | | | | | | GB/T 5096 |
| 铜片腐蚀（100℃，3h）/级 | | — | 1 | | | | | | | | | | | GB/T 5096 |
| 硫含量[a]/（mg/kg） | 不大于 | 5 | | | | | | | | | | | | SH/T 0689 |
| 芳烃含量（质量分数）/% | 不大于 | 0.2 | | | | | | | | | | | | NB/SH/T 0966 |
| 水分[b]（质量分数）/% | | 无 | | | | | | | | | | | | GB/T 260 |
| 机械杂质[c]（质量分数）/% | | 无 | | | | | | | | | | | | GB/T 511 |
| 水溶性酸或碱 | | 无 | | | | | | | | | | | | GB/T 259 |
| 硫酸显色 | | 通过 | | | | | | | | | | | | 附录 A |
| 硝基萘 | | 通过 | | | | | | | | | | | | 附录 B |
| 外观 | | 无色、无异味、无荧光、透明的液体 | | | | | | | | | | | | 目测[d] |

[a] 也可采用 GB/T 11140 和 NB/SH/T 0842 进行测定，结果有异议时，以 SH/T 0689 方法为准。

[b] 可用目测法：即将试样注入 100mL 玻璃量筒中，在室温（20℃±5℃）下观察，应透明，没有悬浮和沉降的水分，结果为“无”。结果有异议时，按 GB/T 260 测定。

[c] 可用目测法：即将试样注入 100mL 玻璃量筒中，在室温（20℃±5℃）下观察，应透明，没有悬浮和沉降的杂质，结果为“无”。结果有异议时，按 GB/T 511 测定。

[d] 将试样注入 100mL 玻璃量筒中，室温（20℃±5℃）下观察，无色，无异味，无荧光，无游离水。

## 5 采样

采样按 GB/T 4756 进行，取 2L 作为检验和留样用。

## 6 标志、包装、运输和贮存

6.1 向用户销售的符合本标准的工业白油产品应标明下列标志：“工业白油（Ⅰ）5 号、工业白油（Ⅰ）7 号、工业白油（Ⅰ）10 号、工业白油（Ⅰ）15 号、工业白油（Ⅰ）22 号、工业白油（Ⅰ）32 号、工业白油（Ⅰ）46 号、工业白油（Ⅰ）68 号、工业白油（Ⅰ）100 号、工业白油（Ⅰ）150 号、工业白油（Ⅰ）220 号、工业白油（Ⅰ）320 号”；“工业白油（Ⅱ）5 号、工业白油（Ⅱ）7 号、工业白油（Ⅱ）10 号、工业白油（Ⅱ）15 号、工业白油（Ⅱ）22 号、工业白油（Ⅱ）32 号、工业白油（Ⅱ）46 号、工业白油（Ⅱ）68 号、工业白油（Ⅱ）100 号、工业白油（Ⅱ）150 号、工业白油（Ⅱ）220 号、工业白油（Ⅱ）320 号”。

6.2 工业白油产品的标志、包装、运输和贮存及交货验收按 SH 0164 进行。

# 附 录 A
## (规范性附录)
## 硫酸显色试验法

**警告：本方法可能涉及某些有危险的材料、设备和操作，但并无意对与此有关的所有安全问题都提出建议。因此，在使用本方法之前，用户有责任建立适当的安全和防护措施，并确定相关规章的适用性。**

### A.1 方法概要

在规定的条件下，工业白油与硫酸反应，将反应后的酸层颜色与标准比色液对比，如果酸层颜色经目测不深于标准比色液，则认为试样通过。

### A.2 仪器

A.2.1 纳氏比色管（无色玻璃制）：50mL。
A.2.2 磨口具塞量筒：100mL。
A.2.3 刻度移液管：1mL，5mL，10mL。
A.2.4 水浴：可用1000mL搪瓷量杯代替。
A.2.5 滴定管：50mL。
A.2.6 称量瓶。
A.2.7 容量瓶：50mL，500mL。
A.2.8 碘量瓶：500mL。
A.2.9 锥形烧瓶：250mL。
A.2.10 洗瓶：500mL。
A.2.11 烧杯：100mL，200mL
A.2.12 药勺。
A.2.13 恒温箱：能加热到105℃并恒温，精度1℃。
A.2.14 水浴：能加热到100℃并恒温。

### A.3 试剂

A.3.1 硫酸：分析纯，含量95%~98%（质量分数）。配成85%~86%（质量分数）硫酸溶液，应无氮，再按硫酸与蒸馏水体积比1∶4配成硫酸溶液。

无氮的检查方法：将被检验的硫酸，用同体积的蒸馏水稀释，冷却，取冷却后的硫酸10mL，轻轻地加在二苯胺溶液上层，不要混合，在1h内接触面不应出现蓝色。

85%~86%（质量分数）硫酸以中和滴定法进行标定。

A.3.2 盐酸：分析纯，含量36%~38%（质量分数）盐酸，按盐酸与蒸馏水体积比1∶39配成稀盐酸溶液。
A.3.3 冰乙酸：分析纯，含量99%（质量分数）。
A.3.4 过氧化氢：分析纯，含量30%（体积分数）。
A.3.5 硫酸铜：分析纯。

**A.3.6** 氯化钴：分析纯。

**A.3.7** 三氯化铁：分析纯。

**A.3.8** 氢氧化钠：分析纯，按氢氧化钠和蒸馏水 1∶5 配成溶液。

**A.3.9** 碘化钾：分析纯。

**A.3.10** 二苯胺：分析纯，配成浓度为 10g/L 的硫酸溶液，将 1g 二苯胺溶解在 100mL 浓硫酸中。

**A.3.11** 可溶性淀粉指示剂：配成 0.5%水溶液。

**A.3.12** 甲基橙指示剂：配成 0.5%水溶液。

**A.3.13** 硫代硫酸钠：分析纯，配成 0.1mol/L 的标准溶液。

**A.3.14** 蒸馏水。

**A.3.15** 重铬酸钾洗液。

**A.3.16** 液体石蜡或食品级白油。

## A.4 准备工作

**A.4.1** 氯化钴基础溶液（59.6mg $CoCl_2 \cdot 6H_2O$/mL）的配制

称取氯化钴约 32.5g，置于 500mL 容量瓶中，用稀盐酸溶液稀释到刻线。溶解后，用移液管准确量取 5mL 于碘量瓶中。加 15mL 氢氧化钠溶液和 10mL~15mL 过氧化氢放置 10min 后煮沸（需要 10min）。冷却后，加 2g 碘化钾和 20mL（1∶4）硫酸溶液，并迅速塞好瓶塞，用蒸馏水封住瓶口，静置。当沉淀完全溶解后，以淀粉溶液作指示剂，用 0.1mol/L 硫代硫酸钠标准溶液滴定游离碘（每毫升 0.1mol/L 硫代硫酸钠标准溶液相当于 23.799mg 氯化钴）。用稀盐酸调节氯化钴溶液的浓度，使每毫升基础溶液中含 59.6mg 氯化钴。

**A.4.2** 三氯化铁基础溶液（45.0mg $FeCl_3 \cdot 6H_2O$/mL）的配制

称取三氯化铁约 27.5g 于 500mL 容量瓶中，用稀盐酸溶液稀释到刻线。溶解后，用移液管准确量取 10mL 于碘量瓶中。加 5mL 盐酸，25mL 蒸馏水和 3g 碘化钾，并迅速塞好瓶塞，用蒸馏水封住瓶口，静置 5min 后，用 50mL 蒸馏水稀释混合物，以淀粉溶液作指示剂。以 0.1mol/L 硫代硫酸钠标准溶液滴定游离碘（每毫升 0.1mol/L 硫代硫酸钠标准溶液相当于 27.03mg 三氯化铁）。用稀盐酸调节三氯化铁溶液的浓度，使每毫升基础溶液中含 45.0mg 三氯化铁。

**A.4.3** 硫酸铜基础溶液（62.4mg $CuSO_4 \cdot 5H_2O$/mL）的配制

称取硫酸铜约 32.5g，置于 500mL 容量瓶中，用稀盐酸溶液稀释到刻线。溶解后，用移液管准确量取 10mL 于碘量瓶中，加 50mL 蒸馏水，4mL 冰乙酸和 3g 碘化钾，并迅速塞好瓶塞，用蒸馏水封住瓶口。将混合物静置 5min 后，以淀粉溶液作指示剂，用 0.1mol/L 硫代硫酸钠标准溶液滴定游离碘（每毫升 0.1mol/L 硫代硫酸钠标准溶液相当于 24.97mg 硫酸铜）。用稀盐酸调节硫酸铜溶液的浓度，使每毫升基础溶液中含 62.4mg 硫酸铜。

**A.4.4** 标准比色液的配制

准确吸取 3mL 氯化钴基础溶液，1mL 硫酸铜基础溶液，6mL 三氯化铁基础溶液于 50mL 容量瓶中，以蒸馏水稀释到刻线，摇匀后，取出溶液 25mL 于 50mL 比色管中，此溶液上面用液体石蜡或食品级白油覆盖到 50mL 刻线处。

## A.5 试验步骤

**A.5.1** 用重铬酸钾洗液清洗具塞量筒，再用蒸馏水清洗，置于恒温箱内干燥。

**A.5.2** 取试样 25mL 置于清洁干燥的 100mL 具塞量筒内，再加入质量分数为 85%~86%的硫酸 25mL，盖上瓶塞，置于沸水浴中，其量筒内液面应低于水浴面 1cm 以下。

**A**.5.3　将装有试样的具塞量筒（包括硫酸），在水浴中加热3min，打开塞子排气后，重新盖上，迅速从水浴中取出量筒，用一只手指压住盖子，以垂直方向上下剧烈振荡三次，振幅约15cm。以后每3min重复一次，每次振荡时，量筒在水浴外的停留时间不得超过3s。

**A**.5.4　从量筒最初放入水浴至10min后取出量筒，立即将内容物倒入比色管中与标准比色液进行比较（硫酸层颜色在1min内应保持不变）。

## **A**.6　报告

**A**.6.1　平行测定的两个结果，当酸层颜色不深于标准比色液时，报告试样通过。

**A**.6.2　如果平行测定的两个结果，有一个未通过时，应再做一次重复试验。重复试验时，平行测定的两个结果都通过时，报告试样通过；反之，则报告试样未通过。

# 附　录　B
（规范性附录）
硝基萘试验法

**警告：本方法可能涉及某些有危险的材料、设备和操作，但并无意对与此有关的所有安全问题都提出建议。因此，在使用本方法之前，用户有责任建立适当的安全和防护措施，并确定相关规章的适用性。**

## B.1　方法概要

在规定的条件下，用乙醇萃取白油中的硝基萘定性检测硝基萘存在与否。

## B.2　仪器

B.2.1　磨口具塞试管：50mL。
B.2.2　刻度移液管：5mL。
B.2.3　量筒：20mL。
B.2.4　瓷蒸发皿：50mL。
B.2.5　水浴。
B.2.6　定性滤纸：直径 11cm。
B.2.7　玻璃漏斗：直径 9cm。

## B.3　试剂

乙醇：分析纯，含量 95%。

## B.4　试验步骤

B.4.1　用刻度移液管吸取 3mL 试样置于洁净的具塞磨口试管中，再用量筒量取 15mL 95%乙醇置于同一试管中。在室温下，用拇指压盖上下剧烈振荡 1min，静置沉降分层。
B.4.2　将上层乙醇用定性滤纸过滤到瓷蒸发皿中，并将瓷蒸发皿移至水浴中，在水浴中进行加热蒸发，直至残留物蒸发到约剩 1mL。冷却后，观察是否有黄色的浑浊出现。

## B.5　报告

B.5.1　平行测定的两次结果，在冷却的残液中，无黄色浑浊出现时，报告试样通过。
B.5.2　如果平行测定的两次结果，有一个未通过时，应再做一次重复试验。重复试验后，平行测定的两个结果都无黄色浑浊出现时，则报告试样通过；反之，则报告试样未通过。

ICS 75.140
E 42

SH

# 中华人民共和国石油化工行业标准

NB/SH 0007—2015
代替 SH 0007—1990(2005)

# 化妆品级白油

## Cosmetic grade white oil

2015-10-27 发布 2016-03-01 实施

国家能源局 发布

# 前　言

本标准第4章为强制性的，其余为推荐性的。

本标准按照GB/T 1.1—2009给出的规则起草。

本标准代替SH 0007—1990（2005）《化妆用白油》。

本标准与SH 0007—1990（2005）相比主要差异如下：

—— 修改了标准的中文名称；

—— 取消产品分等分级，增加50号、70号化妆品级白油牌号；

—— 10号化妆品级白油“闪点（开口）”项目的质量指标，从不低于140 ℃提高到不低于150 ℃；

—— 增加“铅含量”“颜色”项目要求；

——“酸碱性试验”项目改为测定“水溶性酸或碱”；

——“易炭化物”项目的试验方法，改为附录A；

——“砷含量”项目的质量指标，由限量2 ppm降低到1 mg/kg，试验方法改为引用GB/T 5009.11《食品中总砷及无机砷的测定》；

——“重金属含量”项目的质量指标，由限量30 ppm降低到10 mg/kg，试验方法改为引用SH/T 0128《石蜡重金属试验法》；

——“外观”项目名称改为“性状”。

—— 取消了“硫化物”和“水分”项目。

本标准由中国石油化工集团公司提出。

本标准由全国石油产品和润滑剂标准化技术委员会石油蜡类产品分技术委员会（SAC/TC 280/SC3）归口。

本标准起草单位：杭州石化有限责任公司、中国石油天然气股份有限公司大庆炼化分公司。

本标准主要起草人：居美华、路卫平、王世珍、徐兴高、林立。

本标准历次版本发布情况为：

——SH 0007—1990（2005）。

# 化妆品级白油

## 1 范围

本标准规定了以石油润滑油馏分经深度精制而成的化妆品级白油的技术要求、试验方法、取样、标志、包装、运输、贮存和验收。

本标准所属产品适用于保湿剂、防晒剂、润肤油、沐浴油、护发产品以及油膏的基础油，亦可用于其他化妆品成分的中性和保护性稀释剂等。

本标准所属产品也可用于化妆品的生产机械的润滑、包装容器的脱模剂等。

## 2 规范性引用文件

下列文件对于本文件的应用是必不可少的。凡是注日期的引用文件，仅所注日期的版本适用于本文件。凡是不注日期的引用文件，其最新版本（包括所有的修改单）适用于本文件。

GB/T 259 石油产品水溶性酸及碱测定法

GB/T 265 石油产品运动黏度测定法和动力黏度计算法

GB/T 511 石油产品和添加剂机械杂质测定法（重量法）

GB/T 601 化学试剂 标准滴定溶液的制备

GB/T 3536 石油产品 闪点和燃点的测定 克利夫兰开口杯法

GB/T 3555 石油产品赛波特颜色测定法（赛波特比色计法）

GB/T 4756 石油液体手工取样法

GB/T 5009.11 食品中总砷及无机砷的测定

GB 5009.12 食品安全国家标准 食品中铅的测定

GB/T 6682 分析实验室用水规格和试验方法

GB/T 11081 白油紫外吸光度测定法

SH/T 0128 石蜡重金属试验法

SH/T 0134 白色油固态石蜡试验法

SH 0164 石油产品包装、贮运及交货验收规则

## 3 产品分类

化妆品级白油按黏度不同划分为10号、15号、26号、36号、50号和70号六个牌号。

## 4 技术要求和试验方法

化妆品级白油的技术要求和试验方法见表1。

表 1　化妆品级白油的技术要求和试验方法

| 项　　目 | | 质量指标 | | | | | 试验方法 |
|---|---|---|---|---|---|---|---|
| 牌　　号 | | 10 | 15 | 26 | 36 | 50 | 70 | |
| 运动黏度（40℃）/（$mm^2/s$） | | 7.6~12.4 | 12.5~17.5 | 24.0~28.0 | 32.5~39.5 | 45.0~55.0 | 63.0~77.0 | GB/T 265 |
| 闪点（开口）/℃ | 不低于 | 150 | | 160 | | 200 | | GB/T 3536 |
| 易炭化物 | | 通过 | | | | | | 附录 A |
| 颜色（赛波特颜色号） | 不小于 | +30 | | | | | | GB/T 3555 |
| 重金属含量/（mg/kg） | 不大于 | 10 | | | | | | SH/T 0128 |
| 铅含量/（mg/kg） | 不大于 | 1 | | | | | | GB 5009.12 |
| 砷含量/（mg/kg） | 不大于 | 1 | | | | | | GB/T 5009.11 |
| 稠环芳烃（紫外吸光度）/cm（260nm~420nm） | 不大于 | 0.1 | | | | | | GB/T 11081 |
| 水溶性酸或碱 | | 无 | | | | | | GB/T 259 |
| 固态石蜡 | | 通过 | | | | | | SH/T 0134 |
| 机械杂质 | | 无 | | | | | | GB/T 511 |
| 性状 | | 无色、无味、无荧光透明油状液体 | | | | | | 注 |
| **注**：将 300mL 试样倒入 500mL 的烧杯中，在室温和良好空气环境下静置数分钟后，用目测和嗅觉判定。 | | | | | | | | |

## 5　取样

按 GB/T 4756 的规定进行。取 2 L 样品作为检验和留样用。

## 6　标志、包装、储运及交货验收

产品的标志、包装、运输、贮存及交货验收按 SH 0164 进行。

# 附 录 A
## (规范性附录)
## 化妆品级白油易炭化物试验法

**警告：警告：本标准可能涉及某些有危险的材料、设备和操作，但并无意对与此有关的所有安全问题都提出建议。因此，在使用本附录之前，用户有责任建立适当的安全和防护措施，并确定相关的适用性。**

## A.1 范围

本标准规定了化妆品级白油易炭化物的试验方法。

## A.2 方法概要

在规定的条件下，用浓硫酸处理白油，并将处理后的颜色与标准比色液进行比较，判断其是否通过试验。

## A.3 仪器

A.3.1 试管：如图 A.1 所示，带有磨口玻璃塞的耐热玻璃试管，玻璃塞和试管有相同且不易被破坏的编号，玻璃塞采用 13 号标准口，试管长 140 mm±2 mm，平均壁厚 1.2 mm，外径 14.5 mm~15.0 mm，5 mL 和 10 mL 刻线经校正后不应大于±0.2 mL。盖上玻璃塞后，试管容积为 13.6 mL~15.6 mL，试管口向外卷边，以便将试管卡在水浴盖上。

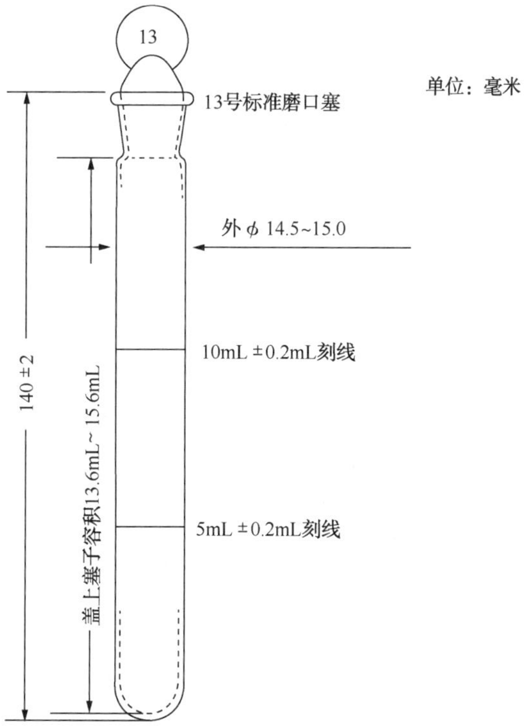


**图 A.1 试管**

**A.3.2** 水浴：能将试管浸没至 10 mL 刻线以上，可恒温至 70 ℃±0.5 ℃。水浴带有适当材料制成的浴盖，盖上开有直径约 16 mm 的孔，通过孔可将试管悬挂于其中。

**A.3.3** 比色器：用于观察比较试样酸层颜色与标准比色液颜色，比色器的大小和形状可任选。但是，开孔的大小和形状应符合图 A.2 所示的尺寸。

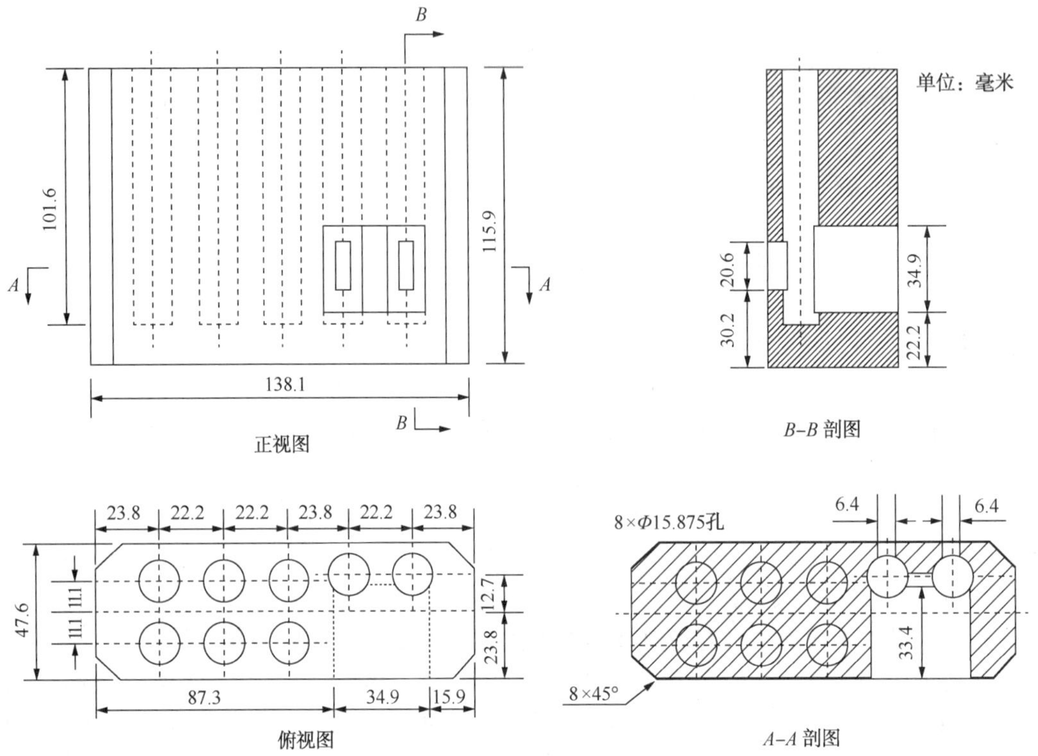


**图 A.2 比色器**

**A.3.4** 恒温箱：能加热到 105 ℃并恒温。

**A.3.5** 温度计：0 ℃~105 ℃，最小分度为 0.5 ℃。

**A.3.6** 刻度移液管：1 mL、5 mL、10 mL、20 mL、25 mL。

**A.3.7** 容量瓶：1000 mL。

**A.3.8** 碘量瓶：250 mL。

**A.3.9** 滴定管：50 mL。

## A.4 试剂

**A.4.1** 蒸馏水：符合 GB/T 6682 三级水规格要求。

**A.4.2** 硫酸：优级纯，含量 95%~98%（质量分数）（**警告：可引起严重烧伤，蒸汽有极强的刺激性，强氧化剂**），应无氮，配成质量分数为 94.7%±0.2%硫酸溶液（以酸碱中和滴定法进行标定）；另按硫酸与蒸馏水体积比 1∶3 配成硫酸溶液（向水中慢慢加入酸，待冷却后使用）。

无氮的检验：将被检验的硫酸用同体积的蒸馏水稀释，冷却；取冷却后的硫酸溶液 10 mL，轻轻地叠加在 10 g/L 二苯胺硫酸溶液上，不要混合，在 1 h 内接触面不应出现蓝色；此法可检出含量低至 0.0002%（质量分数）的硝酸（$HNO_3$）。

**A.4.3** 浓盐酸：分析纯，含量 36%（质量分数）~38%（质量分数）（**警告：可引起烧伤，蒸汽有极强的刺激性**）。按盐酸与蒸馏水体积比 1∶39 配成稀盐酸溶液（向水中慢慢加入酸）。

**A.4.4** 冰乙酸：分析纯，含量 99%（质量分数）以上（**警告：有腐蚀性，蒸汽有刺激性**）。将 353 mL 冰乙酸和 1000 mL 水混合（向水中慢慢加入酸），配成 3.6 mol/L 的冰乙酸溶液。

**A.4.5** 过氧化氢：分析纯，配成 3%（体积分数）的过氧化氢水溶液。

**A.4.6** 硫酸铜（$CuSO_4 \cdot 5H_2O$）：分析纯。

**A.4.7** 氯化钴（$CoCl_2 \cdot 6H_2O$）：分析纯。

**A.4.8** 三氯化铁（$FeCl_3 \cdot 6H_2O$）：分析纯。

**A.4.9** 氢氧化钠：分析纯（有腐蚀性，可引起严重烧伤或失明，与水混合剧烈反应放出大量的热或使液体喷溅），将 5 g 氢氧化钠和 20 mL 蒸馏水混合配成氢氧化钠溶液（1∶4）。

**A.4.10** 碘化钾：分析纯。

**A.4.11** 二苯胺：分析纯。将 1 g 二苯胺溶解在 100 mL 质量分数为 95%~98%的浓硫酸中，配成 10 g/L 硫酸溶液。

**A.4.12** 可溶性淀粉：分析纯。配成 10 g/L 水溶液作为指示剂。

**A.4.13** 甲基橙指示剂：分析纯。配成 5 g/L 水溶液。

**A.4.14** 硫代硫酸钠：分析纯。按 GB/T 601 配成 0.1 mol/L 硫代硫酸钠标准溶液并标定。

**A.4.15** 洗液：铬酸（$H_2CrO_4$）洗液（警告：能引起严重烧伤，公认的致癌物质，强氧化剂）或非铬强氧化洗液。

## A.5 基础溶液及标准比色液的配制

**A.5.1** 氯化钴溶液（0.25 mol/L）的配制：

称取氯化钴（$CoCl_2 \cdot 6H_2O$）约 65 g±1 g，置于 1000 mL 容量瓶中，用盐酸溶液（1∶39）稀释至刻线。氯化钴完全溶解后，用移液管准确量取 5 mL 于 250 mL 碘量瓶中，加 15 mL 氢氧化钠溶液（1∶4）和 5 mL3%（体积分数）过氧化氢水溶液，煮沸 10 min±1 min，冷却后，加 2 g 碘化钾和 20 mL 硫酸溶液（1∶3），摇匀，静置。当沉淀完全溶解后，用 0.1 mol/L 硫代硫酸钠标准溶液滴定游离的碘。近终点时加入 2mL 淀粉溶液，继续滴定至溶液蓝色消失。每毫升 0.1 mol/L 的硫代硫酸钠标准溶液相当于 0.0238 g 的氯化钴（$CoCl_2 \cdot 6H_2O$）。加入盐酸溶液（1∶39），调节氯化钴溶液的最终体积，使每毫升溶液中含 59.5 mg 氯化钴（$CoCl_2 \cdot 6H_2O$）。

**A.5.2** 硫酸铜溶液（0.25mol/L）的配制：

称取硫酸铜（$CuSO_4 \cdot 5H_2O$）约 65 g±1 g，置于 1000 mL 容量瓶中，用盐酸溶液（1∶39）稀释至刻线。硫酸铜完全溶解后，用移液管准确量取 10 mL 于 250 mL 碘量瓶中，加 40 mL 蒸馏水，4 mL 6 mol/L 的冰乙酸溶液，3 g 碘化钾和 5 mL 盐酸，摇匀。用 0.1 mol/L 硫代硫酸钠标准溶液滴定游离的碘，近终点时加入 2 mL 淀粉溶液，继续滴定至溶液蓝色消失。每毫升 0.1 mol/L 的硫代硫酸钠溶液相当于 0.0250 g 硫酸铜（$CuSO_4 \cdot 5H_2O$）。加入盐酸溶液（1∶39），调节硫酸铜溶液的最终体积，使每毫升溶液含 62.4 mg 硫酸铜（$CuSO_4 \cdot 5H_2O$）。

**A.5.3** 三氯化铁溶液（0.166mol/mL）的配制：

称取三氯化铁（$FeCl_3 \cdot 6H_2O$）约 55 g±1 g，置于 1000 mL 容量瓶中，用盐酸溶液（1∶39）稀释至刻线。三氯化铁完全溶解后，用移液管准确量取 10 mL 于 250 mL 碘量瓶中，加入 15 mL 蒸馏水、3 g 碘化钾和 5 mL 盐酸，静置 15 min±1 min 后，用 100 mL 蒸馏水稀释混合物，摇匀。用 0.1 mol/L 硫代硫酸钠标准溶液滴定游离的碘，近终点时加入 2 mL 淀粉溶液，继续滴定至溶液蓝色消失。每毫升 0.1 mol/L 硫代硫酸钠溶液相当于 0.0270 g 三氯化铁（$FeCl_3 \cdot 6H_2O$）。加入盐酸溶液（1∶39），调节三氯化铁溶液的最终体积，使每毫升溶液中含 45.0 mg 三氯化铁（$FeCl_3 \cdot 6H_2O$）。

**A.5.4** 只要溶液组分的比例相同，按 A.5.1~A.5.3 配制的溶液量可以不同。

**A.5.5** 标准比色液的配制：

取 1.5 份氯化钴溶液，3.0 份三氯化铁溶液和 0.5 份硫酸铜溶液混合摇匀，配制成淡琥珀色的标准比色液。取 5 mL 标准比色液于试管（A. 3. 1）中，用 5 mL 参比白油样品覆盖在标准比色液上。试验前将该标准比色液经过 10s 剧烈振荡后充分静置分层。

## A. 6 试验步骤

**A. 6. 1** 用铬酸（$H_2CrO_4$）洗液或非铬强氧化洗液清洗试管，然后用自来水冲洗，再用蒸馏水洗净，在 105 ℃烘箱中干燥 30 min。

**A. 6. 2** 向另一个试管内注入 94. 7%±0. 2%的硫酸至 5 mL 刻线处，然后加入试样至 10 mL 刻线处，轻轻地塞上试管塞，将试管放在 70 ℃±0. 5 ℃的水浴中。

**A. 6. 3** 试管在水浴中加热 30 s 后，松开试管塞，释放试管内的压力，再塞上试管塞，从水浴中迅速取出试管，用手指按住试管塞，并沿垂直方向剧烈振荡三次，其振幅约 127 mm，振荡速度为每秒钟 5 次（可以使用与规定的手动振荡结果一致的振荡机），每 30 s 重复操作一次，每个振荡周期试管离开水浴时间不得超过 3 s。

**A. 6. 4** 自试管第一次放到水浴中开始至 10 min 后取出试管，在室内静置 10 min~30 min，观察油层是否变色并记录。试管置于比色器中，酸层颜色与经过 10 s 剧烈振荡后充分静置分层的标准比色液进行比较。

## A. 7 结果的判断和报告

**A. 7. 1** 当油层的颜色不变并且酸层颜色不深于标准比色液时，报告试样“通过”试验。

注：油层中有浅蓝色雾状物、浅粉色或黄色时，不作变色论。

**A. 7. 2** 如果油层变色或酸层颜色深于标准比色液时，报告试样“未通过”试验。

**A. 7. 3** 若两次重复试验结果不同时，须进行第三次试验，取两次相同的试验结果作为试样的试验结果。

## A. 8 精密度和偏差

因结果仅表明与步骤规定标准是否一致，本试验方法对精密度和偏差未作说明。

# 中华人民共和国石油化工行业标准

SH 0008—1990

# 化妆用凡士林

## 1 主题内容与适用范围

本标准规定了化妆用凡士林的技术要求及其检验方法。

本标准适用于由高黏度石油润滑油馏分经脱蜡所得的蜡膏，掺合机械油，再经精制而得的化妆用凡士林。

本产品可作为发蜡、香脂、润肤脂等化妆品工业原料。

## 2 引用标准

GB/T 265 石油产品运动黏度测定法和动力黏度计算法

GB/T 269 润滑脂和石油脂锥入度测定法

GB/T 3536 石油产品闪点与燃点测定法(克利夫兰开口杯法)

GB/T 8026 石油蜡和石油脂滴熔点测定法

SH/T 0115—1992 润滑脂和固体烃滴点测定法

SH/T 0129 石油蜡和石油脂灼烧残渣试验法

SH/T 0130 石油蜡砷限量试验法

SH/T 0136 石油蜡硫化物试验法

SH 0164 石油产品包装、贮运及交货验收规则

SH/T 0229 固体和半固体石油产品取样法

SH/T 0405 凡士林重金属限量试验法

SH/T 0406 凡士林紫外吸光度测定法

## 3 技术要求

| 项　目 | | 质量指标 | 试验方法 |
|---|---|---|---|
| 外观 | | 白色至微黄色均质软膏状物，几乎无嗅无味 | 目测 |
| 紫外吸光度(290nm) | 不大于 | 0.25 | SH/T 0406 |
| 酸碱性试验 | | 中性[1)] | |
| 硫化物 | | 通过 | SH/T 0136 |
| 重金属(铅)，ppm | 不大于 | 30 | SH/T 0405 |
| 砷，ppm | 不大于 | 2 | SH/T 0130 |
| 灼烧残渣,% | 不大于 | 0.05 | SH/T 0129 |
| 锥入度(25℃，150g)，0.1mm | | 95～250 | GB/T 269 |
| 闪点(开口),℃ | 不低于 | 190 | GB/T 3536 |

中国石油化工总公司 1991-03-26 批准　　1992-04-01 实施

续表

| 项　目 | 质量指标 | 试验方法 |
|---|---|---|
| 滴点,℃ | 45~58 | SH/T 0115 |
| 滴熔点,℃ | 报告 | GB/T 8026 |
| 运动黏度(100℃)，$mm^2/s$ | 8~18 | GB/T 265 |
| 有机杂质 | 无[2)] | |

注：1）取10g样品，加热熔化，加10mL 95%热中性乙醇，经振荡混合后静置，分离后的乙醇层用石蕊试纸试验，应显中性。

2）取2g样品，置于瓷蒸发皿中，用暗电炉直接加热(注意勿着火)，不应产生刺激性嗅味。

## 4 包装、标志、贮运

本产品的包装、标志、贮存、运输及交货验收按SH 0164进行。

## 5 采样

采样按SH/T 0229进行，取1kg作为检验和留样用。

---

**附加说明：**
本标准由抚顺石油化工研究院技术归口。
本标准由金陵石油化工公司化工一厂、抚顺石油化工研究院共同负责起草。
本标准主要起草人马云升、朱济海。

ICS 75.140
E 42

SH

# 中华人民共和国石油化工行业标准

NB/SH/T 0013—2019
代替 SH/T 0013—2008

# 微晶蜡

## Microcrystalline wax

2019-11-04 发布 2020-05-01 实施

国家能源局 发布

# 前　言

本标准按照 GB/T 1.1—2009 给出的规则起草。

本标准与 SH/T 0013—2008 主要差异如下：

——将各牌号产品分为 A、B 两档；

——80A/80B 微晶蜡 25℃针入度修改为不大于 30（1/10 mm）；

——A 档微晶蜡的颜色不大于 1.0 号；

——增加微晶蜡 $C_{60}$ 及以下总正构烷烃含量的技术指标；

——增加微晶蜡 $C_{60}$ 及以下总非正构烷烃含量的技术指标；

——增加附录 A。

本标准由中国石油化工集团有限公司提出。

本标准由全国石油产品和润滑剂标准化技术委员会石油蜡类产品分技术委员会（SAC/TC280/SC3）归口。

本标准主要起草单位：中国石油化工股份有限公司大连石油化工研究院。

本标准参加起草单位：中国石油化工股份有限公司济南分公司、中国石油化工股份有限公司荆门分公司、中国石油化工股份有限公司南阳能源化工有限公司、广东华粤石化集团股份公司。

本标准主要起草人：程仲芊、凌凤香、吴艳萍、蒋秀华、王海燕、侯玉梅、太史剑瑶、刘阳、韩博。

本标准于 1991 年 3 月首次发布，1999 年第一次修订，2008 年第二次修订，本次为第三次修订。

# 微晶蜡

**警告：如果不遵守适当的防范措施，本标准所属产品在生产、贮运和使用等过程中可能存在危险。本标准无意对与本产品有关的所有安全问题提出建议。用户在使用本标准之前，有责任建立适当的安全和防范措施，并确定相关规章限制的适用性。**

## 1 范围

本标准规定了微晶蜡的产品分类、技术要求、试验方法、取样、包装、标志、贮运、交货验收。

本标准适用于由石油重馏分或减压渣油的溶剂脱沥青油经过溶剂精制、脱蜡、脱油、再经白土或加氢精制得到的微晶蜡。

本标准所述产品适用于军工、电子、冶金、热熔胶、炸药和化工等行业的用蜡。主要用于防潮、防腐、粘结、上光、绝缘、钝感、铸膜和橡胶防护等。

## 2 规范性引用文件

下列文件对于本文件的应用是必不可少的。凡是注日期的引用文件，仅所注日期的版本适用于本文件。凡是不注日期的引用文件，其最新版本（包括所有的修改单）适用于本文件。

GB/T 265　石油产品运动粘度测定法和动力粘度计算法

GB/T 4985　石油蜡针入度测定法

GB/T 6540　石油产品颜色测定法

GB/T 8026　石油蜡和石油脂滴熔点的测定

SH/T 0164　石油产品包装、贮运及交货验收规则

SH/T 0229　固体和半固体石油产品取样法

NB/SH/T 0407　石油蜡水溶性酸或碱试验法

SH/T 0638　微晶蜡含油量测定法（体积法）

## 3 产品分类

微晶蜡按照滴熔点不同将产品分为70、75、80、85、90共5个牌号，各牌号产品按照颜色的不同分为A、B两档。

## 4 技术要求和试验方法

微晶蜡的技术要求和试验方法见表1。

表 1　微晶蜡技术要求和试验方法

| 项目 | 技术指标 | | | | | | | | | | 试验方法 |
|---|---|---|---|---|---|---|---|---|---|---|---|
| 牌号 | 70 | | 75 | | 80 | | 85 | | 90 | | |
| | 70A | 70B | 75A | 75B | 80A | 80B | 85A | 85B | 90A | 90B | |
| 滴熔点/℃　不低于 | 67 | | 72 | | 77 | | 82 | | 87 | | GB/T 8026 |
| 低　于 | 72 | | 77 | | 82 | | 87 | | 92 | | |
| 颜色/号　不大于 | 1.0 | 3.0 | 1.0 | 3.0 | 1.0 | 3.0 | 1.0 | 3.0 | 1.0 | 3.0 | GB/T 6540 |
| 针入度/（1/10mm） | | | | | | | | | | | GB/T 4985 |
| 35℃ | 报　告 | | | | | | | | | | |
| 25℃　不大于 | 30 | | | | | | 18 | | 14 | | |
| 含油量（质量分数）/%　不大于 | 3.0 | | | | | | | | | | SH/T 0638 |
| 运动黏度（100℃）/（$mm^2/s$）　不小于 | 6.0 | | 10.0 | | | | | | | | GB/T 265 |
| $C_{60}$及以下总正构烷烃含量（质量分数）/% | 报　告 | | | | | | | | | | 附录 A |
| $C_{60}$及以下总非正构烷烃含量（质量分数）/% | 报　告 | | | | | | | | | | 附录 A |
| 水溶性酸或碱 | 无 | | | | | | | | | | NB/SH/T 0407 |

## 5　取样

取样按 SH/T 0229 进行，取 1.0 kg 作为检验及留样用。

## 6　标志、包装、贮运、交货验收

6.1　向用户销售的符合本标准的微晶蜡产品应标明下列标志：“70A 微晶蜡、75A 微晶蜡、80A 微晶蜡、85A 微晶蜡、90A 微晶蜡；”“70B 微晶蜡、75B 微晶蜡、80B 微晶蜡、85B 微晶蜡、90B 微晶蜡。”

6.2　本产品的标志、包装、运输、贮运及交货验收按 SH/T 0164 进行。

# 附　录　A
## （规范性附录）
## 微晶蜡正构烷烃构和非正构烷烃含量的测定　气相色谱法

**警告：使用本附录的人员应有正规实验室工作的实践经验。本附录的使用可能涉及某些有危险的材料、设备和操作，本附录并未指出所有可能的安全问题。使用者有责任采取适当的安全和健康措施，并保证符合国家有关法规规定的条件。**

## A.1　范围

本附录规定了采用气相色谱内标法测定微晶蜡中 $C_{60}$ 及以下正构烷烃和非正构烷烃含量的试验方法。

本附录适用于微晶蜡中正构烷烃和非正构烷烃含量的测定。

## A.2　方法概要

准确称取一定量的蜡样和内标溶液，使蜡样完全溶解在内标溶液中，取一定量的溶液注入气相色谱仪，汽化的蜡样和内标物在色谱柱中按照沸点高低进行分离后进入到火焰离子化检测器被检测。检测的信号通过基线维持积分和谷-谷积分处理后，根据内标法计算蜡样中 $C_{60}$ 及以下的正构烷烃和非正构烷烃含量。

## A.3　试剂与材料

**A.3.1**　正构烷烃：$n$-$C_{16}$、$n$-$C_{20}$、$n$-$C_{24}$、$n$-$C_{28}$、$n$-$C_{32}$、$n$-$C_{36}$、$n$-$C_{40}$、$n$-$C_{44}$、$n$-$C_{48}$、$n$-$C_{52}$、$n$-$C_{56}$、$n$-$C_{60}$ 纯度大于 98.0%。

**A.3.2**　环已烷：分析纯>99%。

**A.3.3**　载气：氦气，一般纯度不低于 99.995%。

**A.3.3**　辅助气体：氢气：纯度不低于 99.99%，空气：脱水，脱烃。

## A.4　仪器和设备

**A.4.1**　具备下列配置的气相色谱仪

**A.4.1.1**　色谱柱箱：温度的控制精度为±0.5 ℃。

**A.4.1.2**　进样口：冷柱头进样口。

**A.4.1.3**　火焰离子化检测器（FID）及信号转换/放大系统。

**A.4.1.4**　数据处理系统：色谱工作站。

**A.4.1.5**　毛细色谱柱：甲基交联硅氧烷色谱柱，15 m×0.25 mm×0.10 μm，最大耐温 445 ℃或优于该色谱柱分离性能的色谱柱。

**A.4.1.6**　流量控制器：流量变化小于 0.05 mL/min。

**A.4.2**　注射器：10.0 μL。

**A.4.3**　锥形瓶：25 mL。

**A.4.4**　天平：量程 225 g，感量 0.1 mg。

**A.4.5** 容量瓶：100 mL。

## A.5 准备工作

### A.5.1 正构烷烃标准溶液的制备

选取 $n$-$C_{16}$～$n$-$C_{60}$ 范围内的正构烷烃，溶于环己烷溶剂中制备成正构烷烃标准溶液，加入的正构烷烃量近似相等，浓度大约 1 mg/mL。（每 4 个连续正构烷烃要至少有一个正构烷烃线性标准物质，制备的线性标准物质密封保存。）

### A.5.2 内标溶液的制备

**A.5.2.1** 称取 0.4 g（精确到 0.1 mg）$n$-$C_{16}$ 于 100 mL 的容量瓶中，加入 100 mL 的环己烷并称量，准确到 0.1 mg，制备成含 0.50%（质量分数）$n$-$C_{16}$ 的内标储备液。

**A.5.2.2** 用 99 份的环己烷稀释一份内标储备液，制备成浓度约为 0.005%（质量分数）的内标溶液。用式（1）计算内标溶液的浓度 $C_{\mathrm{ISTD}}$。

$$C_{\mathrm{ISTD}}=\frac{W_{\mathrm{ISTD}}}{W_{\mathrm{s}}}\times\frac{100\%}{100} \qquad (1)$$

式中：

$C_{\mathrm{ISTD}}$——内标溶液的浓度，%；

$W_{\mathrm{ISTD}}$——$n$-$C_{16}$ 的质量，单位为克（g）；

$W_{\mathrm{s}}$——溶液总的质量，单位为克（g）；

100——稀释倍数。

### A.5.3 色谱柱的老化

将色谱柱接在进样口上，设定载气流量 3.2 mL/min，在 445 ℃的柱箱温度下，老化柱子 10 min。将老化好的柱子出口连接到火焰离子化检测器进口，对系统进行检漏，至系统无泄漏。每次在使用仪器时宜将色谱柱在方法使用的最高温度下老化 10 min，以保证分析结果的重复性。

### A.5.4 操作条件

色谱操作条件见表 A.1。

**表 A.1 色谱操作条件**

| | |
|---|---|
| 进样器 | |
| 初始温度/℃ | 70 |
| 升温速率/（℃/min） | 250 |
| 终止温度/℃ | 445 |
| 样品量/μL | 1.0 |
| 色谱柱升温程序 | |
| 初始温度/℃ | 60 |
| 一阶升温速率/（℃/min） | 40 |
| 一阶温度/℃ | 120 |

表 A.1（续）

| | |
|---|---|
| 二阶升温速率/（℃/min）<br>二阶温度/℃<br>三阶升温速率/（℃/min）<br>终止温度/℃ | 15<br>350<br>7<br>445 |
| 检测器<br>类型<br>温度/℃ | <br>FID<br>450 |
| 载气<br>类型<br>载气流量/（mL/min） | <br>氦气<br>3.2 |

### A.5.5 样品的制备

称量 0.01 g（准确至 0.1 mg）的蜡样，用 12 mL 的内标溶液稀释，准确称量内标溶液的量（精确值 0.1 mg），制备成样品溶液待用。

## A.6 正构烷烃定性及校正因子的确定

在表 A.1 色谱操作条件下运行 A.5.1 正构烷烃标准溶液，测定 $n\text{-}C_{16}\sim n\text{-}C_{60}$ 每个正构烷烃的保留时间。重复分析 3 次，重复分析的保留时间重复性必须小于 0.10 min。根据正构烷烃的质量和峰面积计算正构烷烃相对于 $n\text{-}C_{16}$ 的相对校正因子。

## A.7 试验步骤

**A.7.1** 按照表 1 色谱操作条件设定仪器参数。

**A.7.2** 空白基线运行　不进样按照设定好的条件运行仪器得到空白基线，两次运行的基线重复后方可进样。

**A.7.3** 取 1.0 μL 试样注入气相色谱仪。典型色谱图如图 A.1 所示。

**A.7.4** 使用样品的信号减去空白基线得到样品的实际积分值后进行以下操作。

**A.7.5** 采用谷-谷积分形式对检测信号进行积分，如图 A.2 所示，得到色谱图中每个正构烷烃色谱峰的面积 $A_{\mathrm{BB}i}$。

**A.7.6** 采用基线维持积分形式对检测信号进行积分，如图 A.3 所示，得到每个碳数色谱峰的面积 $A_{\mathrm{HH}i}$。

## A.8 计算

**A.8.1** 以下计算过程均假定同碳数组分中响应因子与在 A.6 条中所确定的同碳数的正构烷烃的响应因子相同。对于在校准混合物中未测定到的正构烷烃的相对校正因子可以用内插法计算。

**A.8.2** 每个碳数总质量分数

每个碳数的总质量分数（$C_i$）用式（2）计算：

$$C_i = \frac{A_{HH_i}}{A_{ISTD}} \times R_i \times \frac{W_m}{W_{sm}} \times C_{ISTD} \quad \cdots\cdots (2)$$

式中：

$C_i$——碳数为 $i$ 的烃总质量分数，%；

$A_{HHi}$——碳数为 $i$ 的烃的总面积，单位为皮安·秒（pA·s）；

$A_{ISTD}$——$n$-$C_{16}$ 内标峰面积，单位为皮安·秒（pA·s）；

$R_i$——碳数为 $i$ 的正构烷烃对 $n$-$C_{16}$ 的相对校正因子；

$W_m$——内标溶液的质量，单位为克（g）；

$W_{sm}$——蜡样质量，单位为克（g）；

$C_{ISTD}$——内标溶液中 $n$-$C_{16}$ 的质量分数，%。

**A.8.3** 正构烷烃质量分数

每个正构烷烃的质量分数（$N_i$）用式（3）计算：

$$N_i = \frac{A_{BBi}}{A_{ISTD}} \times R_i \times \frac{W_m}{W_{sm}} \times C_{ISTD} \quad \cdots\cdots (3)$$

式中：

$N_i$——碳数为 $i$ 的正构烷烃的质量分数，%；

$A_{BBi}$——碳数为 $i$ 的正构烷烃的总面积，单位为皮安·秒（pA·s）；

$A_{ISTD}$——$n$-$C_{16}$ 内标峰面积，单位为皮安·秒（pA·s）；

$R_i$——碳数为 $i$ 的正构烷烃对 $n$-$C_{16}$ 的相对校正因子；

$W_m$——内标溶液的质量，单位为克（g）；

$W_{sm}$——蜡样质量，单位为克（g）；

$C_{ISTD}$——稀内标溶液中 $n$-$C_{16}$ 的质量分数，%。

**A.8.4** 非正构烷烃质量分数

非正构烷烃的质量分数（$NON_i$）由碳数为 $i$ 的烃总质量分数（$C_i$）减去碳数为 $i$ 的正构烷烃质量分数（$N_i$）的差值计算，用公式（4）：

$$NON_i = C_i - N_i \quad \cdots\cdots (4)$$

式中：

$NON_i$——碳数为 $i$ 的非正构烷烃的质量分数，%；

$C_i$——碳数为 $i$ 的烃质量分数，%；

$N_i$——碳数为 $i$ 的正构烷烃质量分数，%。

**A.8.5** $C_{60}$ 及以下总正构烷烃和总非正构烷烃含量的计算

$C_{60}$ 及以下总正构烷烃和总非正构烷烃的含量计算见公式（5）和公式（6）：

$$N_{sum} = \sum N_i \quad \cdots\cdots (5)$$

$$NON_{sum} = \sum NON_i \quad \cdots\cdots (6)$$

式中：

$N_{sum}$——$C_{60}$ 及以下总正构烷烃质量分数，%；

$NON_{sum}$——$C_{60}$ 及以下总非正构烷烃质量分数，%；

$NON_i$——碳数为 $i$ 的非正构烷烃质量分数，%；

$N_i$——碳数为 $i$ 的正构烷烃质量分数，%。

## A.9 报告

报告微晶蜡 $C_{60}$ 及以下总正构烷烃和总非正构烷烃的含量（质量分数）%，精确到 0.01%。

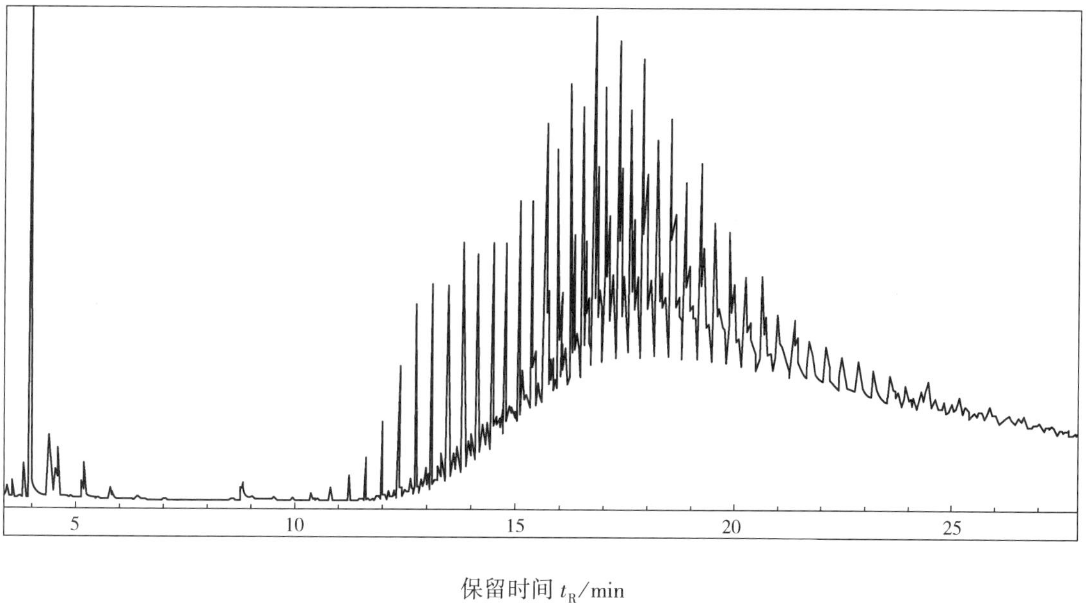


图 A.1 典型色谱图

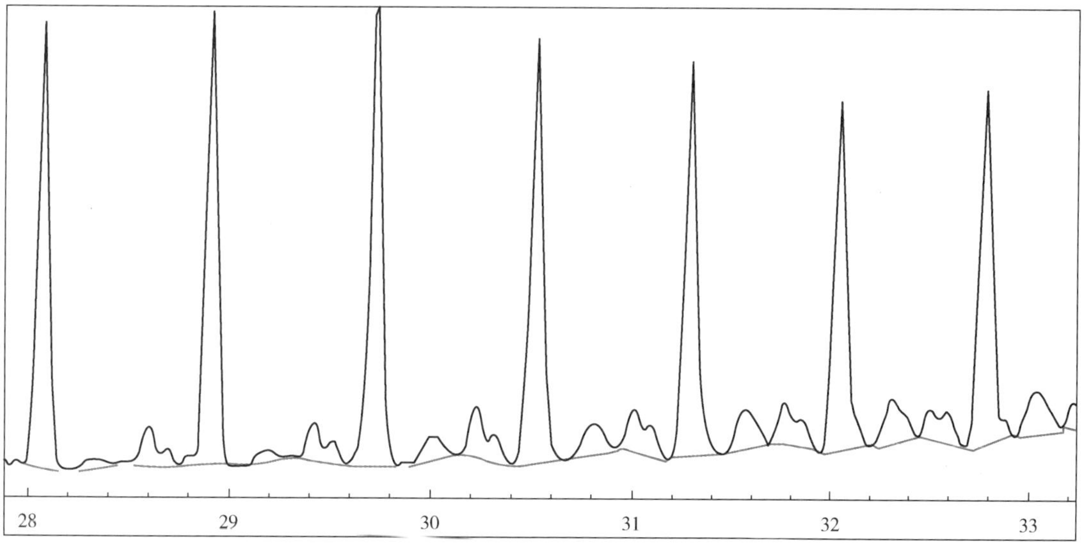


图 A.2 基线谷-谷积分形式示例

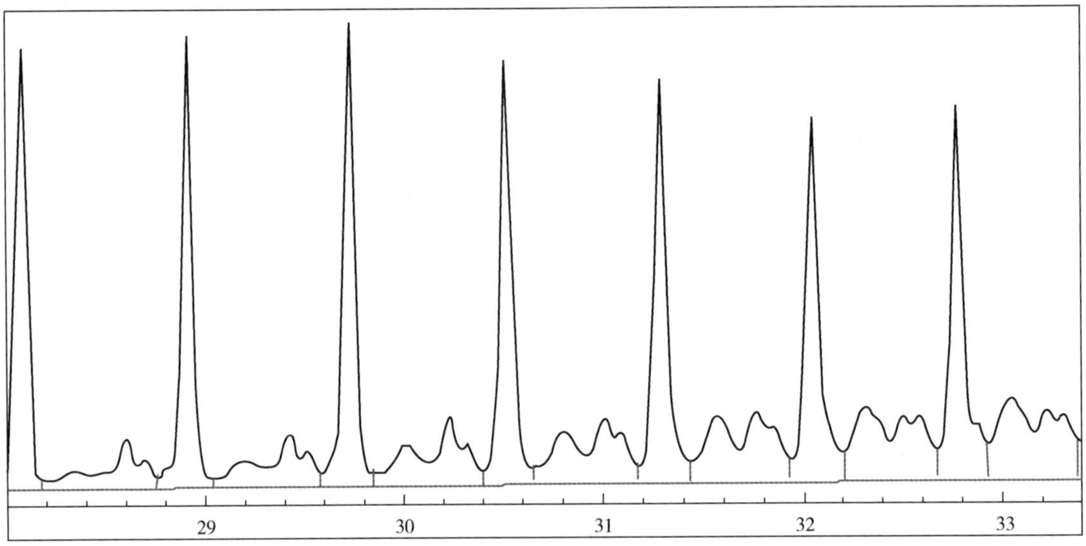


图 A.3　基线维持积分形式示例

中华人民共和国石油化工行业标准

SH/T 0014—1990

# 皂 用 蜡

## 1 主题内容与适用范围

本标准规定了由天然原油生产的含油蜡，经溶剂脱油或发汗脱油所制成的皂用蜡的技术条件。

本标准所属产品适用于做催化氧化制取合成脂肪酸的原料。

## 2 引用标准

GB/T 260 石油产品水分测定法

GB/T 2539 石蜡熔点(冷却曲线)测定法

GB/T 3554 石油蜡含油量测定法

GB/T 9168 石油产品减压蒸馏测定法

SH/T 0076 润滑油中糠醛试验法

SH/T 0120 酚精制润滑油酚含量测定法

SH 0164 石油产品包装、贮运及交货验收规则

SH/T 0229 固体和半固体石油产品取样法

SH/T 0243 溶剂汽油碘值测定法

## 3 产品分类

本产品质量等级按质量分为优级品、一级品和合格品三个等级。

## 4 技术要求

| 项目 | | 质量指标 | | | 试验方法 |
|---|---|---|---|---|---|
| 等级 | | 优级品 | 一级品 | 合格品[1] | |
| 外观 | | 白色结晶稍带黄色 | 淡黄色 | 黄色 | 目测 |
| 含油量,% | 不大于 | 2 | 6 | 8 | GB/T 3554 |
| 熔点,℃ | | 44~52 | 42~52 | 40~52 | GB/T 2539 |
| 馏程: | | | | | GB/T 9168 |
| 5%馏出温度,℃ | 不低于 | 320 | 320 | — | |
| 400℃前馏出量,% | 不小于 | 60 | — | | |
| 95%馏出温度,℃ | 不高于 | 460 | 460 | | |
| 机械杂质[2] | | 无 | | | |
| 水分,% | 不大于 | 0.2 | | 实测 | GB/T 260 |
| 碘值，gI/100g | 不大于 | 2.0 | | 2.5 | SH/T 0243 |

中国石油化工总公司 1991-03-26 批准 1992-04-01 实施

续表

| 项目 | 质量指标 | | | 试验方法 |
|---|---|---|---|---|
| 等级 | 优级品 | 一级品 | 合格品[1] | |
| 酚含量[3] | 无 | | — | SH/T 0120 |
| 糠醛含量[3] | 无 | | — | SH/T 0076 |

注：1）用沈北原油生产的合格品，允许含油量不大于10%，熔点不低于48℃。

2）测定机械杂质时，将约10g皂蜡放入容积为100~250mL的锥形烧瓶内，加入50mL初馏点不低于70℃的无水直馏汽油，并在振荡下于70℃的水浴内加热，直至试样溶解为止。将该溶液置于70℃的水浴内15min后，溶液中不应呈现肉眼可以看出的浑浊、沉淀。

3）酚和糠醛含量测定只用于由酚和糠醛精制油制取的皂用蜡。

## 5 包装、标志、贮运

本产品包装、标志、贮存、运输及交货验收按SH 0164进行。

## 6 采样

采样按SH/T 0229进行，取1kg作为检验和留样用。

---

**附加说明：**

本标准由抚顺石油化工研究院技术归口。

本标准由上海高桥石油化工公司炼油厂负责起草。

本标准主要起草人顾臻。

本标准参照采用苏联国家标准 ГОСТ 23683-86《固体石油蜡》中C规格。

ICS 75.140
CCS E 42

SH

# 中华人民共和国石油化工行业标准

NB/SH/T 0039—2024
代替 SH/T 0039—1990

# 工业凡士林

**Industrial vaseline**

2024-12-25 发布　　2025-06-25 实施

国家能源局　发布

# 目　次

# 前　　言

本文件按照 GB/T 1.1—2020《标准化工作导则　第 1 部分：标准化文件的结构和起草规则》的规定起草。

本文件代替 SH/T 0039—1990《工业凡士林》，与 SH/T 0039—1990 相比，除结构调整和编辑性改动外，主要技术变化如下：

a） 更改了适用范围（见第 1 章，1990 年版的第 1 章）；

b） 增加了术语和定义（见第 3 章）；

c） 修改了产品分类（见第 4 章，1990 年版的第 3 章）；

d） 更改了工业黄凡士林运动黏度的试验方法及技术要求（见表 1，1990 年版的表 1）；

e） 更改了工业黄凡士林锥入度的技术要求（见表 1，1990 年版的表 1）；

f） 增加了工业黄凡士林颜色的技术要求和试验方法（见表 1）；

g） 更改了工业黄凡士林外观的技术要求（见表 1，1990 年版的表 1）；

h） 更改了工业黄凡士林铜片腐蚀的技术要求（见表 1，1990 年版的表 1）；

i） 更改了工业黄凡士林闪点（开口）的技术要求（见表 1，1990 年版的表 1）；

j） 更改了工业黄凡士林水分的技术要求（见表 1，1990 年版的表 1）；

k） 增加了工业白凡士林技术要求和试验方法（见表 2）；

l） 更改了取样和组批（见第 6 章，1990 年版的第 6 章）；

m） 更改了标志、包装、运输、贮存及交货验收（见第 7 章，1990 年版的第 5 章）。

请注意本文件的某些内容可能涉及专利。本文件的发布机构不承担识别专利的责任。

本文件由中国石油化工集团有限公司提出。

本文件由全国石油产品和润滑剂标准化技术委员会石油蜡类产品分技术委员会（SAC/TC280/SC3）归口。

本文件起草单位：中石化（大连）石油化工研究院有限公司、河北飞天石化集团有限公司、广东华粤特种蜡科技有限公司、中国石油化工股份有限公司茂名分公司、辽宁省检验检测认证中心、辽宁省重要技术创新与研发基地建设工程中心。

本文件主要起草人：王诗语、王姝凡、李英超、李展宇、谭宁梅、李宏昊、王硕、邓丽虹、王志嘉、吴玉花。

本文件及其所代替文件的历次版本发布情况为：

——1986 年首次发布为 GB 6731—86，1990 年第一次修订为 SH/T 0039—1990《工业凡士林》；

——本次为第二次修订。

# 工业凡士林

警告：如果不遵守防范措施，本文件所属产品在生产、贮运和使用等过程中可能存在危险。本文件无意对与本产品有关的所有安全问题都提出建议。用户在使用本文件之前，有责任建立适当的安全和防护措施，并确定相关规章限制的适用性。

## 1　范围

本文件规定了工业凡士林的产品分类，技术要求和试验方法，取样和组批，标志、包装、运输、贮存及交货验收。

本文件适用于由高黏度石油馏分为原料所得到的含油蜡膏，与高黏度润滑油基础油调和后精制所得到的工业凡士林。

## 2　规范性引用文件

下列文件中的内容通过文中的规范性引用而构成本文件必不可少的条款。其中，注日期的引用文件，仅该日期对应的版本适用于本文件；不注日期的引用文件，其最新版本（包括所有的修改单）适用于本文件。

GB/T 259　石油产品水溶性酸及碱测定法
GB/T 264　石油产品酸值测定法
GB/T 265　石油产品运动粘度测定法和动力粘度计算法
GB/T 269　润滑脂和石油脂锥入度测定法
GB/T 511　石油和石油产品及添加剂机械杂质测定法
GB/T 512　润滑脂水分测定法
GB/T 3536　石油产品闪点和燃点的测定　克利夫兰开口杯法
GB/T 4756　石油液体手工取样法
GB/T 6540　石油产品颜色测定法
GB/T 8026　石油蜡和石油脂滴熔点测定法
GB/T 30515　透明和不透明液体石油产品运动黏度测定法及动力黏度计算法
NB/SH/T 0164　石油及相关产品包装、储运及交货验收规则
SH/T 0229　固体和半固体石油产品取样法
SH/T 0331　润滑脂腐蚀试验法

## 3　术语和定义

本文件没有需要界定的术语和定义。

## 4 产品分类

工业凡士林按照颜色质量指标分为工业黄凡士林和工业白凡士林。

工业黄凡士林按照运动黏度的不同将产品分为 1 号工业黄凡士林和 2 号工业黄凡士林共 2 个牌号。

工业白凡士林按照运动黏度的不同将产品分为 1 号工业白凡士林和 2 号工业白凡士林共 2 个牌号。

## 5 技术要求和试验方法

工业凡士林技术要求和试验方法见表 1 及表 2。

表 1 工业黄凡士林技术要求和试验方法

| 项目 | | 质量指标 | | 试验方法 |
|---|---|---|---|---|
| | | 1 号 | 2 号 | |
| 运动黏度（100℃），$mm^2/s$ | | 10～20 | 21～30 | GB/T 265 或 GB/T 30515[a] |
| 锥入度（150g，25℃），0.1mm | | 80～210 | | GB/T 269 |
| 颜色，号 | | 1.0～6.5 | | GB/T 6540 |
| 外观 | | 均质无块软膏 | | 目测[b] |
| 滴熔点，℃ | | 45～80 | | GB/T 8026 |
| 腐蚀（铜片，100℃，3h） | | 合格 | | SH/T 0331 |
| 闪点（开口），℃ | 不低于 | 210 | | GB/T 3536 |
| 水溶性酸碱 | | 无 | | GB/T 259 |
| 酸值（以 KOH 计），mg/g | 不大于 | 0.1 | | GB/T 264 |
| 机械杂质（质量分数），% | 不大于 | 0.03 | | GB/T 511 |
| 水分（质量分数），% | 不大于 | 痕迹 | | GB/T 512 |

[a] 按照 GB/T 265 或 GB/T 30515 描述的方法进行测定，结果有异议时，以 GB/T 265 规定的方法为仲裁方法。

[b] 室温下，取约 0.5g 样品置于载玻片上，用玻璃棒向一个方向轻轻涂布开，对光观察，载玻片上试样应均匀无块。

表 2 工业白凡士林技术要求和试验方法

| 项目 | | 质量指标 | | 试验方法 |
|---|---|---|---|---|
| | | 1 号 | 2 号 | |
| 运动黏度（100℃），$mm^2/s$ | | 7～9 | 10～20 | GB/T 265 或 GB/T 30515[a] |
| 锥入度（150g，25℃），0.1mm | | 60～120 | | GB/T 269 |
| 颜色，号 | 不大于 | 1.0 | | GB/T 6540 |
| 外观 | | 均质无块软膏 | | 目测[b] |
| 滴熔点，℃ | | 60～85 | | GB/T 8026 |
| 腐蚀（铜片，100℃，3h） | | 合格 | | SH/T 0331 |
| 闪点（开口），℃ | 不低于 | 210 | | GB/T 3536 |
| 水溶性酸碱 | | 无 | | GB/T 259 |
| 酸值（以 KOH 计），mg/g | 不大于 | 0.05 | | GB/T 264 |

表 2　工业白凡士林技术要求和试验方法（续）

| 项目 | | 质量指标 | | 试验方法 |
|---|---|---|---|---|
| | | 1 号 | 2 号 | |
| 机械杂质（质量分数），% | 不大于 | 0.03 | | GB/T 511 |
| 水分（质量分数），% | 不大于 | 痕迹 | | GB/T 512 |
| [a] 按照 GB/T 265 或 GB/T 30515 描述的方法进行测定，结果有异议时，以 GB/T 265 规定的方法为仲裁方法。<br>[b] 室温下，取约 0.5g 样品置于载玻片上，用玻璃棒向一个方向轻轻涂布开，对光观察，载玻片上试样应均匀无块。 | | | | |

## 6　取样和组批

### 6.1　取样

取样按 GB/T 4756 或 SH/T 0229 的规定执行，分别取 1L 或 1kg 作为检验样品和保留样品用。

### 6.2　组批

在原材料、工艺不变的条件下，产品每生产 1 罐为 1 批。

## 7　标志、包装、运输、贮存及交货验收

### 7.1　标志

向用户销售的工业凡士林产品应明确标示产品的名称和牌号，如“1 号工业黄凡士林”。

### 7.2　包装、运输、贮存及交货验收

工业凡士林产品的标志、包装、运输、贮存及交货验收按 NB/SH/T 0164 的规定执行。

ICS 75.140
E 42

SH

# 中华人民共和国石油化工行业标准

NB/SH/T 0416—2019
代替 NB/SH/T 0416—2014

# 重质液体石蜡

**Heavy liquid paraffin**

2019-11-04 发布　　2020-05-01 实施

国家能源局 发布

# 前　言

本标准按照 GB/T 1.1—2009 给出的规则起草。

本标准代替 NB/SH/T 0416—2014《重质液体石蜡》。

本标准与 NB/SH/T 0416—2014 相比，主要技术变化如下：

——扩大了适用范围；

——增加了产品分类；

——增加了正构烷烃含量、芳香烃含量、溴指数的测定方法（见第 2 章和表 1）；

——修改了初馏点、溴指数和闪点的质量指标（见表 1）；

——删除了规范性附录 A。

本标准由中国石油化工集团有限公司提出。

本标准由全国石油产品和润滑剂标准化技术委员会石油蜡类产品分技术委员会（SAC/TC 280/SC3）归口。

本标准负责起草单位：中国石油天然气股份有限公司锦西石化分公司。

本标准参加起草单位：中国石油化工股份有限公司大连石油化工研究院、中国石油化工股份有限公司金陵石化分公司、中国石油天然气股份有限公司抚顺石化分公司、沈阳石蜡化工有限公司。

本标准主要起草人：董娇、连毓琪、于爱东、廉福义、程仲芊、栾郭宏、朱敏、于杰。

本标准的历次版本发布情况为：

——SH/T 0416—1992；

——NB/SH/T 0416—2014。

# 重质液体石蜡

**警告：如果不遵守适当的防范措施，本标准所属产品在生产、贮运和使用等过程中可能存在危险。本标准无意对本产品有关的所有安全问题提出建议。使用者有责任采取适当的安全和健康措施，并保证符合国家有关法规规定的条件。**

## 1 范围

本标准规定了重质液体石蜡的产品分类、技术要求和试验方法、标志、包装、运输和贮存及取样。

本标准适用于以石油中的煤油或柴油馏分为原料，经尿素脱蜡工艺或分子筛脱蜡工艺而制取的重质液体石蜡。

本标准所属产品适用于作生产氯化石蜡、塑料增塑剂、合成洗涤剂等产品的原料。

## 2 规范性引用文件

下列文件对于本文件的应用是必不可少的。凡是注日期的引用文件，仅所注日期的版本适用于本文件。凡是不注日期的引用文件，其最新版本（包括所有的修改单）适用于本文件。

GB/T 259 石油产品水溶性酸及碱测定法

GB/T 260 石油产品水含量的测定　蒸馏法

GB/T 261 闪点的测定 宾斯基-马丁闭口杯法

GB/T 511 石油和石油产品及添加剂机械杂质测定法

GB/T 3555 石油产品赛波特颜色测定法（赛波特比色计法）

GB/T 4756 石油液体手工取样法

GB/T 6536 石油产品常压蒸馏特性测定法

GB/T 27867 石油液体管线自动取样法

SH/T 0164 石油产品包装、贮运及交货验收规则

SH/T 0409 液体石蜡中芳烃含量测定法（紫外分光光度法）

SH/T 0411 液体石蜡中芳香烃含量测定法（比色法）

NB/SH/T 0889 液体石蜡产品和原料正构烷烃含量及碳数分布的测定　气相色谱法

NB/SH/T 0966 白油芳烃含量的测定　紫外分光光度法

NB/SH/T 0995 液体石蜡、白油溴指数的测定　电位滴定法

## 3 产品分类

重质液体石蜡按照颜色、芳香烃含量、正构烷烃含量和溴指数的不同将产品分为 1 号和 2 号。

## 4 技术要求和试验方法

重质液体石蜡的技术要求和试验方法见表 1。

表 1　重质液体石蜡技术要求和试验方法

| 项目 | | 质量指标 | | 试验方法 |
|---|---|---|---|---|
| | | 1 号 | 2 号 | |
| 馏程<br>初馏点 /℃<br>98%回收温度 /℃ | <br>不低于<br>不高于 | 200<br>310 | | GB/T 6536 |
| 颜色/赛波特颜色号 | 不小于 | +23 | +15 | GB/T 3555 |
| 芳香烃含量[a]（质量分数）/% | 不大于 | 0.5 | 1.0 | SH/T 0411[a] |
| 正构烷烃含量（质量分数）/% | 不小于 | 97.5 | 92 | NB/SH/T 0889 |
| 溴指数/（mg/100g） | 不大于 | 100 | 1000 | NB/SH/T 0995 |
| 闪点（闭口）/℃ | 不低于 | 90 | | GB/T 261 |
| 水溶性酸或碱 | | 无 | | GB/T 259 |
| 水分[b]/% | | 无 | | GB/T 260 |
| 机械杂质[c]/% | | 无 | | GB/T 511 |

[a] 也可采用 SH/T 0409 和 NB/SH/T 0966 进行测定。如有争议，以 SH/T 0411 为准。

[b] 也可采用目测法，即将样品注入 100mL 玻璃量筒中，在室温（20℃±5℃）下观察，应当透明，没有悬浮和沉降的水分。如有争议，以 GB/T 260 为准。

[c] 也可采用目测法，即将样品注入 100mL 玻璃量筒中，在室温（20℃±5℃）下观察，应当透明，没有悬浮和沉降的机械杂质。如有争议，以 GB/T 511 为准。

## 5　标志、包装、运输和贮存

本产品的标志、包装、运输和贮存及交货验收按 SH/T 0164 执行。

## 6　取样

取样按 GB/T 4756 或 GB/T 27867 进行，取 2L 作为检验及留样用。

ICS 75.140
CCS E 42

SH

# 中华人民共和国石油化工行业标准

NB/SH/T 0417—2024
代替 NB/SH/T 0417—2013

# 轻质液体石蜡

**Light liquid paraffin wax**

2024-12-25 发布 2025-06-25 实施

国家能源局 发布

# 目　　次

# 前　言

本文件按照 GB/T 1.1—2020《标准化工作导则　第 1 部分：标准化文件的结构和起草规则》的规定起草。

本文件代替 NB/SH/T 0417—2013《轻质液体石蜡》，与 NB/SH/T 0417—2013 相比，除结构调整和编辑性改动外，主要技术变化如下：

a） 更改了第 1 章（见第 1 章，2013 年版第 1 章）；
b） 更改了第 2 章 规范性引用文件（见第 2 章，2013 年版第 2 章）；
c） 增加了第 3 章 术语和定义（见第 3 章）；
d） 增加了第 4 章 产品分类，按轻质液体石蜡组成的碳数分布情况，分为 9 个牌号（见第 4 章，2013 年版表 1）；
e） 增加了 $C_{10}$～$C_{11}$、$C_{11}$～$C_{12}$、$C_{12}$～$C_{13}$、$C_{13}$～$C_{14}$、$C_{10}$～$C_{12}$、$C_{11}$～$C_{13}$、$C_{12}$～$C_{14}$等 7 个轻质液体石蜡产品牌号（见表 1）；
f） 增加了闪点（闭口）质量指标和试验方法（见表 1）；
g） 增加了赛波特颜色的试验方法，并作为仲裁试验方法（见表 1）；
h） 增加了溴指数的试验方法，并作为仲裁试验方法（见表 1）；
i） 增加了芳烃含量的试验方法，并明确了仲裁试验方法（见表 1）；
j） 增加了硫含量的试验方法，并作为仲裁试验方法（见表 1）；
k） 增加了正构烷烃含量及碳数分布的试验方法，并作为仲裁方法（见表 1）；
l） 删除了外观质量指标和试验方法（见表 1，2013 年版表 1）；
m） 增加了水含量的质量指标和试验方法，并明确了仲裁试验方法（见表 1）；
n） 增加了机械杂质的质量指标和试验方法，并明确了仲裁试验方法（见表 1）；
o） 增加了附录 A 正构烷烃平均分子量计算法（见附录 A，2013 年版表 1）。

本文件的某些内容可能涉及专利。本文件的发布机构不承担识别专利的责任。

本文件由中国石油化工集团有限公司提出。

本文件由全国石油产品和润滑剂标准化技术委员会石油蜡类产品分技术委员会（SAC/TC280/SC3）归口。

本文件起草单位：中国石油天然气股份有限公司抚顺石化分公司、中国石油化工有限公司金陵石化分公司、中石化（大连）石油化工研究院有限公司、抚顺石化北天化工有限公司。

本文件主要起草人：陈浩、鲁传涛、朱敏、尚延华、栾郭宏、王诗语、凌凤香、李国辉、周舸、洪潇潇、顾文忠、夏雷。

本文件及其所代替文件的历次版本发布情况为：

——1975 年首次发布为 SY 1810—75，1992 年第一次修订，2013 年第二次修订。

——本次为第三次修订。

# 轻质液体石蜡

警告：如果不遵守防范措施，本文件所属产品在生产、贮运和使用等过程中可能存在危险。本文件无意对与本产品有关的所有安全问题都提出建议。用户在使用本文件之前，有责任建立适当的安全和防护措施，并确定相关规章限制的适用性。

## 1 范围

本文件规定了轻质液体石蜡的术语和定义、产品分类、技术要求和试验方法、检验规则、标志、包装、运输、贮存和安全。

本文件适用于由石油加工生产的精制煤油组分为原料，经分子筛脱蜡工艺及精馏切割生产，作为生产直链烷基苯、合成高级醇、增塑剂、农药乳化剂、化肥添加剂原料用的轻质液体石蜡。

## 2 规范性引用文件

下列文件中的内容通过文中的规范性引用而构成本文件必不可少的条款。其中，注日期的引用文件，仅该日期对应的版本适用于本文件；不注日期的引用文件，其最新版本（包括所有的修改单）适用于本文件。

GB/T 260 石油产品水含量的测定 蒸馏法

GB/T 261 闪点的测定 宾斯基-马丁闭口杯法

GB/T 511 石油和石油产品及添加剂机械杂质测定法

GB/T 3555 石油产品赛波特颜色的测定 赛波特比色计法

GB/T 4756 石油液体手工取样法

GB 13690 化学品分类和危险性公示 通则

GB 30000.7 化学品分类和标签规范 第7部分：易燃液体

GB/T 34100 轻质烃及发动机燃料和其他油品中总硫含量的测定 紫外荧光法

NB/SH/T 0164 石油及相关产品包装、储运及交货验收规则

NB/SH/T 0253 轻质石油产品中总硫含量的测定 电量法

NB/SH/T 0889 液体石蜡产品和原料正构烷烃含量及碳数分布的测定 气相色谱法

NB/SH/T 0905 石油产品颜色的测定 自动三刺激值法

NB/SH/T 0966 白油中芳烃含量的测定 紫外分光光度法

NB/SH/T 0995 液体石蜡、白油溴指数的测定 电位滴定法

SH/T 0409 液体石蜡中芳烃含量测定法（紫外分光光度法）

SH/T 0410 液体石蜡及原料中正构烷烃含量及碳数分布测定法（气相色谱法）

SH/T 0630 石油产品溴价、溴指数测定法（电量法）

SH/T 0657 液态石油烃中痕量氮的测定 氧化燃烧和化学发光法

SH/T 0689 轻质烃及发动机燃料和其他油品的总硫含量测定法（紫外荧光法）

## 3 术语和定义

本文件没有需要界定的术语和定义。

## 4 产品分类

按轻质液体石蜡组成的碳数分布情况，分为9个牌号，分别为$C_{10}$～$C_{11}$、$C_{11}$～$C_{12}$、$C_{12}$～$C_{13}$、$C_{13}$～$C_{14}$、$C_{10}$～$C_{12}$、$C_{11}$～$C_{13}$、$C_{12}$～$C_{14}$、$C_{10}$～$C_{13}$、$C_{11}$～$C_{14}$。

## 5 技术要求和试验方法

轻质液体石蜡的技术要求和试验方法见表1。

## 6 检验规则

### 6.1 出厂检验

本产品检验为出厂检验，出厂检验项目为表1规定的所有项目。

### 6.2 组批

产品按批检验，以每一罐产品为一批。

### 6.3 取样

取样按GB/T 4756进行，每批产品取样2L作为检验和保留样用。

### 6.4 判定规则

出厂检验结果符合本文件表1时，则判定为合格。

## 7 标志、包装、运输和贮存及交货验收

产品标志、包装、运输和贮运及交货验收按NB/SH/T 0164进行。

## 8 安全

8.1 不同牌号的轻质液体石蜡产品主要是由$C_{10}$、$C_{11}$、$C_{12}$、$C_{13}$、$C_{14}$正构烷烃中相邻的2、3、4种组成的混合物。按交付产品的闪点，依据GB 13690，属于易燃液体的，其标签规范应符合GB 30000.7的要求。产品的安全要求应遵守国家危险化学品安全管理条例和相关法律、法规及标准的要求。

8.2 应查阅《危险化学品安全管理条例》和由供应商提供的危险化学品安全技术说明书。

表 1 轻质液体石蜡的技术要求和试验方法

| 项目 | | 指标 | | | | | | | | | 试验方法 |
|---|---|---|---|---|---|---|---|---|---|---|---|
| | | $C_{10}$～$C_{11}$ | $C_{11}$～$C_{12}$ | $C_{12}$～$C_{13}$ | $C_{13}$～$C_{14}$ | $C_{10}$～$C_{12}$ | $C_{11}$～$C_{13}$ | $C_{12}$～$C_{14}$ | $C_{10}$～$C_{13}$ | $C_{11}$～$C_{14}$ | |
| 正构烷烃组成（质量分数）/% | | | | | | | | | | | NB/SH/T 0889[a] |
| 小于等于 $C_9$ 组分 | 不大于 | 0.5 | | | | 0.5 | | | 0.5 | | |
| 小于等于 $C_{10}$ 组分 | 不大于 | | 0.5 | | | | 0.5 | | | 0.5 | |
| 小于等于 $C_{11}$ 组分 | 不大于 | | | 0.5 | | | | 0.5 | | | |
| 小于等于 $C_{12}$ 组分 | 不大于 | | | | 0.5 | | | | | | |
| $C_{10}$ 组分 | | 报告 | | | | 报告 | | | 报告 | | |
| $C_{11}$ 组分 | | 报告 | 报告 | | | 报告 | 报告 | | 报告 | 报告 | |
| $C_{12}$ 组分 | | | 报告 | 报告 | | 报告 | 报告 | 报告 | 报告 | 报告 | |
| $C_{13}$ 组分 | | | | 报告 | 报告 | | 报告 | 报告 | 报告 | 报告 | |
| $C_{14}$ 组分 | | | | | 报告 | | | 报告 | | 报告 | |
| 大于等于 $C_{12}$ 组分 | 不大于 | 0.5 | | | | | | | | | |
| 大于等于 $C_{13}$ 组分 | 不大于 | | 0.5 | | | 0.5 | | | | | |
| 大于等于 $C_{14}$ 组分 | 不大于 | | | 0.5 | | | 0.5 | | 0.5 | | |
| 大于等于 $C_{15}$ 组分 | 不大于 | | | | 0.5 | | | 0.5 | | 0.5 | |
| 正构烷烃平均分子量 | | 报告 | | | | | | | | | 附录 A |
| 正构烷烃含量（质量分数）/% | 不小于 | 98.5 | | | | | | | | | NB/SH/T 0889[a] |
| 水含量（体积分数）/% | | 无 | | | | | | | | | GB/T 260[b] |
| 机械杂质（质量分数）/% | | 无 | | | | | | | | | GB/T 511[c] |
| 闪点（闭口）/℃ | | 报告 | | | | | | | | | GB/T 261 |
| 赛波特颜色/号 | 不低于 | +30 | | | | | | | | | NB/SH/T 0905[d] |
| 氮含量/（mg/kg） | 不大于 | 1.0 | | | | | | | | | SH/T 0657 |
| 硫含量/（mg/kg） | 不大于 | 3.0 | | | | | | | | | GB/T 34100[e] |

表 1　轻质液体石蜡的技术要求和试验方法（续）

| 项目 | 指标 | | | | | | | | | 试验方法 |
|---|---|---|---|---|---|---|---|---|---|---|
| | $C_{10}$～$C_{11}$ | $C_{11}$～$C_{12}$ | $C_{12}$～$C_{13}$ | $C_{13}$～$C_{14}$ | $C_{10}$～$C_{12}$ | $C_{11}$～$C_{13}$ | $C_{12}$～$C_{14}$ | $C_{10}$～$C_{13}$ | $C_{11}$～$C_{14}$ | |
| 溴指数（以 Br 计）/（mg/100g）　不大于 | 25 | | | | | | | | | NB/SH/T 0995[f] |
| 芳烃含量（质量分数）/%　不大于 | 0.4 | | | | | | | | | SH/T 0409[g] |

[a] 也可采用 SH/T 0410 进行测定，在有异议时，以 NB/SH/T 0889 为仲裁方法。

[b] 也可采用目测法，即将样品注入 100mL 量筒中，在室温（20℃±3℃）下观察，应当透明，没有悬浮和沉降的水分。如有争议，以 GB/T 260 为准。

[c] 也可采用目测法，即将样品注入 100mL 量筒中，在室温（20℃±3℃）下观察，应当透明，没有悬浮和沉降的机械杂质。如有争议，以 GB/T 511 为准。

[d] 也可采用 GB/T 3555 进行测定，在有异议时，以 NB/SH/T 0905 为仲裁方法。

[e] 也可采用 SH/T 0689、NB/SH/T 0253 进行测定，在有异议时，以 GB/T 34100 为仲裁方法。

[f] 也可采用 SH/T 0630 进行测定，在有异议时，以 NB/SH/T 0995 为仲裁方法。

[g] 也可采用 NB/SH/T 0966 进行测定，在有异议时，以 SH/T 0409 为仲裁方法。

# 附　录　A
# （规范性）
# 正构烷烃平均分子量计算法

## A.1　正构烷烃平均分子量

$C_{10}$～$C_{11}$ 轻质液体石蜡平均分子量=正构烷烃总含量/(小于等于 $C_9$ 组分/128+$C_{10}$ 组分/ 142+$C_{11}$ 组分/156+大于等于 $C_{12}$ 组分/170)。

$C_{11}$～$C_{12}$ 轻质液体石蜡平均分子量=正构烷烃总含量/（小于等于 $C_{10}$ 组分/142+$C_{11}$ 组分/ 156+$C_{12}$ 组分/170+大于等于 $C_{13}$ 组分/184)。

$C_{12}$～$C_{13}$ 轻质液体石蜡平均分子量=正构烷烃总含量/（小于等于 $C_{11}$ 组分/156+$C_{12}$ 组分/ 170+$C_{13}$ 组分/184+大于等于 $C_{14}$ 组分/198)。

$C_{13}$～$C_{14}$ 轻质液体石蜡平均分子量=正构烷烃总含量/（小于等于 $C_{12}$ 组分/170+$C_{13}$ 组分/ 184+$C_{14}$ 组分/198+大于等于 $C_{15}$ 组分/212)。

$C_{10}$～$C_{12}$ 轻质液体石蜡平均分子量=正构烷烃总含量/(小于等于 $C_9$ 组分/128+$C_{10}$ 组分/ 142+$C_{11}$ 组分/156+$C_{12}$ 组分/170+大于等于 $C_{13}$ 组分/184)。

$C_{11}$～$C_{13}$ 轻质液体石蜡平均分子量=正构烷烃总含量/（小于等于 $C_{10}$ 组分/142+$C_{11}$ 组分/ 156+$C_{12}$ 组分/170+$C_{13}$ 组分/184+大于等于 $C_{14}$ 组分/198)。

$C_{12}$～$C_{14}$ 轻质液体石蜡平均分子量=正构烷烃总含量/（小于等于 $C_{11}$ 组分/156+$C_{12}$ 组分/ 170+$C_{13}$ 组分/184+$C_{14}$ 组分/198+大于等于 $C_{15}$ 组分/212)。

$C_{10}$～$C_{13}$ 轻质液体石蜡平均分子量=正构烷烃总含量/(小于等于 $C_9$ 组分/128+$C_{10}$ 组分/ 142+$C_{11}$ 组分/156+$C_{12}$ 组分/170+$C_{13}$ 组分/184+大于等于 $C_{14}$ 组分/198)。

$C_{11}$～$C_{14}$ 轻质液体石蜡平均分子量=正构烷烃总含量/（小于等于 $C_{10}$ 组分/142+$C_{11}$ 组分/ 156+$C_{12}$ 组分/170+$C_{13}$ 组分/184+$C_{14}$ 组分/198+大于等于 $C_{15}$ 组分/212)。

ICS 75.140
E 42

# SH

# 中华人民共和国石油化工行业标准

SH/T 0767—2005

# 食品级凡士林

# Food grade Vaseline

2005-04-11 发布　　　　2005-09-01 实施

中华人民共和国国家发展和改革委员会　发布

# 前　言

本标准修改采用联合国粮农组织和世界卫生组织(FAO/WHO)《食品凡士林添加剂》标准(英文版)。

考虑到我国国情，在采用联合国粮农组织和世界卫生组织(FAO/WHO)《食品凡士林添加剂》标准时，本标准做了一些修改。这些技术性差异用垂直单线标识在它们所涉及的条款的页边空白处。在附录A中给出了这些技术性差异及其原因的一览表以供参考。

为了便于使用，本标准还做了下列编辑性修改：

——将FAO/WHO《食品凡士林添加剂》标准中的“红外吸收”“颜色”“酸碱度”“硫”“易炭化物”试验方法作为本标准的附录。

——FAO/WHO《食品凡士林添加剂》标准中的“5%蒸馏点碳数”“平均分子量”“灼烧残渣”“稠环芳烃”“铅含量”等指标，采用我国相应的方法标准，本标准只引用其标准号，未列出具体的操作方法。

本标准的附录A是标准的资料性附录，附录B、附录C、附录D、附录E、附录F是标准的规范性附录。

本标准由中国石油化工集团公司提出。

本标准由中国石油化工股份有限公司抚顺石油化工研究院归口。

本标准起草单位：中国石油化工股份有限公司抚顺石油化工研究院、金陵石油化工有限责任公司化工一厂。

本标准主要起草人：高俊兴、齐邦峰、徐素芬。

# 食品级凡士林

## 1 范围

本标准规定了食品级凡士林的技术要求、试验方法、包装、标志、贮运及交货验收。

本标准适用于由高黏度石油润滑油馏分，经脱蜡所得的蜡膏掺合润滑油基础油，再经精制而得到的食品级凡士林。本产品适用于食品加工中的润滑剂、脱模剂、防护涂层、消泡剂等用途的凡士林。

## 2 规范性引用文件

下列文件中的条款通过本标准的引用而成为本标准的条款。凡是注日期的引用文件，其随后所有的修改单(不包括勘误的内容)或修订版均不适用于本标准，然而，鼓励根据本标准达成协议的各方研究是否可使用这些文件的最新版本。凡是不注日期的引用文件，其最新版本适用于本标准。

GB/T 265　石油产品运动黏度测定法和动力黏度计算法

GB/T 601　化学试剂 标准滴定溶液的制备

GB/T 8026　石油蜡和石油脂滴熔点测定法(GB/T 8026—87，eqv ISO 6244：1982)

GB 8449　食品添加剂中铅的测定法(GB 8449—87，neq FAO/WHO JECFA-1983)

GB/T 11079　白色油易炭化物试验法

SH/T 0129　石油蜡和石油脂灼烧残渣试验法

SH 0164　石油产品包装、贮运及交货验收规则

SH/T 0229　固体和半固体石油产品取样法

SH/T 0398　石油蜡和石油脂分子量测定法

SH/T 0558　石油馏分沸程分布测定法(气相色谱法)

SH/T 0655　凡士林稠环芳烃试验法

## 3 技术要求

食品级凡士林不溶于水，易溶于二硫化碳，可溶于乙醚和己烷。

3.1 食品级凡士林的技术要求见表1。

表1 食品级凡士林技术要求

| 项　目 | 质量指标 | 试验方法 |
|---|---|---|
| 外观 | 白色到淡黄色或浅琥珀色的半固体物质，薄层时透明，几乎无荧光 | 目　测 |
| 滴熔点/℃ | 38～60 | GB/T 8026 |
| 红外吸收<br>$3000cm^{-1}$～$2800cm^{-1}$<br>$1500cm^{-1}$～$1300cm^{-1}$<br>$750cm^{-1}$～$700cm^{-1}$ | <br>高强度<br>中等强度<br>低等强度 | 附录 B |
| 运动黏度(100℃)/($mm^2/s$) | 3～20 | GB/T 265 |
| 碳数少于 18 的分子/%(V/V)　不大于 | 5 | SH/T 0558 |

表 1(续)

| 项　　目 | | 质 量 指 标 | 试 验 方 法 |
|---|---|---|---|
| 平均相对分子质量 | | 350～650 | SH/T 0398 |
| 灼烧残渣/% | 不大于 | 0.05 | SH/T 0129 |
| 颜色 | | 合格 | 附录 C |
| 酸碱度 | | 合格 | 附录 D |
| 硫 | | 合格 | 附录 E |
| 易炭化物 | | 通过 | 附录 F |
| 稠环芳烃(吸光度/cm) | | | SH/T 0655 |
| 280nm～289nm | 不大于 | 0.15 | |
| 290nm～299nm | 不大于 | 0.12 | |
| 300nm～359nm | 不大于 | 0.08 | |
| 360nm～400nm | 不大于 | 0.02 | |
| 铅/(mg/kg) | 不大于 | 2 | GB 8449 或原子吸收法 |

注：铅含量的仲裁试验采用原子吸收方法。

## 4 包装、标志、贮运及交货验收

本产品的包装、标志、贮运及交货验收按 SH 0164 进行，并避光保存。

## 5 取样

取样按 SH/T 0229 进行，取 2.5kg 作为检验和留样用。

# 附　录　A
# （资料性附录）
# 本标准与 FAO/WHO《食品凡士林添加剂》标准的技术性差异及其原因

表 A.1 给出了本标准与 FAO/WHO《食品凡士林添加剂》标准的技术性差异及其原因的一览表。

**表 A.1　本标准与 FAO/WHO《食品凡士林添加剂》标准的技术性差异及其原因**

| 本标准的章条编号 | 技术性差异 | 原　　因 |
|---|---|---|
| 1 | 增加适用范围 | 适应我国国情和标准版式 |
| 2 | 增加规范性引用文件 | 适应我国国情和标准版式 |
| 3 | 采用蒸气压渗透法直接测定平均分子量 | 减少试验的难度，增加可操作性 |
| 4 | 增加易炭化物试验的反应温度 | 适应我国国情，增加可操作性 |
| 5 | 增加铅含量测量法 GB 8449 | 适应我国国情，增加可操作性 |
| 6 | 增加包装、标志、贮运及交货验收 | 适应我国国情和标准版式 |
| 7 | 增加取样 | 适应我国国情和标准版式 |

# 附　录　B
# （规范性附录）
# 红外吸收试验法

在专用的氯化钠研片之间，涂抹一薄层熔化的凡士林样品，夹在研片架上，将研片架放在红外光谱仪上扫描，观测 $3000cm^{-1} \sim 2800cm^{-1}$、$1500cm^{-1} \sim 1300cm^{-1}$、$750cm^{-1} \sim 700cm^{-1}$ 之间的吸收强度。

# 附　录　C
# （规范性附录）
# 颜色试验法

**C.1**　试验步骤：熔化约 10g 样品，取约 5mL 置于 150mm×16mm 清洁的玻璃试管中，保持样品处于熔化状态。以白色为背景，在没有荧光情况下，进行颜色比较。凡士林颜色应不深于 3.8mL 氯化铁和 1.2mL 氯化钴的混合溶液在同类试管中的颜色。

**C.2**　试剂的配制：

**C.2.1**　氯化铁：称 9g 三氯化铁（$FeCl_3 \cdot 6H_2O$）于 100mL 烧杯中，加水溶解后转入 100mL 容量瓶中，稀释至刻度。

**C.2.2**　氯化钴：在 1mL 的盐酸中溶解 2g 氯化钴（$CoCl_2 \cdot 6H_2O$）加水稀释到 100mL。

# 附　录　D
# （规范性附录）
# 酸碱度试验法

**D.1**　试验步骤：取 10g 样品并熔化，加入 20mL 沸水，用力摇动 1min，冷却并分液。在 10mL 水层溶液中加入酚酞溶液 0.1mL，溶液应无色。再加入 0.01mol/L 氢氧化钠溶液，当溶液变为红色时氢氧化钠的用量应不超过 0.5mL。

**D.2** 试剂的配制：

**D.2.1** 酚酞溶液：在 60mL 的 90%乙醇溶液中溶解 0.02g 酚酞，并加水稀释到 100mL。

**D.2.2** 0.01mol/L 氢氧化钠：按 GB/T 601 规定的方法配制 0.1mol/L 氢氧化钠溶液，取一定体积的 0.1mol/L 氢氧化钠溶液，用无二氧化碳的水稀释至 10 倍体积。

# 附 录 E
## （规范性附录）
## 硫试验法

取两支洁净的 25mL 试管，分别注入 4.0 融化试样、2mL 无水乙醇和 1∶5 的氢氧化钠溶液（预先用氧化铅饱和），将一支试管插入 70℃水浴，在不断摇动下加热 1min，冷却，与另一支未加热的参比试管进行比较，如果颜色深于参比试管的颜色，试验结果为不合格，如果颜色浅于参比试管的颜色，则试验结果为合格。

# 附 录 F
## （规范性附录）
## 易炭化物试验法

**F.1** 试验步骤：取一洁净、干燥的长约 125mm、内径为 18mm 的具塞的玻璃试管，在 5mL 和 10mL 处标上刻度。向试管中加入 5mL 熔化的样品和 5mL 硫酸。插入塞子，在试管纵向用力摇动 5s。松开塞子，立即将试管放入 70℃恒温槽中，试管不应触及恒温浴的底板或侧面，加热 10min。分别在 2min、4min、6min 和 8min 时，将试管在垂直方向用力摇动 5s。在 10min 加热结束后，从恒温槽中取出试管，放置 10min。在大约 19.6N 力下离心作用 5min，酸层液体颜色应不深于 0.5mL 硫酸铜、1.5mL 氯化钴、3.0mL 氯化铁和 2mL0.3mol/L 盐酸的混合物颜色。

**F.2** 试剂的配制：

**F.2.1** 硫酸：将已知浓度的浓硫酸加入到水中并调整 $H_2SO_4$ 的最终浓度为 94.5%~95.5%。

**F.2.2** 硫酸铜：按 GB/T 11079 中 6.2 条配制。

**F.2.3** 氯化钴：按 GB/T 11079 中 6.1 条配制。

**F.2.4** 氯化铁：按 GB/T 11079 中 6.3 条配制。

ICS 75.140
E 42

SH

# 中华人民共和国石油化工行业标准

SH/T 0807—2008

# 炸药专用复合蜡

**Special compound wax for dynamite**

2008-04-23 发布　　2008-10-01 实施

中华人民共和国国家发展和改革委员会　发 布

# 前　　言

本标准由中国石油化工集团公司提出。

本标准由中国石油化工股份有限公司抚顺石油化工研究院归口。

本标准起草单位：中国石油化工股份有限公司河南油田分公司南阳石蜡精细化工厂。

本标准主要起草人：杨国太、路胜旗、白静、杨蒸、张晓霞。

本标准为首次发布。

# 炸药专用复合蜡

## 1 范围

1.1 本标准规定了以不同馏程的含蜡馏分或与助乳剂、增稠剂等复合而制得的炸药专用复合蜡的要求、试验方法、取样、标志、包装、运输和贮存。
1.2 本标准所属产品适用于民用爆破等行业。

## 2 规范性引用文件

下列文件中的条款通过本标准的引用而成为本标准的条款。凡是注日期的引用文件，其随后所有的修改单(不包括勘误的内容)或修订版均不适用于本标准，然而，鼓励根据本标准达成协议的各方研究是否可使用这些文件的最新版本。凡是不注日期的引用文件，其最新版本适用于本标准。

GB/T 260 石油产品水分测定法
GB/T 265 石油产品运动黏度测定法和动力黏度计算法
GB/T 511 石油产品和添加剂机械杂质测定法(重量法)
GB/T 1884 原油和液体石油产品密度实验室测定法(密度计法)
GB/T 1885 石油计量表
GB/T 3536 石油产品闪点和燃点测定法(克利夫兰开口杯法)
GB/T 8026 石油蜡和石油脂滴熔点测定法
SH 0164 石油产品包装、贮运及交货验收规则
SH/T 0229 固体和半固体石油产品取样法
SH/T 0556 石油蜡含油量测定法(丁酮-甲苯法)

## 3 要求与试验方法

3.1 产品分类

本标准所属产品按含油量不同分为六个牌号：1号、2号、3号、4号、5号、6号。1号、2号适用于连续自动化装置生产的乳化炸药，3号适用于间歇式生产工艺生产低梯粉状炸药，4号适用于老式乳化炸药生产装置，5号适用于生产TNT炸药，6号适用于煤矿使用的乳化炸药。

3.2 技术要求和试验方法

炸药专用复合蜡的技术要求和试验方法见表1。

**表1 炸药专用复合蜡的技术要求和试验方法**

| 项 目 | | 质量指标 | | | | | | 试验方法 |
|---|---|---|---|---|---|---|---|---|
| | | 1号 | 2号 | 3号 | 4号 | 5号 | 6号 | |
| 含油量(质量分数),% | 不小于 | 15 | 20 | 25 | 30 | 35 | 35 | SH/T 0556 |
| | 小于 | 20 | 25 | 30 | 35 | 40 | 45 | |
| 滴熔点,℃ | | 58~75 | | | | | | GB/T 8026 |
| 运动黏度(100℃), $mm^2/s$ | | 7.0~10 | | | | | 13~20 | GB/T 265 |
| 闪点(开口),℃ | 不低于 | 200 | | | | | | GB/T 3536 |
| 密度(20℃), $kg/m^3$ | | 实测 | | | | | | GB/T 1884和GB/T 1885 |
| 机械杂质(质量分数),% | 不大于 | 0.05 | | | | | | GB/T 511 |
| 水分(质量分数),% | 不大于 | 无 | | | | | | GB/T 260 |

## 4 取样

### 4.1 取样

取样按 SH/T 0229 进行，取 1kg 作为检验和留样用。

## 5 标志、包装、运输和贮存

本产品标志、包装、运输、贮存及交货验收按 SH 0164 进行。

ICS 75.140
E 42

SH

# 中华人民共和国石油化工行业标准

NB/SH/T 0866—2013

# 自愈式金属化电容器用蜡

Wax for self-healing type metallized capacitor

2013-06-08 发布 2013-10-01 实施

国家能源局 发布

# 前　言

本标准依据 GB/T 1.1—2009 的规则起草。

请注意本文件的某些内容可能涉及专利。本文件的发布机构不承担识别这些专利的责任。

本标准由中国石油化工集团公司提出。

本标准由全国石油产品和润滑剂标准化技术委员会石油蜡类产品分技术委员会(SAC/TC280/SC3)归口。

本标准起草单位:上海泰尔精蜡有限公司。

本标准主要起草人:李毅、王玫、袁卫、刘家芳、杨晓刚。

本标准为首次发布。

# 自愈式金属化电容器用蜡

## 1 范围

本标准规定了自愈式金属化电容器用蜡的产品分类、技术要求和试验方法、取样、标志、包装、运输和贮存。

本标准适用于以微晶蜡、混晶蜡为主要原料，添加添加剂改性，而制得的自愈式金属化电容器用蜡。

## 2 规范性引用文件

下列文件对于本文件的应用是必不可少的。凡是注日期的引用文件，仅注日期的版本适用于本文件。凡是不注日期的引用文件，其最新版本（包括所有的修改单）适用于本文件。

GB/T 264 石油产品酸值测定法

GB/T 507 绝缘油击穿电压测定法（GB/T 507—2002，eqv IEC 156：1995）

GB/T 1410 固体绝缘材料体积电阻率和表面电阻率试验方法（GB/T 1410—2006，IDT IEC 60093：1980）

GB/T 5096 石油产品铜片腐蚀试验法

GB/T 6540 石油产品颜色测定法

GB/T 8026 石油蜡和石油脂滴熔点测定法（GB/T 4929—1985，eqv ISO 2176：1979）

SH 0164 石油产品包装、贮运及交货验收规则

SH/T 0229 固体和半固体石油产品取样法

SH/T 0588 石油蜡体积收缩率测定法

## 3 术语和定义

**自愈式金属化电容器 metallized capacitor of the self-healing type**

在电介质局部击穿之后，能迅速地基本上恢复其绝缘性能的金属化电容器。

## 4 产品分类

本标准所属的产品按击穿电压分为三个牌号：1 号、2 号、3 号。1 号适用于击穿电压在 60kV/2. 5mm 以上的电容器的浸渍和封固，2 号适用于击穿电压在 50kV/2. 5mm 以上的电容器的浸渍和封固，3 号适用于击穿电压在 40kV/2. 5mm 以上的电容器的浸渍和封固。

## 5 技术要求和试验方法

自愈式金属化电容器用蜡的技术要求和试验方法见表 1。

表 1　自愈式金属化电容器用蜡的技术要求和试验方法

| 项　目 | | 质量指标 | | | 试验方法 |
|---|---|---|---|---|---|
| | | 1 号 | 2 号 | 3 号 | |
| 击穿电压/（kV/2.5mm） | 不小于 | 60 | 50 | 40 | GB/T 507 |
| 体积收缩率/%（体积分数） | 不大于 | 8 | 9 | 10 | SH/T 0588 |
| 酸值/（mgKOH/g） | 不大于 | 0.04 | 0.06 | 0.08 | GB/T 264 |
| 颜色/号 | 不大于 | 2.5 | 3.0 | 3.5 | GB/T 6540 |
| 体积电阻率/（Ω·cm） | 不小于 | $1\times10^{15}$ | | $1\times10^{14}$ | GB/T 1410 |
| 滴熔点/℃ | 不大于 | 72 | | | GB/T 8026 |
| | 不小于 | 64 | | | |
| 铜片腐蚀（100℃，3h）/级 | 不大于 | 1 | | | GB/T 5096 |
| 熔融状态（80℃） | | 全熔 | | | 目测[a] |

[a] 取 100g 固体蜡样放入玻璃烧杯中，在 80℃±1℃恒温箱中放置 4h，蜡样应全部熔化，蜡液澄清。

## 6　取样

取样按 SH/T 0229 进行，取 1kg 作为检验和留样用。

## 7　标志、包装、运输和贮存

本产品标志、包装、运输、贮存及交货验收按 SH 0164 进行。

ICS 75.140
CCS E 42

SH

# 中华人民共和国石油化工行业标准

**NB/SH/T 0871—2021**
代替 NB/SH/T 0871—2013

# 橡胶防护蜡

**Protective wax for rubber**

2021-11-16 发布　　　　2022-05-16 实施

国家能源局　发布

# 前　言

本文件按照 GB/T 1.1—2020《标准化工作导则　第1部分：标准化文件的结构和起草规则》的规定起草。

本文件代替 NB/SH/T 0871—2013《橡胶防护蜡》，与 NB/SH/T 0871—2013 相比，除结构调整和编辑性改动外，主要技术变化如下：

——产品分类修订为“按照滴熔点将产品划分为3个牌号，每个牌号再按非正构烷烃含量的不同分为A、B两个型号”；

——运动黏度修订为 5.0 $mm^2/s$~8.5 $mm^2/s$；

——调整非正构烷烃含量（质量分数）指标（表1）；

——颜色修订为不大于2.0号；

——含油量（质量分数）修订为不大于2.0%；

——灰分（质量分数）修订为不大于0.03%；

——删除折光率指标；

——增加机械杂质和水分。

本文件由中国石油化工集团有限公司提出。

本文件由全国石油产品和润滑剂标准化技术委员会石油蜡类产品分技术委员会（SAC/TC280/SC3）归口。

本文件起草单位：中石化南阳能源化工有限公司、中国石油化工股份有限公司大连石油化工研究院、中国石油化工股份有限公司荆门石化分公司、中国石化炼油销售有限公司。

本文件主要起草人：王伟、李国红、凌凤香、侯玉梅、王诗语、刘勇、蒋秀华、宿仕富、王霞。

本文件及其所代替文件的历次版本发布情况为：

——2013年首次发布为 NB/SH/T 0871—2013；

——本次为第一次修订。

# 橡胶防护蜡

**警告：如果不遵守适当的防范措施，本标准所属产品在生产、贮运和使用等过程中可能存在危险。本标准无意对与本产品有关的所有安全问题提出建议。用户在使用本标准之前，有责任建立适当的安全和防范措施，并确定相关规章限制的适用性。**

## 1 范围

本文件规定了橡胶防护蜡的产品分类及用途，技术要求和试验方法，取样，标志、包装、运输和贮存。

本文件适用于以石油馏分为原料，经过加工后所得到的橡胶防护蜡；或以石油蜡为主要原料，通过添加其他助剂得到的橡胶防护蜡。

本文件所属产品主要适用于各种橡胶制品的物理防护。

## 2 规范性引用文件

下列文件中的内容通过文中的规范性引用而构成文件必不可少的条款。其中，注日期的引用文件，仅该日期对应的版本适用于本文件。不注日期的引用文件，其最新版本（包括所有的修改单）适用于本文件。

GB/T 265　石油产品运动粘度测定法和动力粘度计算法

GB/T 508　石油产品灰分测定法

GB/T 3554　石油蜡含油量测定法

GB/T 4756　石油液体手工取样法

GB/T 4985 石油蜡针入度测定法

GB/T 6540 石油产品颜色测定法

GB/T 8026　石油蜡和石油脂滴熔点测定法

NB/SH/T 0164 石油及相关产品包装、储运及交货验收规则

SH/T 0229 固体和半固体石油产品取样法

SH/T 0653 石油蜡正构烷烃和非正构烷烃碳数分布测定法（气相色谱法）

## 3 术语和定义

本文件没有需要界定的术语和定义。

## 4 产品分类及用途

按照滴熔点将产品划分为 1 号、2 号和 3 号共 3 个牌号，每个牌号按照非正构烷烃含量的不同分为 A、B 两个型号。

## 5 技术要求和试验方法

橡胶防护蜡的技术要求和试验方法见表1。

表1 橡胶防护蜡技术要求和试验方法

| 项目 | | 质量指标 | | | | | | 试验方法 |
|---|---|---|---|---|---|---|---|---|
| | | 1号 | | 2号 | | 3号 | | |
| | | A | B | A | B | A | B | |
| 滴熔点/℃ | 不低于<br>低于 | 62<br>67 | | 67<br>72 | | 72<br>77 | | GB/T 8026 |
| 非正构烷烃含量（质量分数）/% | 大于<br>不大于 | 40<br>— | 20<br>40 | 40<br>— | 25<br>40 | 40<br>— | 25<br>40 | SH/T 0653 |
| 运动黏度（100℃）/（$mm^2/s$） | | 5.0~8.5 | | | | | | GB/T 265 |
| 颜色/号 | 不大于 | 2.0 | | | | | | GB/T 6540 |
| 含油量（质量分数）/% | 不大于 | 2.0 | | | | | | GB/T 3554 |
| 灰分（质量分数）/% | 不大于 | 0.03 | | | | | | GB/T 508 |
| 热重损失（质量分数）/% | 不大于 | 0.2 | | | | | | 附录A |
| 机械杂质及水分 | | 无 | | | | | | 目测[a] |
| 碳数分布 | | 报告 | | | | | | SH/T 0653 |

注：如果用户对碳数分布指标有特殊要求，由供需双方协商解决。

[a]将约50 g蜡放入250 mL的烧杯中，置于烘箱内于高于滴熔点10 ℃的温度下加热熔化，熔化后静置15 min，蜡液中无可见浑浊、沉淀或水，报告为“无”。

## 6 取样

取样按SH/T 0229或gB/T 4756进行，取1 kg作为检验及留样。

## 7 标志、包装、运输和贮存

7.1 本产品的标志、包装、运输和贮运及交货验收按NB/SH/T 0164进行。

7.2 包装和包装废弃物应符合国家有关法律法规的要求。

7.3 向用户销售的符合本文件的橡胶防护蜡产品应标明下列标志：“1号（A）橡胶防护蜡、1号（B）橡胶防护蜡、2号（A）橡胶防护蜡、2号（B）橡胶防护蜡、3号（A）橡胶防护蜡、3号（B）橡胶防护蜡。”

# 附 录 A
## (规范性附录)
## 热重损失测定法

### A.1 范围

本方法适用于测定橡胶防护蜡的热重损失。

### A.2 设备

本方法采用设备如下：

a）恒温烘箱；

b）称量瓶 50 mm×30 mm；

c）分析天平：感量 0.1 mg；

d）干燥器。

### A.3 试验步骤

**A.3.1** 把清洁干燥的称量瓶放入 105 ℃～110 ℃的烘箱中烘 10 min，取出放入干燥器中冷却 30 min，称准至 0.0002 g，重复操作，直到连续两次称重差值不超过 0.0004 g 为止。

**A.3.2** 用已恒重的称量瓶称大约 2 g 试样，将称好试样的称量瓶，放入 105℃～110℃的烘箱中烘 1h，取出后，移入干燥器中，冷却 30 min，称准至 0.0002 g。重复操作每次烘 10 min，冷却 30 min，直到连续两次称重差值不超过 0.0004 g 为止。

### A.4 计算

试样的热重损失 $X\%$ 按下式计算：

$$X\% = (m_1 - m_2) / m_3 \times 100$$

式中：

$m_1$——试样加瓶重，g；

$m_2$——蒸发后试样加瓶重，g；

$m_3$——试样重，g。

ICS 75.140
E 42

SH

# 中华人民共和国石油化工行业标准

NB/SH/T 0875—2013

# 家禽拔毛专用蜡

**Poultry defeathering wax**

2013-06-08 发布　　2013-10-01 实施

国家能源局　发布

# 前　　言

本标准依据 GB/T 1.1—2009 的规则起草。

本标准由中国石油化工集团公司提出。

本标准由全国石油产品和润滑剂标准化技术委员会石油蜡类产品分技术委员会(SAC/TC280/SC3)归口。

本标准起草单位:江苏泰尔新材料科技有限公司、山东六和集团食品事业部。

本标准主要起草人:李毅、刘家芳、王玫、赵景全、葛宝昌、杨玉英。

本标准为首次发布。

# 家禽拔毛专用蜡

## 1 范围

本标准规定了家禽拔毛专用蜡的产品分类、技术要求和试验方法、取样、标志、包装、运输和贮存。

本标准适用于以食品级石油蜡为基础组分,添加一定量的食品级改性添加剂,经物理调和而制得的家禽拔毛专用蜡。

## 2 规范性引用文件

下列文件对于本文件的应用是必不可少的。凡是注日期的引用文件,仅所注日期的版本适用于本文件。凡是不注日期的引用文件,其最新版本(包括所有的修改单)适用于本文件。

GB/T 265 石油产品运动黏度测定法和动力黏度计算法

GB/T 4507 沥青软化点测定法(环球法)

GB/T 5009.74 食品添加剂中重金属限量试验

GB/T 5009.75 食品添加剂中铅的测定

GB/T 5009.76 食品添加剂中砷的测定

GB 10146 食用动物油脂卫生标准

GB 15193.3 急性毒性试验

SH 0164 石油产品包装、贮运及交货验收规则

SH/T 0229 固体和半固体石油产品取样法

## 3 产品分类

本标准所属的产品按剥离强度的不同分为四个牌号:6 号、8 号、10 号、12 号。6 号剥离强度值不低于 0.6kN/m;8 号剥离强度值不低于 0.8kN/m;10 号剥离强度值不低于 1.0kN/m;12 号剥离强度值不低于 1.2kN/m。

## 4 技术要求和试验方法

家禽拔毛专用蜡的技术要求和试验方法见表 1。

**表 1 家禽拔毛专用蜡的技术要求和试验方法**

| 项目 | | 质量指标 | | | | 试验方法 |
|---|---|---|---|---|---|---|
| | | 6 号 | 8 号 | 10 号 | 12 号 | |
| 剥离强度/(kN/m) | 不小于 | 0.6 | 0.8 | 1.0 | 1.2 | 附录 A |
| | 小于 | 0.8 | 1.0 | 1.2 | — | |
| 耐油性 | | 通过 | | | | 附录 B |

表 1(续)

| 项　　目 | | 质量指标 | | | | 试验方法 |
|---|---|---|---|---|---|---|
| | | 6 号 | 8 号 | 10 号 | 12 号 | |
| 软化点/℃ | | 55～65 | | | | GB/T 4507 |
| 运动黏度(80℃)/($mm^2/s$) | | 50～100 | | | | GB/T 265 |
| 运动黏度(100℃)/($mm^2/s$) | 不大于 | 50 | | | | GB/T 265 |
| 重金属含量/(mg/kg) | 不大于 | 10 | | | | GB/T 5009.74 |
| 铅含量/(mg/kg) | 不大于 | 1 | | | | GB/T 5009.75 |
| 砷含量/(mg/kg) | 不大于 | 1 | | | | GB/T 5009.76 |
| 急性毒性试验 | | 无毒 | | | | GB/T 15193.3 |

## 5 检验规则

### 5.1 检验分类与检验项目

本产品检验分为出厂检验和型式检验。

出厂检验分为出厂批次检验和出厂周期检验。

5.1.1 出厂检验

出厂批次检验项目:剥离强度、耐油性、运动黏度、软化点。

出厂周期检验项目:重金属含量、铅含量、砷含量和急性毒性试验检验周期为一年。

5.1.2 型式检验

型式检验项目为第 4 章表 1 中技术要求和试验方法规定的所有项目。

在下列情况下进行型式检验:

a)原材料发生变化、加工工艺条件改变、调和比例变化及检修开工后情况;

b)出厂检验结果与上次型式检验有较大差异时。

### 5.2 组批

在原材料、工艺不变的条件下,产品每生产一罐为一批。

### 5.3 取样

取样按 SH/T 0229 进行,取 1kg 作为检验和留样用。

### 5.4 判定规则

出厂检验的结果全部符合本标准表 1 的技术要求时,则判定该批产品合格。

### 5.5 复验规则

如出厂检验结果中有不符合表 1 技术指标的规定时,按 SH/T 0229 的规定重新抽取双倍样品进行复检,复检结果如仍有一项不符合本标准规定的技术指标时,则判定该批产品为不合格。

## 6 标志、包装、运输和贮存

本产品标志、包装、运输、贮存及交货验收按 SH 0164 进行。

# 附 录 A
# (规范性附录)
# 家禽拔毛专用蜡剥离强度试验法

## A.1 范围

本方法适用于测定家禽拔毛专用蜡在湿表面条件下的剥离强度。

## A.2 原理

两片模拟家禽体表的材料,在湿表面条件下用家禽拔毛专用蜡制备成粘接试样,然后将试样以规定的速率从粘接的开口处剥开,剥离力和试样宽度的比值即为剥离强度。

$$\sigma_T = \frac{F}{B}$$

式中:

$\sigma_T$——剥离强度,kN/m;

$F$——剥离力,N;

$B$——试样宽度,mm。

## A.3 装置

### A.3.1 拉伸试验装置

热粘拉力试验机,具有适宜的负荷范围,夹头能以恒定的速率分离并施加拉伸力的装置,配备有力的测量系统、指示记录和计算剥离强度系统。力的示值误差不超过2%,试样的破坏负荷应处于满标负荷的10%~80%之间。

### A.3.2 夹头

夹头能牢固地夹住试样(见图A.1(b))。

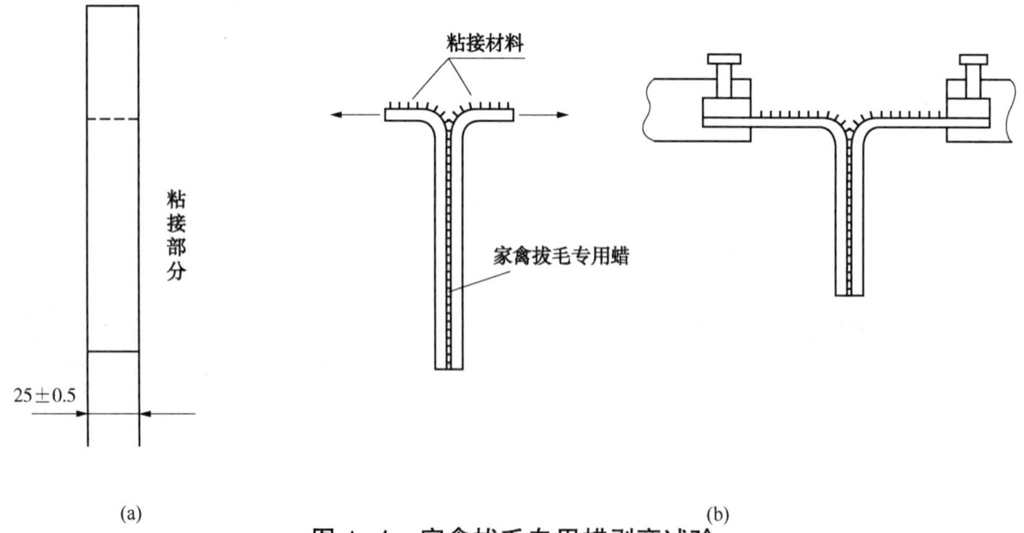


图A.1 家禽拔毛专用蜡剥离试验

## A.4 试样

### A.4.1 被粘材料

纯棉毛巾布,200g/m²,绒毛长度 2.5mm,尺寸:长 200mm,宽 25±0.5mm(见图 A.1a)。

### A.4.2 试样制备

将家禽拔毛专用蜡加热熔化,确保蜡液厚度不少于 200mm,在恒温箱中放置,保持温度 80℃±1℃,时间不少于 60min。

将毛巾布润湿:在恒温恒湿箱中垂直悬挂,控制温度 25℃±0.5℃,湿度 95%~98%,放置时间不少于 30min。

在 25℃±0.5℃环境温度下,取出蜡液,同时取出两片毛巾布,快速垂直浸入蜡液中,浸入长度不少于 150mm,保持 5s~6s,取出后水平重叠放置,5min 后两片毛巾布粘接完成,放入恒温箱中,控制 25℃±0.5℃放置 30min 以上。

注:每次浸蜡结束,蜡液重新放入恒温箱中,时间不少于 20min。

### A.4.3 试样的数目

每个批号试样的数目不少于五个。

## A.5 试验步骤

在 25℃±0.5℃环境温度下,按图 A.1(b)所示,将试样对称地夹在热粘拉力试验机两边夹持器中。夹持部位不能滑移,以保证所施加的拉力均匀地分布在试样的宽度上。开动试验机,使两边夹持器以 100mm/min±10 mm/min 的速率分离。

试样剥离长度至少要有 125 mm 或试验时间至少要有 125s,记录装置同时绘出剥离负荷曲线并显示剥离强度值。并注意破坏的形式,即粘附破坏或内聚破坏。

## A.6 试验结果

对于每个试样的剥离力曲线(见图 A.2),在 25s~125s 的区域内,剥离力的最大值 $F_2$ 和最小值 $F_1$ 的差值不大于 5N,则打印剥离力曲线,记录试验机自动记录的数据,分别有平均剥离强度、最小剥离强度和最大剥离强度。

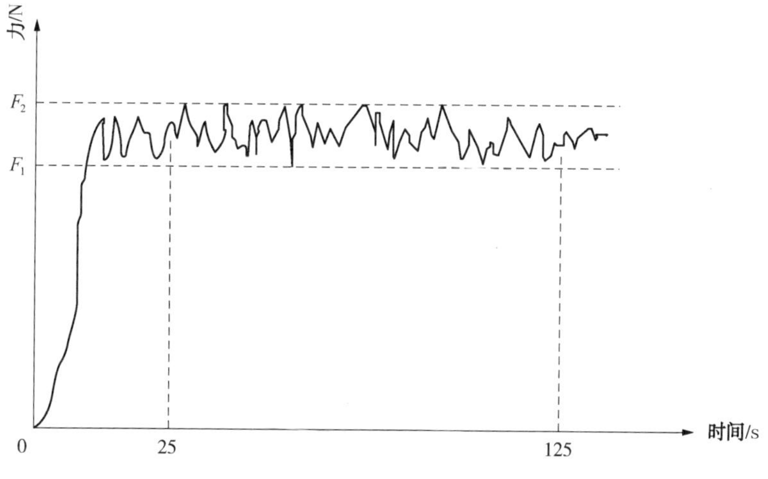


图 A.2 典型的剥离力曲线

五个试样中,至少4个试样的平均剥离强度值偏差在0.1kN/m之内,则计算符合偏差范围的试样的算术平均值,否则试验重做。

## A.7 试验报告

试验报告:平均剥离强度的算术平均值,以kN/m为单位。

# 附　录　B
## (规范性附录)
## 耐油性试验法

取0.9kg家禽拔毛专用蜡加热熔化,添加0.1kg满足GB 10146《食用动物油脂卫生标准》的动物油,控制温度100℃±5℃,搅拌15min,搅拌速度不少于30r/min,再按附录A方法进行剥离强度测试,剥离强度不小于0.6kN/m。

ICS 75.140
E 42

SH

# 中华人民共和国石油化工行业标准

NB/SH/T 0887—2014

# 生物切片专用蜡

## Bio-slice special paraffin

2014-06-29 发布 2014-11-01 实施

国家能源局 发布

# 前　　言

本标准按照 GB/T 1.1—2009 规则起草。

请注意本文件的某些内容可能涉及专利。本文件的发布机构不承担识别这些专利的责任。

本标准由中国石油化工集团公司提出。

本标准由全国石油产品和润滑剂标准化技术委员会石油蜡类产品分技术委员会（SAC/TC280/SC3）归口。

本标准起草单位：江苏泰尔新材料科技有限公司、第一军医大学南方医院。

本标准主要起草人：李毅、刘家芳、王玫、蔡俊杰。

本标准为首次发布。

# 生物切片专用蜡

## 1 范围

本标准规定了生物切片专用蜡的产品分类、技术要求和试验方法、取样、标志、包装、运输和贮存。

本标准适用于以石油蜡为基础原料，通过精制或添加一定量的增塑剂而制得的生物切片专用蜡。

## 2 规范性引用文件

下列文件对于本文件的应用是必不可少的。凡是注日期的引用文件，仅注日期的版本适用于本文件。凡是不注日期的引用文件，其最新版本（包括所有的修改单）适用于本文件。

GB/T 2539 石油蜡熔点的测定 冷却曲线法（GB/T 2539—2008，ISO 3841：1997，IDT）

GB/T 3554 石油蜡含油量测定法

GB/T 3555 石油产品赛波特颜色测定法（赛波特比色计法）

GB/T 4985 石油蜡针入度测定法

SH 0164 石油产品包装、贮运及交货验收规则

SH/T 0229 固体和半固体石油产品取样法

SH/T 0402 石蜡抗张强度测定法

SH/T 0588 石油蜡体积收缩率测定法

## 3 产品分类

本标准所属的产品按熔点的不同分为三个牌号：1 号熔点 50℃～54℃，适用于酶类组织或厚度大于 8 μm 的生物切片；2 号熔点 54℃～58℃，适用于厚度 3 μm～8 μm 的生物切片；3 号熔点 58℃～62℃，适用于包埋或厚度低于 3 μm 的生物切片。

## 4 技术要求和试验方法

生物切片专用蜡的技术要求和试验方法见表 1。

表 1 生物切片专用蜡的技术要求

| 项目 | | 质量指标 | | | 试验方法 |
|---|---|---|---|---|---|
| | | 1 号 | 2 号 | 3 号 | |
| 熔点/℃ | 不低于 | 50 | 54 | 58 | GB/T 2539 |
| | 低于 | 54 | 58 | 62 | |
| 抗张强度/kPa | 不小于 | $1.6\times10^3$ | | $2.0\times10^3$ | SH/T 0402 |
| | 小于 | $2.0\times10^3$ | | $2.4\times10^3$ | |

表 1　生物切片专用蜡的技术要求（续）

| 项目 | | 质量指标 | | | 试验方法 |
|---|---|---|---|---|---|
| | | 1号 | 2号 | 3号 | |
| 针入度（25℃）/（1/10mm） | | 12~18 | | | GB/T 4985 |
| 含油量（质量分数）/% | 不大于 | 0.65 | | | GB/T 3554 |
| 颜色/赛波特颜色号 | 不小于 | +28 | | | GB/T 3555 |
| 体积收缩率（体积分数）/% | 不大于 | 6 | | | SH/T 0588 |
| 机械杂质 | | 无 | | | 目测[a] |
| [a] 将约 10g 蜡样品放入容积为 100mL~250mL 的锥形瓶内，加入 50mL 初馏点不低于 70℃的溶剂油，并在振荡下于 70℃水浴内加热，直到蜡溶解为止，在 70℃水浴内放置 15min，溶液不应呈现浑浊、沉淀。 | | | | | |

## 5　取样

取样按 SH/T 0229 进行，取 2 kg 作为检验和留样用。

## 6　标志、包装、运输和贮存

本产品标志、包装、运输、贮存及交货验收按 SH 0164 进行。

ICS 75.140
CCS E 42

SH

# 中华人民共和国石油化工行业标准

NB/SH/T 0888—2021
代替 NB/SH/T 0888—2014

# 硬质合金专用蜡

**Cemented carbide wax**

2021-11-16 发布　　2022-05-16 实施

国家能源局　发布

# 前　言

本文件按照 GB/T 1.1—2020《标准化工作导则　第 1 部分：标准化文件的结构和起草规则》的规定起草。

本文件代替 NB/SH/T 0888—2014《硬质合金专用蜡》，与 NB/SH/T 0888—2014 相比，除结构调整和编辑性改动外，主要技术变化如下：

——增加了 4 号硬质合金专用蜡；

——增加了 4 号硬质合金专用蜡的冻凝点、35 ℃渗出率指标及其检测方法，替代了熔点和含油量要求；

——增加了所有产品的湿磨介质相容性要求。

请注意本文件的某些内容可能涉及专利。本文件的发布机构不承担识别这些专利的责任。

本文件由中国石油化工集团有限公司提出。

本文件由全国石油产品和润滑剂标准化技术委员会石油蜡类产品分技术委员（SAC/TC280/SC3）归口。

本文件起草单位：江苏泰尔新材料股份有限公司、中国石油化工股份有限公司大连石油化工研究院、厦门金鹭特种合金有限公司、粉末冶金国家重点实验室、硬质合金国家重点实验室、苏州新锐合金工具股份有限公司、西北工业大学。

本文件主要起草人：李毅、魏云峰、王诗语、刘立伟、鲍立强、庹廉洁、路博识、王锦程。

本文件及其所代替文件的历次版本发布情况为：

—— 2014 年首次发布为 NB/SH/T 0888—2014；

——本次为第一次修订。

# 硬质合金专用蜡

**警示：本文件使用中可能涉及有危险的材料、操作和设备。本文件没有指出在使用中所有涉及的安全问题，因此用户在使用本文件前应建立适当的安全和防护措施并确定有使用性的管理制度。**

## 1 范围

本文件规定了硬质合金专用蜡的产品分类、技术要求和试验方法、取样、标志、包装、运输和贮存。

本文件适用于以石油蜡为基础原料制得的硬质合金专用蜡。

## 2 规范性引用文件

下列文件中的内容通过文中的规范性引用而构成本文件必不可少的条款。其中，注日期的引用文件，仅该日期对应的版本适用于本文件；不注日期的引用文件，其最新版本（包括所有的修改单）适用于本文件。

GB/T 17144 石油产品残碳测定法（微量法）

GB/T 508 石油产品灰分测定法

GB/T 2539 石油蜡熔点的测定冷却曲线法

GB/T 3554 石油蜡含油量测定法

GB/T 3555 石油产品赛波特颜色测定法（赛波特比色计法）

SH/T 0132 石油蜡冻凝点测定法

NB/SH/T 0164 石油及相关产品包装、储运及交货验收规则

SH/T 0229 固体和半固体石油产品取样法

SH/T 0402 石蜡抗张强度测定法

SH/T 0653 石油蜡正构烷烃和非正构烷烃碳数分布测定法（气相色谱法）

## 3 术语和定义

下列术语和定义适用于本文件。

3.1

**湿磨介质　wet grinding medium**

硬质合金混合料湿磨工艺中使用的湿磨溶剂。

## 4 产品分类

本文件所属的产品按抗张强度和适用湿磨介质的不同分为四个牌号：1 号、2 号、3 号、4 号。1 号适用于抗张强度不低于 $1.2\times10^3$kPa 的硬质合金专用蜡，2 号适用于抗张强度不低于 $1.8\times10^3$kPa 的硬质合金专用蜡，3 号适用于抗张强度不低于 $2.0\times10^3$kPa 的硬质合金专用蜡，4 号为抗张强度不低于 $2.0\times10^3$kPa 的适用于乙醇作湿磨介质的改性硬质合金专用蜡。

## 5 技术要求和试验方法

硬质合金专用蜡的技术要求和试验方法见表 1。

**表 1 硬质合金专用蜡的技术要求和试验方法**

| 项目 | | 质量指标 | | | | 试验方法 |
|---|---|---|---|---|---|---|
| | | 1 号 | 2 号 | 3 号 | 4 号 | |
| 抗张强度/kPa | 不小于 | 1. 2×$10^3$ | 1. 8×$10^3$ | 2. 0×$10^3$ | 2. 0×$10^3$ | SH/T 0402 |
| 熔点/℃ | 不低于 | 46 | 48 | 50 | — | GB/T 2539 |
| | 低于 | 48 | 50 | 56 | | |
| 冻凝点/℃ | 不低于 | — | | | 50 | SH/T 0132 |
| | 低于 | | | | 60 | |
| 含油量（质量分数）/% | 不大于 | 1. 50 | 0. 80 | 0. 65 | — | GB/T 3554 |
| 渗出率（35℃，质量分数）/% | 不大于 | — | | | 0. 5 | 附录 A |
| 残炭（质量分数）/% | 不大于 | 0. 05 | | | 0. 05 | GB/T17144 |
| 灰分（质量分数）/% | 不大于 | 0. 005 | | | 0. 005 | GB/T 508 |
| 颜色/赛波特颜色号 | 不小于 | +28 | | | — | GB/T 3555 |
| 机械杂质及水 | | 无 | | | | 目测[a] |
| $C_{19}$ 以下烃含量（质量分数）/% | 不大于 | 3 | | | — | SH/T 0653 |
| $C_{31}$ 以上烃含量（质量分数）/% | 不大于 | 15 | | | — | SH/T 0653 |
| 湿磨介质相容性 | 正己烷 | 合格 | | | — | 附录 B |
| | 无水乙醇 | — | | | 合格 | |

[a] 将约 10 g 蜡放入容积为 100 mL~250 mL 的锥形瓶内，加入 50 mL 初馏点不低于 70 ℃的无水直馏汽油馏分，并在振荡下于 70 ℃水浴内加热，直到石蜡溶解为止，将该溶液在 70 ℃水浴内放置 15 min 后，溶液中不应呈现眼睛可以看见的浑浊、沉淀，允许溶液有轻微乳光

## 6 取样

取样按 SH/T 0229 进行，取 1 kg 作为检验和留样用。

## 7 标志、包装、运输和贮存

本产品标志、包装、运输、贮存及交货验收按 NB/SH/T0164 进行。

# 附 录 A
## （规范性）
## 渗出率测定法

### A.1 方法概要

将样品成型后放置在下方垫有铝板的滤纸上，上方加载 80 g±2 g 的铜块，放入 35 ℃±2 ℃的烘箱中恒温静置 24 h，测试样品的质量损失，计算渗出率百分比。

### A.2 试剂和材料

4 号样品。

### A.3 仪器

烧杯：250 mL；
铝板（长×宽×高）：40 mm×40 mm×12.5 mm；
滤纸：定性滤纸；
铜块：质量 80 g±2 g，直径 25 mm；
玻璃模具：内径 25 mm，高 12.5 mm；
鼓风烘箱：温度范围 20 ℃~300 ℃，精度 0.1 ℃；
电子天平：精度 0.001 g；
温度计：0 ℃~120 ℃，精度 0.1 ℃；
电炉：0~300 ℃，精度 0.1 ℃。

### A.4 试验步骤

**A.4.1** 称取 100 g 样品于 250 mL 烧杯中，在电炉上加热至 80 ℃±5 ℃完全熔化；
**A.4.2** 将完全熔化的样品搅拌降温至滴点以上 10 ℃，然后倒入在 20 ℃±5 ℃下恒温的放置于铝板上的玻璃模具中制备 5 个试样；
**A.4.3** 待试样完全冷却后，从模具中取出，并上方加载一块黄铜块，并分别称取铜块及试样和铜块的总重；
**A.4.4** 将铜块和试样一起置于直径为 37.5 mm 的 20 层滤纸上，然后放入带有金属网架的烘箱中；
**A.4.5** 将试样在 35 ℃±2 ℃下恒温静置 24 h 后，称量试样和铜块的总质量。

### A.5 计算

试样的渗出率 $X$［%（质量分数）］按下式计算：

$$X=\frac{m_3-m_1}{m_2-m_1}\times 100 \qquad (1)$$

式中：

$m_1$——铜块的质量，g；

$m_2$——测试前，试样和铜块的总质量，g；

$m_3$——测试后，试样和铜块的总质量，g。

## A.6 试验结果

试验结果以一组试样的渗出率的算术平均值表示。

## A.7 试验报告

试验报告应包括下列内容：

a）硬质合金专用蜡样品的型号、来源和批号；

b）试验结果；

c）需要报告的试验现象。

# 附 录 B
（规范性）
# 湿磨介质相容性测定法

## B.1 方法概要

按比例将正己烷或无水乙醇与样品加热混合，降温静置后判定混合液的状态。

## B.2 试剂与材料

正己烷：分析纯；
无水乙醇：分析纯。

## B.3 仪器

烧杯：100 mL；
温度计：0 ℃～100 ℃，精度 0.1 ℃；
电子天平：精度 0.01 g；
恒温水浴锅：温度范围 20 ℃～100 ℃，精度 0.1℃；
秒表。

## B.4 试验步骤

**B.4.1** 称取 1.5 g 待测样品于 100 mL 烧杯中，再加入 50 g 湿磨介质，使用玻璃棒持续搅拌，并在恒温水浴中加热至 65 ℃～70 ℃，使待测样品完全熔化；
**B.4.2** 将制备完成的试样用 PE 薄膜将烧杯口部密封，避免湿磨介质挥发；
**B.4.3** 待制备的试样冷却后，在 25 ℃±2 ℃、35%RH±5%RH 环境下静置 30 min 后，观察试样的状态变化。

## B.5 试验结果与判定

**B.5.1** 正己烷湿磨介质相容性

同一操作者，在恒定的操作条件下，对同一样品，按 B.4 的试验步骤连续进行两次测试，并按如下规则进行判定：

a）如果两次测试结果均为完全溶解，则判定为合格；
b）如果两次测试结果均为不完全溶解，则判定为不合格；
c）若其中一次测试结果为不完全溶解，则进行复测，复测仍为不完全溶解，则判定为不合格。

**B.5.2** 无水乙醇湿磨介质相容性

同一操作者，在恒定的操作条件下，对同一样品，按 B.4 的试验步骤连续进行两次测试，并按如下规则进行判定：

a）如果两次测试结果均为均匀分散，则判定为合格；

b）如果两次测试结果均为分层，则判定为不合格；

c）若其中一次测试结果为分层，则进行复测，复测仍为分层，则判定为不合格。

## B.6 试验报告

试验报告应包括下列内容：

a）硬质合金专用蜡样品的型号、来源和批号；

b）所用湿磨介质的种类；

c）湿磨介质相容性测试结果。

ICS 75. 140
E 42

# SH

# 中华人民共和国石油化工行业标准

NB/SH/T 0913—2015

# 轻质白油

## Light white oil

2015-10-27 发布 2016-03-01 实施

国家能源局 发布

# 前　言

本标准按照 GB/T 1.1—2009 给出的规则起草。

本标准由中国石油化工集团公司提出。

本标准由全国石油产品和润滑剂标准化技术委员会石油蜡类产品分技术委员会（SAC/TC280/SC3）归口。

本标准起草单位：中国石油化工股份有限公司抚顺石油化工研究院、淮安清江石油化工有限责任公司、中国石油化工股份有限公司荆门分公司、沧州华海炼油化工有限责任公司、洛阳金达石化有限责任公司、茂名石化实华股份有限公司、南京炼油厂有限责任公司、山东齐胜工贸股份有限公司、中国石油天然气股份有限公司抚顺石化北天众兴公司。

本标准起草人：王丽君、凌凤香、姚春雷、全辉、张忠清、程仲芊、王炯、蒋秀华、张复利、牛同治、谭良谋、丁正兴、周军委、胡成宝。

本标准为首次发布。

# 轻 质 白 油

**警告：如果不遵守适当的防范措施，本标准所属产品在生产、运输、装卸、贮运和使用等过程中可能存在危险。本标准无意对与本产品有关的所有安全问题提出建议（详见6.2和7）。用户在使用本标准之前有责任建立适当的安全和防范措施，并确定相关规章限制的适用性。**

## 1 范围

本标准规定了轻质白油的产品分类、技术要求、试验方法、取样、标志、包装、运输和贮存及安全。

本标准适用于以石油馏分、合成油馏分为原料，经加氢精制及精密分馏得到的轻质白油。

本标准所属产品适用于专用设备校验、金属加工、日用化学品等行业。

## 2 规范性引用文件

下列文件对于本文件的应用是必不可少的。凡是注日期的引用文件，仅所注日期的版本适用于本文件。凡是不注日期的引用文件，其最新版本（包括所有的修改单）适用于本文件。

GB 190 危险货物包装标志

GB/T 260 石油产品水分测定法

GB/T 261 闪点的测定 宾斯基-马丁闭口杯法

GB/T 265 石油产品运动黏度测定法和动力黏度计算法

GB/T 511 石油和石油产品及添加剂机械杂质测定法

GB/T 1884 原油和液体石油产品密度实验室测定法（密度计法）

GB/T 1885 石油计量表

GB/T 3535 石油产品倾点测定法

GB/T 3555 石油产品赛波特颜色测定法（赛波特比色计法）

GB/T 4756 石油液体手工取样法

GB/T 5096 石油产品铜片腐蚀试验法

GB/T 6536 石油产品常压蒸馏特性测定法

GB/T 11079 白色油易炭化物试验法

GB 13690 化学品分类和危险性公示 通则

GB 20581—2006 化学品分类、警示标签和警示性说明安全规范 易燃液体

SH 0164 石油产品包装、贮运及交货验收规则

SH/T0253 轻质石油产品中总硫含量测定法（电量法）

SH/T 0604 原油和石油产品密度测定法（U形振动管法）

SH/T 0630 石油产品溴价、溴指数测定法（电量法）

SH/T 0689 轻质烃及发动机燃料和其他油品的总硫含量测定法（紫外荧光法）

SH/T 0771 石油产品倾点测定法（自动压力脉冲法）

## 3 产品分类

按照芳烃含量、颜色、硫含量、溴指数的不同，将轻质白油产品分为轻质白油（Ⅰ）和轻质白油（Ⅱ）。

轻质白油（Ⅰ）按照馏程、闪点及黏度的不同将产品分为 W1-TA、W1-20、W1-30、W1-40、W1-60、W1-70、W1-80、W1-90、W1-100、W1-110、W1-120、W1-130、W1-140 和 W1-TB 共 14 个牌号。

轻质白油（Ⅱ）按照馏程、闪点及黏度的不同将产品分为 W2-TA、W2-20、W2-30、W2-40、W2-60、W2-70、W2-80、W2-90、W2-100、W2-110、W2-120、W2-130、W2-140 和 W2-TB 共 14 个牌号。

## 4 技术要求和试验方法

轻质白油（Ⅰ）和轻质白油（Ⅱ）的技术要求和试验方法分别见表 1 和表 2。

表 1　轻质白油（Ⅰ）技术要求和试验方法

| 项　目 | | 质量指标 | | | | | | | | | | | | | | 试验方法 |
|---|---|---|---|---|---|---|---|---|---|---|---|---|---|---|---|---|
| | | W1-TA | W1-20 | W1-30 | W1-40 | W1-60 | W1-70 | W1-80 | W1-90 | W1-100 | W1-110 | W1-120 | W1-130 | W1-140 | W1-TB | |
| 馏程<br>初馏点/℃<br>终馏点/℃ | <br>不低于<br>不高于 | 150<br>275 | 120<br>160 | 135<br>170 | 155<br>200 | 185<br>225 | 195<br>235 | 205<br>245 | 215<br>255 | 230<br>270 | 245<br>285 | 260<br>300 | 275<br>315 | 280<br>320 | 210<br>320 | GB/T 6536 |
| 闪点（闭口）/℃ | 不低于 | 38 | 实测 | 30 | 40 | 60 | 70 | 80 | 90 | 100 | 110 | 120 | 130 | 140 | 80 | GB/T 261 |
| 运动黏度（40℃）/（$mm^2/s$） | | 1.0~2.7 | — | — | — | 1.2~1.5 | 1.3~1.7 | 1.6~1.9 | 1.8~2.3 | 2.1~2.7 | 2.3~3.0 | 2.7~4.3 | 3.3~4.5 | 3.5~5.0 | 2.0~5.0 | GB/T 265 |
| 芳烃含量（质量分数）/% | 不大于 | 0.2 | | | | | | 0.5 | | | | | | | | 附录 A |
| 倾点[a]/℃ | 不高于 | — | | | | | | | | | | -3 | | | | GB/T 3535 |
| 密度[b]（20℃）/（$kg/m^3$） | | 报告 | | | | | | | | | | | | | | GB/T 1884<br>GB/T 1885 |
| 颜色（赛波特颜色号）/号 | 不低于 | +28 | | | | | | | | | | | | | | GB/T 3555 |
| 硫含量[c]/（mg/kg） | 不大于 | 2 | | | | | | | | | | | | | | SH/T 0689 |
| 铜片腐蚀（50℃，3h）/级 | 不大于 | 1 | | | | | | | | | | | | | | GB/T 5096 |
| 溴指数/（mgBr/100g） | 不大于 | 100 | | | | | | | | | | | | | | SH/T 0630 |
| 机械杂质及水分[d] | | 无 | | | | | | | | | | | | | | 目　测 |

[a] 也可以采用 SH/T 0771，在有异议时，以 GB/T 3535 测定结果为准。

[b] 也可以采用 SH/T 0604，在有异议时，以 GB/T 1884 测定结果为准。

[c] 也可以采用 SH/T 0253，在有异议时，以 SH/T 0689 测定结果为准。

[d] 将样品注入 100mL 玻璃量筒中观察，应当透明，没有悬浮和沉降的机械杂质和水分。在有异议时，以 GB/T 260 和 GB/T 511 测定结果为准。

### 表2 轻质白油（Ⅱ）技术要求和试验方法

| 项目 | | 质量指标 | | | | | | | | | | | | | | 试验方法 |
|---|---|---|---|---|---|---|---|---|---|---|---|---|---|---|---|---|
| | | W2-TA | W2-20 | W2-30 | W2-40 | W2-60 | W2-70 | W2-80 | W2-90 | W2-100 | W2-110 | W2-120 | W2-130 | W2-140 | W2-TB | |
| 馏程<br>初馏点/℃ | 不低于 | 150 | 120 | 135 | 155 | 185 | 195 | 205 | 215 | 230 | 245 | 260 | 275 | 280 | 210 | GB/T 6536 |
| 终馏点/℃ | 不高于 | 275 | 160 | 170 | 200 | 225 | 235 | 245 | 255 | 270 | 285 | 300 | 315 | 320 | 320 | |
| 闪点（闭口）/℃ | 不低于 | 38 | 实测 | 30 | 40 | 60 | 70 | 80 | 90 | 100 | 110 | 120 | 130 | 140 | 80 | GB/T 261 |
| 运动黏度（40℃）/（$mm^2/s$） | | 1.0~2.7 | — | — | — | 1.2~1.5 | 1.3~1.7 | 1.6~1.9 | 1.8~2.3 | 2.1~2.7 | 2.3~3.0 | 2.7~4.3 | 3.3~4.5 | 3.5~5.0 | 2.0~5.0 | GB/T 265 |
| 芳烃含量（质量分数）/% | 不大于 | 0.01 | | | | | | 0.05 | | | | | | | | 附录A |
| 倾点[a]/℃ | 不高于 | — | | | | | | | | | -3 | | | | | GB/T 3535 |
| 易炭化物 | | — | | | | | | | | | 通过 | | | | | GB/T 11079 |
| 密度[b]（20℃）/（$kg/m^3$） | | 报告 | | | | | | | | | | | | | | GB/T 1884<br>GB/T 1885 |
| 颜色（赛波特颜色号）/号 | 不低于 | +30 | | | | | | | | | | | | | | GB/T 3555 |
| 硫含量[c]/（mg/kg） | 不大于 | 1 | | | | | | | | | | | | | | SH/T 0689 |
| 铜片腐蚀（50℃，3h）/级 | 不大于 | 1 | | | | | | | | | | | | | | GB/T 5096 |
| 溴指数/（mgBr/100g） | 不大于 | 50 | | | | | | | | | | | | | | SH/T 0630 |
| 机械杂质及水[d] | | 无 | | | | | | | | | | | | | | 目 测 |

[a] 也可以采用SH/T 0771，在有异议时，以GB/T 3535测定结果为准。
[b] 也可以采用SH/T 0604，在有异议时，以GB/T 1884测定结果为准。
[c] 也可以采用SH/T 0253，在有异议时，以SH/T 0689测定结果为准。
[d] 将样品注入100mL玻璃量筒中观察，应当透明，没有悬浮和沉降的机械杂质和水分。在有异议时，以GB/T 260和GB/T 511测定结果为准。

## 5 取样

取样按照 GB/T 4756 进行。取 2L 作为检验和留样用。

## 6 标志、包装、运输和贮存

6.1 向用户销售的符合本标准的轻质白油产品应标明下列标志：“W1-TA 轻质白油（Ⅰ）、W1-20 轻质白油（Ⅰ）、W1-30 轻质白油（Ⅰ）、W1-40 轻质白油（Ⅰ）、W1-60 轻质白油（Ⅰ）、W1-70 轻质白油（Ⅰ）、W1-80 轻质白油（Ⅰ）、W1-90 轻质白油（Ⅰ）、W1-100 轻质白油（Ⅰ）、W1-110 轻质白油（Ⅰ）、W1-120 轻质白油（Ⅰ）、W1-130 轻质白油（Ⅰ）、W1-140 轻质白油（Ⅰ）和 W1-TB 轻质白油（Ⅰ）”；“W2-TA 轻质白油（Ⅱ）、W2-20 轻质白油（Ⅱ）、W2-30 轻质白油（Ⅱ）、W2-40 轻质白油（Ⅱ）、W2-60 轻质白油（Ⅱ）、W2-70 轻质白油（Ⅱ）、W2-80 轻质白油（Ⅱ）、W2-90 轻质白油（Ⅱ）、W2-100 轻质白油（Ⅱ）、W2-110 轻质白油（Ⅱ）、W2-120 轻质白油（Ⅱ）、W2-130 轻质白油（Ⅱ）、W2-140 轻质白油（Ⅱ）和 W2-TB 轻质白油（Ⅱ）”。

6.2 根据 GB 13690，轻质白油属于易燃液体，产品的标志、包装、运输和贮存及交货验收按 SH 0164、GB 13690 和 GB 190 进行。

## 7 安全

根据 GB 13690，轻质白油属于易燃液体，其危险性警示见 GB 20581—2006 中第 8 章的警示性说明。

# 附 录 A
# (规范性附录)
# 轻质白油中芳烃含量的测定 紫外分光光度法

**警告：本方法可能涉及某些有危险的材料、设备和操作，但并无意对与此有关的所有安全问题都提出建议。因此，在使用本方法之前，用户有责任建立适当的安全和防护措施，并确定相关规章的适用性。**

## A.1 范围

本附录规定了用紫外-可见分光光度计测定轻质白油中芳烃含量的方法。

本附录适用于烷基苯类含量至少比烷基萘类高十倍的轻质白油，测定结果是烷基苯类与萘类的平均值，本标准芳烃的最低检测限 0.0003%（质量分数）。

## A.2 方法概要

将未稀释或经过稀释的试样装入石英比色皿中，在紫外-可见分光光度计上测定 270 nm 附近最大吸光度和 285 nm 处吸光度，用已知的平均吸光系数计算烷基苯类与萘类的含量。

## A.3 试剂与材料

**A.3.1** 异辛烷：分析纯，以水为参比，在 220 nm~360 nm 处吸光度应为 0.00。
**A.3.2** 水：去离子水或蒸馏水。

## A.4 仪器和设备

**A.4.1** 紫外-可见分光光度计：双光束扫描记录，波长范围 220 nm~400 nm，狭缝宽度 1 nm，吸光度 1.0 左右时应具有 0.5%的精度。
**A.4.2** 比色皿：配对的石英比色皿，光程 1 cm，5 cm，10 cm。
**A.4.3** 容量瓶：25 mL。
**A.4.4** 电子天平：量程 200 g，感量 0.1 mg。
**A.4.5** 移液管：1 mL，5 mL。

## A.5 校正

本方法不用已知萘类和烷基苯类化合物直接校准紫外-可见分光光度计，而取 $C_{10}$~$C_{13}$ 萘类化合物在 285 nm 波长下的平均吸光系数为 33.7 L/（g·cm），在 270 nm 附近的平均吸光系数为 30.0 L/（g·cm）。同样取常见的 $C_{10}$~$C_{20}$ 烷基苯类在 270 nm 附近的平均吸光系数为 3.01 L/（g·cm）。

各种萘类和烷基苯类化合物的吸光系数来源于美国石油学会 API 发布的紫外光谱集（见表 A.1 和表 A.2）。

## A.6 试验步骤

**A.6.1** 根据样品的预期芳烃浓度使用 10 cm、5 cm 或 1 cm 比色皿。如果不能估计芳烃浓度，先用

1 cm 比色皿测定；如果需要较高的灵敏度，换用 5 cm 或 10 cm 比色皿测定。本方法的检测限是基于 10 cm 比色皿测定的。

**A.6.2** 在配对的比色皿中装入异辛烷作参比，置于紫外-可见分光光度计中，在 360 nm～220 nm 波长范围进行背景校正扫描。

**A.6.3** 将比色皿中的异辛烷倒出并干燥，然后装入试样，测定 360 nm～220 nm 的吸收光谱。典型实例见图 A.1。

**A.6.4** 如果试样在 270 nm 附近的最大吸光度大于 1.2，则试样需要稀释，进行 A.6.6～A.6.8 步骤；否则，试样不需要稀释。

**注：** 不同仪器推荐的最大吸光度可能不同，根据仪器制造商的推荐执行。

**A.6.5** 如果试样不需要稀释，按 GB/T 1884 或 SH/T 0604 测定试样的密度。如果试样在 270 nm 附近的最大吸光度小于 0.2，进行 A.6.9 步骤；否则，进行 A.6.10 步骤。

**A.6.6** 称取一定量的试样（精确至 0.1 mg）于 25 mL 容量瓶中，用异辛烷稀释至刻线。盖上塞子，充分摇动使溶液混合均匀。通过用异辛烷逐级稀释试样至其最大吸光度值在推荐的吸光度范围内（0.2～1.2）。

**A.6.7** 将比色皿中的试样倒出，用异辛烷清洗干净并干燥。

**A.6.8** 在比色皿中装入稀释的试样，置于仪器中，测定稀释试样在 360 nm～220 nm 的吸收光谱（典型实例见图 A.2），进行 A.6.10 步骤。

**A.6.9** 如果需要较高的灵敏度，使用 5 cm 或 10 cm 的配对比色皿，并按 A.6.2 和 A.6.3 步骤进行，然后进行 A.6.10 步骤。

**注：** 如果使用 1 cm 比色皿测得的最大吸光度低于 0.1，建议使用 10 cm 比色皿；如果使用 1 cm 比色皿测得的最大吸光度在 0.1～0.2 之间，或者样品量不足时，建议使用 5 cm 比色皿；5 cm 或 10 cm 比色皿不用于稀释试样的测定。

**A.6.10** 读取吸收谱图基线以上 285 nm 处吸光度值和 270 nm 附近的最大吸光度值，计算试样中萘类和烷基苯类的含量。

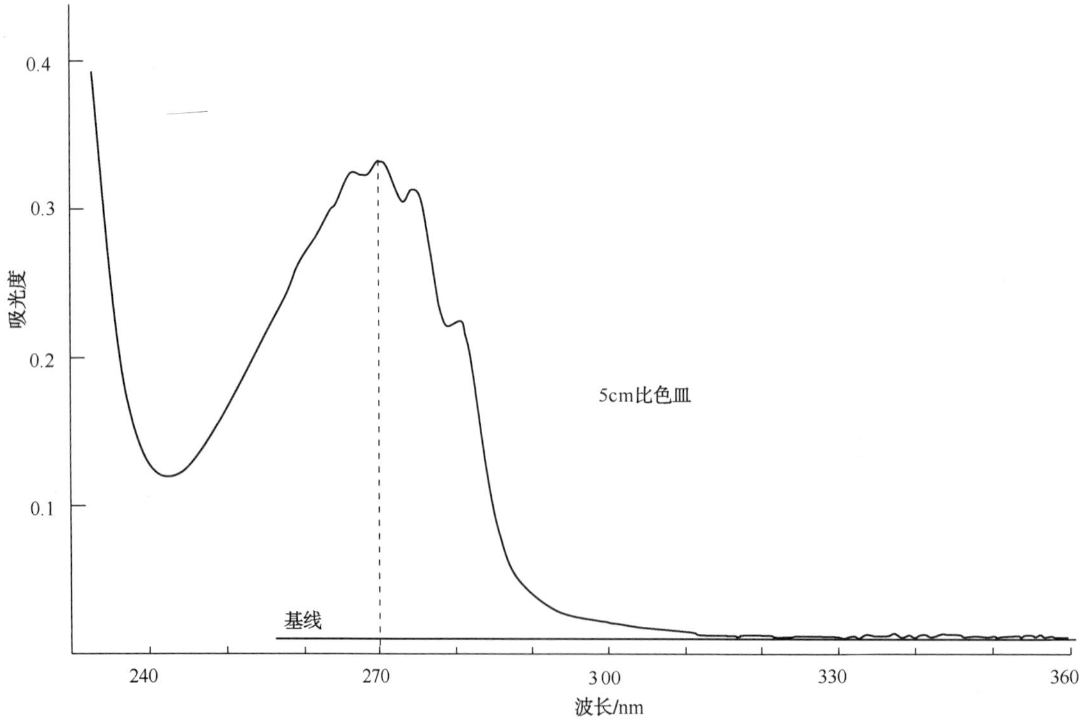


**图 A.1 烷基苯含量为 0.0029%（质量分数）的轻质白油紫外光谱图**

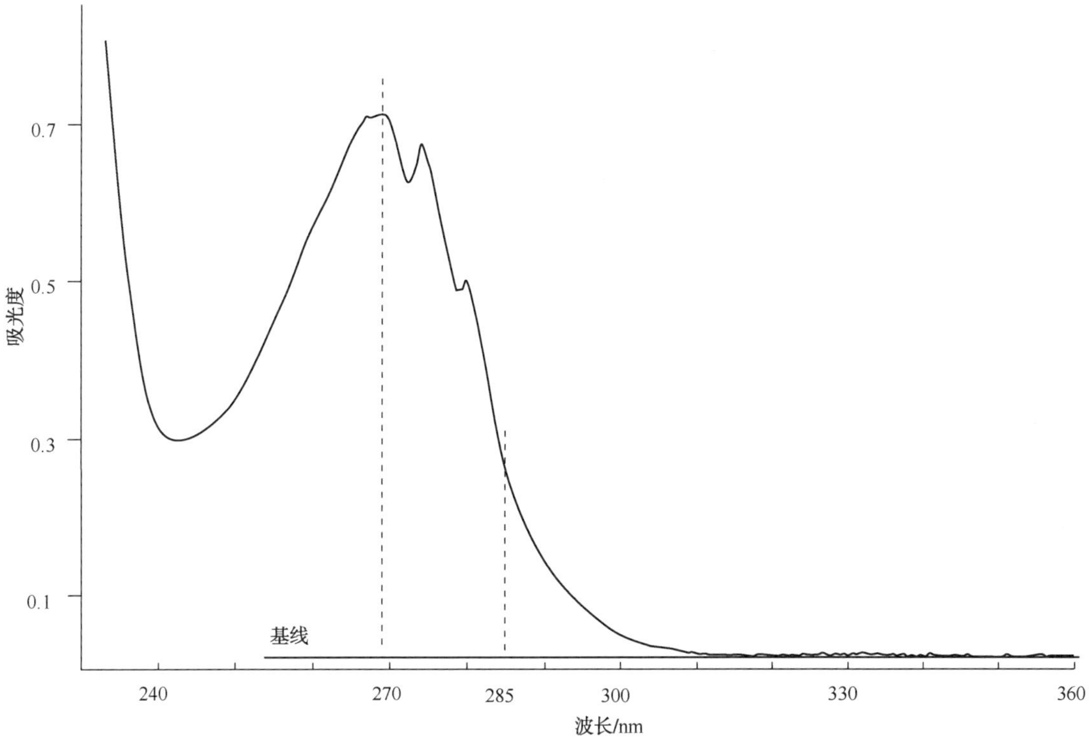


**图 A.2 芳烃含量为 0.364%（质量分数）的轻质白油紫外光谱图**

## A.7 试验结果的计算

使用以下公式计算时，在所有计算过程中至少保留 3 位有效数字。

### A.7.1 未稀释试样

萘类的含量 $W_{N1}$（%，质量分数）按式（1）计算：

$$W_{N1}=\frac{100A_b^{285}}{33.7BD} \qquad (1)$$

式中：

100——换算成质量分数的因数；

$A_b^{285}$——285 nm 波长处基线以上吸光度值；

33.7——萘类平均吸光系数，见表 A.1，单位为升每克每厘米（L/（g·cm））；

$B$——比色皿光程，单位为厘米（cm）；

$D$——未稀释试样的密度，单位为克每升（g/L）。

烷基苯类的含量 $W_{B1}$（%，质量分数）按式（2）计算：

$$W_{B1}=\frac{(A_b^{270}-0.89A_b^{285})\times 100}{3.01BD} \qquad (2)$$

式中：

$A_b^{270}$——270 nm 附近基线以上最大吸光度值；

$A_b^{285}$——285 nm 波长处基线以上吸光度值；

0.89——常数，萘类在 270 nm 与 285 nm 吸光系数的比值（30.0/33.7）；

100——换算成质量分数的因数；

3.01——烷基苯类平均吸光系数，见表 A.2，单位为升每克每厘米（L/（g·cm））；

$B$——比色皿光程，单位为厘米（cm）；

$D$——未稀释试样的密度，单位为克每升（g/L）。

未稀释试样中的芳烃含量为萘类含量与烷基苯类含量之和。

### A.7.2 稀释试样

在芳烃含量较高时，萘类对烷基苯类的测定有干扰，需要对它的干扰进行校准。用 1 cm 比色皿，测定稀释试样的紫外光谱图。

萘类含量 $W_{N2}$（%，质量分数）按式（3）计算：

$$W_{N2}=\frac{100A_b^{285}}{33.7BF} \qquad (3)$$

式中：

100——换算成质量分数的因数；

$A_b^{285}$——285nm 波长处基线以上吸光度值；

33.7——萘类平均吸光系数，见表 A.1，单位为升每克每厘米（L/（g·cm））；

$B$——比色皿光程，单位为厘米（cm）；

$F$——稀释后试样的浓度，单位为克每升（g/L）。

烷基苯类含量 $W_{B2}$（%，质量分数）按式（4）计算：

$$W_{B2}=\frac{(A_b^{270}-0.89A_b^{285})\times 100}{3.01BF} \qquad (4)$$

式中：

$A_b^{270}$——270nm 附近基线以上最大吸光度值；

$A_b^{285}$——285nm 波长处基线以上吸光度值；

100——换算成质量分数的因数；

0.89——常数，萘类 270 nm 与 285 nm 吸光系数之比（30.0/33.7）；

3.01——烷基苯类平均吸光系数，见表 A.2，单位为升每克每厘米（L/（g·cm））；

$B$——比色皿光程，单位为厘米（cm）；

$F$——稀释后试样的浓度，单位为克每升（g/L）

稀释后试样中的芳烃含量为萘类含量与烷基苯类含量之和。

## A.8 报告

以%（质量分数）报告试样中的芳烃含量，芳烃含量小于 0.1%（质量分数）时结果应取 2 位有效数字，否则取 3 位有效数字。

## A.9 重复性

同一操作者，在同一实验室，使用同一仪器，按方法规定的步骤，在较短的时间间隔里，对同一样品测定的两次连续试验结果的允许差数，见表 A.3。

**表 A.1　API 发表的部分萘类化合物的吸光系数**

| 化合物 | API 序号 | 吸光系数/（L/（g·cm）） | |
|---|---|---|---|
| | | 270nm 附近 | 285nm |
| 萘 | 605 | 32.6 | 28.5 |
| 1-甲基萘 | 539 | 32.0 | 32.0 |
| 2-甲基萘 | 572 | 31.8 | 22.9 |
| 1，2-二甲基萘 | 215 | 26.5 | 37.3 |
| 1，3-二甲基萘 | 216 | 26.5 | 36.4 |
| 1，4-二甲基萘 | 217 | 26.0 | 43.5 |
| 1，5-二甲基萘 | 218 | 29.0 | 54.0 |
| 1，6-二甲基萘 | 219 | 35.0 | 36.4 |
| 1，7-二甲基萘 | 220 | 32.5 | 36.0 |
| 1，8-二甲基萘 | 221 | 30.0 | 46.0 |
| 2，3-二甲基萘 | 222 | 30.0 | 22.0 |
| 2，6-二甲基萘 | 226 | 27.5 | 21.3 |
| 2，7-二甲基萘 | 224 | 29.5 | 23.5 |
| 1-异丙基萘 | 203 | 31.7 | 31.7 |
| 平均值 | — | 30.0 | 33.7 |

**表 A.2　API 发表的部分烷基苯类化合物的吸光系数**

| 化合物 | API 序号 | 270 nm 附近吸光系数/（L/（g·cm）） |
|---|---|---|
| 四氢萘 | 133 | 4.45 |
| 2-甲基四氢萘 | 398 | 3.83 |
| 5-甲基四氢萘 | 134 | 1.89 |
| 6-甲基四氢萘 | 135 | 5.41 |
| 6-正-庚基萘 | 287 | 4.96 |
| 正-丁基苯 | 176 | 1.82 |
| 1，4-二乙基苯 | 188 | 3.05 |
| 正-己基苯 | 143 | 1.40 |
| 1，4-二异丙苯 | 191 | 2.19 |
| 正-辛基苯 | 144 | 1.40 |
| 正-十一烷基苯 | 146 | 2.50 |
| 正-十四烷基苯 | 394 | 2.39 |
| 1，1-二苯基乙烷 | 199 | 2.65 |
| 1，1-二苯基丁烷 | 200 | 2.72 |
| 1，4-二苯基丁烷 | 283 | 4.50 |
| 平均值 | — | 3.01 |

**表 A.3　方法的重复性**

| 样　　品 | 芳烃含量/%（质量分数） | 重复性/%（质量分数） |
|---|---|---|
| 样品 1 | 0.030 | 0.0003 |
| 样品 2 | 11.0 | 0.05 |

ICS 75.140
E 42

SH

# 中华人民共和国石油化工行业标准

NB/SH/T 0914—2019
代替 NB/SH/T 0914—2015

# 粗白油

## Crude white oil

2019-06-04 发布　　2019-10-01 实施

国家能源局　发布

# 前　言

本标准按照 GB/T 1.1—2009 给出的规则起草。

本标准代替 NB/SH/T 0914—2015《粗白油》，本标准与 NB/SH/T 0914—2015 的差异如下：

——本标准倾点指标：10 号及以上各牌号倾点由不高于-9℃修订为不高于-6℃，取消了注 b（可以与用户进行商定）。

——本标准闪点指标：3 号粗白油闪点由不低于 38℃修订为不低于 65℃；5 号粗白油闪点指标由不低于 70℃修订为不低于 110℃；7 号粗白油闪点指标由不低于 80℃修订为不低于 120℃；5 号、7 号粗白油闪点由闭口闪点改为开口闪点。

——本标准颜色指标：取消注 b（可以与用户进行商定）。

——本标准硫含量指标：3 号、5 号指标由不大于 50 mg/kg 修订为不大于 10 mg/kg，15 号及以上指标由不大于 100 mg/kg 修订为不大于 50 mg/kg。

——本标准芳烃含量指标：芳烃含量指标统一修订为不大于 10%，增加了 NB/SH/T 0966《白油中芳烃含量的测定　紫外分光光度法》试验方法。

——本标准氮含量指标：由不大于 500 mg/kg 修订为不大于 100 mg/kg，68 号及以下牌号试验方法采用 SH/T 0657《液态石油烃中痕量氮的测定　氧化燃烧和化学发光法》。

本标准由中国石油化工集团有限公司提出。

本标准由全国石油产品和润滑剂标准化技术委员会石油蜡类产品分技术委员会（SAC/TC280/SC3）归口。

本标准主要起草单位：中国石化上海高桥石油化工有限公司。

本标准主要起草人：曹毅春、林荣兴。

本标准于 2015 年 10 月 27 日首次发布，本次为第一次修订。

# 粗白油

**警告：如果不遵守适当的防范措施，本标准所属产品在生产、运输、装卸、贮运和使用过程中可能存在危险。本标准无意对与此有关的所有安全问题都提出建议。用户在使用本标准之前，有责任建立适当的安全和防护措施，并确立相关规章的适用性。**

## 1 范围

本标准规定了粗白油的产品分类、技术要求和试验方法、检验规则、取样、标志、包装、运输和贮存。

本标准适用于石油经加氢精制工艺生产的粗白油。

本标准所属产品是白油初级产品，可以用于生产纺丝油、涂料、胶水、金属加工液，也可以作为优质白油生产的原料。

## 2 规范性引用文件

下列文件对于本文件的应用是必不可少的。凡是注日期的引用文件，仅所注日期的版本适用于本文件。凡是不注日期的引用文件，其最新版本（包括所有的修改单）适用于本文件。

GB/T 260 石油产品水含量的测定 蒸馏法

GB/T 261 闪点的测定 宾斯基-马丁闭口杯法

GB/T 265 石油产品运动黏度测定法和动力黏度计算法

GB/T 511 石油和石油产品及添加剂机械杂质测定法

GB/T 1884 原油和液体石油产品密度实验室测定法（密度计法）

GB/T 1885 石油计量表

GB/T 3535 石油产品倾点测定法

GB/T 3536 石油产品闪点和燃点测定法 克利夫兰开口杯法

GB/T 3555 石油产品赛波特颜色测定法（赛波特比色计法）

GB/T 4756 石油液体手工取样法

GB/T 5096 石油产品铜片腐蚀试验法

GB/T 11140 石油产品硫含量的测定 波长色散 X 射线荧光光谱法

GB 13690 化学品分类和危险性公示 通则

GB 30000.7—2013 化学品分类和标签规范 第 7 部分：易燃液体

GB/T 30515 透明和不透明液体石油产品运动黏度测定法及动力黏度计算法

SH/T 0164 石油产品包装、贮运及交货验收规则

SH/T 0604 原油和石油产品密度测定法（U 型振动管法）

SH/T 0606 中间馏分烃类组成测定法（质谱法）

SH/T 0657 液态石油烃中痕量氮的测定 氧化燃烧和化学发光法

SH/T 0689 轻质烃及发动机燃料和其他油品的总硫含量测定法（紫外荧光法）

NB/SH/T 0704 石油和石油产品中氮含量的测定 舟进样化学发光法

SH/T 0753 润滑油基础油化学族组成测定法（薄层色谱法）

SH/T 0806 中间馏分芳烃含量的测定　示差折光检测器高效液相色谱法
NB/SH/T 0842 汽油和柴油中硫含量的测定　单波长色散 X 射线荧光光谱法
NB/SH/T 0966 白油中芳烃含量的测定　紫外分光光度法

## 3　产品分类

本标准产品按运动黏度不同划分为：3 号、5 号、7 号、10 号、15 号、22 号、32 号、46 号、68 号和 100 号 10 个牌号。

## 4　技术要求和试验方法

粗白油的技术要求和试验方法见表 1。

表 1 粗白油的技术要求和试验方法

| 项目 | 3 号 | 5 号 | 7 号 | 10 号 | 15 号 | 22 号 | 32 号 | 46 号 | 68 号 | 100 号 | 试验方法 |
|---|---|---|---|---|---|---|---|---|---|---|---|
| 运动黏度[a]（40℃）/（$mm^2/s$） | 1~<3 | 3~<6 | 6~<8 | 8~<12 | 12~<18 | 18~<26 | 26~<38 | 38~<56 | 56~<82 | 82~<120 | GB/T 265 |
| 运动黏度[a]（100℃）/（$mm^2/s$） | — | | | | 报告 | | | | | | GB/T 265 |
| 密度[b]（20℃）/（$kg/m^3$） | 报告 | | | | | | | | | | GB/T 1884、GB/T 1885 |
| 倾点/℃ 不高于 | — | 3 | | -6 | | | | | | | GB/T 3535 |
| 闪点（开口）/℃ 不低于 | — | 110 | 120 | 140 | 160 | 180 | | 200 | 210 | 220 | GB/T 3536 |
| 闪点（闭口）/℃ 不低于 | 65 | — | — | — | | | | | | | GB/T 261 |
| 颜色/赛波特颜色号 不小于 | +20 | | | | | | | | | | GB/T 3555 |
| 机械杂质[c]（质量分数）/% | 无 | | | | | | | | | | GB/T 511 |
| 水含量[d]（质量分数）/% 不大于 | 无 | | | | | | | | | | GB/T 260 |
| 铜片腐蚀（50℃，3h）/级 不大于 | 1 | | — | | | | | | | | GB/T 5096 |
| 铜片腐蚀（100℃，3h）/级 不大于 | — | | 1 | | | | | | | | GB/T 5096 |
| 硫含量[e]/（mg/kg） 不大于 | 10 | | 50 | | | | | | | | GB/T 11140 |
| 芳烃含量（质量分数）/% 不大于 | 10 | | | — | | | | | | | SH/T 0606[f] |
| 芳烃含量（质量分数）/% 不大于 | — | | | 10 | | | | | | | SH/T 0753[g] |
| 氮含量/（mg/kg） 不大于 | 100 | | | | | | | | | — | SH/T 0657 |
| 氮含量/（mg/kg） 不大于 | — | | | | | | | | | 100 | NB/SH/T 0704 |

[a] 允许用 GB/T 30515 方法测定，结果有争议时，以 GB/T 265 测定结果为准。

[b] 密度允许用 SH/T 0604 方法测定，结果有争议时，以 GB/T 1884、GB/T1885 测定结果为准。

[c] 允许采用目测法：将试样注入 100mL 玻璃量筒中，在室温（20℃±5℃）下观察，应没有机械杂质。结果有争议时，以 GB/T 511 测定结果为准。

[d] 允许采用目测法：将试样注入 100mL 玻璃量筒中，在室温（20℃±5℃）下观察，应透明，没有悬浮和沉降的水分。结果有争议时，以 GB/T 260 测定结果为准。

[e] 硫含量允许用 SH/T 0689、NB/SH/T 0842 方法测定，结果有争议时，以 GB/T 11140 测定结果为准。

[f] 芳烃含量允许用 SH/T 0806、符合 NB/SH/T 0966 要求的也可采用该方法测定，结果有争议时，以 SH/T 0606 测定结果为准。

[g] 芳烃含量符合 NB/SH/T 0966 要求的也可采用该方法测定，结果有争议时，以 SH/T 0753 测定结果为准。

# 5 检验规则

## 5.1 检验分类与检验项目

本产品检验分为出厂检验和型式检验。

### 5.1.1 出厂检验

出厂批次检验项目包括：运动黏度（40℃、100℃）、倾点、闪点、铜片腐蚀、机械杂质、水分、颜色、密度、芳烃含量和硫含量。

在原材料和工艺条件没有发生可能影响产品质量的变化时，出厂周期检验项目包括：氮含量至少每月分析一次。

### 5.1.2 型式检验

型式检验项目包括表1中的所有检验项目。

在下列情况下进行型式检验：

a）新产品投产或产品定型鉴定时；

b）原材料、工艺等发生较大变化，可能影响产品质量时；

c）出厂检验结果与上次型式检验结果有较大差异时。

## 5.2 组批

在原材料、工艺不变的条件下，产品每生产一罐为一个组批。

## 5.3 判定规则

出厂检验和型式检验结果全部符合本标准表1技术要求时，则判定该产品合格。

## 5.4 复检规则

如出厂检验结果中有不符合表1技术要求时，按GB/T 4756的规定自同批产品中重新抽取双倍量样品对不合格项目进行复检，复检结果如仍不符合技术要求时，则判定该批产品为不合格。

# 6 取样

取样按GB/T 4756进行，取2L作为检验和留样用。

# 7 标志、包装、运输和贮存

根据GB 13690，粗白油属于易燃液体，产品的标志、包装、运输、贮存及交货验收按SH/T 0164和GB 13690进行。

# 8 安全

粗白油危险性警示见GB 30000.7—2013。

ICS 75.140
E 42

SH

# 中华人民共和国石油化工行业标准

NB/SH/T 0941—2016

# 精密铸造专用蜡

## Special waxes for precision casting

2016-12-05 发布 2017-05-01 实施

国家能源局 发布

# 前　言

本标准按照 GB/T 1.1—2009 给出的规则起草。

本标准由中国石油化工集团公司提出。

本标准由全国石油产品和润滑剂标准化技术委员会石油蜡类产品分技术委员会（SAC/TC280/SC3）归口。

本标准起草单位：江苏泰尔新材料股份有限公司、中国石油化工股份有限公司抚顺石油化工研究院、西安中航动力精密铸造有限公司、贵州安吉航空精密铸造有限责任公司、上海宜祥石油化工科技有限公司、苏州泰尔航空材料有限公司。

本标准主要起草人：曾理强、李毅、宋珊珊、凌凤香、刘家芳、严益民、张凌峰、曹建、万丽萍、王玫。

本标准为首次发布。

# 精密铸造专用蜡

## 1 范围

本标准规定了精密铸造专用蜡的产品分类、技术要求和试验方法、取样、标志、包装、运输和贮存。

本标准适用于以石油蜡和（或）烃基合成蜡为基础原料制得的用于航空工业、船舶、汽车、石油化工、机械等行业的精密铸造专用蜡。

## 2 规范性引用文件

下列文件对于本文件的应用是必不可少的。凡是注日期的引用文件，仅注日期的版本适用于本文件。凡是不注日期的引用文件，其最新版本（包括所有的修改单）适用于本文件。

GB/T 4507 沥青软化点测定法（环球法）

GB/T 14235.2 熔模铸造模料 抗弯强度测定方法

GB/T 14235.3 熔模铸造模料 灰分测定方法

GB/T 14235.5 熔模铸造模料 表面硬度测定方法

GB/T 14235.9 熔模铸造模料 热稳定性测定方法

SH 0164 石油产品包装、贮运及交货验收规则

SH/T 0229 固体和半固体石油产品取样法

## 3 产品分类

本标准所属的产品按线收缩率的不同分为三个牌号：1 号、2 号、3 号。

## 4 技术要求和试验方法

精密铸造专用蜡的技术要求和试验方法见表 1。

表 1 精密铸造专用蜡的技术要求和试验方法

| 项 目 | | 质量指标 | | | | | | | | | | | | 试验方法 |
|---|---|---|---|---|---|---|---|---|---|---|---|---|---|---|
| | | 1 号 | | | | 2 号 | | | | 3 号 | | | | |
| 线收缩率/% | 位置 | O1 | O2 | L1 | O3 | O1 | O2 | L1 | O3 | O1 | O2 | L1 | O3 | 附录 A |
| | 大于 | 1.1 | 1.1 | 1.1 | 1.0 | 0.8 | 0.8 | 0.8 | 0.7 | 0.5 | 0.5 | 0.5 | 0.4 | |
| | 不大于 | 1.5 | 1.4 | 1.4 | 1.3 | 1.2 | 1.1 | 1.1 | 1.0 | 1.0 | 0.9 | 0.9 | 0.8 | |
| 软化点（环球法）/℃ | 不小于 | 65 | | | | 70 | | | | 75 | | | | GB/T 4507 |
| 灰分（质量分数）/% | 不大于 | 0.03 | | | | | | | | 0.02 | | | | GB/T 14235.3 |
| 抗弯强度/MPa | 不小于 | 4 | | | | | | | | 5 | | | | GB/T 14235.2 |

表1　精密铸造专用蜡的技术要求和试验方法（续）

| 项　目 | | 质量指标 | | | 试验方法 |
|---|---|---|---|---|---|
| | | 1号 | 2号 | 3号 | |
| 针入度（25℃，100 g，5 s）/（1/10 mm） | | 6~10 | | 2~7 | GB/T 14235.5 |
| 针入度（35℃，100 g，5 s）/（1/10 mm） | | 报告 | | 报告 | |
| 热稳定性/℃ | 不小于 | 35 | | 37 | GB/T 14235.9 |
| 放置后线收缩率差[a]/% | 不大于 | 0.2 | | 0.1 | 附录A |

[a] 样品各部位的线收缩率与样品常温放置120 h对应各部位线收缩率的差，取差值最大的部位即为放置后放线收缩率差。

## 5　取样

取样按SH/T 0229进行，取1 kg作为检验和留样用。

## 6　标志、包装、运输和贮存

本产品标志、包装、运输、贮存及交货验收按SH 0164进行。

# 附　录　A
# （规范性附录）
# 线收缩率测定法

## A.1　概述

本附录测试方法修改采用 GB/T 14235.4—93 熔模铸造模料线收缩率测定法制定。

本附录在 GB/T 14235.4—93 方法的基础上对压型重新设计，并规定了相应的测试位置。

## A.2　引用文件

GB/T 14235.4—93 熔模铸造模料线收缩率测定法

## A.3　术语定义

### A.3.1　放置后线收缩率差

样品各部位的线收缩率与样品常温放置 120 h 对应部位线收缩率的差，取差值最大的部位即放置后放线收缩率差。

### A.3.2　线收缩率测定位置（见图 A.1）

O1：外径 $\phi$=54 mm，内径 $\phi$=40 mm 的圆环

O2：外径 $\phi$=100 mm，厚 5 mm 的圆饼

L1：长 90 mm，宽 15 mm，厚 10 mm 矩形

O3：外径 $\phi$=55 mm，内径 $\phi$=50 mm 的圆环（见图 A.2）

## A.4　仪器

**A.4.1**　压注机：气动或液压活塞式压注机，注射嘴为水平放置。

**A.4.2**　试样压型：试样压型型腔及尺寸形状见图 A.3。型腔内尺寸公差按 GB 1800~1804 的 IT6 级精度确定。

**A.4.3**　恒温水浴：温度控制精度为±1℃。

**A.4.4**　游标卡尺：量程为 0 mm~150 mm，精度为 0.02 mm。

**A.4.5**　温度计：测量范围为 0℃~100℃，精度为 0.5℃。

## A.5　试样制备

**A.5.1**　蜡料压注温度选择实际生产认为的最佳温度，压注温度波动范围控制在±1℃内。

**A.5.2**　压注压力为（1.18±0.02）MPa。如果采用其他压力时，需在试验报告中注明。

**A.5.3**　压型温度为（28±2）℃。

**A.5.4**　保压时间为（100±10）s。

**A. 5. 5** 将蜡料熔化后冷却到（85±5)℃装入压注机，冷却到注蜡温度后恒温 12 h 以上，进行压注。压注完后注蜡缸内的蜡料厚度不小于 20 mm。

**A. 5. 6** 仔细检查试样，其待测表面不得有任何影响测试的缺陷，如气泡、冷隔和缩陷等。除去毛刺和模口余料。

**A. 5. 7** 重复压制合格试样 6 个以上。

**A. 5. 8** 试样在（20±1)℃恒温水浴中恒温放置 24 h，取出擦干测试。

## A. 6 试验步骤

**A. 6. 1** 用游标卡尺测量试样规定测试部位。

**A. 6. 2** 同一试样测试三次，每两个测试直径的夹角应大于 90°。之后，取其算术平均值。

## A. 7 试验结果的计算

线收缩率按下列计算：

$$\delta\ (\%) = \frac{D-D_1}{D}\times 100$$

式中：

$\delta$——线收缩率，%；

$D$——试样压型型腔尺寸，mm；

$D_1$——实测试样尺寸，mm。

## A. 8 精密度

用以下规定来判断试验结果的可靠性。

### A. 8. 1 重复性

同一操作者在同一实验室重复测定同一种蜡料试样，两个平行测定结果之差不应超过 0. 10%。

### A. 8. 2 再现性

不同操作者在不同实验室测定同一种蜡料试样，两个结果之差不应大于 0. 16%。

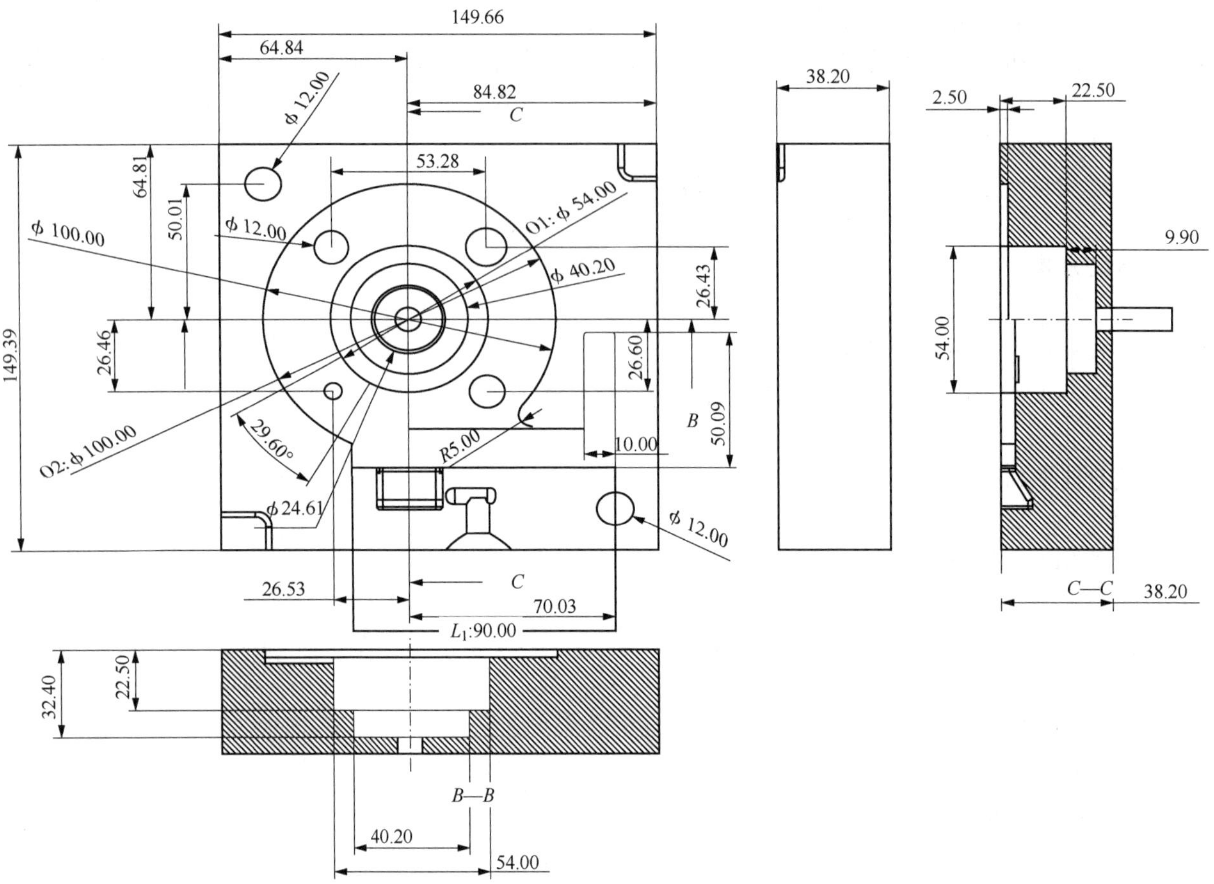


**图 A.1　压型下半部分图示**

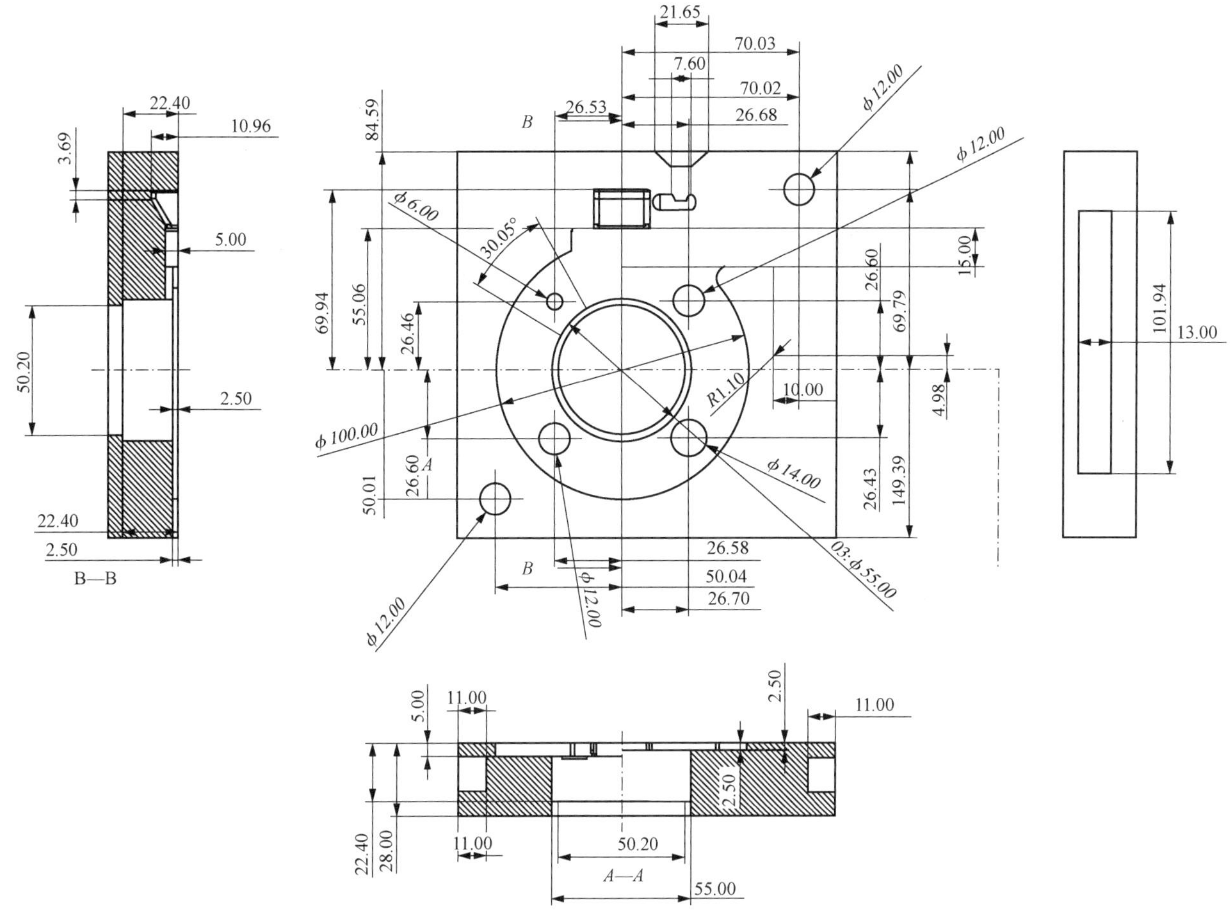


图 A.2　压型上半部分图示

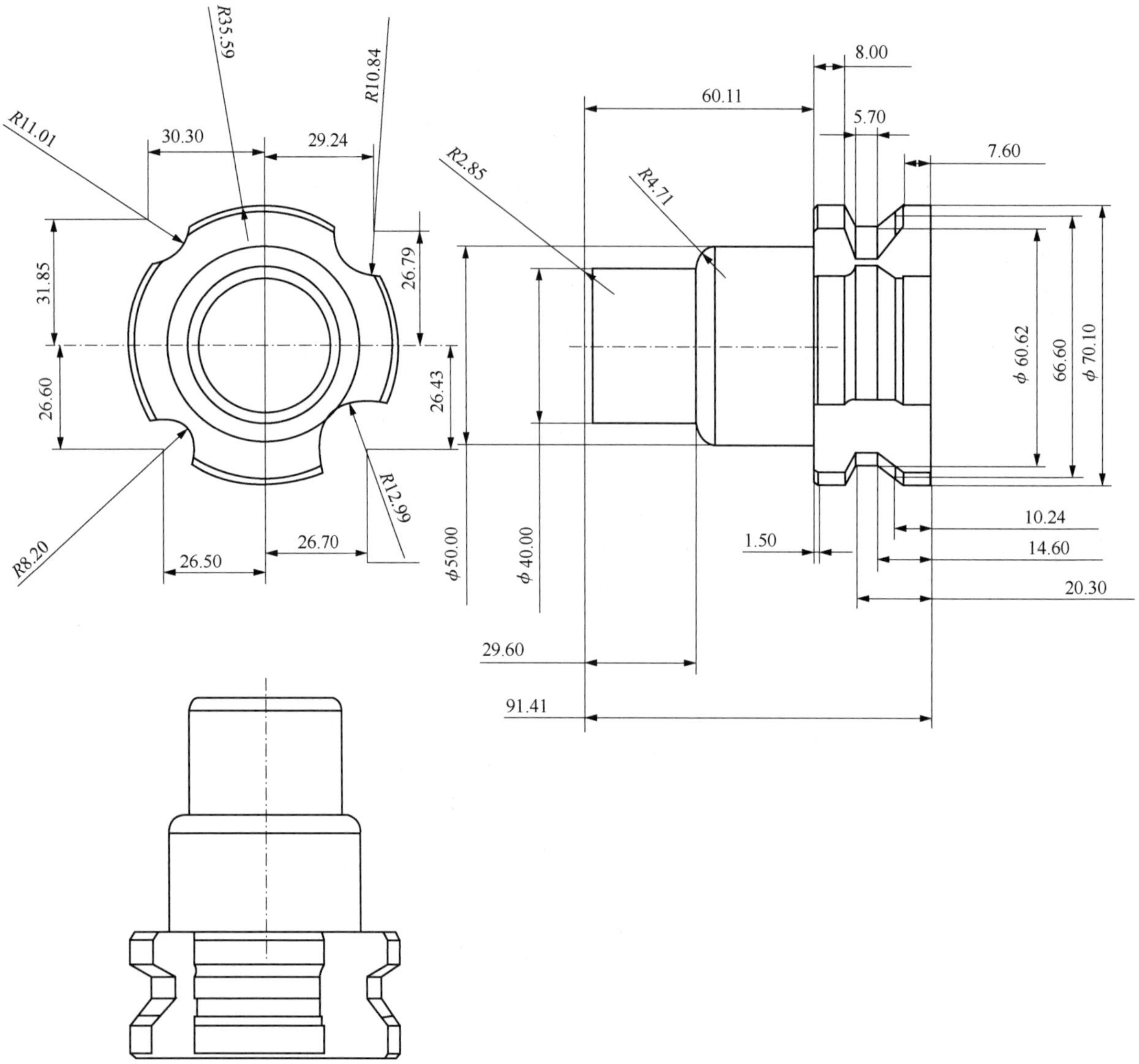
R35.59
R10.84
R11.01
30.30
29.24
31.85
26.79
26.60
26.43
R8.20
R12.99
26.50
26.70
8.00
60.11
5.70
7.60
R2.85
R4.71
ϕ 60.62
66.60
ϕ 70.10
ϕ50.00
ϕ 40.00
1.50
10.24
14.60
20.30
29.60
91.41

**图 A.3　压型型芯图示**

ICS 75.140
CCS E 42

中华人民共和国石油化工行业标准

NB/SH/T 0942—2024
代替 NB/SH/T 0942—2016

# 溶剂型汽车防腐蜡

**Solvent–based anti–corrosion wax for motor vehicle**

2024-12-25 发布　　2025-06-25 实施

国家能源局 发布

# 目　　次

# 前言

本文件按照 GB/T 1.1—2020《标准化工作导则 第 1 部分：标准化文件的结构和起草规则》的规定起草。

本文件代替 NB/SH/T 0942—2016《溶剂型汽车防腐蜡》，与 NB/SH/T 0942—2016 相比，除结构调整和编辑性改动外，主要技术变化如下：

a） 修改了适用范围（见第 1 章，2016 年版第 1 章）；

b） 增加了术语和定义（见第 3 章）；

c） 修改了产品分类（见第 4 章，2016 年版第 3 章）；

d） 修改了溶剂型汽车防腐蜡固含量的技术要求（见表 1）；

e） 修改了溶剂型汽车防腐蜡闪点的技术要求和试验方法（见表 1）；

f） 增加了溶剂型汽车防腐蜡密度的技术要求和试验方法（见表 1）；

g） 增加了溶剂型汽车防腐蜡固体颗粒大小的技术要求和试验方法（见表 1）；

h） 增加了溶剂型汽车防腐蜡禁限用物质的技术要求和试验方法（见表 1）；

i） 修改了取样要求（见第 6 章，2016 年版第 5 章）；

j） 增加了组批（见第 6 章）；

k） 修改了标志、包装、运输、贮存及交货验收要求（见第 7 章，2016 年版第 6 章）；

l） 修改了安全要求（见第 8 章，2016 年版第 7 章）。

请注意本文件的某些内容可能涉及专利。本文件的发布机构不承担识别专利的责任。

本文件由中国石油化工集团有限公司提出。

本文件由全国石油产品和润滑剂标准化技术委员会石油蜡类产品分技术委员（SAC/TC280/SC3）归口。

本文件起草单位：苏州海迈汽车防护材料有限公司、中石化（大连）石油化工研究院有限公司、江苏泰尔新材料股份有限公司、宁波吉利汽车研究开发有限公司、吉利商用车集团有限公司、浙江零跑科技股份有限公司、重庆长安汽车股份有限公司、奇瑞商用车（安徽）有限公司、辽宁石油化工大学。

本文件主要起草人：孟庆龙、李毅、倪娟、王诗语、李广强、侯天驰、胡晓君、陈果、唱志强、李朝松、陈钢、王洪国。

本文件及其所代替文件的历次版本发布情况为：

——2016 年首次发布为 NB/SH/T 0942—2016；

——本次为第一次修订。

# 溶剂型汽车防腐蜡

警告：如果不采取适当的防范措施，本文件所属产品在生产、储运和使用过程中可能存在危险。本文件的使用可能涉及某些有危险的材料、设备和操作，本文件无意对与本产品有关的所有安全问题提出建议。使用者有责任采取适当的安全和健康措施，并保证符合国家有关法规规定的条件。

## 1 范围

本文件规定了溶剂型汽车防腐蜡的产品分类、技术要求，试验方法和取样、标志、包装、运输和贮存。

本文件适用于以石油蜡为基础原料，调入成膜材料等其他组分，并加入防锈剂等添加剂所得到的，用于汽车空腔和底盘部位防腐的溶剂型汽车防腐蜡。

## 2 规范性引用文件

下列文件中的内容通过文中的规范性引用而构成本文件必不可少的条款。其中，注日期的引用文件，仅该日期对应的版本适用于本文件；不注日期的引用文件，其最新版本（包括所有的修改单）适用于本文件。

GB 190 危险货物包装标志

GB/T 261 闪点的测定 宾斯基-马丁闭口杯法

GB/T 1724 色漆、清漆和印刷油墨 研磨细度的测定

GB/T 2361 防锈油脂湿热试验法

GB/T 4756 石油液体手工取样法

GB/T 4929 润滑脂滴点测定法

GB/T 13377 原油和液体或固体石油产品 密度或相对密度的测定 毛细管塞比重瓶和带刻度双毛细管比重瓶法

GB 13690 化学品分类和危险性公示 通则

GB 30000.7—2013 化学品分类和标签规范 第7部分：易燃液体

GB/T 30512—2014 汽车禁用物质要求

NB/SH/T 0164 石油及相关产品包装、储运及交货验收规则

NB/SH/T 0989—2019 汽车底盘防腐蜡抗石击性测试方法

QC/T 941 汽车材料中汞的检测方法

QC/T 942 汽车材料中六价铬的检测方法

QC/T 943 汽车材料中铅、镉的检测方法

QC/T 944 汽车材料中多溴联苯（PBBs）和多溴二苯醚（PBDEs）的检测方法

SH/T 0081 防锈油脂盐雾试验法

SH/T 0217 防锈油脂试验试片锈蚀度试验法

SH/T 0229 固体和半固体石油产品取样法

## 3 术语和定义

下列术语和定义适用于本文件。

3.1

**溶剂型汽车防腐蜡 solvent-based anti-corrosion wax for motor vehicle**

以石油蜡为基本组分，溶剂、防锈剂、成膜剂为辅助材料制备而得的，对汽车空腔和底盘等部位具有防腐防锈功能的防腐材料。

3.2

**溶剂型汽车空腔防腐蜡 solvent-based anti-corrosion cavity wax for motor vehicle**

以石油蜡为基本组分，溶剂、防锈剂、成膜剂为辅助材料制备而得的，对汽车空腔部件折叠层、凸缘和裂缝等部位具有防腐防锈功能的防腐材料。

3.3

**溶剂型汽车底盘防腐蜡 solvent-based anti-corrosion wax for motor vehicle chassis**

以石油蜡为基本组分，溶剂、防锈剂、成膜剂为辅助材料制备而得的，对汽车底盘部位具有防腐防锈功能的防腐材料。

## 4 产品分类

溶剂型汽车防腐蜡按照应用场景和固含量分为高固溶剂型汽车空腔防腐蜡、普通溶剂型汽车空腔防腐蜡、高固溶剂型汽车底盘防腐蜡、普通溶剂型汽车底盘防腐蜡 4 个类别。

## 5 技术要求和试验方法

溶剂型汽车防腐蜡的技术要求和试验方法见表 1。

**表 1 溶剂型汽车防腐蜡的技术要求和试验方法**

| 项目 | | 质量指标 | | | | 试验方法 |
|---|---|---|---|---|---|---|
| | | 空腔防腐蜡 | | 底盘防腐蜡 | | |
| | | 高固 | 普通 | 高固 | 普通 | |
| 固含量（质量分数）/% | 不小于 | 90 | 50 | 75 | 55 | 附录 A |
| | 小于 | — | 90 | 100 | 75 | |
| 干膜滴点/℃ | 不低于 | 100 | | | | GB/T 4929[a] |
| 闪点（闭口）/℃ | 不低于 | 100 | 40 | 60 | 40 | GB/T 261 |
| 密度（20℃）/（g/cm$^3$） | 不大于 | 1.2 | | | | GB/T 13377 |
| 固体颗粒大小/μm | 不大于 | 25 | | | | GB/T 1724 |
| 湿热试验（30d）/级 | | A | | | | GB/T 2361 |
| 盐雾试验（30d）/级 | | A | | | | SH/T 0081 |
| 高温蠕变性/（80℃，24h）/mm | 不大于 | 2 | | | | 附录 B |
| 低温延展性/（-40℃，8h） | | 通过 | | | | 附录 C |
| 接缝穿透性（25℃）/mm | 不小于 | 25 | | — | | 附录 D |
| 喷雾化性能（25℃） | | 通过 | | | | 附录 E |

表 1　溶剂型汽车防腐蜡的技术要求和试验方法（续）

| 项目 | | 质量指标 | | | | 试验方法 |
|---|---|---|---|---|---|---|
| | | 空腔防腐蜡 | | 底盘防腐蜡 | | |
| | | 高固 | 普通 | 高固 | 普通 | |
| 抗石击性能/级 | 不大于 | — | | 3 | | NB/SH/T 0989—2019 B 法 |
| 禁限用物质[b] | | | | | | |
| 铅（质量分数）/% | 不大于 | 0.1 | | | | QC/T 943 |
| 汞（质量分数）/% | 不大于 | 0.1 | | | | QC/T 941 |
| 镉（质量分数）/% | 不大于 | 0.01 | | | | QC/T 943 |
| 六价铬（质量分数）/% | 不大于 | 0.1 | | | | QC/T 942 |
| 多溴联苯（PBBs）（质量分数）/% | 不大于 | 0.1 | | | | QC/T 944 |
| 多溴二苯醚（PBDEs）（质量分数）/% | 不大于 | 0.1 | | | | QC/T 944 |

[a] 干膜的制备按附录 A，在完成烘烤和冷却过程后，刮去留下的蜡膜，进行测试。

[b] 源于 GB/T 30512—2014。按照聚合物材料分类检测，用 X 射线荧光分析仪对样品禁限用物质分析检测。

## 6　取样和组批

### 6.1　取样

取样按 GB/T 4756 或 SH/T 0229 的规定执行，分别取 2L 或 2kg 作为检验样品和保留样品用。

### 6.2　组批

在原材料、工艺不变的条件下，产品每生产 1 罐为 1 批。

## 7　标志、包装、运输、贮存及交货验收

### 7.1　标志

向用户销售的汽车防腐蜡产品应明确标示产品的类别，如“高固溶剂型汽车空腔防腐蜡”。

### 7.2　包装、运输、贮存及交货验收

7.2.1　根据 GB 13690，普通溶剂型汽车防腐蜡属于易燃液体，产品的标志、包装、贮运及交货验收按照 NB/SH/T 0164、GB 190 和 GB 13690 进行。

7.2.2　高固溶剂型汽车防腐蜡产品的标志、包装、运输、贮存及交货验收按 NB/SH/T 0164 的规定执行。

## 8　安全

根据 GB 13690，普通溶剂型汽车防腐蜡属于易燃液体，其危险说明和防范说明见 GB 30000.7—2013 中附录 D。

# 附 录 A
# （规范性）
# 溶剂型汽车防腐蜡固含量试验法

## A.1 仪器设备

**A.** 1.1 称量瓶：$\phi$50mm×30mm。
**A.** 1.2 防爆烘箱：可加热到120℃±1.0℃，控温精度0.1℃，不带循环风。
**A.** 1.3 分析天平：感量为0.001g。
**A.** 1.4 桨式搅拌机：可控转速1000r/min。
**A.** 1.5 烧杯：500mL。

## A.2 试验步骤

**A.** 2.1 取约350mL试样置于烧杯中，用搅拌机以1000r/min转速搅拌1min。
**A.** 2.2 准确称量称量瓶的重量，称准至0.001g。
**A.** 2.3 在称量瓶中称取2.0g±0.2g样品，称准至0.001g，平铺在称量瓶的底部，平铺面积不少于称量瓶底面积的4/5。
**A.** 2.4 将装有样品的无瓶塞的称量瓶置于120℃±1.0℃的防爆烘箱中恒温120min±5min。
**A.** 2.5 从烘箱中取出称量瓶放置于23℃±1.0℃的干燥器中冷却30min后称量，称准至0.001g。

## A.3 结果计算

试样的固含量（质量分数）$X$按式（A.1）计算：

$$X=\frac{m_3-m_1}{m_2-m_1}\times 100 \qquad (A.1)$$

式中：
$m_1$——称量瓶的质量，单位为克（g）。
$m_2$——恒温前试样及称量瓶的质量，单位为克（g）。
$m_3$——冷却后试样及称量瓶的质量，单位为克（g）。

## A.4 结果报告

结果精确至小数点后两位。

# 附 录 B
（规范性）
高温蠕变性试验法

## B.1 材料

B.1.1 试验板：适配车身试验板，尺寸长为 150mm，宽为 100mm，厚度为 0.6mm～1.2mm。
B.1.2 胶带纸：厚度 0.10mm～0.15mm，宽度 12mm。

## B.2 仪器设备

B.2.1 无气喷枪。
B.2.2 空气压缩机：空气压力 0.6MPa。
B.2.3 电热鼓风烘箱；可加热到 80℃±1.0℃，控温精度 0.1℃。
B.2.4 湿膜测厚仪。
B.2.5 游标卡尺:量程 0mm～200mm，控制精度 0.1mm。

## B.3 试验步骤

B.3.1 将两块试验板依次用石油醚、无水乙醇清洗后吹干或晾干。观察试验板表面无油渍后待用。
B.3.2 将试验板长端用胶带纸遮盖 1/3 高度部分。
B.3.3 用无气喷枪在试验板喷上防腐蜡，使湿膜层厚度为 0.1mm～0.15mm，并用湿膜测厚仪检测湿膜层厚度。湿膜层厚度达到要求后，将试验板常温下放置 48h。
B.3.4 撕去遮盖试验板的胶带纸，把试验板垂直悬挂于电热鼓风恒温箱 80℃±1℃，无蜡膜端朝下垂直放置，放置 24h 后观察蜡膜下边线是否滴垂、流淌。
B.3.5 用游标卡尺测量防护蜡滴垂的长度。

## B.4 结果报告

以防护蜡滴垂长度来表示试样的高温蠕变性，精确至 0.1mm。

# 附 录 C
## （规范性）
## 低温延展性试验法

### C.1 材料

C.1.1 试验板：适配车身试验板，尺寸长为150mm，宽为100mm，厚度为0.6mm～1.2mm。
C.1.2 低温试验箱，箱内暴露区温度范围可到-40℃±2.0℃，控温精度0.1℃。

### C.2 仪器设备

C.2.1 无气喷枪。
C.2.2 空气压缩机：空气压力0.6MPa。

### C.3 试验步骤

C.3.1 将两块试验板依次用石油醚、无水乙醇清洗后吹干或晾干。观察试验板表面无油渍后待用。
C.3.2 将试样喷涂到试验板上，湿膜厚度约0.1mm，常温放置24h。
C.3.3 用吊钩把试验板垂直地悬挂于-40℃±2℃低温试验箱内 8h 后取出，在室温 25℃±2℃下放置1h后，将试验板（喷涂面朝外）弯曲成90°，观察蜡膜是否有裂纹或剥落现象。

### C.4 结果报告

两片试片均无裂纹和剥落则报告为通过，两片试片如果有1片及以上出现裂纹和剥落则报告为不通过。结果为不通过时需注明试验现象。

# 附 录 D
（规范性）
接缝穿透性试验法

## D.1 仪器设备

**D.1.1** 专用夹具：接缝传统型夹具技术要求见图 D.1、图 D.2 和图 D.3。

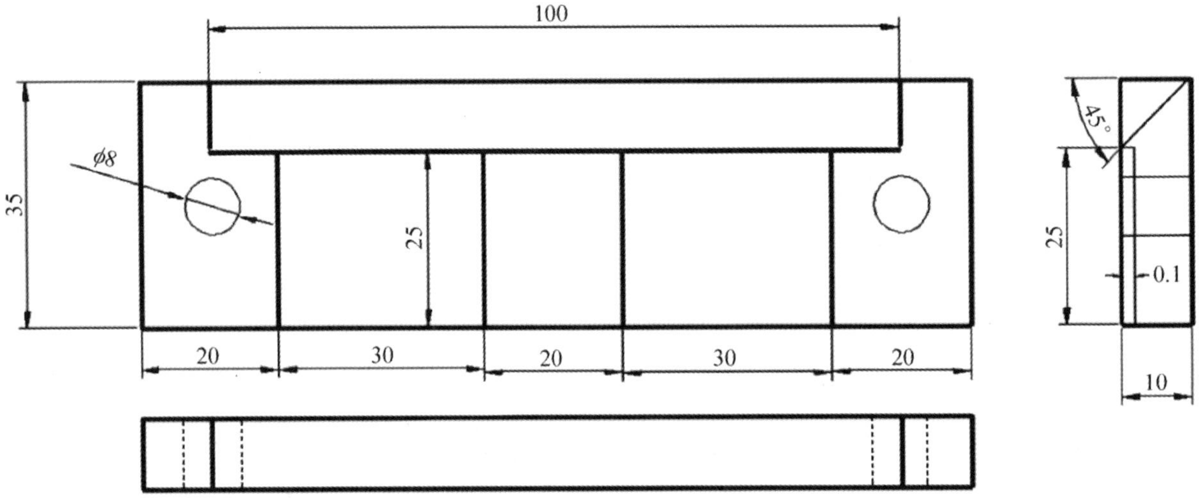


图 D.1 接缝穿透性夹具 A 部分三视图（单位：mm）

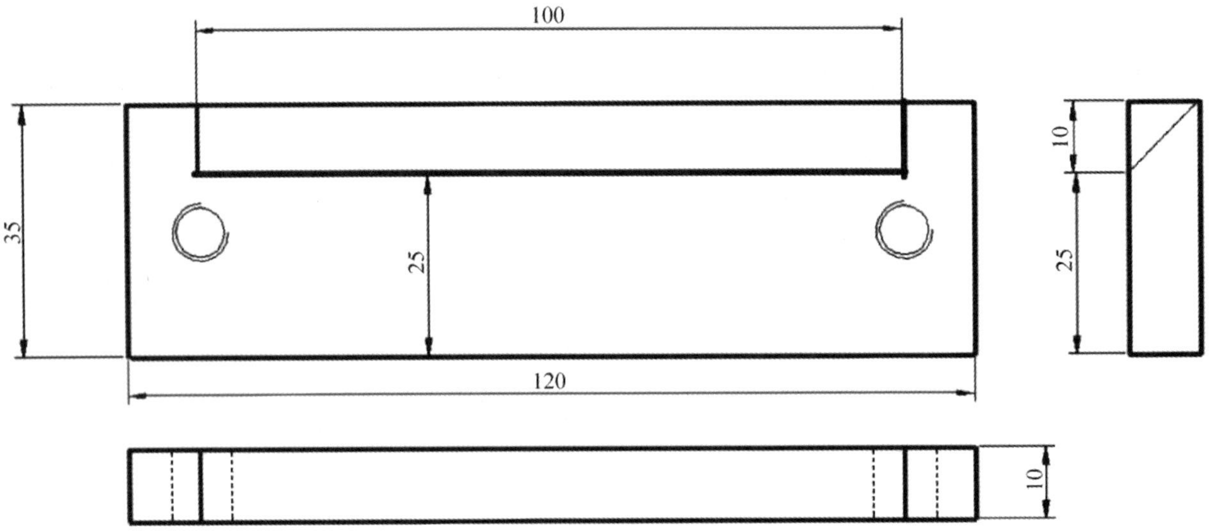


图 D.2 接缝穿透性夹具 B 部分三视图（单位：mm）

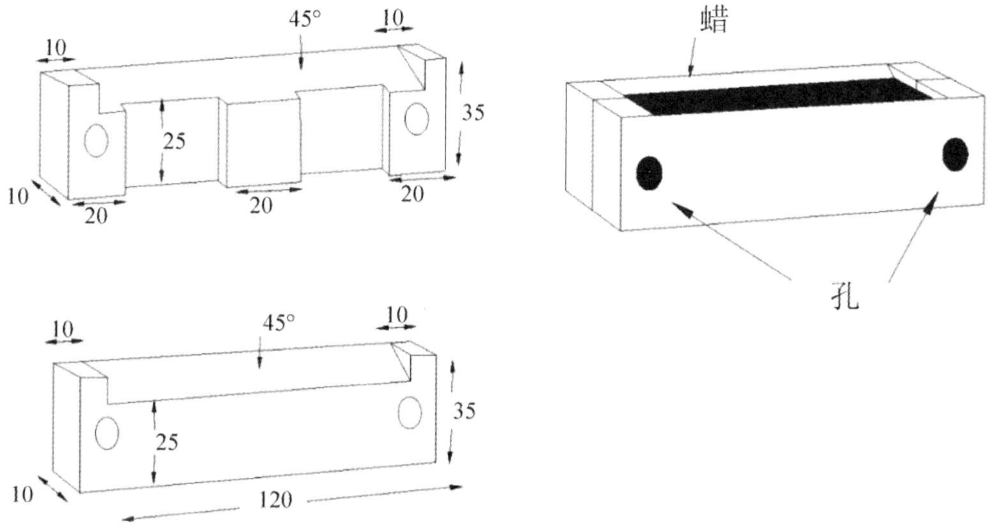


图 D.3　接缝穿透性夹具效果图

**D**.1.2　游标卡尺：量程 0mm～200mm，控制精度 0.1mm。

**D**.1.3　搅拌机：可控转速 1000r/min。

**D**.1.4　量筒：10mL。

## D.2　试验条件

**D**.2.1　温度：25℃±2℃。

**D**.2.2　相对湿度 55%～75%。

## D.3　试验步骤

**D**.3.1　将试样经搅拌机以 1000r/min 的速率搅拌 1min。

**D**.3.2　用量筒取约 10mL 试样放到夹具上端凹槽中，竖直放置 24h。

**D**.3.3　分开夹具，观察试样从夹具缝隙向下渗透的距离。并用游标卡尺取防护蜡从夹具缝隙向下渗透的最长距离。

## D.4　结果报告

以防护蜡渗透的长度来表示试样的夹缝穿透性，精确至 0.1mm。

# 附　录　E
（规范性）
喷雾化性能试验法

## E.1　材料

E.1.1　试验板：适配车身试验板，尺寸长为150nm，宽为100mm，厚度为0.6mm～1.2mm。

## E.2　仪器和装置

E.2.1　空气压缩机：空气压力0.6MPa。
E.2.2　无气喷枪。

## E.3　试验条件

E.3.1　温度：25℃±2℃。
E.3.2　相对湿度：55%～75%。

## E.4　试验步骤

E.4.1　将两块试验板依次用石油醚、无水乙醇清洗后吹干或晾干。观察试验板表面无油渍后待用。
E.4.2　将试样经搅拌机以1000r/min的速率搅拌1min。
E.4.3　将试验板斜靠在30°的支架上，接通空气压缩机和喷枪，加入试样，调整压力从0.3MPa到0.5MPa。
E.4.4　在试验板上喷涂试样得到湿膜厚度为100μm～200μm的蜡膜，观察试样的雾化性能和蜡膜的均匀性，并静置30min后，记下蜡膜的流淌现象。

## E.5　结果报告

按表E.1进行评价并报告结果。

表E.1　喷雾化性能评价报告

| 现象 | 评价 |
|---|---|
| 蜡膜铺展均匀，无流淌现象 | 通过 |
| 蜡膜出现不连续分布，有流淌 | 不通过 |

# 参 考 文 献

[1] GB/T 30512—2014 汽车禁用物质要求

ICS 75.140
E 42

SH

# 中华人民共和国石油化工行业标准

NB/SH/T 0965—2017

# 木质人造板用乳化蜡

**Emulsion waxes for wood artificial board**

2017-12-27 发布 2018-06-01 实施

国家能源局 发布

# 前　　言

本标准依据 GB/T 1.1—2009 给出的规则起草。

本标准由中国石油化工集团公司提出。

本标准由全国石油产品和润滑剂标准化技术委员会石油蜡类产品分技术委员会归口。

本标准由中国石化炼油销售有限公司、抚顺石油化工研究院、中国石化南阳能源化工有限公司、南京林业大学、江苏泰尔新材料股份有限公司、上海焦耳蜡业有限公司负责起草。

本标准主要起草人：宿仕富、凌凤香、罗望群、潘金亮、周定国、李毅、黄婉利、孙剑峰、王晨栋、张建雨、李金亮、高冰梅。

本标准为首次发布。

# 木质人造板用乳化蜡

**警告：如果不遵守适当的防范措施，本标准所属产品在生产、贮运和使用等过程中可能存在危险。本标准无意对与本产品有关的所有安全问题提出建议。用户在使用本标准之前，有责任建立适当的安全和防护措施，并确定相关规章限制的适用性。**

## 1 范围

本标准规定了以粗石蜡、半精炼石蜡、全精炼石蜡、水、添加剂为原料经乳化得到的木质人造板用乳化蜡的要求、试验方法、检验规则、标志、包装、运输和贮存等。

本产品适用于中密度板、高密度板、刨花板、纤维板等木质人造板的防潮、防水。

## 2 规范性引用文件

下列文件对于本文件的应用是必不可少的。凡是注日期的引用文件，仅所注日期的版本适用于本文件。凡是不注日期的引用文件，其最新版本（包括所有的修改单）适用于本文件。

GB/T1725 涂料固含量测定法

GB/T 1884 原油和液体石油产品密度实验室测定法（密度计法）

GB/T 1885 石油计量表

GB/T 4756 石油液体手工取样法

GB/T 11543 表面活性剂中、高粘度乳液的特性测试及其乳化能力的评价方法

SH/T 0132 石油蜡冻凝点测定法

SH 0164 石油产品包装、贮运及交货验收规则

SH/T 0578 乳化液 pH 值测定法

SH/T 0604 原油和石油产品密度测定法（U 形振动管法）

ISO 13321 粒度分析 相关光子光谱学

## 3 技术要求和试验方法

### 3.1 产品分类

木质人造板用乳化蜡按乳化蜡固含量分为 25 号、30 号、35 号、40 号和 45 号 5 个牌号。

### 3.2 技术要求

木质人造板用乳化蜡的技术要求和试验方法见表 1。

表 1　木质人造板用乳化蜡的技术要求和试验方法

| 项　目 | | 指　标 | | | | | 试验方法 |
|---|---|---|---|---|---|---|---|
| | | 25 号 | 30 号 | 35 号 | 40 号 | 45 号 | |
| 外观 | | 白色或灰白色乳液 | | | | | 目测 |
| 固含量（质量分数）/% | 不低于<br>低于 | 25<br>30 | 30<br>35 | 35<br>40 | 40<br>45 | 45 | GB/T1725 |
| pH 值 | | 6.0~8.0 | | | | | SH/T 0578 |
| 密度[a]（20℃）/（kg/m$^3$） | | 报告 | | | | | GB/T 1884<br>GB/T 1885 |
| 平均粒径/μm | 不大于 | 2 | | | | | ISO 13321 |
| 蒸发残留物冻凝点/℃ | 不小于 | 52 | | | | | SH/T 0132 |
| 存储稳定性（不大于 3 级）/天 | 不小于 | 180 | | | | | GB/T 11543 |

[a]也可采用 SH/T 0604 进行测定，结果有异议时，以 GB/T 1884 和 GB/T 1885 方法为准。

## 4　检测规则

### 4.1　出厂检验

出厂检验项目包括：3.2 技术要求表 1 中的外观、固含量、pH 值、密度、平均粒径、蒸发残留物冻凝点。

### 4.2　型式检验

型式检验项目包括表 1 的所有项目，在下列情况下进行检测。

a）新产品投产或产品定型鉴定时；

b）正常生产时，每半年进行一次；

c）原材料、工艺发生较大变化，可能影响产品质量时；

d）出厂检验与上次型式检验结果有较大差异时。

### 4.3　组批规则

木质人造板用乳化蜡应成批提交检验，批重不大于 200 吨。

### 4.4　取样

木质人造板用乳化蜡采样按 GB/T 4756 取 2.5L 作为检验及留样，放入干燥密闭容器中密封好，贮存温度为 20℃±5℃。

### 4.5　判定规则

出厂检验结果全部符合本标准表 1 的要求时，则判定该批产品合格。

### 4.6　复检规则

如出厂检验结果中有不符合本标准的技术要求时，可按本标准 4.3 规定自同批产品中重新抽取双倍量样品进行复检，复检结果中如仍有不符合本标准规定的技术指标时，则判该批产品为不合格。

## 5 标志、包装、运输和贮存

标志、包装、运输、贮存及交货验收按 SH 0164 进行，运输温度控制在 5℃～40℃之间。

ICS 75.140
E 42

SH

# 中华人民共和国石油化工行业标准

NB/SH/T 0988—2019

# 油墨专用蜡

## Special wax for printing ink

2019-06-04 发布　　2019-10-01 实施

国家能源局　发布

# 前　言

本标准依据 GB/T 1.1—2009 给出的规则起草。

请注意本文件的某些内容可能涉及专利。本文件的发布机构不承担识别这些专利的责任。

本标准由中国石油化工集团有限公司提出。

本标准由全国石油产品和润滑剂标准化技术委员会石油蜡类产品分技术委员会归口。

本标准由中国石化炼油销售有限公司、抚顺石油化工研究院、南京爱宝文仪有限公司、上海焦耳蜡业有限公司、中科合成油技术有限公司负责起草。

本标准主要起草人：宿仕富、王海瑛、凌凤香、黄婉利、薛中林、王晨栋、张建雨、罗望群、孙剑锋、高冰梅、严益民、李英、吕阳华。

本标准为首次发布。

# 油墨专用蜡

**警告：如果不遵守适当的防范措施，本标准所属产品在生产、贮运和使用等过程中可能存在危险。本标准无意对与本产品有关的所有安全问题提出建议。用户在使用本标准之前，有责任建立适当的安全和防护措施，并确定相关规章限制的适用性。**

## 1 范围

本标准规定了油墨专用蜡的产品分类、技术要求和试验方法、检验规则、标志、包装、运输和贮存等。

本标准适用于以石蜡、微晶蜡、聚乙烯蜡、费托蜡、动植物蜡以及添加剂为原料制得的油墨专用蜡。

## 2 规范性引用文件

下列文件中的条款通过本标准的引用而成为本标准的条款。凡是注日期的引用文件，其随后所有的修改单（不包括勘误的内容）或修订版均不适用于本标准，然而，鼓励根据本标准达成协议的各方研究是否可使用这些文件的最新版本。凡是不注日期的引用文件，其最新版本适用于本标准。

GB/T 265 石油产品运动黏度测定法和动力黏度计算法

GB/T 1668 增塑剂酸值及酸度的测定

GB/T 3554 石油蜡含油量测定法

GB/T 4985 石油蜡针入度测定法

GB/T 28724 固体有机化学品熔点的测定 差示扫描量热法

SH/T 0164 石油产品包装、贮运及交货验收规则

SH/T 0229 固体和半固体石油产品取样法

## 3 技术要求和实验方法

### 3.1 产品分类

油墨专用蜡按熔点分为70号油墨专用蜡、80号油墨专用蜡、90号油墨专用蜡三个牌号。

### 3.2 技术要求

油墨专用蜡的技术要求和试验方法见表1。

表 1 油墨专用蜡的技术要求和试验方法

| 项目 | | 指标 | | | 试验方法 |
|---|---|---|---|---|---|
| | | 70 号 | 80 号 | 90 号 | |
| 熔点/℃ | 不低于<br>低　于 | 70 | 70<br>90 | 90 | GB/T28724 |
| 运动黏度（100℃）/（$mm^2/s$） | 不大于 | 7 | 10 | 12 | GB/T 265 |
| 针入度（25℃，100g）/（1/10mm） | 不大于 | 15 | | | GB/T4985 |
| 含油量（质量分数）/% | 不大于 | 1.0 | | | GB/T3554 |
| 酸值/［mg（KOH）/g］ | | 报告 | | | GB/T 1668 |

## 4 检验规则

### 4.1 出厂检验

按本标准表 1 规定的全部质量指标进行检验。

### 4.2 组批规则

油墨专用蜡应成批提交检验，批重不大于 200t。

### 4.3 取样

70 号、80 号、90 号油墨专用蜡采样按照 SH/T 0229 取 2.5kg 作为检验及留样用，放入干燥密闭容器中。

### 4.4 判定规则

当出厂检验结果全部符合本标准表 1 的要求时，则判定该批产品合格。

### 4.5 复检规则

当出厂检验结果中有不符合本标准的技术要求时，可按本标准 4.3 规定自同批产品中重新抽取双倍量样品进行复检，复检结果中如仍有不符合本标准规定的技术指标，则判该批产品为不合格。

## 5 标志、包装、运输和贮存

标志、包装、运输、贮存及交货验收按 SH/T 0164 进行。

ICS 75.140
E 42

SH

# 中华人民共和国石油化工行业标准

NB/SH/T 6021—2020

# 专用包装蜡

**Special packing wax**

2020-10-23 发布　　2021-02-01 实施

国家能源局　发布

# 前　言

本标准按照 GB/T 1.1—2009 给出的规则起草。

本标准由中国石油化工集团有限公司提出。

本标准由全国石油产品和润滑剂标准化技术委员会石油蜡类产品分技术委员会（SAC/TC280/SC3）归口。

本标准起草单位：中国石油化工股份有限公司大连石油化工研究院。

本标准参加起草单位：江苏泰尔新材料股份有限公司、汉圣化工（抚顺）有限公司、中国石化炼油销售有限公司。

本标准主要起草人：严益民、太史剑瑶、赵彬、李毅、蒋炳君、刘井杰、宿仕富。

本标准为首次发布。

# 专用包装蜡

## 1 范围

本标准规定了专用包装蜡的技术要求和试验方法、取样、标志、包装、运输和贮存。

本标准适用于以石油蜡为原料，经溶剂脱蜡脱油，再经加氢精制所得到的专用包装蜡。

本标准适用于包装容器、包装材料的浸渍用蜡及封口涂敷用蜡。

## 2 规范性引用文件

下列文件对于本文件的应用是必不可少的。凡是注日期的引用文件，仅注日期的版本适用于本文件。凡是不注日期的引用文件，其最新版本（包括所有的修改单）适用于本文件。

GB/T 265 石油产品运动黏度测定法和动力黏度计算法

GB/T 2539 石油蜡熔点的测定 冷却曲线法

GB/T 3554 石油蜡含油量测定法

GB/T 3555 石油产品赛波特颜色测定法（赛波特比色计法）

GB/T 4756 石油液体手工取样法

GB/T 4985 石油蜡针入度测定法

GB/T 7363 石蜡中稠环芳烃试验法

GB/T 30515 透明和不透明液体石油产品运动黏度测定法及动力黏度计算法

NB/SH/T 0164 石油及相关产品包装、储运及交货验收规则

SH/T 0229 固体和半固体石油产品取样法

SH/T 0404 石蜡光安定性测定法

NB/SH/T 0407 石油蜡水溶性酸或碱试验法

SH/T 0414 石油蜡嗅味试验法

## 3 技术要求和试验方法

专用包装蜡的技术要求和试验方法见表1。

**表1 专用包装蜡的技术要求和试验方法**

| 项　　目 | | 质量指标 | | | | | | | | 试验方法 |
|---|---|---|---|---|---|---|---|---|---|---|
| 牌号 | | 52号 | 54号 | 56号 | 58号 | 60号 | 62号 | 64号 | 66号 | |
| 熔点/℃ | 不低于 | 52 | 54 | 56 | 58 | 60 | 62 | 64 | 66 | GB/T 2539 |
| | 低于 | 54 | 56 | 58 | 60 | 62 | 64 | 66 | 68 | |
| 含油量（质量分数）/% | 不大于 | 0.8 | | | | | | | | GB/T 3554 |
| 颜色/赛波特颜色号 | 不小于 | +28 | | | | | | | | GB/T 3555 |
| 光安定性/号 | 不大于 | 4 | | | | | | | | SH/T 0404 |

表 1（续）

| 项　目 | 质量指标 | | | | | | | | 试验方法 |
|---|---|---|---|---|---|---|---|---|---|
| 牌号 | 52 号 | 54 号 | 56 号 | 58 号 | 60 号 | 62 号 | 64 号 | 66 号 | |
| 针入度（25℃）/（1/10mm）　不大于 | 20 | | | | 18 | | | | GB/T 4985 |
| 针入度（37.8℃）/（1/10mm） | 报告 | | | | | | | | GB/T 4985 |
| 运动黏度[a]（100℃）/（$mm^2/s$） | 报告 | | | | | | | | GB/T 265 |
| 嗅味/号　不大于 | 1 | | | | | | | | SH/T 0414 |
| 水溶性酸或碱 | 无 | | | | | | | | NB/SH/T 0407 |
| 机械杂质及水 | 无 | | | | | | | | 目测[b] |
| 稠环芳烃/（紫外吸光度/cm）<br>280nm~289nm　不大于<br>290nm~299nm　不大于<br>300nm~359nm　不大于<br>360nm~400nm　不大于 | <br>0.15<br>0.12<br>0.08<br>0.02 | | | | | | | | GB/T 7363 |

[a]也可采用 GB/T 30515 进行测定。在有异议时，以 GB/T 265 方法为准。

[b]将约 10g 蜡放入容积为 100mL~250mL 的锥形瓶内，加入 50mL 初馏点不低于 70℃的无水直馏汽油馏分，并在振荡下于 70℃水浴内加热，直到石蜡溶解为止，将该溶液在 70℃水浴内放置 15min 后，溶液中不应呈现眼睛可以看见的浑浊、沉淀或水。允许溶液有轻微乳光。

## 4 取样

取样按 SH/T 0229 或 GB/T 4756 进行，取 1kg 作为检验及留样用。

## 5 标志、包装、运输和贮存

标志、包装、运输、贮存及交货验收按 NB/SH/T 0164 进行。

ICS 75.140
E 42

# SH

# 中华人民共和国石油化工行业标准

NB/SH/T 6022—2020

# 水基型汽车内腔防腐蜡

**Water-based anti-corrosion cavity wax for motor vehicle**

2020-10-23 发布　　2021-02-01 实施

国家能源局　发布

# 前　言

本标准依据 GB/T 1.1—2009 给出的规则起草。

本标准由中国石油化工集团有限公司提出。

本标准由全国石油产品和润滑剂标准化技术委员会石油蜡类产品分技术委员会（SAC/TC280/SC3）归口。

本标准起草单位：苏州海迈汽车防护材料有限公司、浙江吉利控股集团有限公司、苏州领标检测技术有限公司、长城汽车股份有限公司、重庆长安汽车股份有限公司、恒大国能新能源汽车有限公司、辽宁石油化工大学。

本标准主要起草人：李毅、孟庆龙、孙鸿昌、周学峰、张亚磊、程明、丛玉凤。

本标准为首次发布。

# 水基型汽车内腔防腐蜡

**警示：使用本标准的人员应有正规实验室工作的实践经验。本标准的使用可能涉及某些有危险的材料、设备和操作，本标准并未指出所有可能的安全问题。使用者有责任采取适当的安全和健康措施，并保证符合国家有关法规规定的条件。**

## 1 范围

本标准规定了水基型汽车内腔防腐蜡的技术要求和试验方法、取样、标志、包装、运输和贮存。

本标准适用于以石油蜡为基础组分，去离子水、防锈剂、乳化剂、成膜剂为辅助组成，制得的用于汽车内腔部位防腐的水基型蜡。

## 2 规范性引用文件

下列文件对于本文件的应用是必不可少的。凡是注日期的引用文件，仅注日期的版本适用于本文件。凡是不注日期的引用文件，其最新版本（包括所有的修改单）适用于本文件。

GB/T 265 石油产品运动黏度测定法和动力黏度计算法

GB/T 1724 涂料细度测定法

GB/T 1725 色漆、清漆和塑料不挥发物含量的测定

GB/T 2361 防锈油脂湿热试验法

GB/T 4472 化工产品密度、相对密度的测定

GB/T 4756 石油液体手工取样法

GB/T 4929 润滑脂滴点测试法

GB/T 6368 表面活性剂 水溶液 pH 值的测定 电位法

GB/T 27630 乘用车内空气质量评价指南

SH/T 0081 防锈油脂盐雾试验法

NB/SH/T 0164 石油及相关产品包装、储运及交货验收规则

SH/T 0217 防锈油脂试验试片锈蚀度评定法

## 3 术语和定义

### 3.1

**水基型汽车内腔防腐蜡 water-based anti-corrosion cavity wax for motor vehicle**

以石油蜡为基础组分，去离子水、防锈剂、乳化剂、成膜剂为辅助组成制备而得的，对汽车内腔具有防腐防锈功能的蜡材料。

## 4 产品分类

本标准所属产品按不挥发分的不同分为三个牌号：30 号、40 号和 60 号。30 号适用于不挥发分不

大于 35%，40 号适用于不挥发分不大于 50%，60 号适用于不挥发分不大于 65%。

## 5 技术要求和试验方法

水基型汽车内腔防腐蜡的技术要求和试验方法见表 1。

表 1 水基型汽车内腔防腐蜡的技术要求和试验方法

| 项目 | | | 质量指标 | | | 试验方法 |
|---|---|---|---|---|---|---|
| | | | 30 号 | 40 号 | 60 号 | |
| 不挥发份（质量分数）/% | | 不大于 | 35 | 50 | 65 | GB/T 1725[a] |
| 密度（20℃）/（$kg/m^3$） | | 不大于 | 1000 | | | GB/T 4472 |
| pH 值 | | | 8.0~9.5 | | | GB/T 6368 |
| 干膜滴点/℃ | | 不小于 | 90 | | | GB/T 4929 |
| 固体颗粒尺寸/μm | | 不大于 | 25 | | | GB/T 1724 |
| 湿热试验（480h）/级 | | | A | | | GB/T 2361 |
| 盐雾试验（480h）/级 | | | A | | | SH/T 0081 |
| 高温蠕变性（80℃，24h）/mm | | 不大于 | 2 | | | 附录 A |
| 低温延展性（-40℃，8h） | | | 通过 | | | 附录 B |
| 接缝穿透性（25℃）/mm | | 不小于 | 15 | | | 附录 C |
| 挥发性有机物浓度/（$mg/m^3$） | 苯 | 不大于 | 0.06 | | | GB/T 27630 |
| | 甲苯 | 不大于 | 1.00 | | | |
| | 二甲苯 | 不大于 | 1.00 | | | |
| | 乙苯 | 不大于 | 1.00 | | | |
| | 苯乙烯 | 不大于 | 0.26 | | | |
| | 甲醛 | 不大于 | 0.10 | | | |
| | 乙醛 | 不大于 | 0.20 | | | |
| | 丙烯醛 | 不大于 | 0.05 | | | |

[a] 试验条件选用 1g±0.1g 样品，在 125℃条件下烘烤 60min。

## 6 取样

取样按 GB/T 4756 进行，取 2kg 作为检验和留样用。

## 7 标志、包装、运输和贮存

标志、包装、贮运及交货验收按 NB/SH/T 0164 进行。

# 附　录　A
（规范性附录）
高温蠕变性

## A.1　概述

将喷涂有水基型汽车内腔防腐蜡的试板放置于烘箱内，通过试板上蜡膜的流淌距离，表示水基型汽车内腔防腐蜡的高温蠕变性。

## A.2　仪器和材料

A.2.1　试板：车身磷化电泳工艺处理，尺寸 150mm×100mm×0.8mm。
A.2.2　划线胶带，厚度 0.1mm～0.15mm，宽度 12mm。
A.2.3　空气压缩机：空气压力 0.6MPa。
A.2.4　有气喷枪。
A.2.5　电热鼓风烘箱，控温精度 0.1℃。
A.2.6　湿膜测厚仪。

## A.3　试验步骤

A.3.1　将试片的 1/3 部位用胶带纸遮盖起来。
A.3.2　喷上水基型汽车内腔防腐蜡，用湿膜测厚仪测量厚度为 0.1mm，常温下放置 48h。
A.3.3　撕去胶带纸，把试片垂直悬挂于电热鼓风恒温箱 80℃±1℃，无蜡膜端朝下垂直放置，放置 24h 后观察蜡膜下面边线是否滴垂、流淌。
A.3.4　记录蠕变长度。

# 附　录　B
## （规范性附录）
## 低温延展性

### B.1　概述

将喷涂有水基型汽车内腔防腐蜡的试板放置于一定低温条件下，通过观察试板弯折后的现象，表示水基型汽车内腔防腐蜡的低温延展性。

### B.2　仪器和材料

**B.2.1**　试板：车身磷化电泳工艺处理，尺寸 150mm×100mm×0.8mm。
**B.2.2**　低温试验箱：箱内暴露区温度范围-40℃±2℃。
**B.2.3**　湿膜测厚仪。

### B.3　试验步骤

**B.3.1**　将两块试片经石油醚→无水乙醇清洗后吹干或晾干。
**B.3.2**　将试样喷涂到试片上，湿膜厚度约 0.1mm，常温放置 24h。
**B.3.3**　用吊钩把试片垂直地悬挂于-40℃±2℃低温试验箱内 8h 后取出，在室温 25℃±2℃下放置 1h 后，将试片（喷涂面朝外）弯曲成 90°，观察蜡膜是否有裂纹或剥落现象。

### B.4　报告

两片试片均无裂纹和剥落则报告为通过，两块试片如果有一片出现裂纹和剥落则报告为不通过，结果为不通过时需注明试验现象。

# 附　录　C
## (规范性附录)
## 接缝穿透性

### C.1　概述

通过测试水基型汽车内腔防腐蜡在水平玻璃板上的流淌距离，表示水基型汽车内腔防腐蜡对汽车内腔缝隙的渗透性。

### C.2　仪器和材料

**C.2.1**　专用夹具（见图 C.1）：玻璃板（200mm×100mm），电泳板（45°弯折），玻璃板与电泳板之间夹金属片以保证间距为 100μm±2μm。
**C.2.2**　游标卡尺。
**C.2.3**　滴管。
**C.2.4**　搅拌机：转速 1000r/min。

### C.3　试验步骤

**C.3.1**　待测样品测试前室温放置 24h。
**C.3.2**　在室温条件下，将试样经搅拌器以 1000rpm 无气搅拌 15min。
**C.3.3**　用滴管取约 5mL 试样放到夹具中，水平放置 24h。
**C.3.4**　分开夹具，用游标卡尺测量试样在水平玻璃板上的最长流淌距离。

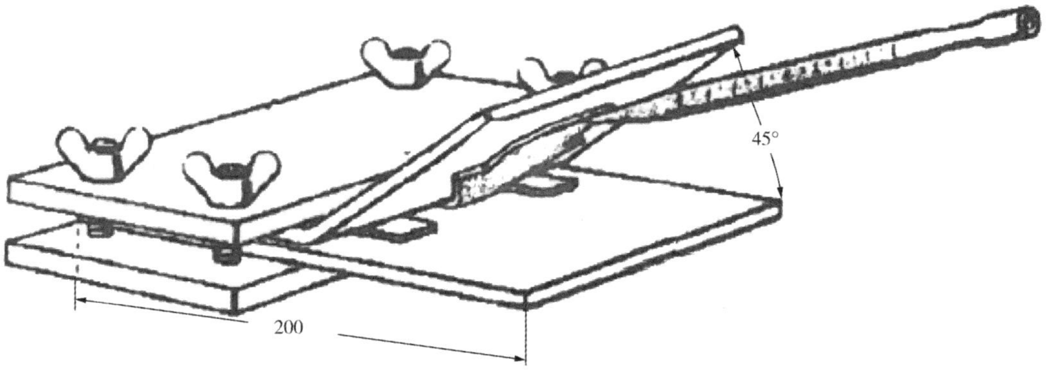


**图 C.1　试验模具图**

# 六、石油沥青

ICS 75.140
E 43

SH

# 中华人民共和国石油化工行业标准

NB/SH/T 0001—2019
代替 SH/T 0001—1990

# 电缆沥青

## Cable asphalt

2019-06-04 发布 2019-10-01 实施

国家能源局 发布

# 前　言

本标准按照 GB/T 1.1—2009 给出的规则起草。

本标准代替 SH/T 0001—1990《电缆沥青》。本标准与 SH/T 0001—1990 相比，主要技术变化如下：

——修改了主要内容与适用范围（见第 1 章）；

——在规范性引用文件中增加了 GB/T 11148《石油沥青溶解度测定法》和 SH/T 0637《石油沥青粘附率测定法》，同时删除了粘附率测试法的描述；

—— 在产品分类中增加了 3 号电缆沥青（见第 3 章）；

—— 增加了 3 号电缆沥青的指标要求（见第 4 章）；

—— 增加了溶解度的技术指标要求（见第 4 章）；

—— 修改了冷弯测试法，补充了对模具尺寸、试件尺寸等的描述（见附录 A）。

本标准由中国石油化工集团有限公司提出。

本标准由全国石油产品和润滑剂标准化技术委员会石油沥青分技术委员会（TC280/SC4）归口。

本标准起草单位：中海油（青岛）重质油加工工程技术研究中心有限公司、中国石油大学（华东）重质油研究所、中石油燃料油有限责任公司研究院、中国石油化工股份有限公司齐鲁分公司、国家电线电缆质量监督检验中心。

本标准主要起草人：李福起、王志超、刘延军、王伟、徐萌、王金凤、时敬涛、常玉艳、宋嘉伟。

本标准所代替标准的历次版本发布情况为：

——SY 1668—81、SH/T 0001—90。

# 电缆沥青

## 1 范围

本标准规定了以石油为原料生产电缆沥青的技术要求与试验方法、包装、标志、贮运及交货验收等要求。

本标准适用于作为电缆外护层的防腐涂层。

## 2 规范性引用文件

下列文件对于本文件的应用是必不可少的。凡是注日期的引用文件，仅注日期的版本适用于本文件。凡是不注日期的引用文件，其最新版本（包括所有的修改单）适用于本文件。

GB/T 267 石油产品闪点与燃点测定法（开口杯法）

GB/T 514 石油产品试验用玻璃液体温度计技术条件

GB/T 3536 石油产品闪点和燃点的测定克利夫兰开口杯法

GB/T 4507 沥青软化点测定法（环球法）

GB/T 4509 沥青针入度测定法

GB/T 11147 沥青取样法

GB/T 11148 石油沥青溶解度测定法

SH/T 0164 石油产品包装、贮运及交货验收规则

SH/T 0424 石油沥青垂度测定法

SH/T 0637 石油沥青粘附率测定法

## 3 产品分类

本标准按产品用途和应用区域分为 3 个牌号。其中，1 号适用于南方地区陆用电缆，2 号适用于北方地区陆用电缆，3 号适用于海底电缆。

## 4 技术要求及试验方法

本标准的技术要求及试验方法见表 1。

**表 1 技术要求及试验方法**

| 项目 | 指标 | | | 试验方法 |
|---|---|---|---|---|
| | 1 号 | 2 号 | 3 号 | |
| 软化点（环球法），℃ | 85~100 | | 80~100 | GB/T 4507 |
| 针入度（25℃，5 s，100 g），1/10 mm | ≥35 | | ≥50 | GB/T 4509 |

表 1（续）

| 项目 | | 指标 | | | 试验方法 |
|---|---|---|---|---|---|
| | | 1号 | 2号 | 3号 | |
| 闪点（开口），℃ | | ≥260 | | | GB/T 267<br>GB/T 3536 |
| 垂度（70℃），mm | | ≤60 | | | SH/T 0424 |
| 溶解度（三氯乙烯），% | | ≥99.0 | | | GB/T 11148 |
| 冷弯（ϕ 20 mm） | 0℃ | 合格 | — | — | 附录 A |
| | -10℃ | — | 合格 | — | |
| | -15℃ | — | — | 合格 | |
| 粘附率（0℃），% | | ≥95 | | | SH/T 0637 |
| 热稳定性（200℃，24 h）<br>软化点升高，℃<br>针入度比，% | | <br>≤15<br>≥80 | | | 附录 B |
| **注：**闪点试验方法可采用 GB/T 267 或 GB/T 3536，仲裁时以 GB/T 267 为准。 | | | | | |

## 5 检验规则

### 5.1 出厂检验

出厂检验项目为第 4 章表 1 所有检验项目。

### 5.2 组批规则

在原材料和生产工艺不变的条件下，以每次连续生产的产品为一批次，每批次产品不超过 20 t。

### 5.3 取样

按 GB/T 11147 的规定进行，取 2 kg 样品作为检验和留样用。

### 5.4 判定规则

出厂检验的结果全部符合本标准表 1 的要求时，则判定为该批产品合格。

### 5.5 复验规则

如出厂检验结果中有不符合表 1 技术要求的规定时，按 GB/T 11147 的规定自同批产品中重新抽取双倍量样品对不符合项目进行复检，复检结果如有不符合本标准规定的技术要求时，则判该批产品为不合格。

## 6 标志、包装、运输和贮存

标志、包装、运输、贮存及交货验收按 SH 0164 进行。

## 7 安全

产品在运输及贮存过程中可能需要加热，避免烫伤。

# 附　录　A
（规范性附录）
冷弯试验法

本方法用于表征电缆沥青的低温性能。

## A.1　方法概要

将 1 mm 厚的试件在规定的温度下保持 15 min 后，沿 $\phi$ 20 mm 的轴弯曲，观察其裂纹状态，以不裂纹为冷弯合格。

## A.2　仪器

A.2.1　弯板（见图 A.1）：尺寸 100 mm×100 mm；半径（$r$）：10 mm。
A.2.2　恒温制冷浴槽：(−25~95)℃，精确至±0.5℃。
A.2.3　温度计：符合 GB/T 514 中 GB-43 号的要求。
注：也可使用其他类型但能满足 A.2.3 条规定的温度计。
A.2.4　电炉或其他加热器

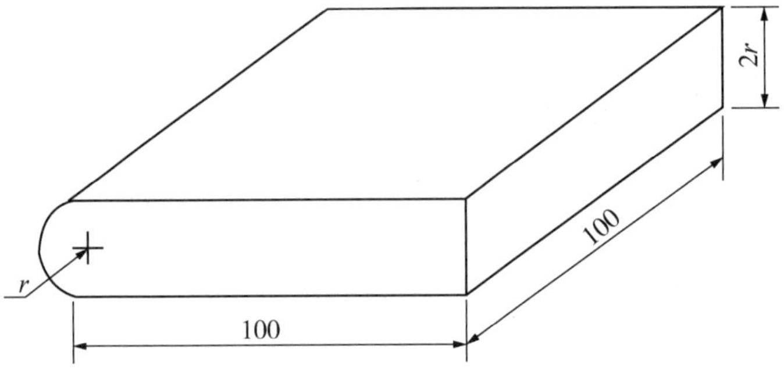


说明：(1) $r$ 为弯板半径；
(2) 单位为毫米。

图 A.1　弯板示意图

## A.3　材料

A.3.1　工业乙醇。
A.3.2　甘油-滑石粉隔离剂（甘油 2 份、滑石粉 1 份，以质量计）。
A.3.3　牛皮纸：规格 80 g。
A.3.4　隔离剂：甘油-滑石粉（甘油 2 份、滑石粉 1 份，以质量计），或高真空硅脂。

## A.4　准备工作

A.4.1　裁取尺寸至少为 250 mm×100 mm 的牛皮纸，在耐高温、平整的台面上铺平，可用两块厚（1±0.2）mm、长度 150 mm、间距 150 mm 的铝条（或不锈钢条）平行压放在牛皮纸上。

A.4.2 将沥青加热融化（温度不得高于估计软化点 100℃），并充分搅拌均匀后涂在牛皮纸上，厚度控制在（1±0.2）mm。

A.4.3 2 min~3 min 后，将一块尺寸略小于 250 mm×100 mm、涂上隔离剂的玻璃板压在两个铝条上。

A.4.4 3 min~5 min 后，取下玻璃板，趁热裁取 150 mm×25 mm 试件 3 根，然后在室温下冷却 15 min。

## A.5 试验步骤

A.5.1 将试件和弯板放入标准规定温度的恒温制冷浴槽中，待恒温制冷浴槽温度重新达到标准规定的温度后至少保持 30 min。在标准规定的温度下，在低温试验箱内将试件（沥青面朝外）于 5 s~10 s 内匀速绕弯板弯曲 180°。

A.5.2 在完成弯曲过程 10 s 内，取出试件，在适宜的光源下用肉眼检查试件有无裂纹，必要时，用辅助光学装置帮助。

## A.6 报告

3 个试件中 2 个试件无裂纹，则报告通过。

# 附　录　B
# （规范性附录）
# 热稳定性试验法

本方法用以测定电缆沥青的热稳定性能。

## B.1　方法概要

将试样在200℃下保持24 h后，测定软化点和针入度，算出加热后比加热前软化点升高和针入度比。以软化点升高较少和针入度比较大为热稳定性较好。

## B.2　仪器

**B.2.1**　烘箱：0~300℃，恒温精度±3℃。
**B.2.2**　温度计：0~360℃，分度1℃，全浸式。
**B.2.3**　瓷柄皿：250 mL或300 mL，直径约105 mm。
**B.2.4**　电炉或其他加热器。

## B.3　试验步骤

**B.3.1**　将试样熔化（加热温度不超过估计软化点100℃），注入250或300 mL瓷柄皿中，使页面距皿顶约15 mm，然后，放入200℃±3℃的烘箱内，保持24 h。
**B.3.2**　将试样从烘箱内取出，刮去表面硬皮后，搅拌均匀，用此加热后的沥青试样，按GB/T 4507测定软化点。按GB/T 4509测定针入度。
**B.3.3**　将未经200℃下24 h加热的同批沥青试样，按GB/T 4507方法测定软化点。按GB/T 4509方法测定针入度。

## B.4　结果计算

**B.4.1**　热稳定性软化点升高$X$（℃）按式（B.1）计算：

$$X=T_2-T_1 \qquad (B.1)$$

式中：
$T_1$——加热前软化点，℃；
$T_2$——加热后软化点，℃。

**B.4.2**　热稳定性针入度比$R$（%）按式（B.2）计算：

$$R=\frac{A_2}{A_1}\times 100 \qquad (B.2)$$

式中：
$A_1$——加热前针入度，1/10 mm；
$A_2$——加热后针入度，1/10 mm。

## B.5 报告

取软化点升高度数和针入度比的计算结果作为试验结果。

中华人民共和国石油化工行业标准

SH/T 0002—1990

# 防水防潮石油沥青

## 1 主题内容与适用范围

本标准规定了由不同原油的减压渣油经加工制得的防水防潮石油沥青技术要求。

本标准所属产品适用做油毡的涂覆材料及建筑屋面和地下防水的粘结材料。

## 2 引用标准

GB/T 267 石油产品闪点与燃点测定法(开口杯法)

GB/T 4507 石油沥青软化点测定法

GB/T 4509 石油沥青针入度测定法

GB/T 4510 石油沥青脆点测定法

GB/T 11147 石油沥青取样法

GB/T 11148 石油沥青溶解度测定法

GB/T 11964 石油沥青蒸发损失测定法

SH 0164 石油产品包装、贮运及交货验收规则

SH/T 0424 石油沥青垂度测定法

## 3 名词术语

针入度指数：表明沥青的温度特性，通称感温性，代号 *PI*，此值越大，感温性越小，沥青应用温度范围越宽。

## 4 产品分类

本标准按产品的针入度指数分为 4 个牌号：

3 号，感温性一般，质地较软，用于一般温度下，室内及地下结构部分的防水。

4 号，感温性较小，用于一般地区可行走的缓坡屋顶防水。

5 号，感温性小，用于一般地区暴露屋顶或气温较高地区的屋顶。

6 号，感温性最小，并且质地较软，除一般地区外，主要用于寒冷地区的屋顶及其他防水防潮工程。

## 5 技术要求

| 项　目 | | 质量指标 | | | | 试验方法 |
|---|---|---|---|---|---|---|
| 牌　号 | | 3 号 | 4 号 | 5 号 | 6 号 | |
| 软化点,℃ | 不低于 | 85 | 90 | 100 | 95 | GB/T 4507 |
| 针入度，1/10mm | | 25~45 | 20~40 | 20~40 | 30~50 | GB/T 4509 |

中国石油化工总公司 1991-03-26 批准　　　　1992-04-01 实施

续表

| 项目 | 质量指标 | | | | 试验方法 |
| --- | --- | --- | --- | --- | --- |
| 牌号 | 3号 | 4号 | 5号 | 6号 | |
| 针入度指数 不小于 | 3 | 4 | 5 | 6 | 附录A |
| 蒸发损失(163℃, 5h),% 不大于 | 1 | | | | GB/T 11964 |
| 闪点(开口),℃ 不低于 | 250 | 270 | | | GB/T 267 |
| 溶解度,% 不小于 | 98 | 98 | 95 | 92 | GB/T 11148 |
| 脆点,℃ 不高于 | -5 | -10 | -15 | -20 | GB/T 4510 |
| 垂度, mm 不大于 | — | — | 8 | 10 | SH/T 0424 |
| 加热安定性,℃ 不高于 | 5 | | | | 附录B |

## 6 包装、标志、贮运

本产品的包装、标志、贮存，运输及交货按 SH 0164 进行。

## 7 采样

采样按 GB/T 11147 进行，取 2kg 作为检验和留样。

## 附 录 A
## 防水防潮石油沥青针入度指数表示法
（补充件）

**A1 针入度指数 *PI* 按下式计算：**

$$PI=\frac{30}{1+50A}-10 \qquad \text{(A1)}$$

$$A=\frac{\lg 800-\lg P_{25}}{T-25} \qquad \text{(A2)}$$

式中：$A$——沥青的感温性；

800——沥青在软化点温度下，针入度约为 800；

$P_{25}$——25℃时的针入度；

$T$——软化点。

**A2 针入度指数测定诺模图见图 A1。**

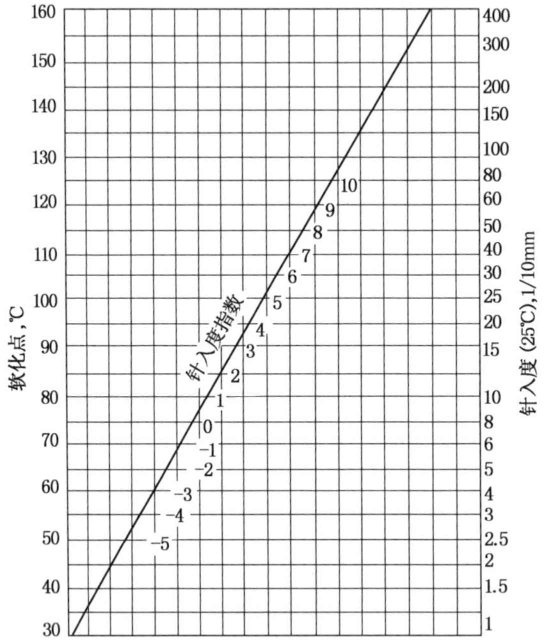


图 A1 针入度指数诺模图

## 附 录 B
## 防水防潮沥青加热安定性试验法
（补充件）

**B1 方法概要**

沥青试样在 300℃±5℃电热器上加热 5h，通过测定试样在加热前后脆点的变化，来确定沥青试样的加热安定性。

## B2 仪器

**B2.1** 容器：内径约180mm，高约200mm搪瓷烧杯。
**B2.2** 加热器：自动恒温烘箱和带变压器的1kW电热器。

## B3 试验步骤

**B3.1** 在容器中称取2kg试样。将盛有试样的容器放入恒温100℃~110℃烘箱中预热，至有部分试样熔化流动，随后将其移置在电热器上边搅拌，边加热至300℃±5℃。从容器中心取出测定脆点用试样。
**B3.2** 停止搅拌，在300℃±5℃条件下，保持5h后，再从容器中心取出测定脆点用试样。将两次所取的试样按GB/T 4510测定脆点，并算出两者的脆点之差。

## B4 报告

报告加热前后试样的脆点差值。

---

**附加说明：**
本标准由齐鲁石化公司提出。
本标准由石油大学技术归口。
本标准由齐鲁石化公司胜利炼油厂负责起草。
本标准主要起草人韩明善、崔新天、朱建民。
本标准参照采用日本工业标准JIS K2207-1980《防水工程沥青》。

# 中华人民共和国石油化工行业标准

SH/T 0098—1991

# 管 道 防 腐 沥 青

## 1 主题内容与适用范围

本标准规定了管道防腐沥青的技术要求及其试验方法。

本标准适用于天然石油减压渣油经氧化或经溶剂脱沥青工艺制得的管道防腐沥青。本产品用于管道输送介质温度低于80℃的金属管道防腐。

## 2 引用标准

GB/T 267 石油产品闪点与燃点测定法(开口杯法)

GB/T 4507 沥青软化点测定法(环球法)

GB/T 4508 沥青延度测定法

GB/T 4509 沥青针入度测定法

GB/T 4510 石油沥青脆点测定法

GB/T 11147 石油沥青取样法

GB/T 11148 石油沥青溶解度测定法

GB/T 11964 石油沥青蒸发损失测定法

SH 0164 石油产品包装、贮运及交货验收规则

SH/T 0425 石油沥青蜡含量测定法

## 3 产品分类

本产品按管道输送介质温度要求分为两个牌号。输送介质温度低于50℃者称为1号；输送介质温度在51℃~80℃者称为2号。

## 4 技术要求

| 项 目 | | 质量指标 | | 试验方法 |
|---|---|---|---|---|
| | | 1号 | 2号 | |
| 软化点(环球法),℃ | | 95~110 | 125~140 | GB/T 4507 |
| 延度(25℃), cm | 不小于 | 2 | 1 | GB/T 4508 |
| 针入度(25℃, 100g), 1/10mm | 不小于 | 15 | 5 | GB/T 4509 |
| 溶解度(三氯乙烯),% | 不小于 | 99.0 | | GB/T 11148 |
| 闪点(开口),℃ | 不低于 | 230 | | GB/T 267 |
| 黏附率,%<br>20℃<br>0℃ | | 实测<br>实测 | | 附录A |
| 脆点,℃ | 不高于 | −3 | 0 | GB/T 4510 |

中国石油化工总公司 1992-01-15 批准　　　　1992-12-01 实施

续表

| 项　　目 | | 质量指标 | | 试验方法 |
|---|---|---|---|---|
| | | 1号 | 2号 | |
| 蒸发损失(163℃，5h)，% | 不大于 | 1 | | GB/T 11964 |
| 蒸发后针入度比[1)]，% | 不小于 | 60 | | — |
| 含蜡量[2)](裂解法)，% | 不大于 | — | 5.5 | SH/T 0425 |

注：1）测定蒸发损失后样品的针入度与原针入度之比乘以100后所得的百分比称蒸发后针入度比。

2）作为出厂保证项目。

## 5 采样

采样按 GB/T 11147 进行。

## 6 包装、标志与贮运

本产品的包装、标志、贮运及交货验收按 SH 0164 进行。

# 附 录 A
# 沥青黏附率的测定
（补充件）

## A1 方法概要

本方法系将沥青在规定的温度下灌注在光滑的金属表面上，当试样受外力拉开时，黏附在金属表面上试样的面积和金属总面积之比的百分数，即为黏附率。

## A2 仪器与材料

A2.1 仪器

a. 钢制黏附率测定仪（见图 A1）；

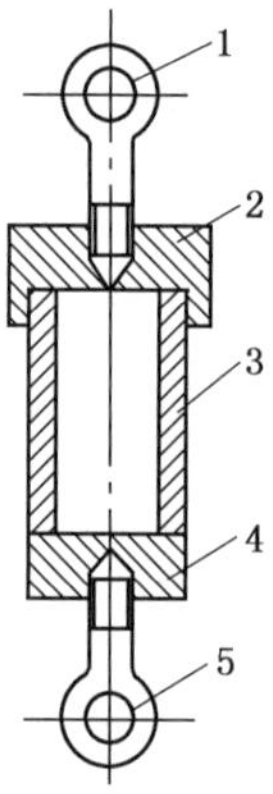


**图 A1 黏附率测定仪**

1—带环螺丝 $\phi$10mm，一端为环孔，另一端为外螺丝；2—顶盖 $\phi$43mm，厚 23mm，内径有螺扣 8mm 可与圆管拧紧；3—圆筒高 55mm，内径 25mm；4—底盖 $\phi$36mm，厚 15mm；5—带环螺丝 $\phi$10mm

b. 烘箱；

c. 温度计：0℃～200℃；

d. 拉力机。

A2.2 材料

a. 苯（工业用）或轻质汽油；

b. 工业乙醇；

c. 脱脂棉。

## A3 试验步骤

A3.1 将黏附率测定仪仔细用苯或轻质汽油洗净，再用 95% 乙醇擦拭，保证表面没有油垢存在，然后在 100℃～110℃ 的烘箱内保持恒温 30min。

A3.2 将试样在电炉上慢慢加热熔化到沥青的浇灌温度或按技术条件所规定的温度。

A3.3 从烘箱中取出仪器，将圆管 3 整齐地放在底盖 4 的表面上，然后把熔化好的试样浇满到圆管内，待稍冷却，旋上顶盖 2，放置在 20℃ ±5℃ 或技术条件规定温度下，保持 1h。

A3.4 在试验仪器的两端，旋上带环的螺丝 1，然后迅速在拉力机上或用铁棒插入带环螺丝的环孔中，用人力平直地拉开。

## A4 计算

用近似求面积法，算出黏附于底盖上的试样面积。试样的黏附率 $X$(%)按式(A1)计算：

$$X = A/S \times 100 \tag{A1}$$

式中：$A$——黏附在底盖上试样面积，$mm^2$；

$S$——底盖总面积，$mm^2$。

---

**附加说明：**

本标准由石油大学提出并技术归口。

本标准由石油大学重质油研究所负责起草。

本标准主要起草人孙秀芬、刘以红、范耀华。

本标准参照采用罗马尼亚国家标准 STAS 2484-85《地下金属管道保护层用沥青》。

中华人民共和国石油化工行业标准

SH/T 0419—1994

# 绝 缘 沥 青

代替 SH 0419—92

## 1 主题内容与适用范围

本标准规定了由渣油经氧化或石油沥青添加改性剂制得的绝缘沥青的技术条件。

本标准所属产品按软化点分为 70、90、110、130、140、150 六个牌号，其中：

70、90、110 号绝缘沥青适用于灌注电缆接线中间盒和终端盒做绝缘填充用。

130、140、150 号绝缘沥青适用于灌注避电器、镇流器、汽车点火线圈等电器做绝缘填充用，做调制特种蓄电池封口剂及蓄电池壳体的配料，也适用于做电解槽涂料及其他需要高软化点沥青的场合用。

## 2 引用标准

GB/T 267 石油产品闪点与燃点测定法(开口杯法)

GB/T 4507 沥青软化点测定法(环球法)

GB/T 4509 沥青针入度测定法

GB/T 11147 石油沥青取样法

GB/T 11148 石油沥青溶解度测定法

SH/T 0001 电缆沥青

SH 0164 石油产品包装、贮运及交货验收规则

SH/T 0600 石油沥青冻裂点测定法(器皿法)

## 3 技术要求

| 项 目 | | 质量指标 | | | | | | 试验方法 |
|---|---|---|---|---|---|---|---|---|
| | | 70号 | 90号 | 110号 | 130号 | 140号 | 150号 | |
| 软化点(环球法),℃ | | 65~75 | 85~95 | 105~115 | 125~135 | 135~145 | 145~155 | GB/T 4507 |
| 针入度(25℃，100g)，1/10mm | | >35 | >30 | >25 | 15~25 | 10~20 | 5~15 | GB/T 4509 |
| 溶解度,% | 不小于 | 99 | | | | | | GB/T 11148 |
| 闪点(开口),℃ | 不低于 | 240 | | | 260 | | | GB/T 267 |
| 冻裂点,℃ | 不高于 | -40 | -30 | -20 | — | | | SH/T 0600 |
| 绝缘电压(60℃，2.5mm，球电极)，kV | 不小于 | 35 | | | 20 | | | 附录A |
| 收缩率(150℃冷至20℃),% | 不大于 | 8 | | | | | | 附录B |
| 黏附率(20℃),% | 不小于 | 95 | | | — | | | SH/T 0001<br>附录B |

中国石油化工总公司 1994-10-07 批准　　　　1995-07-01 实施

## 4 包装、标志、贮运

包装、标志、贮存、运输及交货验收按 SH 0164 进行，或按生产厂与用户协议进行。

## 5 取样

取样按 GB/T 11147 进行，取 2kg 作检验和留样用。

# 附 录 A
# 绝缘沥青绝缘电压测定法
（补充件）

本方法用于测定绝缘沥青的绝缘电压。

## A1 方法概要

将试样熔化倒入电极盒内，在规定的温度下放在耐电压试验的变压器中，逐渐升压，至测得击穿时的电压，即为试样的绝缘电压，以千伏表示。

## A2 仪器与材料

A2.1 耐电压试验变压器：100kV（有自动遮断装置）。
A2.2 电极盒：绝缘材料制，如图 A1 所示。
A2.3 电极：青铜或黄铜制，如图 A2 所示。
A2.4 恒温箱。
A2.5 电极间隙测量片：钢制，厚度 2.5mm±0.05mm。
A2.6 绝缘手套：耐电压不小于 1kV。
A2.7 洗涤汽油。

## A3 准备工作

A3.1 将牛皮纸（二层）按电极盒的内壁形状折放于盒内。将电极洗净晾干，用电极间隙测量片调节电极间隙为 2.5mm，然后置于电极盒中间。
A3.2 选择纯净的试样，将其熔化，熔化温度不超过试样估计软化点 100℃，熔化后，稍静置，将浮于上面的气泡层刮去，然后沿电极盒边注入盒内，至上边缘约 5mm 处，注入时严防气泡产生。
A3.3 试样在室温下冷却 1.5h~2h（冷至约 60℃），然后放入 60℃±1℃烘箱内恒温不少于 2h。

## A4 试验步骤

检查耐电压试验用变压器，确认安全后，将装样的电极安放在仪器中。戴上绝缘手套，接通电源，开启自动遮断装置，手握升压杆以每秒 3kV 的速率均匀升压，直至发生击穿，记录击穿时的瞬时电压。把升压杆推回原位，切断电源。

## A5 精密度

重复性：重复测定的两个结果与算术平均值之差，不大于平均值的 15%。

## A6 报告

取重复测定两个结果的算术平均值作为试验结果。

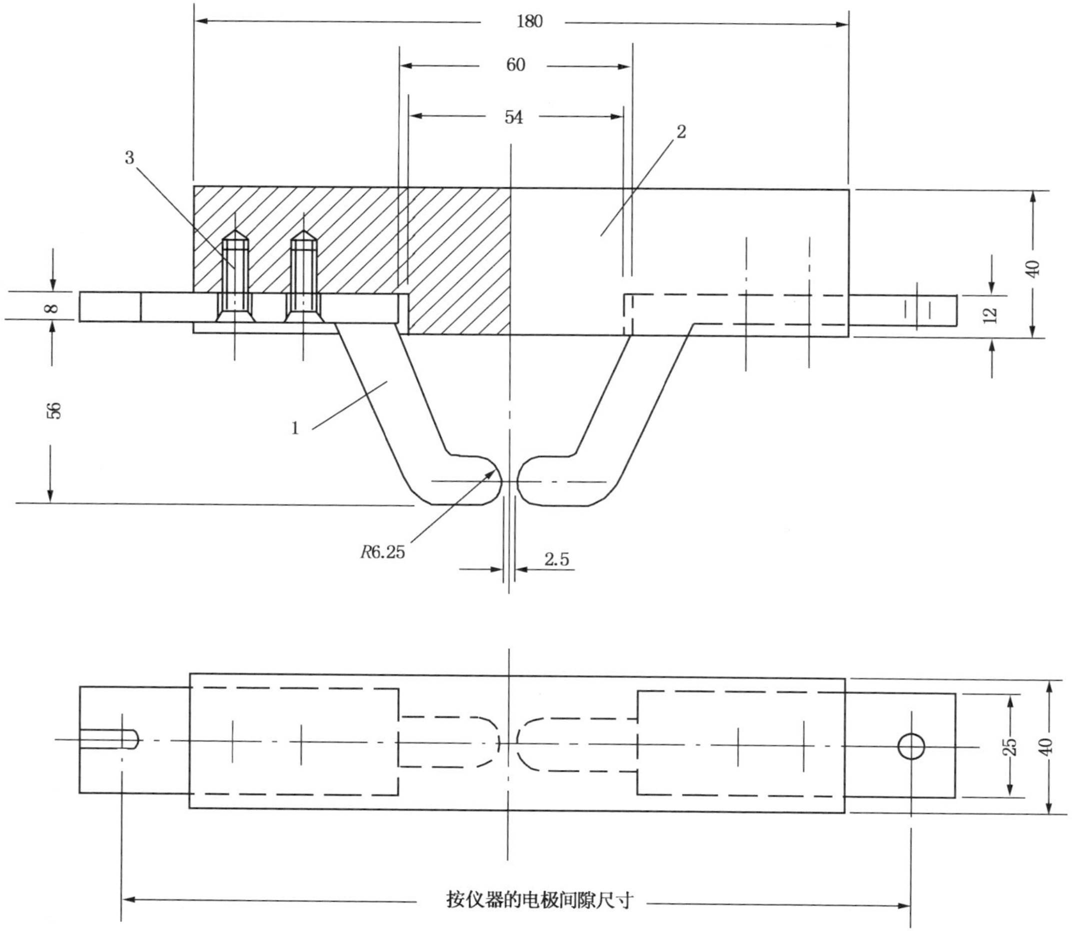


**图 A1 电极**

1—电极(φ12.5mm 铜制)；2—电极架(聚四氟乙烯或其他绝缘材料)；3—连接螺栓

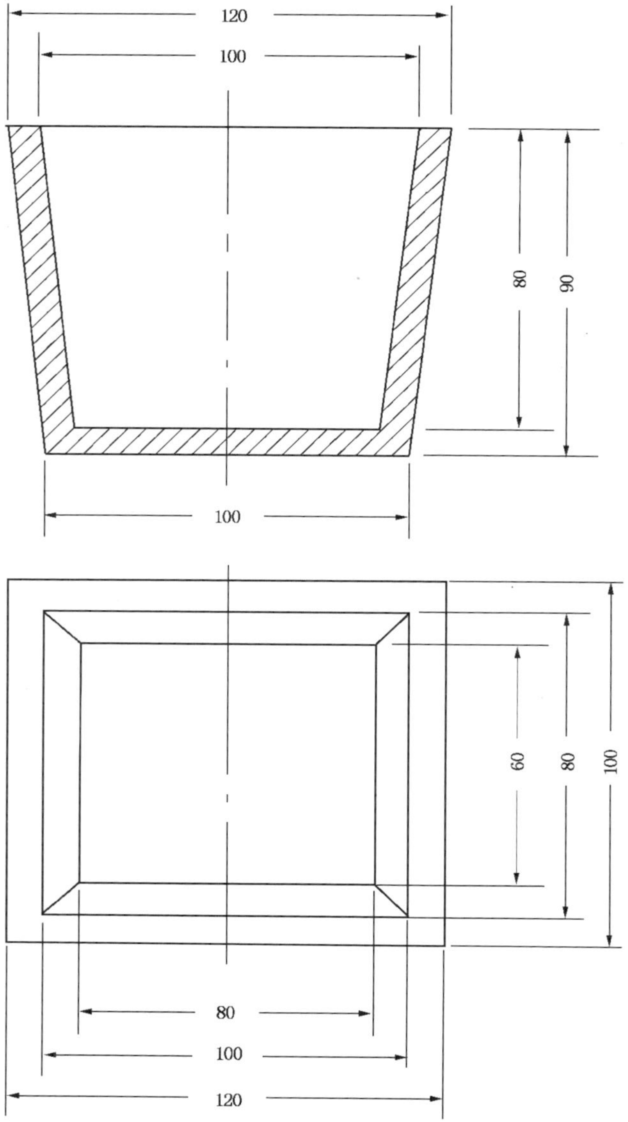


**图 A2 电极盒**

## 附　录　B
## 绝缘沥青收缩率测定法
（补充件）

本方法用于测定绝缘沥青的收缩率。

**B1　方法概要**

100mL 的试样从 150℃降到 20℃，其体积缩小的百分数即为收缩率。

**B2　仪器与材料**

**B2.1**　测定器：如图 B1 所示，钢制，100mL（容积需标定）。

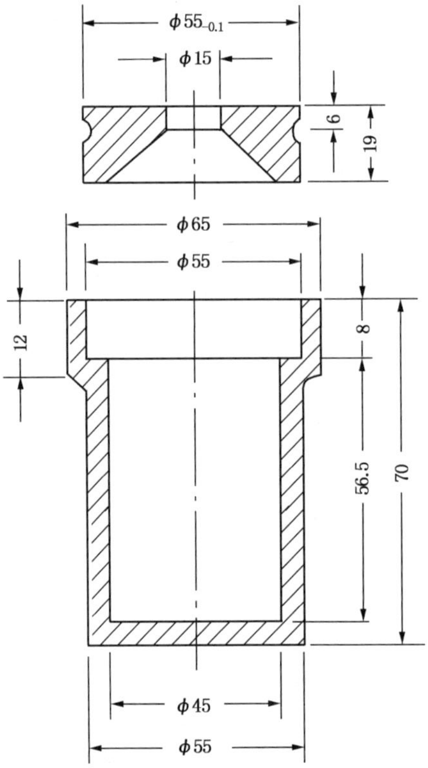


**图 B1　测定器**

**B2.2**　恒温干燥箱：200℃。
**B2.3**　滴定管：25mL，分度 0.1mL。
**B2.4**　温度计：0℃～200℃，分度值，1℃。
**B2.5**　工业乙醇。

**B3　试验步骤**

将试样熔化，熔化温度不超过试样估计软化点的 100℃，熔化后，稍静置，刮去气泡层。把预热至 150℃的测定器从烘箱中取出，拿下盖，注入试样于测定器至内上沿约 5mm 处，盖上盖，再从盖孔中注满（注入时严防气泡产生），在室温下冷却约 20min（冷至约 150℃以下），再填满。放入 150℃±2℃烘箱中恒温 2h。取出，立即用刮刀刮去多余试样，使其与盖口齐平。在 20℃±2℃下放置 5h。然后，用滴定管将乙醇滴入收缩孔内至与盖口边缘齐平，记录滴入乙醇毫升数。

## B4 计算

试样的收缩率 $X$[%($V/V$)]按下式计算：

$$X=\frac{V_0}{V}\times100 \quad \cdots\cdots \quad (B1)$$

式中：$V_0$——滴定用乙醇的体积，mL；

$V$——测定器的标定容积，mL。

## B5 精密度

重复性：重复测定两个结果之差不超过 0.5%。

## B6 报告

取重复测定两个结果的算术平均值作为试验结果。

---

**附加说明：**
本标准由石油大学技术归口。
本标准由独山子炼油厂负责起草。
本标准主要起草人申国禧、孟淑芳、赵宝来。
本标准实施之日起，原石化行业标准 SH 0418—92《专用石油沥青》中 2 号作废。

ICS 75.140
E 43

SH

# 中华人民共和国石油化工行业标准

NB/SH/T 0522—2010
代替 SH/T 0522—2000

# 道 路 石 油 沥 青

## Petroleum asphalt for road pavement

2010-05-01 发布 2010-10-01 实施

国 家 能 源 局 发 布

# 前　言

本标准是根据我国中、低等级道路及城市道路非主干道沥青路面的需要和沥青生产技术的发展，对 SH/T 0522—2000《道路石油沥青》进行修订。

本标准代替 SH/T 0522—2000《道路石油沥青》。

本标准与 SH/T 0522—2000 的主要差异如下：

——取消了原标准中的蒸发后针入度比改为薄膜烘箱后针入度比，将原标准的蒸发损失改为薄膜烘箱后质量变化。

——增加了蜡含量和密度(25℃)质量指标，密度质量指标要求报告。

——规定了薄膜烘箱试验后质量变化的具体指标、针入度比、延度(25℃)要求报告。

本标准由中国石油化工集团公司提出。

本标准由全国石油产品和润滑剂标准化技术委员会石油沥青分技术委员会归口。

本标准起草单位：中国石油化工股份有限公司齐鲁分公司胜利炼油厂。

本标准主要起草人：王斌、荆元工。

本标准历次颁布情况：

——SY 1661—1959、SY 1661—1962、SY 1661—1985、SH 0522—1992、SH/T 0522—2000，本次修订为第 6 次修订。

# 道 路 石 油 沥 青

## 1 范围

1.1 本标准规定了以石油为原料，经各种工艺生产的适用于修建中、低等级道路及城市道路非主干道路面的道路石油沥青的技术要求及试验方法，以及包装、标志、贮存、运输及交货验收、采样。

1.2 本标准所属产品适用于中、低等级道路及城市道路非主干道的道路沥青路面，也可作为乳化沥青和稀释沥青的原料。

1.3 本标准未涉及有关使用的安全规定，标准使用者有责任在使用前制定合适的安全使用规程。

## 2 规范性引用文件

下列文件中的条款通过本标准的引用而成为本标准的条款。凡是注日期的引用文件，其随后所有的修改单(不包括勘误的内容)或修订版均不适用于本标准，然而，鼓励根据本标准达成协议的各方研究是否可使用这些文件的最新版本。凡是不注日期的引用文件，其最新版本适用于本标准。

GB/T 267 石油产品闪点与燃点测定法(开口杯法)

GB/T 4507 沥青软化点测定法(环球法)

GB/T 4508 沥青延度测定法

GB/T 4509 沥青针入度测定法

GB/T 5304 石油沥青薄膜烘箱试验法

GB/T 8928 石油沥青比重和密度测定法

GB/T 11147 石油沥青取样法

GB/T 11148 石油沥青溶解度测定法

SH 0164 石油产品包装、贮运及交货验收规则

SH/T 0425 石油沥青蜡含量测定法

## 3 产品分类

本标准所属产品按针入度范围分为200号、180号、140号、100号、60号五个牌号。

## 4 技术要求和试验方法

道路石油沥青的技术要求和试验方法见表1。

**表1 道路石油沥青技术要求**

| 项目 | | 质量指标 | | | | | 试验方法 |
|---|---|---|---|---|---|---|---|
| | | 200号 | 180号 | 140号 | 100号 | 60号 | |
| 针入度(25℃，100g，5s)/(1/10mm) | | 200~300 | 150~200 | 110~150 | 80~110 | 50~80 | GB/T 4509 |
| 延度[注)](25℃)/cm | 不小于 | 20 | 100 | 100 | 90 | 70 | GB/T 4508 |
| 软化点/℃ | | 30~48 | 35~48 | 38~51 | 42~55 | 45~58 | GB/T 4507 |
| 溶解度/% | 不小于 | 99.0 | | | | | GB/T 11148 |

表1(续)

| 项　目 | | 质　量　指　标 | | | | | 试验方法 |
|---|---|---|---|---|---|---|---|
| | | 200号 | 180号 | 140号 | 100号 | 60号 | |
| 闪点(开口)/℃ | 不低于 | 180 | 200 | 230 | | | GB/T 267 |
| 密度(25℃)/(g/cm³) | | 报　告 | | | | | GB/T 8928 |
| 蜡含量/% | 不大于 | 4.5 | | | | | SH/T 0425 |
| 薄膜烘箱试验(163℃，5h) | | | | | | | |
| 质量变化/% | 不大于 | 1.3 | 1.3 | 1.3 | 1.2 | 1.0 | GB/T 5304 |
| 针入度比/% | | 报　告 | | | | | GB/T 4509 |
| 延度(25℃)/cm | | 报　告 | | | | | GB/T 4508 |
| 注：如25℃延度达不到，15℃延度达到时，也认为是合格的，指标要求与25℃延度一致。 | | | | | | | |

## 5　包装、标志、贮运及交货验收

本标准所属产品的包装、标志、贮运及交货验收按SH 0164进行。

## 6　取样

取样按GB/T 11147要求进行。

## 7　关键词　道路；石油；沥青。

中华人民共和国石油化工行业标准

SH/T 0523—1992

# 油 漆 石 油 沥 青

代替 SY 1667—81

## 1 主题内容与适用范围

本标准规定了油漆石油沥青的技术要求。

本标准适用于由石油渣油经加工制得的油漆石油沥青。该沥青具有光泽，耐水性和防腐性良好，与干性油互溶，适于制取各种沥青漆。

## 2 引用标准

GB/T 267 石油产品闪点与燃点测定法(开口杯法)

GB/T 4507 沥青软化点测定法(环球法)

GB/T 4509 沥青针入度测定法

GB/T 11147 石油沥青取样法

GB/T 11148 石油沥青溶解度测定法

SH 0164 石油产品包装、贮运及交货验收规则

SH/T 0422 沥青灰分测定法

## 3 产品分类

油漆石油沥青根据使用特性分1号、2号和3号三个牌号：1号为环烷基或中间环烷基石油渣油经加工制得的高软化点、高黑亮度沥青，主要用于制取具有良好装饰性的沥青烘干清漆；2号适于制取一般装饰和防腐的沥青清漆；3号适于制取满足防腐要求的沥青清漆。

## 4 技术要求

| 项 目 | 1号 | 2号 | 3号 | 试验方法 |
|---|---|---|---|---|
| 外观 | 黑亮，无杂质 | | | 目测 |
| 软化点(环球法),℃ | 140～165 | 125～140 | 105～125 | GB/T 4507 |
| 针入度(25℃，100g)，1/10mm 不大于 | 6 | 8 | 10 | GB/T 4509 |
| 溶解度,% 不小于 | 99.5 | | | GB/T 11148 |
| 闪点(开口),℃ 不低于 | 260 | | | GB/T 267 |
| 灰分,% 不大于 | 0.3 | | | SH/T 0422 |
| 油溶性(沥青：亚麻油) | 完全(1：0.5) | 完全(1：1) | 完全(1：1) | 附录A |

## 5 包装、标志、贮存、运输

产品的包装、标志、贮存、运输及交货验收规则按SH 0164进行。

## 6 采样

采样按GB/T 11147进行。

中国石油化工总公司 1992-09-19 批准　　1993-09-01 实施

## 附 录 A
## 油漆石油沥青油溶性试验法
（补充件）

### A1 适用范围

本方法适用于测定油漆石油沥青的油溶性。

油漆石油沥青的油溶性系指油漆石油沥青在亚麻油中的溶解性。

### A2 仪器与材料

A2.1 容器搪瓷缸，容积700mL。

A2.2 电炉1000W。

A2.3 温度计0℃～300℃，分度值2℃。

A2.4 玻璃板。

A2.5 玻璃棒或金属棒。

A2.6 亚麻油。

### A3 试验步骤

在已称量的清洁容器内加入定量的亚麻油（详见技术要求）和150g小于5mm～10mm的块状油漆石油沥青试样。将盛有亚麻油和沥青试样的容器放在隔有石棉网的加热电炉上，加热到270℃～280℃，加热过程中不断用玻璃棒或金属棒搅动，以防局部过热。

用玻璃棒或金属棒挑出部分混合物涂于已预热的玻璃板上，使之形成一层薄膜。观测薄膜的均匀性。若此膜具有光泽且无块状沥青析出则认为油溶完全。

---

**附加说明：**

本标准由石油大学提出。

本标准由石油大学技术归口。

本标准由石油大学负责起草。

本标准主要起草人范耀华、刘国祥。

本标准参考前苏联国家标准 ГОСТ 21822-87《专用石油沥青》。

中华人民共和国石油化工行业标准

SH/T 0624—1995

# 阳离子乳化沥青

## 1 主题内容与适用范围

本标准规定了阳离子乳化沥青的技术要求、试验方法、检验规则以及包装、贮存、运输等要求。

本标准适用于道路石油沥青与乳化剂和水经乳化而制得的阳离子乳化沥青。

本标准所属产品适用于道路铺装。

## 2 引用标准

GB/T 4508 沥青延度测定法
GB/T 4509 沥青针入度测定法
GB/T 11147 石油沥青取样法
GB/T 11148 石油沥青溶解度测定法
SH/T 0099.1 乳化沥青恩氏黏度测定法
SH/T 0099.2 乳化沥青筛上剩余量测定法
SH/T 0099.3 乳化沥青颗粒电荷试验法
SH/T 0099.4 乳化沥青蒸发残留物测定法
SH/T 0099.5 乳化沥青贮存稳定度测定法
SH/T 0099.6 乳化沥青水泥拌合性测定法
SH/T 0099.7 乳化沥青附着度试验法
SH/T 0099.8 乳化沥青冷冻安定性试验法
SH/T 0099.9 乳化沥青粗(密)粒度骨料拌合试验法
SH 0164 石油产品包装、贮运及交货验收规则

## 3 产品分类

本标准按施工方法分为贯入洒布用和拌合用两大类。

贯入洒布用以字母“G”表示，分为G-1、G-2、G-3。

拌合用以字母“B”表示，分为B-1、B-2、B-3。

3.1 G-1 适用于贯入式路面及表面处治。
G-2 适用于透层油及沥青稳定土。
G-3 适用作粘层油、表面处治及贯入式主层路面用。

3.2 B-1 适用于拌制粗粒式常温沥青混合料。
B-2 适用于拌制中粒式及细粒式常温沥青混合料。
B-3 适用于拌制砂粒式常温沥青混合料及稀浆封层。

中国石油化工总公司 1995-06-15 批准 1995-10-01 实施

## 4 技术要求

| 项目 | | 质量指标 | | | | | | 试验方法 |
|---|---|---|---|---|---|---|---|---|
| | | G-1 | G-2 | G-3 | B-1 | B-2 | B-3 | |
| 恩氏黏度(25℃),°E | | 3~15 | 1~6 | 1~6 | 3~40 | | | SH/T 0099.1 |
| 筛上剩余量,% 不大于 | | 0.3 | | | | | | SH/T 0099.2 |
| 附着度 不小于 | | 2/3 | | | — | | | SH/T 0099.7 |
| 粗骨料拌合试验 | | — | | | 均匀 | — | | SH/T 0099.9 |
| 密骨料拌合试验 | | — | | | — | 均匀 | — | SH/T 0099.9 |
| 水泥拌合性试验,% 不大于 | | — | | | — | | 5 | SH/T 0099.6 |
| 颗粒电荷 | | 正 | | | | | | SH/T 0099.3 |
| 蒸发残留物,% 不小于 | | 60 | 50 | 50 | 57 | | | SH/T 0099.4 |
| 蒸发残留物性质 | 针入度(25℃, 100g), 1/10mm | 80~200 | 80~300 | 40~160 | 40~200 | 40~300 | 40~200 | GB/T 4509 |
| | 延度(25℃), cm 不小于 | 40 | | | | | | GB/T 4508 |
| | 溶解度,% 不小于 | 98 | | | 97 | | | GB/T 11148 |
| 贮存稳定度(5d),% 不大于 | | 5 | | | | | | SH/T 0099.5 |
| 冷冻安定性 | | 无粗粒、无结块 | | | | | | SH/T 0099.8 |

## 5 检验规则

5.1 检验分类

产品检验分出厂检验和型式检验。

5.2 出厂检验

5.2.1 产品交货验收时应按下列项目检验:

a. 恩氏黏度;

b. 筛上剩余量;

c. 粗骨料拌合试验;

d. 密骨料拌合试验;

e. 水泥拌合性试验;

f. 颗粒电荷;

g. 蒸发残留物。

5.2.2 产品生产技术检验部门进行出厂检验，检验合格后附有产品检验合格证，方可出厂。

5.3 型式检验

5.3.1 对产品质量进行全面考核，即对本标准中规定的技术要求进行全部检验。

5.3.2 有下列情况之一时，应进行型式检验:

a. 产品转产时;

b. 正式生产时，如沥青原料、乳化剂或工艺等有较大改变，可能影响产品性能时;

c. 产品长期停产后，恢复生产时;

d. 出厂检验结果与上次型式检验有较大差异时;

e. 国家质量监督机构提出进行型式检验要求时。

## 6 包装、标志、贮存、运输

6.1 本产品包装、标志、贮存、运输及交货验收规则按 SH 0164 进行。

6.2 本产品宜就地产销，不宜长期贮存。

采用汽车油罐车运输或由产、销、用各方面协商适当的装运办法。

## 7 取样

取样按 GB/T 11147 进行。

---

**附加说明：**

本标准由齐鲁石油化工公司提出。

本标准由石油大学技术归口。

本标准由齐鲁石化公司胜利炼油厂负责起草。

本标准主要起草人崔新天、武金明、王斌。

本标准非等效采用日本工业标准 JIS K2208-1980《乳化沥青》制定。

ICS 75.140
E 43

SH

# 中华人民共和国石油化工行业标准

NB/SH/T 0652—2010
代替 SH/T 0652—1998

# 石油沥青专业名词术语

## Petroleum asphalt professional field terminology

2010-05-01 发布　　2010-10-01 实施

国家能源局　发布

# 前　　言

本标准根据国内外石油沥青科研、生产、应用领域的变化情况，对 SH/T 0652—1998 进行修订。

本标准是为了在石油沥青相关领域中产品和试验方法中引用术语时提供一个统一的概念。

本标准代替 SH/T 0652—1998。

本标准与 SH/T 0652—1998 的主要差异如下：

——将标准名称由石油沥青名词术语改为石油沥青专业名词术语。

——将标准名词术语分类由原料和产品、性质和试验方法、其他改为原料、产品、制品、性质和试验方法、其他。章节号进行相应修改。

——本标准将原标准已经存在但已经不够准确的名词术语进行了修订。

——本标准增加与改性沥青相关的名词术语。

——本标准增加了新出现的产品和分析方法的名词术语。

本标准由中国石油化工集团公司提出。

本标准由全国石油产品和润滑剂标准化技术委员会石油沥青分技术委员会归口。

本标准起草单位：中国石油大学(华东)重质油研究所。

本标准主要起草人：张玉贞、黄颂昌、张田英、张小英。

本标准历次版本发布情况为：

——SH/T 0652—1998。

# 石油沥青专业名词术语

## 1　范围

本标准规定了石油沥青及其制品相关的名词术语及定义。

本标准适用于制定修订有关石油沥青标准及编写、翻译相关的技术文件说明等。

## 2　参考文献

下列文件中的条款通过本标准的引用而成为本标准的条款。凡注明日期的引用文件，其随后所有的修改单（不包括勘误的内容）或修订版均不适用于本标准，然而，鼓励根据本标准达成协议的各方研究是否可使用这些文件的最新版本。凡是不注日期的引用文件，其最新版本适用于本标准。

GB/T 4016　石油产品名词术语

## 3　名词术语

本标准从原材料、产品和制品、性质和试验方法、其他五个方面进行叙述，并附有汉语拼音和英文索引。

### 3.1　原材料　raw materials

**3.1.1　沥青　bitumen**

暗褐色至黑色的、可溶于苯或二硫化碳等溶剂的固体或半固体有机物质，可以是自然界天然存在，也可以是石油、煤等原料经加工得到的残渣或黏稠物。主要由烃类和非烃类有机化合物组成。

**3.1.2　天然沥青　native bitumen**

在自然界中天然存在的沥青类物质。

**3.1.3　岩沥青　bitumen in rock**

在地壳运动过程中沉积形成的沥青类物质，一般认为是地层中的原油在地壳运动运移并沉积在岩层中的沥青类物质。

**3.1.4　沥青砂　bituminous sands（tar sand）**

浸渍了沥青类物质的砂子，其中沥青类物质可以被溶剂抽提出来。

**3.1.5　石油沥青　asphalt（petroleum asphalt）**

以原油为主要原料经加工得到的沥青类物质。

**3.1.6　直馏沥青　straight asphalt**

以原油为原料，经蒸馏工艺得到的沥青类物质。

**3.1.7　沥青胶结料　bituminous binder（asphalt binder）**

能使集料黏结成团的沥青类物质。

**3.1.8　软化油（调和油）　flux oil**

能使沥青软化点降低的低挥发性油品。

**3.1.9　减压渣油　vacuum residue（short residue）**

原油经减压蒸馏塔底得到的沥青类物质。

**3.1.10　乳化剂 emulsifying agent**

能使油品乳化并保持一定稳定性的表面活性物质。

**3.1.11　添加剂　additive**

能赋予产品某些特殊性能或增强其原来具有的某些性能而加入的少量物质。

**3.1.12 黏稠沥青 asphalt cement**

道路沥青得一类。包括符合黏稠沥青规格的直馏沥青；或以渣油为原料经氧化或溶剂脱沥青得到的符合黏稠沥青规格的沥青产品。

**3.1.13 沥青岩 asphalt rock(asphaltite)**

浸有沥青类物质的石灰岩(calcareous)或硅质岩(siliceous)。

**3.1.14 湖沥青 lake asphalt**

天然沥青的一种表现形式，是石油中可挥发组分自然蒸发后留下的沥青类物质。湖沥青一般含有一定量的无机矿物质。

**3.1.15 改性剂 modifier**

加入后能改善沥青某种性质的添加剂。

**3.1.16 抗剥离剂 anti stripping agent**

为提高沥青在集料表面的黏附性能加入的添加剂。

**3.1.17 橡胶 rubber**

在很宽的温度范围内具有高弹性及伸缩性的高分子材料，包括天然橡胶与合成橡胶。代表性产品有 SBR 、CR 、EPDM 等。

**3.1.18 热塑性橡胶 thermoplastic rubber**

又称热塑性弹性体，兼具橡胶和热融性塑料特性，在常温下显示橡胶弹性，受热时显示塑料的可塑性的高分子材料。代表性产品有 SBS 、SB 、SIS 等。

**3.1.19 热塑性树脂 thermoplastic resin**

树脂的一类，可反复受热软化(或熔化)和冷却凝固的树脂，代表性产品有 EVA 、PE 等。

**3.1.20 稳定剂 stabilizer**

能增加溶液、胶体、固体、混合物等类物质稳定性能的添加剂。当用于改性沥青时，可以保持改性剂在基质沥青中的均匀分散，降低改性沥青的表面张力，防止改性剂凝聚、离析，提高改性沥青的储存稳定性。

**3.1.21 沥青再生剂 recycling agent**

能使老化后的沥青恢复其使用性能，并符合相关技术要求的产品。

**3.2 产品 product**

**3.2.1 道路石油沥青 paving asphalt(road bitumen)**

主要用于铺设道路并符合沥青路面使用要求的石油沥青产品。

**3.2.2 建筑沥青 asphalt for roofing and waterproofing**

主要用于建筑防水工程，并满足相关性能要求的沥青产品。

**3.2.3 改性沥青 modified asphalt**

加入改性剂或经特殊工艺处理，性能得到了改善的沥青产品。

**3.2.4 氧化沥青 oxidized asphalt(blown asphalt)**

用氧化工艺生产的沥青类物质。

**3.2.5 催化氧化沥青 catalytic oxidized asphalt**

在催化剂存在下氧化工艺生产的沥青类物质。

**3.2.6 油漆沥青 asphalt for painting**

制造油漆时用作原料的石油沥青产品。

**3.2.7 乳化沥青 emulsified asphalt(emulsified bitumen)**

沥青和水在乳化剂作用下制成的沥青乳化液。

**3.2.8 阳离子乳化沥青 cationic emulsified asphalt(bitumen)**

阳离子乳化剂作用下制成的沥青乳化液。

**3.2.9 阴离子乳化沥青 anionic emulsified asphalt(bitumen)**

阴离子乳化剂作用下制成的沥青乳化液。

**3.2.10 非离子乳化沥青 non-ion emulsified asphalt(bitumen)**

非离子乳化剂作用下制成的沥青乳化液。

**3.2.11 水工沥青 hydraulic asphalt**

主要用于水利工程中并符合相关技术要求的沥青产品。

**3.2.12 橡胶填充沥青 asphalt used as an additive for rubber**

主要用作橡胶软化剂、增强剂和填充剂，并符合相关技术要求的沥青产品。

**3.2.13 防水防潮沥青 asphalt for dampproofing and waterproofing**

主要用作各类防水防潮工程，并符合相关技术要求的沥青产品。

**3.2.14 管道防腐沥青 asphalt used as a protective coating for pipe**

主要用作金属管道防腐，并符合相关技术要求的沥青产品。

**3.2.15 电缆沥青 asphalt used as a protective coating for cable**

主要用作电缆防护层防腐防潮，并符合相关技术要求的沥青产品。

**3.2.16 绝缘沥青 insulating asphalt**

主要用作各种电器材料和电器设备涂料及绝缘填充物，并符合相关技术要求的沥青产品。

**3.2.17 绝缘胶 insulating mastic**

在沥青中加入适量绝缘油及少量添加剂，主要用于浇灌电器终端匣，并符合相关技术要求的沥青产品。

**3.2.18 电池封口剂 asphalt for battery sealing**

主要用于各种干电池及蓄电池封口，并符合相关技术要求的沥青产品。

**3.2.19 稀释沥青 cut-back asphalt**

在沥青中加入适量稀释剂制成的液态混合物。

**3.2.20 橡胶沥青 rubber asphalt (asphalt-rubber binder(AR))**

在沥青类物质中添加废旧轮胎橡胶粉，橡胶粉与热沥青接触软化而形成的混合物。

**3.2.21 橡胶改性沥青 rubber modified asphalt**

在热沥青类物质中加入废旧轮胎橡胶粉，橡胶粉在控制条件下降解，能够相对均匀地分散在沥青中，并具有一定储存稳定性的沥青产品。

**3.2.22 聚合物改性沥青 polymer-modified asphalt**

在沥青类物质中加入一种或几种聚合物，在一定的工艺条件下生产的改沥青产品。

**3.2.23 改性乳化沥青 modified asphalt emulsion**

在乳化剂作用下制得的改性沥青乳化液。

**3.2.24 阻燃沥青 flame retardant asphalt**

在沥青中加入一种或多种阻燃剂，使得到的混合物符合相关技术要求的沥青产品。

**3.2.25 改性阻燃沥青 flame retardant modified asphalt**

在改性沥青中加入一种或多种阻燃剂，使得到的混合物符合相关技术要求的沥青产品。

**3.2.26 重交通道路沥青 heavy traffic paving asphalt**

符合高速公路、一级公路、城市快速路、主干路等重交通量使用并符合“重交通道路石油沥青技术要求”的道路石油沥青，简称重交通道路沥青。

**3.2.27 泡沫沥青 foamed bitumen**

通过一定工艺条件将水、水蒸气或发泡剂引入到沥青中，使沥青体积膨胀而制得的泡沫状沥青。

**3.3 制品 work**

**3.3.1 沥青玛蹄脂(沥青胶) asphalt mastic**

在沥青中加入适量填充料及少量添加剂制成的混合物。主要用于建筑及道路工程。

3.3.2 **沥青混合料**

沥青与一定级配的矿质集料和矿粉经加热、拌合后的产品。

3.3.3 **沥青混凝土 asphalt concrete**

用沥青作黏结材料，与矿质集料和矿粉按一定比例经加热、拌合、压实而修成的工程实体。

3.3.4 **沥青油毡 asphalt felt**

建筑工业用的一种卷材，俗称油毡。系用适当的胎基(纸胎、玻璃纤维胎等)浸渍与涂覆沥青而制。

3.4 **性质和试验方法 properties and test methods**

3.4.1 **黏度 viscosity**

流体流动时内摩擦力的量度，黏度值随温度的升高而降低。

3.4.2 **牛顿流体 Newtonian fluid**

黏度与剪切速率无关的流体。

3.4.3 **表观黏度 apparent viscosity**

表示非牛顿流体流动时的内摩擦特征所采用的术语。

3.4.4 **动力黏度 dynamic viscosity**

表示液体在一定剪切应力下流动时内摩擦力的量度。其值为所加于流动液体的剪切应力和剪切速率之比，以帕(斯卡)·秒(Pa·s)表示。

3.4.5 **运动黏度 kinematic viscosity**

表示液体在重力作用下流动时内摩擦力的量度，其值为相同温度下液体的动力黏度与其密度之比，以平方米/秒($m^2/s$)表示。

3.4.6 **恩氏黏度 Engler viscosity**

在规定条件下，一定体积的具有较高黏度石油产品试样，从恩氏黏度计中流出 50mL 所需要的时间(s)与该黏度计水值之比。

3.4.7 **真空毛细管法黏度 viscosity measuring with vacuum capillary**

在规定温度和真空度的条件下，采用毛细管黏度计测定沥青所得到的动力黏度。

3.4.8 **密度 density**

在规定温度下，单位体积内所含物质的质量数，以千克/米³($kg/m^3$)表示。

3.4.9 **相对密度 relative density**

物质在给定温度下的密度与标准温度下标准物质的密度之比值。对沥青试样而言，其标准物质是水。

3.4.10 **溶解度 solubility**

沥青试样在规定溶剂(三氯乙烯)中可溶解的量，以质量分数表示。

3.4.11 **油溶性 solubility in oil**

油漆沥青在规定条件下与亚麻油混合时的溶解性。

3.4.12 **针入度 penetration**

在规定条件下，标准针垂直穿入沥青试样的深度，以 1/10mm 表示。

3.4.13 **针入度指数 penetration index**

沥青温度敏感性的表示。针入度指数可以用沥青的针入度和软化点计算而得，也可以用两个或两个以上不同温度下测得的沥青针入度计算而得。

3.4.14 **软化点 softening point**

在规定条件下，加热沥青试样使其软化至一定稠度时的温度，以℃表示。

3.4.15 **环球法 ring and ball method**

测定沥青软化点的一种方法。

3.4.16 **蒸发损失 loss on heating**

沥青在规定条件下蒸发后，其质量损失的百分数。

3.4.17 闪点 flash point

在规定条件下加热石油产品所逸出的蒸气和空气组成的混合物与火焰接触发生瞬间闪火时的最低温度，以℃表示。

3.4.18 开口闪点 flash point(open cup)

用规定的开口杯闪点测定器所测得的闪点，以℃表示。

3.4.19 延度 ductility

在规定条件下，使沥青的标准试件拉伸至断裂时的长度，以 cm 表示。

3.4.20 脆点(或弗拉斯脆点) breaking point(Fraass breaking point)

在规定条件下冷却并弯曲沥青涂片至出现裂纹时的温度，以℃表示。

3.4.21 薄膜烘箱试验 thin film oven test(TFOT)

在规定条件下加热沥青试样，并检验其加热前后特定的物性变化(如质量变化、针入度、延度、黏度等)以判断沥青抗热老化的性能的实验。

3.4.22 旋转薄膜烘箱试验 rotating thin film oven test(RTFOT)

在规定条件下，鼓风加热旋转的沥青薄膜，并检验其加热前后特定的物性变化(如质量变化、针入度、延度、黏度等)以判断沥青抗热和空气老化的性能的实验。

3.4.23 冻裂点 freezing breaking point

沥青试样在规定器皿内冷冻至发生裂纹时的温度，以℃表示。

3.4.24 垂度 droop

在规定条件下，黏附在试验板上的沥青试样受热产生蠕变下垂的距离，以 mm 表示。

3.4.25 黏附率 adherence ratio

在规定条件下，沥青试样黏附在金属表面上的面积占金属总面积的百分数。

3.4.26 收缩率 abbreviation ratio

绝缘沥青在规定的两个温度之间的体积变化，以体积分数表示。

3.4.27 附着度(黏结性) coating ability

在规定条件下，乳化沥青黏附在潮湿石料上的面积占石料总面积之比。

3.4.28 四组分法 four groups analysis(SARA analysis)

对渣油、石油沥青或其他重质石油馏分在规定条件下测其饱和分、芳香分、胶质、沥青质四种组分的含量并以质量分数表示的分析过程。

3.4.29 沥青质 asphaltenes

在规定条件下不溶于正庚烷而溶于甲苯的沥青组分。

3.4.30 可溶质 maltene(petrolene)

在规定实验条件下分离出沥青质后得到的沥青组分。

3.4.31 饱和分 saturates

可溶质在规定条件下用正庚烷(仲裁时所用溶剂)或石油醚从液固色谱上脱附得到的沥青组分。

3.4.32 芳香分 aromatics

可溶质在规定条件下分离出饱和分后，再用甲苯从液固色谱上脱附得到的沥青组分。

3.4.33 胶质(极性芳香分) resins(polar aromatics)

可溶质在规定条件下分离出饱和分和芳香分后，再用甲苯-乙醇从液固色谱上脱附得到的沥青组分。

3.4.34 蜡含量 wax content

在规定条件下，沥青试样经裂解蒸馏所得的馏出油脱出的蜡量，以质量分数表示。

3.4.35 水分 water content

存在于沥青试样中的水含量。

3.4.36　灰分　ash content

在规定条件下，沥青碳化后的残留物经煅烧所得的无机物，以质量分数表示。

3.4.37　耐久性　durability

反映沥青及其制品可持续使用的期限。

3.4.38　抗老化性　anti-aging property

沥青在长期使用过程中抗变质的能力。

3.4.39　感温性　susceptibility

指沥青对温度的敏感程度，常表征为黏度或稠度随温度变化而改变的程度。

3.4.40　疲劳阻力　fatigue resistance

沥青路面阻止由重复弯曲引发的开裂的能力。

3.4.41　加速老化　accelerated weathering

在较短的时间内，进行沥青老化模拟试验，并规定试验时间和其他条件，使老化试验对试件产生的影响与实际的老化效果相似。

3.4.42　内聚力　cohesion

由于沥青分子内部的化学键或分子间的范德华力等作用力引起的沥青内部抵抗沥青本身由于温度变化导致的变形而表现出来的一种性能。

3.4.43　黏附性　adhesion

沥青与一种界面相接触时由于化学键或分子间作用力的作用而产生的抵抗外界环境的变化而引起的沥青与界面之间相互脱离而表现出的一种性能。

3.4.44　配伍性或相容性　compactibility

沥青与一种有机物相互混合达到协调一致的程度，与沥青配伍性好的有机物会改善沥青的某种性能，而与沥青配伍性不好的有机物会降低沥青的某种性能。

3.4.45　溶胀　swelling and solubility

橡胶类改性剂加入到沥青中时，沥青中的油分进入到橡胶内部从而引起橡胶体积膨胀的现象通常称为溶胀，溶胀属于物理变化。

3.4.46　复合剪切模量　complex shear modulus($G^*$)

由剪切应力的峰值的绝对值($\tau$)除以剪切应变的峰值的绝对值($\gamma$)计算得到的比值。

3.4.47　相位角　phase angle($\delta$)

在控制应变模式下施加的正弦应变和产生的正弦应力之间或在控制应力模式下施加的应力与产生的应变之间的夹角。

3.4.48　耗能剪切模量　loss shear modulus($G''$)

复合剪切模量乘以用度表示的相位角的正弦值。是损失能量(在负载循环中消耗的能量)的量度。

3.4.49　储能剪切模量　storage shear modulus($G'$)

复合剪切模量与用度表示的相位角的余弦值的乘积，是在负载循环中储存能量的量度。

3.4.50　物理硬化　physical hardening

当沥青在低于室温条件下贮藏时发生的可逆硬化，此类硬化与时间和温度有关。

3.4.51　振荡剪切　oscillatory shear

以振荡法向试验样品施加剪切应力或剪切应变的加载模式，可使剪切应力和剪切模量以正弦方式振动。

3.4.52　线性黏弹性　linear viscoelastic

在动态剪切流变仪试验方法范围内，动态剪切模量的变化与剪切应力及剪切应变无关的线性区域。

3.4.53　分子缔合　molecular association

沥青在室温储藏条件下发生在沥青分子之间的缔合作用，指的是沥青的空间硬化。分子缔合作用会增加沥青的动态剪切模量，分子缔合程度与沥青有关，储藏几个小时后缔合程度可能就较明显。

**3.4.54 脆性破坏 brittle-type of failure**

试验材料一种破坏类型。应力-应变曲线从开始到破坏点基本上是线性的，试件拉伸至突然断裂，其横截面没有明显的减小。

**3.4.55 延-脆性破坏 brittle-ductile-type of failure**

试验材料一种破坏类型。应力-应变曲线有弯曲下降阶段，破坏时试件突然断裂，但破坏前试件横截面发生有限的减小。

**3.4.56 延性破坏 ductile-type of failure**

拉伸试件在达到破坏点时不产生突然断裂而是横截面逐渐变小，从而产生大的应变。

**3.4.57 弯曲蠕变柔量 flexural creep compliance[$D(t)$]**

在弯曲梁流变仪实验中，在规定实验条件下最大弯曲应变除以最大弯曲应力得到的比率，弯曲蠕变劲度是弯曲蠕变柔量的倒数。

**3.4.58 弯曲蠕变 flexural creep**

通过对被简单支撑的梁的中间施加一个恒负载，测定在加载时间下梁的形变试验而得到的材料特性。

**3.4.59 弯曲蠕变劲度 flexural creep stiffness**

在弯曲梁流变仪实验中，在规定实验条件下，以 8.0s，15.0s，30.0s，60.0s，120.0s 和 240.0s 处测量的劲度的对数为纵坐标，时间的对数为横坐标作图拟合二次多项式得到蠕变劲度。

**3.4.60 实测弯曲蠕变劲度 measured flexural creep stiffness[$S_m(t)$]**

在弯曲梁流变仪实验中在规定的实验条件下测得的最大弯曲应力除以测得的最大弯曲应变得到的比率。

**3.4.61 *m* 值 *m* value**

在弯曲梁流变仪实验中，在规定实验条件下，劲度对数与时间对数曲线的斜率的绝对值。

**3.5 其他 miscellaneous**

**3.5.1 针入度分级 penetration grading**

根据 25℃的针入度对沥青进行分级的沥青分级系统。

**3.5.2 SUPERPAVE**

为 superior performing asphalt pavement 的缩语。一种混合料配合比设计方法。

**3.5.3 黏度分级 viscosity grading**

根据 60℃黏度对沥青进行分级的沥青分级系统。

**3.5.4 性能分级 performance grading**

在 SUPERPAVE 中使用的沥青分级体系，是以在临界温度和老化条件下沥青的力学性能为基础的沥青分级体系。

# 汉语拼音索引

# 英 文 索 引

## A



## B

## C



## D



## E



## F



## H



## I

K



L



M



N



O



P



R

**S**



**T**



**V**



**W**

ICS 75.140
E 43

SH

# 中华人民共和国石油化工行业标准

SH/T 0734—2003

# 聚合物改性道路沥青

**Polymer modified asphalt cement for use in pavement construction**

2004-01-09 发布　　2004-06-01 实施

中华人民共和国国家发展和改革委员会　发布

# 前　言

本标准修改采用美国材料与试验协会标准 ASTM D 5976-00《第Ⅰ类高聚物改性道路沥青胶结料》、ASTM D 5840-00《第Ⅱ类高聚物改性道路沥青胶结料》和 ASTM D 5841-00《第Ⅲ类高聚物改性道路沥青胶结料》。

本标准根据 ASTM D 5976-00，ASTM D 5840-00，ASTM D 5841-00 的要求指标重新起草。

为适合我国国情，本标准在采用 ASTM D 5976-00，ASTM D 5840-00，ASTM D 5841-00 时进行了如下修改：

——原 ASTM 标准 1.2 节中对Ⅰ、Ⅱ、Ⅲ类改性沥青所用的改性外掺材料范围做出过建议性规定，本标准将此删除并增加了相应材料的术语定义；

——原 ASTM 标准中包括的试验方法均列入规范性引用文件中；

——原 ASTM 标准中Ⅰ、Ⅱ、Ⅲ类改性沥青的技术要求指标并入同一个表中列出，并在采用 ASTM D 5840-00 时删去了我国道路建设中未采用的 CR 改性沥青的指标。

本标准资料性附录 A 中给出了技术性差异及其原因一览表。

本标准由中国石油化工集团公司提出。

本标准由石油大学重质油研究所技术归口。

本标准起草单位：石油大学(华东)重质油研究所。

本标准参加起草单位：交通部交通科学研究院。

本标准主要起草人：张玉贞、孔宪明。

本标准为首次发布，自 2004 年 6 月 1 日实施。

# 引　言

以热塑性弹性体 SBS、丁苯橡胶(SBR)、热塑性树脂为改性外掺材料制作的改性沥青已广泛应用于道路的修建与维护。经过十几年的应用实践，我国改性沥青的生产技术、施工技术、设备制作，均有了成熟的经验。为保证改性沥青产品质量，使我国改性沥青的生产检测及施工方法尽快与国际接轨，依据我国现已使用的改性沥青生产品水平，特制定本标准。

本标准在保证 ASTM 标准对聚合物改性沥青的总体要求的前提下修改采用美国材料与试验协会(ASTM)标准中 D5976-00，D5840-00，D5841-00 的有关指标，参考我国正在使用的交通部 JTJ 036—98《公路改性沥青路面施工技术规范》中对聚合物改性沥青的要求制定。

# 聚合物改性道路沥青

## 1 范围

本标准规定了用于道路工程的聚合物改性沥青的分类、技术条件、贮存和运输要求。

本标准适用于以热塑性弹性体(SBS)、丁苯橡胶(SBR)、乙烯-醋酸乙烯共聚物(EVA)、聚乙烯(PE)为改性外掺材料制作的聚合物改性沥青，满足本标准系列指标的其他聚合物改性沥青可参用本标准。

## 2 规范性引用文件

下列文件中的条款通过本标准的引用而成为本标准的条款。凡是注日期的引用文件，其随后所有的修改单(不包括勘误的内容)或修改版均不适用于本标准，然而，鼓励根据本标准达成协议的各方研究是否可使用这些文件的最新版本。凡是不注日期的引用文件其最新版本适用于本标准。

GB/T 267 石油产品闪点与燃点测定法(开口杯法)

GB/T 4507 石油沥青软化点测定法

GB/T 4508 石油沥青延度测定法

GB/T 4509 石油沥青针入度测定法

GB/T 5304 石油沥青薄膜烘箱方法

GB/T 11147 石油沥青取样法

GB/T 11148 石油沥青溶解度测定法

SH 0164 石油产品包装、贮运及交货验收规则

SH/T 0735—2003 沥青粘韧性试验法

SH/T 0736—2003 沥青旋转薄膜烘箱试验法

SH/T 0737—2003 沥青弹性恢复测定法(延度仪法)

SH/T 0738—2003 聚合物改性沥青1,1,1-三氯乙烷溶解度测定法

SH/T 0739—2003 沥青黏度测定法(布鲁克菲尔德旋转黏度仪法)

SH/T 0740—2003 聚合物改性沥青离析试验法

## 3 术语和定义

### 3.1

**热塑性弹性体 Styrene-Butadiene-Styrene block copolymer**

苯乙烯-丁二烯-苯乙烯嵌段共聚物，为热塑性弹性体，有线型(非交联型)和星型(交联型)两大类，均可用于沥青改性。

### 3.2

**丁苯橡胶 Styrene-Butadiene rubber**

丁二烯和苯乙烯共聚的、链节为无规分布的非结晶型弹性体，硫化后具有弹性。本标准中所指为乳液法合成的且未硫化的生胶。

### 3.3

**乙烯-醋酸乙烯共聚物 Ethylene-Vinyl acetate copolymer**

乙烯和醋酸乙烯共聚而成的树脂。常用的为高压本体聚合法产品。

3.4

**聚乙烯 Polyethylene**

乙烯单体在不同生产条件下均聚而成。本标准中常用的为高压聚合的低密度聚乙烯。

## 4 分类

4.1 按改性材料的不同，本标准将聚合物改性沥青分为 SBS 类(Ⅰ类)、SBR 类(Ⅱ类)和 EVA、PE 类(Ⅲ类)。

4.2 按针入度和软化点不同，本标准将Ⅰ、Ⅲ类聚合物改性沥青分为 A、B、C、D 四个等级，Ⅱ类分为 A、B 两个等级。

## 5 技术要求

聚合物改性道路沥青的物理性能应符合表 1 的规定。

**表 1 聚合物改性道路沥青技术要求**

| 项目 | SBS 类(Ⅰ类) | | | | SBR 类(Ⅱ类) | | EVA、PE 类(Ⅲ类) | | | | 试验方法 |
|---|---|---|---|---|---|---|---|---|---|---|---|
| | Ⅰ-A | Ⅰ-B | Ⅰ-C | Ⅰ-D | Ⅱ-A | Ⅱ-B | Ⅲ-A | Ⅲ-B | Ⅲ-C | Ⅲ-D | |
| 针入度(25℃，100g，5s)/(1/10mm) | 100~150 | 75~100 | 50~75 | 40~75 | ≥100 | ≥80 | ≥80 | ≥60 | ≥40 | ≥30 | GB/T 4509 |
| 针入度指数[a](PI) | 报告 | | | | | | | | | | |
| 延度(5℃，5cm/min)/cm > | 50 | 40 | 30 | 20 | 60 | 50 | | | | | GB/T 4508 |
| 软化点/℃ > | 45 | 50 | 60 | 65 | 45 | 48 | 51 | 54 | 57 | 60 | GB/T 4507 |
| 黏度[b](135℃)/(Pa·s) | <3 | | | | >0.3 | | 0.15~1.5 | | | | SH/T 0739 |
| 闪点(开口杯)/℃ > | 230 | | | | 230 | | 230 | | | | GB/T 267 |
| 溶解度[c]/% ≥ | 99 | | | | 99 | | | | | | SH/T 0738 |
| 离析(软化点差)/℃ | ≤2.5 | | | | | | 无改性剂明显析出、凝聚[d] | | | | SH/T 0740 |
| 弹性恢复(25℃)/% ≥ | 65 | 70 | 75 | 80 | | | | | | | SH/T 0737 |
| 粘韧性/(N·m) | | | | | ≥5 | | | | | | SH/T 0735 |
| 韧性/(N·m) | | | | | ≥2.5 | | | | | | SH/T 0735 |
| 旋转薄膜烘箱后[e] 质量损失/% ≤ | 1.0 | | | | | | | | | | SH/T 0739 |
| 旋转薄膜烘箱后[e] 针入度比(25℃)/% > | 50 | 55 | 60 | 65 | 50 | 55 | 50 | 55 | 58 | 60 | GB/T 4509 |
| 旋转薄膜烘箱后[e] 延度(5℃，5cm/min)/cm > | 30 | 25 | 20 | 15 | 30 | 20 | | | | | GB/T 4508 |

[a] 针入度指数由实测 15℃、25℃、30℃等不同温度下的针入度按式 $\lg P=AT+K$ 直线回归求得参数 $A$ 后。以下式求得：$PI=(20-500A)/(1+50A)$，该经验式的直线回归的相关系数 $R$ 不得低于 0.997。

[b] 如果生产者能保证沥青在泵送和施工条件下安全使用，135℃黏度可不作要求。

[c] GB/T 11148《石油沥青溶解度测定法》可以替代 SH/T 0738—2003《聚合物改性沥青 1,1,1-三氯乙烷溶解度测定法》，但必须在报告中注明；仲裁试验用前者。EVA、PE 类(Ⅲ类)改性沥青对溶解度不作要求；SBS(或 SBR)改性沥青中如加入 PE 等三氯乙烷不溶物后，则不得称为 SBS(或 SBR)改性沥青，其溶解度指标按照具体工程上的技术要求处理。

[d] 定性观测法见 SH/T 0740—2003《聚合物改性沥青离析试验法》的附录 A。

[e] 老化试验以旋转薄膜烘箱试验(RTFOT)为准，允许以薄膜烘箱(TFOT)代替，但必须在报告中注明，且不得作为仲裁试验。

## 6 包装、标志、贮运

包装、标志、贮运及交货验收方法按 SH 0164 要求进行。

## 7 采样

采样按 GB/T 11147 要求进行。

# 附　录　A
## （资料性附录）

**本标准与 ASTM 标准技术差异与原因**

| ASTM 标准章节 | 本标准章节 | 技术性差异 | 原　　因 |
|---|---|---|---|
| 1，2 | 3，4 | ① 增加了术语含义<br>② 改性剂范围扩展为三类 | ① 为更进一步明确所用聚合物性能<br>② 三个标准所用技术指标合并 |
| 2~5 | 2 | 所有应用文件均用中国国家标准或行业标准 | 试验操作需要而且符合国际和 ASTM 标准的要求 |
| 6 | | 删除两个试验法：离析与弹性恢复 | 已制定相应的试验法标准 |
| 表 1 | 表 1 | 合并 ASTM 三个标准的表为一个表，增加软化点、*PI* 和 RTFOT 后针入度比，删去Ⅱ类改性沥青中后两种 CR 改性沥青指标 | 国内所有沥青均测软化点；*PI* 为报告值；针入度比值可反映老化前后性能；CR 胶乳改性沥青应用很少，国内指标不成熟 |

ICS 75.140
E 43

SH

# 中华人民共和国石油化工行业标准

SH/T 0798—2007

# 阴离子乳化沥青

**Standard specification for anionic emulsified asphalt**

2007-08-01 发布　　2008-01-01 实施

中华人民共和国国家发展和改革委员会　发布

# 前　　言

本标准修改采用美国材料与试验协会标准 ASTM 977-03《乳化沥青标准规范》(英文版)。

本标准根据 ASTM D977-03 重新起草。

为了更适合我国国情，本标准在采用 ASTM D977-03 时进行了编辑性与技术性修改。

本标准与 ASTM D977-03 的主要技术性差异如下：

——本标准删除了 ASTM D977-03 中我国未应用的 HFRS-2、HFMS-1、HFMS-2、HFMS-2h、HFMS-2S 和 QS-1H 类乳化沥青技术指标及相应的试验方法。

本标准的附录 A 为资料性附录。

本标准由中国石油化工集团公司提出。

本标准由中国石油大学(华东)重质油研究所技术归口。

本标准负责起草单位：中国石油大学(华东)重质油研究所。

本标准主要起草人：孔宪明、张玉贞、刘国祥。

本标准为首次发布。

# 阴离子乳化沥青

## 1 范围

本标准规定了 7 种路用阴离子乳化沥青的分类、技术要求、试验方法、包装、标志、贮运和取样要求。

本标准适用于以沥青、水和阴离子乳化剂等为原料制成的乳化沥青。

本标准未涉及有关使用的安全规定，标准使用者有责任在使用前制定合适的安全应用规范。

## 2 规范性引用文件

下列文件中的条款通过本标准的引用而成为本标准的条款。凡是注日期的引用文件，其随后所有的修改单(不包括勘误的内容)或修订版均不适用于本标准，然而，鼓励根据本标准达成协议的各方研究可否使用这些文件的最新版本。凡是不注日期的引用文件，其最新版本适用于本标准。

GB/T 4508　沥青延度测定法

GB/T 4509　沥青针入度测定法

GB/T 11147　石油沥青取样法

GB/T 11148　石油沥青溶解度测定法

SH 0164　石油产品包装、贮运及交货验收规则

SH/T 0099.2　乳化沥青筛上剩余量测定法

SH/T 0099.5　乳化沥青贮存稳定性测定法

SH/T 0099.6　乳化沥青水泥拌合试验

SH/T 0099.10　乳化沥青黏附和抗水能力试验法

SH/T 0099.17　乳化沥青残留物与馏出油含量蒸馏测定法

SH/T 0779　乳化沥青赛波特黏度测定法

SH/T 0780　乳化沥青破乳度测定法

## 3 产品分类与命名

本标准按凝结速度与使用要求将阴离子乳化沥青分为快凝、中凝、慢凝 3 种类型 7 个产品。RS-1、RS-2 为快凝型，适用于表面处治及贯入式碎石路面，MS-1、MS-2、MS-3 为中凝型，适用于开级配混合料、碎石封层与即时修补，SS-1、SS-2 为慢凝型，适用于密级配混合料及洒布处理。

## 4 技术要求和试验方法

4.1　阴离子乳化沥青应符合表 1 中的规定。

4.2　阴离子乳化沥青应在交货 14 天内进行试验，如果非因冷冻导致分离，充分混合后的阴离子乳化沥青应是均匀的。因受冷冻而导致分离的阴离子乳化沥青不进行交货与试验。

## 5 取样

5.1　取样按 GB/T 11147 要求进行。

5.2　试样取样后直至试验，应储藏于干净密封的容器中，温度不低于 4℃。

## 6 包装、标志、贮运

包装、标志、贮运及交货验收方法按 SH 0164 要求进行。

**表 1 阴离子乳化沥青技术要求及试验方法**

| 项目 | 快凝型 | | | | 中凝型 | | | | | | 慢凝型 | | | | 试验方法 |
|---|---|---|---|---|---|---|---|---|---|---|---|---|---|---|---|
| | RS-1 | | RS-2 | | MS-1 | | MS-2 | | MS-3 | | SS-1 | | SS-2 | | |
| | min | max | min | max | min | max | min | max | min | max | min | max | min | max | |
| 赛波特黏度(25℃), s | 20 | 100 | | | 20 | 100 | 100 | | 100 | | 20 | 100 | 20 | 100 | SH/T 0779 |
| 赛波特黏度(50℃), s | | | 75 | 400 | | | | | | | | | | | SH/T 0779 |
| 储存稳定性(24h), % | | 1 | | 1 | | 1 | | 1 | | 1 | | 1 | | 1 | SH/T 0099.5 |
| 破乳能力(35mL, 1.11g/L $CaCl_2$),% | 60 | | 60 | | | | | | | | | | | | SH/T 0780 |
| 裹覆能力和抗水性 | | | | | | | | | | | | | | | SH/T 0099.10 |
| 干集料上 | | | | | 好 | | 好 | | 好 | | | | | | |
| 喷水后黏附程度 | | | | | 中 | | 中 | | 中 | | | | | | |
| 湿集料上 | | | | | 中 | | 中 | | 中 | | | | | | |
| 喷水后黏附程度 | | | | | 中 | | 中 | | 中 | | | | | | |
| 水泥拌合试验,% | | | | | | | | | | | | 2.0 | | 2.0 | SH/T 0099.6 |
| 筛上剩余物含量,% | | 0.1 | | 0.1 | | 0.1 | | 0.1 | | 0.1 | | 0.1 | | 0.1 | SH/T 0099.2 |
| 蒸馏残留物含量,% | 55 | | 60 | | 55 | | 55 | | 55 | | 55 | | 55 | | SH/T 0099.17 |
| 蒸馏残留物试验 | | | | | | | | | | | | | | | SH/T 0099.17 |
| 针入度(25℃,100g,5s),1/10mm | 50 | 200 | 50 | 200 | 50 | 200 | 50 | 200 | 40 | 90 | 50 | 200 | 40 | 90 | GB/T 4509 |
| 延度(15℃, 5cm/min), cm | 40 | | 40 | | 40 | | 40 | | 40 | | 40 | | 40 | | GB/T 4508 |
| 溶解度(三氯乙烯),% | 97.5 | | 97.5 | | 97.5 | | 97.5 | | 97.5 | | 97.5 | | 97.5 | | GB/T 11148 |

# 附 录 A
(资料性附录)
# 运动黏度、恩氏黏度、赛氏黏度、雷氏黏度对照表

**A.1** 运动黏度与常用的三个条件黏度：恩氏黏度(Engler viscosity)、赛氏黏度(Saybolt viscosity)、雷氏黏度(Redwood viscosity)，可参考表A.1换算。

**表A.1 运动黏度、恩氏黏度、赛氏黏度、雷氏黏度对照表**

| 运动黏度 $mm^2/s$ | 恩氏(Engler)黏度 °E | 赛氏(Saybolt)黏度SUS (通用)，s | 雷氏(Redwood)黏度RIS (1号)，s |
|---|---|---|---|
| 1.0 | 1.00 | — | — |
| 2.0 | 1.14 | 32.6 | 30.95 |
| 3.0 | 1.22 | 36.0 | 33.45 |
| 4.0 | 1.30 | 39.2 | 35.95 |
| 5.0 | 1.40 | 42.3 | 38.45 |
| 6.0 | 1.48 | 45.5 | 41.05 |
| 7.0 | 1.56 | 48.7 | 43.70 |
| 8.0 | 1.65 | 52.0 | 46.35 |
| 9.0 | 1.74 | 55.4 | 49.10 |
| 10.0 | 1.83 | 58.8 | 52.01 |
| 11.0 | 1.92 | 62.3 | 55.01 |
| 12.0 | 2.02 | 65.9 | 58.10 |
| 13.0 | 2.12 | 69.6 | 61.30 |
| 14.0 | 2.21 | 73.4 | 64.55 |
| 15.0 | 2.32 | 77.2 | 67.90 |
| 16.0 | 2.43 | 81.1 | 71.40 |
| 17.0 | 2.54 | 85.1 | 74.85 |
| 18.0 | 2.64 | 89.2 | 78.45 |
| 19.0 | 2.75 | 93.3 | 82.10 |
| 20.0 | 2.87 | 97.5 | 85.75 |
| 21.0 | 2.98 | 101.7 | 89.50 |
| 22.0 | 3.10 | 106.0 | 93.25 |
| 23.0 | 3.21 | 110.3 | 97.05 |
| 24.0 | 3.33 | 114.6 | 100.9 |
| 25.0 | 3.45 | 118.9 | 104.7 |
| 26.0 | 3.57 | 123.3 | 108.6 |
| 27.0 | 3.69 | 127.7 | 112.5 |
| 28.0 | 3.82 | 132.1 | 116.5 |
| 29.0 | 3.94 | 136.5 | 120.4 |
| 30.0 | 4.07 | 140.9 | 124.4 |
| 31.0 | 4.19 | 145.3 | 128.3 |
| 32.0 | 4.32 | 149.7 | 132.3 |
| 33.0 | 4.44 | 154.2 | 136.3 |
| 34.0 | 4.57 | 158.7 | 140.2 |
| 35.0 | 4.69 | 163.2 | 144.2 |
| 36.0 | 4.82 | 167.7 | 148.2 |
| 37.0 | 4.95 | 172.2 | 152.2 |

表 A.1(续)

| 运动黏度 mm²/s | 恩氏(Engler)黏度 °E | 赛氏(Saybolt)黏度 SUS (通用),s | 雷氏(Redwood)黏度 RIS (1号),s |
|---|---|---|---|
| 38.0 | 5.08 | 176.7 | 156.2 |
| 39.0 | 5.20 | 181.2 | 160.3 |
| 40.0 | 5.33 | 185.7 | 164.3 |
| 41.0 | 5.46 | 190.2 | 168.3 |
| 42.0 | 5.59 | 194.7 | 172.3 |
| 43.0 | 5.72 | 199.2 | 176.4 |
| 44.0 | 5.84 | 203.8 | 180.4 |
| 45.0 | 5.97 | 208.4 | 184.5 |
| 46.0 | 6.10 | 213.0 | 188.5 |
| 47.0 | 6.23 | 217.6 | 192.6 |
| 48.0 | 6.36 | 222.2 | 196.6 |
| 49.0 | 6.49 | 226.8 | 200.7 |
| 50.0 | 6.63 | 231.4 | 204.7 |
| 51.0 | 6.76 | 236.0 | 208.8 |
| 52.0 | 6.89 | 240.6 | 212.8 |
| 53.0 | 6.99 | 245.2 | 216.9 |
| 54.0 | 7.10 | 249.9 | 221.0 |
| 55.0 | 7.23 | 254.4 | 225.0 |
| 56.0 | 7.37 | 259.0 | 229.1 |
| 58.0 | 7.63 | 268.2 | 237.2 |
| 60.0 | 7.89 | 277.4 | 245.3 |
| 62.0 | 8.15 | 286.6 | 253.5 |
| 64.0 | 8.42 | 295.8 | 261.6 |
| 66.0 | 8.68 | 305.0 | 269.8 |
| 68.0 | 8.94 | 314.2 | 277.2 |
| 70.0 | 9.21 | 323.4 | 286.0 |
| 72.0 | 9.47 | 332.6 | 294.1 |
| 74.0 | 9.73 | 341.9 | 302.2 |
| 75.0 | 9.87 | 346.5 | 306.3 |
| 78.5 | 10.3 | 363 | 320 |
| 83.5 | 11.0 | 386 | 340 |
| 88.5 | 11.6 | 409 | 360 |
| 93.5 | 12.3 | 432 | 380 |
| 98.5 | 13.0 | 455 | 400 |
| 110.5 | 14.6 | 512 | 450 |
| 123.0 | 16.2 | 569 | 500 |
| 135 | 17.8 | 626 | 550 |
| 147 | 19.4 | 683 | 600 |
| 160 | 21.0 | 739 | 650 |
| 172 | 22.7 | 796 | 700 |
| 184 | 24.3 | 853 | 750 |
| 197 | 25.9 | 910 | 800 |
| 209 | 27.5 | 967 | 850 |
| 221 | 29.2 | 1024 | 900 |
| 246 | 32.4 | 1138 | 1000 |

表 A.1(续)

| 运动黏度<br>$mm^2/s$ | 恩氏(Engler)黏度<br>°E | 赛氏(Saybolt)黏度 SUS<br>(通用), s | 雷氏(Redwood)黏度 RIS<br>(1号), s |
|---|---|---|---|
| 270 | 35.6 | 1251 | 1100 |
| 295 | 39.0 | 1365 | 1200 |
| 320 | 42.0 | 1479 | 1300 |
| 369 | 48.0 | 1706 | 1500 |
| 393 | 52 | 1820 | 1600 |
| 442 | 58 | 2048 | 1800 |
| 491 | 65 | 2275 | 2000 |
| 540 | 71 | 2503 | 2200 |
| 590 | 78 | 2730 | 2400 |
| 639 | 84 | 2958 | 2600 |
| 688 | 91 | 3185 | 2800 |
| 737 | 97 | 3413 | 3000 |
| 786 | 103 | 3641 | 3200 |
| 835 | 110 | 3868 | 3400 |
| 860 | 113 | 3982 | 3500 |
| 909 | 120 | 4210 | 3700 |
| 983 | 130 | 4551 | 4000 |
| 1106 | 146 | 5119 | 4500 |
| 1229 | 162 | 5688 | 5000 |
| 1351 | 178 | 6257 | 5500 |
| 1474 | 194 | 6826 | 6000 |
| 1597 | 211 | 7395 | 6500 |
| 1720 | 227 | 7964 | 7000 |
| 1843 | 243 | 8532 | 7500 |
| 1966 | 259 | 9101 | 8000 |
| 2200 | 293 | 10000 | 8460 |
| 5500 | 734 | 25000 | 21154 |
| 11000 | 1467 | 50000 | 42308 |

ICS 75.140
E 43

SH

# 中华人民共和国石油化工行业标准

SH/T 0799—2007

# 水工石油沥青

**Hydraulic asphalt**

2007-08-01 发布　　2008-01-01 实施

中华人民共和国国家发展和改革委员会　发布

# 前　　言

本标准由中国石油化工集团公司提出。

本标准由中国石油大学(华东)重质油研究所技术归口。

本标准负责起草单位：中国石油大学(华东)重质油研究所。

本标准参加起草单位：中国石油天然气股份有限公司克拉玛依分公司炼油化工研究院。

本标准主要起草人：刘国祥、王金勤。

本标准为首次发布。

# 水工石油沥青

## 1 范围

本标准规定了水利水电工程用石油沥青的分类、技术要求、试验方法、包装、标志、贮运和取样要求。

本标准适合于原油经合适的加工工艺生产的石油沥青。

本标准未涉及有关使用的安全规定，标准使用者有责任在使用前制定合适的安全应用规程。

## 2 规范性引用文件

下列文件中的条款通过本标准的引用而成为本标准的条款。凡是注日期的引用文件，其随后所有的修改单(不包括勘误的内容)或修改版均不适用于本标准，然而，鼓励根据本标准达成协议的各方研究是否可使用这些文件的最新版本。凡是不注日期的引用文件其最新版本适用于本标准。

GB/T 267 石油产品闪点与燃点测定法(开口杯法)

GB/T 4507 沥青软化点测定法(环球法)

GB/T 4508 沥青延度测定法

GB/T 4509 沥青针入度测定法

GB/T 4510 石油沥青脆点测定法

GB/T 5304 石油沥青薄膜烘箱试验方法

GB/T 8928 石油沥青比重和密度测定法

GB/T 11147 石油沥青取样法

GB/T 11148 石油沥青溶解度测定法

SH 0164 石油产品包装、贮运及交货验收规则

SH/T 0422 沥青灰分测定法

SH/T 0425 石油沥青蜡含量测定法

## 3 产品分类与命名

本标准所属产品按使用要求分为1号、2号和3号3个牌号，其中1号、2号适用于水工结构心墙和面板防渗层与整平胶结层等，3号用于水工结构封闭层。

## 4 技术要求及试验方法

水工石油沥青的技术要求应符合表1的规定。

**表1 水工石油沥青的技术要求及试验方法**

| 项目 | | 质量指标 | | | 试验方法 |
|---|---|---|---|---|---|
| | | 1号 | 2号 | 3号 | |
| 针入度(25℃，100g，5s)，1/10mm | | 70~90 | 60~80 | 40~60 | GB/T 4509 |
| 延度(15℃，5cm/min)，cm | 不小于 | 150 | 150 | 80 | GB/T 4508 |
| 延度(4℃，1cm/min)，cm | 不小于 | 20 | 15 | — | GB/T 4508 |
| 软化点(环球法)，℃ | | 44~52 | 46~55 | 48~60 | GB/T 4507 |
| 溶解度(三氯乙烯)，% | 不小于 | 99.0 | 99.0 | 99.0 | GB/T 11148 |
| 脆点，℃ | 不大于 | -12 | -10 | -8 | GB/T 4510 |

表 1(续)

| 项 目 | | 质量指标 | | | 试验方法 |
|---|---|---|---|---|---|
| | | 1号 | 2号 | 3号 | |
| 闪点(开口杯法),℃ | 不低于 | 230 | 230 | 230 | GB/T 267 |
| 蜡含量(蒸馏法),% | 不大于 | 2.2 | 2.2 | 2.2 | SH/T 0425 |
| 灰分,% | 不大于 | 0.5 | 0.5 | 0.5 | SH/T 0422 |
| 密度(25℃),g/cm³ | | 报告 | 报告 | 报告 | GB/T 8928 |
| 薄膜烘箱试验(163℃,5h) | | | | | GB/T 5304 |
| 质量变化,% | 不大于 | 0.6 | 0.5 | 0.4 | GB/T 5304 |
| 针入度比,% | 不小于 | 65 | 65 | 65 | GB/T 4509 |
| 延度(15℃,5cm/min),cm | 不小于 | 100 | 80 | 10 | GB/T 4508 |
| 延度(4℃,1cm/min),cm | 不小于 | 6 | 4 | — | GB/T 4508 |
| 脆点,℃ | 不大于 | -8 | -6 | -5 | GB/T 4510 |
| 软化点升高,℃ | 不大于 | 6.5 | 6.5 | 6.5 | GB/T 4507 |

## 5 包装、标志、贮运

包装、标志、贮运及交货验收方法按 SH 0164 要求进行。

## 6 取样

取样按 GB/T 11147 要求进行。

ICS 75.140
CCS E 43

SH

# 中华人民共和国石油化工行业标准

NB/SH/T 0818—2023
代替 NB/SH/T 0818—2010

# 稳定型橡胶沥青

## Stable rubberized asphalt

2023-02-06 发布　　2023-08-06 实施



国家能源局 发布

# 目　次

# 前　言

本文件按照 GB/T 1.1—2020《标准化工作导则　第 1 部分：标准化文件的结构和起草规则》的规定起草。

本文件代替 NB/SH/T 0818—2010《橡胶沥青》，与 NB/SH/T 0818—2010 相比，除结构调整和编辑性改动外，主要技术变化如下：

a）文件名称由《橡胶沥青》修订为《稳定型橡胶沥青》；

b）增加了表征稳定性的离析指标；

c）增加了产品的牌号和用途。

请注意本文件的某些内容可能涉及专利，本文件的发布机构不承担识别专利的责任。

本文件由中国石油化工集团有限公司提出。

本文件由全国石油产品和润滑剂标准化技术委员会石油沥青分技术委员会（SAC/TC280/SC4）归口。

本文件起草单位：中国石油大学（华东）、中石化石油化工科学研究院有限公司、中海石油炼化有限责任公司、江苏天诺道路材料有限公司、北京市政路桥建材集团有限公司、浙江顺畅高等级公路养护有限公司。

本文件主要起草人：张玉贞、郭宁、王翠红、王金凤、徐萌、柳浩、裘秋波。

本文件所代替标准的历次版本发布情况为：

——2010 年首次发布为 NB/SH/T 0818—2010；

——本次为第一次修订。

# 稳定型橡胶沥青

警告：本文件未涉及有关使用的安全规定，文件使用者有责任在使用前制定合适的安全应用规程。

## 1 范围

本文件规定了以石油沥青、废轮胎胶粉为主要原料经混合、剪切、稳定化生产工艺生产的稳定型橡胶沥青的技术要求，试验方法，贮存、运输等要求。

本文件适用于各等级公路热拌沥青混合料的路面结构功能层、应力吸收层、防水粘结层、碎石封层等。城市道路等其他工程可以参照使用。

## 2 规范性引用文件

下列文件中的内容通过文中的规范性引用而构成本文件必不可少的条款。其中，注日期的引用文件，仅该日期对应的版本适用于本文件；不注日期的引用文件，其最新版本（包括所有的修改单）适用于本文件。

GB/T 267　石油产品闪点和燃点测定法（开口杯法）

GB/T 3516　橡胶　溶剂抽出物的测定

GB/T 4507　沥青软化点测定法（环球法）

GB/T 4498.1　橡胶　灰分的测定

GB/T 4508　沥青延度测定法

GB/T 4509　沥青针入度测定法

GB/T 5304　石油沥青薄膜烘箱试验法

GB/T 8928　固体和半固体石油沥青密度测定法

GB/T 11147　沥青取样法

GB/T 14837.1　橡胶和橡胶制品　热重分析法测定硫化胶和未硫化胶的成分

NB/SH/T 0164　石油及相关产品包装、储运及交货验收规则

NB/SH/T 0737　沥青弹性恢复测定法　延度仪法

NB/SH/T 0740　聚合物改性沥青离析试验法

NB/SH/T 0739　沥青高温黏度测定法　旋转黏度仪法

NB/SH/T 0777　沥青流变性质测定法（DSR 法）

JT/T 797　路用废胎硫化橡胶粉

## 3 术语和定义

下列术语和定义适用于本文件。

3.1

**废轮胎胶粉　crumb rubber**

废旧轮胎经粉碎、加工得到的具有一定细度规格的粉状物。

3.2

稳定型橡胶沥青 **stable rubberized asphalt**

将石油沥青、废轮胎胶粉等按一定比例混合，经搅拌、机械剪切或研磨、溶胀、反应，得到的满足储存稳定性及其他相关技术要求的沥青结合料。

## 4 产品分类

本文件按用途和针入度范围分为拌和型 XJ-A、XJ-B、XJ-C、XJ-D 及喷洒型 XJ-E 等两种用途、五个牌号。

## 5 技术要求和试验方法

### 5.1 废轮胎胶粉

废轮胎胶粉应均匀，不应含有目测可见的木屑、砂砾、玻璃和污物等杂质。废轮胎胶粉中的纤维不应结团，不得有编织状的纤维颗粒。

废轮胎胶粉的技术要求应符合表 5.1 的规定。

表 5.1 废轮胎胶粉技术要求

| 项目 | 单位 | 技术要求 | 试验方法 |
|---|---|---|---|
| 相对密度 | — | 1.10～1.30 | JT/T 797 6.3 |
| 含水率，不大于 | % | 1 | JT/T 797 6.4 |
| 铁含量，不大于 | % | 0.03 | JT/T 797 6.5 |
| 纤维含量，不大于 | % | 1 | JT/T 797 6.6 |
| 0.6mm 筛通过率/30 目，不小于 | % | 98 | JT/T 797 6.2 |
| 灰分 | % | ≤8 | GB/T 4498.1 |
| 丙酮抽出物，不大于 | % | 16 | GB/T3516 |
| 炭黑含量，不小于 | % | 28 | GB/T 14837.1 |
| 不小于橡胶烃含量[a]，不小于 | % | 48 | GB/T 14837.1 |
| [a] 为满足橡胶烃含量≥48%的要求，宜采用货车废轮胎胶粉。 | | | |

### 5.2 稳定型橡胶沥青

稳定型橡胶沥青宜采用工厂化生产，其技术要求和试验方法应符合表 5.2 的规定。

表 5.2 稳定型橡胶沥青技术要求和试验方法

| 指标 | 单位 | 拌合型 | | | | 喷洒型 | 试验方法 |
|---|---|---|---|---|---|---|---|
| | | XJ-A | XJ-B | XJ-C | XJ-D | XJ-E | |
| 针入度（25℃） | 0.1mm | 100-120 | 80-100 | 60-80 | 40-60 | 30-60 | GB/T 4509 |
| 黏度（170℃），不大于 | Pa·s | 3 | 3 | 3 | — | — | NB/SH/T 0739 |
| 黏度（180℃），不大于 | Pa·s | — | — | — | 3 | 2-4 | NB/SH/T 0739 |
| 软化点（$T_{R\&B}$），不小于 | ℃ | 55 | 60 | 65 | 65 | 70 | GB/T 4507 |

表 5.2　稳定型橡胶沥青技术要求和试验方法（续）

| 指标 | | 单位 | 拌合型 | | | | 喷洒型 | 试验方法 |
|---|---|---|---|---|---|---|---|---|
| | | | XJ-A | XJ-B | XJ-C | XJ-D | XJ-E | |
| 延度（5℃，5cm/min），不小于 | | cm | 20 | 15 | 10 | 5 | — | GB/T 4508 |
| 弹性恢复（25℃），不小于 | | % | 75 | 75 | 75 | 75 | 75 | NB/SH/T 0737 |
| 闪点，不小于 | | ℃ | 240 | 240 | 240 | 240 | 240 | GB/T 267 |
| 相对密度（15℃） | | — | 实测 | | | | | GB/T 8928 |
| 离析（软化点差），不大于 | | ℃ | 5 | 5 | 5 | 5 | 5 | NB/SH/T 0740 |
| 动态剪切流变试验[a]（60℃），$G^*/\sin\delta$，不小于 | | kPa | 8 | 8 | 12 | 15 | — | NB/SH/T 0777 |
| 旋转薄膜烘箱（或薄膜烘箱）残留物[b] | 质量变化，不大于 | % | 0.6 | | | | — | GB/T 5304 |
| | 软化点差，不大于 | ℃ | 5 | 5 | 5 | 5 | — | GB/T 4507 |
| | 针入度比（25℃），不小于 | % | 65 | 65 | 70 | 70 | — | GB/T 4509 |
| | 延度（5℃，5cm/min），不小于 | cm | 15 | 10 | 10 | 5 | — | GB/T 4508 |

[a] $G^*/\sin\delta$ 为选择性指标，供用户选用时参考，不作为产品是否合格的判据。

[b] 仲裁试验时，应采用旋转薄膜烘箱试验。

## 6　采样

采样按 GB/T 11147 进行，每批取 2L 样品作为检验和留样用。

## 7　包装、标志、贮运及交货验收

本产品的包装、标志、贮存、运输及交货验收按 NB/SH/T 0164 进行。

ICS 75.140
E 43

SH

# 中华人民共和国石油化工行业标准

NB/SH/T 0819—2010

# 热拌用沥青再生剂

## Hot-mix asphalt recycling agents

2010-05-01 发布　　2010-10-01 实施

国家能源局　发布

# 前　　言

本标准修改采用美国材料与试验协会标 ASTM D4552-92(Reapproved 2004)《热拌沥青再生剂规格》。

本标准根据 ASTM D4552-92(Reapproved 2004)的要求指标重新起草。

为适合我国国情，本标准在采用 ASTM D4552-92(Reapproved 2004)时进行了如下修改：

——原 ASTM 标准中所用英制单位改为 SI 制单位；

——原 ASTM 标准中引用的 ASTM 试验方法标准均改为我国相应的标准，并引用了我国交通部《公路沥青路面再生技术规范》作为参考文献，以利再生剂的选用。

本标准由中国石油化工集团公司提出。

本标准由全国石油产品和润滑剂标准化技术委员会石油沥青分技术委员会归口。

本标准主要起草单位：中国石油大学(华东)重质油研究所。

本标准参加起草单位：武汉理工大学。

本标准主要起草人：孔宪明、吴少鹏。

本标准为首次发布。

# 热拌用沥青再生剂

## 1 范围

本标准规定了热拌用沥青再生剂分类、技术要求、检验方法以及包装、标志、交货验收和取样规则。

本标准未涉及有关使用的安全规定，标准使用者有责任在使用前制定合适的安全应用规程。

## 2 规范性引用文件

下列文件中的条款通过本标准的引用而成为本标准的条款。凡是注日期的引用文件，其随后所有的修改单(不包括勘误的内容)或修订版均不适用于本标准，然而，鼓励根据本标准达成协议的各方研究是否可使用这些文件的最新版本。凡是不注日期的引用文件，其最新版本适用于本标准。

GB/T 267 石油产品闪点和燃点测定法(开口杯法)

GB/T 1884 原油和液体石油产品密度实验室测定法(密度计法)

GB/T 5304 石油沥青薄膜烘箱试验法

GB/T 8928 石油沥青比重和密度测定法

GB/T 11147 沥青取样法

SH 0164 石油产品包装、贮运及交货验收规则

SH/T 0509 石油沥青组分测定法

SH/T 0654 石油沥青运动黏度测定法

SH/T 0736 沥青旋转薄膜烘箱试验法

## 3 意义与用途

3.1 老化或损坏的沥青混凝土可经适当工艺再生，重复利用沥青混凝土中的集料与沥青；其中的沥青作为热塑性粘结材料，可加入再生剂恢复其性能。

3.2 本标准规定的是用于热拌再生沥青混凝土的再生添加剂类别和指标。

## 4 产品分类

4.1 本标准的沥青再生剂产品按60℃运动黏度分类。

4.2 本标准规定了6组再生剂：RA1，RA5，RA25，RA75，RA250和RA500(如表1所示)。表1黏度范围的规定没有交叠，为确保有合适的黏度区间可供选用，其规定区域较宽。

## 5 检验规则

5.1 本标准的规定性检验指标有：闪点(与施工安全有关)、饱和分含量(与相容性有关)，为出厂检验项目。

5.2 本标准的薄膜烘箱或旋转薄膜烘箱残留物性质(与耐久性有关)以及密度指标，为供需双方协商选用的检验项目。

## 6 技术要求

热拌用沥青再生剂性能应符合表1技术指标的要求。

表 1　热拌用沥青再生剂技术要求与试验方法

| 指标名称 | RA1 | RA5 | RA25 | RA75 | RA250 | RA500 | 试验方法 |
|---|---|---|---|---|---|---|---|
| 60℃黏度/($mm^2/s$) | 50~175 | 176~900 | 901~4500 | 4501~12500 | 12501~37500 | 37501~60000 | SH/T 0654[a] |
| 闪点/℃　不低于 | 220 | 220 | 220 | 220 | 220 | 220 | GB/T 267 |
| 饱和分/%　不大于 | 30 | 30 | 30 | 30 | 30 | 30 | SH/T 0509 |
| 25℃密度/($g/cm^3$) | 报告 | 报告 | 报告 | 报告 | 报告 | 报告 | GB/T 8928（半固态和固态）GB/T 1884（液态） |
| 外观 | 表观均匀、无分层现象 | | | | | | 观　察 |
| 薄膜烘箱(TFOT)或旋转薄膜烘箱(RTFOT)试验后性质(GB/T 5304 或 SH/T 0736) | | | | | | | |
| 黏度比[b]　不大于 | 3 | 3 | 3 | 3 | 3 | 3 | |
| 质量变化±,%　不大于 | 3 | 4 | 4 | 3 | 3 | 3 | |

[a] 60℃黏度按 SH/T 0654 标准规定的方法测试，但必须将测试温度调整为 60℃。

[b] 黏度比为：薄膜烘箱试验后样品黏度/薄膜烘箱试验前样品黏度；仲裁时选用薄膜烘箱试验。

## 7　标志、包装、运输、储存

标志、包装、运输、储存及交货验收方法按 SH 0164 要求进行。凡向用户销售的符合本标准的产品，按技术要求不同，其包装和容器外都应明确标明下列标志：“热拌用沥青再生剂 RA1”或“热拌用沥青再生剂 RA5”“热拌用沥青再生剂 RA25”“热拌用沥青再生剂 RA75”“热拌用沥青再生剂 RA250”“热拌用沥青再生剂 RA500”。

## 8　取样

取样按 GB/T 11147 要求进行。

## 9　关键词

沥青；热拌和；再生剂。

## 参 考 文 献

[1] 中华人民共和国交通运输部行业标准 JTG F41—2008《公路沥青路面再生技术规范》
[2] 运动黏度、恩氏黏度、赛氏黏度、雷氏黏度简明对照表：

| 运动黏度/($mm^2$/s) | 恩氏黏度/°E | 赛氏黏度(SUS)/s | 雷氏黏度(RIS)(1号)/s |
|---|---|---|---|
| 1.0 | 1.00 | — | — |
| 2.0 | 1.14 | 32.6 | 30.95 |
| 3.0 | 1.22 | 36.0 | 33.45 |
| 4.0 | 1.30 | 39.2 | 35.95 |
| 5.0 | 1.40 | 42.3 | 38.45 |
| 6.0 | 1.48 | 45.5 | 41.05 |
| 7.0 | 1.56 | 48.7 | 43.7 |
| 8.0 | 1.65 | 52.0 | 46.35 |
| 9.0 | 1.74 | 55.4 | 49.1 |
| 10.0 | 1.83 | 58.8 | 52.0 |
| 11.0 | 1.92 | 62.3 | 55.0 |
| 12.0 | 2.02 | 65.9 | 58.1 |
| 13.0 | 2.12 | 69.6 | 61.3 |
| 14.0 | 2.21 | 73.4 | 64.55 |
| 15.0 | 2.32 | 77.2 | 67.9 |
| 16.0 | 2.43 | 81.1 | 71.4 |
| 17.0 | 2.54 | 85.1 | 74.85 |
| 18.0 | 2.64 | 89.2 | 78.45 |
| 19.0 | 2.75 | 93.3 | 82.1 |
| 20.0 | 2.87 | 97.5 | 85.75 |
| 21.0 | 2.98 | 101.7 | 89.5 |
| 22.0 | 3.10 | 106.0 | 93.25 |
| 23.0 | 3.21 | 110.3 | 97.05 |
| 24.0 | 3.33 | 114.6 | 100.9 |
| 25.0 | 3.45 | 118.9 | 104.7 |
| 26.0 | 3.57 | 123.3 | 108.6 |
| 27.0 | 3.69 | 127.7 | 112.5 |
| 28.0 | 3.82 | 132.1 | 116.5 |
| 29.0 | 3.94 | 136.5 | 120.4 |
| 30.0 | 4.07 | 140.9 | 124.4 |
| 31.0 | 4.19 | 145.3 | 128.3 |
| 32.0 | 4.32 | 149.7 | 132.3 |
| 33.0 | 4.44 | 154.2 | 136.3 |
| 34.0 | 4.57 | 158.7 | 140.2 |
| 35.0 | 4.69 | 163.2 | 144.2 |

表(续)

| 运动黏度/(mm²/s) | 恩氏黏度/°E | 赛氏黏度(SUS)/s | 雷氏黏度(RIS)(1号)/s |
|---|---|---|---|
| 36.0 | 4.82 | 167.7 | 148.2 |
| 37.0 | 4.95 | 172.2 | 152.2 |
| 38.0 | 5.08 | 176.7 | 156.2 |
| 39.0 | 5.20 | 181.2 | 160.3 |
| 40.0 | 5.33 | 185.7 | 164.3 |
| 41.0 | 5.46 | 190.2 | 168.3 |
| 42.0 | 5.59 | 194.7 | 172.3 |
| 43.0 | 5.72 | 199.2 | 176.4 |
| 44.0 | 5.84 | 203.8 | 180.4 |
| 45.0 | 5.97 | 208.4 | 184.5 |
| 46.0 | 6.10 | 213.0 | 188.5 |
| 47.0 | 6.23 | 217.6 | 192.6 |
| 48.0 | 6.36 | 222.2 | 196.6 |
| 49.0 | 6.49 | 226.8 | 200.7 |
| 50.0 | 6.63 | 231.4 | 204.7 |
| 51.0 | 6.76 | 236.0 | 208.8 |
| 52.0 | 6.89 | 240.6 | 212.8 |
| 53.0 | 6.99 | 245.2 | 216.9 |
| 54.0 | 7.10 | 249.9 | 221.0 |
| 55.0 | 7.23 | 254.4 | 225.0 |
| 56.0 | 7.37 | 259.0 | 229.1 |
| 58.0 | 7.63 | 268.2 | 237.2 |
| 60.0 | 7.89 | 277.4 | 245.3 |
| 62.0 | 8.15 | 286.6 | 253.5 |
| 64.0 | 8.42 | 295.8 | 261.6 |
| 66.0 | 8.68 | 305.0 | 269.8 |
| 68.0 | 8.94 | 314.2 | 277.2 |
| 70.0 | 9.21 | 323.4 | 286.0 |
| 72.0 | 9.47 | 332.6 | 294.1 |
| 74.0 | 9.73 | 341.9 | 302.2 |
| 75.0 | 9.87 | 346.5 | 306.3 |
| 78.5 | 10.3 | 363 | 320 |
| 83.5 | 11.0 | 386 | 340 |
| 88.5 | 11.6 | 409 | 360 |
| 93.5 | 12.3 | 432 | 380 |
| 98.5 | 13.0 | 455 | 400 |
| 110.5 | 14.6 | 512 | 450 |
| 123.0 | 16.2 | 569 | 500 |

表(续)

| 运动黏度/(mm²/s) | 恩氏黏度/°E | 赛氏黏度(SUS)/s | 雷氏黏度(RIS)(1号)/s |
|---|---|---|---|
| 135 | 17.8 | 626 | 550 |
| 147 | 19.4 | 683 | 600 |
| 160 | 21.0 | 739 | 650 |
| 172 | 22.7 | 796 | 700 |
| 184 | 24.3 | 853 | 750 |
| 197 | 25.9 | 910 | 800 |
| 209 | 27.5 | 967 | 850 |
| 221 | 29.2 | 1024 | 900 |
| 246 | 32.4 | 1138 | 1000 |
| 270 | 35.6 | 1251 | 1100 |
| 295 | 39.0 | 1365 | 1200 |
| 320 | 42.0 | 1479 | 1300 |
| 369 | 48.0 | 1706 | 1500 |
| 393 | 52 | 1820 | 1600 |
| 442 | 58 | 2048 | 1800 |
| 491 | 65 | 2275 | 2000 |
| 540 | 71 | 2503 | 2200 |
| 590 | 78 | 2730 | 2400 |
| 639 | 84 | 2958 | 2600 |
| 688 | 91 | 3185 | 2800 |
| 737 | 97 | 3413 | 3000 |
| 786 | 103 | 3641 | 3200 |
| 835 | 110 | 3868 | 3400 |
| 860 | 113 | 3982 | 3500 |
| 909 | 120 | 4210 | 3700 |
| 983 | 130 | 4551 | 4000 |
| 1106 | 146 | 5119 | 4500 |
| 1229 | 162 | 5688 | 5000 |
| 1351 | 178 | 6257 | 5500 |
| 1474 | 194 | 6826 | 6000 |
| 1597 | 211 | 7395 | 6500 |
| 1720 | 227 | 7964 | 7000 |
| 1843 | 243 | 8532 | 7500 |
| 1966 | 259 | 9101 | 8000 |
| 2200 | 293 | 10000 | 8460 |
| 5500 | 734 | 25000 | 21154 |
| 11000 | 1467 | 50000 | 42308 |

对于更高的黏度，其等温条件下运动黏度和恩氏黏度可按下式换算：

$$E_t = 0.135\nu_t$$

式中：

$E_t$——温度 $t$ 时的恩氏黏度；

$\nu_t$——温度 $t$ 时的运动黏度，$mm^2/s$。

运动黏度单位在国际单位制中是 $m^2/s$，在 CGS 制中是 St，1St = 1$cm^2/s$，实际常用的是 cSt，1cSt = 1$mm^2/s$，1St = 100cSt。

ICS 75.140
E 43

SH

# 中华人民共和国石油化工行业标准

NB/SH/T 0820—2010

# 阻燃道路沥青

**Flame retardanted asphalt for pavement**

2010-05-01 发布　　2010-10-01 实施

国家能源局　发布

# 前　　言

本标准由中国石油化工集团公司提出。

本标准由全国石油产品和润滑剂标准化技术委员会石油沥青分技术委员会归口。

本标准主要起草单位：武汉理工大学材料科学与工程学院。

本标准参加起草单位：中国石油大学（华东）重质油研究所、中国石油天然气股份有限公司克拉玛依分公司炼油化工研究院。

本标准主要起草人：吴少鹏、余剑英、孔宪明、蔺习雄。

本标准为首次发布。

# 阻燃道路沥青

## 1 范围

1.1 本标准规定了以石油沥青和阻燃剂为原料制得的适用于公路隧道沥青路面使用的阻燃道路沥青的产品分类、技术要求、试验方法、包装、标志、贮运和取样要求。

1.2 本标准适用于以道路石油沥青为原料，通过添加一定量的阻燃剂而制得的具有阻燃特性的道路沥青。

1.3 本标准未涉及有关使用的安全规定，标准使用者有责任在使用前制定合适的安全应用规程。

## 2 规范性引用文件

下列文件中的条款通过本标准的引用而成为本标准的条款。凡是注日期的引用文件，其随后所有的修改单(不包括勘误的内容)或修改版均不适用于本标准，然而，鼓励根据本标准达成协议的各方研究是否使用这些文件的最新版本。凡是不注日期的引用文件其最新版本适用于本标准。

GB/T 267　石油产品闪点与燃点测定法(开口杯法)

GB/T 4507　沥青软化点测定法(环球法)

GB/T 4508　沥青延度测定法

GB/T 4509　沥青针入度测定法

GB/T 5304　石油沥青薄膜烘箱试验法

GB/T 8928　石油沥青比重和密度测定法

GB/T 11147　沥青取样法

GB/T 11148　石油沥青溶解度测定法

SH 0164　石油产品包装、贮运及交货验收规则

SH/T 0425　石油沥青蜡含量测定法

SH/T 0740　聚合物改性沥青离析试验法

NB/SH/T 0815　沥青燃烧性能测定　氧指数法

## 3 产品分类

3.1 阻燃道路沥青按针入度分为 70 号和 90 号。

3.2 阻燃道路沥青按阻燃等级分为 I 型和 II 型。

## 4 技术要求和试验方法

阻燃道路沥青的技术要求和试验方法见表 1。

表 1　阻燃道路沥青的技术要求和试验方法

| 项　　目 | 70 号阻燃道路沥青 | | 90 号阻燃道路沥青 | | 试验方法 |
|---|---|---|---|---|---|
| | I 型 | II 型 | I 型 | II 型 | |
| 氧指数/%　　不小于 | 23 | 25 | 23 | 25 | SH/T 0815 |
| 针入度(25℃，100g，5s)/(1/10mm) | 60~80 | | 80~100 | | GB/T 4509 |
| 延度(15℃，5cm/min)/cm　　不小于 | 80 | 60 | 80 | 60 | GB/T 4508 |

表 1(续)

| 项目 | | 70 号阻燃道路沥青 | | 90 号阻燃道路沥青 | | 试验方法 |
|---|---|---|---|---|---|---|
| | | Ⅰ型 | Ⅱ型 | Ⅰ型 | Ⅱ型 | |
| 软化点/℃ | 不小于 | 45 | | | | GB/T 4507 |
| 溶解度/% | 不小于 | 90.0 | | | | GB/T 11148 |
| 闪点(开口杯法)/℃ | 不小于 | 230 | | | | GB/T 267 |
| 蜡含量/% | 不大于 | 3.0 | | | | SH/T 0425 |
| 离析(软化点差值)/℃ | 不大于 | 2.5 | | | | SH/T 0740 |
| 密度(25℃)/($g/cm^3$) | | 实测记录 | | | | GB/T 8928 |
| 薄膜烘箱试验(163℃, 5h) | | | | | | GB/T 5304 |
| 质量变化/% | 不大于 | 0.8 | | 1.0 | | GB/T 5304 |
| 针入度比/% | 不小于 | 55 | | 50 | | GB/T 4509 |
| 延度(15℃, 5cm/min)/cm | 不小于 | 15 | 10 | 15 | 10 | GB/T 4508 |

## 5 包装、标志、贮运

包装、标志、贮运及交货验收方法按 SH 0164 要求进行。

## 6 取样

取样按 GB/T 11147 要求进行。

## 7 关键词

道路沥青；阻燃。

ICS 75.140
E 43

SH

# 中华人民共和国石油化工行业标准

NB/SH/T 0821—2010

# 路用阻燃改性沥青

**Flame retardanted modified asphalt for pavement**

2010-05-01 发布　　2010-10-01 实施

国家能源局　发布

# 前　言

本标准由中国石油化工集团公司提出。

本标准由全国石油产品和润滑剂标准化技术委员会石油沥青分技术委员会归口。

本标准主要起草单位：武汉理工大学材料科学与工程学院。

本标准参加起草单位：中国石油大学(华东)重质油研究所、中国石油天然气股份有限公司克拉玛依分公司炼油化工研究院。

本标准主要起草人：余剑英、吴少鹏、孔宪明、罗来龙、李剑新。

本标准为首次发布。

# 路用阻燃改性沥青

## 1 范围

1.1 本标准规定了以SBS或SBR改性沥青和阻燃剂为原料制得的适用于公路隧道沥青路面使用的阻燃改性沥青的产品分类、技术要求、试验方法、包装、标志、贮运和取样要求。
1.2 本标准适用于以SBS改性沥青、SBR改性沥青为原料，通过添加一定量的阻燃剂而制得的具有阻燃特性的路用改性沥青。
1.3 本标准未涉及有关使用的安全规定，标准使用者有责任在使用前制定合适的安全应用规程。

## 2 规范性引用文件

下列文件中的条款通过本标准的引用而成为本标准的条款。凡是注日期的引用文件，其随后所有的修改单(不包括勘误的内容)或修改版均不适用于本标准，然而，鼓励根据本标准达成协议的各方研究是否使用这些文件的最新版本。凡是不注日期的引用文件其最新版本适用于本标准。

GB/T 267 石油产品闪点与燃点测定法(开口杯法)
GB/T 4507 沥青软化点测定法(环球法)
GB/T 4508 沥青延度测定法
GB/T 4509 沥青针入度测定法
GB/T 5304 石油沥青薄膜烘箱试验法
GB/T 11147 沥青取样法
GB/T 11148 石油沥青溶解度测定法
SH 0164 石油产品包装、贮运及交货验收规则
SH/T 0736 沥青旋转薄膜烘箱试验法
SH/T 0737 沥青弹性恢复测定法(延度仪法)
SH/T 0739 沥青黏度测定法(布如克菲尔德旋转黏度仪法)
SH/T 0740 聚合物改性沥青离析试验法
NB/SH/T 0815 沥青燃烧性能测定 氧指数法

## 3 产品分类

3.1 路用阻燃改性沥青按改性剂的种类分为阻燃SBS改性沥青、阻燃SBR改性沥青。
3.2 路用阻燃改性沥青按阻燃等级分为Ⅰ型和Ⅱ型。

## 4 技术要求和试验方法

路用阻燃改性沥青的技术要求和试验方法见表1。

**表1 路用阻燃改性沥青的技术要求和试验方法**

| 项目 | | SBS改性沥青类 | | SBR改性沥青类 | | 试验方法 |
|---|---|---|---|---|---|---|
| | | Ⅰ型 | Ⅱ型 | Ⅰ型 | Ⅱ型 | |
| 氧指数/% | 不小于 | 23 | 25 | 23 | 25 | SH/T 0815 |
| 针入度(25℃，100g，5s)/(1/10mm) | | 40~75 | | 60~100 | | GB/T 4509 |
| 延度(5℃，5cm/min)/cm | 不小于 | 20 | | 40 | | GB/T 4508 |

表 1(续)

| 项目 | | SBS 改性沥青类 | | SBR 改性沥青类 | | 试验方法 |
|---|---|---|---|---|---|---|
| | | Ⅰ型 | Ⅱ型 | Ⅰ型 | Ⅱ型 | |
| 软化点/℃ | 不小于 | 60 | | 48 | | GB/T 4507 |
| 溶解度/% | 不小于 | 90 | | | | GB/T 11148 |
| 闪点(开口杯法)/℃ | 不小于 | 230 | | | | GB/T 267 |
| 弹性恢复(25℃)/% | 不小于 | 75 | | — | | SH/T 0737 |
| 黏度(135℃)/(Pa·s) | 不大于 | 3 | | | | SH/T 0739 |
| 离析(软化点差值)/℃ | 不大于 | 2.5 | 3 | 2.5 | 3 | SH/T 0740 |
| RTFOT 后残留物 | | | | | | SH/T 0736 |
| 质量变化/% | 不大于 | 1.0 | | | | SH/T 0736 |
| 针入度比/% | 不小于 | 60 | | 55 | | GB/T 4509 |
| 延度(5℃, 5cm/min)/cm | 不小于 | 15 | 10 | 15 | 10 | GB/T 4508 |

注：老化试验以 RTFOT 为准，允许以 TFOT 代替，但必须在报告中注明，且不得作为仲裁试验。

## 5 包装、标志、贮运

包装、标志、贮运及交货验收方法按 SH 0164 要求进行。

## 6 取样

取样按 GB/T 11147 要求进行。

## 7 关键词

改性沥青；阻燃。

ICS 75.140
E 43

SH

# 中华人民共和国石油化工行业标准

NB/SH/T 0881—2014

# 道桥用环氧沥青

**Epoxy asphalt for road and bridge**

2014-06-29 发布 2014-11-01 实施

国家能源局 发布

# 前　言

本标准按照 GB/T 1.1—2009 给出的规则起草。

本标准由中国石油化工集团公司提出。

本标准由全国石油产品和润滑剂标准化技术委员会石油沥青分技术委员会（SAC/TC280/SC4）归口。

本标准负责起草单位：中国建筑材料科学研究总院苏州防水研究院、中国建材检验认证集团苏州有限公司。

标准参加起草单位：广东省长大公路工程有限公司、句容宁武科技开发有限公司、上海汇城建筑装饰有限公司、广州大禹建筑防水材料有限公司、南京朝科路桥工程技术有限公司。

本标准主要起草人：杨胜、朱志远、朱晓华、王中文、翟洪金、傅若梁、王录吉、厉学武、王芳、孟赟、范雯静。

本标准为首次发布。

# 道桥用环氧沥青

## 1 范围

本标准规定了道桥用环氧沥青的分类和标记、一般要求、技术要求、试验方法、检验规则、标志、包装、运输和贮存。

本标准适用于钢桥面或水泥混凝土桥面和道路工程中的环氧沥青混凝土铺装层下用的双组分或多组分的环氧沥青防水粘结料、环氧沥青混凝土用的双组分或多组分的环氧沥青结合料。

## 2 规范性引用文件

下列文件对于本文件的应用是必不可少的。凡是注日期的引用文件，仅所注日期的版本适用于本文件。凡是不注日期的引用文件，其最新版本（包括所有的修改单）适用于本文件。

GB/T 328.16—2007 建筑防水卷材试验方法 第16部分：高分子防水卷材耐化学液体（包括水）

GB/T 528—2009 硫化橡胶或热塑性橡胶拉伸应力应变性能的测定

GB/T 1634.2—2004 塑料负荷变形温度的测定 第2部分：塑料、硬橡胶和长纤维增强复合材料

GB/T 16777—2008 建筑防水涂料试验方法

GB 19147—2009 车用柴油

JC/T 975—2005 道桥用防水涂料

JGJ 55—2011 普通混凝土配合比设计规程

JTG F40—2004 公路沥青路面施工技术规范

JTG E20—2011 公路工程沥青及沥青混合料试验规程

## 3 分类和标记

### 3.1 分类

3.1.1 产品按材料性质分为道桥用环氧沥青结合料（PJ）和道桥用环氧沥青防水粘结料（PF）。

3.1.2 产品按使用方式分为钢桥面环氧沥青（G）和水泥混凝土桥面环氧沥青（S）。

### 3.2 标记

产品按使用方式、材料性质和标准号的顺序标记。

示例：

钢桥面环氧沥青结合料标记为：环氧沥青 G PJ NB/SH×××××-201×。

## 4 一般要求

本标准包括的产品不应对人体、生物与环境造成有害的影响，所涉及与使用有关的安全与环保要求，应符合我国有关标准和规范的规定。

# 5 技术要求

## 5.1 外观

道桥用环氧沥青经搅拌后应无凝胶、无结块，呈均匀状态。

## 5.2 性能要求

5.2.1 产品的通用性能应符合表1要求。

表1 通用性能

| 序号 | 试验项目 | | | 指标 | |
|---|---|---|---|---|---|
| | | | | PF | PJ |
| 1 | 固体含量/% | | ≥ | 99 | |
| 2 | 黏度增至1000cP的时间/min | | ≥ | 10 | 35 |
| 3 | 热固性/℃ | | | 300 | |
| 4 | 0#柴油浸耗率/% | | ≤ | 10 | |
| 5 | 容留时间[a]/min | | ≥ | — | 50 |
| 6 | 在荷载作用下的热挠曲温度/℃ | | ≤ | -10 | |
| 7 | 拉伸强度/MPa | | ≥ | 4.0 | 1.5 |
| 8 | 断裂延伸率/% | | ≥ | 190 | 200 |
| 9 | 盐处理 | 拉伸强度保持率/% | ≥ | 80 | |
| | | 断裂延伸率/% | ≥ | 180 | 190 |
| | | 质量增加/% | ≤ | 0.5 | |
| 10 | 热老化 | 拉伸强度保持率/% | ≥ | 100 | |
| | | 断裂延伸率/% | ≥ | 170 | 150 |
| | | 在荷载作用下的热挠曲温度/℃ | ≤ | -8 | |
| | | 加热伸缩率/% | ≤ | 1.0 | |
| | | 质量损失/% | ≤ | 0.5 | |
| 11 | 粘结强度 | 与钢板粘结强度[b]/MPa | ≥ | 5.0 | — |
| | | 与水泥混凝土粘结强度[c]/MPa | ≥ | 2.0 | — |

[a]道桥用环氧沥青容留时间试验的试验温度可供需双方另行商定。
[b]适用于钢桥面环氧沥青防水粘结料。
[c]适用于水泥混凝土桥面环氧沥青防水粘结料。

5.2.2 产品的应用性能应符合表2要求。

表2　应用性能

| 序号 | 试验项目 | | | 指标 |
|---|---|---|---|---|
| | | | | PF |
| 1 | 50℃剪切强度 | 与钢板剪切强度[b]/MPa | ≥ | 0.60 |
| | | 与水泥混凝土剪切强度[c]/MPa | ≥ | 0.40 |
| 2 | 50℃粘结强度 | 与钢板粘结强度[b]/MPa | ≥ | 0.35 |
| | | 与水泥混凝土粘结强度[c]/MPa | ≥ | 0.20 |
| 3 | 热碾压后抗渗性 | | | 0.7MPa，30 min，不透水 |
| 4 | 挠曲变形能力 | | | 10000次无裂纹、无剥落 |

## 6　试验方法

### 6.1　标准试验条件

标准试验条件为：试验温度（23±2）℃，相对湿度（45～70）%。试验前样品及试验器具在标准条件下放置至少24 h。

### 6.2　通用性能试件制备

6.2.1　将放置后道桥用环氧沥青试样，按照生产商配比要求混合均匀，称取所需的试验样品量，在不混入气泡的情况下倒入模框中涂覆。为方便脱膜，涂覆前可用脱膜剂处理或采用易脱膜的模板。试样按生产厂的要求涂覆，保证涂覆厚度达到（1.5±0.2）mm。置于120℃的鼓风干燥箱中固化养护4 h（可根据生厂商要求调整养护条件），在标准试验条件下冷却24 h后脱模。脱模后继续在标准试验条件下养护24 h。

6.2.2　检查涂膜外观，涂膜表面应光滑平整，无明显气泡，然后按表3的要求裁取试件。

表3　性能试件形状和数量

| 序号 | 试验项目 | | 试件形状（长×宽）/（mm×mm） | 数量/个 |
|---|---|---|---|---|
| 1 | 热固性 | | 100×50 | 3 |
| 2 | 0[#]柴油浸耗率 | | 100×100 | 3 |
| 3 | 在荷载作用下的热挠曲温度 | | 80×10 | 3 |
| 4 | 拉伸强度 | | 符合GB/T 528规定的哑铃1型 | 5 |
| 5 | 断裂延伸率 | | | |
| 6 | 盐处理 | 拉伸强度保持率 | 120×30，处理后取出再裁取符合GB/T 528规定的哑铃1型 | 5 |
| | | 断裂延伸率 | | |
| | | 质量增加 | 100×25 | 5 |
| 7 | 热老化 | 拉伸强度保持率 | 120×30，处理后取出再裁取符合GB/T 528规定的哑铃1型 | 5 |
| | | 断裂延伸率 | | |
| | | 在荷载作用下的热挠曲温度 | 80×10 | 3 |
| | | 加热伸缩率 | 300×30 | 3 |
| | | 质量损失 | 100×25 | 5 |
| 8 | 粘结强度 | 与钢板粘结强度 | 70×70钢块试件 | 5 |
| | | 与水泥混凝土粘结强度 | 70×70砂浆块试件 | 5 |

## 6.3 应用性能试件制备

### 6.3.1 试件制备

按 JC/T 975—2005 规定的 6.16.1 要求制备试件，其中 G 类产品采用钢块作为基材，厚度为 10 mm。

根据生产商的要求在基材的表面是否使用底涂或做基层处理，并根据相应的要求养护。然后在基材上面涂覆环氧沥青防水粘结料，然后在标准试验条件放置 24 h。

采用合适的模框，将涂覆有环氧沥青防水粘结料的试件放入，环氧沥青面朝上，倒入已加热到（120±5）℃的环氧沥青混凝土，环氧沥青混凝土应符合 JTG F40—2004 要求的中粒式，立即采用马歇尔击实仪将环氧沥青混凝土击实，环氧沥青混凝土厚度约（40～50）mm，按 6.2 所规定的固化条件进行固化养护。然后将制备好的试件取出，冷却至室温。

可以按 6.3.2 单独制备，或用大的试块切割符合 6.3.2 要求的试件，然后在标准条件下养护 24 h。

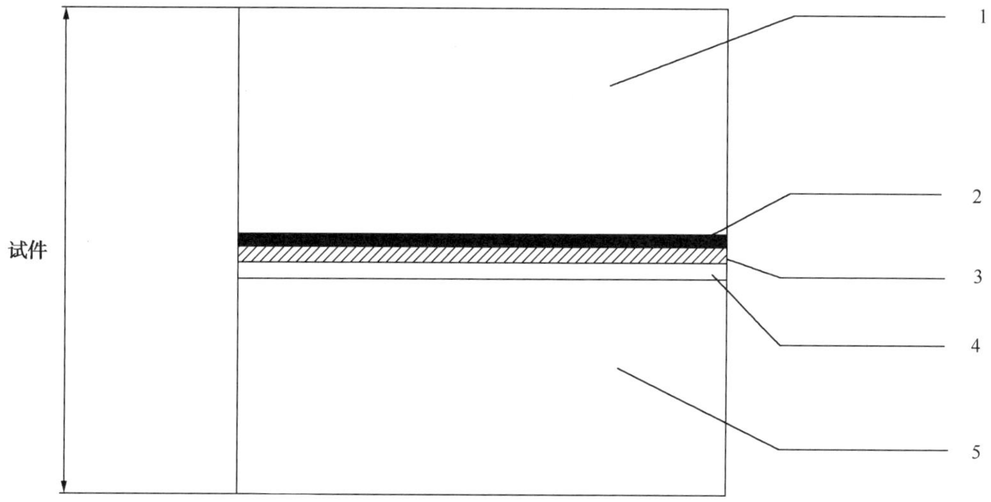


1—环氧沥青混凝土；2—环氧沥青防水粘结层；3—底涂；4—基层处理；5—钢块或水泥混凝土

**图 1　试件外形截面**

### 6.3.2 试件类型

应用性能试件的外形见图 1；应用性能试件的形状和数量见表 4。

**表 4　应用性能试件形状和数量**

| 序号 | 试 验 项 目 | | 试件形状（长×宽）/（mm×mm） | 数量/个 |
|---|---|---|---|---|
| 1 | 50℃剪切强度 | 钢板 | 应用性能试件（100×100） | 4 |
| | | 水泥混凝土 | 应用性能试件（100×100） | 4 |
| 2 | 50℃粘结强度 | 钢板 | 应用性能试件（100×100） | 4 |
| | | 水泥混凝土 | 应用性能试件（100×100） | 4 |
| 3 | 热碾压后抗渗性 | | 应用性能试件（Φ100） | 3 |
| 4 | 挠曲变形能力 | | （220×50） | 3 |

## 6.4 外观检查

打开容器用搅拌棒搅拌，目测检查。

### 6.5 固体含量

按 JC/T 975—2005 规定的 6.6 条要求进行，加热温度为（105±2）℃。

### 6.6 热固性

按 JC/T 975—2005 规定的 6.9 条要求进行试验，其中试件制备按 6.2 条进行，处理温度为（300±2）℃。

### 6.7 0#柴油浸耗率

#### 6.7.1 试验步骤

称量试件质量（$M_1$），然后将试件浸入（23±2）℃的符合 GB 19147 标准规定的 0#柴油中，液面应高出试件上端 10 mm 以上。连续浸泡 24 h 后取出，然后用布吸干，在标准试验条件下放置 24 h。再放入（105±2）℃电热鼓风干燥箱中，同时放入同样面积的空白样，称量试件质量（$m_1$），恒温 168 h，取出放入干燥器中，在（23±2）℃冷却 2 h，称量试件质量（$M_2$ 和 $m_2$）。

#### 6.7.2 结果计算

0#柴油浸耗率按式（1）计算：

$$W=(m_2/m_1-M_2/M_1)\times 100 \qquad (1)$$

式中：

$W$——0#柴油浸耗率，以百分率表示（%）；

$M_1$——试件处理前质量，单位为克（g）；

$M_2$——试件处理后质量，单位为克（g）；

$m_1$——空白样处理前质量，单位为克（g）；

$m_2$——空白样处理后质量，单位为克（g）。

试验结果取五个试件的算术平均值，精确到 0.1%。

### 6.8 黏度增至 1000cP 的时间、容留时间

#### 6.8.1 试验步骤

按 JTG E20 标准中的 T0625 方法规定的布氏旋转黏度计进行，制作道桥用环氧沥青（120±2）℃条件下的黏度时间曲线，记录黏度值达到 1000cP 和 5000cP 时的时间，其中黏度从 1000cP 增至 5000cP 的时间作为道桥用环氧沥青的容留时间。

#### 6.8.2 结果计算

试验结果取三次平行试验的算术平均值，精确到 1 min。

### 6.9 在荷载作用下的热挠曲温度

按 GB/T 1634.2—2004 规定的 A 法平放试验进行，其中加热起始温度比预计温度低 15℃。

### 6.10 拉伸强度、断裂延伸率

按 GB/T 528—2009 中的规定进行，试验拉伸速度为（500±50）mm/min。

### 6.11 盐处理

按 JC/T 975—2005 规定的 6.13 条进行，采用（20±1）%浓度的 NaCl 盐溶液。

### 6.12 热老化

按 JC/T 975—2005 规定的 6.14 条进行。热老化的在荷载作用下的热挠曲温度试验按 6.9 的规定进行。

### 6.13 粘结强度

按 GB/T 16777—2008 规定的 A 法进行。其中 G 类产品采用钢块作为基材，尺寸为（70×70×10）mm。

将制得的试件按 6.2 所规定的固化条件进行固化养护，制备 5 个试件。试验拉伸速度为 50mm/min。

### 6.14 50℃剪切强度

按 6.3 制备试件，按 JC/T 975—2005 规定的 6.17 进行。

### 6.15 50℃粘结强度

按 6.3 制备试件，按 JC/T 975—2005 规定的 6.18 进行。

### 6.16 热碾压后抗渗性

按 JC/T 975—2005 规定的 6.19 进行。将热碾压后的试件置于砂浆抗渗仪的透水盘上，并在上面加一块相同尺寸的金属网，盖上七孔圆盘，夹紧。用布或压缩空气干燥试件的非迎水面，慢慢施加压力至规定值 0.7 MPa，保持该压力 30 min。观察有无渗水现象。记录每个试件表面有无水迹，压力是否保持 0.7 MPa。

### 6.17 挠曲变形能力（三点弯折测试）

#### 6.17.1 试验步骤

将环氧沥青防水粘结料满涂于厚度为 2mm 的三点弯折钢板表面，涂膜厚度为（1.5±0.2）mm，支撑轴承直径为 10 mm。使用如图 2 疲劳测试机进行测试，测试温度为（23±2）℃，测试频率为 4 Hz，施加变形±0.15 mm，测试跨距为 190 mm，测试周期为 10000 次。

#### 6.17.2 结果评定

目测所有试件表面有无裂纹、剥落。

## 7 检验规则

### 7.1 检验分类

按检验类型分为出厂检验和型式检验。

#### 7.1.1 出厂检验

出厂检验项目包括：外观、固体含量、热固性、黏度增至 1000cP 的时间、容留时间、在荷载作用下的热挠曲温度、拉伸强度、断裂延伸率、粘结强度。

#### 7.1.2 型式检验

型式检验项目包括第 5 章要求的所有项目，在下列情况下进行型式检验：

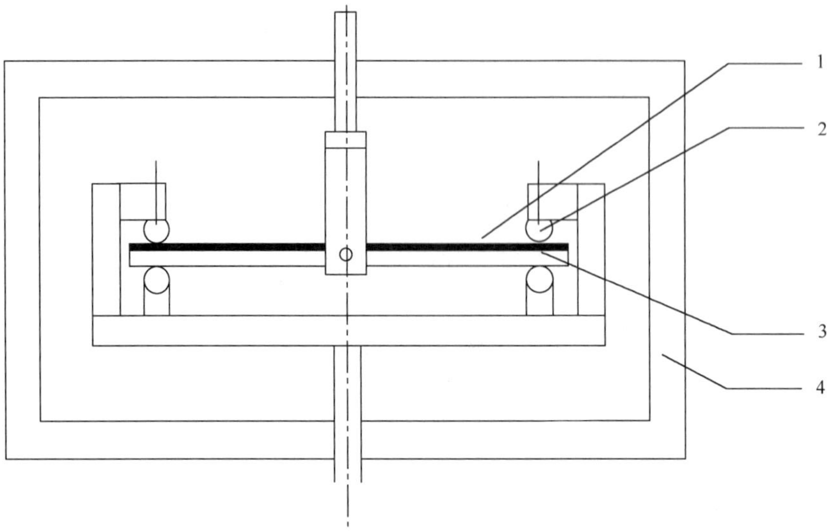


1—试样；2—支撑轴承；3—钢板；4—温度控制箱

图 2　三点弯折疲劳测试机示意图

a）新产品投产或产品定型鉴定时；

b）正常生产时，每半年进行一次；

c）原材料、工艺等发生较大变化，可能影响产品质量时；

d）出厂检验结果与上次型式检验结果有较大差异时；

e）产品停产 6 个月以上恢复生产时。

### 7.2　组批

以同分类 20 t 为一批，不足 20 t 亦作为一批。

### 7.3　抽样

在每批产品中随机抽取两组样品，一组样品用于检验，另一组样品封存备用，放入不与涂料发生反应的干燥密闭容器中，每组至少 5 kg（产品按配比抽取）。

### 7.4　判定规则

#### 7.4.1　单项判定

##### 7.4.1.1　外观

外观符合 5.1 规定判该批产品外观合格，否则判该批产品不合格。

##### 7.4.1.2　物理性能

###### 7.4.1.2.1　通用性能

固体含量、黏度增至 1000cP 的时间、容留时间、拉伸强度、断裂延伸率、处理后拉伸强度保持率、处理后断裂延伸率、质量增加、质量损失、加热伸缩率和粘结强度以试件的算术平均值达到标准规定，即判该项合格。

热固性以所有试件均符合标准规定，判该项合格。

在荷载作用下的热挠曲温度以五个试件有四个符合标准规定，判该项合格。

7.4.1.2.2 应用性能

50℃剪切强度和50℃粘结强度项目以试件的算术平均值达到标准规定，即判该项合格。

热碾压后抗渗性和挠曲变形能力项目以所有试件均符合标准规定，判该项合格。

7.4.2 综合判定

7.4.2.1 型式检验项目符合第5章全部要求时，则判该批产品合格。

7.4.2.2 外观质量不符合标准规定时，则判该批产品不合格。

7.4.2.3 若有两项及两项以上指标不符合标准规定时，则判该批产品不合格。

7.4.2.4 在外观质量合格的条件下，检验结果若有一项不符合标准规定时，允许用备用样品对该项进行单项检验，合格则判该批产品合格，否则判该批产品不合格。

## 8 标志、包装、运输和贮存

8.1 标志

产品外包装上应包括：

a）生产厂名、地址；

b）产品名称；

c）商标；

d）产品标记；

e）产品配比与净质量；

f）生产日期或批号；

g）安全使用事项及使用说明；

h）贮存期；

i）运输和贮存注意事项

8.2 包装

产品用铁桶密封包装，产品按各组分分别包装，不同组分应有明显区别和标识。

8.3 运输和贮存

8.3.1 运输与贮存时，不同类型和组分的产品应分别堆放。避免日晒雨淋，并注意通风。贮存温度为(5~40)℃。

8.3.2 在正常运输、贮存条件下，各组分应保持稳定，其贮存期自生产日起不少于六个月。

ICS 75.140
E 43

SH

# 中华人民共和国石油化工行业标准

NB/SH/T 0932—2016

# 温拌沥青　表面活性剂类

**Warm mix asphalt—Surfactant**

2016-12-05 发布　　2017-05-01 实施

国家能源局　发布

# 前　言

本标准按照 GB/T 1. 1—2009《标准化工作导则　第 1 部分：标准的结构和编写》的要求编写。

本标准由中国石油化工集团公司提出。

本标准由全国石油产品和润滑剂标准化技术委员会石油沥青分技术委员会归口。

本标准主要起草单位：中国石化炼油销售有限公司。

本标准参加起草单位：中石油燃料油有限责任公司、中海油气开发利用公司。

本标准主要起草人：黄婉利、高冰梅、韩青英。

本标准参加起草人：时敬涛、徐萌、王金凤。

本标准为首次发布。

# 温拌沥青　表面活性剂类

**警告：如果不遵守适当的防范措施，本标准所属产品在生产、贮运和使用等过程中可能存在危险。本标准无意对与本产品有关的所有安全问题提出建议。用户在使用本标准之前，有责任建立适当的安全和防范措施，并确定相关规章限制的适用性。**

## 1　范围

本标准规定了以道路石油沥青、聚合物改性沥青为原料经添加表面活性剂类温拌剂制得的成品温拌沥青的分类、要求和试验方法、检验规则、包装、标志、运输和贮存及安全等的要求。

本标准适用于道路路面、桥梁桥面、隧道道面等铺装用温拌沥青。

## 2　规范性引用文件

下列文件对于本文件的应用是必不可少的。凡是注日期的引用文件，仅注日期的版本适用于本文件。凡是不注日期的引用文件，其最新版本（包括所有的修改单）适用于本文件。

GB/T 267　石油产品闪点与燃点测定法（开口杯法）

GB/T 4507　沥青软化点测定法　环球法

GB/T 4508　沥青延度测定法

GB/T 4509　沥青针入度测定法

GB/T 5304　石油沥青薄膜烘箱试验法

GB/T 8928　固体和半固体石油沥青密度测定法

GB/T 11147　石油沥青取样法

GB/T 11148　石油沥青溶解度测定法

GB/T 16483　化学品安全技术说明书

SH 0164　石油产品包装、贮运及交货验收规则

SH/T 0425　石油沥青蜡含量测定法

SH/T 0557　石油沥青黏度测定法（真空毛细管法）

SH/T 0735　沥青黏韧性试验法

NB/SH/T 0737　沥青弹性恢复测定法　延度仪法

NB/SH/T 0739　沥青高温黏度测定法　旋转黏度仪法

SH/T 0740　聚合物改性沥青离析试验法

JTG E20-T 0603　沥青密度与相对密度试验

JTG E20-T 0604　沥青针入度试验

JTG E20-T 0605　沥青延度试验

JTG E20-T 0606　沥青软化点试验

JTG E20-T 0607　沥青溶解度试验

JTG E20-T 0609　沥青薄膜加热试验

JTG E20-T 0610　沥青旋转薄膜加热试验

JTG E20-T 0611　沥青闪点与燃点试验（克利夫兰开口杯法）

JTG E20-T 0615　沥青蜡含量试验（蒸馏法）
JTG E20-T 0620　沥青动力黏度试验（真空减压毛细管法）
JTG E20-T 0624　沥青黏韧性试验
JTG E20-T 0625　沥青旋转黏度试验（布洛克菲尔德黏度计法）
JTG E20-T 0661　聚合物改性沥青离析试验
JTG E20-T 0662　沥青弹性恢复试验
JTG E20-T 0702　沥青混合料试件制作方法（击实法）

## 3　产品分类

3.1　按是否加入聚合物类改性剂，本标准将温拌沥青划分为温拌道路石油沥青、温拌聚合物改性沥青。

3.2　按温拌沥青的原料沥青分级，本标准将温拌道路石油沥青分为 WB-50、WB-70、WB-90、WB-110；将温拌聚合物改性沥青分为温拌聚合物改性沥青（Ⅰ类）Ⅰ-C、Ⅰ-D 两个等级，温拌聚合物改性沥青（Ⅱ类）Ⅱ-A、Ⅱ-B 两个等级。

## 4　要求和试验方法

### 4.1　温拌沥青技术要求和试验方法见表 1 和表 2。

**表 1　温拌道路石油沥青技术要求**

| 试验项目 | | 质量指标 | | | | 试验方法[a] |
|---|---|---|---|---|---|---|
| | | WB-50 | WB-70 | WB-90 | WB-110 | |
| 针入度（25℃，100g，5s）/0.1mm | | 40~60 | 60~80 | 80~100 | 100~120 | GB/T 4509 或 JTG E20-T 0604 |
| 针入度指数 *PI* | | -1.5~+1.0 | | | | GB/T 4509 或 JTG E20-T 0604 |
| 软化点（R&B）/℃ | 不小于 | 49 | 46 | 45 | 43 | GB/T 4507 或 JTG E20-T 0606 |
| 60℃黏度/（Pa·s） | 不小于 | 200 | 180 | 160 | 120 | SH/T 0557 或 JTG E20-T 0620 |
| 延度（5cm/min，10℃）/cm | 不小于 | 15 | 20 | 45 | 40 | GB/T 4508 或 JTG E20-T 0605 |
| 延度（5cm/min，15℃）/cm | 不小于 | 80 | 100 | 100 | 100 | GB/T 4508 或 JTG E20-T 0605 |
| 蜡含量（质量分数）/% | 不大于 | 2.2 | | | | SH/T 0425 或 JTG E20-T 0615 |
| 闪点/℃ | 不小于 | 260 | | 245 | 230 | GB/T 267 或 JTG E20-T 0611 |
| 溶解度/% | 不小于 | 99.5 | | | | GB/T 11148 或 JTG E20-T 0607 |
| 密度（15℃）/（g/cm³） | | 报告 | | | | GB/T 8928 或 JTG E20-T 0603 |
| TFOT（或 RTFOT）后 | | | | | | GB/T 5304 或 JTG E20-T 0609/T0610 |
| 质量变化/% | 不大于 | ±0.8 | | | | |
| 针入度比/% | 不小于 | 63 | 61 | 57 | 55 | GB/T 4509 或 JTG E20-T 0604 |
| 延度（5cm/min，10℃）/cm | 不小于 | 4 | 6 | 8 | 10 | GB/T 4508 或 JTG E20-T 0605 |
| 延度（5cm/min，15℃）/cm | 不小于 | 10 | 15 | 20 | 30 | |

[a] 各试验项目的试验方法应统一选择国家标准或者行业标准方法，仲裁时采用国家标准方法，无国标方法时采用行标方法，或根据客户的需求选择合适的仲裁方法。

表 2　温拌聚合物改性沥青技术要求

| 试验项目 | | 质量指标 | | | | 试验方法[a] |
|---|---|---|---|---|---|---|
| | | WB-SBS 类（Ⅰ类） | | WB-SBR 类（Ⅱ类） | | |
| | | Ⅰ-C | Ⅰ-D | Ⅱ-A | Ⅱ-B | |
| 针入度（25℃，100g，5s）/0.1mm | | 60~80 | 40~60 | >100 | 80~100 | GB/T 4509 或 JTG E20-T 0604 |
| 针入度指数 *PI* | 不小于 | -0.4 | 0 | -1.0 | -0.8 | GB/T 4509 或 JTG E20-T 0604 |
| 延度（5cm/min，5℃）/cm | 不小于 | 30 | 20 | 60 | 50 | GB/T 4507 或 JTG E20-T 0605 |
| 软化点（R&B）/℃ | 不小于 | 55 | 60 | 45 | 48 | GB/T 4507 或 JTG E20-T 0606 |
| 黏度（135℃）/（Pa·s） | 不大于 | 3 | | | | NB/SH/T 0739 或 JTG E20-T 0625 |
| 闪点/℃ | 不小于 | 230 | | | | GB/T 267 或 JTG E20-T 0611 |
| 溶解度/% | 不小于 | 99 | | | | GB/T 11148 或 JTG E20-T 0607 |
| 弹性恢复（25℃）/% | 不小于 | 65 | 75 | — | — | NB/SH/T 0737 或 JTG E20-T 0662 |
| 黏韧性/（N·m） | 不小于 | — | — | 5 | 5 | SH/T 0735 或 JTG E20-T 0624 |
| 韧性/（N·m） | 不小于 | — | — | 2.5 | 2.5 | |
| 离析（软化点差）/℃ | 不大于 | 2.5 | | — | — | SH/T 0740 或 JTG E20-T 0661 |
| 温拌指数 | | 报告 | | | | 附录 A |
| TFOT（或 RTFOT）后 | | | | | | GB/T 5304 或 JTG E20-T 0609/T 0610 |
| 质量变化/% | 不大于 | ±1.0 | | | | |
| 针入度比/% | 不小于 | 60 | 65 | 50 | 55 | GB/T 4509 或 JTG E20-T 0604 |
| 延度（5cm/min，5℃）/cm | 不小于 | 20 | 15 | 30 | 20 | GB/T 4508 或 JTG E20-T 0605 |

[a] 各试验项目的试验方法应统一选择国家标准或者行业标准方法，仲裁时采用国家标准方法，无国标方法时采用行标方法，或根据客户的需求选择合适的标准进行仲裁。

## 4.2　温拌指数

4.2.1　温拌指数的定义、方法概要详见规范性附录 A。

4.2.2　生产厂家应规定温拌指数的质量指标，出厂时应报告产品的实测值。

4.2.3　根据用户需要，生产厂家应提供温拌指数的试验方法。

## 4.3　温拌沥青应用性能要求和试验方法

温拌沥青与未添加温拌剂的同种沥青在相同混合料类型下，通过混合料拌和试验测定拌和温度，所降低的拌和温度数值，作为温拌沥青应用性能指标，见表 3。

表 3　温拌沥青拌和要求及试验方法

| 试验项目 | 质量指标 | | 试验方法 |
|---|---|---|---|
| | 温拌道路石油沥青 | 温拌聚合物改性沥青 | |
| 降低混合料拌和温度[a]/℃ | 20~40 | 20~40 | JTG E20-T 0702 |

[a] 该指标为应用性能指标，供需双方协商确定进行测定验证。

## 5 检验规则

### 5.1 出厂检验

不同性质的温拌沥青按照表 1 或表 2 中的全部指标进行出厂检验。

### 5.2 组批规则

本产品以一罐或一釜为一批次，按批次进行检验。

### 5.3 取样

按 GB/T 11147 的规定进行。

### 5.4 判定规则

出厂检验的结果全部符合本标准表 1 或表 2 的技术要求时，则判定该批产品合格。

### 5.5 复检规则

如出厂检验结果中有不符合表 1 或表 2 中的技术要求规定时，按 GB/T 11147 的规定重新抽取双倍量样品进行复检，复检结果中如仍有一项不符合本标准规定的技术指标时，则判该批产品为不合格。

## 6 包装、标志、运输和贮存

包装、标志、运输、贮存及交货验收按 SH 0164 进行。

## 7 安全

有关温拌沥青的运输、储存、使用和事故处理等环节设计安全方面的数据和信息，应包括在该温拌沥青产品“安全技术说明书”（Material Safety Data Sheet）中。生产商或供应商提供其温拌沥青产品的符合 GB/T 16483 规定的安全技术说明书。

# 附 录 A
# (规范性附录)
# 温拌指数测定工作方法

## A.1 范围

本附录规定了温拌沥青温拌指数测定的工作方法。

本附录测定的温拌指数可作为生产企业的温拌沥青出厂控制指标，也可作为采购单位验收及施工单位验证的指标。

## A.2 温拌指数定义

温拌沥青的温拌指数（warm-mix asphalt index，简称WAI）是用来表征温拌沥青混合料拌和温度相对于未添加温拌剂的同种沥青热拌混合料拌和温度降低幅度的关联值。鉴于温拌沥青生产工艺技术不同、温拌原理不同，本方法对温拌指数对应性能指标的物理意义、范围不做具体限定，各生产企业根据各自温拌沥青技术或温拌剂类型等生产工艺确定关联性能指标和参数，包括但不限于黏度、粘附性、酸碱性等性能指标。

## A.3 方法概要

温拌沥青生产企业根据各自的温拌技术、温拌原理确定温拌指数的性能及测定方法，在温拌指数的对应性能指标规定的试验条件下，检测分析WAI的数值；同时按《公路工程沥青及沥青混合料试验规程》（JTG E20）进行温拌沥青混合料与未添加温拌剂的同种沥青热拌混合料拌和试验，测定并计算温拌沥青混合料降低的拌和温度数值（简称 $\Delta T$）。采用温拌指数WAI作为纵坐标，$\Delta T$ 作为横坐标，绘制WAI与 $\Delta T$ 的关系曲线。

与温拌沥青应用性能要求相对应，以拌和温度下降 $\Delta T$ 为（20~40）℃时所对应的WAI范围，作为温拌沥青生产企业合格产品的WAI控制指标范围。某一温拌沥青测得的温拌指数，在WAI与 $\Delta T$ 关系曲线上所对应的 $\Delta T$ 应在（20~40）℃之内，否则作为不合格品判定，需要重新生产温拌沥青，并测定温拌指数。

例如图A.1为某一类温拌沥青的WAI与 $\Delta T$ 的关系曲线（根据企业各自温拌剂类型、温拌原理不同，曲线形式不同，如直线、曲线等），当温拌沥青的WAI检测结果在 $A$~$B$ 范围内时，在保证混合料路用性能不变的前提下，温拌沥青混合料相对于热拌沥青混合料的 $\Delta T$ 值为（20~40）℃。

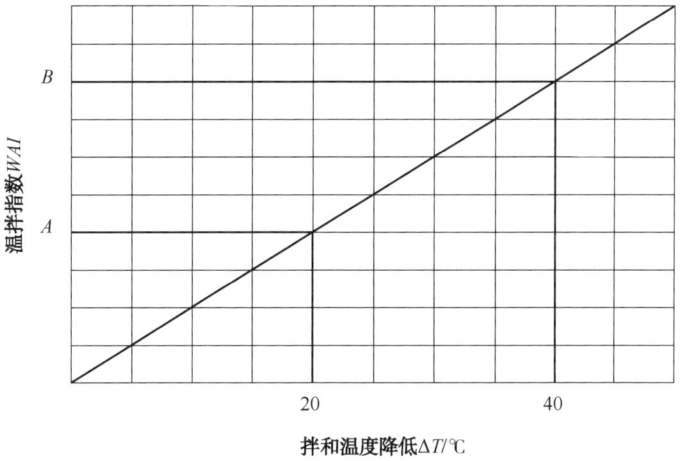


图 A.1　温拌指数-拌和温度降低曲线示例图

ICS 75.140
E 43

SH

# 中华人民共和国石油化工行业标准

NB/SH/T 0981—2019

# 防水材料用沥青

## Asphalt for waterproofing materials

2019-06-04 发布　　2019-10-01 实施

国家能源局　发布

# 前　言

本标准按照 GB/T 1.1—2009 给出的规则起草。

本标准由中国石油化工集团有限公司提出。

本标准由全国石油产品和润滑剂标准化技术委员会石油沥青分技术委员会（SAC/TC 280SC3）归口。

本标准负责起草单位：中石油燃料油有限责任公司研究院。

本标准参加起草单位：中石油燃料油有限责任公司、中海油气开发利用公司、中国石化炼油销售有限公司、佛山高富中石油燃料沥青有限责任公司、北京东方雨虹防水技术股份有限公司、江苏一诺路桥工程检测有限公司。

本标准主要起草人：李剑新、李玉环、赵磊、时敬涛、马庆丰、徐萌、王金凤、高冰梅、豆方杰、刘金景。

本标准为首次发布。

# 防水材料用沥青

警示：使用本标准的人员应有正规实验室工作的实践经验。本标准并未指出所有可能的安全问题。使用者有责任采取适当的安全和健康措施，并保证符合国家有关法规规定的条件。

## 1 范围

本标准规定了以石油为原料生产的用于防水材料的专用沥青的技术要求，以及试验方法、包装、标志、贮运及交货验收等要求。

本标准适用于作为防水材料的沥青原料。

## 2 规范性引用文件

下列文件对于本文件的应用是必不可少的。凡是注日期的引用文件，仅所注日期的版本适用本文件。凡是不注日期的引用文件，其最新版本（包括所有的修改单）适用于本文件。

GB/T 267 石油产品闪点与燃点测定法 开口杯法

GB/T 3536 石油产品闪点和燃点的测定 克利夫兰开口杯法

GB/T 328.14 建筑防水卷材实验方法 沥青防水卷材 低温柔性

GB/T 4507 沥青软化点测定法 环球法

GB/T 4509 沥青针入度测定法

GB/T 8928 固体和半固体石油沥青密度测定法

GB/T 11147 石油沥青取样法

GB/T 11148 石油沥青溶解度测定法

GB/T 11964 石油沥青蒸发损失测定法

SH/T 0164 石油产品包装、贮运及交货验收规则

SH/T 0425 石油沥青蜡含量测定法

## 3 技术要求及试验方法

防水材料用沥青的技术要求及试验方法见表1。

**表1 技术要求及试验方法**

| 项目 | | 单位 | F10 | F40 | F80 | F150 | F300 | F400 | 试验方法 |
|---|---|---|---|---|---|---|---|---|---|
| 针入度（25℃，100g，5s） | | 0.1mm | 0~20 | 20~60 | 60~100 | 100~200 | 200~400 | / | GB/T 4509 |
| 针入度[a]（0℃，100g，5s） | | 0.1mm | / | / | / | / | / | 180~250 | GB/T 4509 |
| 软化点（环球法） | ⩾ | ℃ | 60 | 46 | 40 | 35 | 32 | / | GB/T 4507 |
| 柔度 | ⩽ | ℃ | 12 | 8 | 6 | 2 | −2 | −10 | GB/T 328.14 |
| 溶解度（三氯乙烯） | ⩾ | % | 99.0 | | | | | | GB/T 11148 |

表 1（续）

| 项　目 | | 单位 | F10 | F40 | F80 | F150 | F300 | F400 | 试验方法 |
|---|---|---|---|---|---|---|---|---|---|
| 闪点[b] | ≥ | ℃ | 230 | | | | | 200 | GB/T 267 或 GB/T3536 |
| 蜡含量（蒸馏法） | ≤ | % | 4.5 | | | | | | SH/T 0425 |
| 蒸发损失 | ≤ | % | 1.0 | | | | 3.0 | | GB/T11964 |
| 酸碱性（pH） | | | 6~8 | | | | | | 附录 A |

[a] 该指标测试方法采用 GB/T 4509 的实验方法，仅将恒温水浴温度及测试温度变更为 0℃。

[b] 仲裁时选用 GB/T 267 石油产品闪点与燃点测定法 开口杯法。

## 4 检验规则

### 4.1 取样

按 GB/T 11147 规定进行。每批取样 2L 作为检验和留样用。

### 4.2 出厂检验

出厂检验项目为本标准第 3 章规定的全部项目。

### 4.3 判定规则

出厂检验项目全部合格方可出厂。

### 4.4 复检规则

其他项目有不符合表 1 要求时，按 GB/T 11147 的规定重新抽取双倍样品进行复检，复检结果如仍有一项不符合表 1 规定，则判该批产品为不合格。

## 5 包装、贮运及交货

本产品一罐为一批次。标志、包装、运输、贮存及交货验收按 SH/T 0164 进行。

## 6 安全

有关防水材料用沥青的运输、储存、使用和事故处理等环节设计安全方面的数据和信息，应包括在该产品“安全技术说明书”中。生产商或供应商提供其防水材料用沥青产品的符合 GB/T 16483 规定的安全技术说明书。

# 附　录　A
（规范性附录）
# 酸碱性测试方法

## A.1　范围

本方法适用于石油沥青酸碱性的测定。

## A.2　仪器、试剂与材料

**A.2.1**　恒温水域。
**A.2.2**　分液漏斗。
**A.2.3**　锥形瓶：250mL。
**A.2.4**　标准试纸：5.5-9.0 和 1-14 两种规格均可。
**A.2.5**　定量滤纸：中速，$\phi$11.0cm～12.5cm。
**A.2.6**　甲苯：化学纯。
**A.2.7**　无水乙醇：化学纯。

## A.3　方法与步骤

**A.3.1**　在 250mL 锥形瓶中称取沥青 3g～5g，准确至±0.1mg。
**A.3.2**　按每克沥青加入 5mL 甲苯的用量，在锥形瓶中加入甲苯，在温度 65℃±5℃的恒温水槽内回流 0.5h，冷却至室温。然后加入 100mL 无水乙醇，轻轻摇晃后，将溶液转移至分液漏斗中，充分摇晃混合均匀。然后将分液漏斗置于铁架台上，静置 30min。
**A.3.3**　将试纸的中部置于分液漏斗下方，缓慢打开活塞，将下层清液滴在试纸上，待试纸变色后，再与标准比色卡比较，确定溶液的 pH 值。

ICS 75.140
CCS E 43

SH

# 中华人民共和国石油化工行业标准

NB/SH/T 0979—2021
代替 NB/SH/T 0979—2019

# 沥青改质剂

## Additives for Asphalt

2021-11-16 发布 2022-05-16 实施

国家能源局 发布

# 前　　言

本文件按照 GB/T 1.1—2020《标准化工作导则　第 1 部分：标准化文件的结构和起草规则》的规定起草。

本文件代替 NB/SH/T 0979—2019《沥青改质剂》，与 NB/SH/T 0979—2019 相比，除结构调整和编辑改动处，主要技术变化如下：

——增加了第三章“术语和定义”；

——增加了第四章“目的和意义”；

——FT 沥青改质剂的技术要求中增加了薄膜烘箱后的质量变化绝对值和 60℃ 黏度比质量指标。

本文件的某些内容可能涉及专利。本文件的发布机构不承担识别专利的责任。

本文件由中国石油化工集团有限公司提出。

本文件由全国石油产品和润滑剂标准化技术委员会石油沥青分技术委员会（SAC/TC280/SC4）归口。

本文件负责起草单位：中国石油化工股份有限公司石油化工科学研究院。

本文件参加起草单位：中国石化炼油销售有限公司、中海石油炼化有限责任公司、中石油燃料油有限责任公司、中国石化抚顺石油化工研究院、中国石化齐鲁分公司炼油厂、中国石化洛阳分公司。

本文件主要起草人：王翠红、张玉贞、程国香、高冰梅、王金凤、佘玉成、孙献菊、杨书显。

本文件及其所代替文件的历次版本发布情况为：

——2019 年首次发布为 NB/SH/T 0979—2019；

——本次为第一修订。

# 沥青改质剂

**警告：如果不遵守适当的防范措施，本标准所属产品在生产、贮运和使用等过程中可能存在风险。本标准无意对与本产品有关的所有安全问题提出建议。用户在使用本标准之前，有责任建立适当的安全和防护措施，并确定相关规章限制的适用性。**

## 1 范围

1.1 本文件规定了沥青改质剂的分类、要求和试验方法、检验规则及标志、包装、运输和贮存、安全要求。

1.2 本文件适用于以原油为原料，经过炼油工艺生产的、能够改善沥青性能的石油产品。

## 2 规范性引用文件

下列文件中的内容通过文件中的规范性引用而构成本文件必不可少的条款。其中，注日期的引用文件，仅该日期对应的版本适用于本文件；不注日期的引用文件，其最新版本（包括所有的修改单）适用于本文件。

GB/T 260 石油产品水含量的测定法　蒸馏法

GB/T 1884 原油和液体石油产品密度实验室测定法（密度计法）

GB/T 1885 石油计量表

GB/T 3536 石油产品　闪点和燃点测定　克利夫兰开口杯法

GB/T 4507 沥青软化点测定法　环球法

GB/T 4509 沥青针入度测定法

GB/T 5304 石油沥青薄膜烘箱试验法

GB/T 8928 固体和半固体石油沥青密度测定法

GB/T 11137 深色石油产品运动黏度测定法（逆流法）和动力黏度计算法

GB/T 11147 沥青取样法

GB/T 11148 石油沥青溶解度测定法

NB/SH/T 0164 石油及相关产品包装、贮运及交货验收规则

NB/SH/T 0509 石油沥青四组分测定法

SH/T 0557 石油沥青黏度测定法（真空毛细管测定法）

SH/T 0654 石油沥青运动黏度测定法

SH/T 0739 沥青高温黏度测定法 旋转黏度仪法

## 3 术语和定义

下列术语和定义适用于本文件。

3.1

**沥青改质剂　additives for asphalt**

添加到沥青中能赋予产品某些特殊的性能或增强其原来具有的某些性能的产品。

## 4 目的和意义

为满足道路沥青日益提高的质量要求和使用要求，提高沥青的高温性能、低温性能和延展性等，向沥青中添加能够改善沥青某些方面性能的材料，本文件可以更好地规范、引导企业的生产、使用和销售上述材料。

## 5 产品分类

本文件根据用途将产品划分为两个牌号，高芳烃组分为 FT 类，沥青基组分为 LQ 类。FT 为芳烃拼音的首字母，LQ 为沥青拼音的首字母。

## 6 要求和试验方法

### 6.1 技术要求

FT 类沥青改质剂的技术要求和试验方法见表 1，LQ 类沥青改质剂技术要求和试验方法见表 2。

**表 1 FT 沥青改质剂的技术要求和试验方法**

| 项　　目 | | 质量指标 | 试验方法 |
|---|---|---|---|
| 密度（20℃）/（$kg/m^3$） | | 报告 | GB/T 8928<br>GB/T 1884、GB/T 1885 |
| 芳香分含量（质量分数）/% | 不小于 | 50.0 | NB/SH/T 0509 |
| 闪点（开口杯法）/℃ | 不低于 | 210 | GB/T 3536 |
| 溶解度（质量分数）/% | 不小于 | 99.0 | GB/T 11148 |
| 水含量（质量分数）/% | 不大于 | 痕迹 | GB/T 260 |
| TFOT 后残余物（163℃，5h） | | | GB/T 5304 |
| 质量变化绝对值/% | 不大于 | 2.50 | GB/T 5304 |
| 60℃黏度比 | 不大于 | 2.6 | GB/T 11137、SH/T 0557<br>SH/T 0654、SH/T 0739 |
| **注：**60 ℃黏度比为 TFOT 后残余物 60 ℃黏度与未老化沥青 60 ℃黏度的比值。 | | | |

**表 2 LQ 沥青改质剂的技术要求和试验方法**

| 项　　目 | | 质量指标 | 试验方法 |
|---|---|---|---|
| 软化点/ ℃ | 不低于 | 85.0 | GB/T 4507 |
| 针入度（25℃，100g，5s）/（1/10mm） | 不大于 | 10 | GB/T 4509 |
| 溶解度（质量分数）/% | 不小于 | 99.0 | GB/T 11148 |

## 7 检验规则

### 7.1 出厂检验

出厂检验项目为第4章表1或表2所有检验项目。

### 7.2 组批规则

对于FT沥青改质剂，每生产一罐或一釜为一批次。

对于LQ沥青改质剂，在原材料和生产工艺不变的条件下，以每次连续生产的产品为一批次，每批次产品不超过500t。

### 7.3 取样

按GB/T 11147的规定进行，取4 L样品（液体）或2 kg（固体）样品作为检验和留样用。

### 7.4 判定规则

出厂检验的结果全部符合本标准表1或表2的要求时，则判定为该批产品合格。

### 7.5 复验规则

如出厂检验结果中有不符合表1或表2技术要求的规定时，按GB/T 11147的规定自同批产品中重新抽取双倍量样品对不符合项目进行复检；复检结果如有不符合本标准规定的技术要求时，则判该批产品为不合格。

## 8 标志、包装、运输和贮存

标志、包装、运输、贮存及交货验收按NB/SH/T 0164进行。

## 9 安全

产品在运输及贮存过程中可能需要加热，避免烫伤。

ICS 75.140
CCS E 43

SH

# 中华人民共和国石油化工行业标准

NB/SH/T 6025—2021

# 液体石油沥青

Cutback asphalt

2021-11-16 发布　　　　2022-05-16 实施

国家能源局　发布

# 前　　言

本文件按照 GB/T1. 1—2020《标准化工作导则 第 1 部分：标准化文件的结构和起草规则》的规定起草。

请注意本文件的某些内容可能涉及专利。本文件的发布机构不承担识别专利的责任。

本文件由中国石油化工集团有限公司提出。

本文件由全国石油产品和润滑剂标准化技术委员会石油沥青分技术委员会（SAC/TC280/SC4）归口。

本文件起草单位：中国石油大学（华东）。

本文件参加起草单位：江苏一诺路桥工程检测有限公司、中国石油化工股份有限公司石油化工科学研究院。

本文件主要起草人：张玉贞、李玉环、王翠红、郭宁。

# 液体石油沥青

**警示：使用本文件的人员应有正规实验室工作的实践经验。本文件并未指出所有可能的安全问题。使用者有责任采取适当的安全和健康措施，并保证符合国家有关法规规定的条件。**

## 1 范围

本文件规定了液体石油沥青的技术要求和试验方法、检验规则及标志、包装、运输和贮存、安全要求。

本文件描述的液体石油沥青适合于以石油沥青为原料，加入不同比例的轻质石油馏分，能够提高产品的施工和易性和渗透性的沥青类石油产品。

## 2 规范性引用文件

下列文件中的内容通过文中的规范性引用而构成本文件必不可少的条款。其中，注日期的引用文件，仅该日期对应的版本适用于本文件；不注日期的引用文件，其最新版本（包括所有的修改单）适用于本文件。

GB/T 260 石油产品水含量的测定 蒸馏法

GB/T 514 石油产品试验用玻璃液体温度计技术条件

GB/T 3536 石油产品闪点和燃点测定 克利夫兰开口杯法

GB/T 4509 沥青针入度测定法

GB/T 4508 沥青延度测定法

GB/T 11147 沥青取样法

GB/T 11148 石油沥青溶解度测定法

NB/SH/T 0164 石油及相关产品包装、储运及交货验收规则

SH/T 0557 石油沥青粘度测定法（真空毛细管法）

SH/T 0654 石油沥青运动粘度测定法

## 3 术语和定义

下列术语和定义适用于本文件。

### 3.1 液体石油沥青 cutback asphalt

以石油沥青为原料，加入不同比例的轻质石油馏分生产的沥青类石油产品。

## 4 产品分类

本产品适用于公路与城镇道路新建、改扩建及养护等工程。

本文件将液体石油沥青根据60 ℃的运动黏度划分为四个牌号，RC为Rapid Curing两个单词的首字母缩写，后面的数字是60 ℃运动黏度的最小值。

## 5 技术要求和试验方法

技术要求和试验方法见表1。

**表1 液体石油沥青技术要求和试验方法**

<table>
<tr><th colspan="2">项目</th><th>RC-70</th><th>RC-250</th><th>RC-800</th><th>RC-3000</th><th>试验方法</th></tr>
<tr><td colspan="2">运动黏度 60℃，$mm^2/s$</td><td>70~140</td><td>250~500</td><td>800~1600</td><td>3000~6000</td><td>SH/T 0654</td></tr>
<tr><td colspan="2">闪点（开口杯），℃ 不小于</td><td>—</td><td>27</td><td>27</td><td>27</td><td>GB/T 3536</td></tr>
<tr><td rowspan="6">蒸馏实验</td><td colspan="5">馏分油，占360℃总馏出物的体积分数，%</td><td rowspan="6">附录A</td></tr>
<tr><td>190℃ 不小于</td><td>10</td><td>—</td><td>—</td><td>—</td></tr>
<tr><td>225℃ 不小于</td><td>50</td><td>35</td><td>15</td><td>—</td></tr>
<tr><td>260℃ 不小于</td><td>70</td><td>60</td><td>45</td><td>25</td></tr>
<tr><td>316℃ 不小于</td><td>85</td><td>80</td><td>75</td><td>70</td></tr>
<tr><td>360℃以上残渣（减差法） 不小于</td><td>55</td><td>65</td><td>75</td><td>80</td></tr>
<tr><td colspan="6">大于360℃残留物试验</td><td></td></tr>
<tr><td colspan="2">黏度（60℃），Pa·s[a]</td><td colspan="4">60~240</td><td>SH/T 0557</td></tr>
<tr><td colspan="2">延度[b]（25℃），cm 不小于</td><td colspan="4">100</td><td>GB/T 4508</td></tr>
<tr><td colspan="2">溶解度（三氯乙烯）% 不小于</td><td colspan="4">99</td><td>GB/T 11148</td></tr>
<tr><td colspan="2">水含量，% 不大于</td><td colspan="4">0.2</td><td>GB/T 260</td></tr>
<tr><td colspan="7">[a] 根据用户需要，也可增加25℃，100 g，5 s条件下的针入度测试，针入度指标均为（80~120）0.1 mm，针入度试验方法采用GB/T4509。<br>[b] 如果25 ℃时的延度小于100 cm，15 ℃延度大于100 cm时可判定为合格。</td></tr>
</table>

## 6 检验规则

### 6.1 出厂检验

出厂检验项目为第5章表1中要求的所有检验项目。

### 6.2 组批规则

每生产一罐或一釜为一批次。

在原材料和生产工艺不变的条件下，以每次连续生产的产品为一批次，每批次产品不超过500t。

### 6.3 取样

按GB/T 11147的规定进行，取4L样品作为检验和留样用。

### 6.4 判定规则

出厂检验的结果全部符合本文件表1中的技术要求时，则判定为该批产品合格。

### 6.5 复验规则

检验结果中若有一项不符合本文件要求，应按 GB/T 11147 的规定重新抽取双倍样品进行复检；复检结果中若仍有一项不符合本文件要求，则判定该批产品为不合格。

## 7 标志、包装、运输和贮存

标志、包装、运输、贮存及交货验收按 NB/SH/T 0164 进行。

## 8 安全

该产品闪点较低，在运输及贮存过程中要远离明火。

# 附　录　A
# （规范性）
# 液体石油沥青蒸馏测试方法

## A.1　范围

本文件规定了液体石油沥青的蒸馏试验方法。

本文件未涉及有关使用的安全规定，标准使用者有责任在使用前制定合适的安全应用规程。

## A.2　方法概要

将 200 mL 样品装入 500 mL 烧瓶中，以规定速率蒸馏至液相温度达到 360℃，测量指定温度下馏出物的体积，蒸馏的残余物和馏出物用于进行其他性质测试。

## A.3　使用

本方法测量液体石油沥青中易挥发组分，蒸馏残余物的性质既不能代表混合物中沥青的性质，也不能代表在现场使用的任何阶段残余物的性质。液体石油沥青中若含有硅树脂可能会降低蒸馏残余物的蒸发损失。

## A.4　设备

**A.4.1**　蒸馏烧瓶：带有支管的 500 mL 蒸馏烧瓶，形状见图 1。

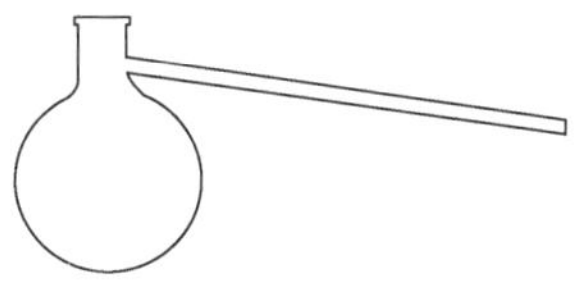

图 1　玻璃蒸馏烧瓶

**A.4.2**　冷凝器：带有标准玻璃夹套的冷凝器，冷凝管的长度为 450 mm±10 mm，夹套的长度为 200 mm~300 mm。

**A.4.3**　牛角管：带有加固头的厚玻璃牛角管，弯曲角度约为 105°，最粗端内径约为 18 mm，最细端内径不少于 5 mm，牛角管出口内侧为垂直方向，外侧切割或打磨成与内侧成 45°角。

**A.4.4**　防护罩：带石英透视窗，内衬 3mm 厚防火隔热层不锈钢罩，可避免烧瓶加热过程中因空气对流散热及辐射，其形状和尺寸见图 2，顶部防火隔热绝缘盖应做成两部分，厚度为 6.4 mm。

**A.4.5**　隔热绝缘罩和烧瓶支架。

**A.4.6**　热源：功率可调节的电加热器或加热炉，蒸馏试验时烧瓶底部与加热元件间的距离约为 3 mm。

**A.4.7**　接收器：一只带刻度的标准 100 mL 量筒或 100 mL 鸭嘴接收器。

注：为保证试验的精确度，接收器的刻度应为 0.1 mL。

**A.4.8**　蒸馏残余物样品皿：直径为 75 mm±5 mm、高为 55 mm±5 mm 的无缝金属皿，盖子可轻松盖上。

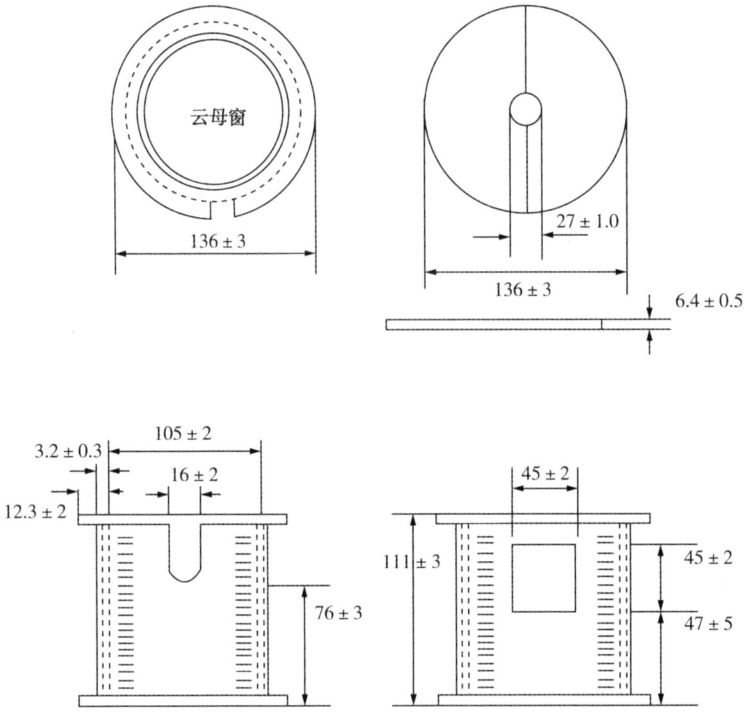


图 2 防护罩

A.4.9 温度计：应符合 GB/T 514 中 GB-44 温度计的技术要求，即测温范围在 0 ℃～360 ℃、最小分度值为 1 ℃的液体玻璃温度计或满足要求的可替代产品。

## A.5 样品制备

A.5.1 将样品搅拌均匀，保证试验用样品具有代表性。若样品黏度大可适当加热。

A.5.2 若样品含水，加热蒸馏时会起泡或爆沸，需先进行加热除水。除水过程按以下步骤进行：取不少于 250 mL 的样品在合适的蒸馏烧瓶中加热，加热过程中应避免泡沫进入蒸馏支管中，至烧瓶内无泡沫产生时即停止蒸馏。如果蒸馏过程中有轻油馏出，待蒸馏烧瓶充分冷却至不会导致轻油损失后，将蒸出的轻油倒回烧瓶中。取样进行试验前须将烧瓶内的样品充分混匀。

## A.6 仪器的准备

A.6.1 将试验用蒸馏烧瓶、冷凝管、牛角管和接收器清洗、干燥后备用，将用于盛装蒸馏残余物的无缝容器盖上盖子置于远离气流的地方。

A.6.2 依据试样 15.6℃/15.6℃的相对密度，计算出 200 mL 样品的质量，称取相应质量的试样于 500 mL 烧瓶中，称准至±0.5 g。

A.6.3 将装有试样的烧瓶放置在防护罩中，置于三脚架上，烧瓶底部用两层金属网板支撑。将冷凝管与烧瓶支管用软木塞紧密连接，用夹子夹住冷凝管，蒸馏烧瓶保持垂直，调整冷凝管末端的牛角管，使瓶颈到牛角管出口距离保持在 650 mm±50 mm（见图 3）。

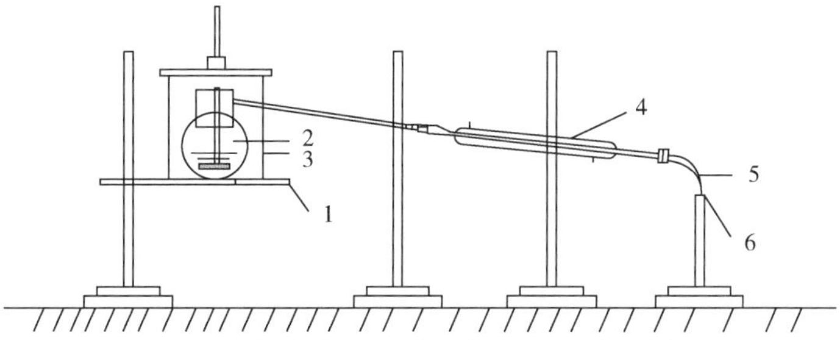


1—调节加热器；2—蒸馏烧瓶；3—保温罩；
4—冷凝管；5—牛角管；6—量筒

**图3　液体石油沥青蒸馏装置示意图**

**A.6.4**　将温度计固定在烧瓶口的软木塞孔中插入，使温度计下端距烧瓶底部距离约为 6 mm。

**A.6.5**　用合适的罩子或挡板将加热炉围住，将牛角管出口插入接收器内，牛角管底端距接收器瓶口距离不少于 25 mm，同时不低于接收器 100 mL 的刻度线。用一张裁剪过的、与牛角管外形吻合的吸油纸或类似材料盖在接收器瓶口。

**A.6.6**　接通冷凝器冷却水，若冷凝器内管有固体冷却物产生时可用温水替代冷却水。

## A.7　试验步骤

**A.7.1**　当蒸馏试验所在地区海拔高度在 150 m 以上时，需对蒸馏温度按照表 1 中的换算值进行校正。如果当地大气压的毫米汞柱数已知，可按表 2 中的数据对温度进行校正。

**表1　海拔高度与试验温度对应表**

| 海拔高度（m） | 实际的蒸馏温度（℃） | | | | |
|---|---|---|---|---|---|
| -305 | 192 | 227 | 263 | 318 | 362 |
| -152 | 191 | 226 | 261 | 317 | 361 |
| 0 | 190 | 225 | 260 | 316 | 360 |
| 152 | 189 | 224 | 259 | 315 | 359 |
| 305 | 189 | 224 | 258 | 314 | 358 |
| 457 | 188 | 223 | 258 | 313 | 357 |
| 610 | 187 | 222 | 257 | 312 | 356 |
| 762 | 186 | 221 | 256 | 312 | 355 |
| 914 | 186 | 220 | 255 | 311 | 354 |
| 1067 | 185 | 220 | 254 | 310 | 353 |
| 1219 | 184 | 219 | 254 | 309 | 352 |
| 1372 | 184 | 218 | 253 | 308 | 351 |
| 1524 | 183 | 218 | 252 | 307 | 350 |
| 1676 | 182 | 217 | 251 | 306 | 349 |
| 1829 | 182 | 216 | 250 | 305 | 349 |
| 1981 | 181 | 215 | 250 | 305 | 348 |
| 2134 | 180 | 215 | 249 | 304 | 347 |
| 2286 | 180 | 214 | 248 | 303 | 346 |
| 2438 | 179 | 213 | 248 | 302 | 345 |

表 2 温度的气压修正系数

| 公称温度（℃） | 每 1.333 kPa（10mmHg）气压差的修正系数 | 公称温度（℃） | 每 1.333 kPa（10mmHg）气压差的修正系数（℃） |
|---|---|---|---|
| 160 | 0.514 | 275 | 0.65 |
| 175 | 0.531 | 300 | 0.68 |
| 190 | 0.549 | 315.6 | 0.698 |
| 225 | 0.591 | 325 | 0.709 |
| 250 | 0.62 | 360 | 0.751 |
| 269 | 0.632 | | |

**A.7.2** 打开电加热器或加热炉，开始加热。控制升温速度，使烧瓶支管末端在 5 min～15 min 出现第一滴馏出液。继续进行蒸馏试验并保持如下蒸馏速度，以牛角管末端的液滴数为准：

蒸馏温度达到 260 ℃之前，控制蒸馏速度为每分钟 50 滴～70 滴；

蒸馏温度在 260 ℃～316 ℃范围内，控制蒸馏速度为每分钟 20 滴～70 滴；

蒸馏温度从 316 ℃升到 360 ℃时，蒸馏时间不能超过 10 min。

**A.7.2.1** 以校正后的温度为准，记录对应温度下接收器中馏出物的体积，精确到 0.5 mL；如果回收的馏出物的量很关键，则用最小刻度为 0.1 mL 的带刻度接收器，并将其浸泡在 15.6 ℃±3 ℃透明水浴中。

**注：**对于蒸馏到 316 ℃时几乎没有或者有很小比例的馏出物的样品，保持上述要求的蒸馏速度无实际意义，可以控制升温速度不低于 5 ℃/min。

**A.7.3** 当蒸馏温度达到校正温度 360 ℃时，关闭加热器，将烧瓶连同温度计一起取出。将烧瓶倾斜放置，取出温度计，快速将烧瓶内残留物倒入盛样皿中，进行针入度、黏度及软化点等性质的测试。从关闭热源到开始倾倒烧瓶内残余物的过程要在 60 s 内完成。倾倒烧瓶内残余物时，烧瓶支管应大致水平以防支管内的冷凝液流回蒸馏残余物中。

**注：**残余物冷却过程中表面形成结皮会导致部分轻馏分蒸汽留在残余物中，造成残留物的针入度值偏高；因此，样品冷却过程中出现结皮现象时，需用抹刀将结皮轻轻刮至一边。

**A.7.4** 将烧瓶支管及冷凝器内的所有馏出液均收集至接收器中，记录为<360℃馏出物体积。

## A.8 计算和报告

**A.8.1** 报告蒸馏到 360 ℃时残余物的体积分数，按式（1）计算，精确到 0.1%。

$$R=[(200-TD)/200]\times 100 \quad (1)$$

式中：

$R$——残余物的体积含量，以百分数表示；

$TD$——蒸馏到 360 ℃时所有馏出物的总和，mL。

### A.8.2 蒸馏分数

报告蒸馏到 360 ℃时总馏出物的体积分数，按式（2）计算，精确到 0.1%。

$$TD\%=(TD/200)\times 100 \quad (2)$$

报告各温度区间馏出物体积分数，按照式（2）计算，用所测量馏分体积（以 mL 计）除以原始样品的体积。

报告各温度区间馏出物体积分数。用所测量馏分体积（以 mL 计）除以蒸馏到 360 ℃总馏出物的体积再乘以 100，精确到 0.1%。

初馏～190 ℃

190 ℃～225 ℃

225 ℃～260 ℃

260 ℃～316 ℃

A.8.3　进行残留物针入度、黏度或其他试验时，应同时报告本试验方法和其他试验方法。

## A.9　精密度和偏差

A.9.1　用下列标准判断结果的可接受性（95%的置信度）：

重复性：同一操作者重复测定沥青残余物、总馏出物含量时，两次结果之间的误差不应超过1%（体积）。

再现性：同一个样品由两个不同实验室测试的结果间的差值不能超过下列数值：

| 馏出物馏分 | 占原始样品的体积分数（%） |
|---|---|
| <175 ℃ | 3.5 |
| >175 ℃ | 2.0 |
| 蒸馏残余物占原样的体积分数 | 2.0 |

# 七、油品应用

ICS 75.100
E 34

SH

# 中华人民共和国石油化工行业标准

NB/SH/T 0137—2013
代替 SH/T 0137—92

# 抗氨汽轮机油换油指标

## Criteria for change of anti-ammonia turbine oil

2013-06-08 发布　　2013-10-01 实施

国家能源局　发布

# 前　言

本标准按照 GB/T 1.1—2009 给出的规则起草。

本标准是对 SH/T 0137—92《抗氨汽轮机油换油指标》的修订。

本标准与 SH/T 0137—92 相比主要变化如下：

——将技术要求中酸值试验方法由 GB/T 264 改成 GB/T 7304，指标为大于 0.3 mgKOH/g；

——删除闪点（开口）指标；

——增加第 5 章检测和处置。

本标准自实施之日起，代替 SH/T 0137—92。

本标准由中国石油化工集团公司提出。

本标准由全国石油产品和润滑剂标准化技术委员会润滑油换油指标分技术委员会（SAC/TC280/SC6）归口。

本标准起草单位：中国石油化工股份有限公司润滑油研发（上海）中心。

本标准主要起草人：周霞、益梅蓉、傅树琴、吕文继。

本标准所代替标准的历次版本发布情况为：

——SH/T 0137—92。

# 抗氨汽轮机油换油指标

## 1 范围

本标准规定了抗氨汽轮机油的换油指标。

本标准适用于大型化肥装置离心式合成气压缩机、冰机及汽轮机组使用的抗氨汽轮机油在运行过程中的质量监控。

## 2 规范性引用文件

下列文件对于本文件的应用是必不可少的。凡是注日期的引用文件，仅所注日期的版本适用于本文件。凡是不注日期的引用文件，其最新版本（包括所有的修改单）适用于本文件。

GB/T 260 石油产品水分测定法

GB/T 265 石油产品运动黏度测定法和动力黏度计算法

GB/T 7304 石油产品和润滑剂酸值测定法（电位滴定法）

GB/T 7305 石油和合成液水分离性测定法

GB/T 11143 加抑制剂矿物油在水存在下防锈性能试验法

SH/T 0193 润滑油氧化安定性的测定 旋转氧弹法

SH/T 0302 抗氨汽轮机油抗氨性能试验法

## 3 技术内容

3.1 技术要求：

抗氨汽轮机油换油指标的技术要求和试验方法见表1。

**表1 抗氨汽轮机油换油指标的技术要求和试验方法**

| 项 目 | | 换油指标 | 试验方法 |
|---|---|---|---|
| 运动黏度（40℃）变化率/% | 超过 | ±10 | GB/T 265 及标准 3.2 条 |
| 酸值增加/（mgKOH/g） | 大于 | 0.3 | GB/T 7304 |
| 水分（质量分数）/% | 大于 | 0.1 | GB/T 260 |
| 破乳化时间/min | 大于 | 80 | GB/T 7305 |
| 液相锈蚀试验（蒸馏水） | | 不合格 | GB/T 11143 |
| 氧化安定性（旋转氧弹，150℃）/min | 小于 | 60 | SH/T 0193 |
| 抗氨性能试验 | | 不合格 | SH/T 0302 |

3.2 40℃运动黏度变化率 $X$（%）按式（1）计算：

$$X = \frac{\nu_2 - \nu_1}{\nu_1} \times 100 \quad (1)$$

式中：

$\nu_1$——新油的运动黏度，$mm^2/s$；

$\nu_2$——使用中油的运动黏度，$mm^2/s$。

## 4 取样

4.1 应在热机状态下从油冷却器出口处取样，取样前应将出口管线中的积水和剩余油料放净。

4.2 取样前24小时内向油箱内不得补加新油。

4.3 尽可能减少取样量，以分析项目所需的最少量为准。

4.4 取样容器要求清洁、干燥。

## 5 检测和处置

### 5.1 检测项目和检测周期

运动黏度、酸值、水分、破乳化时间每月测试一次，液相锈蚀每季度测试一次，氧化安定性和抗氨性能试验每半年测试一次。

### 5.2 判定和处置

当使用中抗氨汽轮机油有一项指标达到本标准的技术要求时，应采取相应的维护措施或更换新油。水分大于0.05%或破乳化时间上升较快时，应及时开动净化装置。

# 中华人民共和国石油化工行业标准

SH/T 0475—1992

# 普通车辆齿轮油换油指标

代替 ZB E01 001—89

## 1 主题内容与适用范围

本标准规定了普通车辆齿轮油在使用过程中的换油要求。

本标准适用于普通车辆齿轮油在后桥渐开线齿轮润滑过程中的质量监控。当使用中油品有一项指标达到换油指标时应更换新油。

执行本标准要求汽车后桥技术状况要良好，主动和从动齿轮的装配间隙符合检修公差，不漏油，并在使用过程中对油品的性质进行定期监测。

## 2 引用标准

GB/T 260 石油产品水分测定法

GB/T 265 石油产品运动黏度测定法和动力黏度计算法

GB/T 8030—1987 润滑油现场检验法

GB/T 8926 用过的润滑油不溶物测定法

SH/T 0197 润滑油中铁含量测定法

## 3 技术内容

### 3.1 技术要求

| 项 目 | | 换油指标 | 试验方法 |
|---|---|---|---|
| 100℃运动黏度变化率,% | 超过 | +20～-10 | 本标准3.2条 |
| 水分,% | 大于 | 1.0 | GB/T 260 |
| 酸值增加值，mgKOH/g | 大于 | 0.5 | GB/T 8030 |
| 戊烷不溶物,% | 大于 | 2.0 | GB/T 8926 |
| 铁含量[1)],% | 大于 | 0.5 | SH/T 0197 |

注：1)铁含量测定方法允许采用原子吸收光谱法。

3.2 100℃运动黏度变化率 $\eta$(%)按下式计算：

$$\eta = \frac{\gamma_1 - \gamma_2}{\gamma_2} \times 100$$

式中：$\gamma_1$——使用中油的黏度实测值，$mm^2/s$；

$\gamma_2$——新油黏度实测值，$mm^2/s$。

注：$\gamma_1$、$\gamma_2$ 按 GB/T 265 测定。

## 4 采样

4.1 车辆在热车状态下采样，用取样注射器从后桥油位孔取试样 150mL。

4.2 取样器和容器必须清洁。

4.3 取样前不得加入新油，取样后才能补充新油。

中国石油化工总公司 1992-05-20 批准　　1992-05-20 实施

## 附　录　A
## 执行本标准的换油里程
（参考件）

### A1　技术措施

A1.1　被润滑部件技术状况良好，各齿轮工况正常，不漏油。

A1.2　认真执行“一保”“二保”维修。

### A2　换油里程

由于地区气候差异，汽车型号不同，使用工况复杂，因此换油里程定为45000km。

---

**附加说明：**

本标准由中国石油化工总公司销售公司提出。
本标准由上海石油商品应用研究所技术归口。
本标准由中国石化销售公司沈阳公司负责起草。
本标准主要起草人贺颖杰、李治良、张维群、郑宏斌。

中华人民共和国石油化工行业标准

SH/T 0476—1992

# L-HL 液压油换油指标

代替 ZB E01 002—89

## 1 主题内容与适用范围

本标准规定了 L-HL 液压油在使用过程中的换油要求。

本标准适用于一般机床的主轴箱、液压箱和齿轮箱或类似的机械设备循环系统润滑的 L-HL 液压油在使用过程中的质量监控。当使用中的 L-HL 液压油有一项指标达到换油指标时应更换新油。

执行本标准要求设备技术状况正常，根据设备的润滑部位、工作条件选用合适牌号的 L-HL 液压油并在使用过程中对油品的性质实行定期监测。

## 2 引用标准

GB/T260 石油产品水分测定法

GB/T 264 石油产品酸值测定法

GB/T 265 石油产品运动黏度测定法和动力黏度计算法

GB/T 511 石油产品和添加剂机械杂质测定法(重量法)

GB/T 5096 石油产品铜片腐蚀试验法

GB/T 6540 石油产品颜色测定法

## 3 技术内容

### 3.1 技术要求

| 项　目 | | 换油指标 | 试验方法 |
|---|---|---|---|
| 外观 | | 不透明或浑浊 | 目测 |
| 40℃运动黏度变化率,% | 超过 | ±10 | 本标准 3.2 条 |
| 色度变化(比新油)，号 | 等于或大于 | 3 | GB/T 6540 |
| 酸值，mgKOH/g | 大于 | 0.3 | GB/T 264 |
| 水分,% | 大于 | 0.1 | GB/T 260 |
| 机械杂质,% | 大于 | 0.1 | GB/T 511 |
| 铜片腐蚀(100℃，3h)，级 | 等于或大于 | 2 | GB/T 5096 |

### 3.2 40℃运动黏度变化率 $\eta$(%)按下式计算：

$$\eta = \frac{\gamma_1 - \gamma_2}{\gamma_2} \times 100$$

式中：$\gamma_1$——使用中油的黏度实测值，$mm^2/s$；

$\gamma_2$——新油黏度实测值，$mm^2/s$。

注：$\gamma_1$，$\gamma_2$ 按 GB/T 265 测定。

中国石油化工总公司 1992-05-20 批准　　　1992-05-20 实施

## 4 取样

4.1 取样应在机床正常运转停止 15min~20min 内，于油箱上、中、下三点各取相同数量的油样混合作为分析用油样。

4.2 取样前不得向机油箱内补加新油。

4.3 采样器要清净，盛样容器要清净并带盖。

## 附　录　A
## L-HL 液压油换油期
（参考件）

### A1　基本要求

A1.1　根据设备的润滑部位、工作条件选用合适牌号的 L-HL 液压油。
A1.2　机械设备的技术状况良好。

### A2　L-HL 液压油换油期

鉴于机械设备种类多，各有其特点，L-HL 液压油使用时间不尽一致，一般实际运转时间均超过 2500h，最长可达 4000h 以上(计时器计数)，因而建议换油周期为不少于 2500h。

---

**附加说明：**
本标准由中国石油化工销售公司上海石油商品应用研究所技术归口。
本标准由石油化工科学研究院负责起草。
本标准主要起草人向永濂。

ICS 75.100
E 34

SH

# 中华人民共和国石油化工行业标准

NB/SH/T 0538—2013
代替 SH/T 0538—2000

# 轻负荷喷油回转式空气压缩机油换油指标

## Criteria for change of compressor oils used in light duty rotary oil-flooded air compressor

2013-06-08 发布　　2013-10-01 实施

国家能源局 发布

# 前　言

本标准按照 GB/T 1.1—2009 给出的规则起草。

本标准是对 SH/T 0538—2000《轻负荷喷油回转式空气压缩机油换油指标》的修订。

本标准与 SH/T 0538—2000 相比主要变化如下：

——将技术要求中酸值试验方法由 GB/T 264 改为 GB/T 7304；

——增加第 5 章检测和处置。

本标准自实施之日起，代替 SH/T 0538—2000。

本标准由中国石油化工集团公司提出。

本标准由全国石油产品和润滑剂标准化技术委员会润滑油换油指标分技术委员会（TC280/SC6）归口。

本标准起草单位：中国石油化工股份有限公司润滑油研发（上海）中心。

本标准主要起草人：周霞、施东学。

本标准所代替标准的历次版本发布情况为：

SH/T 0538—93，SH/T 0538—2000。

# 轻负荷喷油回转式空气压缩机油换油指标

## 1 范围

本标准规定了轻负荷喷油回转式空气压缩机油在使用过程中的换油指标。

本标准适用于 GB 5904 的轻负荷喷油回转式空气压缩机油在运行过程中的质量监控。

## 2 规范性引用文件

下列文件对于本文件的应用是必不可少的。凡是注日期的引用文件，仅所注日期的版本适用于本文件。凡是不注日期的引用文件，其最新版本（包括所有的修改单）适用于本文件。

GB/T 260 石油产品水分测定法

GB/T 265 石油产品运动黏度测定法和动力黏度计算法

GB/T 7304 石油产品和润滑剂酸值测定法（电位滴定法）

GB/T 8926 用过的润滑油不溶物测定法

SH/T 0193 润滑油氧化安定性的测定 旋转氧弹法

## 3 技术内容

3.1 技术要求：

轻负荷喷油回转式空气压缩机油换油指标的技术要求和试验方法见表 1。

**表 1 轻负荷喷油回转式空气压缩机油换油指标的技术要求和试验方法**

| 项　　目 | | 换油指标 | 试验方法 |
| --- | --- | --- | --- |
| 运动黏度（40℃）变化率/% | 超过 | ±10 | GB/T 265 及本标准 3.2 条 |
| 酸值增加值/（mgKOH/g） | 大于 | 0.2 | GB/T 7304 |
| 正戊烷不溶物（质量分数）/% | 大于 | 0.2 | GB/T8926 |
| 氧化安定性（旋转氧弹，150℃）/min | 小于 | 50 | SH/T 0193 |
| 水分（质量分数）/% | 大于 | 0.1 | GB/T 260 |

3.2 40℃运动黏度变化率 $X$（%）按下式计算：

$$X(\%) = \frac{v_2 - v_1}{v_1} \times 100$$

式中：

$v_1$——新油的运动黏度，$mm^2/s$；

$v_2$——使用中油的运动黏度，$mm^2/s$。

## 4 取样

4.1 应在停机卸压后及时从放油口取样，取样前应先放掉储存在放油管中的油。

4.2　取样前的24小时（工作时间）内不得向油箱内补加新油。

4.3　尽可能减少取样量，以分析项目所需的最少量为准。

4.4　采样容器要清洁、干燥。

## 5　检测和处置

### 5.1　检测项目和检测周期

运动黏度、酸值、正戊烷不溶物、水分每500小时（工作时间）测试一次，氧化安定性每1000小时（工作时间）测试一次。

### 5.2　判定和处置

当使用中轻负荷喷油回转式空气压缩机油有一项指标达到本标准的技术要求时，应采取相应的维护措施或更换新油。

ICS 75.100
CCS E 34

SH

# 中华人民共和国石油化工行业标准

**NB/SH/T 0586—2024**
代替 NB/SH/T 0586—2010

# 工业闭式齿轮油换油指标

**Criteria for changing oil of enclosed industrial gear oil**

2024-12-25 发布　　2025-06-25 实施

国家能源局 发布

# 目　　次

# 前　言

本文件按照 GB/T 1.1—2020《标准化工作导则　第 1 部分：标准化文件的结构和起草规则》的规定起草。

本文件代替 NB/SH/T 0586—2010《工业闭式齿轮油换油指标》，与 NB/SH/T 0586—2010 相比，主要变化如下：

a）范围由“本文件规定了 L-CKC、L-CKD 工业闭式齿轮油在使用过程中的换油指标”修改为“本文件规定了满足 GB 5903 要求的 L-CKC、L-CKD 工业闭式齿轮油在使用过程中的换油指标”（见第 1 章，2010 年版的第 1 章）；

b）范围由“本文件适用于 L-CKC、L-CKD 工业闭式齿轮油在使用过程中的换油指标”修改为“本文件适用于以深度精制矿物油或合成油馏分为基础油，满足 GB 5903 要求的 L-CKC、L-CKD 工业闭式齿轮油在使用过程中的状态监控”（见第 1 章，2010 年版的第 1 章）；

c）增加了铜含量项目（见第 4 章表 1）；

d）将机械杂质换油指标“大于或等于 0.5”修改为“大于或等于 0.3”（见第 4 章表 1，2010 年版的第 3 章）；

e）L-CKC 换油指标增加了铁含量项目（见第 4 章表 1）；

f）取消梯姆肯 OK 值项目（见 2010 年版的第 3 章）；

g）取消酸值增加项目（见 2010 年版的第 3 章）；

h）增加“在实际监测中，应对油品酸值变化和烧结负荷 $P_D$ 值项目予以关注”（见第 4 章 4.3）。

请注意本文件的某些内容可能涉及专利。本文件的发布机构不承担识别专利的责任。

本文件由中国石油化工集团有限公司提出。

本文件由全国石油产品和润滑剂标准化技术委员会在用润滑油液应用及监控分技术委员会（SAC/TC280/SC6）归口。

本文件起草单位：中国石化润滑油有限公司、广州机械科学研究院有限公司、宝武装备智能科技有限公司、中国石油天然气股份有限公司润滑油分公司。

本文件参加起草单位：中国石化销售股份有限公司应用技术研究院、南京高精齿轮集团有限公司、尧柏特种水泥集团有限公司、中国石油化工股份有限公司北京燕山分公司。

本文件主要起草人：曹静思、石啸、赵海鹏、贺石中、张国茹、周康、王丽娟、李秋秋。

本文件参加起草人：杨勇、王鹏、高康、程安国、张浩。

本文件所代替文件的历次版本发布情况为：

——1994 年首次发布为 SH/T 0586—1994，2010 年第一次修订；

——本次为第二次修订。

# 工业闭式齿轮油换油指标

## 1 范围

本文件规定了满足 GB 5903 要求的 L-CKC、L-CKD 工业闭式齿轮油在使用过程中的换油指标。

本文件适用于以深度精制矿物油或合成油馏分为基础油，满足 GB 5903 要求的 L-CKC、L-CKD 工业闭式齿轮油在使用过程中的状态监控。

## 2 规范性引用文件

下列文件中的内容通过文中的规范性引用而构成本文件必不可少的条款。其中，注日期的引用文件，仅该日期对应的版本适用于本文件；不注日期的引用文件，其最新版本（包括所有的修改单）适用于本文件。

GB/T 260　石油产品水含量的测定　蒸馏法

GB/T 265　石油产品运动粘度测定法和动力粘度计算法

GB/T 511　石油和石油产品及添加剂机械杂质测定法

GB/T 3142　润滑剂承载能力的测定　四球法

GB/T 5096　石油产品铜片腐蚀试验法

GB 5903　工业闭式齿轮油

GB/T 7304　石油产品酸值的测定　电位滴定法

GB/T 11133　石油产品、润滑油和添加剂中水含量的测定　卡尔费休库仑滴定法

GB/T 11137　深色石油产品运动粘度测定法（逆流法）和动力粘度计算法

GB/T 17476　润滑油和基础油中多种元素的测定　电感耦合等离子体发射光谱法

NB/SH/T 0870　石油产品动力黏度和密度的测定及运动黏度的计算　斯塔宾格黏度计法

NB/SH/T 0956　透明和不透明液体运动黏度的测定　折管式自动黏度计法

## 3 术语和定义

本文件没有需要界定的术语和定义。

## 4 技术内容

4.1　工业闭式齿轮油换油指标的技术要求和试验方法见表 1。

表 1　工业闭式齿轮油换油指标的技术要求和试验方法

| 项目 | | L-CKC/L-CKD 换油指标 | 试验方法 |
|---|---|---|---|
| 外观 | | 异常[a] | 目　测 |
| 运动黏度（40℃）变化率/% | 大于或等于 | 15 | GB/T 11137[b] |

表 1　工业闭式齿轮油换油指标的技术要求和试验方法（续）

| 项目 | | L-CKC/L-CKD 换油指标 | 试验方法 |
|---|---|---|---|
| 水分（质量分数）/% | 大于 | 0.5 | GB/T 260[c] |
| 机械杂质（质量分数）/% | 大于或等于 | 0.3 | GB/T 511 |
| 铜片腐蚀（100℃，3h）/级 | 大于或等于 | 3b | GB/T 5096 |
| 铁含量/（mg/kg） | 大于或等于 | 200 | GB/T 17476 |
| 铜含量/（mg/kg） | 大于或等于 | 50 | GB/T 17476 |

[a] 外观异常是指使用后油品状态与新油相比变化非常明显（如油品外观由透亮变为浑浊、黑色或乳化等）或油品中能观察到明显的油泥状物质或颗粒状物质等。

[b] 也可使用 GB/T 265、NB/SH/T 0956 或 NB/SH/T 0870 方法进行检测，结果有争议时，以 GB/T 11137 为仲裁方法。

[c] 也可使用 GB/T 11133（步骤 C）方法进行检测，结果有争议时，以 GB/T 260 为仲裁方法；齿轮箱中油品水分在 0.5%～1.0%之间，经除水设备后，水分含量在 0.5%以下，可结合具体设备情况继续使用。

4.2　当其中一项指标达到换油指标时，排查原因并处理后，进行复测，若未达到换油指标时，可继续使用，若仍达到换油指标时，应更换新油。

4.3　在实际监测中，应对油品酸值变化和烧结负荷 $P_D$ 值项目予以关注，酸值可使用 GB/T 7304 方法检测，烧结负荷 $P_D$ 可使用 GB/T 3142 方法检测。酸值（以 KOH 计）增加大于等于 1.0mg/g 时，或 L-CKD 级别油品烧结负荷 $P_D$ 值小于 1960N 时，应结合具体实际设备运行数据综合分析油品适用性。

4.4　运动黏度（40℃）变化率 $\Delta\nu$（%）按下式计算：

$$\Delta\nu = \left|\frac{\nu_2 - \nu_1}{\nu_1}\right| \times 100$$

式中：

$\nu_1$——新油黏度实测值，单位为平方毫米每秒（$mm^2/s$）；

$\nu_2$——使用中油品黏度实测值，单位为平方毫米每秒（$mm^2/s$）。

## 5　取样

5.1　应在代表性位置取样。若需停机，取样应在设备正常运转停止后的 10min 内取得所需试样。每次取样时应在固定位置取样，以保证样品的可比性。若有过滤器，应分别在过滤器前、后取样，过滤器前油品数据为设备润滑状态反馈，过滤器后样品数据适用于本标准。

5.2　取样前不得向油箱内补加新油。

5.3　取样器和盛样容器（带盖）要清洁、干燥。

ICS 75.100
E 34

SH

# 中华人民共和国石油化工行业标准

NB/SH/T 0599—2013
代替 SH/T 0599—1994

# L-HM 液压油换油指标

Criteria for change oil of L-HM hydraulic oil

2013-06-08 发布 2013-10-01 实施

国家能源局 发布

# 前　言

本标准按照 GB/T 1.1—2009 给出的规则起草。

本标准是对 SH/T 0599—1994（2003）《L-HM 液压油换油指标》的修订。

本标准与 SH/T 0599—1994 相比的主要变化如下：

——40℃运动黏度变化率指标由“超过+15%或-10%”改为“超过±10%”。

——酸值指标由“降低超过 35%或增加值大于 0.4mgKOH/g”改为“酸值增加大于 0.3 mgKOH/g”。

——增加酸值试验方法 GB/T 7304。

——增加了清洁度指标。

——增加了泡沫特性（24℃）指标。

——增加第 4 章检测和处置。

本标准自实施之日起，代替 SH/T 0599—1994（2003）

本标准由中国石油化工集团公司提出。

本标准由全国石油产品和润滑剂标准化技术委员会润滑油换油指标分技术委员会（SAC/TC280/SC6）归口。

本标准主要起草单位：中国石油天然气股份有限公司大连润滑油研究开发中心。

本标准参加起草单位：江苏石油勘探局油品质检站、湖北电力试验研究院。

本标准主要起草人：郑东东、刘红辉、朱恩全。

本标准所代替标准的历次版本发布情况为：

SH/T 0599—1994（2003）。

# L-HM 液压油换油指标

## 1 范围

本标准规定了符合 GB/T 11118.1 液压油中的 L-HM 液压油在使用过程中的换油指标。

本标准适用于 L-HM 液压油在使用过程中的质量监控。

本标准适用于技术状况正常的设备。

## 2 规范性引用文件

下列文件对于本文件的应用是必不可少的。凡是注日期的引用文件，仅所注日期的版本适用于本文件。凡是不注日期的引用文件，其最新版本（包括所有的修改单）适用于本文件。

GB/T 260 石油产品水分测定法

GB/T 264 石油产品酸值测定法

GB/T 265 石油产品运动黏度测定法和动力黏度计算法

GB/T 5096 石油产品铜片腐蚀试验法

GB/T 6540 石油产品颜色测定法

GB/T 7304 石油产品和润滑剂酸值测定法（电位滴定法）

GB/T 8296 用过的润滑油不溶物测定法

GB/T 11118.1 液压油

GB/T 12579 润滑油泡沫特性测定法

GB/T 14039 液压传动　油液　固体颗粒污染等级代号

GB/T 17484 液压油液取样容器　净化方法的鉴定和控制

GB/T 17489 液压颗粒污染分析　从工作系统管路中提取液样

NAS 1638 用于液压系统的部件对清洁度的要求

## 3 要求和试验方法

3.1 L-HM 液压油换油指标的技术要求和试验方法见表 1。

**表 1　L-HM 液压油换油指标的技术要求和试验方法**

| 项　　目 | | 换油指标 | 试验方法 |
|---|---|---|---|
| 40℃运动黏度变化率/% | 超过 | ±10 | GB/T 265 及本标准 3.2 条 |
| 水分（质量分数）/% | 大于 | 0.1 | GB/T 260 |
| 色度增加/号 | 大于 | 2 | GB/T 6540 |
| 酸值增加[a]/（mgKOH/g） | 大于 | 0.3 | GB/T264、GB/T 7304 |
| 正戊烷不溶物[b]/% | 大于 | 0.10 | GB/T 8926 A 法 |
| 铜片腐蚀（100℃，3h）/级 | 大于 | 2a | GB/T 5096 |

表 1　L-HM 液压油换油指标的技术要求和试验方法（续）

| 项　　目 | | 换油指标 | 试验方法 |
|---|---|---|---|
| 泡沫特性（24℃）（泡沫倾向/泡沫稳定性）/（mL/mL） | 大于 | 450/10 | GB/T 12579 |
| 清洁度[c] | 大于 | -/18/15 或 NAS 9 | GB/T 14039 或 NAS 1638 |

[a]结果有争议时以 GB/T 7304 为仲裁方法。

[b]允许采用 GB/T 511 方法，使用 60℃～90℃石油醚作溶剂，测定试样机械杂质。

[c]根据设备制造商的要求适当调整。

3.2　40℃运动黏度变化率 $\eta$（%）按下式计算：

$$\eta=\frac{\nu_2-\nu_1}{\nu_1}\times 100$$

式中：

$\nu_1$——新油黏度实测值，$mm^2/s$；

$\nu_2$——使用中油的黏度实测值，$mm^2/s$。

## 4　取样

4.1　液压系统油液取样首选管路取样，管路取样应按 GB/T 17489 中 4.1 条规定的程序进行，取样时做好安全防护，防止人身受到伤害或油液大量外泄。

4.2　在液压系统管路上无法安装取样器或取样有危险的情况下采用油箱取样，油箱取样应按 GB/T 17489 中 4.2 条规定的程序进行，取样时应避免二次污染。

4.3　为了防止取样器及容器对检测样品造成二次污染，应按 GB/T 17484 的规定进行器具净化。

## 5　检测和处置

### 5.1　检测项目和检测周期

5.1.1　40℃运动黏度、水分、色度、酸值、清洁度每月测试一次，正戊烷不溶物、铜片腐蚀、泡沫特性每季度测试一次。

5.1.2　当液压系统维修或更换元件后应即时进行清洁度检测。

### 5.2　判定和处置

当使用中的液压油有一项指标达到本标准技术要求时，应采取相应的维护措施或更换新油。

中华人民共和国石油化工行业标准

SH/T 0601—1994

# 建筑机械用润滑剂的选用

## 1 主题内容与适用范围

本标准规定了建筑机械用润滑剂的品种的选用。

本标准适用于建筑机械的生产厂、建筑机械用户以及润滑剂供货单位对润滑剂的选用。

## 2 引用标准

GB 7323 极压锂基润滑脂

GB 7324 通用锂基润滑脂

GB 11118.1 矿物油型和合成烃型液压油

GB 11122 L-ECC 柴油机油

GB 11123 L-ECD 柴油机油

GB 11124—1989 7014-1 号高温润滑脂

GB 12981 HZY2、HZY3、HZY4 合成制动液

GB 13895 重负荷车辆齿轮油(GL-5)

SH/T 0350 普通车辆齿轮油

SH/T 0587 二硫化钼极压锂基润滑脂

注：除非在本标准中另有明确规定，上述引用标准都应是现行的有效标准。

## 3 润滑剂的选用

建筑机械所用内燃机油、齿轮油、液压油、液力传动油、汽车制动液和润滑脂的选用分别列于表 1 和表 2。并对建筑机械制造厂、建筑机械用户以及润滑剂供货单位做如下提示。

表 1 内燃机油、齿轮油、液压油、液力传动油和汽车制动液

| 序号 | 润滑油组别字母 | 润滑油品种 | 代号或牌号[1)] | 应用场合 |
|---|---|---|---|---|
| 1 | 内燃机油 E | L-ECC 柴油机油 GB 11122 | L-ECC30 | 适用于高速低增压或自然吸气非增压的柴油机润滑 |
| 2 | | | L-ECC40 | |
| 3 | | | L-ECC5W/30 | |
| 4 | | | L-ECC10W/30 | |
| 5 | | | L-ECC15W/40 | |
| 6 | | L-ECD 柴油机油 GB 11123 | L-ECD30 | 适用于要求高效地控制磨损和沉积物的高速高负荷增压柴油机的润滑 |
| 7 | | | L-ECD40 | |
| 8 | | | L-ECD5W/30 | |
| 9 | | | L-ECD10W/30 | |
| 10 | | | L-ECD15W/40 | |

中国石油化工总公司 1994-05-04 批准　　1994-12-01 实施

表 1(续)

| 序号 | 润滑油组别字母 | 润滑油品种 | 代号或牌号[1)] | 应 用 场 合 |
|---|---|---|---|---|
| 11<br>12<br>13<br>14 | 齿轮油<br>C | 普通车辆齿轮油<br>SH/T 0350 | 90<br>80W/90<br>85W90 | 适用于汽车手动变速箱和螺旋伞齿轮后桥的润滑 |
| 15<br>16<br>17<br>18 | | 重负荷车辆齿轮油<br>(GL-5)<br>GB 13895 | 90<br>140<br>80W/90<br>85W/90<br>85W/140 | 适用于在高速冲击负荷，高速低扭矩和低速高扭矩工况下使用的车辆齿轮。特别是客车和其他各种车辆的准双曲线齿轮驱动桥，也可用于手动变速器 |
| 19<br>20<br>21 | 液压油<br>H | L-HM<br>GB 11118.1 | L-HM32<br>L-HM46<br>L-HM68 | 适用于低、中、高压液压系统，也可用于其他具有中等负荷的机械润滑部位 |
| 22<br>23<br>24 | | L-HV<br>GB 11118.1 | L-HV32<br>L-HV46<br>L-HV68 | 适用于环境温度变化较大和野外作业的低、中、高压液压系统及其他中等负荷的机械润滑部位 |
| 25 | | L-HS<br>GB 11118.1 | L-HS46 | 适用于北方冬季，也可全国四季通用 |
| 26 | | 液力传动油[2)] | — | 适用于液力传动、变矩器、液力偶合器、动力换挡变速箱 |
| 27<br>28<br>29 | 制动液 | 合成制动液<br>GB 12981 | HZY2<br>HZY3<br>HZY4 | 适用于机动车辆液压制动系统 |

注：1）表 1 中所列产品均采用现有产品标准确定的产品名称、代号或牌号。

2）液力传动油尚无国家标准，可根据机械制造厂的推荐，选用企业标准的 8 号或 6 号液力传动油。

表 2　润滑脂

| 序号 | 润滑剂组别字母 | 润滑脂品种 | 代号或牌号[1)] | 应 用 场 合 |
|---|---|---|---|---|
| 1 | 润滑脂<br>X | 通用锂基润滑脂<br>GB 7324 | L-XBCHA 2 号 | 适用于工作温度在-20～120℃范围内的各种机械设备的滚动轴承和滑动轴承及其他摩擦部位 |
| 2 | | 极压锂基润滑脂<br>GB 7323 | L-XBCHB 2 号 | 适用于工作温度在-20～120℃范围内的高负荷机械设备的轴承及齿轮的润滑 |
| 3 | | | L-XBCHB 00 号 | 适用于工作温度在-20～120℃范围内，可用于集中润滑系统 |
| 4 | | 二硫化钼<br>极压锂基润滑脂<br>SH/T 0587 | L-XBCHB 2 号 | 适用于工作温度-20～120℃范围内的重负荷齿轮和轴承的润滑，并能使用于有冲击负荷的部件 |
| 5 | | 7014-1 号<br>高温润滑脂<br>GB 11124 | 2 号 | 适用于高温下工作的各种滚动轴承的润滑，也可用于一般滑动轴承和齿轮的润滑。使用温度范围-40～200℃ |

注：1）表中所列产品均采用现有产品标准确定的产品名称、代号或牌号。

3.1 建筑机械制造厂应以建筑机械部件的润滑需要为依据选用表中所列润滑剂，并考虑润滑剂生产单位能充足供应；若需要其他润滑剂可与润滑剂生产厂协商解决。

3.2 建筑机械用户应使用建筑机械制造厂选用的润滑剂，并在其贮存过程中防止质量降低。

3.3 润滑剂供货单位应按表中所列润滑剂供应用户。所供应的产品应提供产品规格和实测数据。如果满足不了用户需要可与用户协商解决。

---

**附加说明：**

本标准由石油化工科学研究院提出并技术归口。

本标准由石油化工科学研究院、北京建筑机械厂负责起草。

本标准主要起草人许淑艳、向永濂、曹宝才。

本标准参照采用德国标准 DIN 51516-86《建筑机械用润滑剂的选择》。

ICS 75.100
E 34

SH

# 中华人民共和国石油化工行业标准

NB/SH/T 0636—2013
代替 SH/T 0636—1996（2003）

# L-TSA 汽轮机油换油指标

## Criteria for changing of L-TSA turbine oils

2013-06-08 发布　　2013-10-01 实施

国家能源局　发布

# 前　言

本标准按照 GB/T 1.1—2009 给出的规则起草。

本标准是对 SH/T 0636—1996（2003）《L-TSA 汽轮机油换油指标》的修订。

本标准与 SH/T 0636—1996 相比主要变化如下：

——增加水分的要求，指标为大于 0.1%。

——增加清洁度技术要求，指标为报告，增加表注根据制造商要求。

——将技术要求中酸值的试验方法从 GB/T 264 改为 GB/T 7304，指标从增加值大于 0.1 mgKOH/g 改为增加值大于 0.3mgKOH/g。

——将技术要求中液相锈蚀的试验方法改为蒸馏水法，指标从低于轻锈改为不合格；并增加备注，当使用于船舶设备时采用合成海水法，指标为中等锈蚀或严重锈蚀。

——删除闪点（开口）技术要求。

本标准自实施之日起，代替 SH/T 0636—1996（2003）。

本标准由中国石油化工集团公司提出。

本标准由全国石油产品和润滑剂标准化技术委员会润滑油换油指标分技术委员会（SAC/TC280/SC6）归口。

本标准起草单位：中国石油化工股份有限公司润滑油研发（上海）中心。

本标准主要起草人：益梅蓉、周霞、涂劲松。

本标准所代替标准的历次版本发布情况为：

SH/T 0636—1996，SH/T 0636—1996（2003）。

# L-TSA 汽轮机油换油指标

## 1 范围

本标准规定了 L-TSA 汽轮机油在使用过程中的换油指标。

本标准适用于 L-TSA 汽轮机油在运行过程中的质量监控。

本标准适用于设备完好，运转状况正常的汽轮机组。

## 2 规范性引用文件

下列文件对于本文件的应用是必不可少的。凡是注日期的引用文件，仅所注日期的版本适用于本文件。凡是不注日期的引用文件，其最新版本（包括所有的修改单）适用于本文件。

GB/T 260 石油产品水分测定法

GB/T 265 石油产品运动黏度测定法和动力黏度计算法

GB/T 3141 工业液体润滑剂 ISO 黏度分类

GB/T 7304 石油产品和润滑剂酸值测定法（电位滴定法）

GB/T 7305 石油和合成液水分离性测定法

GB/T 7600 运行中变压器油和汽轮机油水分含量测定法（库仑法）

GB/T 11133 液体石油产品水含量测定法（卡尔·费休法）

GB/T 11143 加抑制剂矿物油在水存在下防锈性能试验法

SH/T 0193 润滑油氧化安定性的测定法　旋转氧弹法

DL/T 432 电力用油中颗粒污染度测量方法

GJB 380.4A 航空工作液污染测试　第 4 部分：用自动颗粒计数法测定固体颗粒污染度

## 3 技术内容

### 3.1 技术要求

L-TSA 汽轮机油换油指标的技术要求和试验方法见表 1。

**表 1　L-TSA 汽轮机油换油指标的技术要求和试验方法**

| 项　　目 | | 换油指标 | | | | 试验方法 |
|---|---|---|---|---|---|---|
| 黏度等级（按 GB/T3141） | | 32 | 46 | 68 | 100 | |
| 运动黏度（40℃）变化率/% | 超过 | ±10 | | | | 本标准 3.2 条 |
| 酸值增加/（mgKOH/g） | 大于 | 0.3 | | | | GB/T 7304 |
| 水分（质量分数）/% | 大于 | 0.1 | | | | GB/T 260<br>GB/T 11133<br>GB/T 7600 |

表 1 L-TSA 汽轮机油换油指标的技术要求和试验方法（续）

| 项 目 | | 换油指标 | | 试验方法 |
|---|---|---|---|---|
| 抗乳化性（乳化层减少到 3mL），54℃[a]/min | 大于 | 40 | 60 | GB/T7305 |
| 氧化安定性 旋转氧弹（150℃）/min | 小于 | 60 | | SH/T 0193 |
| 液相锈蚀试验（蒸馏水[b]） | | 不合格 | | GB/T 11143 |
| 清洁度[c] | | 报告 | | DL/T 432<br>GJB 380.4A |

[a]当使用 100 号油时，测试温度为 82℃。
[b]当使用于船舶设备时采用合成海水法，指标为中等锈蚀或严重锈蚀。
[c]根据设备制造商的要求。

3.2 40℃运动黏度变化率 $\eta$（%）按下式计算：

$$\eta = \frac{\nu_2 - \nu_1}{\nu_1} \times 100$$

式中：

$\nu_1$——新油的运动黏度，$mm^2/s$，按 GB/T 265 测定；

$\nu_2$——使用中油的运动黏度，$mm^2/s$，按 GB/T 265 测定。

## 4 取样

试样应在油冷却器出口处采取。

取样前应将油冷却器出口取样管线中的积水和剩余油料放净。

取样前的 24 工作小时内不得向油箱内补加新油。

尽可能减少取样量，以分析项目所需的最少量为准。

取样器和盛样容器（带盖）要清洁、干燥，清洁度油样的取样瓶要求按 DL/T 432，GJB 380.1A。

## 5 检测与处置

### 5.1 检测周期与项目

酸值、水分、清洁度每 3 个月（工作时间）测定一次，运动黏度、抗乳化每 6 个月（工作时间）测定一次，液相锈蚀、旋转氧弹（工作时间）每 12 个月测定一次。

### 5.2 判定与处置

当其中一项指标达到标准中换油指标规定值时，应采取措施处理或更换新油。

ICS 75.100
E 34

SH

# 中华人民共和国石油化工行业标准

NB/SH/T 0973—2018

# 风力发电机组主齿轮箱润滑油换油指标

**Criteria for changing oil of wind turbine main gear oil**

2018-10-29 发布　　　　2019-03-01 实施

国家能源局　发布

# 前　言

本标准按照 GB/T 1.1—2009 给出的规则起草。

本标准由中国石油化工集团公司提出。

本标准由全国石油产品和润滑剂标准化技术委员会在用润滑油液应用及监控分技术委员会（SAC/TC280/SC6）归口。

本标准起草单位：中国石化润滑油有限公司、南京高速齿轮制造有限公司、重庆齿轮箱有限责任公司、杭州前进齿轮箱集团股份有限公司。

本标准参加起草单位：中国国电龙源（北京）风电工程技术有限公司、中国水利电力物资集团有限公司、鞍山海华油脂化学有限公司、中节能风力发电（张北）运维有限公司。

本标准主要起草人：杜雪岭、金吟、钱荣、王鹏程、张萌、赵海鹏、张丙伍、黄永平、于宏涛。

本标准参与起草人：梁培沛、桂雁冰、李元鸿、李群星。

本标准为首次发布。

# 风力发电机组主齿轮箱润滑油换油指标

## 1 范围

本标准规定了风力发电机组主齿轮箱PAO型、黏度等级为320的全合成齿轮油在使用过程中换油指标的技术内容和取样。

本标准适用于风力发电机组主齿轮箱齿轮油在使用过程中的质量监控。

本标准适用于风场主齿轮箱齿轮油的监测。

## 2 规范性引用文件

下列文件对于本文件的应用是必不可少的。凡是注日期的引用文件，仅所注日期的版本适用于本文件。凡是不注日期的引用文件，其最新版本（包括所有的修改单）适用于本文件。

GB/T 260 石油产品水含量的测定 蒸馏法

GB/T 265 石油产品运动黏度测定法和动力黏度计算法

GB/T 11133 石油产品、润滑油和添加剂中水含量的测定 卡尔·费休库仑滴定法

GB/T 11137 深色石油产品运动黏度测定法（逆流法）和动力黏度计算法

GB/T 17476 使用过的润滑油中添加剂元素、磨损金属和污染物以及基础油中某些元素测定法（电感耦合等离子体发射光谱法）

## 3 技术内容

3.1 技术要求和试验方法见表1。

表1 风力发电机组主齿轮箱润滑油换油指标的技术要求和试验方法

| 项目 | 换油指标 | 试验方法 |
|---|---|---|
| 外观 | 异常[a] | 目测 |
| 运动黏度（40℃）变化率/% > | ±10 | GB/T 11137[b] |
| 水分/（mg/kg） > | 600 | GB/T 260[c] |
| 铁含量/（mg/kg） > | 150 | GB/T 17476 |
| 铜含量/（mg/kg） > | 50 | GB/T 17476 |

[a] 外观异常是指使用后油品中能观察到明显的浑浊、分层、油泥状物质或颗粒状物质。

[b] 也可采用GB/T 265方法进行检测，结果有争议时，以GB/T 11137为仲裁方法。

[c] 也可采用GB/T 11133步骤A方法进行检测，结果有争议时，以GB/T 260为仲裁方法。

3.2 当其中一项指标达到换油指标时，排查原因后进行复测，若仍达到换油指标时，应更换新油。

3.3 在实际监测中，应对油品添加剂元素、清洁度、酸值、泡沫特性等项目予以关注。

3.4 运动黏度（40℃）变化率$\Delta \nu$（%）按下式计算：

$$\Delta\nu=\frac{\nu_2-\nu_1}{\nu_1}\times 100$$

式中：

$\nu_1$——新油黏度实测值，$mm^2/s$；

$\nu_2$——使用中油品黏度实测值，$mm^2/s$。

## 4　取样

4.1　取样应在风力发电设备主齿轮箱停止后的25 min中内于油箱的有代表性部位取得所需试样，每次取样时取样部位需保持一致。

4.2　取样前的24工作小时内不得向油箱内补加新油。

4.3　取样器和盛样容器（带盖）要清洁、干燥。将前100 mL或第一瓶油排放到废油收集桶内，使用专用的油液取样瓶对油样进行收集。

# 八、添　加　剂

中华人民共和国石油化工行业标准

SH/T 0015—1990

# 501 抗 氧 剂

代替 ZB E61 001—88

## 1 主题内容与适用范围

本标准规定了以对甲酚与异丁烯进行烷基化反应，再经中和、结晶，制得 2,6-二叔丁基对甲酚的技术条件。产品代号为 T501。

本产品适用于作石油产品的抗氧和防胶添加剂，塑料和橡胶的防老剂。

## 2 引用标准

GB/T 261 石油产品闪点测定法(闭口杯法)

GB/T 508 石油产品灰分测定法

GB/T 606 化学试剂 水分测定通用方法(卡尔·费休法)

GB/T 617 化学试剂 熔点范围测定通用方法

## 3 技术内容

3.1 本标准所属产品按质量分为一级品和合格品。

3.2 技术要求

| 项 目 | | 质量指标 | | 试验方法 |
|---|---|---|---|---|
| | | 一级品 | 合格品 | |
| 外观[1) ] | | 白色结晶 | 白色结晶 | 目测 |
| 初熔点,℃ | | 69.0~70.0 | 68.5~70.0 | GB/T 617 |
| 游离甲酚,%(*m*/*m*) | 不大于 | 0.015 | 0.03 | 附录 A |
| 灰分,%(*m*/*m*) | 不大于 | 0.01 | 0.03 | GB/T 508 |
| 水分,%(*m*/*m*) | 不大于 | 0.05 | 0.08 | GB/T 606[2)] |
| 闪点(闭口),℃ | | 报告 | — | GB/T 261 |

注：1) 交货验收时为白色结晶。

2) 测定水分时，手续改为取 3mL~4mL 溶液甲，以溶液乙滴定至终点，不记录读数，然后迅速加入试样 1g，称准至 0.01g，在搅拌下使之溶解，再用溶液乙滴定至终点。

## 4 验收规则

4.1 每批出厂的 501 抗氧剂，都应符合本标准要求，并附有质量证明书(合格证)。

4.2 使用单位可按本标准规定的验收规则和试验方法进行检验．其质量应符合本标准规定。

4.3 取样方法：每批产品可按 5%袋数取样，但每批取样袋数不少于 4 袋。取样时应于每袋的中心位置取样 50g，并将采取的样品装入干净的塑料袋中，充分混匀后作为分析试样。

4.4 检验结果如有一项指标不符合本标准要求时，应重新从两倍量的包装袋中取样，重新检验。若

中国石油化工总公司 1991-03-26 批准　　　　1992-04-01 实施

仍有一项不符合本标准要求时，则该批产品不能验收。

4.5 若供需双方对501抗氧剂质量发生争议时，可由双方协商选定仲裁机构，仲裁时应按本标准规定试验方法分析。

## 5 包装、标志、贮存、运输

5.1 本产品由内衬塑料薄膜的牛皮纸袋包装，用二道线缝口，每袋净重25kg。

5.2 每批包装好的产品，包装袋上必须附有产品名称、等级、生产厂家、生产日期、批号、净重和防潮标志。

5.3 运输、装卸时，应防止雨淋，不得受潮，使包装袋保持干燥，不受损害及污染。

# 附 录 A
# 游离甲酚含量测定法
（补充件）

本方法是用溴酸钾与溴化钾在盐酸溶液中作用生成溴，与试样中酚发生取代反应，过量的溴以碘量法测定，以消耗硫代硫酸钠标准滴定溶液的体积求出甲酚含量。

## A1 试剂和材料

**A1.1** 试剂

除另有说明外，试验用的试剂均为分析纯。

**A1.1.1** 盐酸：配制成按体积比 1∶1 盐酸溶液。

**A1.1.2** 氢氧化钠：配制成 25g/L 氢氧化钠溶液。

**A1.1.3** 溴化钾。

**A1.1.4** 溴酸钾：配制成 $c(\frac{1}{6}KBrO_3)=0.1mol/L$ 溴酸钾-溴化钾标准滴定溶液。

**A1.1.5** 碘化钾：配制成 100g/L 碘化钾溶液。

**A1.1.6** 硫代硫酸钠：配制成 $c(Na_2S_2O_3)=0.1mol/L$ 硫代硫酸钠标准滴定滴液。

**A1.1.7** 淀粉指示剂：配成 5g/L 淀粉指示液。

**A1.2** 材料

滤纸：中速，直径 11cm。

## A2 仪器

**A2.1** 碘量瓶：500mL。

**A2.2** 吸量管：10，100mL。

**A2.3** 滴定管：25mL。

**A2.4** 量筒：50，500mL。

**A2.5** 容量瓶：250mL。

**A2.6** 玻璃漏斗：直径 9cm。

**A2.7** 锥形烧瓶：250mL。

**A2.8** 水浴：能恒温至 65℃±1℃。

## A3 试验步骤

**A3.1** 称取均匀试样 10g，称准至 0.1g，放入 250mL 锥形烧瓶中，加入 50mL 氢氧化钠溶液（25g/L），在 65℃±1℃下加热并摇动 3min，趁热过滤至 250mL 容量瓶中。以 150mL 蒸馏水分三次洗涤锥形烧瓶，洗涤液收集于同一容量瓶中，冷却至室温后，以蒸馏水稀释至刻度，混匀备用。

**A3.2** 用吸量管从容量瓶中吸取 100mL 溶液，放入锥形烧瓶中，用另一支吸量管加入 10mL 溴酸钾-溴化钾标准滴定溶液[$c(\frac{1}{6}KBrO_3=0.1mol/L)$]及 10mL1∶1 盐酸溶液，加盖摇动 3min～5min。

**A3.3** 加 5mL 碘化钾溶液（100g/L）封闭锥形烧瓶口，经 15min 后起塞，将碘化钾溶液放入碘量瓶中，加塞振荡 30s±5s，再用 5mL 蒸馏水封闭瓶塞，放置 3min。

**A3.4** 用硫代硫酸钠标准滴定溶液[$c(Na_2S_2O_3)=0.1mol/L$]滴定，当溶液呈浅黄色时，加入 0.5mL 淀粉指示液（5g/L），继续滴定至蓝色消失为止。记录消耗硫代硫酸钠标准滴定溶液的体积。

A3.5 按试验步骤规定的程序做一空白试验。

## A4 计算

试样中游离甲酚含量(以间甲酚计)$X$[%($m/m$)]按式(A1)计算：

$$X = \frac{\frac{1}{6} \times 0.108(V_1 - V_2) \times c}{\frac{m \times 100}{250}} \times 100$$

$$= \frac{(V_1 - V_2) \times c \times 4.5}{m} \quad \cdots\cdots (A1)$$

式中：$V_1$——空白试验消耗硫代硫酸钠标准滴定溶液的体积，mL；

$V_2$——滴定试样消耗硫代硫酸钠标准滴定溶液的体积，mL；

$c$——硫代硫酸钠标准滴定溶液的实际浓度，mol/L；

$m$——试样质量，g；

$\frac{1}{6} \times 0.108$——与1.00mL硫代硫酸钠标准滴定溶液[$c(Na_2S_2O_3) = 1.000$mol/L]相当的以克表示的间甲酚的质量。

## A5 精密度

用下述规定判断试验结果的可靠性(95%置信水平)。

重复性：同一操作者，重复测定两个结果之差不应大于0.008%。

## A6 报告

取重复测定两个结果的算术平均值作为测定结果。

---

**附加说明：**

本标准由锦州石油化工公司提出。

本标准由石油化工科学研究院技术归口。

本标准由锦州炼油厂负责起草。

本标准主要起草人于克利、王德歧。

中华人民共和国石油化工行业标准

SH/T 0016—1990

# 361 极 压 抗 磨 剂

## 1 主题内容和适用范围

本标准规定了用高碱值石油磺酸钙、硼酸等为原料与氢氧化钾或氢氧化钠反应而得的硼酸盐极压抗磨剂的技术条件，产品代号为 T 361。

本标准所属产品适用于作润滑油的极压抗磨剂。本产品具有优良的极压性能和减磨性能，用于配制车辆齿轮油、工业齿轮油、蜗轮蜗杆油、防锈润滑两用油和金属加工用油等，但不适用于与水接触的摩擦部位。

## 2 引用标准

GB/T 260 石油产品水分测定法
GB/T 265 石油产品运动黏度测定法和动力黏度计算法
GB/T 267 石油产品闪点与燃点测定法(开口杯法)
GB/T 1884 石油和液体石油产品密度测定法(密度计法)
GB/T 1885 石油计量表
GB/T 3142 润滑剂承载能力测定法(四球法)
GB/T 4756 石油液体手工取样法
GB/T 5096 石油产品铜片腐蚀试验法
GB/T 11144 润滑油极压性能测定法(梯姆肯试验机法)
SH 0164 石油产品包装、贮运及交货验收规则
SH/T 0227 添加剂中硼含量测定法
SH/T 0251 石油产品碱值测定法(高氯酸电位滴定法)

## 3 技术要求

| 项 目 | | 质量指标 | 试验方法 |
|---|---|---|---|
| 外观[1)] | | 红棕色透明黏稠液体 | 目测 |
| 密度(20℃)，kg/m³ | | 1200~1400 | GB/T 1884<br>GB/T 1885 |
| 运动黏度(100℃)，mm²/s | | 实测 | GB/T 265 |
| 硼含量,% | 不小于 | 5.8 | SH/T 0227 |
| 闪点(开口杯法),℃ | 不低于 | 170 | GB/T 267 |
| 水分,% | 不大于 | 0.1 | GB/T 260 |
| 碱值，mgKOH/g | | 280~350 | SH/T 0251 |

中国石油化工总公司 1991-03-26 批准 1992-04-01 实施

续表

| 项　　目 | | 质量指标 | 试验方法 |
|---|---|---|---|
| 铜片腐蚀(120℃，3h)，级 | 不大于 | 1 | GB/T 5096 |
| 四球机试验[2]<br>　最大无卡咬负荷 $P_B$，N | 不小于 | 900 | GB/T 3142 |
| 抗极压性能[2]<br>　梯姆肯试验(OK值)，N | 不小于 | 267 | GB/T 11144 |

注：1）把产品注入100mL量筒中，在室温下观测应均匀透明。

2）以650 SN的中性油为基础油，加T361至油中，在含硼量为0.6%±0.01%时进行四球机试验和梯姆肯试验，梯姆肯试验为保证项目，每年评定一次。

## 4 包装、标志、贮存、运输

包装、标志、贮存、运输及交货验收按SH 0164进行。

## 5 取样

取样按GB/T 4756进行，取1kg作为检验和留样用。

---

**附加说明：**

本标准由茂名石油工业公司提出。

本标准由石油化工科学研究院技术归口。

本标准由茂名石油工业公司研究院负责起草。

本标准主要起草人郑定忠、钱尚瑗、曾晨楠。

中华人民共和国石油化工行业标准

SH/T 0042—1991

# 石油磺酸钙清净剂

## 1　主题内容与适用范围

本标准规定了以润滑油馏分进行磺化、中和、钙化及后处理制得的石油磺酸钙的技术要求。

本标准所属产品根据产品的碱值，分为T101(低碱值)、T102(中碱值)和T103(高碱值)三个品种。T101适用于配制中、高档内燃机油，一般与T103复合使用；T102适用于配制普通内燃机油；T103适用于配制中、高档内燃机油。

## 2　引用标准

GB/T 260　石油产品水分测定法

GB/T 265　石油产品运动黏度测定法和动力黏度计算法

GB/T 511　石油产品和添加剂机械杂质测定法(重量法)

GB/T 2540　石油产品密度测定法(比重瓶法)

GB/T 3536　石油产品闪点和燃点测定法(克利夫兰开口杯法)

GB/T 4756　石油液体手工取样法

SH/T 0028　润滑油清净剂浊度测定法

SH/T 0034　添加剂中有效组分测定法

SH 0164　石油产品包装、贮运及交货验收规则

SH/T 0251　石油产品碱值测定法(高氯酸电位滴定法)

SH/T 0297　添加剂中钙含量测定法

## 3　技术内容

3.1　本标准所属产品中的中碱值和高碱值石油磺酸钙按质量分为一级品和合格品。

3.2　技术要求

| 项　　目 | | 质量指标 | | | | | 试验方法 |
|---|---|---|---|---|---|---|---|
| | | T101 | T102 | | T103 | | |
| | | 一级品 | 一级品 | 合格品 | 一级品 | 合格品 | |
| 密度(20℃)，$kg/m^3$ | | 950.0~1050 | 1000~1150 | 1000~1150 | 1100~1200 | 1100~1200 | GB/T 2540 |
| 运动黏度(100℃)，$mm^2/s$ | 不大于 | 报告 | 30 | 40 | 100 | 150 | GB/T 265 |
| 闪点(开口)，℃ | 不低于 | 180 | | | | | GB/T 3536 |
| 碱值，mgKOH/g | 不小于 | 20~30 | 140 | 130 | 290 | 270 | SH/T 0251 |
| 水分，% | 不大于 | 0.08 | 0.08 | 0.10 | 0.08 | 0.10 | GB/T 260 |
| 机械杂质，% | 不大于 | 0.08 | 0.08 | 0.10 | 0.08 | 0.10 | GB/T 511 |

中国石油化工总公司 1991-07-11 批准　　　　1992-07-01 实施

续表

| 项目 | | 质量指标 | | | | | 试验方法 |
|---|---|---|---|---|---|---|---|
| | | T101 | T102 | | T103 | | |
| | | 一级品 | 一级品 | 合格品 | 一级品 | 合格品 | |
| 有效组分[1]，% | 不小于 | 45 | 40 | 35 | 50 | 48 | SH/T 0034 |
| 钙含量，% | 不小于 | 2.0~3.0 | 6.0 | 5.0 | 11.0 | 10.0 | SH/T 0297 |
| 浊度，JTU | 不大于 | — | 200 | 270 | 220 | 270 | SH/T 0028 |
| 中性磺酸钙[2]，% | | 报告 | | | | | 附录 A |

注：1）为保证项目，每季度抽查一次。

2）为保证项目，每半年抽查一次。

## 4 包装、标志、运输与贮存

本产品的包装、标志、运输、贮存和交货验收按 SH 0164 进行。

## 5 取样

取样按 GB/T 4756 进行，取 2L 作为检验和留样用。

# 附　录　A
## 油溶性石油磺酸钙分析方法
（补充件）

## A1　方法概要

试样溶解在乙醚中，用稀盐酸将它转化成磺酸。磺酸通过萃取后被转化成磺酸钠，通过分离的磺酸钠和矿物油被溶解在三氯甲烷(氯仿)中。磺酸钠和矿物油在硅胶柱中进行分离，用氯仿冲洗矿物油，用95%乙醇冲洗磺酸钠，分别测定两者的质量。将分出的部分磺酸钠灰化得到磺酸钠的平均当量，再由磺酸钠的平均当量计算出磺酸钙的平均分子量。

## A2　仪器与材料

A2.1　仪器

A2.1.1　色谱柱：用玻璃制成，含有贮器和分离段，下端带有2mm小孔的聚四氟乙烯活塞，见图A1。带有由标准锥度连接的可拆卸贮器的柱也可以用。

A2.1.2　蒸汽浴。

A2.1.3　干燥器。

A2.1.4　真空干燥器。

A2.1.5　真空烘箱：可加热到100℃，真空度74.5kPa~84.7kPa(559mmHg~635mmHg)。

A2.1.6　高温炉：可加热到800℃~1000℃。

A2.1.7　白金皿：100mL。

A2.1.8　分液漏斗：250mL，500mL。

A2.1.9　容量瓶：100mL。

A2.1.10　量筒：25mL，50mL。

A2.1.11　锥形瓶：250mL。

A2.1.12　移液管：25mL，50mL，75mL。

A2.2　材料

A2.2.1　滤纸：慢速度过滤，无灰，定量。

A2.2.2　硅胶：60目~200目。

## A3　试剂

A3.1　氯仿：分析纯。

A3.2　95%乙醇：分析纯。

A3.3　乙醚：分析纯。

A3.4　盐酸：分析纯。按1∶1(体积比)和1∶3(体积比)配成盐酸溶液。

A3.5　异丙醇：分析纯，含量99%，水含量不大于0.9%。

A3.6　硫酸钠：无水结晶，分析纯。配成硫酸钠溶液。

A3.7　硫酸：分析纯，相对密度1.84。

A3.8　氢氧化钠：分析纯。配成$c(NaOH)=0.1mol/L$的氢氧化钠标准滴定溶液。

A3.9　甲基橙指示剂：将1.0g甲基橙溶解在水中并稀释至1L，配成甲基橙指示液。

A3.10　酚酞指示剂：将1g酚酞溶解在100mL 50%乙醇中，配成酚酞指示液。

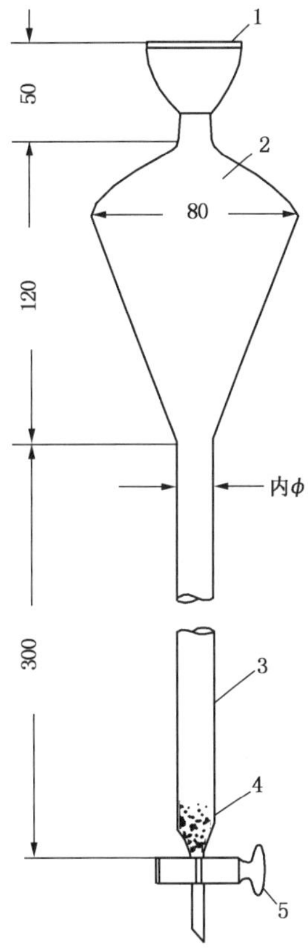


**图 A1　色谱柱**

1—28/15 球接口；2—250mL 贮器；3—分离段；4—棉花；5—聚四氟乙烯活塞

## A4　准备工作

**A4.1**　将色谱柱活塞关闭，倒入 80mL～100mL 氯仿，用玻璃棒将一块棉花送到色谱柱底部。将棉花压紧，使其能阻止硅胶漏出，但不要太紧，以免影响溶剂的流动。

**A4.2**　将 15g±1g 硅胶倒入装有氯仿的色谱柱。色谱柱(硅胶柱)必须不存在气泡，以避免沟流。打开活塞排出氯仿，当液面高于硅胶表面 13mm 以下时，关闭活塞。

注：决不能让液面低于硅胶表面。

## A5　试验步骤

**A5.1**　将磺酸钙转化成磺酸钠

**A5.1.1**　称取约 10g 试样(设试样的总质量为 $m$)，称准至 0.001g，放入 250mL 锥形瓶中。

**A5.1.2**　边摇动边加入 50mL 乙醚，使试样溶解。

**A5.1.3**　缓缓地加入 1∶1 盐酸溶液 100mL，充分混匀，使反应完全。

**A5.1.4**　将该混合物定量转移到 500mL 分液漏斗中，充分振荡，静止后，将水层排入一个 250mL 分液漏斗中。

**A5.1.5**　先用 50mL 乙醚冲洗锥形瓶，然后用此 50mL 乙醚分三次萃取 250mL 分液漏斗中的水层。

**A5.1.6**　将所有的乙醚萃取物放入 500mL 分液漏斗中，并用 50mL 1∶3 盐酸溶液冲洗此萃取物。将所有的含酸液层合并在一起，用 50mL 乙醚再萃取一次。

**A5.1.7**　将所有的乙醚冲洗液收集在 500mL 分液漏斗中，连续地加入已滴有 2～3 滴甲基橙指示液的 50mL 硫酸钠溶液，并一边振荡，直至冲洗液不出现粉红色，然后弃去冲洗液。

A5.1.8 尽量从冲洗的乙醚溶液中去掉水层。放置好分液漏斗，并加入约 10g 无水硫酸钠，盖上漏斗塞，确定漏斗口没有硫酸钠晶体后，剧烈振荡 3min～4min，并经常使漏斗通气，以除去最后的痕量水。

A5.1.9 将一个 250mL 锥形瓶置于蒸汽浴上，将乙醚溶液通过棉花过滤到锥形瓶中，在蒸发过程中使锥形瓶中溶液保持在约 50mL。

A5.1.10 用 50mL 乙醚冲洗分液漏斗和过滤棉花，将冲洗液并入乙醚溶液中，并使乙醚溶液蒸发，直至剩余 10mL 为止。

A5.1.11 加入 50mL 异丙醇和几滴酚酞指示液，用氢氧化钠标准滴定溶液，滴定至粉红色。将锥形瓶放在蒸汽浴上蒸发至干。

A5.1.12 将锥形瓶中的磺酸钠和矿物油的残留物用氯仿溶解，然后定量转移到 100mL 容量瓶中，并用氯仿稀释至刻线。溶液静止在实验室中可能会变为酸性，如果发生这种情况，则加入氢氧化钠标准滴定溶液，使溶液变粉红色。

A5.2 分离矿物油和磺酸钠

A5.2.1 试样的吸附

按表 A1，用移液管准确地将一定量的含磺酸钠和矿物油的氯仿溶液转移到硅胶柱中。

**表 A1**

| 估计试样的磺酸钙含量,%(*m*/*m*) | 量取体积(*V*)，mL |
|---|---|
| 20 | 75 |
| 30 | 50 |
| 40 以上 | 25 |

A5.2.2 矿物油的冲洗

A5.2.2.1 将一个 250mL 的烧杯称重，称准至 0.0001g，置于硅胶柱的下方。打开活塞，调节流速为每秒 1～5 滴，在冲洗矿物油和磺酸钠的整个过程中，都保持这个流速。

A5.2.2.2 当液面下降至高于硅胶表面 13mm 以下时，用 10mL 氯仿冲洗硅胶柱壁。当液面再次下降到高于硅胶表面 13mm 以下时，加入 200mL 氯仿。

A5.2.2.3 当硅胶柱的流出液接近接收烧杯的一半容量时，移去该烧杯，用另一个干净、未称量过的 250mL 烧杯放在硅胶柱下继续接收。将称量过的烧杯放在蒸汽浴上，在液面上吹入经过滤的空气，使氯仿慢慢地蒸发。

A5.2.2.4 当硅胶柱液面下降至高于硅胶表面 13mm 以下时，用 10mL95%乙醇冲洗硅胶柱壁。当液面再次下降至 13mm 以下时，重复冲洗。吸附的磺酸钠清晰可见，在此步骤中不会使磺酸钠冲洗出来。

A5.2.2.5 关闭活塞，用氯仿将未称量过烧杯中的溶液定量转移到蒸汽浴上称量过的烧杯中。蒸发至剩几毫升。保留此烧杯 A，用于矿物油的测定。

A5.2.3 磺酸钠的冲洗

A5.2.3.1 将第二个 250mL 烧杯称量，称准至 0.0001g，并放置在硅胶柱的下方。在贮器中加入 230mL 95%乙醇，打开活塞，并按 A5.2.2.1 调节流量。当硅胶柱的流出液接近接收烧杯的一半容量时，将该烧杯移去，换一个干净、未称量过的 250mL 烧杯置于硅胶柱的下方。将称量过的烧杯放在蒸汽浴上，在液面上吹入经过滤的空气，进行慢慢地蒸发。

A5.2.3.2 当硅胶柱液面下降至高于硅胶表面 13mm 以下时，关闭活塞，并用 95%乙醇将未称量过的烧杯中的溶液定量转移到蒸汽浴上第二个称量过的烧杯中，蒸发到干。保留此烧杯 B 用于磺酸钠的测定。

A5.2.4 矿物油的测定

将由矿物油冲洗得到的烧杯 A 从蒸汽浴上移去，冷却至室温后，放入室温下真空度为 74.5kPa~84.7kPa(559mmHg~635mmHg)的真空干燥器中。当氯仿蒸发干后，取出烧杯 A，并称重。将烧杯 A 再放入上述真空干燥器中 30min，取出并再称量。重复干燥和称重，直至两次连续称重间的差值不大于 0.001g 时为止。设干燥恒重后回收矿物油的质量为 $m_1$(g)。

A5.2.5 磺酸钠的测定

将由磺酸钠冲洗得到的烧杯 B 放在温度为 100℃、真空度为 74.5kPa~84.7kPa(559mmHg~635mmHg)的真空烘箱中 30min，然后取出烧杯 B，放入干燥器中冷却并称重。重复干燥和称重，直至两次连续称重间的差值不大于 0.001g 时止。设干燥恒重后回收磺酸钠的质量为 $m_2$(g)。保留此残留物 C 用于磺酸钠的平均当量的测定。

A5.2.6 空白测定

在相同的硅胶柱上做空白测定，用与实际分析同批的硅胶和试剂。空白测定的步骤除不加试样外，其他步骤和试样测定相同。按 A5.2.4 和 A5.2.5 所述分别测定氯仿和 95%乙醇残渣的质量。设空白测定时，氯仿残渣的质量为 $m_3$(g)，95%乙醇残渣的质量为 $m_4$(g)。每当使用新批号的硅胶或试剂时，做一次空白测定。

A5.3 测定磺酸钠的平均当量

A5.3.1 将由 A5.2.5 得到的残留物 C 溶解在 25mL 氯仿中。如果溶液浑浊，则把该溶液通过一个慢速、无灰定量滤纸进行过滤，并将溶液定量转移到一个称重过、并灼烧过的 100mL 白金皿中。

A5.3.2 用 25mL 氯仿冲洗含磺酸钠残留物的烧杯 B，将冲洗液通过滤纸倒在白金皿内。在蒸汽浴上将其蒸发至干。然后放入温度为 100℃、真空度为 74.5kPa~84.7kPa(559mmHg~635mmHg)真空烘箱中干燥至恒重。设磺酸钠残渣的质量为 $m_5$(g)。

A5.3.3 在小火上慢慢地加热白金皿，直至其内容物点燃并燃烧。将白金皿放在一个热的石棉板上使其慢慢地燃烧。冷却后，加 3~4 滴硫酸，并在小火上慢慢地加热，直至停止冒烟，注意不要加热太猛而使溶液喷溅。

A5.3.4 将该白金皿放在电炉上燃烧，千万不要使白金皿过热至暗红色，直至所有的碳消失。

A5.3.5 将白金皿冷却后，加入 3~4 滴硫酸，再按 A5.3.3 和 A5.3.4 进行，使其内容物灰化，注意避免喷溅。

A5.3.6 当停止冒烟时，将白金皿放在 800℃~1000℃的高温炉中加热，直至恒重。设硫酸盐灰分的质量为 $m_6$(g)。

## A6 计算

A6.1 试样的矿物油含量 $X$[%($m/m$)]，按式(A1)计算：

$$X = \frac{(m_1 - m_3) \times 100}{mV} \times 100 \quad \cdots\cdots (A1)$$

式中：$m$——试样的总质量，g；

$m_1$——干燥恒重后回收矿物油的质量，g；

$m_3$——空白测定时氯仿残渣的质量，g；

$V$——进入硅胶柱的磺酸钠氯仿溶液的体积，mL。

A6.2 磺酸钠的平均当量 $W_1$，按式(A2)计算：

$$W_1 = 71 m_5 / m_6 \quad \cdots\cdots (A2)$$

式中：$m_5$——磺酸钠残渣的质量，g；

$m_6$——硫酸盐灰分的质量，g。

**A6.3** 磺酸钙的平均分子量 $W_2$，按式(A3)计算：

$$W_2 = 2W_1 - 6 \qquad \text{(A3)}$$

**A6.4** 试样的磺酸钙含量 $Y[\%(m/m)]$，按式(A4)计算：

$$Y = \frac{(m_2 - m_4) \times 100 \times W_2/2W_1}{mV} \times 100 \qquad \text{(A4)}$$

式中：$m$——试样的总质量，g；

$m_2$——干燥恒重后回收磺酸钠的质量，g；

$m_4$——空白测定时95%乙醇残渣的质量，g；

$V$——进入硅胶柱的磺酸钠氯仿溶液的体积，mL；

$W_1$——磺酸钠平均当量，由式(A2)得到；

$W_2$——磺酸钙的平均分子量，由式(A3)得到。

## A7 精密度

**A7.1** 重复性：同一操作者重复测定的两个结果之差，不应大于下列数值：

| 测定项目,%(m/m) | 重复性,%(m/m) |
|---|---|
| 矿物油 | 0.92 |
| 磺酸钙 | 0.63 |

**A7.2** 再现性：不同实验室各自测定的两个结果之差，不应大于下列数值：

| 测定项目,%(m/m) | 再现性,%(m/m) |
|---|---|
| 矿物油 | 1.74 |
| 磺酸钙 | 0.92 |

## A8 报告

取重复测定两个结果的算术平均值作为试样的矿物油含量及磺酸钙含量。

---

**附加说明：**

本标准由上海高桥石油化工公司提出。

本标准由石油化工科学研究院技术归口。

本标准由高桥石油化工公司炼油厂负责起草。

本标准主要起草人季宁秀。

中华人民共和国石油化工行业标准

SH/T 0043—1991

# 746 防 锈 剂

## 1 主题内容与适用范围

本标准规定了以叠合汽油或四聚丙烯与顺丁烯二酸酐反应，经蒸馏和水解等工艺而制得的746防锈剂的技术条件，产品代号为T746。

本标准所属产品适用于作汽轮机油、液压油和齿轮油等工业润滑油的防锈添加剂。

## 2 引用标准

GB/T 265 石油产品运动黏度测定法和动力黏度计算法
GB/T 1884 石油和液体石油产品密度测定法(密度计法)
GB/T 1885 石油计量表
GB/T 3536 石油产品闪点和燃点测定法(克利夫兰开口杯法)
GB/T 4756 石油液体手工取样法
GB/T 5096 石油产品铜片腐蚀试验法
GB/T 7304 石油产品和润滑剂中和值测定法(电位滴定法)
GB/T 11143 加抑制剂矿物油在水存在下防锈性能试验法
SH 0164 石油产品包装、贮运及交货验收规则
SH/T 0243 溶剂汽油碘值测定法
SH/T 0298 含防锈剂润滑油水溶性酸测定法(pH 值法)

## 3 技术内容

3.1 本标准所属产品按质量分为一级品和合格品。

3.2 技术要求

| 项目 | | 质量指标 | | 试验方法 |
|---|---|---|---|---|
| 质量等级 | | 一级品 | 合格品 | |
| 外观 | | 透明黏稠液体 | | 目测 |
| 密度，$kg/m^3$ | | 报告 | | GB/T 1884<br>GB/T 1885 |
| 运动黏度(100℃)，$mm^2/s$ | | 报告 | | GB/T 265 |
| 闪点(开口)，℃ | 不低于 | 100 | 90 | GB/T 3536 |
| 酸值，mgKOH/g | | 300~395 | 235~395 | GB/T 7304 |
| pH 值 | 不小于 | 4.3 | 4.2 | SH/T 0298 |
| 碘值，gI/100g | | 50~90 | | SH/T 0243 |

中国石油化工总公司 1991-07-11 批准　　　　1992-07-01 实施

续表

| 项　　目 | 质量指标 | | 试验方法 |
|---|---|---|---|
| 质量等级 | 一级品 | 合格品 | |
| 铜片腐蚀(100℃，3h)，级　　不大于 | 1 | | GB/T 5096[1)] |
| 液相锈蚀试验 | | | GB/T 11143[1)] |
| 蒸馏水 | 无锈 | 无锈 | |
| 合成海水 | 无锈 | — | |
| 坚膜韧性 | 无锈 | — | |

注：1）用 32 号未加防锈剂的汽轮机油添加 0.03%T746。

## 4 标志、包装、运输与贮存

标志、包装、运输、贮存及交货验收按 SH 0164 进行。

## 5 取样

取样按 GB/T 4756 进行，取 2L 作检验和留样用。

---

**附加说明：**

本标准由石油化工科学研究院技术归口。
本标准由旅顺化工厂和兰州炼油化工总厂负责起草。
本标准主要起草人朱吉锦、汪溢、胡传祝、罗大慧。

中华人民共和国石油化工行业标准

SH 0044—1991

# 1501 抗 静 电 剂

## 1 主题内容与适用范围

本标准规定了用铬、钙金属有机化合物等复合而成的石油燃料抗静电剂的技术条件。产品代号为T1501。

本标准所属产品适用于喷气燃料及其他轻质燃料。

## 2 引用标准

GB/T 260 石油产品水分测定法

GB/T 261 石油产品闪点测定法(闭口杯法)

GB/T 265 石油产品运动黏度测定法和动力黏度计算法

GB/T 511 石油产品和添加剂机械杂质测定法(重量法)

GB/T 1884 石油和液体石油产品密度测定法(密度计法)

GB/T 1885 石油计量表

GB/T 4756 石油液体手工取样法

GB/T 6539 航空燃料与馏分燃料电导率测定法

SH 0164 石油产品包装、贮运及交货验收规则

SH/T 0297 添加剂中钙含量测定法

## 3 技术要求

| 项 目 | | 质量指标 | 试验方法 |
|---|---|---|---|
| 外观 | | 褐色黏稠液体 | 目测 |
| 密度(20℃), $kg/m^3$ | | 800~900 | GB/T 1884、GB/T 1885 |
| 运动黏度(25℃), $mm^2/s$ | 不大于 | 1000 | GB/T 265 |
| 闪点(闭口),℃ | 不低于 | 22 | GB/T 261 |
| 铬含量,% | | 0.2~0.4 | 附录A |
| 钙含量,% | | 0.2~0.4 | SH/T 0297 |
| 水分,% | 不大于 | 0.1 | GB/T 260 |
| 机械杂质,% | 不大于 | 0.1 | GB/T 511 |
| 电导率[1](20℃~25℃), pS/m | 不小于 | 200 | GB/T 6539 |

注：1) 测定电导率时，以喷气燃料作稀释剂，1L喷气燃料中含2mg T 1501。

中国石油化工总公司 1991-07-11 批准　　　　1992-07-01 实施

## 4 标志、包装、运输与贮存

标志、包装、运输、贮存及交货验收按 SH 0164 进行。

## 5 取样

取样按 GB/T 4756 进行，取 2L 作为检验和留样用。

# 附 录 A
# 烷基水杨酸铬中铬含量测定法
（补充件）

## A1 方法概要

烷基水杨酸铬在重铬酸钾存在下用硫酸酸解得到三价铬的硫酸盐，在硝酸银存在下，用过硫酸铵将三价铬氧化成六价铬，在酸性条件下以二苯胺磺酸钠为指示剂，用硫酸亚铁铵标准滴定溶液滴定。

## A2 仪器

A2.1 三角烧瓶：250，500mL。
A2.2 玻璃漏斗。
A2.3 滴定管：50mL。
A2.4 移液管：10mL。
A2.5 烧杯：200mL。
A2.6 量筒：5，25，50，100mL。
A2.7 容量瓶：1L。

## A3 试剂

A3.1 重铬酸钾：分析纯。称取经120℃烘至恒重的基准重铬酸钾4.9030g，精确至0.0002g。用少量蒸馏水溶解后，移入1L容量瓶中，用蒸馏水稀释到刻度，摇匀。配成$c_1(\frac{1}{6}K_2Cr_2O_7)=0.1mol/L$的重铬酸钾基准溶液。
A3.2 硫酸亚铁胺：分析纯。
A3.3 硫酸：分析纯。配成硫酸与水按体积比为1∶2的硫酸溶液和硫酸与水按体积比为1∶10的硫酸溶液。
A3.4 硝酸银：分析纯。配成10g/L的硝酸银溶液。
A3.5 过硫酸铵：分析纯。配成200g/L的过硫酸铵溶液。
A3.6 磷酸：分析纯。
A3.7 二苯胺磺酸钠：配成10g/L二苯胺磺酸钠指示剂。

## A4 准备工作

A4.1 硫磷混合酸的配制：将150mL硫酸加入到700mL蒸馏水中，冷却后加磷酸（A3.6条）100mL。
A4.2 $c[(NH_4)_2Fe(SO_4)_2]=0.05mol/L\sim0.08mol/L$硫酸亚铁铵标准滴定溶液的配制及标定。
A4.2.1 配制：称取硫酸亚铁铵19.71~31.36g于200mL烧杯中，加入50mL硫酸溶液（硫酸与水按体积比为1∶10），如有不溶物应过滤，加热使其溶解，然后冷却转移至1L容量瓶内，加蒸馏水稀释至刻度。
A4.2.2 标定：吸取25mL已配制好的硫酸亚铁铵溶液（A4.2.1）于250mL三角烧瓶中，加入10mL硫磷混合酸（A4.1条）及65mL蒸馏水，并加入4滴二苯胺磺酸钠指示剂（A3.7条），用重铬酸钾基准溶液滴至颜色由浅绿色变成亮蓝色，最后变成蓝紫色为终点。
A4.2.3 硫酸亚铁铵标准滴定溶液的实际浓度$c[(NH_4)_2Fe(SO_4)_2]$，mol/L按式（A1）计算：

$$c = \frac{c_1 \times V_1}{V} \quad \cdots\cdots (A1)$$

式中：$c_1$——重铬酸钾基准滴定溶液(A3.1条)的实际浓度，mol/L；

$V_1$——重铬酸钾基准溶液的消耗体积，mL；

$V$——硫酸亚铁铵溶液(A4.2.1)的体积，mL。

## A5 试验步骤

**A5.1** 称取0.2~0.5g(精确至0.2mg)烷基水杨酸铬试样，放入500mL三角烧瓶中，加入30mL硫酸溶液(硫酸与水按体积比为1：2)，再准确地加入10mL重铬酸钾基准溶液(A3.1条)，并放入一小块瓷片(防爆)，三角烧瓶口置一玻璃漏斗后放在电炉上加热至沸腾，维持微沸0.5h。在此过程中不断地摇动，加热至刚出现白烟为止。取下三角烧瓶冷至室温后，加入200mL蒸馏水，并煮沸。然后加入5mL硝酸银溶液(A3.4条)及20mL过硫酸铵溶液(A3.5条)，煮沸5min，以除去过量的过硫酸铵，冷却后加入20mL硫磷混合酸(A4.1条)及2滴管二苯胺磺酸钠指示剂(A3.7条)，以硫酸亚铁铵标准滴定溶液(A4.2.1)滴定至溶液颜色由紫黑色变为绿色为终点。

**A5.2** 空白测定：在500mL三角烧瓶中，用移液管加入10mL重铬酸钾基准溶液(A3.1条)及30mL硫酸溶液(硫酸与水按体积比为1：2)，160mL蒸馏水，5mL硝酸银溶液(A3.4条)和20mL过硫酸铵溶液(A3.5条)在电炉上煮沸5min，冷却后再加入20mL硫磷混合酸和2滴管二苯胺磺酸钠指示剂(A3.7条)，以硫酸亚铁铵标准滴定溶液(A4.2.1)滴定至溶液颜色由紫黑色变为绿色为终点。

## A6 计算

试样中铬含量$X$[%($m/m$)]按式(A2)计算：

$$X = \frac{c \times (V_2 - V_1) \times 0.0173}{m} \times 100 \quad \cdots\cdots (A2)$$

式中：$c$——硫酸亚铁铵标准滴定溶液(A4.2.1)的实际浓度，mol/L；

$V_2$——硫酸亚铁铵标准滴定溶液(A4.2.1)消耗的体积，mL；

$V_1$——空白滴定时消耗硫酸亚铁铵标准滴定溶液(A4.2.1)的体积，mL；

$m$——试样质量，g；

0.0173——与1.00mL硫酸亚铁铵标准滴定溶液$c[(NH_4)_2Fe(SO_4)_2] = 1.000$mL/L相当的以克表示的铬的质量。

## A7 精密度

重复测定的两个结果之差，不应大于下列数值：

| 铬含量,%($m/m$) | 重复性,%($m/m$) |
|---|---|
| ≤1 | 算术平均值的10% |
| ≥1 | 算术平均值的5% |

## A8 报告

取重复测定两个结果的算术平均值，作为烷基水杨酸铬中铬含量。

**附加说明：**

本标准由兰州炼油化工总厂提出。
本标准由石油化工科学研究院技术归口。
本标准由兰州炼油化工总厂负责起草。
本标准主要起草人罗大慧、赵晓亭。

中华人民共和国石油化工行业标准

SH/T 0045—1991

# 109 清 净 剂

## 1 主题内容与适用范围

本标准规定了用低含油蜡经裂解所得合适的烯烃馏分与苯酚合成的烷基酚，再经中和、干燥、羧化、酸化、钙化等工艺过程，所制得的烷基水杨酸钙添加剂的技术条件，产品代号为T109。

本标准所属产品可与抗氧抗腐剂或其他清净分散剂复合使用，调制中、高档内燃机油，也可以单独使用调制普通内燃机油。

## 2 引用标准

GB/T 260 石油产品水分测定法

GB/T 265 石油产品运动黏度测定法和动力黏度计算法

GB/T 511 石油产品和添加剂机械杂质测定法(重量法)

GB/T 2433 添加剂和含添加剂润滑油硫酸盐灰分测定法

GB/T 2540 石油产品密度测定法(比重瓶法)

GB/T 3536 石油产品闪点和燃点测定法(克利夫兰开口杯法)

GB/T 4756 石油液体手工取样法

SH/T 0028 润滑油清净剂浊度测定法

SH 0164 石油产品包装、贮运及交货验收规则

SH/T 0251 石油产品碱值测定法(高氯酸电位滴定法)

SH/T 0297 添加剂中钙含量测定法

## 3 技术内容

3.1 本标准所属产品按质量分为一级品和合格品。

3.2 技术要求

| 项 目 | | 质量指标 | | 试验方法 |
|---|---|---|---|---|
| 质量等级 | | 一级品 | 合格品 | |
| 外观 | | 褐色透亮液体 | 褐色透亮液体 | 目测 |
| 密度(20℃)，kg/m$^3$ | | 900~1100 | 900~1100 | GB/T 2540 |
| 运动黏度(100℃)，mm$^2$/s | | 10~30 | 10~40 | GB/T 265 |
| 闪点(开口),℃ | 不低于 | 165 | 165 | GB/T 3536 |
| 钙含量,% | 不小于 | 6.0 | 5.5 | SH/T 0297 |
| 硫酸盐灰分,% | 不小于 | 18 | 18 | GB/T 2433 |
| 水分,% | 不大于 | 0.1 | 0.1 | GB/T 260 |
| 机械杂质,% | 不大于 | 0.08 | 0.08 | GB/T 511 |
| 浊度，JTU | 不大于 | 180 | 报告 | SH/T 0028 |
| 碱值，mgKOH/g | 不小于 | 160 | 150 | SH/T 0251 |

注：工艺控制稀释油加入量不应大于40%。

中国石油化工总公司 1991-07-11 批准　　1992-07-01 实施

## 4 标志、包装、运输与贮存

标志、包装、运输、贮存及交货验收规则按 SH 0164 进行。

## 5 取样

取样按 GB/T 4756 进行，取 2L 作为检验和留样用。

---

**附加说明：**

本标准由兰州炼油化工总厂提出。
本标准由石油化工科学研究院技术归口。
本标准由兰州炼油化工总厂负责起草。
本标准主要起草人罗大慧、赵晓亭。

# 前　　言

本标准是对 SH 0046—91《803A 降凝剂》进行修订并系列化。1991 年发布的 803A 降凝剂只有一个品种，本标准又增加了 803B 降凝剂品种。新制定的系列产品的质量指标，T803A 除对机杂、有效浓度和水分作适当修改外，基本保持 SH 0046—91 的指标；T803B 除对合格品的黏度作适当修改外，其他按 803B 降凝剂的鉴定证书规定的指标制定。标准按 GB/T 1. 1—1993 规定编写，试验方法尽可能采用我国国家标准和行业标准。

本标准实施之日起，同时代替 SH 0046—91。

本标准由中国石油化工总公司石油化工科学研究院、中国石化兰州炼油化工总厂提出。

本标准由中国石油化工总公司石油化工科学研究院技术归口。

本标准由中国石油化工总公司石油化工科学研究院、中国石化兰州炼油化工总厂负责起草。

本标准主要起草人：黄文轩、肖承瑶、王永棋。

中华人民共和国石油化工行业标准

SH/T 0046—1996

# 803 系 列 降 凝 剂

代替 SH 0046—1991

## 1 范围

本标准规定了以 $\alpha$ 烯烃为原料，在催化剂的作用下进行聚合，再经后处理得到的 803 系列降凝剂的技术条件。

本标准所属产品按黏度大小分为 803A 降凝剂（代号 T803A）和 803B 降凝剂（代号 T803B）两个品种，T803A 分子量较大，运用于内燃机油、车轴油及其他润滑油中，T803B 分子量较小、剪切稳定性较好，除运用于内燃机油等油品外，还可用于液压油等油品中，两个品种的降凝度相当。

## 2 引用标准

GB/T 260 石油产品水分测定法

GB/T 265 石油产品运动黏度测定法和动力黏度计算法

GB/T 267 石油产品闪点与燃点测定法（开口杯法）

GB/T 508 石油产品灰分测定法

GB/T 510 石油产品凝点测定法

GB/T 511 石油产品和添加剂机械杂质测定法（重量法）

GB/T 3536 石油产品闪点和燃点测定法（克利夫兰开口杯法）

GB/T 4756 石油和液体石油产品取样法（手工法）

SH/T 0034 添加剂中有效组分测定法

SH 0164 石油产品包装、贮运及交货验收规则

SH/T 0505 含聚合物油剪切安定性测定法（超声波剪切法）

注：除非在标准中另有明确规定，上述标准都应是现行有效标准。

## 3 技术内容

3.1 803 系列降凝剂按黏度大小分别定为 T803A 和 T803B 两个牌号，本标准中所属产品按质量分为一等品和合格品。

3.2 技术要求

表 1 803 系列降凝剂的详细要求

| 项　　目 | 质量指标 | | | | 试验方法 |
|---|---|---|---|---|---|
| | T803A | | T803B | | |
| | 一等品 | 合格品 | 一等品 | 合格品 | |
| 外观 | 橙黄色液体 | | 橙黄色液体 | | 目测1) |
| 运动黏度（100℃），$mm^2/s$ 不大于 | 4000 | 5000 | 1500 | 2300 | GB/T 265 |
| 闪点（开口），℃ 不低于 | 135 | 120 | 135 | 120 | GB/T 3536 2) |

中国石油化工总公司 1996-05-24 批准　　1996-12-01 实施

续表

| 项　　目 | | 质量指标 | | | | 试验方法 |
|---|---|---|---|---|---|---|
| | | T803A | | T803B | | |
| | | 一等品 | 合格品 | 一等品 | 合格品 | |
| 机械杂质,%(*m/m*) | 不大于 | 0.06 | 0.10 | 0.06 | 0.10 | GB/T 511[3)] |
| 灰分,%(*m/m*) | 不大于 | 0.10 | 0.15 | 0.10 | 0.15 | GB/T 508[4)] |
| 水分,%(*m/m*) | 不大于 | 0.03 | 0.05 | 0.03 | 0.05 | GB/T 260 |
| 有效组分,%(*m/m*) | 不小于 | 35 | 30 | 35 | 30 | SH/T 0034 |
| 降凝度,℃ | 不低于 | 18 | 15 | 18 | 16 | GB/T 510[5)] |
| 剪切稳定指数(*SSI*) | | — | — | 报告 | 报告 | 附录 A |

注：
1）将试样注入 50mL 量筒中，在室温下观察。
2）闪点允许用 GB/T 267 进行测定，但仲裁试验时以 GB/T 3536 为准。
3）加 10g 试样于 100gHVI 150 基础油中，用 G3 漏斗过滤，其他操作条件按 GB/T 511 进行。
4）灰分测定取样为 10g，其他操作按 GB/T 508 进行。
5）向凝点-15℃(±1℃)HVI 150 基础油中加入 1%的试样，测定其凝点，试样凝点的降低即为降凝度。

## 4　标志、包装、运输与贮存

标志、包装、运输、贮存及交货验收规则按 SH 0164 进行。

## 5　取样

取样按 GB/T 4756 进行，取 1L 作检验及留样用。

## 附 录 A
（标准的附录）
## 剪切稳定性指数（*SSI*）

本方法是加入相当于1%干剂的T803B到HVI 150（或MVI 150）基础油中，测定剪切稳定性指数，试验方法按SH/T 0505进行，其结果按下式计算：

$$SSI(100℃) = \frac{V_i - V_f}{V_i - V_0} \times 100 \qquad \text{(A1)}$$

式中：$V_i$——油品剪切前100℃时的黏度，$mm^2/s$；

$V_f$——油品剪切后100℃时的黏度，$mm^2/s$；

$V_0$——HVI或MVI 150基础油100℃时的黏度，$mm^2/s$。

中华人民共和国石油化工行业标准

SH/T 0097—1991

# 801 降 凝 剂

代替 SY 1701—66

## 1 主题内容与适用范围

本标准规定了由氯化石蜡和萘在三氯化铝催化剂作用下的缩合产物，经精制所制得的烷基萘降凝剂的技术条件。产品代号为T801。

本标准所属产品主要用于润滑油降凝，改善其低温流动性。

## 2 引用标准

GB/T 260 石油产品水分测定法
GB/T 265 石油产品运动黏度测定法和动力黏度计算法
GB/T 267 石油产品闪点与燃点测定法(开口杯法)
GB/T 268 石油产品残炭测定法(康氏法)
GB/T 508 石油产品灰分测定法
GB/T 510 石油产品凝点测定法
GB/T 511 石油产品和添加剂机械杂质测定法(重量法)
GB/T 3535 石油倾点测定法
GB/T 4756 石油液体手工取样法
GB/T 6540 石油产品颜色测定法
GB 7544 天然胶乳橡胶避孕套
SH/T 0161 石油产品中氯含量测定法(烧瓶燃烧法)
SH 0164 石油产品包装、贮运及交货验收规则

## 3 技术内容

3.1 本标准所属产品按质量分为合格品和一级品。

3.2 技术要求

| 项 目 | | 质量指标 | | 试验方法 |
|---|---|---|---|---|
| | | 一级品 | 合格品 | |
| 运动黏度(100℃)，$mm^2/s$ | | 实测 | — | GB/T 265 |
| 闪点(开口),℃ | 不低于 | 180 | | GB/T 267 |
| 倾点,℃ | | 实测 | — | GB/T 3535 |
| 色度，号 | 不大于 | 4 | 6 | GB/T 6540[1)] |
| 有效组分,% | 不低于 | 40 | 35 | 附录 A |
| 氯含量,% | 不大于 | 2 | — | SH/T 0161 |

中国石油化工总公司 1992-01-15 批准　　1992-12-01 实施

续表

| 项目 | | 质量指标 | | 试验方法 |
|---|---|---|---|---|
| | | 一级品 | 合格品 | |
| 机械杂质,% | 不大于 | 0.1 | 0.2 | GB/T 511 |
| 水分,% | 不大于 | 痕迹 | 0.2 | GB/T 260 |
| 灰分,% | 不大于 | 0.1 | 0.2 | GB/T 508 |
| 残炭,% | 不大于 | 4.0 | | GB/T 268 |
| 降凝度,℃ | 不低于 | 13 | 12 | GB/T 510[2)] |

注：1）T801用不含添加剂、赛氏比色大于+25的喷气燃料，按样品与喷气燃料1∶49稀释后测定。
2）在凝点为0℃～-1℃的大庆500SN标准基础油中加入降凝剂0.5%($m/m$)。

## 4 包装、标志、贮存与运输

包装、标志、贮存、运输及交货验收按SH 0164进行。

## 5 取样

取样按GB/T 4756进行，取2L作为检验和留样用。

# 附 录 A
# 烷基萘有效组分测定法
# (胶膜渗析法)
# (补充件)

## A1 适用范围

本方法适用于烷基萘降凝剂有效组分的测定，也适用于烷基酚盐、磺酸盐、水杨酸盐等石油添加剂有效组分的测定。

## A2 方法概要

一定量的试样用选定的润滑油稀释后置于天然胶乳橡胶避孕套内，然后将天然胶乳橡胶避孕套放入特定的抽提器内，按规定条件进行渗析分离。润滑油、未反应的石蜡及无降凝作用的低分子烷基萘经天然胶乳橡胶避孕套渗出，具有降凝作用的大分子烷基萘缩合物留在天然胶乳橡胶避孕套内，膜内物经处理、恒重即得试样的有效组分。

## A3 仪器与材料

A3.1 仪器

a. 抽提器：烧瓶容积为 1000mL 的抽提器(图 A1~图 A5)。

b. 量筒：100mL，500mL。

c. 烧杯：100mL。

d. 玻璃洗瓶：250mL。

e. 干燥器：直径 240mm。

f. 恒温水浴：能维持±2℃。

g. 真空干燥箱：能保持(100~200)℃±1℃，真空度 101kPa。

h. 电热恒温干燥箱：能保持在(105~110)℃±1℃。

i. 分析天平：感量 0.1mg。

j. 蒸馏烧瓶：500mL，带有与冷凝管配套的磨口。

A3.2 材料

a. 天然胶乳橡胶避孕套：天津乳胶厂产，产品标准符合 GB 7544，康乐牌，中号。

b. 滤纸筒：直径与长度为 50mm×190mm。

c. 棉线、止水夹和医用剪刀。

d. 硅胶：青岛海洋化工厂产 40 目~80 目粗孔硅胶。

## A4 试剂

A4.1 石油醚：60℃~90℃，分析纯，不含芳烃。用前需进行硫酸-甲醛试剂检查；如含芳烃，则应用硅胶吸附柱脱除芳烃后再使用。

A4.2 硫酸。

A4.3 重铬酸钾，配制成铬酸洗液。

## A5 准备工作

A5.1 将天然胶乳橡胶避孕套用石油醚洗净，风干备用。

**A5.2** 用 100mL 烧杯称取试样 5g，称准至 0.001g($m_1$)，加入等量的 150SN。

**A5.3** 将称量好的试样用 10mL 石油醚稀释，待试样全部溶解后再将试样倒入天然胶乳橡胶避孕套中，并用 30mL 石油醚分次将烧杯中试样冲洗净，并将冲洗液一并转入天然胶乳橡胶避孕套中。

**A5.4** 将有试样的天然胶乳橡胶避孕套与伞形管(图 A3)内套连接，并用棉线扎紧，(以防试验过程中天然胶乳橡胶避孕套过分膨胀破裂)，再将天然胶乳橡胶避孕套放入滤纸筒中。

**A5.5** 将滤纸筒口套在伞形管的外套上用棉线扎紧装入抽提器(图 A4)中，伞形管端插入冷凝管内管，再将冷凝管与抽提器连接好，并调整伞形管高度，使样品袋自然直立，再用止水夹固定。将 500mL 石油醚加入烧瓶(图 A5)后，将抽提器安装好，如图 A1 所示。

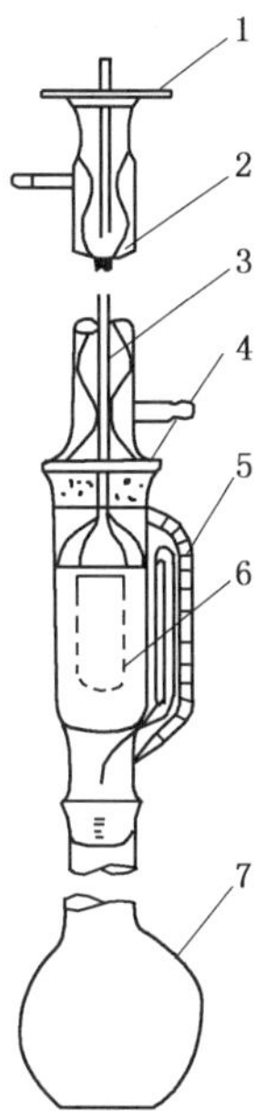


**图 A1　抽提器**

1—止水夹；2—冷却管；3—伞形管；4—抽提管；5—保温管；6—样品袋；7—烧瓶

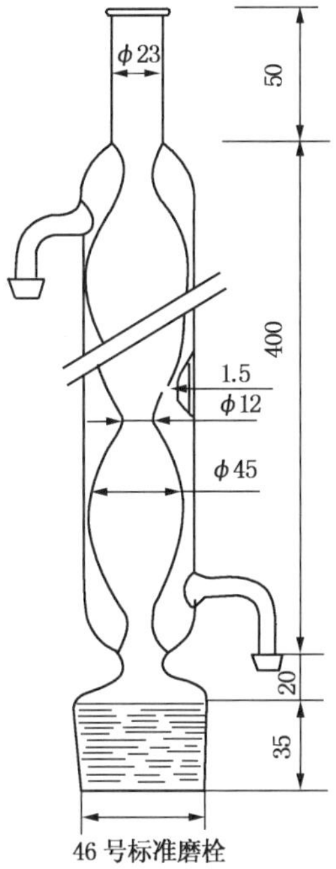


**图 A2　五球冷却器**

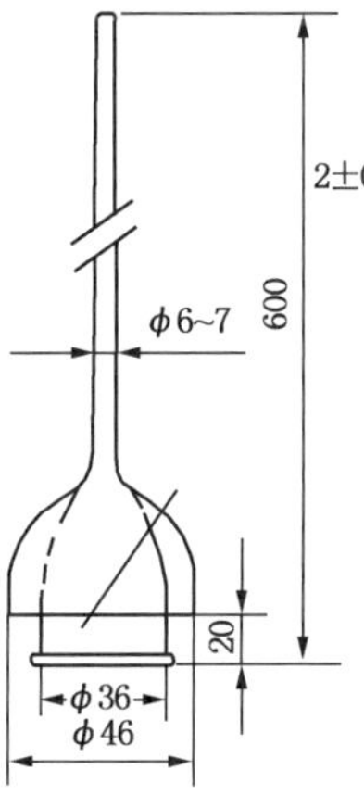


**图 A3　伞形管**

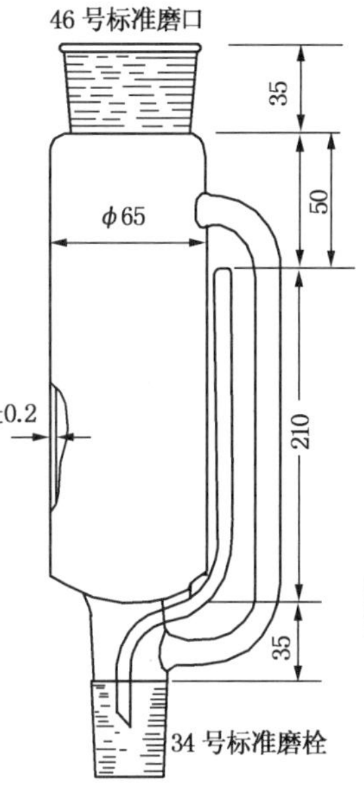


**图 A4　抽提管**

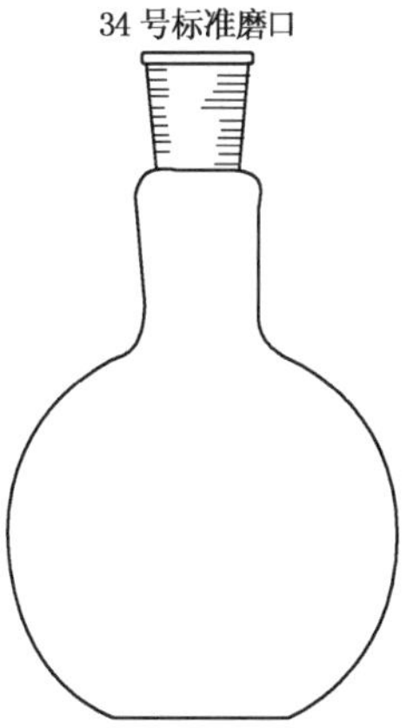


**图 A5　平底烧瓶**

## A6　试验步骤

**A6.1** 将整套抽提器放入恒温水浴中，水浴温度控制在 90℃±3℃，维持 10min~13min 虹吸一次。

**A6.2** 连续抽提 4h~6h 后停止加热，待冷却至室温后，将天然胶乳橡胶避孕套取出再将膜内剩余物用石油醚洗净放入 500mL 蒸馏烧瓶中加热蒸馏以除去石油醚。

**A6.3** 将蒸馏烧瓶中的剩余物和清洗烧瓶的石油醚一起转移至 100mL 烧杯(烧杯应事先在 105℃~110℃烘箱中恒重)中，并在水浴中加热蒸干石油醚。

**A6.4** 将盛有剩余物的烧杯放入真空干燥箱中，温度控制在 60℃±1℃，真空度控制在 80kPa，真空干燥 2h 后取出放入干燥器中冷却 30min，称量直至恒重。总质量减去空杯质量即为试样有效组分净质量($m_2$)。

## A7　计算

试样有效组分 $X[(\%)(m/m)]$ 按下式计算：

$$X = \frac{m_2}{m_1} \times 100$$

式中：$m_1$——试样质量，g；

$m_2$——有效组分净质量，g。

## A8 精密度

重复性：重复测定的两个结果之差不应大于算术平均值的5.5%。

注：①本重复性是用33个样品重复测定33对数据计算得来。

②本重复性为暂定。

---

**附加说明：**

本标准由大连石油化工公司提出。

本标准由石油化工科学研究院技术归口。

本标准由大连石油化工公司研究所负责起草。

本标准主要起草人张克诚。

中华人民共和国石油化工行业标准

SH/T 0389—1992

# 石油添加剂的分类

代替 ZB E60 003—87

本标准适用于制定石油添加剂的分类体系。这类产品的类别名称用汉语拼音字母“T”表示。

## 1　石油添加剂的分类

1.1　石油添加剂按应用场合分成润滑剂添加剂、燃料添加剂、复合添加剂和其他添加剂四部分。对一剂多用的添加剂，按其主要作用或使用场合来划分，但这并不影响在其他场合的应用。

1.2　润滑剂添加剂部分按作用分为清净剂和分散剂、抗氧抗腐剂、极压抗磨剂、油性剂和摩擦改进剂、抗氧剂和金属减活剂、黏度指数改进剂、防锈剂、降凝剂、抗泡沫剂等组。

燃料添加剂部分按作用分为抗爆剂、金属钝化剂、防冰剂、抗氧防胶剂、抗静电剂、抗磨剂、抗烧蚀剂、流动改进剂、防腐蚀剂、消烟剂、十六烷值改进剂，清净分散剂、热安定剂、染色剂等组。

复合添加剂部分按油品分为汽油机油复合剂、柴油机油复合剂、通用汽车发动机油复合剂、二冲程汽油机油复合剂、铁路机车油复合剂、船用发动机油复合剂、工业齿轮油复合剂、车辆齿轮油复合剂、通用齿轮油复合剂、工业润滑油复合剂、防锈油复合剂等组。

1.3　石油添加剂按相同作用分为一个组，同一组内根据其组成或特性的不同分成若干品种。

## 2　所用的符号说明

2.1　石油添加剂的名称用符号表示。

2.2　石油添加剂的品种由3个或4个阿拉伯数字所组成的符号来表示，其第一个阿拉伯数字(当品种由3个阿拉伯数字所组成时)或前二个阿拉伯数字(当品种由4个阿拉伯数字所组成时)，总是表示该品种所属的组别(组别符号不单独使用)。

注：石油添加剂分成四部分，为了减少石油添加剂符号中的阿拉伯数字，所以省略了上述四部分的符号。

2.3　石油添加剂名称一般形式如下所示：

| 类 | 品种 |
|---|---|

例1：T 102

T——类(石油添加剂)

102——品种(表示清净剂和分散剂组中的中碱性石油磺酸钙，其第一个阿拉伯数字“1”表示润滑剂添加剂部分中清净剂和分散剂的组别号)

例2：T 1101

T——类(石油添加剂)

1101——品种(表示抗爆剂中的四乙基铅，其前面二个阿拉伯数字“11”，表示燃料添加剂部分中抗爆剂的组别号)

中国石油化工总公司 1992-05-20 批准　　1992-05-20 实施

# 附　录　A
## 石油添加剂的分组和组号
（补充件）

| | 组　　别 | 组　　号 |
|---|---|---|
| 润滑剂添加剂 | 清净剂和分散剂 | 1 |
| | 抗氧抗腐剂 | 2 |
| | 极压抗磨剂 | 3 |
| | 油性剂和摩擦改进剂 | 4 |
| | 抗氧剂和金属减活剂 | 5 |
| | 黏度指数改进剂 | 6 |
| | 防锈剂 | 7 |
| | 降凝剂 | 8 |
| | 抗泡沫剂 | 9 |
| 燃料添加剂 | 抗爆剂 | 11 |
| | 金属钝化剂 | 12 |
| | 防冰剂 | 13 |
| | 抗氧防胶剂 | 14 |
| | 抗静电剂 | 15 |
| | 抗磨剂 | 16 |
| | 抗烧蚀剂 | 17 |
| | 流动改进剂 | 18 |
| | 防腐蚀剂 | 19 |
| | 消烟剂 | 20 |
| | 助燃剂 | 21 |
| | 十六烷值改进剂 | 22 |
| | 清净分散剂 | 23 |
| | 热安定剂 | 24 |
| | 染色剂 | 25 |
| 复合添加剂 | 汽油机油复合剂 | 30 |
| | 柴油机油复合剂 | 31 |
| | 通用汽车发动机油复合剂 | 32 |
| | 二冲程汽油机油复合剂 | 33 |
| | 铁路机车油复合剂 | 34 |
| | 船用发动机油复合剂 | 35 |
| | 工业齿轮油复合剂 | 40 |
| | 车辆齿轮油复合剂 | 41 |
| | 通用齿轮油复合剂 | 42 |
| | 液压油复合剂 | 50 |
| | 工业润滑油复合剂 | 60 |
| | 防锈油复合剂 | 70 |
| 其他添加剂 | | 80 |

# 附 录 B
## 石油添加剂分类的新旧代号对照表
（参考件）

| | 组 号 | 组 别 | 统一命名 | 新代号 | 原代号 |
|---|---|---|---|---|---|
| 润滑剂添加剂 | 1 | 清净剂和分散剂 | 102 清净剂<br>108 清净剂<br>109 清净剂<br>111 清净剂<br>151 分散剂<br>152 分散剂 | T 102<br>T 108<br>T 109<br>T 111<br>T 151<br>T 152 | T 102<br>T 108<br>T 109<br>T 111<br>T 113<br>T 113B |
| | 2 | 抗氧抗腐剂 | 201 抗氧抗腐剂<br>202 抗氧抗腐剂 | T 201<br>T 202 | T 201<br>T 202 |
| | 3 | 极压抗磨剂 | 301 极压抗磨剂<br>304 极压抗磨剂<br>305 极压抗磨剂<br>321 极压抗磨剂<br>322 极压抗磨剂<br>341 极压抗磨剂 | T 301<br>T 304<br>T 305<br>T 321<br>T 322<br>T 341 | T 301<br>T 304<br>T 305<br>T 308<br>T 302<br>T 307 |
| | 4 | 油性剂和摩擦改进剂 | 401 油性剂<br>402 油性剂<br>404 油性剂<br>405 油性剂<br>406 油性剂 | T 401<br>T 402<br>T 404<br>T 405<br>T 406 | T 401<br>T 402<br>T 404<br>T 405<br>T 406 |
| | 5 | 抗氧剂和金属减活剂 | 501 抗氧剂 | T 501 | T 501 |
| | 6 | 黏度指数改进剂 | 601 黏度指数改进剂<br>602 黏度指数改进剂<br>603 黏度指数改进剂 | T 601<br>T 602<br>T 603 | T 601<br>T 602<br>T 603 |
| | 7 | 防锈剂 | 701 防锈剂<br>702 防锈剂<br>703 防锈剂<br>704 防锈剂<br>705 防锈剂<br>706 防锈剂<br>708 防锈剂<br>743 防锈剂<br>746 防锈剂 | T 701<br>T 702<br>T 703<br>T 704<br>T 705<br>T 706<br>T 708<br>T 743<br>T 746 | T 701<br>T 702<br>T 703<br>T 704<br>T 705<br>T 706<br>T 708<br>T 743<br>T 746 |
| | 8 | 降凝剂 | 801 降凝剂<br>803 降凝剂 | T 801<br>T 803 | T 801<br>T 803 |

续表

| | 组　号 | 组　　别 | 统一命名 | 新代号 | 原代号 |
|---|---|---|---|---|---|
| 燃料添加剂 | 11 | 抗爆剂 | 1101　抗爆剂 | T 1101 | T 1101 |
| | 12 | 金属钝化剂 | 1201　金属钝化剂 | T 1201 | T 1201 |
| | 13 | 防冰剂 | 1301　防冰剂 | T 1301 | T 1301 |
| | 15 | 抗静电剂 | 1501　抗静电剂 | T 1501 | T 1501 |
| | 16 | 抗磨剂 | 1601　抗磨剂 | T 1601 | T 306 |
| | 18 | 流动改进剂 | 1804　流动改进剂 | T 1804 | T 804 |

注：对于本标准中尚未规定的添加剂新品种，必须先上报中国石油化工总公司标准主管部门，经批准后方可使用其规定的产品符号。

---

**附加说明：**

本标准由中国石油化工总公司提出，由石油化工科学研究院技术归口。

本标准由石油化工科学研究院负责起草。

本标准主要起草人黄文轩。

中华人民共和国石油化工行业标准

SH/T 0390—1992

# 704 防 锈 剂

代替 ZB E61 002—88

## 1 主题内容与适用范围

本标准规定了以环烷酸或由含环烷酸油品于碱洗所得碱渣而制得的环烷酸锌的技术条件，产品代号 T 704。

本标准所属产品适用于各种防锈油脂，乳化防锈切削液等防锈剂，对钢、铜、铝等金属有良好的防锈性。

## 2 引用标准

GB/T 260 石油产品水分测定法

GB/T 511 石油产品和添加剂机械杂质测定法(重量法)

GB/T 2361 防锈油脂湿热试验法

SH 0164 石油产品包装、贮运及交货验收规则

SH/T 0195 润滑油腐蚀试验法

SH/T 0229 固体和半固体石油产品取样法

## 3 技术要求

| 项 目 | | 质量指标 | 试验方法 |
|---|---|---|---|
| 外观 | | 棕色黏稠状物 | 目测 |
| 锌含量,% | 不小于 | 8 | 附录 A |
| 机械杂质,% | 不大于 | 0.15 | GB/T 511 |
| 水分,% | 不大于 | 0.05 | GB/T 260 |
| 水萃取试验 | | | 附录 B |
| 酸碱反应 | | 中性 | |
| 硫酸根 | | 无 | |
| 氯 根 | | 无 | |
| 腐蚀(T3 铜片，100℃，3h) | | 合格 | SH/T 0195 |
| 防锈性能<br>潮湿箱试验(铜片、钢片) | | 报告 | GB/T 2361 |

## 4 本产品的包装、标志、贮存、运输及交货验收按 SH 0164 进行。

## 5 取样按 SH/T 0229 进行，取 1kg 作为检验和留样用。

中国石油化工总公司 1992-05-20 批准　　　　1992-05-20 实施

# 附　录　A
# 锌含量测定方法
（补充件）

## A1　概要

用盐酸将环烷酸锌分解，在 pH 为 10 时以铬黑 T 为指示剂，以 EDTA 标准滴定溶液滴定，测出锌含量。

## A2　仪器与试剂

**A2.1**　烧杯：100mL。
**A2.2**　三角烧瓶：250mL。
**A2.3**　玻璃漏斗。
**A2.4**　滴定管：250mL。
**A2.5**　洗瓶：250 或 500mL。
**A2.6**　定量滤纸。
**A2.7**　EDTA 标准滴定溶液 0.01mol/L：称取乙二胺四乙酸二钠（分析纯）4g，溶于 1L 蒸馏水中，以锌标准溶液标定出精确浓度。

0.01mol/L EDTA 溶液的标定：用吸量管量取 25mL 锌标准溶液，放入 250mL 三角瓶中，放进一小片 pH 试纸，用 10%氢氧化铵中和至 pH 等于 10，加入 5mL 缓冲液及少量（约 10mg）指示剂，用 EDTA 溶液滴定至由紫红变纯蓝，即为终点。

EDTA 标准滴定溶液的浓度 $c$（EDTA）按式（A1）计算：

$$c(\mathrm{EDTA})=\frac{c'V'}{V} \quad \cdots\cdots\cdots\cdots (\mathrm{A1})$$

式中：$c'$——锌标准溶液浓度，mol/L；
$V'$——所取锌标准溶液的体积，mL；
$V$——滴定锌标准溶液所消耗 EDTA 标准滴定溶液的体积，mL。

**A2.8**　锌标准溶液 0.01mol/L 将标准锌粒用 1∶1 盐酸溶液处理，去掉表面氧化物后，再用蒸馏水冲洗数次，于 150℃烘干，准确称取 0.6538g，称精确至 0.0002g。用 1∶1 盐酸溶液 20mL 溶解，冲洗至 1000mL 容量瓶中，加 20℃蒸馏水稀释至刻度。
**A2.9**　铬黑 T 指示剂：1g 铬黑 T 与 100g 氯化钠（分析纯）混合研细，通过 100 筛目。
**A2.10**　pH 为 10 缓冲液：20g 氯化铵（分析纯）溶于蒸馏水中，加 20%氨水溶液 100mL，用蒸馏水稀释到 1L。
**A2.11**　氨水：分析纯，配成 10%和 20%的氨水溶液。
**A2.12**　盐酸：分析纯，配成 7%（$m/m$）盐酸溶液和 1∶1 盐酸溶液（盐酸与水的体积比）。
**A2.13**　变色范围 1~14 的 pH 试纸。
**A2.14**　工业苯。

## A3　试验步骤

**A3.1**　在 100mL 小烧杯中，称取 0.1g~0.2g 试样，称精确至 0.0002g。
**A3.2**　向称好的试样中加苯 2mL，使试样溶解，再加 7%（$m/m$）盐酸溶液 10mL，充分摇动，使试样酸化分解。

**A3.3** 将分解完全的试样，经定量滤纸过滤，并用热蒸馏水充分洗涤滤纸，全部滤液收集于250mL三角瓶中。

**A3.4** 向滤液中加入一小片pH试纸，用10%氨水溶液调整pH至10左右，再加入5mL缓冲液和少量铬黑T指示剂(约10mg)。

**A3.5** 以0.01mol/L EDTA标准滴定溶液进行滴定，由紫色溶液出现变为纯蓝时，即为终点。

## A4 计算

试样中锌含量$x$[%($m/m$)]按式(A2)计算：

$$x = \frac{c(\text{EDTA})V'' \times 65.38 \times 100}{m \times 1000} = \frac{c(\text{EDTA})V'' \times 6.538}{m} \quad \cdots\cdots \text{(A2)}$$

式中：$c$(EDTA)——EDTA标准滴定溶液的浓度，mol/L；

$V''$——EDTA标准滴定溶液滴定消耗体积，mL；

$m$——试样的质量，g；

65.38——与1.00L EDTA标准滴定溶液[$c$(EDTA)=1.00mol/L]相当的以克表示的锌的质量。

## A5 精确度

锌含量的两个平行测定结果间的差数不应大于0.1%($m/m$)。

# 附 录 B
# 水萃取试验
（补充件）

## B1 概要

将环烷酸锌试样用沸腾的蒸馏水充分萃取，检验萃取液中的氯盐，硫酸盐及水溶性酸碱。

## B2 仪器与材料

**B2.1** 仪器

**B2.1.1** 烧杯：100mL，300mL。

**B2.1.2** 玻璃棒。

**B2.1.3** 试管：15mL~20mL。

**B2.2** 材料

**B2.2.1** 定性滤纸。

**B2.2.2** 蒸馏水：经检验合格。

## B3 试剂

**B3.1** 氯化钡溶剂：配成100g/L氯化钡溶液。

**B3.2** 盐酸：相对密度约1.18。

**B3.3** 硝酸银：配成20g/L硝酸银溶液。

**B3.4** 酚酞：配成10g/L酚酞-乙醇指示液。

**B3.5** 甲基橙：配成2g/L甲基橙指示液。

**B4　试验步骤**

**B4.1**　称取 10g±0.1g 环烷酸锌于 300mL 烧杯中，称精确到 0.1g，加 150mL 蒸馏水，煮沸 10min~15min，同时用玻璃棒剧烈搅拌，趁热过滤并收集水萃取液，进行下列试验：

**B4.1.1**　酸碱反应试验：在两支试管中分别加入 10mL~15mL 水萃取液。在第一支试管中加 3 滴酚酞指示剂，溶液稍变色或变成玫瑰红色时，表示含有水溶性碱；在第二支试管中加入 3 滴甲基橙指示剂，溶液稍变红色或变成红色时，表示含有水溶性酸。同时在第三支试管中加入 10mL~15mL 蒸馏水和 3 滴甲基橙指示剂，以作比较。

**B4.1.2**　氯根检验：在试管中加入 10mL~15mL 水萃取液，滴入 3 滴硝酸银溶液，观察水萃取液变化情况，如不出现浑浊或出现轻微浑浊时为"无"。

**B4.1.3**　硫酸根检验：

在小烧杯中加入 20mL~25mL 水萃取液，加 2~3 滴盐酸，加热煮沸，再加 1mL~2mL 10%热氯化钡溶液，立即进行观察，如不出现浑浊或出现轻微浑浊时为"无"。

**B4.2**　遇有水萃取液氯根与硫酸根检验不易判断时，可用硝酸银法测定氯根含量。用重量法测定硫酸根含量。氯根含量应不超过 50ppm；硫酸根含量应不超过 60ppm。

---

**附加说明：**

本标准由石油化工科学研究院技术归口。

本标准由独山子炼油厂负责起草。

中华人民共和国石油化工行业标准

SH/T 0391—1995

# 701 防锈剂(油溶性石油磺酸钡)

代替 SH 0391—1992

## 1 主题内容与适用范围

本标准规定了以润滑油馏分进行磺化、醇水萃取后再钡化等工艺而制得的油溶性石油磺酸钡的技术条件，产品代号为 T701。

本标准所属产品适用于在防锈油脂中作防锈剂。

## 2 引用标准

GB/T 260 石油产品水分测定法
GB 443 L-AN 全损耗系统用油
GB/T 511 石油产品和添加剂机械杂质测定法(重量法)
GB/T 2361 防锈油脂湿热试验法
SH 0004 橡胶工业用溶剂油
SH 0164 石油产品包装、贮运及交货验收规则
SH/T 0217 防锈油脂试验试片锈蚀度评定法
SH/T 0218 防锈油脂试验用试片制备法
SH/T 0225 添加剂和含添加剂润滑油中钡含量测定法
SH/T 0229 固体和半固体石油产品取样法
SH/T 0533 防锈油脂防锈试验试片锈蚀评定方法

## 3 技术内容

3.1 701 防锈剂按含量多少分为 1 号和 2 号两个牌号，本标准所属产品按质量分为一等品和合格品。

3.2 技术要求见下表。

| 项目 | | 质量指标 | | | | 试验方法 |
|---|---|---|---|---|---|---|
| | | 1 号 | | 2 号 | | |
| | | 一等品 | 合格品 | 一等品 | 合格品 | |
| 外观 | | 棕褐色、半透明、半固体 | | | | 目测 |
| 磺酸钡含量,% | 不小于 | 55 | 52 | 45 | | 附录 A |
| 平均分子量 | 不小于 | 1000 | | | | 附录 A |
| 挥发物含量,% | 不大于 | 5 | | | | 附录 B |
| 氯根含量,% | | 无 | | | | 附录 C |
| 硫酸根含量,% | | 无 | | | | 附录 C |
| 水分[1),%] | 不大于 | 0.15 | 0.30 | 0.15 | 0.30 | GB/T 260 |

中国石油化工总公司 1995-06-15 批准 1995-10-01 实施

续表

| 项目 | | 质量指标 | | | | 试验方法 |
|---|---|---|---|---|---|---|
| | | 1号 | | 2号 | | |
| | | 一等品 | 合格品 | 一等品 | 合格品 | |
| 机械杂质,% | 不大于 | 0.10 | 0.20 | 0.10 | 0.20 | GB/T 511 |
| pH值 | | 7~8 | | | | 广泛试纸 |
| 钡含量[2),%] | 不小于 | 7.5 | 7.0 | 6.0 | | SH/T 0225 |
| 油溶性 | | 合格 | | | | 附录E |
| 防锈性能 | | | | | | GB/T 2361 |
| 湿热试验(49℃±1℃,湿度95%以上)[3),级] | | 72h | 24h | 72h | 24h | |
| 10#钢片 | 不大于 | A | | | | |
| 62#黄铜片 | | 1 | | | | |
| 海水浸渍(25℃±1℃,24h),级 | 不大于 | | | | | 附录D |
| 10#钢片 | | A | | | | |
| 62#黄铜片 | | 1 | | | | |

注:1) 以出厂检验数据为准。

2) 作为保证项目,每季抽查一次。

3) 湿热、海水浸渍试验在测定时以符合GB 443的L-AN46全损耗系统用油为基础油,加入3%(m/m)701防锈剂(磺酸钡含量按100%计算)配成涂油。

## 4 标志、包装、运输与贮存

标志、包装、运输、贮存及交货验收按SH 0164进行。

## 5 取样

取样按SH/T 0229进行,取2kg作检验及留样用。

# 附 录 A
# 油溶性石油磺酸钡分析方法
（补充件）

## A1 主题内容与适用范围

本方法适用于中质润滑油馏分直接中和及复分解法所制备的油溶性石油磺酸钡。

## A2 方法概要

用无水碳酸钠将磺酸钡试样分解所得磺酸钠和矿油混合物，经蒸干后用三氯甲烷溶解，在硅胶吸附柱中进行吸附和分离，先分出矿油再用乙醇洗出钠盐。然后分别蒸干，恒重得到矿油和纯磺酸钠，将纯磺酸钠烧灰分得硫酸钠，由此换算而得是磺酸钠或钡的平均分子量和磺酸钡等含量。

## A3 仪器与材料

A3.1 仪器

A3.1.1 磨口具塞量筒：100mL。

A3.1.2 电炉或电热板。

A3.1.3 自耦调压变压器。

A3.1.4 水浴锅或红外线加热器。

A3.1.5 高温炉：能加热并恒定至 775℃±25℃。

A3.1.6 烧杯：100mL。

A3.1.7 酸式滴定管：50mL。

A3.1.8 玻璃漏斗：内径 50mm。

A3.1.9 锥形烧瓶：150mL。

A3.1.10 移液管：20mL。

A3.1.11 瓷坩埚：50mL。

A3.1.12 三号筛至四号筛：筛孔内径 250μm±9.9μm～355μm±13μm。

A3.1.13 超级恒温器。

A3.1.14 打诊锤：小元头。

A3.2 材料

粗孔硅胶：青岛海洋化工厂生产（粒度 2mm～5mm，吸水值 98%以上）。

## A4 试剂

A4.1 乙醚：分析纯。

A4.2 异丙醇：分析纯。

A4.3 无水碳酸钠：分析纯。

A4.4 95%乙醇：分析纯。

A4.5 三氯甲烷：分析纯。

A4.6 硫酸（98%）：分析纯。

A4.7 盐酸：分析纯。

## A5 准备工作

A5.1 将 150mL 锥形烧瓶在 110℃±1℃烘箱中烘干不少于 1h。在干燥器中冷却 30min，然后在分析天平上精确至0.0001g。

**A5.2** 将盐酸溶液[25%(*V/V*)]注入瓷坩埚中，煮沸几分钟，用蒸馏水洗涤，烘干后再放入高温炉中，在775℃±25℃温度下煅烧至少1h，取出在空气中冷却3min，再移入干燥器中冷却30min，然后进行称重，精确至0.0001g。

重复进行煅烧，冷却及称量，直至连续称量的差数不大于0.0004g为止。

**A5.3** 将粗孔硅胶经手工磨后过三号筛～四号筛(其粒度在250μm±9.9μm～355μm±13μm)放入150℃烘箱中烘干2h，在干燥器中冷却约40min备用。

## A6 试验步骤

**A6.1** 在分析天平上用减量法称取样品5g±0.1g(准确至0.2mg)，其值为A，置于100mL带磨口塞的量筒中，加入50%(*V/V*)异丙醇水溶液40mL猛烈摇动(必要时可在超级恒温器内加热至50℃)，使样品均匀分散，然后加1.5g无水碳酸钠，继续猛烈摇动(必要时加热至50℃)，至磺酸钡完全被分解。再加入15mL乙醚，8g无水碳酸钠，摇匀后置于50℃～55℃超级恒温器内保温分层约4h，冷却至室温。在操作过程中应避免溶液溅出量筒。

**A6.2** 准确读出量筒上层醇溶液的毫升数(准确至0.5mL)，其值为B。用移液管吸取20mL上层溶液，置于150mL锥形瓶中，移至100℃水浴上或红外线加热器，使溶剂挥发干，或者进行溶剂回收，然后移至110℃±1℃烘箱中烘干30min，得残留物备用。

**A6.3** 在50mL滴定管的下部(活塞上部)塞一小块脱脂棉球(以防硅胶漏出)。在50mL滴定管的上部放一个内径50mm玻璃漏斗，以便装硅胶。

**A6.4** 称取经处理烘干、密封冷却后的15g硅胶放于100mL烧杯中加入50mL三氯甲烷，用玻璃棒搅拌，赶走气泡再装入带有玻璃漏斗的滴定管中，用三氯甲烷将烧杯中残留的硅胶也一并装入带有玻璃漏斗的滴定管中，并保持滴定管内充满三氯甲烷，用打诊锤轻轻敲打滴定管的上下部位，使硅胶均匀严密分布在滴定管内。放掉多余的三氯甲烷，使液面保持在硅胶柱面1cm为止。此时吸附柱建成。

**A6.5** 将A6.2所得的残留物用20mL三氯甲烷溶解，注入吸附柱中，打开活塞，使液体流速控制在每秒1滴，将液体放入已知恒重的150mL锥形瓶中，必要时可在吸附柱上部加压力。用20mL三氯甲烷洗涤锥形瓶中的残留物，当吸附柱中液面降至硅胶面上1cm，将洗涤液再注入吸附柱中。如此用三氯甲烷洗涤锥形瓶，前后共计四次(每次20mL三氯甲烷)重复此过程至最后一次吸附柱中液面降至硅胶柱面1cm时，关闭活塞。

用三氯甲烷将吸附柱下部尖嘴上可能粘有的矿油洗入装有三氯甲烷洗出液的锥形瓶中，将锥形瓶移至蒸气浴或红外线加热器上蒸干或回收三氯甲烷。再移至110℃±1℃烘箱中干燥90min，在干燥器中冷却30min，然后称重，得矿油质量为*C*。

**A6.6** 继续在吸附柱中加入20mL95%乙醇，打开活塞，使液体流入另一已知质量的150mL锥形瓶中，(锥形瓶恒重与A5.1相同)控制流速为每秒2～3滴，当液面降至硅胶面上1cm时，再加入20mL 95%乙醇。如此重复共计洗涤四次(每次20mL 95%乙醇)，至最后一次液面降至硅胶面1cm时，关闭活塞，用95%乙醇将吸附柱下部尖嘴上可能粘有的磺酸钠洗入装乙醇洗出液的锥形瓶中，将瓶移至蒸气浴上蒸干或回收然后在110℃±1℃的烘箱中干燥90min，在干燥器中冷却30min，然后称重，得磺酸钠质量为*D*。

**A6.7** 准确称取已恒重的磺酸钠(0.6g～1.1g精确至0.1mg)其质量为*E*，置于恒重的坩埚中，将坩埚放在电炉上慢慢加热，用调压器控制温度，勿使着火。至磺酸钠完全变成残炭时，移入775℃±25℃的高温炉中灼烧30min，取出冷却至室温。加4～5滴浓硫酸在电炉上慢慢加热蒸发，勿使溶液溅出，当浓烟消失后冷却，再同上重复加酸处理，直至灰分中的浓烟完全消失为止，然后再移入775℃±25℃的高温炉中灼烧1h，取出在室温冷却3min，移入干燥器中冷却30min，恒重(两次称量误差不大于 0.0004g 为止），得硫酸钠灰分重为 $F$。

## A7 计算

**A7.1** 磺酸平均分子量：

$$P = \frac{71E}{F} - 22 \quad \cdots\cdots (A1)$$

磺酸钠平均分子量：

$$S = \frac{71E}{F} \quad \cdots\cdots (A2)$$

磺酸钡平均分子量：

$$T = 2P + 135 = 2S + 91 \quad \cdots\cdots (A3)$$

**A7.2** 磺酸钡百分含量：

$$V = \frac{BD}{20A} \times \left(1 + \frac{91F}{142E}\right) \times 100 \quad \cdots\cdots (A4)$$

若已知磺酸平均分子量，则：

$$V = \frac{BD}{20A} \times \frac{2P + 135}{2P + 44} \times 100 \quad \cdots\cdots (A5)$$

式中：$A$——称取样品值，g；

$B$——上层醇溶液值，g；

$D$——已恒重的磺酸钠质量，g；

$E$——称取的磺酸钠质量，g；

$F$——硫酸钠灰分质量，g；

$P$——磺酸平均分子量；

$S$——磺酸钠平均分子量；

$T$——磺酸钡平均分子量；

$V$——磺酸钡百分含量。

## A8 精密度

**A8.1** 重复性：同一操作者重复测定的两个结果之差，不应大于下列数值。

| 测定项目,%(m/m) | 重复性,%(m/m) |
|---|---|
| 磺酸钡 | 0.63 |

**A8.2** 再现性：不同实验室各自测定的两个结果之差，不能大于下列数值。

| 测定项目,%(m/m) | 再现性,%(m/m) |
|---|---|
| 磺酸钡 | 0.92 |

# 附　录　B
# 挥发物含量测定法
（补充件）

## B1 主题内容与适用范围

本方法适用于油溶性石油磺酸钡挥发物含量测定。

## B2 方法概要

本方法规定在一定的温度和时间下，测定油溶性石油磺酸钡的溶剂挥发含量。

**B3 仪器**

**B3.1** 烘箱。
**B3.2** 干燥器。
**B3.3** 天平：感量0.1mg；
**B3.4** 坩埚：50mL。

**B4 试剂**

**B4.1** 盐酸：分析纯。

**B5 准备工作**

**B5.1** 将盐酸溶液[25%(V/V)]注入瓷坩埚内煮沸几分钟，用蒸馏水洗涤，烘干后在105℃±1℃的烘箱中干燥不小于1h，在干燥器中冷却30min，然后在分析天平上精确至0.0001g，重复进行干燥(第二次干燥时间只需30min)，冷却及称量，直至连续称量差数不大于0.0004g为止。

**B6 试验步骤**

**B6.1** 将已恒重的坩埚称入约5g左右试样，精确至0.0001g。在105℃±1℃烘箱中烘3h，然后放在干燥器中冷却30min，进行称量，精确至0.0001g。

**B7 计算**

**B7.1** 挥发物含量$X$[%(m/m)]按下式计算：

$$X = \frac{m_1 - m_2}{m_1} \times 100 \qquad \text{(B1)}$$

式中：$m_1$——试样在挥发前的质量，g；
$m_2$——试样在挥发后的质量，g。

**B8 精密度**

平行测定间的差数，不应超过算术平均值的±5%。

## 附 录 C
## 氯根、硫酸根试验法
（补充件）

**C1 仪器、试剂**

**C1.1** 电炉。
**C1.2** 量筒：100mL。
**C1.3** 分液漏斗：100mL。
**C1.4** 试管：10mL。
**C1.5** 锥形烧瓶：150mL。
**C1.6** 中性汽油。
**C1.7** 50%乙醇。
**C1.8** 硝酸：65%~68%，分析纯。配成(1+2)水溶液。

**C1.9** 盐酸：36%~38%，分析纯。配成(1+1)水溶液。
**C1.10** 硝酸银：1g/L。
**C1.11** 氯化钡：50g/L。

**C2 试验步骤**

**C2.1** 称取5.0g试样，加30mL中性汽油，加30mL 50%乙醇预热至50℃，充分摇动，保温，待分层后倒入分液漏斗中，将下层水溶液分别放入三支试管中(水溶液如浑浊可过滤保温)，取第一支试管加入硝酸及硝酸银各1~2滴，第二支试管加入盐酸及氯化钡各1~2滴，摇匀后与第三支试管空白对照，试管如产生白色浑浊则表示存在有氯根及硫酸根。

## 附 录 D
## 磺酸钡海水浸渍试验方法
(补充件)

**D1 主题内容与适用范围**

本方法适用于测定油溶性石油磺酸钡。

**D2 方法概要**

本方法是在人造海水浸渍情况下，试验磺酸钡调配为试油对金属的保护性能。

**D3 仪器与材料**

**D3.1** 仪器
**D3.1.1** 干燥器。
**D3.1.2** 吹风机：冷热两用。
**D3.1.3** 搪瓷杯。
**D3.1.4** 不锈钢镊子。
**D3.1.5** S型玻璃吊钩；或不锈钢吊钩。
**D3.1.6** 烧杯：500mL。
**D3.1.7** 玻璃棒：$\phi$6mm~9mm，长150mm。
**D3.1.8** 温度计：0℃~50℃，0℃~360℃各一支。
**D3.1.9** pH值测定仪(或酸度计)：测量精度为0.1。
**D3.2** 材料
**D3.2.1** 钢片：10号钢，规格为50mm×50mm×(3~5)mm
**D3.2.2** 黄铜片：62号黄铜，规格为50mm×50mm×(3~5)mm
**D3.2.3** 符合GB 443的L-AN46全损耗系统用油。

**D4 试剂**

**D4.1** 氯化镁($6H_2O$)：分析纯。
**D4.2** 氯化钙(无水)：化学纯。
**D4.3** 氯化钠：分析纯。
**D4.4** 硫酸钠(无水)：分析纯。
**D4.5** 碳酸钠(无水)：分析纯。

**D4.6** 石油醚(60℃~90℃)或橡胶工业用溶剂油，符合 SH 0004。

## D5 准备工作

**D5.1** 配制人造海水

**D5.1.1** 氯化镁：11g/L　　1.077%

氯化钙：1.2g/L　　0.118%

硫酸钠：4.0g/L　　0.391%

氯化钠：25.0g/L　　2.448%

蒸馏水：95.966%

**D5.2** 人造海水溶液 pH 值的调整

**D5.2.1** 将配制成的人造海水溶液，用 pH 值测定仪测定其 pH 值，并用 50g/L 碳酸钠溶液调整人造海水溶液 pH 值在 8.0~8.2 范围内。

**D5.3** 涂油调配

**D5.3.1** 用符合 GB 443 的 L-AN46 全损耗系统用油为基础油、加入 3%701 防锈剂(磺酸钡含量按100%计算)配成涂油。

**D5.3.2** 将已加入石油磺酸钡的基础油放在电炉上加热，慢慢溶解，温度不超过 125℃，直至石油磺酸钡完全溶解为止。

**D5.4** 试片的制备

**D5.4.1** 每种油样需作三块试片，试片的制备和清洗，涂油按 SH/T 0217 和 SH/T 0218B 法进行。

## D6 试验步骤

**D6.1** 将涂好油膜并经沥干 2h 后的试片按金属分类，徐徐浸入人造海水中，悬挂在置于烧杯的玻璃棒上，试片悬挂时各片不得靠近容器壁，试片间的间距应不小于 15mm，并应使试片全部浸没海水中(不同类金属片不允许放在同一海水容器中)。

**D6.2** 人造海水溶液须保持在 25℃±1℃进行。

## D7 试验结果

试片经浸渍 24h 后，用石油醚或溶剂油擦洗去表面油膜，仔细观察锈蚀和变色情况，然后按 SH/T 0533 进行评级。

试片的评级，在三片中的二片锈蚀结果相差超过两级，不能定级。相差在两级以内(包括两级)，并有两片同级时，按两片级别定级；三片各不相同者，但三片分别是 0 级、1 级和 2 级时则定为 1 级，如果三片分别是 0 级，1 级和 3 级以上时则不能定级。如有变色或色变暗情况，需在评定结果中报告。

# 附　录　E
# 磺酸钡的油溶性试验方法
(补充件)

## E1 主题内容与适用范围

本方法适用于油溶性石油磺酸钡的油溶性测定。

## E2 方法概要

本方法规定在一定的温度和时间下，测定油溶性石油磺酸钡被油溶解的性能。

## E3 仪器与材料

E3.1 仪器

E3.1.1 烧杯：400mL。

E3.1.2 电炉。

E3.1.3 石棉板。

E3.1.4 接触温度计和水银温度计各一支(温度为0℃～300℃)。

E3.1.5 电动搅拌器(25W)，配备有十字玻璃搅拌浆板。

E3.1.6 电子继电器，或变压器。

E3.2 材料

"L-AN46全损耗系统用油"，符合CB 443。

## E4 准备工作

E4.1 装好控制温度的电子继电器，并调节恒温在125℃±3℃。

E4.2 在烧杯中称取200g"L-AN46全损耗系统用油"放置在放有石棉板的电炉上。

E4.3 仔细调节好电动搅拌器，使搅拌速度控制在80r/min～90r/min。

E4.4 称重10g石油磺酸钡，并分切成8片～10片。

## E5 试验步骤

E5.1 装好仪器，调节好温度和搅拌速度，开始边加温边搅拌直至规定温度。

E5.2 在温度达到125℃±3℃时，即加入片状的10g石油磺酸钡，加完后开始记录时间，规定加热溶解时间到达30min后停止，将烧杯油样在室温内冷却，试样油温在50℃以下倒入100mL的比色管至刻度液面处，比色管在反射光线中，观察油样应透明清晰，无沉淀物和石油磺酸钡全溶为合格。

---

**附加说明：**

本标准由石油化工科学研究院技术归口。

本标准由杭州炼油厂负责起草。

本标准主要起草人沈心忆、冯金木、梅容。

# 前　言

本标准首版为专业标准 ZBE 61006—89，1989 年 5 月 20 日实施，后转为行业标准 SH 0394—92，本次在原 SH 0394—92 标准内容基础上进行修订，增加了 T 203 产品标准内容。本标准在原标准指标项目基础上减少二项，即酸值和稀释油。

本标准实施之日起，SH 0394—92 即废止。

本标准附录 A（ZDDP 抗氧抗腐剂 pH 值测定法）为标准的附录。

本标准由中国石化锦州石油化工公司和中国石化兰州炼油化工总厂共同提出。

本标准由中国石油化工总公司石油化工科学研究院技术归口。

本标准起草单位：中国石化锦州石油化工公司、中国石化兰州炼油化工总厂。

本标准主要起草人：燕绍睿、温建氟、雷耀君、肖承瑶、李荣熙。

中华人民共和国石油化工行业标准

SH/T 0394—1996

代替 SH 0394—92

# 202和203抗氧抗腐剂

## 1 范围

本标准规定了以长、短链混合伯醇或长链伯醇经硫磷化、皂化反应并经过滤所制得的二烷基二硫代磷酸锌盐(ZDDP)的技术要求。按使用性能不同分为T 202和T 203两种牌号。

本标准所属产品适用于汽油机油、柴油机油及工业润滑油，其中T 203还适用于重负荷柴油机油和抗磨液压油等。

## 2 引用标准

GB/T 260 石油产品水分测定法
GB/T 265 石油产品运动黏度测定法和动力黏度计算法
GB/T 511 石油产品和添加剂机械杂质测定法(重量法)
GB/T 2540 石油产品密度测定法(比重瓶法)
GB/T 3536 石油产品闪点和燃点测定法(克利夫兰开口杯法)
GB/T 4756 石油和液体石油产品取样法(手工法)
GB/T 6540 石油产品颜色测定法
SH 0164 石油产品包装、贮运及交货验收规则
SH/T 0226 添加剂和含添加剂润滑油中锌含量测定法
SH/T 0264 内燃机油高温氧化和轴瓦腐蚀评定法(皮特 W-1法)
SH/T 0296 添加剂和含添加剂润滑油的磷含量测定法(比色法)
SH/T 0303 添加剂中硫含量测定法(电量法)
SH/T 0561 抗氧抗腐添加剂热分解温度测定法(毛细管法)

注：除非在标准中另有明确规定，上述引用标准都应是现行有效标准。

## 3 技术要求

3.1 本标准中所属产品按质量分为一等品和合格品。

3.2 产品的理化性能和使用性能应符合表1所列各项技术要求。

## 4 标志、包装、运输、贮存

标志、包装、运输、贮存及交货验收按SH 0164进行。

## 5 取样

取样按GB/T 4756进行，取2L作为检验和留样用。

中国石油化工总公司 1996-05-24 批准　　1996-12-01 实施

**表 1　202 和 203 抗氧抗腐剂技术要求**

| 项　　目 | 质量指标 | | | | 试验方法 |
|---|---|---|---|---|---|
| | T 202 | | T 203 | | |
| | 一等品 | 合格品[1)] | 一等品 | 合格品[1)] | |
| 外观 | 琥珀色透明液体 | | 淡黄至琥珀色透明液体 | | 目测[4)] |
| 色度，号　　不大于 | 2.0 | 2.5 | 2.0 | 2.5 | GB/T 6540 |
| 密度(20℃)，$kg/m^3$ | 1080~1130 | | 1060~1150 | | GB/T 2540 |
| 运动黏度(100℃)，$mm^2/s$ | 报告 | | | | GB/T 265 |
| 闪点(开口),℃　　不低于 | 180 | | | | GB/T 3536 |
| 硫含量,%(m/m) | 14.0~18.0 | 12.0~18.0 | 14.0~18.0 | 12.0~18.0 | SH/T 0303 |
| 磷含量,%(m/m) | 7.2~8.5 | 6.0~8.5 | 7.5~8.8 | 6.5~8.8 | SH/T 0296 |
| 锌含量,%(m/m) | 8.5~10.0 | 8.0~10.0 | 9.0~10.5 | 8.0~10.5 | SH/T 0226 |
| pH 值　　不小于 | 5.5 | 5.0 | 5.8[5)] | 5.3 | 附录 A |
| 水分[2)],%(m/m)　　不大于 | 0.03 | 0.09 | 0.03 | 0.09 | GB/T 260 |
| 机械杂质,%(m/m)　　不大于 | 0.07 | | | | GB/T 511 |
| 热分解温度,℃　　不低于 | 220 | | 230 | 225 | SH/T 0561 |
| 轴瓦腐蚀试验[3)]： | | | | | |
| 轴瓦失重，mg　　不大于 | 25 | | | | SH/T 0264 |
| 40℃运动黏度增长率,%　　不大于 | 50 | | | | GB/T 265 |

注：

1)合格品原则上不宜于调制中高档润滑油。

2)4 月 15 日~9 月 15 日，一等品水分可不大于 0.06%。

3)以 HVI 500(或 MVI 600)中性油为基础油，添加 3%T 108(或 T 108A)和 0.5%T 202(或 T 203)进行试验，每半年评定一次。

4)将试样注入 100mL 量筒中，在室温下观测应为透明。

5)调制抗磨液压油，pH 值不应小于 6.0。

# 附　录　A
## （标准的附录）
## ZDDP 抗氧抗腐剂 pH 值测定法

### A1　范围

本方法适用于 ZDDP 抗氧抗腐剂 pH 值的测定。

本方法所适用产品 pH 值范围 3.0~8.0。

### A2　方法概要

将已知量的试样溶于甲苯-乙醇的混合溶剂中，以玻璃电极为指示电极、甘汞电极为参比电极，测定溶液的 pH 值。

### A3　试剂与材料

A3.1　试剂

A3.1.1　95%乙醇：分析纯。

A3.1.2　甲苯：分析纯。

A3.1.3　邻苯二甲酸氢钾：优级纯。

A3.1.4　磷酸氢二钠：优级纯。

A3.1.5　磷酸二氢钾：优级纯。

A3.1.6　氢氧化钾-乙醇溶液：$c[KOH]=0.1mol/L$。

A3.1.7　乙酸-乙醇溶液：$c[CH_3COOH]=0.1mol/L$。

A3.1.8　氯化钾饱和溶液。

A3.1.9　pH 值 4.003 缓冲溶液：称取邻苯二甲酸氢钾 10.2100g 溶于 1000mL 蒸馏水中。

A3.1.10　pH 值 6.864 缓冲溶液：称取磷酸二氢钾 3.4000g、磷酸氢二钠 3.5500g 溶于 1000mL 蒸馏水中。

A3.2　材料

A3.2.1　镊子。

A3.2.2　定性滤纸。

A3.2.3　脱脂棉。

### A4　仪器设备

A4.1　电位滴定仪：ZD-1 型或 ZD-2 型或其他同等性能仪器。

A4.2　玻璃电极：231 型或其他同等性能电极。

A4.3　甘汞电极：232 型或其他同等性能电极。

A4.4　烧杯：100mL。

A4.5　量筒：50mL、100mL、500mL。

A4.6　容量瓶：250mL、1000mL。

### A5　样品

A5.1　采样按 GB/T 4756 进行。

## A6 准备工作

A6.1 试样溶剂(甲苯-乙醇混合溶剂)：将700mL甲苯和300mL 95%乙醇混合均匀，制成试样溶剂。此溶剂在标定好的仪器上测得的pH应等于7.00。若pH不等于7.00，可用氢氧化钾-乙醇溶液或乙酸-乙醇溶液调节至pH等于7.00。

A6.2 玻璃电极：新的玻璃电极应在蒸馏水中浸泡24h后方可使用。试验后的电极应该依次用试样溶剂(A6.1)、蒸馏水洗净，然后，浸泡在蒸馏水中备用。若电极的球表面被污染，可将电极浸泡在冷的铬酸洗液中，30s后取出，用水洗净，再浸泡在蒸馏水中。

A6.3 甘汞电极：甘汞电极内的氯化钾饱和溶液(A3.1.8)应保持规定高度，不用时，应将两个橡胶皮套套上。连续试验一周后，应将氯化钾饱和溶液清洗掉，换上新的氯化钾饱和溶液。

A6.4 电极电位的测定：新的电极和久用的电极都应测定电极电位(电动势)。方法如下：先将清洁的电极插入pH值为4.003缓冲溶液(A3.1.9)中，仪器旋钮放在电动势测量挡上，按仪器说明书测定电动势，然后用蒸馏水洗净，并用滤纸擦干。再将电极放入盛有100mL试样溶剂(A6.1)和0.5~0.7mL 0.1mol/L氢氧化钾-乙醇溶液(A3.1.6)的烧杯中，搅拌均匀后测其电动势，前后两种溶液的电动势之差应大于480mV。

A6.5 仪器的校对

A6.5.1 将仪器电源接通，稳定30min以进行仪器的校对。

A6.5.2 依次用pH值为4.003缓冲溶液(A3.1.9)和pH值为6.864缓冲溶液(A3.1.10)，按电位滴定仪器说明书进行仪器校准。

## A7 试验步骤

A7.1 称取3.00g(精确到0.01g)试样，放入100mL烧杯中，加入试样溶剂(A6.1)50mL，搅拌均匀后测量其pH值。

A7.2 测定完毕后，依次用试样溶剂(A6.1)和蒸馏水将电极洗净，再将玻璃电极浸泡在蒸馏水中备用。将甘汞电极的橡胶塞及橡胶套戴好。

## A8 测定结果的表述

A8.1 取两次重复测定结果的算术平均值作为测定结果，精确至0.01pH单位。

中华人民共和国石油化工行业标准

SH/T 0395—1992

代替 ZB E61007—89

# 405 系列油性剂

## 1 主题内容与适用范围

本标准规定了以植物油和烯烃混合物在一定温度下进行硫化及后处理而得到的油性添加剂。

本标准根据产品的硫含量不同，分为 T405 和 T405A 两个品种，它们都具有极压抗磨和降低摩擦的性能。T405 适用于配制导轨油、液压导轨油、工业齿轮油和切削油等油品。T405A 适用于配制极压润滑脂。

## 2 引用标准

GB/T 260 石油产品水分测定法
GB/T 264 石油产品酸值测定法
GB/T 265 石油产品运动黏度测定法和动力黏度计算法
GB/T 267 石油产品闪点与燃点测定法(开口杯法)
GB/T 511 石油产品和添加剂机械杂质测定法(重量法)
GB/T 3142 润滑剂承载能力测定法(四球法)
GB/T 4756 石油液体手工取样法
GB/T 5096 石油产品铜片腐蚀试验法
SH 0164 石油产品包装、贮运及交货验收规则
SH/T 0303 添加剂中硫含量测定法(电量法)
SH/T 0361 导轨油
SH/T 0532 润滑油抗擦伤能力测定法(梯姆肯法)

## 3 技术要求

| 项目 | | 质量指标 | | 试验方法 |
|---|---|---|---|---|
| | | T 405 | T 405A | |
| 外观 | | 深红棕色透明黏稠液体 | | 目测1) |
| 运动黏度(100℃), $mm^2/s$ | | 20~28 | 40~90 | GB/T 265 |
| 闪点(开口),℃ | 不低于 | 140 | | GB/T 267 |
| 水分,%(*m/m*) | 不大于 | 0.05 | | GB/T 260 |
| 机械杂质,%(*m/m*) | 不大于 | 0.07 | | GB/T 511 |
| 酸值, mgKOH/g | 不大于 | 5 | 6 | GB/T 264 |
| 硫含量,%(*m/m*) | | 7.5~8.5 | 9.0~10.5 | SH/T 0303 |
| 铜片腐蚀(100℃, 3h), 级 | 不大于 | 1 | 2a | GB/T 5096[2)] |

中国石油化工总公司 1992-05-20 批准　　1992-05-20 实施

续表

| 项　　目 | | 质量指标 | | 试验方法 |
|---|---|---|---|---|
| | | T 405 | T 405A | |
| 四球机试验 | | | | |
| $P_B$，N | 不小于 | 697 | 588 | GB/T 3142[3)] |
| $d_{20}^{60}$，mm | 不大于 | 0.4 | 0.4 | |
| 抗擦伤性能[4)] OK 值，N | 不小于 | 111 | 134 | SH/T 0532 |
| 动静摩擦系数差值[5)] | 不大于 | 0.08 | 0.08 | SH/T 0361 的附录 A |

注：1）目测透明时，把试样注入到 100mL 量筒中，在室温下观察应均匀透明。

2）试验用试样，是把 10%T 405 或 T 405A 添加剂同 150SN 中性油或相当于 150SN 中性油配制而成。

3）$P_B$ 试验用的试样是用 10%T 405 或 5%T 405A 添加剂同 150SN 中性油或相当于 150SN 中性油配制而成。进行 $d_{20}^{60}$ 试验是用 10%T 405 或 5%T 405A 添加剂同 150SN 中性油或相当于 150SN 中性油配制而成。

4）是保证项目：试样是用 5%T 405 或 T 405 A 添加剂同 150SN 中性油或相当的油配制而成。

5）是保证项目：每年测一次，试验是在 250SN 中性油中添加 4%T 405 而成。

## 4 包装、标志、运输、贮存

包装、标志、运输、贮存和交货验收按 SH 0164 进行。

## 5 取样

取样按 GB/T 4756 进行，取 2L 作为检验和留样用。

---

**附加说明：**

本标准由石油化工科学研究院技术归口。
本标准由沈阳石油化工二厂负责起草。
本标准主要起草人张家树。

中华人民共和国石油化工行业标准

SH 0396—1992

代替 ZB E61 008—89

# 1301 防 冰 剂

## 1 主题内容与适用范围

本标准规定了航空燃料系统中防止生成冰晶的乙二醇甲醚燃料添加剂的技术条件。产品代号 T1301。

本标准所属产品适用于作喷气燃料和航空汽油的防冰添加剂。

本标准所属产品系危险品。应避免与皮肤和眼睛接触或吸入其蒸气，以免对健康产生不良影响。

## 2 引用标准

GB/T 2540 石油产品密度测定法(比重瓶法)

GB/T 3143 液体化学产品颜色测定法(Hazen 单位——铂-钴色号)

GB/T 4756 石油液体手工取样法

GB/T 6488 化工产品折光率测定法

GB/T 7534 工业用挥发性有机液体沸程的测定

GB/T 11133 液体石油产品水含量测定法(卡尔·费休法)

SH 0164 石油产品包装、贮运及交货验收规则

## 3 技术要求

| 项 目 | | 质量指标 | 试验方法 |
|---|---|---|---|
| 颜色(Hazen 单位——铂-钴色号) | 不大于 | 15 | GB/T 3143 |
| 相对密度(20/20℃) | | 0.963~0.967 | GB/T 2540 |
| 沸程 | | | GB/T 7534 |
| 初馏点,℃ | 不低于 | 123.5 | |
| 干点,℃ | 不高于 | 125.5 | |
| 酸值, mgKOH/g | 不大于 | 0.09 | 附录 A |
| 水分,%(*m*/*m*) | 不大于 | 0.15 | GB/T 11133 |
| 乙二醇,%(*m*/*m*) | 不大于 | 0.025 | 附录 B |
| 25%水溶液 pH 值(25℃+2℃) | | 6.0~7.0 | 附录 C |
| 折光指数, $n_D^{20}$ | | 1.4015~1.4025 | GB/T 6488 |
| 抗氧剂含量[1), mg/kg | | 50~150 | |

注：1)抗氧剂选用 2,6-二叔丁基对甲酚，出厂前注明加入量。

## 4 包装、标志、运输、贮存

包装、标志、运输、贮存及交货验收按 SH 0164 进行。

## 5 取样

取样按 GB/T 4756 进行。取 1L 作检验和留样用。

中国石油化工总公司 1992-05-20 批准　　1992-05-20 实施

# 附 录 A
# 酸值测定法
（补充件）

本方法是取等体积试样与蒸馏水混合后，用氢氧化钠标准滴定溶液滴定。本方法适用于测定航空燃料防冰剂的酸值。

## A1 仪器

**A1.1** 碱式滴定管：10mL，刻度 0.05mL。
**A1.2** 三角烧瓶：250mL。
**A1.3** 移液管：50mL。
**A1.4** 密度计：0.940g/cm$^3$~1.000g/cm$^3$。

## A2 试剂

**A2.1** 氢氧化钠：分析纯，配成 0.05mol/L 氢氧化钠标准滴定溶液。
**A2.2** 酚酞：配成 10g/L 乙醇指示液。

## A3 试验步骤

**A3.1** 量取 50mL 蒸馏水，放入三角瓶中，加入酚酞指示液 2~3 滴(约 0.5mL)。
**A3.2** 用 0.05mol/L 氢氧化钠标准溶液滴定至呈粉红色，然后迅速取 50mL 试样，注入三角瓶中，用 0.05mol/L 氢氧化钠标准溶液滴至呈现粉红色为止(终点颜色应与中和蒸馏水时呈现的粉红色一致)，记录滴定试样所消耗氢氧化钠标准溶液的体积。

## A4 计算

试样中酸值为 $X$，单位用 mgKOH/g 表示，按式(A1)计算：

$$X=\frac{56.1\times M\cdot V}{50\rho} \qquad \text{(A1)}$$

式中：$V$——试样消耗氢氧化钠标准滴定溶液的体积，mL；
$M$——氢氧化钠标准溶液的浓度，mol/L；
$\rho$——试验温度下试样的密度，g/cm$^3$；
56.1——与 1.00L 氢氧化钠标准滴定液[$c$(NaOH)=1.000mol/L]相当的以克表示的酸(以氢氧化钾表示)的质量；
50——试样体积，mL。

## A5 精密度

**A5.1** 重复测定两个结果的差数不大于 0.003mgKOH/g(绝对值)。
**A5.2** 取两次测定的算术平均值，作为测定结果，取三位有效数字。

## A6 报告

取重复测定两个结果的算术平均值，作为试样的酸值。

## 附　录　B
## 乙二醇含量测定法
（补充件）

本方法是用高碘酸氧化邻羟基二元醇，过量的高碘酸以碘量法滴定。测定航空燃料防冰剂中的乙二醇含量。

### B1　仪器

a. 移液管：25，50mL。
b. 滴定管：棕色，50mL。
c. 碘瓶：50mL。

### B2　试剂

a. 高碘酸：分析纯。
b. 碘化钾：分析纯，配成 200g/L 水溶液。
c. 硫代硫酸钠：分析纯，配成 0.2mol/L 标准滴定溶液。
d. 淀粉：配成 10g/L 指示液。
e. 冰乙酸：分析纯。

### B3　准备工作

高碘酸氧化剂的配制：称取 5g 高碘酸，称精确至 0.1g，倒入棕色细口瓶内，用 200mL 蒸馏水溶解，再加入 800mL 冰乙酸，混合均匀，放置在暗处备用。

### B4　试验步骤

**B4.1**　用移液管分别量取 50mL 高碘酸溶液，放入四个 500mL 的碘瓶中，其中两个碘瓶做空白试验用。
**B4.2**　在另外两个碘瓶中加入 50g 试样(称精确至 0.1g)旋转摇动，使之溶解，在室温下放置 30min。
**B4.3**　在不断摇动下，立即依次在碘瓶中加入 10mL20%碘化钾溶液。
**B4.4**　用 0.2mol/L 硫代硫酸钠标准溶液进行滴定。当碘瓶中溶液呈现浅黄色时，加入 1mL 1%淀粉指示剂，继续滴定至蓝色消失为止。分别记录试样和空白消耗硫代硫酸钠标准溶液的体积，如果滴定体积，超过 20mL，则需要另取一个较少量的试样重新滴定。

### B5　计算

试样中乙二醇含量 $X_1$[%(m/m)]按下式计算：

$$X_1=\frac{0.03103(V_1-V_2)\times c\times 100}{m} \qquad \cdots\cdots (B1)$$

式中：$V_1$——空白试验消耗硫代硫酸钠标准溶液的平均体积，mL；
$V_2$——试样消耗硫代硫酸钠标准溶液体积，mL；
$c$——硫代硫酸钠标准溶液浓度，mol/L；
$m$——试样质量，g；
0.03103——与 1.00mL 硫代硫酸钠标准滴定液[$c(Na_2S_2O_3)$=1.000mol/L]相当的以克表示的乙二醇的质量。

**B6 精密度**

**B6.1** 重复测定两个结果的差数不得超过0.003%(*m/m*)。

**B7 报告**

取重复测定两个结果的算术平均值保留三位有效数字作为乙二醇含量。

## 附 录 C
## 25%水溶液pH值测定法
（补充件）

本方法是用PHS-2型或不低于PHS-2型精度的其他型酸度计测定航空燃料防冰剂的pH值。

**C1 仪器**

a. PHS-2型酸度计，范围0~14，最小分度0.02。
b. 玻璃电极：231型。
c. 甘汞电极：232型。
d. 烧杯：100mL。
e. 容量瓶：100mL。
f. 移液管：25mL。

**C2 试剂**

a. 蒸馏水：pH值6.5~7.5。
b. 氯化钾：配成饱和溶液。
c. 磷酸二氢钾：分析纯。
d. 磷酸氢二钠：分析纯。

**C3 准备工作**

**C3.1** 新玻璃电极需用蒸馏水浸泡24h方可使用，正常使用时玻璃电极可以浸泡在蒸馏水中保存。
**C3.2** 甘汞电极在使用前要充满氯化钾饱和溶液，应无气泡，防止断路。
注：甘汞电极下端毛细管要畅通。在使用时应将电极上部小胶塞拔去，让极少量的氯化钾溶液从毛细管中流出，使测定结果准确。
**C3.3** 标准缓冲溶液的配制：称取经110℃下烘干2h的磷酸二氢钾3.40g、磷酸氢二钠3.55g，溶于脱除二氧化碳后的蒸馏水中，并稀释至1L，此溶液pH值为6.86(25℃)。

**C4 试验步骤**

**C4.1** 取25mL试样，注入100mL容量瓶中，用蒸馏水稀释至刻线，摇晃均匀，即为25%水溶液试样。
**C4.2** 将玻璃电极夹在电极夹上，电极插头插在13上(如图C1所示)，并将小螺丝旋紧，甘汞电极夹在另一个电极上，甘汞电极引线接在线柱12上，玻璃电极的球部必须比甘汞电极下端稍高些。
**C4.3** 校正
**C4.3.1** 按下pH键9，左上角指示灯亮，预热数分钟。
**C4.3.2** 调温度补偿器11与被测溶液温度相同。

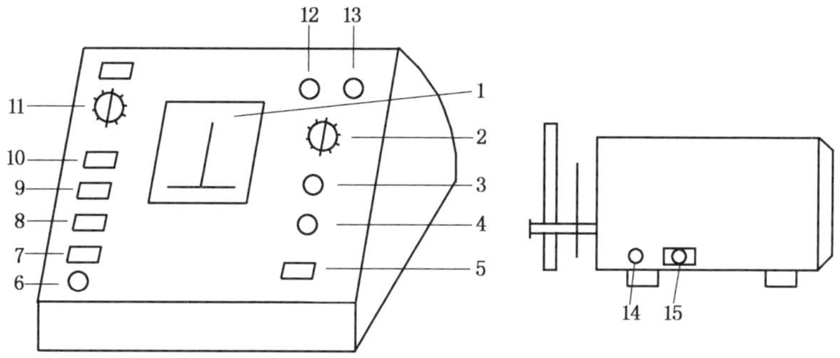


**图 C1　PHS-2 型酸度计**

1—指示表；2—pH-mV 计分档开关；3—校正调节器；4—定值调节器；5—读数开关；
6—零点调节器；7—负毫伏(mV)按键；8—正毫伏(mV)按键；9—pH 按键；10—电源按键；
11—温度补偿器；12—甘汞电极接线柱；13—玻璃电极插口；14—保险丝；15—电源插座

**C4. 3. 3**　将分挡开关 2 放在“6”处，调节零点调节器 6，使其指针在 pH 计“1”处。

**C4. 3. 4**　将分挡开关 2 放在校正位置，调正校正调节器 3，使其指针在满刻度。

**C4. 3. 5**　将分挡开关 2 放在“6”位置，重复检测 pH“1”位置。

**C4. 4**　定位

将电极上移，用滤纸吸取电极上的水分，把电极浸在标准缓冲溶液中，分档开关 2 指示“6”处，按下读数开关 5，调节定位调节器 4，指示表指在 6. 86 处，重复几次，使指针不变为止。

**C4. 5**　测量

**C4. 5. 1**　将电极上移，用蒸馏水浸洗几次，再用滤纸吸去水分。

**C4. 5. 2**　将电极下移，使电极浸在 25%水溶液试样中，轻轻摇动烧杯，按下读数开关 5，调节分挡开关 2，指针稳定后，即可读数，重复几次，记下指示值，即为该溶液的 pH 值。

## C5　精密度

重复测定两个结果的差数不超过 0. 10pH 值。

## C6　报告

取重复测定两个结果的算术平均值，作为试样的 pH 值，报告结果，保留一位小数。

中华人民共和国石油化工行业标准

SH/T 0397—1994

代替 SH 0397—92

# 706 防 锈 剂

本标准中一级品参照采用国际标准 ISO 3618—1976《照相级苯并三氮唑——规格》。

## 1 主题内容与适用范围

本标准规定了以邻苯二胺与亚硝酸钠重氮化，经精制处理所得的防锈剂的技术要求。产品代号 T706。

本标准所属产品可作为有色金属防锈剂，适用于作防锈油、脂类产品以及工业循环水等的添加剂。

## 2 引用标准

GB/T 605 化学试剂 色度测定通用方法

GB/T 617 化学试剂 熔点范围测定通用方法

GB/T 2361 防锈油脂湿热试验法

GB/T 9724 化学试剂 pH 值测定通则

GB/T 9741 化学试剂 灼烧残渣测定通用方法

SH/T 0080 防锈油脂腐蚀性试验法

HG 3—119 化学试剂 包装及标志

注：除非在本标准中另有明确规定，上述引用标准都应是现行的有效标准。

## 3 技术内容

3.1 本标准按所属产品质量分为优等品、一等品、合格品。

3.2 技术要求

| 项 目 | | 质量指标 | | | 试验方法 |
|---|---|---|---|---|---|
| | | 优等品 | 一等品 | 合格品 | |
| 外观 | | 白色结晶 | 微黄色结晶 | 微黄色结晶 | 目测 |
| 色度，号 | 不大于 | 120 | 160 | 180 | GB/T 605[1)] |
| 水分[7)],% | 不大于 | 0.15 | | | 附录 A |
| 终熔点,℃ | 不低于 | 96 | 95 | 94 | GB/T 617[2)] |
| 醇中溶解性 | | 合 格 | | | 目测[3)] |
| pH 值 | | 5.3~6.3 | 5.3~6.3 | 5.3~6.3 | GB/T 9724[4)] |
| 灰分,% | 不大于 | 0.10 | 0.15 | 0.20 | GB/T 9741[5)] |

中国石油化工总公司 1994-05-04 批准 1994-12-01 实施

续表

| 项目 | | 质量指标 | | | 试验方法 |
|---|---|---|---|---|---|
| | | 优等品 | 一等品 | 合格品 | |
| 纯度[7)],% | 不低于 | 98 | | | 附录 B |
| 湿热试验，d<br>H62 号铜 | 不少于 | 7 | 5 | 3 | GB/T 2361[6)] |

注：1）称取 5.00g 的 T706 样品加无水乙醇(分析纯)溶解并稀释至 50mL 评定。

2）试样预先在浓硫酸干燥器中干燥 24h，按 GB/T 617 测定。

3）称取 1.00g 的 T706 样品于 50mL 烧杯中，加入 20mL 无水乙醇(分析纯)溶解，溶液应透明，无丝状物、无沉淀为合格。

4）称取 0.50g 的 T706 样品溶解于 100mL pH 为 7.0 的蒸馏水中进行测定。

5）称取 3.00g 的 T706 样品于已恒重约 50mL 瓷坩埚中，在电炉或电热板上慢慢蒸发至干，再在 600℃±50℃煅烧测定。

6）称取 0.10g 的 T706 样品溶于 3.00g 邻苯二甲酸二丁酯中，再用 HVI100 基础油稀释至 100.0g 进行试验，按 SH/T 0080 判断一级为合格。

7）为保证项目，每半年测定一次。

## 4 包装、标志、贮存、运输

4.1 产品用由内衬双层塑料袋的编织袋包装，每袋净重 20kg，或按用户要求进行包装。

4.2 标志、贮存、运输按 GB 15346 的规定进行。

## 5 验收规则

5.1 取样方法：每批产品按 10%的袋数取样，但在同批号产品的包装中取样，不能少于 4 袋。每袋取样不少于 30g，并将采集的样品装入干净的塑料袋中，充分混合后作为检验样品。

5.2 检验结果如有一项不符合本标准，需重新自两倍量的包装袋中取样，重新检验，如仍有一项不符合技术标准要求时，则该批产品不能验收。

5.3 若供需双方对 706 防锈剂质量发生争议，可由双方协商选定仲裁机构，仲裁时应按标准规定的试验方法检验。

# 附 录 A
# 水分测定法
（补充件）

## A1 方法概要

把试样称入培养皿中放入盛有浓硫酸的干燥器内，干燥 48h 后称试样重，干燥后的所失质量与干燥前试样的质量之比为试样的水含量。

## A2 仪器与材料

A2.1 仪器

a. 干燥器：直径为 300~350mm。

b. 培养皿：直径为 80mm。

c. 天平：分度值为 0.1mg。

A2.2 试剂

浓硫酸：分析纯。

## A3 试验步骤

A3.1 称培养皿质量，然后在培养皿内称取 3~5g 试样，精确到 1mg。

A3.2 将试样摊平于培养皿内，然后放入盛有浓硫酸的干燥器中（浓硫酸浓度定期检测，若低于 95%则要更换），放置 48h 后取出称重。

## A4 计算

试样中水含量 $X\%(m/m)$ 按式（A1）计算：

$$X = \frac{G_1 - G_2}{G_1 - G_0} \times 100 \qquad \cdots\cdots (A1)$$

式中：$G_0$——培养皿质量，g；

$G_1$——干燥前试样和培养皿质量，g；

$G_2$——干燥后试样和培养皿质量，g。

## A5 精密度

同一操作者重复测定的两个结果之差，不应大于下列数值：

| 含水量，%（$m/m$） | 允许差值，%（$m/m$） |
|---|---|
| 0.05~0.20 | 0.02 |
| 0.05 以下 | 0.01 |

## A6 报告

取重复测定两个结果的算术平均值为测定结果。

## 附 录 B
## 纯度的测定
（补充件）

### B1 方法概要

把试样溶于蒸馏水中，加入适量硝酸银溶液，搅拌生成白色沉淀物，用已恒重的微孔玻璃器过滤，烘干至恒重，以所得沉淀物质量计算试样纯度。

### B2 仪器与试剂

B2.1 仪器
B2.1.1 微孔玻璃滤器：坩埚式，1G3。
B2.1.2 烧杯：300mL，500mL。
B2.1.3 吸滤瓶：1000mL。
B2.1.4 试验用小型真空泵。
B2.1.5 天平：分度值为 0.1mg。
B2.2 试剂
B2.2.1 浓氨水：分析纯。
B2.2.2 稀氨水：浓氨水：蒸馏水=1：99，体积比。
B2.2.3 硝酸银：分析纯，配成 10%水溶液。

### B3 试验步骤

B3.1 把微孔玻璃滤器洗干净，在 110~120℃烘箱中干燥 3h 后，取出放入干燥器中，冷却 30min 后。称重，称准至 0.0002g，重复烘干、冷却及称重，直至连续称量间的差数不大于 0.0004g 为止。
B3.2 称取试样 0.4500~0.5000g，溶于 150mL 蒸馏水中。
B3.3 在 B3.2 中加入浓氨水 15mL，用中速定量滤纸过滤，取 15mL 稀氨水冲洗 3 次。
B3.4 在 B3.3 的滤液中边搅拌边连续加入 15mL 10%硝酸银水溶液，搅拌 30min，得白色沉淀物。
B3.5 用 B3.1 已恒重的微孔玻璃滤器过滤 B3.4 所得白色沉淀物，并用稀氨水 30mL 冲洗 6 次，用真空泵抽干。
B3.6 将盛有白色沉淀物的微孔玻璃器放入 110~120℃的烘箱中干燥 3h，冷却、称重、并恒重至 0.0002g。

### B4 计算

试样的纯度 $X\%(m/m)$ 按式(B1)计算：

$$X=\frac{(G_2-G_0)\times 0.5270}{G_1}\times 100 \qquad \text{(B1)}$$

式中：$G_1$——样品质量，g；
$G_2$——沉淀物和微孔玻璃器质量，g；
$G_0$——微孔玻璃器质量，g；
0.5270——样品沉淀物与样品间的转换系数。

### B5 精密度

两个平行测定结果之间的差值不应大于平均值的 0.4%。

## B6 报告

取重复测定两个结果的算术平均值作为测定结果。

---

**附加说明：**

本标准由金陵石油化工公司提出。
本标准由石油化工科学研究院技术归口。
本标准由金陵石油化工公司宁江化工厂负责起草。
本标准主要起草人王春柱。

中华人民共和国石油化工行业标准

SH/T 0554—1993

# 705 防 锈 剂

## 1 主题内容与适用范围

本标准规定了壬烯和萘经烃化、磺化、钡化等工艺制得的碱性二壬基萘磺酸钡的技术要求。产品代号为T705。

本标准所属产品适用于作润滑油和润滑脂及其他有关产品的防锈添加剂，特别适用于黑色金属的防锈。

## 2 引用标准

GB/T 260 石油产品水分测定法

GB/T 265 石油产品运动黏度测定法和动力黏度计算法

GB/T 511 石油产品和添加剂机械杂质测定法(重量法)

GB/T 2361 防锈油脂湿热试验法

GB/T 2540 石油产品密度测定法(比重瓶法)

GB/T 3536 石油产品闪点和燃点测定法(克利夫兰开口杯法)

GB/T 4756 石油液体手工取样法

GB/T 7304 石油产品和润滑剂酸值测定方法(电位滴定法)

GB/T 11143 加抑制剂矿物油在水存在下防锈性能试验法

SH 0004 橡胶工业用溶剂油

SH 0164 石油产品包装、贮运及交货验收规则

SH/T 0225 添加剂和含添加剂润滑油中钡含量测定法

## 3 技术要求

| 项目 | | 质量指标 | | 试验方法 |
|---|---|---|---|---|
| | | 一级品 | 合格品 | |
| 外观 | | 棕色至褐色透明黏稠液体 | 棕色至褐色黏稠液体 | 目测[1)] |
| 密度(20℃)，kg/$m^3$ | 不小于 | 1000 | | GB/T 2540 |
| 闪点(开口)，℃ | 不低于 | 165 | | GB/T 3536 |
| 黏度(100℃)，$mm^2/s$ | 不大于 | 100 | 140 | GB/T 265 |
| 水分，% | 不大于 | 0.10 | | GB/T 260 |
| 机械杂质，% | 不大于 | 0.10 | 0.15 | GB/T 511 |
| 钡含量，% | 不小于 | 11.5 | 10.5 | SH/T 0225 |
| 总碱值，mgKOH/g | | 35~55 | | GB/T 7304 |

中国石油化工总公司 1993-06-11 批准　　　1994-05-01 实施

续表

| 项目 | 质量指标 | | 试验方法 |
| --- | --- | --- | --- |
| | 一级品 | 合格品 | |
| 潮湿箱，级　　不低于 | | | GB/T 2361[2)] |
| 96h | A | — | |
| 72h | — | A | |
| 液相锈蚀 | 无锈 | | GB/T 11143B 法[3)] |
| 油溶性 | 合格 | | 目测[4)] |

注：① 工艺控制稀释油加入量不大于 40%。

1）在直径 30~40mm，高度 120~130mm 的玻璃试管中，将试样注入至试管的 2/3 高度，在室温下从试管侧面观察。

2）150 号中性油中加入 5%T 705 配成溶液后评定。

3）150 号中性油中加入 0.05%T 705 配成溶液后评定。

4）在烧杯中加入一定量橡胶工业用溶剂油，加 5%T 705 试样使之完全溶解，放置 24h 无白色沉淀和悬浮物为合格。

## 4 包装、标志、运输、贮存

本产品包装、标志、运输、贮存及交货验收按 SH 0164 进行。

## 5 取样

取样按 GB/T 4756 进行，取 1kg 作检验和留样用。

---

**附加说明：**

本标准由玉门石油管理局提出。

本标准由石油化工科学研究院技术归口。

本标准由玉门石油管理局化工特油公司负责起草。

本标准主要起草人：田生军、闵永华。

中华人民共和国石油化工行业标准

SH/T 0555—1993

# 406 油 性 剂

## 1 主题内容与适用范围

本标准规定了以苯三唑与脂肪胺在一定条件下反应和经后处理而制得的油性剂的技术条件。产品代号为T 406。

本标准所属产品具有油性、抗氧和防锈性能，主要适用于齿轮油、抗磨液压油、油膜轴承油等油品。

## 2 引用标准

GB/T 617 化学试剂 熔点范围测定通用方法

GB/T 5096 石油产品铜片腐蚀试验法

SH/T 0189 润滑油抗磨损性能测定法(四球机法)

## 3 技术要求

| 项 目 | | 质量指标 | 试验方法 |
|---|---|---|---|
| | | 一级品 | |
| 外观 | | 黄色固体 | 目测 |
| 熔程,℃ | | 55~63 | GB/T 617 |
| 铜片腐蚀(100℃, 3h), 级 | 不大于 | 1 | GB/T 5096[1)] |
| 油溶性 | | 合格 | 目测[2)] |
| 水分,%(m/m) | 不大于 | 0.35 | 附录A |
| 磨斑直径(147N, 60min, 1200r/min, 75℃), min | 不大于 | 0.38 | SH/T 0189[1)] |

注：1) 将0.3% T 406加入到40℃时的运动黏度等级为220的基础油中进行评定。

2) 将0.3%T 406加入到40℃时的运动黏度等级为220的基础油中，边搅拌边升温至70℃~80℃直至完全溶解，冷却到室温再放置72h后，目测透明为合格。

## 4 包装、标志、贮存、运输

4.1 本标准所属产品由塑料袋包装，并置于木桶或箱内，每袋净重10或30kg或根据用户要求进行。

4.2 每批包装好的产品，包装桶上注明：生产厂名、产品名称、商标、批号、质量、生产日期和防潮标志。

4.3 运输、装卸或库内存放时，应防止雨淋，不得受潮，使包装袋保持干燥，不受损害及污染。

## 5 验收规则

5.1 取样方法：每批产品按5%的袋数取样，但每批取样袋数不少于4袋。取样时应于每袋的中心

中国石油化工总公司 1993-06-11 批准 1994-05-01 实施

位置取样 50g，并将采集的样品装入干净的塑料袋中，充分混匀后作为检验的试样。

5.2　验收检验结果如有一项指标不符合本标准要求时，应重新从两倍量的包装袋中取样，重新检验，若仍有一项不符合本标准要求时，则该批产品不能验收。

5.3　若供需双方对 406 油性剂质量发生争议时，可由双方协商选定仲裁机构，仲裁时应按本标准规定试验方法分析。

# 附 录 A
# 水分测定法
（补充件）

## A1 方法概要

把试样称入培养皿后放入盛有浓硫酸的干燥器中，干燥 48h 后，称试样重，干燥后所失质量被干燥前试样的质量除后之商为试样的含水量。

## A2 仪器与试剂

A2.1 仪器

a. 干燥器。

b. 培养皿：直径为 80mm。

c. 天平：感量为 0.001g。

A2.2 试剂

浓硫酸：化学纯，浓度不低于 95%。

## A3 试验步骤

A3.1 称量培养皿，精确到 0.001g，然后称取 3.0g~3.5g 试样于培养皿中，精确到 0.001g。

A3.2 将试样摊平于培养皿中，然后放入盛有浓硫酸（浓度不低于 95%）的干燥器中，放置 48h 后取出称重。

## A4 计算

试样中含水量 $X\%(m/m)$ 按下式计算：

$$X = \frac{m_1 - m_2}{m_1 - m_0} \times 100$$

式中：$m_0$——培养皿质量，g；

$m_1$——干燥前试样和培养皿的质量，g；

$m_2$——干燥后试样和培养皿质量，g。

## A5 精密度

同一操作者重复测定的两个结果之差，不应大于下列数值：

| 水含量,%(m/m) | 允许差值,%(m/m) |
|---|---|
| 0.1~0.35 | 0.03 |
| 0.1 以下 | 0.02 |

## A6 报告

取重复测定两个结果的算术平均值作为测定结果。

---

**附加说明：**

本标准由石油化工科学研究院提出并技术归口。

本标准由石油化工科学研究院负责起草。

本标准主要起草人黄文轩。

中华人民共和国石油化工行业标准

SH/T 0563—1993

# 551 金属减活剂

## 1 主题内容与适用范围

本标准规定了用苯三唑、有机胺等为原料，经反应和后处理制得的苯三唑衍生物金属减活剂的技术条件。产品代号为T551。

本标准所属产品适用于调制汽轮机油、液压油、油膜轴承油、工业齿轮油、变压器油、压缩机油和润滑脂等。T551应避免与ZDDP或氨基甲酸盐类共用，它们有相互作用易生成沉淀。

## 2 引用标准

GB/T 265 石油产品运动黏度测定法和动力黏度计算法
GB/T 2540 石油产品密度测定法(比重瓶法)
GB/T 3536 石油产品闪点和燃点测定法(克利夫兰开口杯法)
GB/T 4756 石油液体手工取样法
GB/T 6540 石油产品颜色测定法
SH 0164 石油产品包装、贮运及交货验收规则
SH/T 0193 润滑油氧化安定性测定法(旋转氧弹法)
SH/T 0251 石油产品碱值测定法(高氯酸电位滴定法)

## 3 技术内容

### 3.1 技术要求

| 项目 | | 质量指标 | 试验方法 |
|---|---|---|---|
| | | 一级品 | |
| 外观 | | 棕色透明液体 | 目测 |
| 色度，号 | | 实测 | GB/T 6540[1)] |
| 密度(20℃)，$kg/m^3$ | | 910~1040 | GB/T 2540 |
| 运动黏度(50℃)，$mm^2/s$ | | 10~14 | GB/T 265 |
| 闪点(开口)，℃ | 不低于 | 130 | GB/T 3536 |
| 碱值，mgKOH/g | | 210~230 | SH/T 0251[2)] |
| 氧化试验(增值)，min | 不小于 | 90 | SH/T 0193[3)] |

中国石油化工总公司 1993-06-11 批准　　1994-05-01 实施

续表

| 项　　目 | 质量指标 | 试验方法 |
|---|---|---|
| | 一级品 | |
| 溶解度,% | 合格 | 目测[4)] |
| 热分解温度[5)],℃ | 报告 | 附录 A |

注：1）色度检验应在打开包装后 24h 之内进行。

2）SH/T 0251 的指示剂改为结晶紫，石油醚用量为 40mL。指示剂配制方法是：称取 0.2g 结晶紫指示剂，溶于 100mL 冰乙酸中。

3）0.05%T 551+0.5% T 501+0.03% T 746+32 汽轮机油基础油(余量)配方的氧弹寿命与以上配方中不加 T 551 的氧弹寿命之差值。该项目为保证项目，3 个月抽查检验一次。

4）0.5%T 551 加到中性油中，搅拌加热到 60℃时至完全溶解后，在室温下放置 24h，目测透明。

5）热分解温度为开始分解的温度，只作为 T 551 性能指标，予以定期抽验，不作为出厂控制与交货验收的指标。

注意：在配制油品时，不能把 T 551 与 T 746 一起调制母液。要先将 T 746 等剂调入油中后，再将 T 551 调入油中。

## 4　包装、标志、运输、贮存

包装、标志、运输、贮存及交货验收按 SH 0164 进行。

## 5　取样

取样按 GB/T 4756 进行，取 2L 作为检验和留样用。

# 附 录 A
# 热分解温度测定法
（补充件）

## A1 方法概要

热分析的基础是热效应，差热分析就是测定样品和参比物在同一容器内加热或冷却时的温度差。

## A2 仪器

A2.1 微量热分析仪。
A2.2 坩埚：铂或瓷制。
A2.3 天平：感量为0.00001g。
A2.4 标样：铟(In)、锡(Sn)、铅(Pb)、锌(Zn)、石英粉($SiO_2$)等保证试剂。
A2.5 参比物：氧化铝、氧化镁，保证试剂。

## A3 测定条件

测定条件是：升温速率 4℃/min；
通氮气流量 40mL/min；
差热分析量程 100μV；
走纸速度 5mm/min

## A4 标样测定

每季度需测定标样一次，每次必须将上述标样全部测定。若标样温度超过5℃（对标样温度）则必须对样品杆进行处理。

## A5 样品测定

用十万分之一微量天平分别精确称取7mg~15mg T 551试样和氧化铝于两个坩埚内，将两个坩埚分别置于样品杆样品座及参比物座，加上护罩，套上电炉，插入加热功能热偶(小心！勿将热偶碰壁)，开始升温，基线随温度的升高而偏离，当试样分解时即出现分解峰型(此峰可为吸热或放热)。样品开始分解所出现的第一峰型，即为该样品之热分解温度。

## A6 重复性

重复测定的两个结果之差，不应大于2℃。

## A7 再现性

不同操作者测定同一批样品的两个结果之差，不应大于4℃。

## A8 报告

取重复测定两个结果的算术平均值，作为T 551的热分解温度。

**附加说明：**

本标准由兰州炼油化工总厂、石油化工科学研究院提出。
本标准由石油化工科学研究院技术归口。
本标准由兰州炼油化工总厂、石油化工科学研究院负责起草。
本标准主要起草人肖承瑶、黄文轩。

中华人民共和国石油化工行业标准

SH/T 0597—1994

# 2201十六烷值改进剂

## 1 主题内容与适用范围

本标准规定了以硝酸、2-乙基己醇为原料，在催化剂作用下进行反应，经后处理而制得的柴油十六烷值改进剂的技术条件。产品代号：T2201。

本标准所属产品适用于做柴油十六烷值改进剂。

## 2 引用标准

GB/T 258 汽油、煤油、柴油酸度测定法

GB/T 260 石油产品水分测定法

GB/T 261 石油产品闪点测定法(闭口杯法)

GB/T 265 石油产品运动黏度测定法和动力黏度计算法

GB/T 1884 原油和液体石油产品密度实验室测定法(密度计法)

GB/T 4756 石油液体手工取样法

GB/T 6540 石油产品颜色测定法

注：除非在本标准中另有明确规定，上述引用标准都应是现行的有效标准。

## 3 技术要求

3.1 本标准所属产品分为优等品和一等品。

3.2 技术要求

| 项目 | | 质量指标 | | 试验方法 |
|---|---|---|---|---|
| 质量等级 | | 优等品 | 一等品 | |
| 外观 | | 无色或浅黄色透明液体 | | 目测1) |
| 纯度,%($m/m$) | 不小于 | 99.0 | 98.0 | 附录A |
| 密度(20℃), $kg/m^3$ | | 960~970 | | GB/T 1884 |
| 黏度(20℃), $mm^2/s$ | | 1.70~1.80 | | GB/T 265 |
| 闪点(闭口),℃ | 不低于 | 76 | | GB/T 261 |
| 色度，号 | 不大于 | 1.5 | | GB/T 6540 |
| 水分,%($m/m$) | 不大于 | 0.05 | | GB/T 260 |
| 酸度，mgKOH/100mL | 不大于 | 3 | 6 | GB/T 258 |

注：1) 把产品注入100mL量筒中，在室温下目测应均匀透明，无机械杂质。

## 4 检验规则

4.1 产品出厂前应由生产厂的质量检验部门逐批进行检验。应保证所有出厂产品都符合本标准要

中国石油化工总公司1994-05-04批准 1994-12-01实施

求，每批出厂的产品都应附有产品质量证明书。

4.2 使用单位有权按照本标准对产品进行验收。

4.3 检验结果，如有一项不符合本标准要求，应重新自原批包装单位中取两倍量样品复验，复验结果该项指标仍不符合本标准指标，则判定整批产品不合格。

4.4 取样按 GB/T 4756 进行，取 2L 作为检验和留样用。

## 5 标志、包装、运输、贮存

5.1 标志

每个包装容器上在明显部位有牢固标志，注明产地，生产厂名，批号，产品名称，等级，净重，生产日期。

5.2 包装

本产品有两种包装形式，一种是用牢固、密封、清洁干净的镀锌铁桶包装，每桶净重 180、90、45kg。一种是用牢固、密封、清洁干燥的塑料瓶包装，每瓶净重分别为 1000、500、250kg。

5.3 运输

本产品在运输时，应防止暴晒、重压、雨淋。运输、装卸中，必须轻装，轻卸，防止包装容器破损引起事故。

5.4 贮存

本产品在温度 100℃时会加速自动分解，可能引起危险，应特别引起注意。应存放于阴凉、通风、干燥的场所，如果存放于室内仓库，则必须是标准的易燃液体库房，应与氧化剂、还原剂分库贮存，并符合铁道部、化工部、公安部危险货物贮存运输规定。本品自生产之日起，存放期为一年，一年后按本标准检验，合格者仍可使用。

开、关容器盖子时，必须使用专用扳手，不得用凿子或锤子，以免产生火花引起火灾。开启前要擦净容器盖子，封闭时要加垫，以免将产品弄脏，操作本品时需要有一定的防护措施，避免大量吸入本产品蒸气。

# 附　录　A
## 硝酸 2-乙基己酯含量测定法（气相色谱法）
（补充件）

本方法适用于测定硝酸 2-乙基己酯含量。

## A1　方法概要

硝酸 2-乙基己酯试样进入色谱仪，瞬间气化后通过色谱柱，使要测定的各组分分离。用火焰离子化检测器（FID）检测，以相对保留时间定性，峰面积进行定量。

## A2　试剂与材料

A2.1　试剂

a. 三氯甲烷：分析纯。

b. 正丁醇：分析纯。

c. 2-乙基己醇：分析纯。

d. 硝酸 2-乙基己酯：纯度大于 99.5%（*m/m*）。

e. 正庚烷：分析纯。

A2.2　材料

A2.2.1　载气：氮气，纯度大于 99.9%。

A2.2.2　载体：Chromosorb W AW DMCS 80 目~100 目。

A2.2.3　固定液：SE-30。

## A3　仪器

A3.1　备有火焰离子化检测器（FID）的气相色谱仪，灵敏度≥$1\times10^{-10}$g/s（苯）。基线漂移值不大于 0.1mV/h。

a. 柱恒温箱：在 150℃时，能保持温度稳定在±0.5℃以内。

b. 色谱柱：玻璃管，长 2m，内径 2mm。

c. 检测器：火焰离子化检测器。

d. 记录系统：记录仪、积分仪或色谱数据处理机。

A3.2　三角烧瓶：25mL。

A3.3　移液管：15mL。

A3.4　容量瓶：5mL。

A3.5　微量注射器：1μL，分度值为 0.1μL。

## A4　准备工作

A4.1　色谱柱的制备与性能检查

A4.1.1　固定相的配制：固定液与载体的涂渍量为 10∶100（*m/m*），用三氯甲烷加正丁烷（1∶1）作溶剂。

A4.1.2　色谱柱填充方法：色谱柱的出口塞上玻璃棉，接真空泵，另一端接一漏斗，在抽吸下加入固定相，然后轻轻地敲打色谱柱，至固定相不再进入为止，装好后塞上玻璃棉。

A4.1.3　色谱柱的老化：使用前，将色谱柱在 200℃老化 12h 至基线稳定，载气及流速与分析样品时相同。

A4.1.4　在规定的试验条件下，色谱柱应能将各组分分离开。

A4.2　色谱条件

A4.2.1　启动色谱仪，进行必要的调节，以达到下列分析条件：

汽化室温度：180℃；

柱温：150℃；

检测器温度：180℃；

载气(氮气)流速：30mL/min；

燃气(氢气)流速：25mL/min；

助燃气(空气)流速：400mL/min。

A4.2.2　色谱仪各部分在达到上述色谱分析条件并稳定后，即可进行分析。

A4.3　试样准备

用15mL移液管从样品瓶内取15mL硝酸2-乙基己酯置于清洁、干燥的25mL三角烧瓶中作为分析试样。

A4.4　校正因子测定

A4.4.1　于5mL容量瓶中称取正庚烷约2g，再加入2-乙基己醇0.04g~0.05g，均称准至0.0002g，混匀。

于5mL容量瓶中称取硝酸2-乙基己酯约2g，再加入正庚烷0.04g~0.05g，均称准至0.0002g，混匀。

A4.4.2　将上述两个试样分别连续进样两次，记录色谱图，并测量各组分色谱峰面积，分别按式(A1)计算：

$$F_i=\frac{A\cdot W_i}{A_i\cdot W} \quad \cdots\cdots (A1)$$

式中：$F_i$——组分$i$的质量校正因子；

$A_i$——组分$i$的峰面积，$cm^2$；

$A$——标准组分的峰面积，$cm^2$；

$W_i$——组分$i$的含量,%($m/m$)；

$W$——标准组分的含量,%($m/m$)。

注：2-乙基己醇，硝酸2-乙基己酯质量校正因子是以正庚烷为标准物质测得，其他杂质总含量小于2%，而其中单一杂质含量不超过0.5%，故不予校正。

## A5　分析步骤

A5.1　用1μL微量注射器，从装有分析试样的三角烧瓶中，取0.2μL试样连续进样两次，两次进样的最短时间间隔为20min。

A5.2　记录色谱图，测量所有组分的色谱峰面积。

A5.3　色谱图

典型色谱图，见图A1。

## A6　计算

采用面积归一法试样中各组分的百分含量按式(A2)计算：

$$X_i=\frac{F_i\cdot A_i}{\Sigma(F_i\cdot A_i)}\times 100 \quad \cdots\cdots (A2)$$

式中：$X_i$——试样中组分$i$的百分含量；

$F_i$——组分$i$的质量校正因子；

$A_i$——组分$i$的峰面积，$cm^2$。

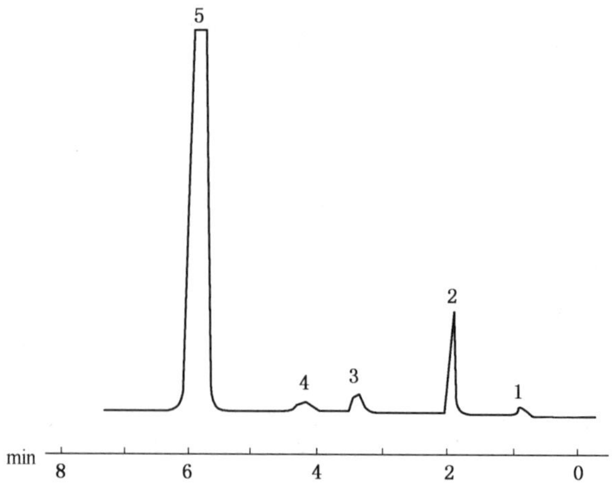


**图 A1 典型色谱图**

1—异庚醇；2—2-乙基己醇；3—未确定；4—硝酸异辛酯；5—硝酸 2-乙基己酯

## A7 重复性

同一操作者用同一台仪器，在相同条件下对同一试样做两次重复测定结果之差不应大于其算术平均值的 0.5%。

## A8 报告

取重复测定两次结果的算术平均值作为硝酸 2-乙基己酯含量。

---

**附加说明：**

本标准由齐鲁石油化工公司提出。

本标准由石油化工科学研究院技术归口。

本标准由齐鲁石油化工公司研究院负责起草。

本标准主要起草人陈善敬、虞伟钧、黄清香、于雷。

本标准达到国际一般水平。

中华人民共和国石油化工行业标准

SH/T 0598—1994

# 非 硅 抗 泡 剂

## 1 主题内容与适用范围

本标准规定了非硅抗泡剂系列产品的技术条件。

本标准所属产品按分子量大小分为T911和T912。T911适用于高黏度的润滑油，T912适用于低、中黏度的润滑油。

本标准所属产品不适宜与T109、T601、T705复合使用。

## 2 引用标准

GB/T 261 石油产品闪点测定法(闭口杯法)

GB/T 1884 原油和液体石油产品密度实验室测定法(密度计法)

GB/T 1885 石油计量表

GB/T 4756 石油液体手工取样法

GB/T 12579 润滑油泡沫特性测定法

SH 0005 油漆工业用溶剂油

SH/T 0108 某些聚合型添加剂平均分子量和分子量分布测定法(体积排除色谱法)

SH 0164 石油产品包装、贮运及交货验收规则

注：除非在标准中另有明确规定，上述引用标准都应是现行的有效标准。

## 3 技术要求

| 项目 | | 质量指标 T911 | 质量指标 T912 | 试验方法 |
|---|---|---|---|---|
| 外观 | | 淡黄色黏性液体 | 淡黄色黏性液体 | 目测 |
| 密度(20℃)，$kg/m^3$ | 不大于 | 900 | — | GB/T 1884，GB/T 1885 |
| | 不小于 | — | 910 | |
| 闪点，(闭口)，℃ | 不低于 | 15 | 5 | GB/T 261 |
| 平均分子量 $\overline{M}n$ | | 4000～10000 | 20000～40000 | SH/T 0108 |
| 分子量分布 $D$ | 不大于 | 6.0 | 6.0 | SH/T 0108 |
| 未反应单体含量,% | 不大于 | 5.0 | 3.0 | 附录A |
| 起泡性 泡沫倾向/泡沫稳定性 24℃，mL/mL | 在HVI100基础油中 不大于 | — | 30/0 | GB/T 12579[1)] |
| | 在HVI500基础油中 不大于 | 20/0 | 30/0 | |

注：1) 起泡性的具体测法是：将非硅抗泡剂用SH 0005油漆工业用溶剂油稀释成15%($m/m$)的浓度，然后以大庆原油生产的其24℃起泡性大于100mL的HVI 100或HVI 500基础油为试验油，加热至60℃～70℃，在转速为400r/min～600r/min的机械搅拌下，加入上述非硅抗泡剂50ppm，继续搅拌10min，即按GB/T 12579法测试油样在24℃的起泡性。

中国石油化工总公司1994-05-04批准　　1994-12-01实施

## 4 包装、标志、贮存、运输

本产品包装、标志、运输和交货按 SH 0164 进行。

## 5 取样

取样按 GB/T 4756 进行，取 1L 作为检验和留样用。

# 附 录 A
# 非硅抗泡剂中未反应单体含量测定法
# (红外分光光度法)
(补充件)

## A1 主题内容与适用范围

本方法规定了用红外分光光度计测定非硅抗泡剂(T911 或 T912)中未反应单体含量的方法。

本方法适用于测定未反应单体含量小于 10%的非硅抗泡剂。

## A2 方法提要

在红外分光光度计上测定并记录试样在 $840cm^{-1}$ ~ $780cm^{-1}$ 区间的吸收光谱，采用基线切线法求出试样在 $840cm^{-1}$ 处的吸光度，根据朗伯-比尔定律用工作曲线法求出试样中未反应单体含量。

## A3 试剂和材料

A3.1 石油醚：60℃~90℃，分析纯。

A3.2 正十二烷：化学纯。

A3.3 聚合单体标样：聚合单体混合物，化学纯。

注：本标样由上海高化公司炼油厂提供。

A3.4 精制的非硅抗泡剂(T911 或 T912)，基本不含未反应单体。

## A4 仪器和设备

A4.1 红外分光光度计：SP3-300 红外分光光度计或其他型号的红外分光光度计。

A4.2 固定厚度液池：氯化钠窗片，厚度为 0.10mm。

A4.3 容量瓶：25mL。

A4.4 烧杯：25mL。

A4.5 天平：感量 0.1mg。

## A5 测定条件

A5.1 狭缝宽度：自动。

A5.2 扫描范围：$840cm^{-1}$ ~ $780cm^{-1}$。

A5.3 扫描时间：20min。

A5.4 响应(灵敏度)：2。

A5.5 记录比例：横坐标放大 1∶5。

## A6 准备工作

A6.1 混合单体标准溶液：在八个 25mL 烧杯中，分别称取 0,0.02,0.04,0.06,0.08,0.10,0.12,0.16g(精确至 0.0002g)A3.3 的聚合单体标样。加入 A3.4 的 T911 或 T912 至混合液总重 3.0g(精确至 0.0002g)。然后用正十二烷按 1∶1 的重量比稀释混合液，室温下充分摇动溶解，注入 25mL 容量瓶中。

A6.2 标准溶液的测定：根据 A5 中的仪器设定条件，用 0.1mm 氯化钠液池，测定并记录各标准溶液在 $840cm^{-1}$ ~ $780cm^{-1}$ 区内的吸收光谱。每个标准溶液至少平行测定三次。

A6.3 工作曲线的绘制：见图 A1，采取基线切线法扣除背景，求出各标准溶液在 $810cm^{-1}$ 处的 $A_0$

和 $A_1$，分别计算吸光度 $A(A=A_1-A_0)$ 每个吸光度取三次测定平均值。从各标准溶液的吸光度中减去空白溶液的吸光度所得的净吸光度为纵坐标，对应的单体含量为横坐标，绘制单体含量在 1%～10% 的工作曲线，见图 A2。

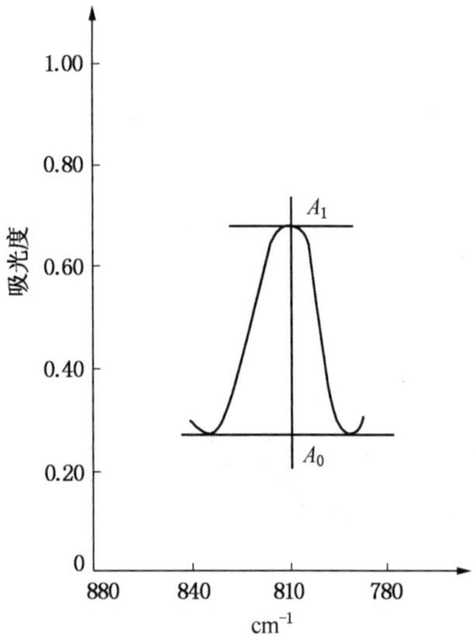


**图 A1　基线法计算吸光度 *A***

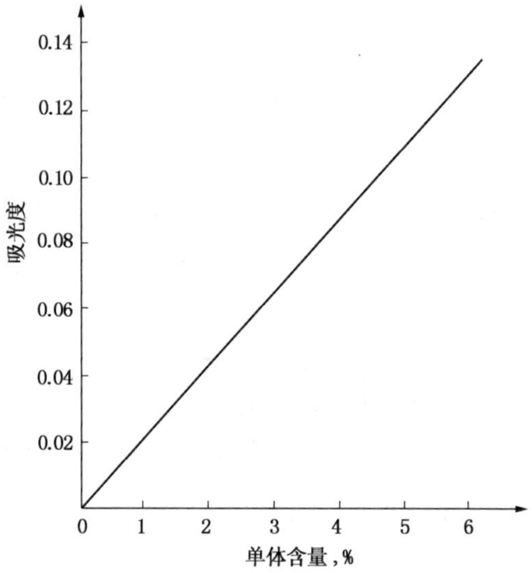


**图 A2　单体的工作曲线**

## A7　试验步骤

称取 2.0g(精确至 0.0002g)试样于 25mL 烧杯中，用正十二烷按 1∶1 的重量比稀释，室温下搅拌均匀，按 A6.2 和 A6.3 求出试样吸光度 *A*，并测定空白试验的吸光度，得到净吸光度。由净吸光度在工作曲线上查得对方的未反应单体含量。

## A8　计算

用质量百分数报告试样中未反应单体的含量，精确至 0.01%。

## A9　精密度

### A9.1　重复性

在同一实验室，由同一操作人员，在同一仪器和设备，对同一试样相继做两次重复试验，每次测定值结果和两次测定结果的算术平均值的差值不得大于下列数值：

| 范围，% | 差值，% |
|---|---|
| 1.0～4.0 | 0.30 |
| >4.0 | 0.50 |

## A10　报告

取重复测定两个结果的算术平均值，作为测定结果。

---

**附加说明：**

本标准由上海高桥石油化工公司提出。

本标准由石油化工科学研究院技术归口。

本标准由上海高桥石油化工公司炼油厂负责起草。

本标准主要起草人王开毓。

本标准达到国际一般水平。

ICS 75.100
E 61

SH

# 中华人民共和国石油化工行业标准

SH/T 0622—2007
代替 SH/T 0622—1995

# 乙丙共聚物黏度指数改进剂

**Ethylene propylene copolymer viscosity index improver**

2007-08-01 发布　　　　2008-01-01 实施

中华人民共和国国家发展和改革委员会　发布

# 前　言

本标准代替 SH/T 0622—1995 《乙丙共聚物黏度指数改进剂》。

本标准与 SH/T 0622—1995 的主要差异：

——增加了 T614A 和 T615 两个品种；

——增加了第 3 章和第 6 章；

——增加了附录 D、E、F；

——增加了降凝度参数项目，质量指标为报告，试验方法采用附录 D；

——在密度项目测定中增加了 SH/T 0604《原油和石油产品密度测定法（U 型振动管法）》试验方法，密度（20℃）指标由 860kg/m$^3$~880kg/m$^3$ 修订为报告；

——剪切稳定性指数测定方法（超声波法）由原标准的附录 A 改为本标准的附录 B，其中 T614 超声波法测定的剪切稳定性指数指标由不大于 25 修订为不大于 20；增加了用柴油喷嘴法测定剪切稳定性指数的质量指标，试验方法采用附录 C；

——稠化能力的测定方法由 SH/T 0566《润滑油黏度指数改进剂增稠能力测定法》改为本标准的附录 A。其中 T612 的稠化能力指标由不小于 6.5mm$^2$/s 修订为不小于 4.5mm$^2$/s；T612A 的稠化能力指标由不小于 6.5mm$^2$/s 修订为不小于 5.5mm$^2$/s；T613 的稠化能力指标由不小于 4.2mm$^2$/s 修订为不小于 4.8mm$^2$/s；T614 的稠化能力指标由不小于 3.4mm$^2$/s 修订为不小于 4.5mm$^2$/s；

——T614 的运动黏度（100℃）指标由不小于 700mm$^2$/s 修订为不小于 650mm$^2$/s；

——T613、T614 的颜色指标由不大于 3.0 修订为不大于 2.5；

——闪点的指标由不低于 170℃修订为不低于 185℃，闪点仲裁方法由 GB/T 3536 修订为 GB/T 267；

——外观指标由浅黄色或黄色透明黏稠液体修订为透明黏稠液体；

——取消了干剂含量指标。

本标准的附录 A、B、C、D、E、F 为规范性附录。

本标准由全国石油产品和润滑剂标准化技术委员会提出。

本标准由中国石油化工股份有限公司石油化工科学研究院归口。

本标准起草单位：中国石油化工股份有限公司茂名分公司技术中心、中国石油天然气股份有限公司大连润滑油研究开发中心。

本标准主要起草人：冯洁泳、陈德宏、李洁、刘红辉、刘宏慧、唐谊。

本标准于 1995 年首次发布，本次为第一次修订。

# 乙丙共聚物黏度指数改进剂

## 1 范围

本标准规定了用乙烯丙烯共聚物为原料，在 HVI 150 或 HVI 100 基础油(见附录 F)中经热溶解、机械降解或热氧化降解制得的黏度指数改进剂系列产品的术语和定义、分类、要求和试验方法、检验规则、标志、包装、运输和贮存。

本标准所属产品适用于调制多级内燃机油。

## 2 规范性引用文件

下列文件中的条款通过本标准的引用而成为本标准的条款。凡是注日期的引用文件，其随后所有的修改单(不包括勘误的内容)或修订版均不适用于本标准，然而，鼓励根据本标准达成协议的各方研究是否可使用这些文件的最新版本。凡是不注日期的引用文件，其最新版本适用于本标准。

GB/T 260 石油产品水分测定法

GB/T 265 石油产品运动黏度测定法和动力黏度计算法

GB/T 267 石油产品闪点与燃点测定法(开口杯法)

GB/T 511 石油产品和添加剂机械杂质测定法(重量法)

GB/T 1884 原油和液体石油产品密度实验室测定法(密度计法)(GB/T 1884—2000，eqv ISO 3675：1998)

GB/T 1885 石油计量表(GB/T 1885—1998，eqv ISO 91-2：1991)

GB/T 3536 石油产品闪点和燃点测定法(克利夫兰开口杯法)(GB/T 3536—1983(91)，ref ISO 2592：1973)

GB/T 4756 石油液体手工取样法(GB/T 4756—1998，neq ISO 3170：1988)

GB/T 6540 石油产品颜色测定法

SH 0164 石油产品包装、贮运及交货验收规则

SH/T 0604 原油和石油产品密度测定法(U 型振动管法)(SH/T 0604—2000，eqv ISO 12185：1996)

## 3 术语和定义

下列术语适合于本标准。

3.1

**稠化能力 thickening power**

在 HVI 150 基础油中加入 10%(质量分数)乙丙共聚物黏度指数改进剂后 100℃运动黏度的增加值。

3.2

**剪切稳定性指数(SSI) shear stability index**

在 HVI 150 基础油中加入 10%(质量分数)乙丙共聚物黏度指数改进剂调成的油品经剪切前后 100℃运动黏度之差值与稠化能力比值的百倍数。

3.3

**低温表观黏度指数(CCSI) low temperature apparent viscosity index**

在 HVI 150 基础油中加入 10%(质量分数)乙丙共聚物黏度指数改进剂调成的油品在-20℃的低

温表观黏度与基础油在-20℃的低温表观黏度的差值与加剂前后油品在100℃动力黏度之差的比值。

3.4

**降凝度参数 parameter of pour point descend degree**

在HVI 150基础油中加入10%(质量分数)乙丙共聚物黏度指数改进剂调成的油品在加入0.5%(质量分数)降凝剂前后倾点的差值。

## 4 分类

本标准所属产品按剪切稳定性指数和稠化能力分为T612、T612A、T613、T614、T614A和T615六个牌号。

## 5 要求和试验方法

乙丙共聚物黏度指数改进剂的技术要求和试验方法见表1。

## 6 检验规则

### 6.1 检验分类与检验项目

本产品检验分为出厂检验、周期检验和型式检验。

#### 6.1.1 出厂检验

出厂检验项目包括：外观、颜色、密度、运动黏度、闪点、水分、机械杂质、稠化能力和剪切稳定性指数。

#### 6.1.2 周期检验

周期检验项目包括低温表观黏度指数和降凝度参数，每半年检验一次。

#### 6.1.3 型式检验

型式检验项目为第5章要求和试验方法规定的所有检验项目。

在下列情况之一进行型式检验：

a) 新产品投产或产品定型鉴定时；

b) 原材料、工艺等发生较大变化，可能影响产品质量时；

c) 出厂检验或周期检验结果与上次型式检验结果有较大差异时。

### 6.2 组批

在原材料、工艺不变的条件下，每生产一罐或一釜产品为一批。

### 6.3 取样

取样按GB/T 4756进行，每批产品取样2L作为检验和留样用。

### 6.4 判定规则

出厂检验和周期检验结果应全部合格，方可出厂。

### 6.5 复验规则

如出厂检验和周期检验结果中有不符合第5章要求和试验方法的规定时，按GB/T 4756的规定重新抽取双倍样品进行复检，复检结果如仍有一项不符合第5章要求和试验方法的规定时，则判定该批产品为不合格。

## 7 标志、包装、运输和贮存

标志、包装、运输和贮存及交货验收按SH 0164进行。

表 1 乙丙共聚物黏度指数改进剂的技术要求和试验方法

| 项目 | | 质量指标 | | | | | | 试验方法 |
|---|---|---|---|---|---|---|---|---|
| | | T612 | T612A | T613 | T614 | T614A | T615 | |
| 外观 | | 透明黏稠液体 | | | | | | 目测 |
| 颜色，号 | 不大于 | 2.5 | | | | | 2.0 | GB/T 6540 |
| 密度(20℃)，$kg/m^3$ | | 报告 | | | | | | GB/T 1884 和 GB/T 1885、SH/T 0604 |
| 运动黏度(100℃)，$mm^2/s$ | 不小于 | 600 | 900 | 800 | 650 | 1400 | 550 | GB/T 265 |
| 闪点(开口)[a]，℃ | 不低于 | 185 | | | | | | GB/T 267、GB/T 3536 |
| 水分，%（质量分数） | 不大于 | 0.05 | | | | | | GB/T 260 |
| 机械杂质，%（质量分数） | 不大于 | 0.08 | | | | | | GB/T 511 |
| 稠化能力，$mm^2/s$ | 不小于 | 4.5 | 5.5 | 4.8 | 4.5 | 5.0 | 4.0 | 附录 A |
| 剪切稳定性指数(SSI)[b](100℃) | | | | | | | | |
| 超声波法 | 不大于 | 40 | 40 | 25 | 20 | 20 | 15 | 附录 B |
| 或 | | | | | | | | |
| 柴油喷嘴法 | 不大于 | 50 | 50 | 35 | 27 | 27 | 20 | 附录 C |
| 降凝度参数[c]，℃ | | 报告 | | | | | | 附录 D |
| 低温表观黏度指数(CCSI)(-20℃) | | — | | | | 报告 | | 附录 E |

[a] 可用 GB/T 267、GB/T 3536 方法进行测定。如有争议，仲裁时以 GB/T 267 方法测定结果为准。

[b] 剪切稳定性指数(SSI)，二者选其一，客户有要求时按客户的要求选择方法，仲裁时以附录 C 方法测定结果为准。

[c] 降凝度参数报告应注明采用何种降凝剂。

# 附 录 A
## (规范性附录)
## 稠化能力测定法

**A.1 范围**

本方法规定了用石油产品运动黏度测定法测定乙丙共聚物黏度指数改进剂稠化能力的分析方法。

本方法适用于乙丙共聚物黏度指数改进剂稠化能力的测定。

**A.2 规范性引用文件**

下列文件中的条款通过本标准的引用而成为本标准的条款。凡是注日期的引用文件，其随后所有的修改单(不包括勘误的内容)或修订版均不适用于本标准，然而，鼓励根据本标准达成协议的各方研究是否可使用这些文件的最新版本。凡是不注日期的引用文件，其最新版本适用于本标准。

GB/T 265 石油产品运动黏度测定法和动力黏度计算法

**A.3 方法概要**

在100℃运动黏度为(5.1±0.1)$mm^2/s$范围内的HVI 150基础油中，加入10%(质量分数)乙丙共聚物黏度指数改进剂，加热至60℃~70℃，搅拌均匀得到试样，按GB/T 265的方法分别测定HVI 150基础油和试样的100℃运动黏度，计算两者的差值。

**A.4 仪器**

A.4.1 运动黏度仪及器具

满足GB/T 265方法的要求。

A.4.2 天平

分度值0.01g。

A.4.3 温度计

0℃~100℃棒状温度计，分度值2℃。或者是与其精度相当的其他数字式温度计。

**A.5 试验步骤**

A.5.1 试样制备：在烧杯中称取(20±0.01)g乙丙共聚物黏度指数改进剂，加入(180±0.01)gHVI150基础油，加热至60℃~70℃，在此温度下恒温搅拌30min。

A.5.2 按GB/T 265的方法测定HVI 150基础油100℃运动黏度$v_b$和按A.5.1调成的试样的100℃运动黏度$v_t$。

**A.6 计算**

稠化能力按式(A.1)计算：

$$T = v_t - v_b \qquad (A.1)$$

式中：

$T$——稠化能力，$mm^2/s$；

$v_t$——加有乙丙共聚物黏度指数改进剂的试样的100℃运动黏度，$mm^2/s$；

$v_b$——HVI 150基础油的100℃运动黏度，$mm^2/s$。

**A.7 报告**

取重复测定两次结果的算术平均值作为测定结果，并取至小数点后两位。

# 附 录 B
## (规范性附录)
## 剪切稳定性指数测定法(超声波法)

### B.1 范围

本方法规定了用含聚合物油剪切安定性测定法(超声波法)和石油产品运动黏度测定法测定乙丙共聚物黏度指数改进剂剪切稳定性指数的分析方法。

本方法适用于乙丙共聚物黏度指数改进剂剪切稳定性指数(超声波法)的测定。

### B.2 规范性引用文件

下列文件中的条款通过本标准的引用而成为本标准的条款。凡是注日期的引用文件，其随后所有的修改单(不包括勘误的内容)或修订版均不适用于本标准，然而，鼓励根据本标准达成协议的各方研究是否可使用这些文件的最新版本。凡是不注日期的引用文件，其最新版本适用于本标准。

GB/T 265 石油产品运动黏度测定法和动力黏度计算法

SH/T 0505 含聚合物油剪切安定性测定法(超声波剪切法)

### B.3 方法概要

在100℃运动黏度为(5.1±0.1)$mm^2/s$范围内的HVI 150基础油中，加入10%(质量分数)乙丙共聚物黏度指数改进剂，加热至60℃~70℃，搅拌均匀得到试样，按SH/T 0505的方法对试样进行剪切试验，并按GB/T 265的方法测定试样剪切前后的100℃运动黏度和基础油的100℃运动黏度，计算试样剪切前后黏度的差值与稠化能力之比值的百倍数。

### B.4 仪器

**B.4.1** 超声波剪切试验仪及器具

满足SH/T 0505方法的要求。

**B.4.2** 运动黏度仪

满足GB/T 265方法的要求。

**B.4.3** 天平

分度值0.01g。

**B.4.4** 温度计

0℃~100℃棒状温度计，分度值2℃。或者是与其精度相当的其他数字式温度计。

### B.5 试验步骤

**B.5.1** 试样制备：在烧杯中称取(20±0.01)g乙丙共聚物黏度指数改进剂，加入(180±0.01)g的HVI 150基础油，加热至60℃~70℃，在此温度下恒温搅拌30min。

**B.5.2** 按GB/T 265的方法测定HVI 150基础油100℃运动黏度$v_b$。

**B.5.3** 按GB/T 265的方法测定试样(B.5.1)的100℃运动黏度$v_t$。

**B.5.4** 按SH/T 0505的方法对试样(B.5.1)进行剪切试验。

**B.5.5** 按GB/T 265的方法测定试样剪切后的100℃运动黏度$v_f$。

### B.6 计算

剪切稳定性指数(100℃)按式(B.1)计算：

$$SSI=\frac{v_t-v_f}{v_t-v_b}\times 100 \qquad (B.1)$$

式中：

$SSI$——剪切稳定性指数(100℃)；

$v_t$——加有乙丙共聚物黏度指数改进剂的试样的剪切前100℃运动黏度，$mm^2/s$；

$v_f$——加有乙丙共聚物黏度指数改进剂的试样的剪切后100℃运动黏度，$mm^2/s$；

$v_b$——HVI 150 基础油的 100℃运动黏度，$mm^2/s$。

**B.7 报告**

取重复测定两次结果的算术平均值作为测定结果，并取至小数点后一位。

## 附 录 C
## （规范性附录）
## 剪切稳定性指数测定法（柴油喷嘴法）

**C.1 范围**

本方法规定了用含聚合物油剪切安定性测定法（柴油喷嘴法）和石油产品运动黏度测定法测定乙丙共聚物黏度指数改进剂剪切稳定性指数的分析方法。

本方法适用于乙丙共聚物黏度指数改进剂剪切稳定性指数（柴油喷嘴法）的测定。

**C.2 规范性引用文件**

下列文件中的条款通过本标准的引用而成为本标准的条款。凡是注日期的引用文件，其随后所有的修改单（不包括勘误的内容）或修订版均不适用于本标准，然而，鼓励根据本标准达成协议的各方研究是否可使用这些文件的最新版本。凡是不注日期的引用文件，其最新版本适用于本标准。

GB/T 265 石油产品运动黏度测定法和动力黏度计算法

SH/T 0103 含聚合物油剪切安定性的测定 柴油喷嘴法

**C.3 方法概要**

在 100℃运动黏度为（5.1±0.1）$mm^2/s$ 范围内的 HVI 150 基础油中，加入 10%（质量分数）乙丙共聚物黏度指数改进剂，加热到 60℃～70℃，搅拌均匀得到试样。按 SH/T 0103 的方法对试样进行剪切试验，并按 GB/T 265 的方法测定试样剪切前后的 100℃运动黏度和基础油的 100℃运动黏度，计算试样剪切前后黏度的差值与稠化能力之比值的百倍数。

**C.4 仪器**

**C.4.1** 柴油喷嘴剪切试验仪及器具

满足 SH/T 0103 方法的要求。

**C.4.2** 运动黏度仪

满足 GB/T 265 方法的要求。

**C.4.3** 温度计

0℃～100℃棒状温度计，分度值 2℃。或者是与其精度相当的其他数字式温度计。

**C.4.4** 天平

分度值 0.01g。

**C.5 试验步骤**

**C.5.1** 试样制备：在烧杯中称取（100±0.01）g 乙丙共聚物黏度指数改进剂，加入（900±0.01）g 的 HVI 150 基础油，加热至 60℃～70℃，在此温度下恒温搅拌 30min。

**C.5.2** 按 GB/T 265 的方法测定 HVI150 基础油 100℃运动黏度 $v_b$。

**C.5.3** 按 GB/T 265 的方法测定试样（C.5.1）的 100℃运动黏度 $v_t$。

**C.5.4** 按 SH/T 0103 的方法对试样（C.5.1）进行剪切试验。

**C.5.5** 按 GB/T 265 的方法测定试样剪切后的 100℃运动黏度 $v_g$。

**C.6 计算**

剪切稳定性指数（100℃）按式（C.1）计算：

$$SSI = \frac{v_t - v_g}{v_t - v_b} \times 100 \qquad \text{(C.1)}$$

式中：

$SSI$——剪切稳定性指数(100℃)；

$v_t$——加有乙丙共聚物黏度指数改进剂的试样的剪切前100℃运动黏度，$mm^2/s$；

$v_g$——加有乙丙共聚物黏度指数改进剂的试样的剪切后100℃运动黏度，$mm^2/s$；

$v_b$——HVI 150基础油的100℃运动黏度，$mm^2/s$。

### C.7 报告

取重复测定两次结果的算术平均值作为测定结果，并取至小数点后一位。

## 附 录 D

(规范性附录)

## 乙丙共聚物黏度指数改进剂降凝度参数测定法

### D.1 范围

本方法规定了用石油倾点测定法测定乙丙共聚物黏度指数改进剂降凝度参数的分析方法。

本方法适用于乙丙共聚物黏度指数改进剂降凝度参数的测定。

### D.2 规范性引用文件

下列文件中的条款通过本标准的引用而成为本标准的条款。凡是注日期的引用文件，其随后所有的修改单(不包括勘误的内容)或修订版均不适用于本标准，然而，鼓励根据本标准达成协议的各方研究是否可使用这些文件的最新版本。凡是不注日期的引用文件，其最新版本适用于本标准。

GB/T 3535　石油产品倾点测定法(GB/T 3535—1983，neq ISO 3016：1994)

### D.3 方法概要

在100℃运动黏度为(5.1±0.1)$mm^2/s$范围内的HVI 150基础油中，加入10%(质量分数)乙丙共聚物黏度指数改进剂和0.5%(质量分数)的降凝剂，加热到60℃～70℃，搅拌均匀得到试样。按GB/T 3535的方法测定试样加降凝剂前后的倾点，计算试样加降凝剂前后倾点的差值。

### D.4 仪器

**D.4.1** 倾点测定仪及器具

满足GB/T 3535方法的要求。

**D.4.2** 温度计

0℃～100℃棒状温度计，分度值2℃。或者是与其精度相当的其他数字式温度计。

**D.4.3** 天平

分度值0.01g。

### D.5 试验步骤

**D.5.1** 试样1制备：在烧杯中称取(20±0.01)g乙丙共聚物黏度指数改进剂，加入(180±0.01)gHVI150基础油，加热至60℃～70℃，在此温度下恒温搅拌30min。

**D.5.2** 试样2制备：在烧杯中称取(0.5±0.01)g降凝剂，加入(99.5±0.01)g按D.5.1配制好的试样1，加热至60℃～70℃，在此温度下恒温搅拌30min。

**D.5.3** 按GB/T 3535的方法测定D.5.1的试样1倾点$P_1$。

**D.5.4** 按GB/T 3535的方法测定D.5.2的试样2倾点$P_2$。

### D.6 计算

降凝度参数按式(D.1)计算：

$$P_0 = P_1 - P_2 \qquad (D.1)$$

式中：

$P_0$——降凝度参数，℃；

$P_1$——加降凝剂前试样1的倾点，℃；

$P_2$——加降凝剂后试样 2 的倾点，℃。

**D.7 报告**

取重复测定两次结果的算术平均值作为测定结果，取整数。

# 附 录 E
## （规范性附录）
## 低温表观黏度指数测定法

**E.1 范围**

本方法规定了用发动机油表观黏度测定法和石油产品运动黏度测定法测定乙丙共聚物黏度指数改进剂低温表观黏度指数的分析方法。

本方法适用于乙丙共聚物黏度指数改进剂低温表观黏度指数（-20℃）的测定。

**E.2 规范性引用文件**

下列文件中的条款通过本标准的引用而成为本标准的条款。凡是注日期的引用文件，其随后所有的修改单（不包括勘误的内容）或修订版均不适用于本标准，然而，鼓励根据本标准达成协议的各方研究是否可使用这些文件的最新版本。凡是不注日期的引用文件，其最新版本适用于本标准。

GB/T 265　石油产品运动黏度测定法和动力黏度计算法

GB/T 6538　发动机油表观黏度测定法（冷启动模拟机法）

**E.3 方法概要**

在 HVI Ⅱ150 基础油中加入 10%（质量分数）乙丙共聚物黏度指数改进剂，加热到 60℃～70℃，搅拌均匀得到试样。按 GB/T 6538 的方法测定加剂前后试样在-20℃的低温表观黏度，按 GB/T 265 的方法测定加剂前后试样的 100℃动力黏度，计算试样加剂前后的低温表观黏度的差值与加剂前后 100℃动力黏度之差的比值。

**E.4 仪器**

**E.4.1 运动黏度仪及器具**

满足 GB/T 265 方法的要求。

**E.4.2 发动机油低温表观黏度测定仪**

满足 GB/T 6538 方法的要求。

**E.4.3 天平**

分度值 0.01g。

**E.4.4 温度计**

0℃～100℃棒状温度计，分度值 2℃。或者是与其精度相当的其他数字式温度计。

**E.5 试验步骤**

**E.5.1** 试样制备：在烧杯中称取（20±0.01）g 乙丙共聚物黏度指数改进剂，加入（180±0.01）g 的 HVI Ⅱ150 基础油，加热至 60℃～70℃，在此温度下恒温搅拌 30min。

**E.5.2** 按 GB/T 265 方法测定 HVI Ⅱ150 基础油 100℃动力黏度 $\eta_{bc}$。

**E.5.3** 按 GB/T 265 方法测定加乙丙共聚物黏度指数改进剂调和后试样（E.5.1）的 100℃动力黏度 $\eta_{tc}$。

**E.5.4** 按 GB/T 6538 方法测定 HVI Ⅱ150 基础油在-20℃的低温表观黏度 $CCS_{bc}$。

**E.5.5** 按 GB/T 6538 方法测定加乙丙共聚物黏度指数改进剂后试样（E.5.1）在-20℃的低温表观黏度 $CCS_{tc}$。

**E.6 计算**

低温表观黏度指数（-20℃）按式（E.1）计算：

$$CCSI = \frac{CCS_{tc} - CCS_{bc}}{\eta_{tc} - \eta_{bc}} \quad \cdots\cdots (E.1)$$

式中：

$CCSI$——低温表观黏度指数；

$CCS_{tc}$——加有乙丙共聚物黏度指数改进剂的试样的低温表观黏度，mPa · s；

$CCS_{bc}$——HVI Ⅱ150 基础油的低温表观黏度，mPa · s；

$\eta_{tc}$——加有乙丙共聚物黏度指数改进剂的试样的 100℃ 动力黏度，mPa · s；

$\eta_{bc}$——HVI Ⅱ150 基础油的 100℃ 动力黏度，mPa · s。

## E.7 报告

取重复测定两次结果的算术平均值作为测定结果，并取至整数。

# 附 录 F
## (规范性附录)
## 基础油技术规格

## F.1 范围

本规格规定了由原油经蒸馏、精制等工艺得到的润滑油馏分的基础油的相关要求。

本规格适用于生产及评定乙丙共聚物黏度指数改进剂所使用的基础油。

## F.2 规范性引用文件

下列文件中的条款通过本标准的引用而成为本标准的条款。凡是注日期的引用文件，其随后所有的修改单(不包括勘误的内容)或修订版均不适用于本标准，然而，鼓励根据本标准达成协议的各方研究是否可使用这些文件的最新版本。凡是不注日期的引用文件，其最新版本适用于本标准。

GB/T 265 石油产品运动黏度测定法和动力黏度计算法

GB/T 1995 石油产品黏度指数计算法

GB/T 2541 石油产品黏度指数算表

GB/T 6540 石油产品颜色测定法

SH/T 0753 润滑油基础油化学族组成测定法(薄层色谱法)

## F.3 基础油要求和试验方法

用于生产及评定乙丙共聚物黏度指数改进剂所使用的基础油的技术要求和试验方法见表 F.1。

**表 F.1 基础油的技术要求和试验方法**

| 项 目 | | 质 量 指 标 | | | 试验方法 |
|---|---|---|---|---|---|
| | | HVI 100 | HVI 150 | HVI Ⅱ150 | |
| 运动黏度(40℃)，$mm^2/s$ | | 19.0~24.0 | 28.0~34.0 | — | GB/T 265 |
| 运动黏度(100℃)，$mm^2/s$ | | — | — | 5.0~6.5 | |
| 黏度指数[a] | 不小于 | 80 | 80 | 90 | GB/T 1995、GB/T 2541 |
| 色度，号 | 不大于 | 1.0 | 1.5 | 0.5 | GB/T 6540 |
| 饱和烃,%(质量分数) | 不小于 | — | — | 90 | SH/T 0753 |

[a] 可用 GB/T 1995、GB/T 2541 方法进行黏度指数的测定。如有争议，仲裁时以 GB/T 1995 方法测定结果为准。

中华人民共和国石油化工行业标准

SH/T 0623—1995

# 双丁二酰亚胺分散剂

## 1 主题内容与适用范围

本标准规定了用聚异丁烯、顺丁烯二酸酐、多烯多胺等为原料，经烃化、胺化反应等工艺过程制得的双丁二酰亚胺分散剂技术条件。产品代号为T152、T154。

本标准所属产品可与清净剂、抗氧抗腐剂复合，适用于调制内燃机油，也可用于淬火油等油品。

## 2 引用标准

GB/T 260 石油产品水分测定法
GB/T 265 石油产品运动黏度测定法和动力黏度计算法
GB/T 267 石油产品闪点与燃点测定法(开口杯法)
GB/T 511 石油产品和添加剂机械杂质测定法(重量法)
GB/T 1884 石油和液体石油产品密度测定法(密度计法)
GB/T 1885 石油计量换算表
GB/T 4756 石油和液体石油产品取样法(手工法)
GB/T 6540 石油产品颜色测定法
SH/T 0161 石油产品中氯含量测定法(烧瓶燃烧法)
SH 0164 石油产品包装、贮运及交货验收规则
SH/T 0224 石油添加剂中氮含量测定法(克氏法)
SH/T 0251 石油产品碱值测定法(高氯酸电位滴定法)

## 3 技术内容

3.1 本标准所属产品分为一等品和合格品。

3.2 技术要求

| 项目 | 质量指标 | | | | 试验方法 |
|---|---|---|---|---|---|
| | T152 | | T154 | | |
| | 一等品 | 合格品 | 一等品 | 合格品 | |
| 外观 | 黏稠透明液体 | | | | 目测[1] |
| 密度(20℃), kg/m³ | 890~935 | | | | GB/T 1884 和 GB/T 1885 |
| 色度(稀释), 号 不大于 | 6 | 7 | 6 | 7 | GB/T 6540 |
| 闪点(开口杯),℃ 不低于 | 170 | | | | GB/T 267 |
| 运动黏度(100℃), mm²/s | 150~250[2] | 140~270[2] | 185~225 | 150~250 | GB/T 265 |
| 机械杂质,% 不大于 | 0.08 | | | | GB/T 511 |

中国石油化工总公司 1995-06-15 批准　　1995-10-01 实施

续表

| 项　　目 | 质量指标 | | | | 试验方法 |
|---|---|---|---|---|---|
| | T152 | | T154 | | |
| | 一等品 | 合格品 | 一等品 | 合格品 | |
| 水分,%　　不大于 | 0.08 | | | | GB/T 260 |
| 氮含量,% | 1.15~1.35 | | 1.1~1.3 | | SH/T 0224 |
| 氯含量,%　　不大于 | 0.3 | 0.5 | 0.3 | 0.5 | SH/T 0161 |
| 碱值，mgKOH/g | 15~30 | | | | SH/T 0251 |
| 分散性，SDT　　不低于 | 55 | 45 | 55 | 45 | 附录 A |

注：1）将样品注入 100mL 量筒中，在室温下对着阳光或白炽灯观察。

2）当 T152 用于化工领域时，运动黏度可不受本指标限制，可与用户协商确定。

## 4　包装、标志、运输、贮存

本产品的包装、标志、运输、贮存及交货验收按 SH 0164 进行。

## 5　取样

取样按 GB/T 4756 进行，取 2L 作为检验和留样用。

## 附　录　A
## 无灰分散剂低温分散性评定法
## (油泥斑点分散试验法)
(补充件)

### A1　主题内容与适应范围

本方法规定了无灰分散剂低温分散性评定方法，用于评定无灰分散剂的低温分散性能。

### A2　方法概要

将规定量的无灰剂试样、标准废机油和基础油的混合物，在规定温度和时间内充分混均匀后，将混合油样滴在滤纸上，使其在规定条件下扩散，根据扩散后呈现在滤纸上的油泥和油迹圈直径计算试样的油泥斑点分散值 SDT。

### A3　仪器与材料

**A3.1**　恒温油浴：0℃~200℃±1℃。
**A3.2**　烘箱：0℃~200℃±1℃。
**A3.3**　电动搅拌机：D25~1 型，或其他类似产品。
**A3.4**　定性滤纸：直径 12.5cm，双圈牌，浙江杭州新华造纸厂产。
**A3.5**　烧杯：50mL。
**A3.6**　温度计：0℃~220℃±1℃，全浸式。
**A3.7**　台秤：感量 0.1g。
**A3.8**　移液管：1mL，分度值 0.1mL。
**A3.9**　直尺。
**A3.10**　滤纸托架：直径 6mm~8mm 的钢筋做成直径 80mm 的环。
**A3.11**　标准废机油：大连七厂产 500SN 无剂中性油，经 1105 单缸试验机运转 48h 的废机油。
**A3.12**　基础油：150SN 或 150ZN 中性油。

### A4　准备工作

将烧杯、移液管洗净，干燥；油浴恒温至 150℃±1℃；烘箱恒温至 80℃±1℃。

### A5　试验方法

**A5.1**　将无灰剂试样、标准废机油、基础油分别充分混合均匀。
**A5.2**　称取无灰剂试样 1g±0.1g，标准废机油 9g±0.1g，基础油 10g±0.1g 放入同一个烧杯中。
**A5.3**　烧杯放到已恒温至 150℃ 的油浴中，固定后开动搅拌机。90min±1min 后，停止搅拌，立即取出烧杯。
**A5.4**　趁热用移液管吸取试油 0.2mL，用滤纸擦净移液管外壁，垂直向三张水平架空放置的定性滤纸上各滴一滴试油，5min 后将滤纸移置到恒温至 80℃ 的烘箱上层架上。
**A5.5**　120min±1min 后取出，在 2min 内如图所示测量互相垂直的两组油泥迹圈和油迹圈直径。若油迹圈为椭圆形，则测量椭圆的长、短轴；若油迹圈形状不规则，此扩散斑点作废。

### A6　结果计算

无灰分散剂试样的油泥斑点分散值 SDT 用下式计算：

$$SDT = 1/2(d_2/d_1 + d'_2/d'_1) \times 100$$

式中：$d_2$、$d'_2$——油泥迹圈直径，mm；

$d_1$、$d'_1$——油迹圈直径，mm。

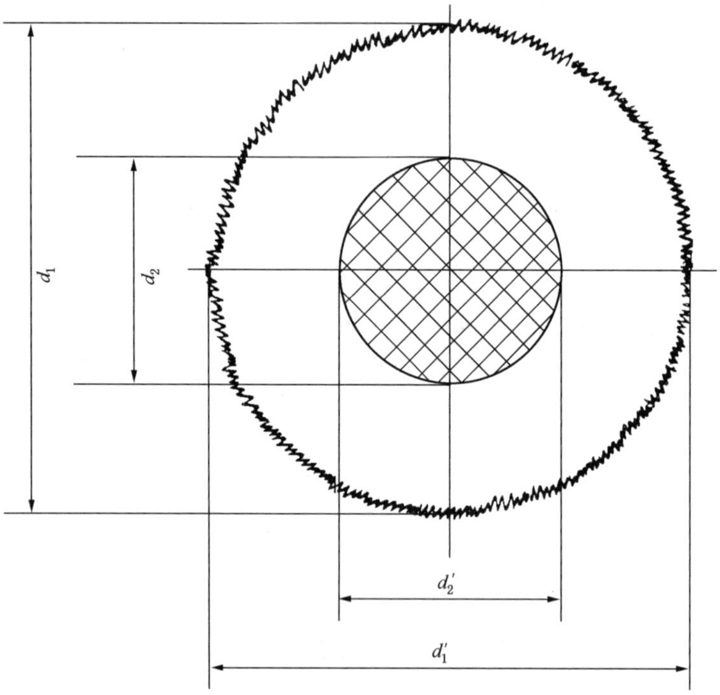


**图 A1　油泥斑点示意图**

## A7　精密度

同一操作者重复测定两个结果之差不应大于 3.0。

## A8　报告

取三个油泥斑点分散值的算术平均值作为油泥斑点分散试验的评定结果，取小数点后一位有效数字。

---

**附加说明：**

本标准由兰州炼油化工总厂、锦州石油化工公司提出。
本标准由石油化工科学研究院技术归口。
本标准由兰州炼油化工总厂、锦州石油化工公司负责起草。
本标准主要起草人肖承瑶、孙国英、温建氟。
本标准达国际一般水平。

# 前　言

本标准是在321极压剂鉴定证书规定的产品技术指标基础上制定的含硫极压剂的技术要求，其中提高了水分、机械杂质、运动黏度、氯含量指标，增加了四球机的烧结负荷指标。

本标准由中国石油化工总公司石油化工科学研究院提出。

本标准由中国石油化工总公司石油化工科学研究院归口。

本标准起草单位：中国石油化工总公司石油化工科学研究院、辽宁省义县精细化工总厂、南京爱迪臣化工企业有限公司。

本标准主要起草人：张毅、魏奇、杜源。

中华人民共和国石油化工行业标准

SH/T 0664—1998

# 321 极 压 剂

## 321 extreme pressure additive

## 1 范围

本标准规定了采用一氯化硫、异丁烯、硫化钠、异丙醇等原料，在催化剂存在下进行加合反应、硫化脱氯反应及精制处理制得的硫化烯烃极压剂的技术要求。

本标准所属产品适用于作润滑油的极压剂。用于配制车辆齿轮油、坦克齿轮油、工业齿轮油等。

## 2 引用标准

下列标准包括的条文，通过引用而构成为本标准的一部分。除非在标准中另有明确规定，下述引用标准都应是现行有效标准。

GB/T 260 石油产品水分测定法

GB/T 265 石油产品运动黏度测定法和动力黏度计算法

GB/T 511 石油产品和添加剂机械杂质测定法(重量法)

GB/T 3142 润滑剂承载能力测定法(四球法)

GB/T 3536 石油产品闪点和燃点测定法(克利夫兰开口杯法)

GB/T 4756 石油液体手工取样法

GB/T 5096 石油产品铜片腐蚀试验法

GB/T 13377 原油和液体或固体石油产品密度和相对密度测定法(毛细管塞比重瓶和带刻度双毛细管比重瓶法)

SH/T 0161 石油产品中氯含量测定法(烧瓶燃烧法)

SH 0164 石油产品包装、贮运及交货验收规则

SH/T 0303 添加剂中硫含量测定法(电量法)

SH/T 0389 石油添加剂的分类

## 3 技术条件

### 3.1 产品代号

根据 SH/T 0389 石油添加剂的分类，321 极压剂产品代号为 T321。

### 3.2 技术要求

321 极压剂的技术要求见表 1。

## 4 包装、标志、运输、贮存

包装、标志、运输、贮存及交货验收按 SH 0164 进行。

## 5 取样

取样按 GB/T 4756 进行，取 2L 作为检验和留样用。

中国石油化工总公司 1998-06-23 批准　　　　1998-12-31 实施

**表 1　321 极压剂技术要求**

| 项　　目 | | 质 量 指 标 | 试 验 方 法 |
|---|---|---|---|
| 外观 | | 桔黄～琥珀色透明液体 | 目测 |
| 水分,%(*V/V*) | 不大于 | 痕迹 | GB/T 260 |
| 机械杂质,%(*m/m*) | 不大于 | 0.05 | GB/T 511 |
| 闪点(开口),℃ | 不低于 | 100 | GB/T 3536 |
| 运动黏度(100℃), $mm^2/s$ | | 5.50～8.00 | GB/T 265 |
| 密度(20℃), $kg/m^3$ | | 1100～1200 | GB/T 13377 |
| 油溶性 | | 透明无沉淀 | 目测[1)] |
| 硫含量,%(*m/m*) | | 40.0～46.0 | SH/T 0303[2)] |
| 氯含量,%(*m/m*) | 不大于 | 0.4 | SH/T 0161 |
| 铜片腐蚀(121℃、3h), 级 | 不大于 | 3 | GB/T 5096[3)] |
| 四球机试验<br>$P_D$, N | 不小于 | 4900 | GB/T 3142[3)] |

注:

1) 5%(*m/m*)T321+95%(*m/m*)基础油[60%(*m/m*)HVI 150BS+40%(*m/m*)HVI 500]在室温下(20℃)搅拌均匀后，目测应为透明无沉淀。

2) T321 硫含量除用 SH/T 0303 测定外，也可以用其他试验方法测定。

3) 5%(*m/m*)T321+95%(*m/m*)基础油[60%(*m/m*)HVI 150BS+40%(*m/m*)HVI 500]。

ICS 75.100
E 61

# SH

# 中华人民共和国石油化工行业标准

SH/T 0766—2005

# T1602 喷气燃料抗磨添加剂

## Antiwear additive for jet fuels T1602

2005-04-11 发布　　　　2005-09-01 实施

中华人民共和国国家发展和改革委员会　发 布

# 前　言

本标准的附录 A 为规范性附录。

本标准由中国石油化工集团公司提出。

本标准由中国石油化工股份有限公司石油化工科学研究院归口。

本标准起草单位：中国石油化工股份有限公司石油化工科学研究院。

本标准主要起草人：张翠君、吴明清、单国忠 、董伟、陈淑凤。

# T1602 喷气燃料抗磨添加剂

## 1 范围

本标准规定了以精制石油酸作为喷气燃料抗磨添加剂的技术要求和试验方法、检验规则及标志、包装、运输和贮存。

本标准所属产品适用于喷气燃料。

## 2 规范性引用文件

下列文件中的条款通过本标准的引用而成为本标准的条款。凡是注日期的引用文件，其随后所有的修改单(不包括勘误的内容)或修订版均不适用于本标准，然而，鼓励根据本标准达成协议的各方研究是否可使用这些文件的最新版本。凡是不注日期的引用文件，其最新版本适用于本标准。

GB/T 260 石油产品水分测定法

GB/T 1722 清漆、清油及稀释剂颜色测定法

GB/T 1884 原油和液体石油产品密度实验室测定法(密度计法)(GB/T 1884—2000，eqv ISO 3675：998)

GB/T 1885 石油计量表(GB/T 1885—1998，eqv ISO 91—2：1991)

GB/T 4756 石油液体手工取样法(GB/T 4756—1998，eqv ISO 3170：1988)

GB/T 6536 石油产品蒸馏测定法

SH 0164 石油产品包装、贮运及交货验收规则

SH/T 0092 石油酸检验法

SH/T 0687 航空涡轮燃料润滑性测定法(球柱润滑性评定仪法)

## 3 术语和定义

下列术语和定义适用于本标准。

3.1

**效能指数 efficiency index(EI)**

效能指数是表示抗磨剂润滑性的指标，效能指数越大，抗磨剂润滑性越好。

## 4 技术要求和试验方法

喷气燃料抗磨剂的技术要求应符合表1的规定。

表 1 喷气燃料抗磨剂的技术要求

| 项　　目 | | 质量指标 | 试验方法 |
|---|---|---|---|
| 环烷酸含量/%(质量分数) | 不小于 | 85 | SH/T 0092 |
| 纯酸值/(mgKOH/g) | 不小于 | 220 | SH/T 0092 |
| 水分/%(体积分数) | 不大于 | 1.0 | GB/T 260 |
| 铁-钴比色/号 | 不大于 | 14 | GB/T 1722 |
| 馏程/℃ | | | GB/T 6536 |
| 初馏点 | 不低于 | 160 | |
| 90%回收温度 | 不高于 | 335 | |
| 密度(20℃)/($kg/m^3$) | | 报告 | GB/T 1884，GB/T 1885 |
| 效能指数 | 不小于 | 240 | 附录 A |

## 5 检验规则

### 5.1 检验分类与检验项目

本产品检验分为出厂检验、周期检验和型式检验。

#### 5.1.1 出厂检验

出厂检验项目包括：环烷酸含量、纯酸值、水分、铁-钴比色、馏程、密度。初次生产时，必须测定效能指数。

#### 5.1.2 周期检验

原材料及生产工艺无变化时，效能指数每一年检测一次。

#### 5.1.3 型式检验

型式检验项目为第 4 章技术要求规定的所有检验项目。

在下列情况下进行型式检验：

a）原材料、生产工艺等发生较大变化时；

b）出厂检验或周期检验结果与上次型式检验结果有较大差异时。

### 5.2 组批

产品每生产一罐或釜为一批。

### 5.3 取样

取样按 GB/T 4756 进行，每批产品取样 1L 作为检验和留样用。

### 5.4 判定规则

出厂检验和周期检验结果应全部合格，方可出厂。

### 5.5 复验规则

如出厂检验和周期检验结果中有不符合第 4 章技术要求的规定时，按 GB/T 4756 的规定重新抽取双倍样品进行复验，复检结果如仍有一项不符合第 4 章技术要求的规定时，则判定该产品为不合格。

## 6 标志、包装、运输和贮存

标志、包装、运输及交货验收按 SH 0164 执行。贮存容器选用清洁、干净的耐油塑料桶。抗磨剂贮存温度应保持在不高于 40℃。

# 附 录 A
## (规范性附录)
## 抗磨剂效能指数的测定

**A.1 参考液**：A 液、B 液和 C 液。A 液和 B 液是符合 SH/T 0687-2000 要求的参考液；C 液是限制更严格的 B 液，要求其磨痕直径(WSD)为 0.85mm±0.03mm。

**A.2 试验样品的制备**：以 C 液为溶剂，将待测抗磨剂配制成浓度为 5.0mg/L，10.0mg/L，15.0mg/L 的试验样品。

**A.3 WSD 的测定**：按 SH/T 0687 的方法测定 A.2 章各试验样品的 WSD。

### A.4 计算

按下述公式计算抗磨剂的效能指数(用 *EI* 表示)。

单个浓度抗磨剂的效能指数(用 $EI_c$ 表示)按如下公式计算：

$$EI_c = \frac{0.85 - WSD_c}{0.29} \times 100 \qquad (A1)$$

式中：

0.85——C 液 *WSD* 的平均值(固定值)，mm；

0.29——B 液的 *WSD* 平均值(0.85mm)与 A 液的 *WSD* 平均值(0.56mm)的差值，mm；

$WSD_c$——浓度为 *c* mg/L 的试验样品的 *WSD* 实测值；

$EI_c$——单个浓度抗磨剂的效能指数。

将三个浓度(5mg/L，10mg/L，15mg/L)下所测得的 $EI_c$ 相加，作为该抗磨剂的效能指数(*EI*)。

$$EI = \sum EI_c \qquad (A2)$$

式中：

*EI*——效能指数；

$EI_c$——单个浓度抗磨剂的效能指数。

### A.5 方法的重复性和再现性

按下述规定判断试验结果的可靠性(95%置信水平)。

#### A.5.1 重复性

在同一实验室，由同一操作者使用相同设备，按相同的测试方法，并在短时间内对同一被测试样相互独立进行测试获得的两次测试结果的绝对差值不大于 30。

#### A.5.2 再现性

在不同的实验室，由不同的操作者使用不同的设备，按相同的测试方法，对同一被测试样相互独立进行测试获得的两次测试结果的绝对差值不大于 42。

ICS 75.100
CCS E 61

SH

# 中华人民共和国石油化工行业标准

**NB/SH/T 0855—2021**
代替 NB/SH/T 0855—2013

# 合成烷基苯磺酸钙清净剂

**Synthetic alkylbenzene calcium sulfonate detergents**

2021-11-16 发布　　　　2022-05-16 实施

**国家能源局　发布**

# 前　言

本文件按照 GB/T 1.1—2020《标准化工作导则　第 1 部分：标准化文件的结构和起草规则》的规定起草。

本文件代替 NB/SH/T 0855—2013《合成烷基苯磺酸钙清净剂》，与 NB/SH/T 0855—2013 相比，除结构调整和编辑性改动外，主要技术变化如下：

a）增加第 3 章术语和定义；

b）将表 2 密度试验方法由 GB/T 2540 石油产品密度测定法（比重瓶法）修改为 GB/T 13377 原油和液体或固体石油产品　密度或相对密度的测定　毛细管塞比重瓶和带刻度双毛细管比重瓶法；

c）将表 2 硫质量分数试验方法增加了 SH/T 0303 添加剂中硫含量测定法（电量法）；

d）将表 2 浊度试验方法由 SH/T 0028 润滑油清净剂浊度测定法修改为 NB/SH/T 0982 润滑油金属清净剂浊度测定法，并对浊度的质量指标进行修改。

请注意本文件的某些内容可能涉及专利。本文件的发布机构不承担识别专利的责任。

本文件由中国石油化工集团有限公司提出。

本文件由全国石油产品和润滑剂标准化技术委员会石油燃料和润滑剂分技术委员会（SAC/TC280/SC1）归口。

本文件起草单位：中国石油化工股份有限公司石油化工科学研究院、中国石化润滑油有限公司、北京兴普精细化工技术开发有限公司。

本文件主要起草人：刘依农、叶芸星、刘大军。

本文件及其所代替文件的历次版本发布情况为：

——2013 年首次发布为 NB/SH/T 2855—2013。

——本次为第一次修订。

# 合成烷基苯磺酸钙清净剂

## 1 范围

本文件规定了用不同烯烃与苯烷基化得到的合成烷基苯为原料，经磺化、金属化制得的合成烷基苯磺酸钙清净剂的分类、要求和试验方法、检验规则及标志、包装、储运和交货验收。

本文件适用于调制不同牌号内燃机油的合成烷基苯磺酸钙清净剂。

## 2 规范性引用文件

下列文件中的内容通过文中的规范性引用而构成本文件必不可少的条款。其中，注日期的引用文件，仅该日期对应的版本适用于本文件。不注日期的引用文件，其最新版本（包括所有的修改单）适用于本文件。

GB/T 260 石油产品水含量的测定 蒸馏法

GB/T 265 石油产品运动粘度测定法和动力粘度计算法

GB/T 388 石油产品硫含量测定法（氧弹法）

GB/T 511 石油和石油产品及添加剂机械杂质测定法

GB/T 3536 石油产品 闪点和燃点的测定 克利夫兰开口杯法

GB/T 4756 石油液体手工取样法

GB/T 13377 原油和液体或固体石油产品 密度或相对密度的测定 毛细管塞比重瓶和带刻度双毛细管比重瓶法

SH/T 0034 添加剂中有效组分测定法

NB/SH/T 0164 石油产品包装、储运及交货验收规则

SH/T 0251 石油产品碱值测定法（高氯酸电位滴定法）

SH/T 0297 添加剂中钙含量测定法

SH/T 0303 添加剂中硫含量测定法（电量法）

SH/T 0749 润滑油及添加剂中添加元素含量测定法（电感耦合等离子体发射光谱法）

NB/SH/T 0982 润滑油金属清净剂浊度测定法

## 3 术语和定义

本文件没有需要界定的术语和定义。

## 4 分类

合成烷基苯磺酸钙清净剂按照碱值高低和100℃运动黏度的不同分为5个牌号，其分类见表1。

**表 1 合成烷基苯磺酸钙清净剂的分类**

| 牌号 | 产品类别 | 产品特性 |
| --- | --- | --- |
| T104 | 低碱值合成烷基苯磺酸钙 | 碱值在 20mgKOH/g～35mgKOH/g 之间 |
| T105 | 中碱值合成烷基苯磺酸钙 | 碱值在 145mgKOH/g 以上 |
| T106A | 高碱值合成烷基苯磺酸钙 | 碱值在 295mgKOH/g 以上，100℃运动黏度不大于 150 $mm^2/s$ |
| T106B | 高碱值合成烷基苯磺酸钙 | 碱值在 295mgKOH/g 以上，100℃运动黏度不大于 60 $mm^2/s$ |
| T107 | 超高碱值合成烷基苯磺酸钙 | 碱值在 395mgKOH/g 以上 |
| 注：T106A、T106B 的原料不同，T106A 采用十二烷基苯高沸物磺酸为主要原料，T106B 采用十二烷基苯高沸物磺酸和 $C_{20}$ 以上长链 $\alpha$-烯烃烷基苯磺酸为主要原料。 | | |

## 5 要求和试验方法

合成烷基苯磺酸钙清净剂的技术要求和试验方法应符合表 2 的规定。

## 6 检验规则

### 6.1 出厂检验

本产品检验为出厂检验。出厂检验项目为第 5 章技术要求规定的所有检验项目。

### 6.2 组批规则

在原材料、工艺不变的条件下，每生产一罐或一釜产品为一批。

### 6.3 取样

取样按 GB/T 4756 进行，每批产品取样 2L 作为检验和留样用。

### 6.4 判定规则

出厂检验结果符合第 5 章的技术要求，则判定该产品合格。

### 6.5 复验规则

如出厂检验结果中有不符合第 5 章技术要求的情形，则按 GB/T 4756 的规定自同批产品中重新抽取双倍量样品，对不符合项目进行复验；复验结果如仍不符合第 5 章技术要求的规定，则判定该批产品为不合格。

## 7 标志、包装、储运及交货验收

标志、包装、储运及交货验收按 NB/SH/T 0164 进行。

**表 2　合成烷基苯磺酸钙清净剂的技术要求和试验方法**

| 项目 | | 质量指标 | | | | | 试验方法 |
|---|---|---|---|---|---|---|---|
| | | T104 | T105 | T106A | T106B | T107 | |
| 外观 | | 褐色透明液体 | 褐色透明液体 | 褐色透明液体 | 褐色透明液体 | 褐色透明液体 | 目测[a] |
| 密度（20℃）/（kg/m³） | | 920~1000 | 1005~1100 | 1100~1200 | 1100~1200 | 1150~1250 | GB/T13377 |
| 运动黏度（100℃）/（mm²/s） | 不大于 | 80 | 30 | 150 | 60 | 180 | GB/T 265 |
| 闪点（开口）/℃ | 不低于 | 180 | | | | | GB/T 3536 |
| 碱值/（mgKOH/g） | | 20~35 | 不小于 145 | 不小于 295 | 不小于 295 | 不小于 395 | SH/T 0251 |
| 钙质量分数/% | 不小于 | 2. 00 | 6. 65 | 11. 50 | 11. 50 | 14. 00 | SH/T 0297[b]、SH/T 0749 |
| 硫质量分数/% | 不小于 | 2. 00 | 1. 80 | 1. 25 | 1. 25 | 1. 20 | GB/T 388[c]、SH/T 0303、SH/T 0749 |
| 水分质量分数[d]/% | 不大于 | 0. 3 | | | | | GB/T 260 |
| 机械杂质质量分数/% | 不大于 | 0. 08 | | | | | GB/T 511 |
| 有效组分质量分数/% | 不小于 | 40 | 45 | 52 | 52 | 58 | SH/T 0034 |
| 浊度/NTU | 不大于 | 20 | 20 | 80 | 20 | 30 | NB/SH/T 0982 |

[a] 将样品注入 100mL 玻璃量筒中，在室温（20℃±5℃）下观察，应当透明。

[b] 有异议时，以 SH/T 0297 方法测定结果为准。

[c] 有异议时，以 GB/T 388 方法测定结果为准。

[d] 当上述磺酸钙用于船用油时，水分质量分数要求不大于 0. 1%。

ICS 75.100
G 39

SH

# 中华人民共和国石油化工行业标准

NB/SH/T 0927—2016

# 高活性聚异丁烯

## Highly reactive polyisobutylene

2016-12-05 发布

2017-05-01 实施

国家能源局 发布

# 前　言

本标准按照 GB/T 1.1—2009 给出的规则起草。

本标准由中国石油化工集团公司提出。

本标准由全国石油产品和润滑剂标准化技术委员会石油燃料和润滑剂分技术委员会（SAC/TC280/SC1）归口。

本标准负责起草单位：中国石油天然气股份有限公司吉林石化分公司、扬子石化-巴斯夫有限责任公司、山东鸿瑞新材料科技有限公司。

本标准主要起草人：刘洪禄、南春模、张正春、姜萌、王秀萍、王博、李鹤春、李国兰、史春岩、杨华、李茉、吴超、任旭帆、孙宝东、刘伟明、钱桂芳、顾启东、张毅鸿。

本标准为首次发布。

# 高活性聚异丁烯

**警告：如果不遵守适当的防范措施，本标准所属产品在生产、运输、装卸、贮运和使用等过程中可能存在危险。本标准无意对与本产品有关的所有安全问题提出建议。用户在使用本标准之前，有责任建立适当的安全和防范措施，并确定相关规章限制的适用性。**

## 1 范围

本标准规定了高活性聚异丁烯的产品分类和标记、要求和试验方法、检验规则，以及标志、包装、运输和贮存。

本标准适用于以异丁烯为单体连续聚合反应生产的高活性聚异丁烯。高活性聚异丁烯主要用于生产润滑油无灰分散剂、汽油清净剂、乳化炸药乳化剂等。

高活性聚异丁烯通常是指数均分子量为500~5000，$\alpha$-烯烃质量分数高于75%的低分子量聚异丁烯。

分子式：$(C_4H_8)_n$，$n=17\sim45$

结构式：$$\left[\mathrm{CH_2}-\underset{\mathrm{CH_3}}{\overset{\mathrm{CH_3}}{\mathrm{C}}}\right]_n \mathrm{CH_2}-\mathrm{C(CH_3)}=\mathrm{CH_2}$$

## 2 规范性引用文件

下列文件，其整体或部分正式地被本标准引用，也是不可或缺的。所引用的日期，仅使用所标明的日期，若有更新，则适用于更新后的版本（包括其任何的修改项）。

GB/T 191 包装储运图示标志

GB/T 265 石油产品运动黏度测定法和动力黏度计算法

GB/T 3143 液体化学产品颜色测定法（Hazen单位——铂-钴色号）

GB/T 3536 石油产品 闪点和燃点的测定 克利夫兰开口杯法

GB/T 6678 化工产品采样总则

GB/T 6680 液体化工产品采样通则

GB/T 13354 液态胶黏剂密度的测定方法 重量杯法

GB/T 21863 凝胶渗透色谱法（GPC）用四氢呋喃做淋洗液

GB/T 24131 生橡胶 挥发分含量的测定

SH 0164—92 石油产品包装、贮运及交货验收规则

## 3 产品分类和代号

本标准所属产品按数均分子量分为1000、1300和2300三个牌号。

## 4 要求和试验方法

### 4.1 高活性聚异丁烯技术要求及试验方法见表1

表1 高活性聚异丁烯技术要求及试验方法

| 项目 / 牌号 | 指标 | | | 试验方法 |
|---|---|---|---|---|
| | 1000 | 1300 | 2300 | |
| 外观 | 无色透明，无机械杂质的胶状物 | | | 目测[a] |
| 色度/（Hazen单位 铂-钴色号） | <70 | | | GB/T 3143 |
| 密度（20℃）/（$kg/m^3$） | 870~910 | | | GB/T 13354 |
| 运动黏度（100℃）/（$mm^2/s$） | 175~270 | 380~580 | 1400~1700 | GB/T 265 |
| 挥发分质量分数（105℃）/% | ≤2.00 | ≤1.50 | | GB/T24131[b] |
| 闪点/℃ | ≥200 | | | GB/T 3536 |
| 数均分子量 | 900~1150 | 1200~1600 | 1900~2500 | GB/T21863[c] |
| 分子量分布宽度指数 | ≤2.5 | | | GB/T21863[c] |
| α-烯烃质量分数/% | ≥80.0 | | ≥75.0 | 附录A[d] |

[a]将产品盛装在清洁、干燥的100 mL烧杯中，在室温（20℃±5℃）下直接观察。
[b] 烘箱B法，称取样品5 g~6 g（精确至0.1 mg）置于长64 mm，宽42 mm，高10 mm的铝盘中（或底面积相等、高相同的其他形状铝盘），在105℃±1℃下加热2 h。
[c] 以聚异丁烯为标准物质。
[d]α-烯烃质量分数测定也可以采用附录B方法，当出现数据争议时，以附录A方法为仲裁法。

## 5 检验规则

### 5.1 检验分类与检验项目

本产品分为出厂检验和型式检验。

#### 5.1.1 出厂检验

出厂批次检验项目：外观、色度、运动黏度、挥发分质量分数、闪点、数均分子量及分子量分布宽度指数。

在原材料、生产工艺没有发生可能影响产品质量变化时，出厂周期检验项目：密度、α-烯烃质量分数，检验周期为一个月。

#### 5.1.2 型式检验

型式检验项目为第4章表1规定的所有检验项目。

在下列情况下进行型式检验：

a）原料发生变化、加工工艺条件改变及检修后开工情况；

b）出厂批次检验或出厂周期检验结果与上次型式检验结果有较大差异；

c）合同规定；

d）质量技术监督部门提出要求时。

### 5.2 组批

在原材料、工艺不变的条件下，产品以每次包装的均匀产品为一批次。

### 5.3 取样

取样按 GB/T 6678、GB/T 6680 的规定进行，取 500 mL 作为检验和留样用。

### 5.4 判定规则

5.4.1 出厂检验结果全部符合表 1 的技术要求，则判定该批产品合格；如有不符合表 1 技术要求的规定时，按 GB/T 6678 、GB/T 6680 的规定自同批产品中重新抽取双倍量样品进行复检，复检结果如仍不符合本标准规定的技术要求时，则判定该批产品为不合格。

5.4.2 型式检验的结果应满足表 1 的所有技术要求，复检规则同出厂检验。

## 6 标志、包装、运输和贮存

### 6.1 标志

标志应符合 GB/T 191 的规定要求。

### 6.2 包装、运输、贮存及用户验收

包装、运输、贮存及用户验收应符合 SH 0164 规定要求。

# 附　录　A
# (规范性附录)
# 高活性聚异丁烯 α-烯烃质量分数测定
# (核磁法)

## A.1　方法概要

将一定量待测聚异丁烯样品溶解在氘代氯仿中，利用液体核磁共振波谱仪反转门控去耦碳谱技术对样品溶液进行常温扫描检测，对获得的烯碳区谱峰用面积归一化法定量。α-烯烃质量分数通过 α 型烯键峰积分面积占总烯键峰积分面积的百分比来确定。

## A.2　仪器

A.2.1　核磁共振波谱仪：400 M。

注：在实验室不具备 400 M 磁场设备的条件下，若可保证烯烃区化学位移（以 δ 表示，单位为 $\times 10^{-6}$，以下略）143.64 处信噪比大于 30，那么 200 M 以上的核磁共振波谱仪也可接受。

## A.3　仪器操作条件

A.3.1　$^{13}$C NMR 工作频率：SFO1：100.62 MHz；SFO2：400.13 MHz。

A.3.2　脉冲序列：zgig。

A.3.3　脉冲间隔时间（D1）：≥8 s。

A.3.4　探头型号：5 mm ATM BBO 探头。

A.3.5　探头温度：298 K±0.1 K。

## A.4　试剂和材料

A.4.1　溶剂：$CDCl_3$，99.8%（D），含有体积分数为 0.03%的 TMS。

A.4.2　核磁专用样品管：5 mm（外径），带管帽、转子。

A.4.3　电吹风：功率 1000 W（或以上）。

A.4.4　长嘴胶头滴管。

## A.5　分析步骤

A.5.1　用长嘴胶头滴管取约 0.3 mL 样品，注入到 5 mm 核磁专用样品管底部。

A.5.2　向核磁管内注入 1 安瓿（0.6 mL/安瓿）$CDCl_3$ 溶剂，盖好管帽，以电吹风对核磁管底部稍加热 2 min~3 min，使样品全部溶解为澄清透明溶液后，冷却至室温待测。

A.5.3　将盛有待测样品溶液的核磁管套入转子后，投放到磁体内。

A.5.4　在 Topspin 中调入反转门控去耦（zgig）脉冲序列及其相关参数。在参数界面中，设定谱宽（SWH）为 33 kHz，数据点（TD）为 64 K，脉冲间隔时间（D1）不小于 8 s，扫描次数（NS）不少于 5000，得到信噪比较高的谱图后，进行窗函数（efp）、相位（apk）和基线（abs）的自动化校正，最后对得到的谱图进行定量积分测定。

**A.5.5** 输出积分放大图与数据用于计算。谱图及定性结果见图 A.1。

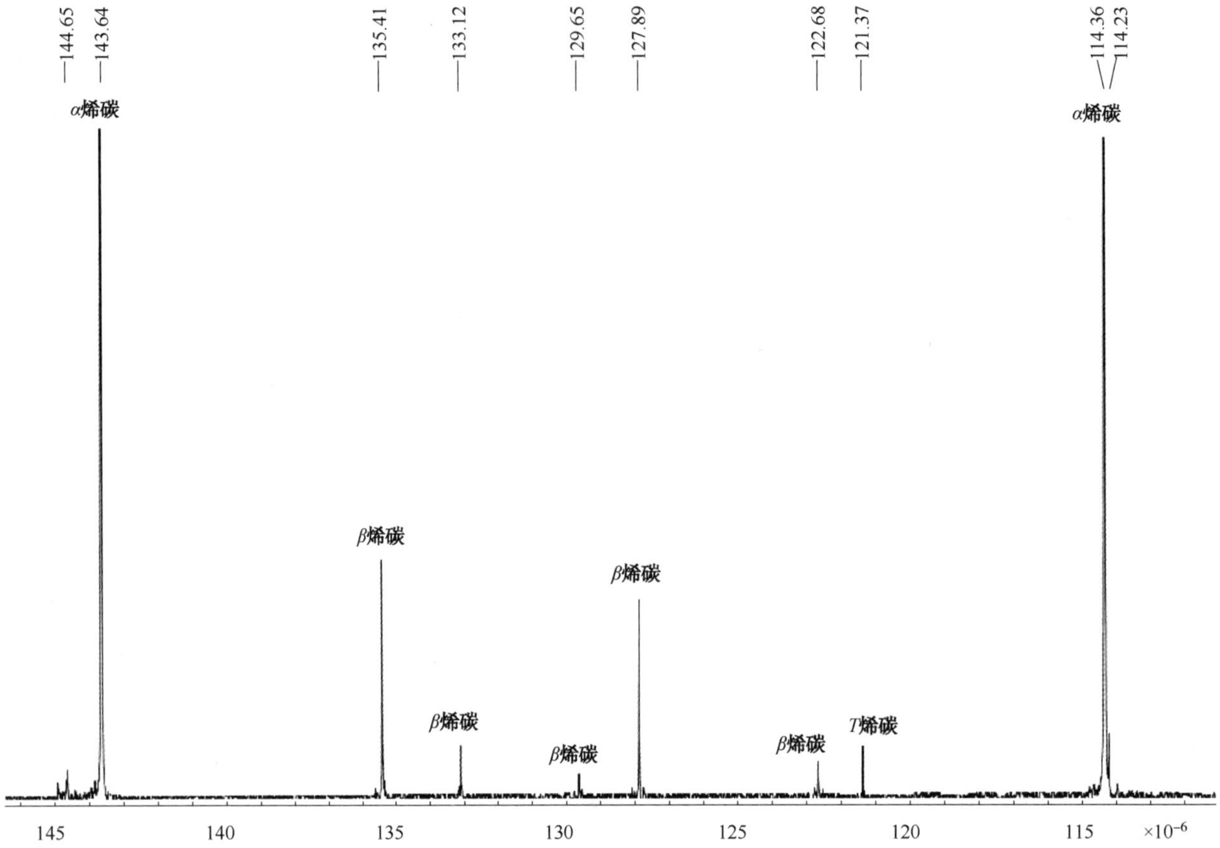


**图 A.1**

## A.6 结果计算

**A.6.1** 质量检测标准

a）由$^{13}$C NMR 谱峰相对积分面积计算，烯碳区（δ110.0~δ150.0）应检测出至少 4 条碳谱线（即下述的 b、c、d、e 条目对应的谱线，不同型号样品峰位略有偏差）。

b）δ143.64[(1)]：═C<（α 烯[(2)]），$S_{=CH-}=100.0$（C）[(3)]

c）δ114.36[(4)]：═$CH_2$（α 烯），$S_{=CH_2}\approx 100.0$（C）

d）δ135.41：═CH—（β 烯[(5)]），$S_{>C=}<20.0$（C）

e）δ127.89：═CH—（β 烯），$S_{>C=}<12.0$（C）

f）δ133.12：═CH—（β 烯），$S_{>C=}<6.0$（C）[(6)]

g）δ129.65：═CH—（β 烯），$S_{>C=}<6.0$（C）

h）δ122.68：═CH—（β 烯），$S_{>C=}<6.0$（C）

i）δ121.37：>C ═C<（T 烯[(7)]），$S_{C=C}<6.0$（C）

j）δ120.0~δ140.0：═CH—和═C<（非 α 烯），$S_{=CH-和=C<}<40.0$（C）

(1) 某些样品 δ145 左右也出 α 烯碳峰，即产品存在少量含 α 双键的同分异构体，计算时应考虑将其面积与 δ143.64 处的面积合并。

(2) 表示含端基亚乙基烯烃。

(3) 表示碳原子含量，其信号强度应与样品谱图对应。

(4) 某些样品 $\delta116\sim\delta117$ 左右也出 $\alpha$ 烯碳峰，计算时应考虑将其面积与 $\delta114.36$ 处的面积合并。

(5) 表示含端基偕甲基烯烃。

(6) f，g，h，i 条目对应的谱线某些样品可能无法全部或部分检出。

(7) 表示含四取代双键的烯烃。

A.6.2　$\alpha$-烯烃质量分数检测

a）取 $^{13}C$ NMR 定量谱 $\delta110.0\sim\delta150.0$ 区域，按 A.6.1 中的谱峰归属进行积分。

b）$^{13}C$ NMR$\alpha$-烯烃质量分数计算方法：

$$S_{\alpha}=S_{\delta143.64}+S_{\delta114.36}$$

$$S_{非\alpha}=S_{\delta120.0\sim\delta140.0}$$

$\alpha$-烯烃质量分数以 $w_{\alpha}$ 表示，数值以%表示，按式（A.1）计算：

$$w_{\alpha}=\frac{S_{\alpha}}{(S_{\alpha}+S_{非\alpha})}\times100 \qquad (A.1)$$

式中：

$S_{\alpha}$——$\alpha$ 型烯键积分面积；

$S_{非\alpha}$——非 $\alpha$ 型烯键积分面积。

c）由于测定时间较长，一般建议同一样品测定次数不超过两次。若进行两次平行实验，则最终测定结果取两次测定结果的平均值。在客户许可的情况下，单次测定结果也可以接受。计算结果按实际需要可保留 1 位~2 位小数。

## A.7　允许差

平行测定结果的差值小于 2%。

# 附 录 B
# (规范性附录)
# 高活性聚异丁烯 α-烯烃质量分数测定
# (气相色谱法)

## B.1 方法概要

聚异丁烯样品溶解在正己烷中，利用冷柱头进样技术进样，氢火焰离子化检测器检测，面积归一化法定量。α-烯烃质量分数通过带有 α-烯烃的碳 24 聚异丁烯峰与总碳 24 聚异丁烯峰的面积百分比来确定。

## B.2 仪器

**B.2.1** 气相色谱仪：带有 FID（氢火焰离子化检测器）和程序升温。
**B.2.2** 色谱柱：HP-5（5%-苯基）-甲基聚硅氧烷气相色谱柱，长度 30 m×直径 0.32 mm×膜厚 0.25 mm。
**B.2.3** 保护柱：CP8009，长度 2.5 m×直径 0.53 mm。
**B.2.4** 微量注射器：10 μL。
**B.2.5** 冷柱头进样系统。
**B.2.6** 色谱工作站。

## B.3 试剂和材料

**B.3.1** 氮气：体积分数不小于 99.99%。
**B.3.2** 氢气：体积分数不小于 99.99%。
**B.3.3** 空气：脱油，脱水，无腐蚀性杂质。
**B.3.4** 正己烷：分析纯。
**B.3.5** 碳 24 标准样品：分析纯。

## B.4 分析步骤

### B.4.1 色谱分析条件

本标准推荐的典型操作条件见表 B.1，典型色谱图见图 B.1。能达到同等分离效果的其他色谱柱和操作条件亦可使用。

**表 B.1　典型操作条件**

| | | |
|---|---|---|
| 进样口压力/bar | | 0.735 |
| 载气流量/（mL/min） | | 3（氮气） |
| 柱温 | 初温/℃ | 60 |
| | 初温保持时间/min | 0.1 |
| | 一阶升温速率/（℃/ min） | 40 |
| | 一阶终温/℃ | 110 |
| | 一阶终温保持时间/ min | 4 |
| | 二阶升温速率/（℃/ min） | 10 |
| | 二阶终温/℃ | 310 |
| | 二阶终温保持时间/ min | 35 |
| 检测器 | 检测器温度/℃ | 300 |
| | 氢气流量/（mL/min） | 40 |
| | 空气流量/（mL/min） | 400 |
| | 补充气流量/（mL/min） | 28（氮气） |
| 进样量/μL | | 0.2 |

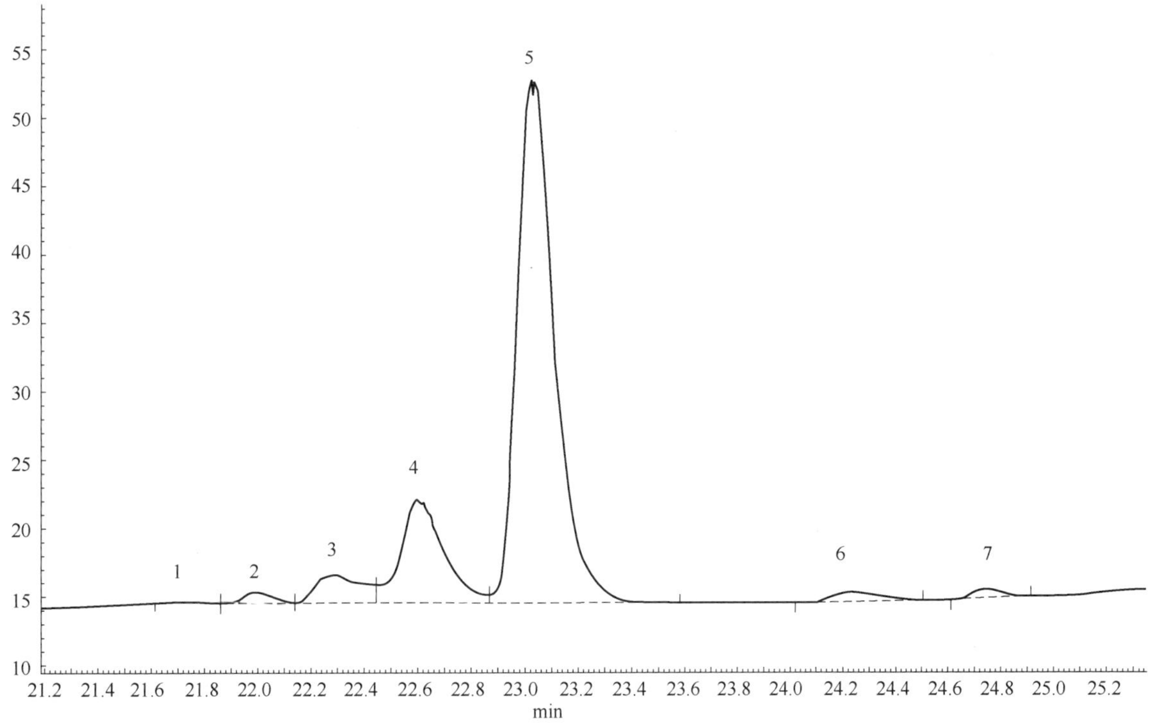


1、2、3、4、6、7—碳 24 聚异丁烯未知峰；5—带有 α-烯烃的碳 24 聚异丁烯

**图 B.1　典型色谱图**

## B.4.2　样品测定

在 2 mL 玻璃瓶中称取 0.04 g~0.06 g 样品，然后加 2 mL 正己烷，振荡、摇匀 15 min 以上，直到样品完全溶解。

在推荐的色谱操作条件下，使用微量注射器向色谱仪中注入 1 μL 样品，通过与标准品对照确定 α-烯烃的碳 24 聚异丁烯位置，面积归一化法定量。

## B.5 结果计算

α-烯烃质量分数以 $w$ 表示，数值以%表示，按式（B.1）计算：

$$w = \frac{A}{A + \sum A_i} \times 100 \qquad \text{(B.1)}$$

式中：

$A$——试样中带有 α-烯烃的碳 24 聚异丁烯的峰面积；

$\sum A_i$——试样中碳 24 聚异丁烯未知峰的面积之和。

## B.6 允许差

平行测定结果的差值小于 2.0%。

ICS 71.080.60
G 17

SH

# 中华人民共和国石油化工行业标准

NB/SH/T 0947—2017

# 汽油调合用甲基叔丁基醚

**Methyl tert-butyl ether for gasoline blending**

2017-12-27 发布　　　　2018-06-01 实施

国家能源局　发布

# 前　言

本标准按照 GB/T 1.1—2009 给出的规则起草。

本标准由中国石油化工集团公司提出。

本标准由全国石油产品和润滑剂标准化技术委员会石油燃料和润滑剂分技术委员会（SAC/TC280/SC1）归口。

本标准负责起草单位：中国石油化工股份有限公司上海石油化工研究院、中国石油化工股份有限公司石油化工科学研究院、中国石油天然气股份有限公司石油化工研究院、中海油惠州石化有限公司、中国石油化工股份有限公司金陵分公司、万华化学集团股份有限公司、山东石大胜华化工集团股份有限公司、中国石油天然气股份有限公司大连石化分公司。

本标准主要起草人：叶志良、王川、王慧宇、孙丽君、刘保民、栾郭宏、李庆、武同霞、邹立梅。

本标准为首次发布。

# 汽油调合用甲基叔丁基醚

**警告：如果不遵守适当的防范措施，本标准所属产品在生产、运输、装卸、贮运和使用等过程中可能存在危险。本标准无意对与本产品有关的所有安全问题提出建议。使用者有责任采用适当的安全和防范措施，并保证符合国家有关法规规定的条件。**

## 1 范围

本标准规定了汽油调合用甲基叔丁基醚（简称 MTBE）的产品分类、要求和试验方法、检验规则，以及标志、包装、运输、贮存和安全要求。本标准适用于作为汽油调合组分使用的甲基叔丁基醚。

## 2 规范性引用文件

下列文件对于本文件的应用是必不可少的。凡是注日期的引用文件，仅注日期的版本适用于本文件。凡是不注日期的引用文件，其最新版本（包括所有的修改单）适用于本文件。

GB 190 危险货物包装标志

GB/T 511 石油和石油产品及添加剂机械杂质测定法

GB/T 1884 原油和液体石油产品密度实验室测定法（密度计法）

GB/T 1885 石油计量表

GB/T 4756 石油液体手工取样法

GB/T 5096 石油产品铜片腐蚀试验法

GB/T 6283 化工产品中水分含量的测定 卡尔·费休法（通用方法）

GB/T 8017 石油产品蒸气压的测定 雷德法

GB/T 8019 燃料胶质含量的测定 喷射蒸发法

GB/T 11140 石油产品硫含量的测定 波长色散 X 射线荧光光谱法

GB 30000.7—2013 化学品分类和标签规范 第 7 部分：易燃液体

NB/SH/T 0842 汽油和柴油中硫含量的测定 单波长色散 X 射线荧光光谱法

SH 0164 石油产品包装、贮运及交货验收规则

SH/T 0246 轻质石油产品中水含量测定法（电量法）

SH/T 0253 轻质石油产品中总硫含量测定法（电量法）

SH/T 0604 原油和石油产品密度测定法（U 型振动管法）

SH/T 0689 轻质烃及发动机燃料和其他油品的总硫含量测定法（紫外荧光法）

SH/T 0794 石油产品蒸气压的测定 微量法

SH/T 1550 工业用甲基叔丁基醚（MTBE）纯度及杂质的测定 气相色谱法

## 3 产品分类

本标准所属产品按硫含量分为 S50 和 S10 两个牌号。

## 4 要求和试验方法

汽油调合用甲基叔丁基醚的技术要求和试验方法见表1。

表1 汽油调合用甲基叔丁基醚的技术要求和试验方法

| 项目 | | 质量指标 | | 试验方法 |
|---|---|---|---|---|
| | | S10 | S50 | |
| 外观 | | 无色透明液体 | | 目测[a] |
| 机械杂质[b] | | 无 | | GB/T 511 |
| 甲基叔丁基醚（质量分数）/% | 不小于 | 96.0 | | SH/T 1550 |
| 甲醇（质量分数）/% | 不大于 | 0.50 | | SH/T 1550 |
| 叔丁醇（质量分数）/% | | 报告 | | SH/T 1550 |
| 硫含量[c]/（mg/kg） | 不大于 | 10 | 50 | SH/T 0689 |
| 水含量[d]（质量分数）/% | 不大于 | 0.10 | | SH/T 0246 |
| 溶剂洗胶质含量/（mg/100mL） | 不大于 | 5 | | GB/T 8019 |
| 蒸气压[e]/kPa | 不大于 | 62 | | GB/T 8017 |
| 铜片腐蚀（50℃，3h）/级 | 不大于 | 1 | | GB/T 5096 |
| 密度（20℃）/（$kg/m^3$） | | 报告 | | GB/T1884 和 GB/T 1885<br>SH/T 0604 |

[a]将试样注入100mL具塞玻璃量筒中，在室温（20℃±5℃）下直接观察。

[b] 允许目测法，即将试样注入100mL具塞玻璃量筒中，在室温（20℃±5℃）下观察，应没有悬浮和沉降的机械杂质。在有异议时，以GB/T 511方法为准。

[c] 允许用GB/T 11140、SH/T 0253、NB/SH/T 0842进行测定，在有异议时，以SH/T 0689方法为准。

[d] 允许用GB/T 6283进行测定，在有异议时，以SH/T 0246方法为准。

[e] 允许用SH/T 0794进行测定，在有异议时，以GB/T 8017方法为准。

## 5 检验规则

### 5.1 检验分类与检验项目

本产品分为出厂检验和型式检验。

#### 5.1.1 出厂检验

出厂批次检验项目：外观、机械杂质、甲基叔丁基醚、甲醇、叔丁醇、硫含量、水含量、蒸气压、铜片腐蚀、密度。

在原材料、生产工艺没有发生可能影响产品质量变化时，出厂周期检验项目：溶剂洗胶质含量，检验周期为一个月。

5.1.2 型式检验

型式检验项目为第4章表1规定的所有检验项目。

在下列情况下进行型式检验：

a）原料发生变化、加工工艺条件改变及检修后开工情况；

b）出厂批次检验或出厂周期检验结果与上次型式检验结果有较大差异时。

5.2 组批

在原材料、工艺不变的条件下，产品每生产一罐或一釜为一批。

5.3 取样

按GB/T 4756进行，取3L作为检验和留样用。

5.4 判定规则

出厂检验的结果全部符合表1的技术要求时，则判定该批产品合格。

5.5 复检规则

如果出厂检验结果中有不符合表1技术要求的规定时，按GB/T 4756的规定自同批产品中重新抽取双倍量样品，对不合格项目进行复验，复检结果如仍不符合本标准规定的技术要求时，则判定该批产品为不合格。

## 6 标志、包装、运输和贮存

甲基叔丁基醚属于易燃液体，产品的标志、包装、运输、贮存及交货验收按SH 0164、GB 30000.7—2013和GB 190进行。

## 7 安全

甲基叔丁基醚属于易燃液体，其危险说明和防范说明见GB 30000.7—2013中附录D。

ICS 71.100.99
CCS G 75

# SH

# 中华人民共和国石油化工行业标准

NB/SH/T 6068—2022

# 用于催化裂化装置开工和补剂的平衡剂

**Equilibrium catalysts applied to catalytic cracking unit start-up or make-up**

2022-05-13 发布　　　　2022-11-13 实施

国家能源局　发布

# 前　言

本文件按照 GB/T 1.1—2020《标准化工作导则　第 1 部分：标准化文件的结构和起草规则》的规定起草。

请注意本文件的某些内容可能涉及专利。本文件的发布机构不承担识别专利的责任。

本文件由中国石油化工集团有限公司提出。

本文件由全国石油产品和润滑剂标准化技术委员会石油燃料和润滑剂分技术委员会（SAC/TC280/SC1）归口。

本文件起草单位：中国石油化工股份有限公司石油化工科学研究院、中国石油天然气股份有限公司炼油与化工分公司、中海油炼油化工科学研究院、中国石化催化剂有限公司、中国石油兰州石化分公司催化剂厂。

本文件主要起草人：陈妍、宋海涛、许明德、郭瑶庆、王鹏、杨砾、齐邦峰、石磊、王生吉、沈浩、张君屹。

# 用于催化裂化装置开工和补剂的平衡剂

**警示：如果不遵守适当的防范措施，本文件所属产品在生产、储运和使用等过程中可能存在危险。本文件无意对与本产品有关的所有安全问题提出建议。用户在使用本文件之前，有责任建立适当的安全和健康措施，并确定相关规章限制的适用性。**

## 1 范围

本文件规定了用于催化裂化装置开工和补剂的平衡剂的技术要求和试验方法、检验规则、标识、包装、运输和储存。

本文件适用于从催化裂化装置卸出、由所在企业厂区直接运至目标催化裂化装置所在企业厂区、并全部进入目标催化裂化装置作为开工剂或补剂的催化裂化平衡剂。

本文件不适用于经过任何第三方进行中转、物理或化学处理后，再应用于目标催化裂化装置开工或补剂的催化裂化平衡剂。

## 2 规范性引用文件

下列文件中的内容通过文中的规范性引用而构成本文件必不可少的条款。其中，注日期的引用文件，仅该日期对应的版本适用于本文件；不注日期的引用文件，其最新版本（包括所有的修改单）适用于本文件。

GB/T 4016　石油产品术语

HG/T 5594　石油炼制催化剂中碳和硫的测定　高频燃烧红外吸收法

NB/SH/T 0863　流化催化裂化催化剂中化学元素　X 射线荧光光谱法测定指南

NB/SH/T 0951　催化裂化催化剂粒度分布的测定　激光散射法

NB/SH/T 0952　催化裂化催化剂微反活性指数测定法

NB/SH/T 0953　催化裂化催化剂灼烧减量测定法

NB/SH/T 0954　催化裂化催化剂表观松密度测定法

NB/SH/T 0955　催化裂化催化剂孔体积测定　水滴法

NB/SH/T 0959　催化裂化催化剂比表面积的测定　静态氮吸附容量法

NB/SH/T 0960　催化裂化催化剂、助剂和吸附剂采样法

NB/SH/T 0964　催化裂化催化剂磨损指数的测定　直管法

## 3 术语和定义

GB/T 4016 界定的以及下列术语和定义适用于本文件。

3.1

**催化裂化　catalytic cracking**

在催化剂存在下使原料烃分子间的结合键断裂，进而使原料的烃组成平均分子量降低的过程。

［来源：GB/T 4016—2019，3.30.004，有修改］

3.2

**开工剂　catalytic cracking catalyst for start-up**

新建催化裂化装置开工时采用的催化裂化催化剂，或已投入生产的催化裂化装置停工后开工采用的催化裂化催化剂。

3.3

**补剂　catalytic cracking catalyst for make-up**

催化裂化装置中催化剂损耗量高于新鲜剂添加量时，除常规添加的新鲜剂之外需要另行补充的催化裂化催化剂。

3.4

**催化裂化平衡剂　catalytic cracking equilibrium catalyst**

在催化裂化装置反复循环过程中经过老化降活和损耗后，定期补充新鲜剂的同时，需要卸出的催化剂。

3.5

**目标催化裂化装置　target catalytic cracking unit**

采用其他催化裂化装置产生的平衡剂作为开工剂或补剂的催化裂化装置。

## 4　要求和试验方法

用于开工或补剂的催化裂化平衡剂的技术要求和试验方法应符合表1和表2的规定。

**表1　用于开工或补剂的催化裂化平衡剂一般技术要求和试验方法**

| 项　目 | 单　位 | 质量指标 | 试验方法 |
|---|---|---|---|
| 灼烧减量（质量分数） | % | ≤6.0 | NB/SH/T 0953 |
| 孔体积 | mL/g | ≥0.24 | NB/SH/T 0955 |
| 比表面积 | $m^2/g$ | ≥80 | NB/SH/T 0959 |
| 表观松密度 | g/mL | 0.75~0.95 | NB/SH/T 0954 |
| 碳含量（质量分数） | % | ≤0.1 | HG/T 5594 |
| 磨损指数 | %/h | ≤2.5 | NB/SH/T 0964 |
| 粒度分布 | | | NB/SH/T 0951 |
| 0 μm~20 μm（体积分数） | % | ≤0.5 | |
| 0 μm~40 μm（体积分数） | % | ≤18.0 | |
| 0 μm~149 μm（体积分数） | % | ≥90.0 | |
| 中位粒径 *D*（V，0.5） | μm | 65.0~85.0 | |
| 微反活性指数 | — | 50~75 | NB/SH/T 0952 |

表 2 用于开工或补剂的催化裂化平衡剂特定技术要求和试验方法

| 项 目 | 单 位 | 质量指标 | 试验方法 |
|---|---|---|---|
| 比表面积差值 | $m^2/g$ | ≥-15 | NB/SH/T 0959 |
| 铁（Fe）质量分数差值 | % | ≤0.3 | NB/SH/T 0863 |
| 镍（Ni）质量分数差值 | % | ≤0.3 | |
| 钒（V）质量分数差值 | % | ≤0.15 | |
| 钙（Ca）质量分数差值 | % | ≤0.2 | |
| 钠（Na）质量分数差值 | % | ≤0.1 | |
| 微反活性指数差值 | — | ≥-2 | NB/SH/T 0952 |

注：当催化裂化平衡剂用于目标催化裂化装置时，需要根据目标催化裂化装置的平衡剂需求性质对开工剂或补剂的金属含量和微反活性指数等指标进行特别规定。表中差值=催化裂化平衡剂产品性能值-目标催化裂化装置平衡剂性能值（或新建目标催化裂化装置平衡剂设计值）。

## 5 检验规则

### 5.1 检验分类和检验项目

### 5.1 出厂检验

出厂检验项目为表 1 和表 2 中规定的全部项目。

### 5.2 组批

从一个催化裂化装置的平衡剂罐同次卸出且批量不大于 30 t 的平衡剂组成一个检验批，或根据用户要求组批。

### 5.3 取样

按照 NB/SH/T 0960 的要求和程序取样，取样量应满足出厂检验和留样所需数量。

### 5.4 判定规则

出厂检验结果符合表 1 和表 2 规定的技术要求时，则判定该批产品合格。

### 5.5 复验规则

出厂检验结果中有不符合表 1 和表 2 中技术要求的情形时，则按 NB/SH/T 0960 的规定自同批产品中重新抽取双倍量样品，对不合格项目进行复验，复验结果如仍不符合表 1 和表 2 中技术要求，则判定该批产品为不合格。

## 6 标识、包装、运输和储存

本文件所属产品的标识可以表示为：FCC E-cat · 企业名称（或简称）· 装置编号（或简称）· 卸料年月日。

示例：

A 石化第二套催化裂化装置于 2019 年 11 月 18 日卸出的平衡剂，其标识可以为：

FCC E-cat · ASH · 二催 · 20191118。

将本文件所属产品从一个催化裂化装置卸出运输至另一个企业厂区的催化裂化装置的整个过程，应按照吨包袋或者密封槽车进行密封包装。

将本文件所属产品进行密封包装后，由所在企业厂区直接运至目标催化裂化装置所在企业厂区后，不可在目标催化裂化装置之外进行储存。

ICS 75.080
CCS E 61

中华人民共和国石油化工行业标准

NB/SH/T 6074—2023

# 柴油抗磨剂

**Lubricity additive for diesel fuels**

2023-02-06 发布 2023-08-06 实施

国家能源局 发布

# 目　次

# 前　言

本文件按照 GB/T 1.1—2020《标准化工作导则　第 1 部分：标准化文件的结构和起草规则》的规定起草。

请注意本文件的某些内容可能涉及专利。本文件的发布机构不承担识别专利的责任。

本文件由中国石油化工集团有限公司提出。

本文件由全国石油产品和润滑剂标准化技术委员会石油燃料和润滑剂分技术委员会（SAC/TC280/SC1）归口。

本文件起草单位：中国石油化工股份有限公司石油化工科学研究院。

本文件主要起草人：蔺建民、夏鑫、孔翠萍、李宝石、陶志平、李妍。

本文件为 2023 年首次发布。

# 柴油抗磨剂

警示：如果不遵守适当的防范措施，本文件所属产品在生产、储运和使用等过程中可能存在危险。本文件无意对本产品有关的所有安全问题提出建议。用户在使用本文件之前，有责任建立适当的安全和防范措施，并确定相关规章限制的适用性。

## 1 范围

本文件规定了柴油抗磨剂的分类、要求和试验方法、检验规则、标志、包装和储运。

本文件适用于车用柴油使用的抗磨剂。

注：车用柴油的定义见本文件 3.2。

## 2 规范性引用文件

下列文件中的内容通过文中的规范性引用而构成本文件必不可少的条款。其中，注日期的引用文件，仅该日期对应的版本适用于本文件；不注日期的引用文件，其最新版本（包括所有的修改单）适用于本文件。

GB/T 260 石油产品水含量的测定 蒸馏法

GB/T 261 闪点的测定 宾斯基-马丁闭口杯法

GB/T 264 石油产品酸值测定法

GB/T 265 石油产品运动粘度测定法和动力粘度计算法

GB/T 510 石油产品凝点测定法

GB/T 511 石油和石油产品及添加剂机械杂质测定法

GB/T 1884 原油和液体石油产品密度实验室测定法（密度计法）

GB/T 1885 石油计量表

GB/T 4016 石油产品术语

GB/T 4756 石油液体手工取样法

GB 5009.229 食品安全国家标准 食品中酸价的测定

GB/T 6680 液体化工产品采样通则

GB/T 6682 分析实验室用水规格和试验方法

GB/T 6986 石油产品浊点测定法

GB/T 7304 石油产品酸值的测定 电位滴定法

GB/T 11140 石油产品硫含量的测定 波长色散 X 射线荧光光谱法

GB/T 13377 原油和液体或固体石油产品 密度或相对密度的测定 毛细管塞比重瓶和带刻度双毛细管比重瓶法

GB/T 15687 动植物油脂 试样的制备

GB/T 17040 石油和石油产品中硫含量的测定 能量色散 X 射线荧光光谱法

GB/T 17476 使用过的润滑油中添加剂元素、磨损金属和污染物以及基础油中某些元素测定法（电感耦合等离子体发射光谱法）

GB/T 32859—2019　柴油清净剂
NB/SH/T 0164　石油及相关产品包装、储运及交货验收规则
NB/SH/T 0179　轻质石油产品浊点和结晶点测定法
SH/T 0604　原油和石油产品密度测定法（U 形振动管法）
SH/T 0765　柴油润滑性评定法（高频往复试验机法）
NB/SH/T 0831　生物柴油中脂肪酸甲酯及亚麻酸甲酯含量的测定　气相色谱法
NB/SH/T 0842　轻质液体燃料中硫含量的测定　单波长色散 X 射线荧光光谱法

## 3　术语和定义

GB/T 4016 界定的以及下列术语和定义适用于本文件。

3.1

**润滑性　lubricity**

产品除通过其本身的黏稠性外可减少磨损和摩擦的能力。

[来源：GB/T 4016—2019，2.05.116]

注：通过一个浸泡在试样中的静止钢片和一个与之接触的往复运动的钢球，在严格控制的条件下相互运动后，产生在钢球上的磨斑直径来测定。

3.2

**车用柴油　automotive diesel fuel**

汽车、农业机械、工程机械、内燃机车以及发电机组等压燃式发动机使用的柴油。

3.3

**柴油抗磨剂　lubricity additive**

可改善柴油润滑性能的添加剂，包括脂肪酸型、脂肪酸酯型等类型。

3.4

**脂肪酸型抗磨剂　fatty acid lubricity additive**

以 $C_{18}$ 不饱和脂肪酸为主要成分的柴油抗磨剂。

3.5

**脂肪酸酯型抗磨剂　fatty acid ester lubricity additive**

以 $C_{18}$ 不饱和脂肪酸酯为主要成分的柴油抗磨剂。

## 4　分类

本文件按照组成将柴油抗磨剂分为脂肪酸型抗磨剂和脂肪酸酯型抗磨剂两种类型。

## 5　要求和试验方法

脂肪酸型抗磨剂的技术要求和试验方法应符合表 1 的要求。

脂肪酸酯型抗磨剂的技术要求和试验方法应符合表 2 的要求。

表 1　脂肪酸型柴油抗磨剂的技术要求和试验方法

| 序号 | 项目 | 单位 | 质量指标 | 试验方法 |
|---|---|---|---|---|
| 1 | 酸值（以 KOH 计） | mg /g | 185～215 | GB/T 7304[a] |
| 2 | 凝点 | ℃ | ≤-12 | GB/T 510 |
| 3 | 浊点 | ℃ | ≤-8 | GB/T 6986[b] |
| 4 | 闪点（闭口） | ℃ | ≥160 | GB/T 261 |
| 5 | 密度（20℃） | $kg/m^3$ | 报告 | GB/T 13377[c] |
| 6 | 运动黏度（40℃） | $mm^2/s$ | 报告 | GB/T 265 |
| 7 | 硫含量 | mg/kg | ≤100 | NB/SH/T 0842[d] |
| 8 | 硅含量 | mg/kg | ≤15 | GB/T 17476 |
| 9 | 磷含量 | mg/kg | ≤15 | GB/T 17476 |
| 10 | 金属含量（Na+K+Mg+Ca+Zn+Fe）[e] | mg/kg | ≤50 | GB/T 17476 |
| 11 | 氯含量 | mg/kg | ≤15 | 附录 A |
| 12 | 饱和脂肪酸含量（质量分数） | % | ≤2.5 | NB/SH/T 0831[f] |
| 13 | 水分 | — | ≤痕迹 | GB/T 260 |
| 14 | 机械杂质 | — | 无 | 目测[g] |
| 15 | 抗磨性能[h]<br>润滑性，加剂柴油的平均磨斑直径（WSD，60℃） | μm | ≤460 | SH/T 0765 |

[a] 也可用 GB 5009.229、GB/T 264 进行测定，有争议时以 GB/T 7304 仲裁。

[b] 也可用 NB/SH/T 0179 进行测定，有争议时以 GB/T 6986 仲裁。

[c] 也可用 SH/T 0604、GB/T 1884 和 GB/T 1885 进行测定。

[d] 也可用 GB/T 11140、GB/T 17040 进行测定，有争议时以 NB/SH/T 0842 仲裁。

[e] 金属含量为 Na、K、Mg、Ca、Zn 和 Fe 含量的加和，当某一金属含量值小于 1mg/kg 时，以 1mg/kg 计。

[f] 用附录 B 三氟化硼法进行甲酯化，以归一法进行定量计算。

[g] 将试样注入 100mL 玻璃量筒中，在室温（20℃±5℃）下观察，应没有悬浮和沉降的机械杂质。结果有争议时，按 GB/T 511 方法测定。

[h] 空白柴油应为不含抗磨剂的柴油，空白柴油的磨斑直径应为 650μm±35μm，加剂量不超过 200mg/kg。

表 2　脂肪酸酯型柴油抗磨剂的技术要求和试验方法

| 序号 | 项目 | 单位 | 质量指标 | 试验方法 |
|---|---|---|---|---|
| 1 | 酸值（以 KOH 计） | mg/g | ≤1 | GB/T 7304[a] |
| 2 | 凝点 | ℃ | ≤-16 | GB/T 510 |
| 3 | 闪点（闭口） | ℃ | ≥160 | GB/T 261 |
| 4 | 密度（20℃） | $kg/m^3$ | 报告 | GB/T 13377[b] |
| 5 | 运动黏度（40℃） | $mm^2/s$ | 报告 | GB/T 265 |
| 6 | 硫含量 | mg/kg | ≤100 | NB/SH/T 0842[c] |
| 7 | 硅含量 | mg/kg | ≤15 | GB/T 17476 |
| 8 | 磷含量 | mg/kg | ≤15 | GB/T 17476 |

表 2　脂肪酸酯型柴油抗磨剂的技术要求和试验方法（续）

| 序号 | 项目 | 单位 | 质量指标 | 试验方法 |
|---|---|---|---|---|
| 9 | 金属含量（Na+K+Mg+Ca+Zn+Fe）[d] | mg/kg | ≤50 | GB/T 17476 |
| 10 | 氯含量 | mg/kg | ≤15 | 附录 A |
| 11 | 饱和脂肪酸含量（质量分数） | % | ≤2.5 | NB/SH/T 0831[e] |
| 12 | 水分 | — | ≤痕迹 | GB/T 260 |
| 13 | 机械杂质 | — | 无 | 目测[f] |
| 14 | 游离甘油含量（质量分数） | % | ≤0.5 | 附录 C |
| 15 | 加剂柴油破乳性，水层体积 | mL | ≥18 | GB/T 32859 附录 B |
| 16 | 抗磨性能[g]<br>润滑性，加剂柴油的平均磨斑直径（WSD，60℃） | μm | ≤460 | SH/T 0765 |

[a] 也可用 GB 5009.229、GB/T 264 进行测定，有争议时以 GB/T 7304 仲裁。

[b] 也可用 SH/T 0604、GB/T 1884 和 GB/T 1885 进行测定。

[c] 也可用 GB/T 11140、GB/T 17040 进行测定，有争议时以 NB/SH/T 0842 仲裁。

[d] 金属含量为 Na、K、Mg、Ca、Zn 和 Fe 含量的加和，当某一金属含量值小于 1mg/kg 时，以 1mg/kg 计。

[e] 用附录 B 酯交换法或三氟化硼法进行甲酯化，以归一法进行定量计算。

[f] 将试样注入 100mL 玻璃量筒中，在室温（20℃±5℃）下观察，应没有悬浮和沉降的机械杂质。结果有争议时，按 GB/T 511 方法测定。

[g] 空白柴油应为不含抗磨剂的柴油，空白柴油的磨斑直径应为 650μm±35μm，加剂量不超过 200mg/kg。

## 6　检验规则

### 6.1　出厂批次检验

脂肪酸型抗磨剂的出厂批次检验项目为表 1 规定的全部项目，脂肪酸酯型抗磨剂的出厂批次检验项目为表 2 规定的全部项目。

### 6.2　组批

在原材料和生产工艺不变的条件下，每生产一罐或釜为一批，或以一储槽、一槽车为一批。

### 6.3　采样

采样按 GB/T 4756 或 GB/T 6680 进行，取 2L 作为检验和留样用。

### 6.4　判定规则

当脂肪酸型柴油抗磨剂出厂检验结果全部符合表 1 的技术要求时，则判定该批次产品合格。当脂肪酸酯型柴油抗磨剂出厂检验结果全部符合表 2 的技术要求时，则判定该批次产品合格。

### 6.5　复验规则

脂肪酸型柴油抗磨剂和脂肪酸酯型柴油抗磨剂出厂检验结果中当有不符合相应的表 1 或表 2 中技术要求的情形时，则按 GB/T 4756 或 GB/T 6680 的规定自同批产品中重新抽取双倍量样品，对不符合项目进行复验，复验结果如仍不符合技术要求，则判定该批产品为不合格。

## 7　标志、包装、储运

标志、包装、储运及交货验收按 NB/SH/T 0164 进行。

# 附 录 A
# （规范性）
# 柴油抗磨剂中总氯含量的测定　微库仑法

## A.1　方法概要

在室温下将已知质量的试样放入样品舟中，由进样器将盛有试样的样品舟送至高温燃烧管，在高温、富氧条件下氯转化为氯化氢（HCl）气体。燃烧后的生成气由载气携带进入滴定池，氯离子（$Cl^-$）与滴定池内电解液中的银离子（$Ag^+$）发生沉淀反应 （$Ag^++Cl^-\rightarrow AgCl\downarrow$），消耗的 $Ag^+$ 通过电解电极对电解补充。通过测定补充 $Ag^+$ 所消耗的电量，根据法拉第电解定律，即可得知试样中的总氯含量。

## A.2　干扰

**A.2.1**　不适用于硫、氮含量大于氯含量 10000 倍的抗磨剂产品。
**A.2.2**　试样中如果存在溴和碘，则溴和碘也将以氯的形式被计算在结果中。但是，氟不会被计算到结果中。

## A.3　试剂

**A.3.1**　载气：氩气或氦气，纯度（体积分数）大于 99.6%。
**A.3.2**　氧气：纯度（体积分数）大于 99.6%。
**A.3.3**　水：符合 GB/T 6682 中三级水的要求。
**A.3.4**　冰醋酸：分析纯。
**A.3.5**　浓硫酸：优级纯。
**A.3.6**　重油氯含量测定用标准样品。

注：可使用市售的与试样的氯含量相近的重油标样。

**A.3.7**　参考液：按照仪器制造厂商推荐的要求配制，或者从仪器厂商处购置。

注：参考液加入在参考电极中。

## A.4　仪器及设备

**A.4.1**　舟进样系统：包括进样管、自动进样器和冷却模块。
**A.4.1.1**　进样管：石英材质。包括样品注射口、载气入口支管和样品舟组成。样品注射口可用磨口或硅橡胶垫密封；载气由进样管尾端向前端进行吹扫；样品舟由石英制成，能装载称量试样用的小石英舟。
**A.4.1.2**　自动进样器：能将样品舟完全推至燃烧管的燃烧部位；舟进样器的进样速度可以调节，但进样速度确定后，必须保证每次样品舟的进样速度一致。
**A.4.1.3**　冷却模块：电子制冷或冷却水制冷，能快速地将从高温裂解管中退回的样品舟的温度降至室温。
**A.4.2**　裂解炉：控制在一个恒定的温度下，能将试样中的氯全部转化为氯化氢。
**A.4.3**　裂解管：石英材质。样品舟能从裂解管入口端进入；燃烧管必须有引入氧气的支管，载气吹扫燃烧管入口区，可将挥发的试样全部带到高温氧化区；燃烧管应有足够的容积，以确保试样完全燃烧。

**A.4.4** 滴定池：内有指示电极对和电解电极对，以及磁力搅拌子。

**A.4.5** 微库仑计：用于测量参比-测量电极对电位差，并将该电位差与给定偏压进行比较，放大此差值至电解电极对产生电流，微库仑计输出电压信号与电解电流成正比。

**A.4.6** 加热弯管：将裂解管和干燥管相连接的可被加热的装置，主要是防止试样燃烧后生成的水冷凝。

**A.4.7** 干燥管：与加热管末端相连。内装浓硫酸，主要用于去除试样燃烧后生成的水分。

**A.4.8** 小石英舟：石英材质。用于称量试样，并且能将其放在进样管中的样品舟内，同时随样品舟进入裂解管。

**A.4.9** 搅拌器或者搅拌棒：使试样充分地搅拌。

**A.4.10** 铲子：能将试样放到小石英舟内。

**A.4.11** 天平：精度为 0.001mg。

**A.4.12** 镊子。

## A.5 准备工作

### A.5.1 电解液配制

配制体积分数为 75%的冰醋酸溶液，此溶液是氯含量测定用电解液。

### A.5.2 仪器准备

**A.5.2.1** 打开电脑和仪器总开关，并进入仪器软件。

**A.5.2.2** 按照仪器操作手册反复冲洗滴定池。将滴定池放置于仪器滴定单元的池座上，连接各个电极线，打开搅拌器，并对滴定池进行调试。

**A.5.2.3** 按照仪器操作手册连接进样系统、裂解管、加热管、干燥管和滴定池。

**A.5.2.4** 连接气路，调节气体流速。

**A.5.2.5** 检漏。按照仪器操作手册中的方法进行漏气检查。

**A.5.2.6** 按照仪器操作手册要求设置温度、电压和增益等参数。

## A.6 操作步骤

### A.6.1 校准

**A.6.1.1** 分析待测试样前，需用与待测试样氯含量相近的标准样品对仪器进行校正。

注：每次开机都需要用标准样品校准仪器，并且所选标准样品浓度要接近待测试样的浓度。

**A.6.1.2** 将称量所使用的小石英舟放到进样管的样品舟内，再一起推至裂解管的高温区，数分钟后退出。在冷却模块上停留数分钟，直至样品舟冷却至室温取出待用。

**A.6.1.3** 使用天平称量标准样品，准确至 0.001mg。

**A.6.1.4** 用镊子将称有试样的小石英舟放到样品舟上，用自动进样器将样品舟以一定的速度推至裂解管高温区中。

**A.6.1.5** 测定完毕仔细观察石英裂解管、加热管、干燥管及滴定池中是否有积炭生成，如果有积炭生成，可以通过降低进样速度、减少进样体积和增大氧气流量等方法进行调节。

**A.6.1.6** 标准样品至少重复测定三次。

**A.6.1.7** 标准样品的回收率应大于 80%，否则需要重新处理滴定池，调节气体流量或仪器其他参数。

### A.6.2 测定样品

A.6.2.1 按 A.6.1.3～A.6.1.5 操作步骤称量试样，并进行测定，记录微库仑计读数。
A.6.2.2 测定试样时，仪器操作条件与标准样品分析时保持一致。试样的进样体积也尽量与标准样品的进样体积一致，或者尽量与标准试样的微库仑计读数接近。

## A.7 计算

试样中总氯含量 $c$（mg/kg）按式（A.1）计算：

$$c = \frac{m}{w \cdot F} \qquad \text{(A.1)}$$

式中：
$m$——微库仑计滴定出的氯含量，单位为纳克（ng）；
$w$——称量试样的质量，单位为毫克（mg）；
$F$——标准溶液的回收率，%；

## A.8 精密度

### A.8.1 重复性

同一实验室、同一操作者、使用同一台仪器、按照相同的方法、对同一试样连续测得的两个试验结果之差不应超过表 A.1 的要求。

**表 A.1 重复性要求**

| 氯含量/（mg/kg） | 重复性/（mg/kg） |
| --- | --- |
| ≤10.0 | 0.5 |
| >10.0 | $m$×10% |
| 注：$m$—两个重复测试结果的算术平均值。 | |

# 附　录　B
（规范性）
柴油抗磨剂中脂肪酸转化为脂肪酸甲酯的制备方法

警示：本方法的使用可能涉及某些有危险的材料、操作及设备，但并未对所有的安全问题都提出建议。因此，用户在使用本方法前应建立适当的安全防护措施，并确定相关规章限制的适用性。

## B.1　方法概要

B.1.1　三氟化硼法：将柴油抗磨剂中的脂肪酸及其脂肪酸盐与三氟化硼反应甲酯化。

B.1.2　酯交换法：将柴油抗磨剂溶解在异辛烷中，加入氢氧化钾溶液通过酯交换甲酯化。反应完全后，用硫酸氢钠中和剩余氢氧化钾，以避免甲酯皂化。

## B.2　三氟化硼法

B.2.1　仪器

B.2.1.1　三氟化硼法制脂肪酸甲酯的反应装置如图 B.1 所示。

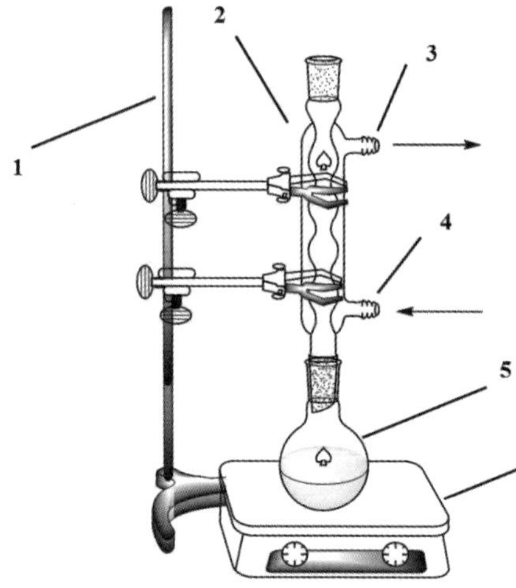


标引序号说明：

1——铁架台；

2——回流冷凝器

3——出水口；

4——进水口；

5——磨口烧瓶；

6——加热器。

图 B.1　三氟化硼法制脂肪酸甲酯反应装置

注：该装置仅供参考。

B.2.1.2　磨口烧瓶：50mL，具塞。

B.2.1.3　回流冷凝器：有效长度 200mm～300mm，具有与磨口烧瓶（B.2.1.2）配合的磨口接头。

B.2.1.4　沸石：脱脂。

B.2.1.5　移液管或自动加液器：至少 10mL。

B.2.1.6　玻璃瓶：具螺旋盖，容量至少 4mL。

B.2.1.7　分液漏斗：250mL，用于脂肪酸甲酯制备。

B.2.1.8　分析天平：分度值至少为 0.001g。

B.2.2　试剂

除非另有规定，仅使用分析纯试剂。

B.2.2.1　水：应符合 GB/T 6682 中三级水的要求。

B.2.2.2　三氟化硼甲醇溶液：质量分数 12%～15%。

注：在气相色谱中，某些试剂在谱图中可能会产生一些不可预见的峰。特别是经过长时间储存，三氟化硼甲醇溶液会生成一些组分影响 $C_{20}$～$C_{22}$ 脂肪酸区域的出峰。因此，每批新试剂或溶剂都应制备纯油酸的甲酯，并进行色谱分析。如有额外峰出现，则这批试剂应当舍弃。

B.2.2.3　异辛烷（2,2,4-三甲基戊烷）：色谱纯。

**警告：异辛烷易燃易爆，在空气中的爆炸极限为 1.1%～6.0%（体积分数）。异辛烷有毒，不要误食或吸入，操作应在通风橱中进行。**

B.2.2.4　氯化钠：饱和水溶液。

B.2.2.5　无水硫酸钠。

B.2.2.6　2,6-二叔丁基对甲酚（BHT）溶液，浓度为 0.05g/L。

B.2.2.7　氮气：含氧量低于 5mg/kg。

B.2.2.8　正己烷：色谱纯。

注：仅用于脂肪酸甲酯制备。

B.2.3　准备工作

B.2.3.1　三氟化硼甲醇溶液的制备

在 2L 烧瓶中加入 1L 甲醇溶液，称取质量后放在冰水浴中冷却。保持烧瓶在冰水浴中，让钢瓶中的三氟化硼通过玻璃管导入甲醇溶液中，配制质量分数为 12%～15%的三氟化硼甲醇溶液。为避免液体回流到气体系统，在玻璃管浸入甲醇溶液之前至移去为止，都应通以三氟化硼气体。气体流速不能太大，不能产生白烟。

该试剂可在冰箱内保存 2 年。

**警告：三氟化硼有毒，操作在通风橱中进行。**

注：可选购质量分数为 14%的市售三氟化硼甲醇溶液。

B.2.3.2　试样准备

试样应为液体且无水、透明。如需要加热样品，则采用刚好高于熔点的温度。

B.2.4　取样

除另有规定外，取样应按照 GB/T 4756 进行。

B.2.5　试验步骤

**警告：三氟化硼有毒，以下操作需在通风橱里进行，玻璃器具用后，应立即用水冲洗。**

B.2.5.1　试样

将试样置于磨口烧瓶（B.2.1.2）中，加入沸石（B.2.1.4）。根据所需样品试样量（见表 B.1），加入适量的三氟化硼甲醇溶液（B.2.2.2），然后接回流冷凝器（B.2.1.3）。

表 B.1　试样称取量

| 试样质量/mg | 磨口烧瓶（B.2.1.2）/mL | 三氟化硼甲醇溶液（B.2.2.2）/mL | 溶剂（B.2.2.3）或（B.2.2.8）/mL |
|---|---|---|---|
| 100～250 | 50 | 5 | 1～3 |
| 250～500 | 50 | 7 | 2～5 |

**B**.2.5.2　甲酯溶液制备（主要用于气相色谱分析）

**B**.2.5.2.1　煮沸 3min。

注：如果是存在两个以上双键的脂肪酸，在回流前，迅速向烧瓶中导入几分钟干燥氮气（B.2.2.7），将空气排掉。

**B**.2.5.2.2　从回流冷凝器（B.2.1.3）顶部加入适量的异辛烷（B.2.2.3）或正己烷（B.2.2.8）于沸腾的混合溶液里。

**B**.2.5.2.3　取下回流冷凝器(B.2.1.3)，拿出磨口烧瓶(B.2.1.2)。立即加入 20mL 氯化钠溶液(B.2.2.4)。塞住烧瓶，剧烈振摇至少 15s。

**B**.2.5.2.4　继续加入氯化钠溶液（B.2.2.4）至磨口烧瓶（B.2.1.2）顶部，静置分层。

**B**.2.5.2.5　吸取 1mL～2mL 上层异辛烷（B.2.2.3）或正己烷（B.2.2.8）溶液于玻璃瓶（B.2.1.6）中，加入适量无水硫酸钠（B.2.2.5）去除溶液中痕量的水，并按照以下几种方式注入气相色谱仪：

a）直接注入填充柱；

若储存时间较长，可添加一定浓度而不会干扰分析结果的抗氧化剂来防止甲酯自动氧化。

注 1：可使用 0.05g/L 的 2,6-二叔丁基对甲酚（BHT）溶液（B.2.2.6）作为抗氧化剂。

注 2：所制备的甲酯应尽快分析。可将甲酯溶液在氮气（B.2.2.7）保护下储存在冰箱中。

b）先用异辛烷（B.2.2.3）适度稀释再注入毛细管柱。

注：脂肪酸甲酯应立即分析。若有必要，在氮气（B.2.2.7）保护下可在冰箱内保存 24h，或在真空密封管内于冷藏库中储存更长时间。

## B.3　酯交换法

**B**.3.1　仪器

**B**.3.1.1　试管：5mL，具磨口玻璃塞。

**B**.3.1.2　移液管或移液器：4mL。

**B**.3.1.3　微量移液管：200μL。

**B**.3.1.4　玻璃瓶：具螺旋盖，至少 4mL。

**B**.3.1.5　容量瓶：50mL 和 100mL。

**B**.3.2　试剂

除非另有规定，仅使用分析纯试剂。

**B**.3.2.1　氢氧化钾甲醇溶液：约 2mol/L。将 13.1g 氢氧化钾溶于 100mL 无水甲醇中，可轻微加热，加入无水硫酸钠干燥，过滤，即得澄清溶液。溶液储存一段时间后，可能会形成少量沉淀，用上清液测定不影响使用。

**警告：氢氧化钾溶液有毒。**

**B**.3.2.2　异辛烷（2,2,4-三甲基戊烷），色谱纯。

**B**.3.2.3　硫酸氢钠。

**B**.3.2.4　2,6-二叔丁基对甲酚（BHT）溶液，浓度为 0.05g/L。

**B**.3.2.5　氮气：含氧量低于 5mg/kg。

**B**.3.3　试样制备

试样应为液体且无水、透明，按照 GB/T 15687 制备试样。如需加热样品，则采用刚好高于熔点的温度。

**B.3.4** 试验步骤

**B.3.4.1** 试样

称取试样 60mg 至具塞试管（B.3.1.1）中，精确至 0.1mg。

**B.3.4.2** 甲酯制备

**B.3.4.2.1** 用移液管或移液器（B.3.1.2）移取 4mL 异辛烷（B.3.2.2）溶解试样，必要时可以微微加热使试样溶解。

**B.3.4.2.2** 用微量移液管（B.3.1.3）加入 200μL 氢氧化钾甲醇溶液（B.3.2.1），改善玻璃塞猛烈振摇 30s 后静置至澄清。

**B.3.4.2.3** 向溶液中加入约 1g 硫酸氢钠（B.3.2.3），猛烈振摇，中和氢氧化钾。

**B.3.4.2.4** 待盐沉淀后，将含有甲酯的上层溶液倒入 4mL 玻璃瓶（B.3.1.4）中，得到的异辛烷（B.3.2.2）溶液中甲酯含量约为 15mg/mL，并按照以下几种方法注入气相色谱仪：

a）直接取一定量注入填充柱；

若储存时间较长，可添加一定浓度而不会干扰分析结果的抗氧化剂来防止甲酯自动氧化。

注 1：抗氧化剂可使用 0.05g/L 的 2,6-二叔丁基对甲酚（BHT）溶液（B.3.2.4）。

注 2：所制备的甲酯应尽快分析。可将甲酯溶液在氮气（B.3.2.5）保护下储存在冰箱中。

b）先用异辛烷（B.3.2.3）适度稀释再注入毛细管柱。

注：脂肪酸甲酯应立即分析。若有必要，在氮气（C.3.2.5）保护下可在冰箱内保存 24h，或在真空密封管内于冷藏库中储存更长时间。

# 附 录 C
（规范性）
脂肪酸酯型抗磨剂中游离甘油含量的测定 气相色谱法

## C.1 方法概要

将样品用四氢呋喃稀释一定倍数后，经 *N*-甲基-*N*-三甲基硅烷基三氟乙酰胺（MSTFA）硅烷化后，引入配有冷柱头进样口、非极性色谱柱和火焰离子化检测器的气相色谱系统中，试样中的游离甘油与其他组分实现分离，采用内标法定量。

## C.2 试剂与材料

C.2.1 试剂
C.2.1.1 四氢呋喃：分析纯，脱水干燥处理。
C.2.1.2 正庚烷：分析纯。
C.2.1.3 *N*-甲基-*N*-三甲基硅烷基三氟乙酰胺（MSTFA）：分析纯。
C.2.1.4 1,2,4-丁三醇：色谱纯。
C.2.1.5 甘油：色谱纯。
C.2.2 材料
C.2.2.1 氮气：纯度（体积分数）大于 99.9%。净化载气使用分子筛或其他的吸附剂去除水分、氧气和烃类杂质。氮气作为检测器补充气。

**警告：高压压缩气体。**

C.2.2.2 氢气，纯度（体积分数）不低于 99.99%，不含水和有机化合物。氢气作为检测器燃气。

**警告：高压下易燃。**

C.2.2.3 空气，干燥空气，不含有机化合物。空气作为火焰离子化检测器（FID）助燃气。

**警告：高压压缩气体，助燃。**

C.2.2.4 容量瓶：25mL，50mL。
C.2.2.5 微量注射器：10μL，100μL。
C.2.2.6 带盖样品瓶：带聚四氟乙烯密封垫，容量 2mL，10mL。

## C.3 仪器

C.3.1 气相色谱仪：配有冷柱头柱上进样口、能实现程序升温功能的色谱炉箱和火焰离子化检测器（FID）的色谱仪。
C.3.2 记录系统：积分仪或色谱数据处理工作站。可对采集的信号进行积分处理，能够实现实时绘图和色谱数据转换，自动积分测量色谱峰的面积和保留时间。
C.3.3 色谱柱：柱长 15m、内径 0.53mm、液膜厚度 0.15μm、固定相为 100%二甲基聚硅氧烷的不锈钢毛细管柱，柱子的最高使用温度可达到 400℃。

## C.4 准备工作

C.4.1 仪器准备

C.4.1.1 按照仪器说明安装色谱柱。

C.4.1.2 按照仪器厂家说明老化色谱柱至基线稳定。

C.4.1.3 色谱柱老化完成后，将色谱柱出口与检测器相连接。对系统检漏，采取措施消除发现的漏点。在开始试验前，重新对系统进行检漏。

C.4.2 色谱条件

C.4.2.1 开启色谱仪，进行调节以达到表C.1所示的分析条件。

表C.1 色谱仪分析条件

| 项目 | 分析条件 |
|---|---|
| 检测气补充气 | 氮气，流速3mL/min |
| 柱温 | 初始70℃保持1 min，以15℃/min的速率升至190℃，以7℃/min的速率升至260℃，以30℃/min的速率升至380℃，保持10min |
| 检测器 | |
| 检测器温度 | 380℃ |
| 检测器燃气（氢气）流速 | 30mL/min |
| 助燃气（空气）流速 | 350mL/min |
| 补偿气（氮气）流速 | 25mL/min |
| 进样口 | 冷柱头柱上进样，初温73℃，追踪炉温，进样量1μL |

C.4.2.2 色谱仪达到上述分析条件并稳定后，即可进行分析测试。

## C.5 校正和标准化

C.5.1 校正标样的制备

按要求制备表C.2所列的标样，直接在容量瓶中称取纯组分的质量，精确至0.1mg，用四氢呋喃（C.2.1.1）稀释至刻度，配好的标准溶液置于冰箱中保存备用。

表C.2 单组分储备溶液

| 化合物 | CA索引 | 称量质量/mg | 稀释体积/mL |
|---|---|---|---|
| 甘油 | 56-81-5 | 25 | 50 |
| （S）-（-）1,2,4-丁三醇（内标） | 42890-76-6 | 25 | 25 |

C.5.2 内标校正曲线的建立

分别用微量注射器（C.2.2.5）准确移取上述所配制的游离甘油标样10μL，30μL，50μL，70μL，100μL于10mL带盖样品瓶（C.2.2.6）中，分别准确加入以上1,2,4-丁三醇（C.2.1.4）标准溶液100μL混匀。再向各混合标准溶液中分别加入100μL的*N*-甲基-*N*-三甲基硅烷基三氟乙酰胺（MSTFA）（C.2.1.3），盖上瓶盖摇动，然后在室温下静置15min～20min，向样品瓶中加入约4mL的正庚烷（C.2.1.2），摇匀备用。

校正标样的测定采用与样品测定相同的色谱条件。取一定量的混合溶液于2mL带盖样品瓶（C.2.2.6）中进样分析。待仪器稳定、基线平直后，针对上述配制的混合液，按浓度从小到大依次进行色谱分析。将测定得到的游离甘油（C.2.1.5）标样与1,2,4-丁三醇（C.2.1.4）标样的色谱峰面积比值作为横坐标，游离甘油（C.2.1.5）标样与1,2,4-丁三醇（C.2.1.4）标样的质量浓度比值为纵坐标绘制样品校正曲线，并记录校正曲线的斜率和截距。校正曲线方程由式（C.1）表示：

$$\frac{W_g}{W_s}=a\times\frac{A_g}{A_s}+b \quad \cdots\cdots\cdots\cdots (C.1)$$

式中：

$W_g$——游离甘油的质量，单位为毫克（mg）；

$W_s$——1,2,4-丁三醇的质量，单位为毫克（mg）；

$a$——校正曲线方程的斜率；

$b$——校正曲线方程的截距；

$A_g$——游离甘油的色谱峰面积；

$A_s$——1,2,4-丁三醇的色谱峰面积。

## C.6 试验步骤

**C.6.1** 将待测样品用干燥处理过的四氢呋喃溶剂以质量比稀释10倍。

注：建议称取样品量不低于0.2g。

**C.6.2** 按照C.4.2中给出的条件设定仪器参数。直接在10mL样品瓶中称取约100mg稀释后的样品（精确至0.1mg），再用微量注射器精确移取各100μL的内标溶液和*N*-甲基-*N*-三甲基硅烷基三氟乙酰胺（MSTFA）（C.2.1.3）于样品瓶中，摇匀，在室温下静置15min～20min，向样品瓶中加入约4mL的正庚烷，摇匀备用。

**C.6.3** 用微量注射器取1μL的样品硅烷化产物于柱上进样口并运行仪器，得到色谱图和面积积分报告，样品的典型色谱图见图C.1。

**C.6.4** 峰定性：根据标样的保留时间进行定性。

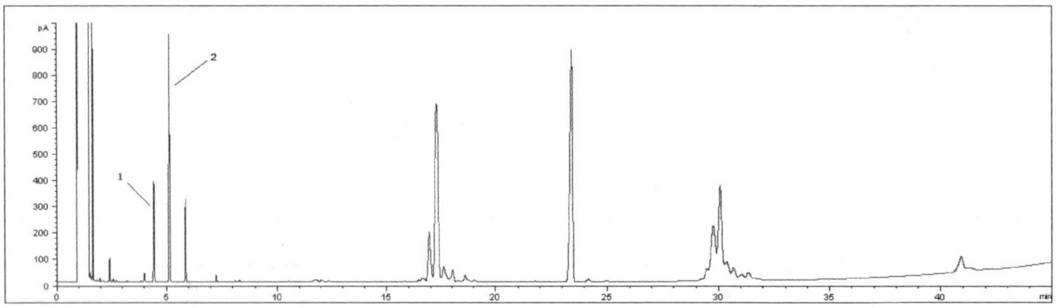


标引序号说明：

1——游离甘油；

2——1,2,4-丁三醇（内标）

图C.1 典型色谱图

## C.7 计算和报告

**C.7.1** 在对色谱峰定性后，计算游离甘油和1,2,4-丁三醇对应色谱峰的面积，根据标准曲线方程的斜率和截距，计算样品中的游离甘油含量。游离甘油的质量分数按照式（C.2）计算：

$$C_{MMT}=\left(a\times\frac{A_g}{A_s}+b\right)\times W_s\times n\times\frac{100}{W_g} \quad\quad (C.2)$$

式中：

$C_{MMT}$——试样中游离甘油的含量，%；

$a$——校正曲线方程的斜率；

$b$——校正曲线方程的截距；

$A_g$——游离甘油的色谱峰面积；

$A_s$——1,2,4-丁三醇的色谱峰面积；

$W_g$——试样的质量，单位为毫克（mg）；

$W_s$——1,2,4-丁三醇的质量，单位为毫克（mg）；

$n$——按质量比稀释的倍数。

C.7.2 报告游离甘油的含量，精确至 0.01%（质量分数）。如果稀释 10 倍后样品中的游离甘油含量超出内标曲线校正范围（即质量分数大于 0.05%），需将待测样品用四氢呋喃溶剂稀释 50 倍，重复 C.6.2 以后各步骤重新测定。

# 九、其　　他

## 中华人民共和国石油化工行业标准

SH/T 0038—1990

# 皮特 W-1 发动机标准燃料

## 1 主题内容与适用范围

本标准规定了用大庆原油生产的 91 号加铅专用汽油的技术条件。

本标准所属产品仅用作 SH/T 0264《内燃机油高温氧化和轴瓦腐蚀评定法(皮特 W-1 法)》中的试验燃料。

## 2 引用标准

GB/T 256 汽油诱导期测定法
GB/T 259 石油产品水溶性酸及碱试验法
GB/T 260 石油产品水分测定法
GB/T 380 石油产品硫含量测定法(燃灯法)
GB/T 503 汽油辛烷值测定法(马达法)
GB/T 511 石油产品和添加剂机械杂质测定法(重量法)
GB/T 4756 石油液体手工取样法
GB/T 5096 石油产品铜片腐蚀试验法
GB/T 5487 汽油辛烷值测定法(研究法)
GB/T 6535—1986 汽油中铅含量测定法(铬酸盐容量法)
GB/T 6536 石油产品蒸馏测定法
GB/T 8017 石油产品蒸气压测定法(雷德法)
GB/T 8019 车用汽油和航空燃料实际胶质测定法(喷射蒸发法)
SH/T 0116—1992 含乙基液汽油酸度测定法
SH 0164 石油产品包装、贮运及交货验收规则

## 3 技术要求

| 项 目 | | 质量指标 | 试验方法 |
|---|---|---|---|
| 外观[1] | | 透明 | 目测 |
| 抗爆性：研究法辛烷值 | 不小于 | 91 | GB/T 5487 |
| 抗爆指数 | 不小于 | 87 | GB/T 503 |
| 铅含量，g/L | | 0.4~0.63 | GB/T 6535—1986 |
| 馏程： | | | GB/T 6536 |
| 10%蒸发温度,℃ | 不高于 | 70 | |
| 50%蒸发温度,℃ | 不高于 | 120 | |
| 90%蒸发温度,℃ | 不高于 | 190 | |
| 终馏点,℃ | 不高于 | 205 | |
| 残馏量,% | 不高于 | 2 | |

中国石油化工总公司 1991-03-26 批准　　1992-04-01 实施

续表

| 项　　目 | | 质量指标 | 试验方法 |
|---|---|---|---|
| 蒸气压，kPa | | 49~80 | GB/T 8017 |
| 实际胶质，mg/100mL | 不大于 | 5 | GB/T 8019 |
| 诱导期，min | 不小于 | 480 | GB/T 256 |
| 硫含量,% | 不大于 | 0.15 | GB/T 380 |
| 铜片腐蚀(50℃，3h)，级 | 不大于 | 1 | GB/T 5096 |
| 水溶性酸或碱 | | 无 | GB/T 259 |
| 机械杂质及水分2) | | 无 | 目测 |
| 酸度，mgKOH/100mL | 不大于 | 3 | SH/T 0116—1992 |

注：1）每批燃料使用年限最多3年，每年由标准起草单位对燃料进行抽样复验并公布复验结果。

2）将试样注入100mL玻璃量筒中，在室温(20℃±5℃)时观察，应当透明，没有悬浮和沉降的机械杂质或水。有异议时，按GB/T 260和GB/T 511进行测定。

## 4　标志、包装、运输、贮存

本产品的标志、包装、运输、贮存及交货验收按SH 0164进行。

## 5　取样

按GB/T 4756进行，取2L作为检验和留样用。

---

**附加说明：**

本标准由石油化工科学研究院技术归口。

本标准由石油化工科学研究院负责起草。

本标准主要起草人李云祥。

本标准参照采用欧洲协调委员会CEC-L-02-A-78《内燃机油高温氧化和轴瓦腐蚀评定法(皮特W-1单缸评定法》中的第4章燃料部分。

本标准燃料由抚顺石油二厂承制。

自本标准实施之日起，原石油工业部部标准SY 2629《内燃机油高温氧化和轴瓦腐蚀评定法(皮特W-1法)》中附录C作废。

ICS 75.080
E 30

SH

# 中华人民共和国石油化工行业标准

NB/SH/T 0164—2019
代替 SH/T 0164—1992

# 石油及相关产品包装、储运及交货验收规则

**Petroleum and related products packaging, storage, transportation and acceptance of delivery rules**

2019-11-04 发布　　2020-05-01 实施

国家能源局　发布

# 目　次

# 前　言

本标准按照 GB/T 1. 1—2009 给出的规则起草。

本标准代替 SH/T 0164—1992《石油产品包装、贮运及交货验收规则》，与 SH/T 0164—1992 相比，以石油及相关产品保质保量进行贸易交接为目的，按照其对交接保障技术的实际需求，对影响质量和数量的环节重新编写，技术内容及章节变化主要包括以下几个方面：

——将标准题目改为“石油及相关产品包装、储运及交货验收规则”；

——在范围中，明确包括原油，并将石油化工产品纳入其中；

——增加规范性引用文件一章；

——增加术语和定义一章，界定本标准常用并与石油及其相关产品交接相关的重要概念；

——增加总则一章，将与交货验收总体相关的最基本的惯例、原则及要求纳入其中；

——重新编写包装一章，将原“标志”的内容纳入本章；

——删除原标志一章中“对于液体石油产品应注明易燃品，严禁烟火”的条款；

——将原“保管与运输”一章改为“储运”并重新编写，除运输与储存以外，增加发货及卸货的规则要求，删除原小包装太过具体的保管内容，将原“油罐、油罐车、油船、油桶重复使用涮洗要求”及“管道输油”自发货部分引出，但对应内容以规范性附录表述；

——将原“交货验收及计量”一章，调整为“质量交接”和“计量交接”两章，并将原“留样”一章并入“质量交接”；

——结合国内对质量交接的实际需求，参考国际通行做法，重新编写原交货验收部分；

——根据国内对计量交接的实际需求，从计量单位、计量方式、计量标准、计量设备、计量过程和数量认定的角度，对原计量部分重新编写；

——以规范性附录给出散装液货计量方式的选择；

——以资料性附录给出原油和液体石油产品交接允差的评估原理及典型数据。

本标准由中国石油化工集团有限公司提出。

本标准由全国石油产品和润滑剂标准化技术委员会石油静态和轻烃计量分技术委员会（SAC/TC 280/SC2）归口。

本标准起草单位：中国石油化工股份有限公司石油化工科学研究院、中国石油天然气股份有限公司炼油与化工分公司、中海石油炼化有限责任公司、军事科学院系统工程研究院军事新能源技术研究所。

本标准主要起草人：魏进祥、林炯、张国相、张卫华、孙岩。

本标准于 1960 年 5 月由石油工业部首次发布（SYB 2002—60Z），1962 年 10 月第一次修订（SYB 2000—62S），1978 年 5 月第二次修订（SY 2000—78）；1988 年 4 月按新的标准编写格式进行第三次修订并改由中国石油化工总公司发布（ZB E30005—88），1992 年 5 月转为中国石化总公司行业标准并重新发布（SH 0164—92），2017 年转为推荐性行业标准（SH/T 0164—1992）。

# 石油及相关产品包装、储运及交货验收规则

## 1 范围

本标准规定了石油及相关产品（以下统称货品）的包装、储运及交货验收规则。

本标准适用于常温下为液体或固体，或在加温、加压或冷冻条件下为液体的原油、石油产品及石油化工产品，但有另行规定的产品除外，其他未列入的产品可根据其物化性质及质量和计量要求，按与之类似的产品种类参照使用。

## 2 规范性引用文件

下列文件对于本文件的应用是必不可少的。凡是注日期的引用文件，仅注日期的版本适用于本文件。凡是不注日期的引用文件，其最新版本（包括所有修改单）适用于本文件。

GB 190 危险货物包装标志

GB/T 191 包装储运图示标志

GB/T 4016 石油产品术语

GB/T 4122.1 包装术语

GB 6944 危险货物分类和品名编号

GB/T 9174 一般货物运输包装通用技术条件

GB/T 11085 散装液体石油产品损耗

GB 12463 危险货物运输包装通用技术条件

GB 18564.1 道路运输液体危险货物罐式车辆 第1部分：金属常压罐体技术要求

GB 30000 化学品分类和标签规范

## 3 术语和定义

GB/T 4016、GB/T 4122.1 界定的以及下列术语和定义适用于本标准。为便于使用，以下列出了GB/T 4122.1 的一些术语和定义。

3.1

**包装 package，packaging**

为在流通过程中保护产品，方便储运，促进销售，按一定技术方法而采用的容器、材料及辅助物等的总体名称。也指为达到上述目的而采用容器、材料和辅助物的过程中施加一定方法等的操作活动。

3.2

**初始包装 original package**

直接与产品接触的包装。

3.3

**散货包装 bulk packaging**

将散装货物、大量固态、粒状或液态的货物装在一起以便于运输和储存的包装方式。

注：本标准除了将货运车船作为散货包装以外，也将输液管道视为散货包装的特殊形式，散货包装也可简称为

散装。

3.4

**集合包装 assembly packaging**

将若干包装或商品包装在一起，形成一个合适的搬运单元的包装。

注：本标准将集合包装简称为集装或整装。

3.5

**货运车船 freight carrier**

以散货包装形式运输货品的车、船总称，如运送液体的货船、铁路罐车和汽车罐车等。

3.6

**货运方式 shipping method**

按运输工具划分的运货方式，如水路运输、铁路运输、公路运输、管道运输（输送）等。

3.7

**发货计量点（发货点）delivery measuring point**

交货方为确定发货数量选定的主计量器具的所在位置。

3.8

**发货取样点 delivery sampling point**

交货方为确定发货质量选定的取样位置。

3.9

**验货计量点（验货点）receiving measuring point**

收货方为确定收货数量选定的主计量器具的所在位置。

3.10

**验货取样点 receiving sampling point**

收货方为确定收货质量选定的取样位置。

3.11

**发货量 delivered quantity**

交货方在发货计量点给出的货品数量。

3.12

**验货量 received quantity**

收货方在验货计量点得到的货品数量。

3.13

**交货验收 acceptance of delivery**

交货方按约定质量和数量发货并经收货方按相同约定验货的总称，也称交接，包括质量交接和计量交接。

3.14

**计量方式 measuring method**

按主计量器具划分的液体数量的测量方法。主计量器具包括流量计、立式圆筒形罐（立式罐）、铁路罐车、汽车罐车、液货船、卧式圆筒形罐（卧式罐）、衡器等。

3.15

**标准体积 standard volume**

液体石油及相关产品在标准参比条件下的体积。

3.16

**空气中的表观质量 apparent mass in air**

物体在空气中称重，空气浮力对被称物的影响不予修正所获得的量值，也习惯称重量。

3.17

**储运 storage and transportation**

货品储存、运输并连同发（装）货、卸货环节在内的总称。

3.18

**损耗率 lossing rate**

货品在储运过程中的装、运、卸、储某项作业，与货品特性、环境条件、作业设备和作业时长（或里程）等有关的损耗量与储运量的百分比，可在 GB/T 11085 中查取。

3.19

**交接允损量 delivery permission losing quantity**

货品从发货点到验货点，由相关损耗环节及对应的损耗率和损耗条件计算的损耗率之和与发货量相乘获得的数值。

3.20

**交接差率 delivery difference rate**

发货量与验货量之差与发货量的百分比，但不包括由跑冒滴漏或非法盗油等非正常因素造成的差量影响。

3.21

**交接允差 delivery permission difference**

在按计量标准和储运规程正确操作的前提下，由发货点和验货点的计量方式以及两点间损耗环节所决定的，或经交接双方据此约定的交接差率的最大值。

## 4 总则

4.1 交接各方应按相关的法律法规、标准规范及双方约定，开展涉及包装、储运及交货验收的所有业务，确保货品顺利交接。

4.2 交接双方确定货品质量和数量的部门应具有本行业开展产品检测或计量的能力与资质。

4.3 发货点和验货点应尽可能为同一点或靠近交接界面，必要时应协商确定，应特别注意这两点及两点间输送过程的管控，确保货品不发生非正常的质量和数量改变。

注：交接界面指货品从发货点到验货点经过的交接双方的交界位置，一般指货品的所有权或保管权发生转移的位置。在贸易术语中，也称为交货点或交接点。

4.4 当收货方以监督交货的方式验货且无异议时，发货结果应直接作为验货结果。

4.5 在包装、储运符合要求且无非正常质量影响的前提下，按规定试验方法正确操作，由交货方检验质量合格的货品到收货方检验时，也应符合产品标准或交接协议的要求。

4.6 在交接各方按标准正确操作且在货品数量无非正常损耗的前提下，交接差率可控制在一定的范围之内，一般不超过交接双方约定的交接允差。

4.7 货品量原则上不包括质量和数量标准禁止的或需要扣除的水和沉淀物等其他杂质。

## 5 包装

### 5.1 一般要求

5.1.1 本标准适用货品的包装应符合 GB/T 191 和 GB/T 9174 等标准对包装的通用性要求，而为危险货物选用的包装，还应符合 GB 190、GB 12463 和 GB 18564.1 等标准的要求。

5.1.2 当包装与货品直接接触时，包装材料与拟装货品应具有化学兼容性，货品既不能腐蚀包装，也不能被包装污染，以不影响货品质量及包装的正常使用。

5.1.3 包装材料及结构应结合货品特性和使用环境，确保能承受一定的内部压力和外部冲击力，防止货品意外泄漏和其他外来物的侵入，降低质量、数量及安全环保的风险。

5.1.4 初始包装内不应存在导致货品质量不符的污染物，否则应预先清洗或不得使用。

5.1.5 为做好储运保障，降低蒸发损耗，应根据货品特性，为货罐安装具有对应功能的附件及设备，如消防设施、浮顶、伴热管、呼吸阀、降温设施、保温层等。

5.1.6 当散装液体货罐需要可确定其内部液体数量的计量功能时，应预先进行货罐容积及罐上计量设备的标定或校准，确保满足计量需要。

5.1.7 为方便货品储运和交货验收的有序、有效及安全管控，在包装外表面的显著位置，应直接或间接标注与包装、货品、储运、安全和交货验收等有关的全部或部分标志。

5.1.8 为有效追查和及时发现对货品质量和数量的非法改变，在包装及其运载设备上，应采取相应的防范措施，如封条、封口、铅封和/或监控设备等。

## 5.2 选用

### 5.2.1 一般原则

为本标准适用货品选用的包装应符合5.1及产品标准的要求，应按照拟装货品对储运与销售的实际需求，并结合包装和/或储运的经济型和适用性选用不同的包装形式。

### 5.2.2 液体货品

5.2.2.1 当储存液体货品时，可按保存液体的种类、批量和目的，将其储存在不同类型、大小和功能的立式罐、卧式罐、球形罐等大型储罐或桶、听、瓶等小包装内。

5.2.2.2 当运送散装液体货品时，可根据交货方到收货方可方便使用的货运方式及其经济性，选用管线、液货船、铁路罐车或公路罐车等发货给收货方。

5.2.2.3 当运送带包装的液体货品时，一般以桶、听、瓶（罐）等作初始包装并以集装形式，通过合适的货运方式发货给收货方。

### 5.2.3 固体或半固体货品

5.2.3.1 散装固体或半固体货品可直接装在货运车船内发运，应注意装货前车船内部的清扫以及装货后的遮盖或密闭，避免货物与周围环境相互影响。对于半固体货品，车船底部或四壁上宜布撒防止粘底和挂壁的垫层，或直接采用配有加热和保温功能的货运车船。

5.2.3.2 对于带包装的固体或半固体货品，一般以桶、袋、盒、箱等作初始包装并以集装形式，通过合适的货运方式发货给收货方。

## 5.3 标志

5.3.1 散货包装一般需标注可对包装、内部货品及安全要求进行识别的标志，如包装的类型、编号、大小、产品种类及安全提示等的部分或全部。发货单据、货运车船可重复使用的信息也可作为一种特殊标志，随车船携带或以其他方式通知相关方。

5.3.2 小包装或集合包装的标志除包括与散货包装类似的内容以外，还应包括对接最终用户的其他信息，而且标志内容还应更详实、具体，如产品的名称牌号、产品标准、产品数量、产品批号、制造商、安全储运及使用等信息。

5.3.3 为保证货品交接的过程安全，应按GB 6944和GB 30000确定交接货品的危险类别并增加与之对应的安全标志，但本标准不承担对危险货物进行识别的责任。

## 6 储运

### 6.1 一般要求

6.1.1 在货品的储运过程中，应对质量和数量的影响因素进行有效监控，确保相关变化控制在正常范围之内，并应尽可能减小这种变化，特别应防止非正常变化的发生。

6.1.2 除应遵守与普通货品运输有关的国家标准和法律法规外，对于易燃、易爆或有毒有害的危险货物，还应严格执行国家关于危险货物运输的所有规定。

### 6.2 发货

6.2.1 在质量检验合格后发货，且检验后的存放时间不得超过规定期限，否则应重新检验。在发货期间，不应再有新货品进入发货罐。

6.2.2 当发货罐底部存在游离水时，在发货前应尽可能将其切除至罐外，避免在发货中将游离水随货品输转出去。

6.2.3 当以发货罐或流量计为发货点时，应对发货管线及其原有液体进行管控与核查，确保经发货点计量的货品保质保量通过交接界面。

6.2.4 货运车船、输油管道或其他包装容器在首次使用前应保持清洁，重复使用时应符合附录 A 或附录 B 的要求，必要时相关各方应共同确认。

6.2.5 当以货运车船为发货点时，应关闭与之连接的除进货管以外的所有管线，确保货品全部装到货运车船的计量空间以内。

6.2.6 当以衡器为发货点时，应有效监控货运罐车，确保装货前后的空重不变。

6.2.7 当为货运车船或小包装灌装液体货品时，应留出一定的安全空间，或不得超过规定的灌装数量，防止因温度升高或液体波动造成液体外溢或膨胀超压。

6.2.8 当为货运车船或小包装灌装具有挥发性的液体货品时，宜采用密闭灌装和油气回收技术，并注意回收量对发货量的影响。在灌装油品时，出油口应置于容器底部。

6.2.9 在灌装完后，货运车船或小包装的所有出入口应使用封条或铅封保护并取证，或采取其他的监控措施，以便于追查或发现跑冒滴漏以及对货品质量和数量的非法改变。

### 6.3 运货

6.3.1 当采用货运车船运输液体货品时，如液体货品的流动性无法满足要求，应对其进行途中的加热升温，对于易燃易爆的挥发性液体货品，应密闭运输并尽可能与空气隔离。

6.3.2 当采用管线输送液体货品时，应有效管控好其流动状态，必要时应进行升温、增压和均化，确保在满足正常输送的前提下，也能符合液体取样、计量等其他要求。

6.3.3 当采用开放式车船运输带包装货品或散装固体货品时，应根据货品特性及质量对环境的要求，采取防晒、防雨、防风或防潮等保护措施，必要时应采用封闭车船运输。

6.3.4 有效监控涉及运输安全及货品质量、数量的信息变化，确保在有异常或突发变化时，能迅速启动应急响应，最大限度降低安全及经济损失，并为解决验货争议提供依据。

### 6.4 卸货

6.4.1 当以流量计或收货罐为验货点时，应管控好验货点及其到交接界面的管线，卸货前的内部液体应质量合格、数量已知，卸货中来自交接界面的货品全部流经或流入验货点，作为验货点的收货罐不应有货品外流，并尽可能降低蒸发损耗。

6.4.2 当以货运车船为验货点时，卸货前，应检查其铅封或监控设备，确认货品在运输途中未发生异常变化，并有效监管卸货中的罐、舱，确保卸净已计量过的所有货品。

6.4.3 当以发货点为验货点时，6.2的相关条款也适用于卸货。

6.4.4 对重复使用但非专用的货运车船，为能有效识别其上次所装货品的名称和牌号，卸货后，应做好相关的记录或标识。

### 6.5 储存

6.5.1 当储存液体产品时，应考虑液体随温度的膨胀和蒸发特性，在液面以上留出足够的安全空间或保存在安全高度以下，确保液体不溢出到罐外。

6.5.2 对挥发性液体产品，应尽可能储存在浮顶罐或具有低温环境的储罐中，否则在高温季节，应采取降温措施，降低蒸发损耗，消除质量及安全隐患。

6.5.3 对环境温度下流动性较差的液体货品，应采取伴热及搅拌措施，确保能进行正常的取样、计量和输转作业。

6.5.4 对液化石油气等类似产品，应密闭储存在能承受规定压力或具有冷冻功能的储罐中。对暴露在高温环境下的储罐，必要时应采取降温措施，以控制罐内压力，降低安全风险。

6.5.5 对小包装容器，应按照货品的性质、种类、牌号、包装及相应的质量和安全需求，选择合适的存放场所，正确码放，并采取措施，确保质量及安全可控。

6.5.6 应采取措施，对库存变化进行实时监控和即时响应，确保在做好损耗管理的同时，能有效识别跑冒滴漏和错误输转造成的异常变化并及时报警。

6.5.7 应通过定期检验跟踪产品的质量变化，及时发现并消除质量隐患，避免质量事故的发生。当质量变差可能源于罐内沉积物时，储罐应进行及时或定期清洗。

6.5.8 应定期检查、维护储存场所、储罐及相关的辅助设备，确保正常运行。

## 7 质量交接

### 7.1 一般要求

7.1.1 交接货品应符合国家、行业、地方或企业等相关标准规定的质量指标。当交接货品无可执行标准或指标不全时，交接双方可按预先达成的协议指标进行质量交接。

7.1.2 用于质量交接的样品应对交接货品具有足够的代表性。为便于质量追溯，应从发货样品中预留样品。必要时，交货方应在收货方的监督下进行相关操作。

7.1.3 按产品标准规定或交接双方约定的试验方法检验货品质量，科学进行质量认定。

注：ISO 4259-2基于试验方法精密度的理论，给出了石油及相关产品质量管控及争议处理的方法和依据，可为质量认定提供参考。

### 7.2 取样

7.2.1 对于散装货品，发货取样点可选在发货点，但宜首选发货罐（堆），验货取样点可选在验货点，但收货罐不宜作为首选，必要时，交接双方应协商确定。

7.2.2 对于待包装的货品，通常从待装货品的容器或货堆中取样。对于包装后可能变质并需要重新检验或已交付收货方的带包装货品，应直接从带包装货品中取样。

7.2.3 根据货品性质、包装及运输形式，从7.2.1或7.2.2确定的取样点，按产品标准规定的取样法和取样量进行取样，发货取样点的取样量应包括用于质量追溯的留样量。

7.2.4 产品标准中某些规格的检验方法可能对取样法有特殊要求，应据此对取样方法或其技术细节作相应调整。

7.2.5 基于具有代表性样品的取样原则，按取样标准的要求，从发货取样点采集的样品中分割出一部分作为留样，相关内容见第7.3条。

### 7.3 留样

7.3.1 样品与样品容器及其封闭器的化学兼容性以及拧紧或扣紧后的密封性应严格要求，确保样品的性质及代表性在留样保留期内保持不变。

7.3.2 为确保货品对其留样的追溯，应设置记录样品及其货品关联信息的标签，并与样品容器及其封闭器签封在一起，在保留期内应完整无损。

7.3.3 留样量应满足交接双方发生质量争议时共同检验或仲裁检验的需要。液体和固体产品的留样量一般不少于1L或0.5kg。产品标准有规定的，应以其规定为准。

7.3.4 留样保留期应不短于货品从发货点到验货点可能需要的最长时间，并也需考虑不同产品、用途、物流等特殊需求，交接双方可据此约定。

7.3.5 样品应有效保存在阴凉、干燥、安全、避光的样品间内，且离取样地点应相对较近，可按产品规格及检验方法的要求对保存方式做适当调整。

### 7.4 质量认定

7.4.1 当交货方的检验结果符合产品标准的规格指标时，交货方可认定待发货品质量合格，并据此签发质量合格及允许发货的相关文件。

7.4.2 当收货方的检验结果符合产品标准的规格指标时，收货方应认定待收货品质量合格并确认接收，否则相关各方应共同查明原因，并尽可能协商解决。

7.4.3 当协商解决不成且指标不符与包装和储运无关时，可将验货取样点的采集样或发货取样点的留样作被检样（以留样为准），并选择如下一种裁决方式：

a）交接双方可首选共同检验及其结果作为质量评价的最终依据；

b）交接双方可委托第三方实验室作仲裁检验，或可邀请第三方实验室参与共同检验，并以仲裁检验或共同检验结果作为质量评价的最终依据。

## 8 计量交接

### 8.1 一般要求

8.1.1 交接双方计量货品数量的方法、器具、条件、人员等应符合计量标准或法律法规的要求，并宜尽可能消除或降低各种误差因素的影响，确保计量结果准确、可靠。

8.1.2 交接差率不应超过交接允差，但交接允差并非意味着交货方有权故意少给收货方相应数量的货品，否则应承担由此带来的全部风险。

### 8.2 计量单位

8.2.1 货品量可用体积或质量表述，但最好用受测量不确定度影响最小的量表述。当体积受温度和压力的影响必需考虑时，宜用标准体积或质量表述。

8.2.2 当货品量用质量表述但用非称量法获得时，宜统一到空气中的表观质量。

8.2.3 原油及其相关产品的数量可用体积或质量表述，但液货体积宜为标准体积，质量宜为空气中的表观质量。

8.2.4 货品量的计量单位表面上随定价单位而定，但定价单位应基于8.2.1，采用对进、销、存综合影响最小的计量单位表述，必要时应协调统一。

注：综合考虑，原油和液体石油产品更适合以体积为主进行计量和定价。

## 8.3 计量方式

8.3.1 按照货品特性、计量单位、交接数量及储运方式，结合计量方式的特点及发货点或验货点的确定原则，选择准确可靠的计量方式。

8.3.2 在输送散装液体货品时，不同货运方式可供选择的计量方式及其性能特点和优先次序见附录C，应基于8.3.1并可参照附录C选择计量方式，必要时应协商确定。

8.3.3 在交接散装液体货品时，宜选择一种相同或不同的计量方式作为辅助，不仅可为主计量方式提供备用数据，也可监控其运行情况。

8.3.4 对于散装固体或带包装货品，通常采用衡器称量和/或包装计件的计量方式。

## 8.4 计量标准

8.4.1 按选定计量方式及其计量过程中计量参数对应的标准选项，将计量设备、计量对象及计量条件与计量标准的特点结合，在科学、可行的前提下，进行标准配置。

8.4.2 体积或质量直接测量的方法标准有多种选择，应结合它们的技术特点，从货品量的计量单位、测量准确度及对交接货品的适用性等方面综合考虑。

8.4.3 原油及其液体产品、液化石油气、液体石化产品随温度和压力的膨胀不同，应按货品类别选用对应标准给出的算表、系数或公式来换算标准温度下的体积或密度。

8.4.4 取样代表性对密度及水和沉淀物的含量有重大影响，应结合货品的种类、特性、数量、货运方式选用取样标准，并特别注意液体均匀性和挥发性对取样方法的特殊要求。

8.4.5 原油和液体石油产品有多项密度测量标准，液化石油气和液体石油化工产品有专用的密度测量标准，应在满足交接计量的前提下，按标准对货品的适用性来选用标准。

8.4.6 原油中水的存在形式比较复杂，含水范围较宽，不同含水测量标准有各自的技术特点，在满足交接计量的前提下，应选用综合性能更好且原油专用的含水测量标准。

8.4.7 液位测量标准的技术指标只要满足交接计量的需要，无论是移动式手工测量，还是固定式自动测量，均可用于交接计量，而且宜优先选用后者。

8.4.8 固定式自动测温标准与手工测温标准相比，能高效获取更具代表性的平均温度。在条件具备且满足标准要求的前提下，宜首选固定式自动测温标准用于交接计量。

8.4.9 在线密度或含水测量的方法标准，只要技术指标满足离线方法标准的综合性要求，可同样用于交接计量。

8.4.10 当自动计量系统的固有误差、安装、校准和检验等符合标准要求时，其同样可用于交接计量。自动计量系统的技术特点及其适用性是标准选配的依据。

## 8.5 计量器具

8.5.1 交接计量器具的准确度、安装及运行条件应符合标准要求，必要时应协商确定。

8.5.2 按国家法规或选配标准对交接计量器具进行定期检定或校准，确认符合标准要求，获得合格使用的认证和/或配套使用的修正值或修正系数，并用于计量修正。

8.5.3 对计量器具进行期间检验或核查，确认在标准要求的范围内正常使用。当超差时，应分析超差原因，必要时应进行维护或更换，并经重新检定或校准后方可使用。

8.5.4 对安装在罐或管线上使用的计量器具，应尽可能进行在线检定或校准，并应重视使用中的检验或比对。经交接双方同意，可通过检验或比对结果对测量结果进行修正。

8.5.5 计量器具应具有防止对其技术指标恶意改动的监控和加密功能，严禁对检定或校准合格后的计量器具进行软、硬件的擅自改动。

## 8.6 计量过程

8.6.1 按为计量方式选定的计量标准，操作计量器具，测量计量参数，根据计量器具的检定或校准结果及货品的物性数据，经计算获得与计量单位符合的货品量。

8.6.2 当为测试密度和/或水和沉淀物取样时，应基于所取样品对交接货品最具代表性的原则，并特别注意液体均匀性和挥发性对取样代表性的影响。

8.6.3 在实验室的密度测量中，应尽可能消除或降低样品流动性和挥发性对密度测量结果的不利影响。如准确度相当，宜使用密度在线测量技术代替实验室测量。

8.6.4 当采用直接测量量为体积的计量方式获取液体量时，应提高液体温度测量的准确性和代表性，并尽可能使用电子温度计测量液货温度。

8.6.5 当选用流量计交接时，其安装及运行条件应与检定或校准时基本相符，否则应采取措施消除影响。对流量计存在的系统误差，宜尽可能通过流量计系数法或其他方法进行修正。

8.6.6 当选用立式罐交接时，用罐容表获得罐内液体体积，并由输转前后的存量差确定进出油罐的货品量，罐容表的使用应符合以下条件：

a）当确定罐内液体存量时，液体的高度、温度、密度、含水应相对不变；

b）当用罐容表确定罐内液体体积时，应考虑油罐体积受温度和液体静压的影响；

c）油罐底部、测深基准点和计量参照点应相对稳定；

d）液位不应低于最小计量高度，但应在浮顶起浮的临界区间以外，且不宜低于浮顶的起浮点高度。输转液位差对输转量不确定度的影响应在可接受范围内。

注：最小计量高度是满足油罐容积标定不确定度的最低液位，浮顶起浮点高度是浮顶自由起浮的最低液位，浮顶最低点和浮顶起浮点之间称为浮顶起浮的临界区间。

8.6.7 当选用货运车船交接时，用罐（舱）容表获得罐（舱）内的液体体积，并以装卸前后的存量或存量差确定货品量，罐（舱）容表的使用应符合以下条件：

a）当确定罐内液体存量时，液体的高度、温度、密度及含水量应相对不变；

b）应考虑温度对油罐容积的影响，但液体静压的影响可忽略不计；

c）货运车船应尽可能调整至水平状态，否则应进行修正；

d）舱容表的不确定度相对较大，通过船量与岸罐量的经常比对可获得船舱经验系数（VEF），经交接双方达成一致，可通过其对船量进行修正。

8.6.8 当交接货品为液化石油气并采用固定罐、铁路罐车、汽车罐车或船进行交接时，在按8.6.6或8.6.7类似方法测算罐内液体存量时，还应将液面以上的气相部分一并测算并计入液体的存量之内。

8.6.9 当选择衡器直接称量汽车罐车或铁路罐车内装载的货品量时，应按选配标准，分别称量空重和装货后的重量，并以二者之差作为货品量。

## 8.7 数量认定

8.7.1 当收货方监督发货且无异议或交接差率不超过交接允差时，收货方按发货量确认接收，否则相关各方应共同查明原因。如超差属实，收货方按重复验货量与交接允损量之和确定实收量，并按约定处理相关事宜。

8.7.2 交接允差可源于相关的标准、惯例或文献，也可参考附录D的方法原理或典型数据，由交接双方协商确定。

# 附　录　A
## (规范性附录)
## 容器重复使用及清洗规则

**A.1**　容器重复使用与清洗规则取决于原装液体残留对拟装液体质量的影响程度，这与原装液体的理化性质和拟装液体的质量要求有关，应采取措施消除或减弱这种影响，并确保在可接受范围内，必要时应采用专用容器。

**A.2**　普通石油产品的包装容器可重复使用，但使用与清洗应符合表 A.1 的要求。

**A.3**　润滑油类产品应使用专用容器，如重复使用，应符合表 A.1 的要求，三类产品包括：

a）一类润滑油：仪表油、变压器油、涡轮机油、冷冻机油、真空泵油、航空润滑油、电缆油、白油、液压油等；

b）二类润滑油：机械油、汽油机油、柴油机油、压缩机油等；

c）三类润滑油：汽缸油、车轴油、齿轮油等。

**A.4**　原油一般比较黏稠，且杂质较多，应使用专用容器。其使用过的容器不宜挪作他用，否则应进行特别刷洗（见表 A.1）。

**A.5**　石脑油中的硫含量可能较高，当装过它的包装容器不得不装入其他油品时，应注意其残留物对拟装油品的影响，必要时应在特别刷洗（见表 A.1）后使用。

**A.6**　液体石油化工产品与液体石油产品不宜混用容器，应尽量采用专用容器，否则也应在产品质量不受影响的情况下使用，必要时应根据影响的可接受程度，在普通刷洗或特别刷洗（见表 A.1）后使用。

**A.7**　对涉及人身健康安全的食品和医药业等，所用石化产品应采用专用容器。

**A.8**　容器在刷洗合格后，相关单位应签字确认，保存文字记录或标注清洗合格标志，为容器的清洁核查提供便利。如不立即投用，应密闭保存。

**A.9**　容器清洗应符合安全、环保及健康要求。

**表 A.1　容器重复使用及清洗要求**

| 拟装油类 | 原装油类 | | | | | | | | | | |
|---|---|---|---|---|---|---|---|---|---|---|---|
| | 航空汽油 | 喷气燃料 | 车用汽油 | 溶剂油 | 煤油 | 柴油 | 馏分燃料油 | 残渣燃料油 | 一类润滑油 | 二类润滑油 | 三类润滑油 |
| 航空汽油 | 3[a] | 3 | 3 | 3 | 3 | 3 | 3 | 0 | | | |
| 喷气燃料 | 3 | 3[a] | 3 | 3 | 3 | 3 | 3 | 0 | | | |
| 车用汽油 | 2 | 2 | 1 | 2 | 2 | 2 | 2 | 0 | | | |
| 溶剂油 | 3[b] | 2 | 2 | 1 | 2 | 2 | 2 | 0 | | | |
| 煤油 | 2 | 1 | 2 | 2 | 1 | 2 | 2 | 0 | | | |
| 柴油 | 2 | 2 | 2 | 2 | 2 | 1 | 2 | 0 | | | |
| 馏分燃料油 | 2 | 1[c] | 2 | 2 | 1[c] | 1 | 1[c] | 0 | | | |
| 残渣燃料油 | 0 | 0 | 0 | 0 | 0 | 0 | 0 | 1 | | | |
| 一类润滑油 | | | | | | | | | 2 | 3 | 3 |
| 二类润滑油 | | | | | | | | | 1 | 1 | 2 |
| 三类润滑油 | | | | | | | | | 1 | 1 | 1 |

符号说明：

0——不宜装入。如遇特殊情况，也可按 3 进行特别刷洗后装入。

1——不需刷洗，但不得有油泥及其他杂物。车底残存油的宽度不宜超过 100 mm，油船、油罐的残存不宜超过 10 mm（同牌号油品不受此限制）。

2——普通刷洗。进行一般刷洗，清除残存油，要求达到无明水油底、油泥及其他杂质。

3——特别刷洗。用适宜的洗刷剂刷净或用溶剂喷刷（刷后需除净溶剂），必要时用蒸汽吹刷，要求达到无杂质、水及油垢和纤维，并无明显铁锈。目视或用抹布擦拭检查不呈现锈皮、锈渣及黑色。

[a] 当拟装油与原装油的种类、牌号相同，并认为合乎要求时可按“1”执行。

[b] 食用油脂抽提用溶剂油不包括在本项中，应采用专门容器储运。

[c] 当拟装油的硫含量要求与柴油一致且原装油无硫含量要求或硫含量要求远低于拟装油时，容器重复使用及清洗方式应由“1”改为“2”。

# 附　录　B
## （规范性附录）
## 管道换输及冲洗要求

**B.1**　管道换输及冲洗要求取决于管道内原输产品残留对拟输产品质量的影响程度，必要时应采取扫线、冲洗等措施，确保能消除影响或使其控制在可接受的范围内。

**B.2**　本标准按石油产品性质分组如下，一条管道（放空后）可换输同组油品，必要时，也可按表B.1的要求换输其他油品：

a）液体燃料

1）燃1组：车用汽油；

2）燃2组：溶剂油、工业汽油；

3）燃3组：煤油；

4）燃4组：柴油；

5）燃5组：馏分燃料油；

6）燃6组：残渣燃料油、液体沥青、原油。

b）润滑油

1）滑1组：一类润滑油；

2）滑2组：二类润滑油；

3）滑3组：三类润滑油。

**表B.1　管道（含泵）换输及冲洗要求**

| 拟输油类 | 原输油类 | | | | | | | | |
|---|---|---|---|---|---|---|---|---|---|
| | 燃1组 | 燃2组 | 燃3组 | 燃4组 | 燃5组 | 燃6组 | 滑1组 | 滑2组 | 滑3组 |
| 燃1组 | 1 | 2 | 2 | 2 | 2 | 0 | 0 | 0 | 0 |
| 燃2组 | 2 | 1 | 1 | 2 | 2 | 0 | 0 | 0 | 0 |
| 燃3组 | 2 | 2 | 1 | 2 | 2 | 0 | 0 | 0 | 0 |
| 燃4组 | 2 | 2 | 2 | 1 | 2 | 0 | 0 | 0 | 0 |
| 燃5组 | 2 | 2 | 1[a] | 1 | 1[a] | 0 | 0 | 0 | 0 |
| 燃6组 | 0 | 0 | 0 | 0 | 0 | 1 | 0 | 0 | 0 |
| 滑1组 | 0 | 0 | 0 | 0 | 0 | 0 | 1 | 2 | 2 |
| 滑2组 | 0 | 0 | 0 | 0 | 0 | 0 | 2 | 1 | 2 |
| 滑3组 | 0 | 0 | 0 | 0 | 0 | 0 | 2 | 2 | 1 |

符号说明：

0——不宜使用。

1——不需冲洗，但当拟输油与原输油品种不同时，须用拟输油冲洗几分钟（达到油头质量合格为止），并另放出油头。

2——普通扫线。用水蒸气或惰性气体吹扫后，再用拟输油冲洗几分钟，并另放出油头。

[a] 当拟输油的硫含量要求与柴油一致且原输油无硫含量要求或硫含量要求远低于拟输油时，管道换输及冲洗要求应由“1”改为“2”。

**B.3** 当输送特种油料时，应使用专用管道。必要时也可用燃 3 组或滑 1 组的管道，但送油前应用拟输油冲洗管道几分钟，在放出油头并经检查合格后，还应对管线低点放空处的取样油品进行检验并确认合格后，才可输送拟输油。

**B.4** 当输送食品工业用的油脂、抽提用溶剂油以及医药工业用的溶剂油等特殊油品时，应采用专用管道，并应做到专管专用。

**B.5** 长期（时间依具体情况在保证产品质量条件下自定）不用的润滑油或航空油料管道，在重新使用前，应按 B.1 和 B.2 冲净后使用。

**B.6** 对于输送液体石油化工产品的管线，应尽可能专管专用。当不得不共用一条管线时，在每次使用前，也应预先放空管线，并按表 B.1 中给出的普通扫线法清理管线并检查合格。

**B.7** 对于成品油长输管道，燃 1 组和燃 4 组可能无法分管输送或按表 B.1 换输，可共用一条管道顺序输送，但应采取措施，对混油部分准确定位并及时切割，确保油品质量。

# 附　录　C
（规范性附录）
# 液体散货计量方式的选择

液体散货可按照表 C.1 给出的优先次序选择计量方式，在此作以下说明：

——按质量计量时，如计量方式选用流量计，在可能的情况下，质量流量计宜为首选；

——收货方宜首选主计量器具靠近交接界面的计量方式用于验货；

——立式罐更适合输转液位差较大情况下的交接计量，当立式罐的输转液位差不低于 4 m 时，立式罐与流量计的选择次序相当；

——货运车船更适合满液情况下的交接计量，液货舱宜装至 3 m 以上，罐车（包括卧式罐）宜装满至 80%；

——在采用铁路和公路运输时，如按质量计量，衡器与流量计同为首选；

——汽车罐车或卧式罐采用液体标定时，如按体积计量，与流量计的选择次序相当。

**表 C.1　不同货运方式下液体散货计量方式的选择建议**

| 货运方式 | | 计量方式 | | | | | | |
|---|---|---|---|---|---|---|---|---|
| | | 流量计 | 立式罐 | 铁路罐车 | 液货船 | 汽车罐车 | 衡器 | 卧式罐 |
| 管道运输 | 发货 | ❶ | ① | — | — | — | — | — |
| | 验货 | ❶ | ① | — | — | — | — | — |
| 铁路运输 | 发货 | ❶ | — | ❷ | — | — | ① | — |
| | 验货 | ❷ | ② | ❶ | — | — | ① | — |
| 水路运输 | 发货 | ❶ | ① | — | ❷ | — | — | — |
| | 验货 | ❷ | ② | — | ❶ | — | — | — |
| 公路运输 | 发货 | ❶ | — | — | — | ❷ | ① | — |
| | 验货 | ❷ | — | — | — | ❶ | ① | ② |
| “❶”——第一选择；“①”——有条件的第一选择；“❷”——第二选择；“②”——有条件的第二选择；“—”——不可用。 | | | | | | | | |

# 附　录　D
（资料性附录）
原油和液体石油产品交接允差的评估原理及典型数据

## D.1　综述

原油和液体石油产品的交接差量包括交接计量差量和交接损耗差量两部分，前者源于交接双方相同或不同计量方式计量结果的不确定度，后者源于从发货点到验货点相关损耗环节的蒸发和挂壁损耗。交接允差可设定为交接计量允差和交接损耗允差的正值之和。

## D.2　术语

### D.2.1

**交接计量差率 delivery measuring difference rate**

交接双方采用相同或不同计量方式再现测量固定数量的货品，测量结果之差与平均值的百分比。

### D.2.2

**交接计量允差 delivery measuring permission difference**

交接计量差率的最大值。

### D.2.3

**交接损耗允差 delivery lossing permission difference**

货品从发货点到验货点，按损耗环节及对应的损耗率和损耗条件计算的损耗率之和。

## D.3　交接计量允差

### D.3.1　引言

本节简单介绍了采用常用计量方式测量原油和液体石油产品标准体积和表观质量相对标准不确定度和交接计量差率最大值的基本算法，给出了一定计量条件下交接计量差率最大值的典型数据。交接双方可通过《原油和液体石油产品交接计量允差的研究》详细了解相关内容，参考给出的数学模型，按实际计量条件，进行相对标准不确定度及交接计量差率最大值的实际评估，并也可参考表 D.1 未摘录的其他数据。

### D.3.2　各种计量方式测量结果的相对标准不确定度

根据 JJF 1059.1—2012，按计量方式配套标准给出的各项计量参数的算法及不确定度分量的技术指标，可获得各种计量方式测量原油和液体石油产品标准体积和表观质量相对标准不确定度的数学模型以及一定计量条件下的典型数据。对于同种计量方式下的 $N$ 台主计量器具，当计量量及计量条件基本一致时，合计计量量的相对标准不确定度通常为单台单次计量结果相对标准不确定度的（$\sqrt{N}/N$）倍。

### D.3.3　两种相同或不同计量方式交接计量差率的最大值

根据 JJF 1059.1—2012 标准不确定度 A 类评定中用极差法评定复现测量被测量估计值标准不确定度的理论，可按公式（D.1），计算交接双方两种相同或不同计量方式测量结果相对标准不确定度的加权平均值，作为被测量估计值的相对标准不确定度，再结合极差系数和包含概率，可按公式（D.2），推算交接双方采用这两种计量方式测量固定数量原油和液体石油产品标准体积或表观质量交接计量差率的最大值（$R$）。

$$u(q_{oi})=[u(q_o)\cdot u(q_i)]/\sqrt{u(q_o)^2+u(q_i)^2} \quad \cdots\cdots (D.1)$$

$$R=kC\sqrt{2}u(q_{oi}) \quad \cdots\cdots (D.2)$$

式中：

$u(q_o)$——发货计量方式测量结果的相对标准不确定度；

$u(q_i)$——验货计量方式测量结果的相对标准不确定度；

$u(q_{oi})$——发货量和验货量加权平均值的相对标准不确定度；

$k$——包含因子，当两种计量方式的测量结果为直接测量量时，取 $k=\sqrt{3}$，否则取 $k=2$；

$C$——极差系数（$C=1.13$）。

**D.3.4 计算典型数据的计量条件**

表 D.1 列出了交接计量差率最大值的典型数据。这些数据基于表中以及如下计量条件：

——石油和液体石油产品为均匀液体或在增加取样点后能达到均匀液体的水平；

——原油水含量不确定度的评定以组合样为例；

——手工测温设备选用便携式电子温度计；

——原油液位按空高法测量，石油产品液位按实高法测量；

——样品转移对挥发性油品密度测量不确定度的影响暂未考虑；

——卧式圆筒形罐采用液体标定法标定容积，容积标定的不确定度与汽车罐车一致；

——铁路罐车与铁路罐车、液货船与液货船指交接双方以同一罐舱为计量器具计量货品量，忽略罐舱容积标定的不确定度对交接计量差率的影响。

## D.4 交接损耗允差

按照货品从发货点到验货点所经历的损耗环节和损耗条件，根据 GB/T 11085 给出的各损耗环节的损耗率，计算各损耗环节及损耗条件下的损耗率之和，作为交接损耗允差。

**表 D.1 采用两种相同或不同计量方式测量原油和液体石油产品标准体积和表观质量交接计量差率的最大值**

| 计量方式 | | 计量条件 | 交接计量差率的最大值/% | | | |
|---|---|---|---|---|---|---|
| | | | 石油产品 | | 原油 | |
| | | | 标准体积 | 表观质量 | 标准体积 | 表观质量 |
| 立式罐 | 立式罐 | 输转液位差大于 4m，非同一罐 | 0.21 | 0.23 | 0.30 | 0.32 |
| 立式罐 | 体积流量计 | 输转液位差大于 4m，流量计系数法 | 0.16 | 0.19 | 0.24 | 0.27 |
| 立式罐 | 体积流量计 | 输转液位差大于 4m，基本误差法 | 0.24 | 0.27 | 0.32 | 0.34 |
| 立式罐 | 质量流量计 | 输转液位差大于 4m，基本误差法 | — | 0.25 | — | — |
| 体积流量计 | 体积流量计 | 流量计系数法 | 0.14 | 0.16 | 0.21 | 0.23 |
| 体积流量计 | 体积流量计 | 基本误差法 | 0.30 | 0.32 | 0.35 | 0.37 |
| 体积流量计 | 铁路罐车 | 基本误差法，装液高度大于 80%，单一罐车 | 0.36 | 0.39 | 0.41 | 0.43 |
| 质量流量计 | 铁路罐车 | 基本误差法，装液高度大于 80%，单一罐车 | — | 0.34 | — | — |
| 铁路罐车 | 铁路罐车 | 装液高度大于 80%，单一罐车 | 0.19 | 0.21 | 0.27 | 0.30 |
| 衡器 | 铁路罐车 | 装液高度大于 80%，单一罐车 | — | 0.34 | — | 0.39 |
| 体积流量计 | 铁路罐车 | 基本误差法，装液高度大于 80%，10 辆罐车 | 0.20 | 0.21 | 0.23 | 0.24 |
| 质量流量计 | 铁路罐车 | 基本误差法，装液高度大于 80%，10 辆罐车 | — | 0.20 | — | — |
| 铁路罐车 | 铁路罐车 | 装满至 80%以上，10 辆罐车 | 0.08 | 0.08 | 0.10 | 0.12 |
| 立式罐 | 液货船 | 输转液位差大于 4m，大型不规则舱 | 0.27 | 0.30 | 0.37 | 0.39 |
| 体积流量计 | 液货船 | 基本误差法，大型不规则舱 | 0.36 | 0.38 | 0.41 | 0.43 |
| 质量流量计 | 液货船 | 基本误差法，大型不规则舱 | — | 0.34 | — | — |
| 液货船 | 液货船 | 装液高度大于 3m | 0.19 | 0.21 | 0.27 | 0.30 |
| 体积流量计 | 卧式圆筒罐 | 基本误差法，装液高度大于 80% | 0.32 | 0.34 | — | — |
| 质量流量计 | 卧式圆筒罐 | 基本误差法，装液高度大于 80% | — | 0.31 | — | — |
| 衡器 | 卧式圆筒罐 | 液体标定法，装液高度大于 80% | — | 0.31 | — | — |
| 质量流量计 | 衡器 | 基本误差法 | — | 0.24 | — | — |
| 体积流量计 | 衡器 | 基本误差法 | — | 0.30 | — | 0.34 |
| 衡器 | 衡器 | 非同一衡器 | — | 0.24 | — | — |

## 参 考 文 献

[1] JJF 1059.1—2012 测量不确定度的评定与表示
[2] ISO 4259-2 石油及相关产品—测量方法与结果的精密度—第2部分：关于试验方法精密度的解释与应用
[3] 原油和液体石油产品交接计量允差的研究．中国石油化工股份有限公司石油化工科学研究院，2018-022

ICS 75.100
E 40

SH

# 中华人民共和国石油化工行业标准

NB/SH/T 0435—2013
代替 SH/T 0435—1992

# 4830 号检漏液

## 4830 Leak detector fluid

2013-06-08 发布　　2013-10-01 实施

国家能源局　发布

# 前　言

本标准按照 GB/T 1.1—2009 给出的规则起草。

本标准替代 SH/T 0435—92《4830 号检漏液》。

本标准与 SH/T 0435—92 相比，除编辑性修改外主要技术变化如下：

——修改了油品密度的测定方法（见第 2 章和“表 1”，1992 版的第 2 章和“表 1”）；

——增加了塑料桶的包装形式（见 5.2）。

本标准由中国石油化工集团公司提出。

本标准由全国石油产品和润滑剂标准化技术委员会合成油脂分技术委员会（SAC/TC280/SC5）归口。

本标准起草单位：中国石油化工股份有限公司润滑油分公司。

本标准主要起草人：宋恒凯、辛虎、刘建芳、李杏涛。

本标准的历次版本情况如下：

——ZB E40006—86；

——SH/T 0435—92。

# 4830 号检漏液

## 1 范围

本标准规定了 4830 号检漏液的技术要求、检验规则、包装、标志、贮运及交货验收。

本标准适用于全氟碳油或氟氯碳油调配的检漏液。

符合本标准的产品适用于电子元器件密封检漏的粗检用油及接触腐蚀性介质的仪表用油。

## 2 规范性引用文件

下列文件对于本文件的应用是必不可少的。凡是注日期的引用文件，仅所注日期的版本适用于本文件。凡是不注日期的引用文件，其最新版本（包括所有的修改单）适用于本文件。

GB/T 255 石油产品馏程测定法

GB/T 265 石油产品运动黏度测定法和动力黏度计算法

GB/T 510 石油产品凝点测定法

GB/T 614 化学试剂 折光率测定通用法

GB/T 4756 石油液体手工取样法

GB/T 13377 原油和液体或固体石油产品 密度或相对密度的测定 毛细管塞比重瓶和带刻度双毛细管比重瓶法

NB/SH/T 0434 4839 号抗化学润滑油

SH 0164 石油产品包装、贮运及交货验收规则

## 3 要求和试验方法

4830 号检漏液的技术要求和试验方法见表 1。

**表 1 4830 号检漏液的技术要求**

| 项 目 | | 质 量 指 标 | 试 验 方 法 |
|---|---|---|---|
| 外观（25℃） | | 无色透明液体 | 目测 |
| 运动黏度（25℃）/（$mm^2/s$） | | 4~9 | GB/T 265 |
| 馏程<br>初馏点/℃ | 不低于 | 170 | GB/T 255 |
| 凝点/℃ | 不高于 | -20 | GB/T 510 |
| 密度（25℃）/（$kg/m^3$） | | 1800~2000 | GB/T 13377 |
| 酸值/（mgKOH/g） | 不大于 | 0.05 | NB/SH/T 0434 附录 A |
| 折光率 $N_D^{25}$ | | 实测 | GB/T 614 |

# 4 检验规则

## 4.1 检验分类和检验项目

### 4.1.1 出厂检验

出厂检验项目包括：外观、运动黏度、馏程、密度、酸值和折光率。

### 4.1.2 型式检验

对产品质量进行全面考核，即对本标准中规定的技术要求进行全部检验。

有下列情况之一时，一般应进行型式检验：

a）新产品投产或产品定型鉴定时；

b）原料、工艺等发生较大改变，可能影响产品质量时；

c）出厂检验结果与上次型式检验有较大差异时；

## 4.2 组批

在原材料、工艺不变的条件下，产品每生产一罐或釜为一组（批）。

## 4.3 取样

取样按 GB/T 4756 的规定进行，每批产品取样 0.5L 作为检验和留样用。

## 4.4 判定

出厂检验和型式检验结果符合表 1 规定时，则判定为合格。

## 4.5 复验

如果出厂批次检验和出厂周期检验结果中有不符合表 1 规定时，按 GB/T 4756 的规定自同批产品中重新抽取双倍量样品，对不合格项目进行复验。复验结果如仍不符合表 1 规定时，则判定该批产品不合格。

# 5 包装、标志、贮运及交货验收

5.1 本产品的包装、标志、贮运、运输及交货验收按 SH 0164 的规定进行。

5.2 本产品采用清洁、密封、干燥的无色玻璃瓶、铝桶包装或塑料桶，每玻璃瓶净重 1kg，每铝桶净重 10kg，塑料桶包装为每桶净重 1kg 或每桶净重 5kg。

5.3 包装瓶或盒上贴有标签，标签上注有厂名、产品名称、产品净重、批号等。

5.4 本产品存放在阴凉、干燥处。

ICS 75.100
E 49

SH

# 中华人民共和国石油化工行业标准

NB/SH/T 0521—2010
代替 SH/T 0521—1999

# 乙二醇型和丙二醇型发动机冷却液

## Ethylene glycol and propylene glycol base engine coolants

2011-01-09 发布　　　　2011-05-01 实施

国 家 能 源 局　发 布

# 前　言

本标准中轻负荷发动机冷却液修改采用 ASTM D3306-09《二元醇型汽车及轻负荷发动机冷却液标准》，全配方重负荷发动机冷却液修改采用 ASTM D6210-08《全配方二元醇型重负荷发动机冷却液标准》。

本标准根据 ASTM D3306-09 和 ASTM D6210-08 重新起草。

本标准中轻负荷发动机冷却液要求与 ASTM D3306-09 标准的主要差异如下：

——取消了浓缩液使用浓度的规定（见 ASTM D3306-09 中 1.1）；

——原文采用 15.5℃密度，本标准根据我国情况修订为 20℃密度（见表 1 和表 2，ASTM D3306-09 中表 2）；

——增加了术语（见 3）；

——将浓缩液的稀释液由一种牌号修改为六种不同牌号的冷却液，并增加了相应的指标（见 4.1，ASTM D3306-09 中表 2）。

本标准中全配方重负荷发动机冷却液要求与 ASTM D6210-08 标准的主要差异如下：

——取消了浓缩液使用浓度的规定（见 ASTM D6210-08 中 1.1）；

——原文采用 15.5℃密度，本标准根据我国情况修订为 20℃密度（见表 1 和表 2，ASTM D6210-08 中 3.1）；

——增加了术语（见 3）；

——将浓缩液的稀释液由一种牌号修改为六种不同牌号的冷却液，并增加了相应的指标（见 4.1，ASTM D6210-08 中 3.1）；

——增加了测定亚硝酸根离子、硫酸根离子浓度和钼含量的方法（见附录 A.2）；

——没有采用除垢的要求（见 ASTM D6210-08 中 A1.4）。

本标准代替 SH/T 0521—1999《汽车及轻负荷发动机用乙二醇型冷却液》标准，本标准与 SH/T 0521—1999 标准相比主要变化如下：

——增加了全配方乙二醇型重负荷发动机冷却液的技术要求（见表 1 和附录 A）；

——增加了丙二醇型轻负荷和全配方重负荷发动机冷却液技术要求（见表 2 和附录 A）；

——增加了术语（见 3）；

——将乙二醇型发动机冷却液密度指标由区间范围修订为不小于下限，浓缩液含 50%（体积分数）水溶液的冰点由“不高于-37.0℃”修改为“不高于-36.4℃”（见表 1，1999 年版表 1）；

——对项目指标的表达方式进行了修改，其中，将“玻璃器皿腐蚀”中的黄铜和紫铜指标由“±10mg/片”修改为“-5mg/片～+5mg/片”，将“模拟使用腐蚀”中的黄铜和紫铜指标由“±20mg/片”修改为“-10mg/片～+10mg/片”（见表 1 和表 2，1999 年版表 1）；

——将各牌号冷却液氯含量指标由“报告值”修订为“不大于 25mg/kg”（见表 1 和表 2，1999 年版表 1）；

——将原技术要求表中有关“模拟使用腐蚀”无机盐添加方式的注进行了修改，列于附录 B（见附录 B，1999 年版表 1）；

——增加了附录 A“全配方重负荷发动机冷却液的化学组成要求”、附录 B“发动机冷却液使用性能试验溶液配制要求”和附录 C“冷却液中浓缩液或二元醇的百分含量与冰点的对应关系”。

本标准的附录 A 和附录 B 均是规范性附录，附录 C 是资料性附录。

本标准由中国石油化工集团公司提出。

本标准由全国石油产品和润滑剂标准化技术委员会石油燃料和润滑剂分技术委员会（SAC/

TC280/SC1）归口。

本标准起草单位：中国石化销售有限公司油品技术研究所。

本标准参加单位：中国石油化工股份有限公司润滑油研发（北京）中心。

本标准主要起草人：董芳、张凤泉、张凯蛟、郑东前。

本标准1991年首次发布，1999年第一次修订，本次为第二次修订。

# 乙二醇型和丙二醇型发动机冷却液

## 1 范围

1.1 本标准规定了轻负荷和重负荷发动机冷却系统用乙二醇型和丙二醇型冷却液及其浓缩液的术语和定义、产品分类和技术要求、检验规则及包装、标志、运输和贮存。
1.2 本标准所属产品适用于轻负荷或重负荷内燃发动机冷却系统。

## 2 规范性引用文件

下列文件对于本文件的应用是必不可少的。凡是注日期的引用文件，仅注日期的版本适用于本文件。凡是不注日期的引用文件，其最新版本（包括所有的修改单）适用于本文件。

SH/T 0065 发动机冷却液或防锈剂试验样品的取样及其水溶液的配制
SH/T 0066 发动机冷却液泡沫倾向测定法（玻璃器皿法）
SH/T 0067 发动机冷却液和防锈剂灰分含量测定法
SH/T 0068 发动机冷却液及其浓缩液密度或相对密度测定法（密度计法）
SH/T 0069 发动机防冻剂、防锈剂和冷却液 pH 值测定法
SH/T 0084 冷却系统化学溶液对汽车上有机涂料影响的试验方法
SH/T 0085 发动机冷却液腐蚀测定法（玻璃器皿法）
SH/T 0086 发动机冷却液的浓缩液中水含量测定法（卡尔・费休法）
SH/T 0087 发动机冷却液铝泵气穴腐蚀特性试验法
SH/T 0088 发动机冷却液模拟使用腐蚀测定法
SH/T 0089 发动机冷却液沸点测定法
SH/T 0090 发动机冷却液冰点测定法
SH/T 0091 发动机冷却液和防锈剂储备碱度测定法
SH 0164 石油产品包装、贮运及交货验收规则
SH/T 0620 发动机冷却液对传热状态下的铸铝合金腐蚀测定法
SH/T 0621 发动机冷却液氯含量测定法
NB/SH/T 0828 发动机冷却液中硅与其他元素含量的测定　电感耦合等离子体原子发射光谱法
HJ/T 84 水质　无机阴离子的测定　离子色谱法
ASTM D4725 发动机冷却液术语
ASTM D5828 辅助冷却液添加剂 SCA 与发动机冷却液浓缩液的相容性试验方法

## 3 术语和定义

下列术语和定义适用于本标准。

3.1

**轻负荷发动机　light duty engine**

内燃发动机，设计一般在远低于最大输出功率的情况下运行。

注：这种类型的发动机一般用于轿车、轻型卡车、有篷货车、体育运动用汽车以及农用拖拉机、草坪维护机械。

3.2

**重负荷发动机　heavy duty engine**

内燃发动机，设计一般允许在接近或等于最大输出功率的情况下连续运行。

注：这种类型的发动机一般用于：1）道路卡车和公交车；2）农用、土石运输、建筑用、矿用非高速机械；3）高输出功率的固定式发动机；4）牵引机车和航行船舶。

3.3

**发动机冷却液浓缩液 engine coolant concentrate**

全配方液体产品，不能单独作为工作冷却液使用，用符合要求的水稀释成不同牌号的发动机冷却液后才能加入发动机冷却系统中。

3.4

**辅助冷却液添加剂（SCA） supplemental coolant additive**

需要定期加入重负荷发动机冷却系统（尤其是采用湿式缸套）中的一种添加剂，用于持续维持冷却液防腐蚀、防缸套穴蚀和阻垢性能，延长冷却液在重负荷发动机冷却系统中的使用寿命。

**注：**术语 3.1、3.2、3.3 和 3.4 引自 ASTM D4725 发动机冷却液术语。

3.5

**乙二醇型冷却液中含有的其他二元醇 other glycols in ethylene glycol coolant**

乙二醇型发动机冷却液中的其他二元醇含有：二乙二醇（二甘醇）、三乙二醇（三甘醇）、三水缩四乙二醇（四甘醇）、丙二醇、二丙二醇、三丙二醇和 1,3-丙二醇。

3.6

**丙二醇型冷却液中含有的其他二元醇 other glycols in propylene glycol coolant**

丙二醇型发动机冷却液中的其他二元醇含有：乙二醇、二乙二醇（二甘醇）、三乙二醇（三甘醇）、三水缩四乙二醇（四甘醇）、二丙二醇、三丙二醇和 1,3-丙二醇。

## 4 产品分类和标记

### 4.1 产品分类

本标准所属产品包括乙二醇型轻负荷和重负荷、丙二醇型轻负荷和重负荷发动机冷却液四种类型，每种类型又分为浓缩液和-25 号、-30 号、-35 号、-40 号、-45 号、-50 号六个不同牌号的冷却液。

### 4.2 产品标记

产品标记为：[牌号] [乙二醇型/丙二醇型] [轻负荷/重负荷] 发动机冷却液

示例：-25 号乙二醇型重负荷发动机冷却液；

-35 号丙二醇型轻负荷发动机冷却液。

## 5 要求和试验方法

### 5.1 一般要求

乙二醇型和丙二醇型发动机冷却液及其浓缩液由防冻剂二元醇、水、适合的防腐蚀添加剂、消泡剂及染料组成。在产品性能满足所有技术要求的情况下，冷却液及其浓缩液中可含有一定量的其他二元醇，乙二醇型浓缩液中最多可含有 15%（体积分数）的其他二元醇，丙二醇型浓缩液中最多可含有 1%（体积分数）的其他二元醇。各牌号冷却液中允许含有其他二元醇的数量根据其冷却液中所含浓缩液的比例确定。

对浓缩液进行稀释时，应使用去离子水或蒸馏水，或供需双方认可的其他质量级别的水。

### 5.2 技术要求

乙二醇型轻负荷发动机冷却液技术要求见表 1，丙二醇型轻负荷发动机冷却液技术要求见表 2。

全配方乙二醇型重负荷发动机冷却液技术要求见表 1，并应符合附录 A 的化学组成要求；全配方重负荷丙二醇型发动机冷却液技术要求见表 2，并应符合附录 A 的化学组成要求。

**表 1 乙二醇型冷却液技术要求**

| 项目 | 质量指标 | | | | | | | 试验方法 |
|---|---|---|---|---|---|---|---|---|
| | 浓缩液 | 冷却液 | | | | | | |
| | | -25 号 | -30 号 | -35 号 | -40 号 | -45 号 | -50 号 | |
| 颜色 | 有醒目颜色 | | | | | | | 目测 |
| 气味 | 无异味 | | | | | | | 嗅觉 |
| 密度（20℃）/（kg/m³）<br>浓缩液 | 1107~1142 | — | — | — | — | — | — | SH/T 0068 |
| 冷却液 不小于 | — | 1053 | 1059 | 1064 | 1068 | 1073 | 1075 | |
| 冰点/℃ 不高于 | — | -25.0 | -30.0 | -35.0 | -40.0 | -45.0 | -50.0 | SH/T 0090 |
| 含 50%（体积分数）蒸馏水 不高于 | -36.4 | — | | | | | | |
| 沸点/℃ 不低于 | 163.0 | 106.0 | 106.5 | 107.0 | 107.5 | 108.0 | 108.5 | SH/T 0089 |
| 含 50%（体积分数）蒸馏水 不低于 | 107.8 | — | — | — | — | — | — | |
| 对汽车有机涂料的影响 | 无影响 | | | | | | | SH/T 0084[a] |
| 灰分（质量分数）/% 不大于 | 5.0 | 2.0 | 2.3 | 2.5 | 2.8 | 3.0 | 3.3 | SH/T 0067 |
| pH 值 | — | 7.5~11.0 | | | | | | SH/T 0069 |
| 含 50%（体积分数）蒸馏水 | 7.5~11.0 | — | | | | | | |
| 水分（质量分数）/% 不大于 | 5.0 | — | | | | | | SH/T 0086 |
| 储备碱度/mL | 报告[b] | | | | | | | SH/T 0091 |
| 氯含量/（mg/kg） 不大于 | 25 | | | | | | | SH/T 0621 |
| 玻璃器皿腐蚀<br>试片变化值/（mg/片） | | | | | | | | SH/T 0085[c] |
| 紫铜 | -5~+5 | | | | | | | |
| 黄铜 | -5~+5 | | | | | | | |
| 钢 | -10~+10 | | | | | | | |
| 铸铁 | -10~+10 | | | | | | | |
| 焊锡 | -30~+30 | | | | | | | |
| 铸铝 | -30~+30 | | | | | | | |
| 模拟使用腐蚀<br>试片变化值/（mg/片） | | | | | | | | SH/T 0088[c] |
| 紫铜 | -10~+10 | | | | | | | |
| 黄铜 | -10~+10 | | | | | | | |
| 钢 | -20~+20 | | | | | | | |
| 铸铁 | -20~+20 | | | | | | | |
| 焊锡 | -60~+60 | | | | | | | |
| 铸铝 | -60~+60 | | | | | | | |
| 铝泵气穴腐蚀/级 不小于 | 8 | | | | | | | SH/T 0087[c] |
| 铸铝合金传热腐/（mg/cm²） 不大于 | 1.0 | | | | | | | SH/T 0620[c] |
| 泡沫倾向 | | | | | | | | SH/T 0066[c] |
| 泡沫体积/mL 不大于 | 150 | | | | | | | |
| 泡沫消失时间/s 不大于 | 5.0 | | | | | | | |

[a] 供需双方对所用试验涂料、试验程序和接受原则可协商确定。

[b] 供需双方协商确定。

[c] 对发动机冷却液浓缩液，可根据各试验方法的说明配制试验溶液，对稀释后的各牌号冷却液，可根据附录 B 进行配制。

**表 2　丙二醇型冷却液技术要求**

| 项　　目 | 质　量　指　标 | | | | | | | 试验方法 |
| --- | --- | --- | --- | --- | --- | --- | --- | --- |
| | 浓缩液 | 冷　却　液 | | | | | | |
| | | -25 号 | -30 号 | -35 号 | -40 号 | -45 号 | -50 号 | |
| 颜色 | 有醒目颜色 | | | | | | | 目测 |
| 气味 | 无异味 | | | | | | | 嗅觉 |
| 密度（20℃）/（kg/m$^3$） | | | | | | | | SH/T 0068 |
| 浓缩液 | 1027~1062 | — | — | — | — | — | — | |
| 冷却液　不小于 | — | 1018 | 1020 | 1022 | 1024 | 1026 | 1027 | |
| 冰点/℃　不高于 | — | -25.0 | -30.0 | -35.0 | -40.0 | -45.0 | -50.0 | SH/T 0090 |
| 含 50%（体积分数）蒸馏水　不高于 | -31.0 | — | | | | | | |
| 沸点/℃　不低于 | 152.0 | 103.5 | 104.0 | 104.5 | 105.5 | 106.0 | 106.5 | SH/T 0089 |
| 含 50%（体积分数）蒸馏水　不低于 | 104.0 | — | — | — | — | — | — | |
| 对汽车有机涂料的影响 | 无影响 | | | | | | | SH/T 0084[a] |
| 灰分（质量分数）/%　不大于 | 5.0 | 2.2 | 2.4 | 2.6 | 2.8 | 3.0 | 3.3 | SH/T 0067 |
| pH 值 | — | 7.5~11.0 | | | | | | SH/T 0069 |
| 含 50%（体积分数）蒸馏水 | 7.5~11.0 | — | | | | | | |
| 水分（质量分数）/%　不大于 | 5.0 | — | | | | | | SH/T 0086 |
| 储备碱度/mL | 报告[b] | | | | | | | SH/T 0091 |
| 氯含量/（mg/kg）　不大于 | 25 | | | | | | | SH/T 0621 |
| 玻璃器皿腐蚀 | | | | | | | | SH/T 0085[c] |
| 试片变化值/（mg/片） | | | | | | | | |
| 紫铜 | -5~+5 | | | | | | | |
| 黄铜 | -5~+5 | | | | | | | |
| 钢 | -10~+10 | | | | | | | |
| 铸铁 | -10~+10 | | | | | | | |
| 焊锡 | -30~+30 | | | | | | | |
| 铸铝 | -30~+30 | | | | | | | |
| 模拟使用腐蚀 | | | | | | | | SH/T 0088[c] |
| 试片变化值/（mg/片） | | | | | | | | |
| 紫铜 | -10~+10 | | | | | | | |
| 黄铜 | -10~+10 | | | | | | | |
| 钢 | -20~+20 | | | | | | | |
| 铸铁 | -20~+20 | | | | | | | |
| 焊锡 | -60~+60 | | | | | | | |
| 铸铝 | -60~+60 | | | | | | | |
| 铝泵气穴腐蚀/级　不小于 | 8 | | | | | | | SH/T 0087[c] |
| 铸铝合金传热腐蚀率/（mg/cm$^2$）　不大于 | 1.0 | | | | | | | SH/T 0620[c] |
| 泡沫倾向 | | | | | | | | SH/T 0066[c] |
| 泡沫体积/mL　不大于 | 150 | | | | | | | |
| 泡沫消失时间/s　不大于 | 5.0 | | | | | | | |

[a] 供需双方对所用试验涂料、试验程序和接受原则可协商确定。

[b] 供需双方协商确定。

[c] 对发动机冷却液浓缩液，可根据各试验方法的说明配制试验溶液，对稀释后的各牌号冷却液，可根据附录 B 进行配制。

5.3 重负荷发动机冷却液特殊要求

在使用符合本标准表1或表2要求的全配方重负荷发动机冷却液时，若按照发动机生产商的推荐及产品说明要求加入辅助冷却液添加剂SCA，冷却液在适当保养的冷却系统中应至少运行两年。

使用满足本标准表1或表2要求的全配方重负荷发动机冷却液，在发动机冷却系统的第一个维护保养周期之前不需要添加任何SCA，在第一次保养及以后的使用中应按需要定期加入一定量的SCA，以达到持续保护重负荷发动机尤其是具有湿式气缸套的重负荷发动机冷却系统的作用，SCA的加入周期和数量主要由发动机生产商或汽车生产商负责规定，如果他们没有明确说明，应遵从SCA供应商的建议。

冷却液和SCA产品化学兼容性差将导致混合液中析出溶质，影响发动机冷却系统正常工作，SCA和符合本标准的冷却液浓缩液之间的相容性可采用ASTM D5828“辅助冷却液添加剂SCA与发动机冷却液浓缩液的相容性试验方法”确定。

## 6 检验规则

6.1 检验分类和检验项目

本产品检验分为出厂检验和型式检验。

6.1.1 出厂检验

出厂批次检验项目包括：颜色、气味、冰点、沸点、pH值、密度、储备碱度。

在原材料无变化时，出厂周期检验项目包括：对汽车有机涂料的影响、灰分、氯含量、玻璃器皿腐蚀、水分（浓缩液）、泡沫倾向和铸铝合金传热腐蚀，检测周期为一年。

6.1.2 型式检验

型式检验项目为5.2技术要求中的所有检验项目。

在下列情况下进行型式检验：

a）新产品投产或产品定型鉴定时；

b）原材料、工艺等发生较大变化，可能影响产品质量时；

c）出厂检验结果与上次型式检验结果有较大差异时。

6.2 组批

在原材料、工艺不变的条件下，产品每生产一罐或釜为一批。

6.3 取样

取样按SH/T 0065进行，取5L（如包括台架试验，酌情增加取样量）作为检验和留样用。

6.4 判定规则

出厂检验和型式检验结果符合5.2的技术要求，则判定该产品合格。

6.5 复验规则

如出厂检验和型式检验结果中有不符合5.2技术要求的规定时，按照SH/T 0065的规定自同批产品中重新抽取双倍量样品，对不符合项目进行复验，复验结果如仍不符合5.2技术要求时，则判定该批产品为不合格。

## 7 包装、标志、运输、贮存

本产品采用塑料桶包装，其包装、标志、运输、贮存按SH 0164进行。

# 附 录 A
## （规范性附录）
## 全配方重负荷发动机冷却液的化学组成要求

### A.1 全配方重负荷发动机冷却液的化学组成要求

按照重负荷发动机的保养周期，在重负荷发动机冷却系统中定期加入SCA，可以补充发动机冷却液在运行中消耗的添加剂。重负荷发动机冷却液用户的使用经验表明，几种化学物质及其组合能够有效减小发动机气缸套气穴腐蚀，一种组合为亚硝酸盐（1组），另一种组合为亚硝酸盐和钼酸盐的混合物（2组），满足其中的任意一种组合即可达到减少气蚀的目的，它们在浓缩液和不同牌号冷却液中的有效加入量（适用于乙二醇和丙二醇型）见表A.1，小于最小加入量将不会对发动机提供长期的缸套穴蚀防护作用。

另外，重负荷发动机冷却液及其浓缩液中的硫酸根离子含量均应小于50μg/g。

表A.1 全配方重负荷发动机冷却液的化学组成要求

| 类别 | | 1组 | 2组 | | |
|---|---|---|---|---|---|
| | | 亚硝酸根离子浓度/(mg/kg)不小于 | 亚硝酸根离子和钼酸根离子混合物浓度/(mg/kg)不小于 | 混合物中亚硝酸根离子浓度/(mg/kg)不小于 | 混合物中钼酸根离子浓度/(mg/kg)不小于 |
| 浓缩液 | | 2400 | 1560 | 300 | 300 |
| 牌号 | -25号 | 1056 | 687 | 132 | 132 |
| | -30号 | 1176 | 765 | 147 | 144 |
| | -35号 | 1272 | 827 | 159 | 153 |
| | -40号 | 1344 | 874 | 168 | 165 |
| | -45号 | 1416 | 921 | 177 | 171 |
| | -50号 | 1488 | 968 | 186 | 183 |
| 注：由于不同品牌冷却液组成的不同，可以根据发动机或汽车生产商以及发动机冷却液生产商的建议，使用其他类型的添加剂，作为重负荷发动机抗穴蚀和延长使用寿命的辅助缓蚀剂（SCA）。 | | | | | |

### A.2 试验方法

亚硝酸根离子、硫酸根离子的定量检测可采用“HJ/T 84 水质 无机阴离子的测定 离子色谱法”。

钼含量（钼酸根离子）的检测可采用“NB/SH/T 0828 发动机冷却液中硅与其他元素含量的测定 电感耦合等离子体原子发射光谱法”。

# 附 录 B
# （规范性附录）
# 发动机冷却液使用性能试验溶液配制要求

乙二醇型和丙二醇型冷却液使用性能试验溶液的配制方法及要求参见表 B.1、表 B.2 和表 B.3，可采用腐蚀性水直接配制，参见表 B.1，也可称取腐蚀性盐，按照表 B.2 和表 B.3 的组成要求配制，具体内容详见各试验方法规定。

**表 B.1 各试验方法试验溶液总体配制要求**

| 试 验 项 目 | 试验溶液配制要求 |
|---|---|
| SH/T 0066 发动机冷却液泡沫倾向测定法 | 用蒸馏水将试样或浓缩液调成-18℃±1℃试验溶液 |
| SH/T 0085 发动机冷却液腐蚀测定法 | 用腐蚀性水调配浓缩液成-18℃±1℃试验溶液 |
| SH/T 0087 发动机冷却液铝泵气穴腐蚀特性试验法 | 按照 1 体积浓缩液 :5 体积腐蚀性水的比例配制试验溶液 |
| SH/T 0088 发动机冷却液模拟使用腐蚀测定法 | 用腐蚀性水调配浓缩液成-29℃±1℃试验溶液 |
| SH/T 0620 发动机冷却液对传热状态下的铸铝合金腐蚀测定法 | 按照 1 体积浓缩液 :3 体积氯化钠腐蚀性水的比例配制试验溶液 |
| 注：关于腐蚀性水的说明详见各试验方法。 | |

**表 B.2 乙二醇型发动机冷却液使用性能试验溶液的组成要求**

| 冰点/℃ | 试验用溶液所用各组分名称 | 配制 1L 试验用溶液所需各组分量 | | | | |
|---|---|---|---|---|---|---|
| | | 玻璃器皿腐蚀 | 模拟使用腐蚀 | 泡沫倾向 | 铸铝合金传热腐蚀 | 铝泵气穴腐蚀 |
| -25.0 | 试样 | 805mL | 1000mL | 805mL | 610mL | 410mL |
| | $Na_2SO_4$ | 99mg | 81mg | — | — | 123mg |
| | NaCl | 110mg | 91mg | — | 165mg | 137mg |
| | $NaHCO_3$ | 92mg | 76mg | — | — | 115mg |
| | 水 | 195mL | 0mL | 195mL | 390mL | 590mL |
| -30.0 | 试样 | 730mL | 1000mL | 730mL | 560mL | 370mL |
| | $Na_2SO_4$ | 99mg | 81mg | — | — | 123mg |
| | NaCl | 110mg | 91mg | — | 165g | 137mg |
| | $NaHCO_3$ | 92mg | 76mg | — | — | 115mg |
| | 水 | 270mL | 0mL | 270mL | 440mL | 630mL |
| -35.0 | 试样 | 690mL | 920mL | 690mL | 530mL | 350mL |
| | $Na_2SO_4$ | 99mg | 81mg | — | — | 123mg |
| | NaCl | 110mg | 91mg | — | 165mg | 137mg |
| | $NaHCO_3$ | 92mg | 76mg | — | — | 115mg |
| | 水 | 310mL | 80mL | 310mL | 470mL | 650mL |
| -40.0 | 试样 | 630mL | 840mL | 630mL | 480mL | 320mL |
| | $Na_2SO_4$ | 99mg | 81mg | — | — | 123mg |
| | NaCl | 110mg | 91mg | — | 165mg | 137mg |
| | $NaHCO_3$ | 92mg | 76mg | — | — | 115mg |
| | 水 | 370mL | 160mL | 370mL | 520mL | 680mL |

表 B.2（续）

| 冰点/℃ | 试验用溶液所用各组分名称 | 配制 1L 试验用溶液所需各组分量 | | | | |
|---|---|---|---|---|---|---|
| | | 玻璃器皿腐蚀 | 模拟使用腐蚀 | 泡沫倾向 | 铸铝合金传热腐蚀 | 铝泵气穴腐蚀 |
| -45.0 | 试样 | 590mL | 790mL | 590mL | 450mL | 300mL |
| | $Na_2SO_4$ | 99mg | 81mg | — | — | 123mg |
| | NaCl | 110mg | 91mg | — | 165mg | 137mg |
| | $NaHCO_3$ | 92mg | 76mg | — | — | 115mg |
| | 水 | 410mL | 210mL | 410mL | 550mL | 700mL |
| -50.0 | 试样 | 560mL | 745mL | 560mL | 420mL | 280mL |
| | $Na_2SO_4$ | 99mg | 81mg | — | — | 123mg |
| | NaCl | 110mg | 91mg | — | 165mg | 137mg |
| | $NaHCO_3$ | 92mg | 76mg | — | — | 115mg |
| | 水 | 440mL | 255mL | 440mL | 580mL | 720mL |

注 1：对于乙二醇型冷却液，当样品的实际冰点高于或低于规格值时，配制试验溶液前应使用符合试验方法要求的水将样品的冰点先调至规格值，再按本表配制试验溶液，如某-35 号冷却液，冰点实测值为-37℃，则需先用水将其冰点调至-35℃后再进行后续配制；或者根据本标准附录 C 中冰点与组成的对应关系根据内插法计算结果进行配制。

注 2：表中涉及到的“水”应符合试验方法的要求。

表 B.3　丙二醇型发动机冷却液使用性能试验的溶液配制要求

| 冰点/℃ | 试验用溶液所用各组分名称 | 配制 1L 试验用溶液所需各组分量 | | | | |
|---|---|---|---|---|---|---|
| | | 玻璃器皿腐蚀 | 模拟使用腐蚀 | 泡沫倾向 | 铸铝合金传热腐蚀 | 铝泵气穴腐蚀 |
| -25.0 | 试样 | 820mL | 1000mL | 820mL | 570mL | 380mL |
| | $Na_2SO_4$ | 95mg | 78mg | — | — | 123mg |
| | NaCl | 105mg | 87mg | — | 165mg | 137mg |
| | $NaHCO_3$ | 88mg | 73mg | — | — | 115mg |
| | 水 | 180mL | 0mL | 180mL | 430mL | 520mL |
| -30.0 | 试样 | 750mL | 1000mL | 750mL | 520mL | 350mL |
| | $Na_2SO_4$ | 95mg | 78mg | — | — | 123mg |
| | NaCl | 105mg | 87mg | — | 165mg | 137mg |
| | $NaHCO_3$ | 88mg | 73mg | | — | 115mg |
| | 水 | 250mL | 0mL | 250mL | 480mL | 650mL |
| -35.0 | 试样 | 690mL | 905mL | 690mL | 480mL | 320mL |
| | $Na_2SO_4$ | 95mg | 78mg | — | — | 123mg |
| | NaCl | 105mg | 87mg | — | 165mg | 137mg |
| | $NaHCO_3$ | 88mg | 73mg | — | — | 115mg |
| | 水 | 310mL | 95mL | 310mL | 520mL | 680mL |
| -40.0 | 试样 | 650mL | 855mL | 650mL | 450mL | 300mL |
| | $Na_2SO_4$ | 95mg | 78mg | — | — | 123mg |
| | NaCl | 105mg | 87mg | — | 165mg | 137mg |
| | $NaHCO_3$ | 88mg | 73mg | — | — | 115mg |
| | 水 | 350mL | 145mL | 350mL | 550mL | 700mL |

表 B.3（续）

| 冰点/℃ | 试验用溶液所用各组分名称 | 配制 1L 试验用溶液所需各组分量 | | | | |
| --- | --- | --- | --- | --- | --- | --- |
| | | 玻璃器皿腐蚀 | 模拟使用腐蚀 | 泡沫倾向 | 铸铝合金传热腐蚀 | 铝泵气穴腐蚀 |
| -45.0 | 试样 | 620mL | 810mL | 620mL | 430mL | 290mL |
| | $Na_2SO_4$ | 95mg | 78mg | — | — | 123mg |
| | NaCl | 105mg | 87mg | — | 165mg | 137mg |
| | $NaHCO_3$ | 88mg | 73mg | — | — | 115mg |
| | 水 | 380mL | 190mL | 380mL | 570mL | 710mL |
| -50.0 | 试样 | 590mL | 770mL | 590mL | 410mL | 270mL |
| | $Na_2SO_4$ | 95mg | 78mg | — | — | 123mg |
| | NaCl | 105mg | 87mg | — | 165mg | 137mg |
| | $NaHCO_3$ | 88mg | 73mg | — | — | 115mg |
| | 水 | 410mL | 230mL | 410mL | 590mL | 730mL |

**注 1**：对于丙二醇型冷却液，当样品的实际冰点高于或低于规格值时，配制试验溶液前应用符合试验方法要求的水将样品的冰点先调至规格值，再按本表配制试验溶液，如某-35 号冷却液，冰点实测值为-37℃，则需先用水将其冰点调至-35℃后再进行后续配制；或者根据本标准附录 C 中冰点与组成的对应关系根据内插法计算结果进行配制。

**注 2**：表中涉及到的“水”要符合试验方法的要求。

# 附　录　C
## （资料性附录）
## 冷却液中浓缩液或二元醇的百分含量与冰点的对应关系

冷却液中所含浓缩液或二元醇的百分含量与冰点的大致对应关系见表C。

**表C　冷却液中浓缩液或二元醇的百分含量与冰点的对应关系**

| | | | | | | | | | | | | |
|---|---|---|---|---|---|---|---|---|---|---|---|---|
| 乙二醇型冷却液 | 乙二醇浓缩液含量/%（体积分数） | 33 | 41 | 42 | 45 | 46 | 48 | 50 | 52.5 | 54 | 56 | 59 |
| | 冷却液冰点/℃ | −18.0 | −25.0 | −26.0 | −30.0 | −32.0 | −35.0 | −37.0 | −40.0 | −42.0 | −45.0 | −50.0 |
| 丙二醇型冷却液 | 丙二醇浓缩液含量/%（体积分数） | 36% | 42% | 44% | 46% | 48% | 50% | 52% | 54% | 55% | 58% | 61% |
| | 冷却液冰点/℃ | −18.0 | −22.0 | −25.0 | −27.0 | −29.0 | −31.0 | −33.0 | −36.0 | −39.0 | −44.0 | −48.0 |

中华人民共和国石油化工行业标准

SH/T 0526—1992

# 黏 度 标 准 油

代替 SY 1814—82

## 1 主题内容与适用范围

本标准规定了由甲基硅油或加有抗氧剂的精制矿物油等制得的黏度标准油的技术条件。

本标准所属产品适用于各种工作黏度计的校正。

## 2 引用标准

GB/T 258 汽油、煤油、柴油酸度测定法

GB/T 259 石油产品水溶性酸及碱测定法

GB/T 264 石油产品酸值测定法

GB/T 511 石油产品和添加剂机械杂质测定法(重量法)

GB/T 1884 原油和液体石油产品密度实验室测定法(密度计法)

GB/T 1885 石油计量表

GB/T 2540 石油产品密度测定法(比重瓶法)

GB/T 3535 石油产品倾点测定法

GB/T 4756 石油液体手工取样法

SH/T 0196 润滑油抗氧化安定性测定法

SH/T 0257 润滑油水分定性试验法

JJG 155 工作毛细管黏度计检定规程

## 3 技术内容

3.1 产品牌号

本产品按 20℃ 运动黏度分为 2、5、10、20、50、100、200、500、1000、2000、5000、10000、20000、50000 和 100000 号等十五个牌号。

3.2 技术要求

中国石油化工总公司 1992-09-19 批准 1993-09-01 实施

| 项目 | | 质量指标 | | | | | | 试验方法 |
|---|---|---|---|---|---|---|---|---|
| | | 2000 号 | 5000 号 | 10000 号 | 20000 号 | 50000 号 | 100000 号 | |
| 运动黏度(20℃)，$mm^2/s$ | | 2000.0<br>±10% | 5000.0<br>±10% | 10000.0<br>±10% | 20000.0<br>±10% | 50000.0<br>±10% | 100000.0<br>±10% | JJG 155 附录 1 |
| 密度(20℃)，$kg/m^3$ | | 报告 | | | | | | GB/T 1884 和<br>GB/T 1885<br>或 GB/T 2540 |
| 酸度，mgKOH/100mL | 不大于 | — | | | | | | GB/T 258 |
| 酸值，mgKOH/g | 不大于 | 0.02 | | | | | | GB/T 264 |
| 机械杂质 | | 无 | | | | | | GB/T 511[1)] |
| 水分 | | 无 | | | | | | SH/T 0257[1)] |
| 倾点，℃ | 不高于 | — | | | | | | GB/T 3535 |
| 水溶性酸或碱[2)] | | — | | | | | | GB/T 259 |
| 氧化安定性(8h，125℃) | | | | | | | | SH/T 0196 |
| 氧化后沉淀物，% | 不大于 | — | | | | | | |
| 氧化后酸值，mgKOH/g | 不大于 | — | | | | | | |
| 黏度温度变化率(20℃±0.01℃)，% | 不大于 | — | | | | | | 附录 A 及<br>JJG 155 附录 1 |
| 外观 | | 无悬浮物和沉淀的透明液体 | | | | | | 目测 |

注：1）200 号以下及用甲基硅油生产的黏度标准油允许目测水分和机械杂质，但有争议时以 SH/T 0257 和 GB/T 511 测定为准。

2）由不经酸碱精制的矿物油调制的黏度标准油及用甲基硅油生产的 500 号黏度标准油可不测定水溶性酸或碱。

**表(续)**

| 项　　目 | 质量指标 | | | | | | | | | 试验方法 |
|---|---|---|---|---|---|---|---|---|---|---|
| | 2 号 | 5 号 | 10 号 | 20 号 | 50 号 | 100 号 | 200 号 | 500 号 | 1000 号 | |
| 运动黏度(20℃)，$mm^2/s$ | 2.0<br>±10% | 5.0<br>±10% | 10.0<br>±10% | 20.0<br>±10% | 50.0<br>±10% | 100.0<br>±10% | 200.0<br>±10% | 500.0<br>±10% | 1000.0<br>±10% | JJG 155 附录 1 |
| 密度(20℃)，$kg/m^3$ | 报　告 | | | | | | | | | GB/T 1884 和<br>GB/T 1885 或<br>GB/T 2540 |
| 酸度，mgKOH/100mL　不大于 | 2.0 | | — | | | | | | | GB/T 258 |
| 酸值，mgKOH/g　不大于 | — | | 0.02 | | | | | 0.03 | 0.02 | GB/T 264 |
| 机械杂质 | 无 | | | | | | | | | GB/T 511[1)] |
| 水分 | 无 | | | | | | | | | SH/T 0257[1)] |
| 倾点,℃　不高于 | -7 | | | | | | | | — | GB/T 3535 |
| 水溶性酸或碱[2)] | 无 | | | | | | | | — | GB/T 259 |
| 氧化安定性(8h，125℃) | | | | | | | | | | SH/T 0196 |
| 　氧化后沉淀物,%　不大于 | — | | | | 0.05 | | | 0.1 | — | |
| 　氧化后酸值，mgKOH/g　不大于 | — | | | | 0.2 | | | 0.3 | — | |
| 黏度温度变化率(20℃±0.01℃),%　不大于 | ±0.1 | | | | | | | | — | 附录 A 及<br>JJG 155 附录 1 |
| 外观 | 无悬浮物和沉淀的透明液体 | | | | | | | | | 目测 |

3.3 黏度值有效期

黏度标准油的标准黏度值有效期为 1 年，在此期间，黏度变化率$\left(\frac{\gamma_1-\gamma_2}{\gamma_1}\%\right)$应不大于±0.2%，其中 $\gamma_1$ 为新油的黏度值，$\gamma_2$ 为贮存 1 年时的黏度值。

## 4 包装、贮存

黏度标准油应置于清洁、干燥的玻璃瓶中，瓶口密封要好。瓶上贴附标签：注明产品名称，牌号，20℃时的运动黏度值，生产厂名称，生产日期及有效期。存放在温度为 0~50℃（2 号和 5 号为 0~30℃）之间清洁避光的地方。

## 5 取样

取样按 GB/T 4756 进行，取 2L 作为检验和留样用。

## 附 录 A
## 黏度标准油黏度温度变化率计算法
（补充件）

黏度标准油黏度随温度变化(±0.01℃)而变化的百分比称为黏度温度变化率。

计算示例：5 号油 20.00℃时的运动黏度为 5.172$mm^2/s$，19.99℃时的运动黏度为 5.179$mm^2/s$，其黏度温度变化率为：$\frac{5.179-5.172}{5.172}\times 100=0.1\%$。

20.01℃时的运动黏度值为 5.166$mm^2/s$，其黏度温度变化率为：$\frac{5.166-5.172}{5.172}\times 100=-0.1\%$。

---

**附加说明：**

本标准由石油化工科学研究院提出并技术归口。

本标准由石油化工科学研究院负责起草。

本标准主要起草人高慧智。

本标准参照采用日本工业标准 JIS Z8809－1986《黏度计校正用标准液》。

中华人民共和国石油化工行业标准

SH/T 0530—1992

# 石　油　酸

代替 SY 1803—1977(1988)

## 1　主题内容与适用范围

本标准规定了由石油馏分提取的石油酸的技术条件。

本标准所属产品主要适用于生产各种环烷酸或某些环烷酸盐。

## 2　引用标准

GB 253　煤油

GB/T 260　石油产品水分测定法

GB/T 4756　石油液体手工取样法

GB/T 6540　石油产品颜色测定法

SH/T 0092　石油酸检验法

SH 0164　石油产品包装、贮运及交货验收规则

## 3　技术内容

3.1　产品分级

按脂肪酸含量分为一级品和合格品两个等级。

3.2　产品牌号

每个等级按石油酸含量分为 85，75，65，55 号四个牌号。

3.3　技术要求

| 项　目 | 质量指标 | | | | | | | | 试验方法 |
|---|---|---|---|---|---|---|---|---|---|
| | 一　级　品 | | | | 合　格　品 | | | | |
| | 85 号 | 75 号 | 65 号 | 55 号 | 85 号 | 75 号 | 65 号 | 55 号 | |
| 纯酸值，mgKOH/g　不小于 | 210 | 200 | 185 | 175 | 210 | 200 | 185 | 175 | SH/T 0092 |
| 粗酸值，mgKOH/g | 报　告 | | | | 报　告 | | | | SH/T 0092 |
| 石油酸含量，%(m/m)　不小于 | 85 | 75 | 65 | 55 | 85 | 75 | 65 | 55 | SH/T 0092 |
| 水分，%(m/m)　不大于 | 2 | | | | | | | | GB/T 260 |
| 脂肪酸含量，%(m/m)　不大于 | 2 | | | | 报告 | | | | 附录 A |
| 色度，号(稀释)　不大于 | 7 | | | | 报告 | | | | GB/T 6540[1] |

注：1)用 85%符合 GB 253 煤油中合格品稀释后测定。

中国石油化工总公司 1992-09-19 批准　　　　1993-09-01 实施

## 4 包装、标志、运输、贮存

包装、标志、运输、贮存及交货验收按 SH 0164 进行。

## 5 取样

取样按 GB/T 4756 进行，取 2L 作为检验和留样用。

# 附 录 A
# 脂肪酸含量测定法
（补充件）

## A1 主题内容与适用范围

本标准规定了石油酸中脂肪酸含量的测定方法。

本标准适用于测定石油酸中脂肪酸的含量。

## A2 方法概要

以石油醚为溶剂，乙醇为活化剂，在室温下使尿素与脂肪酸络合。经沉淀、过滤，用热水分解络合物。用石油醚萃取脂肪酸。蒸去溶剂，恒重，测得脂肪酸的含量。

## A3 仪器与材料

A3.1 仪器

a. 烧杯：100mL。

b. 电磁搅拌器。

c. 玻璃漏斗。

d. 定量滤纸：慢速，直径 90mm。

e. 分液漏斗：梨形，150mL。

f. 锥形瓶：100mL。

g. 冷凝管：直形。

h. 恒温烘箱。

i. 水浴。

A3.2 试剂

a. 尿素：分析纯。

b. 无水乙醇：分析纯。

c. 石油醚：60℃～90℃：分析纯。

## A4 准备工作

A4.1 将尿素研至粉末状，在 105℃±5℃烘箱中干燥 2h，然后存放于干燥器中备用。

A4.2 将 100mL 锥形瓶洗净，在 105℃±5℃烘箱中烘干，称至恒重（即连续两次称量之差不大于 0.0004g）。

A4.3 试样脱油处理：取试样 25mL～30mL，按 SH/T 0092 中的纯酸值样品制备的步骤制得脱油石油酸试样。

## A5 试验步骤

A5.1 称取脱油石油酸试样 5g±0.001g 于 100mL 烧杯中，加入 5mL 石油醚稀释，再加入尿素约 5g（当试样的脂肪酸含量在 12%以上时，可按 1g 脂肪酸约 8g 尿素估计加量），同时加入无水乙醇 5mL 作活化剂，在室温下搅拌 2h。

A5.2 反应后静置沉降。然后，加入少量石油醚稀释，将上层倒入置有双层滤纸的漏斗中过滤。络合物尽量留在烧杯中，再加石油醚洗涤，过滤。反复洗涤过滤，至滤液滴在干净滤纸上无油渍时，将滤纸和烧杯中(包括玻璃棒和搅拌棒上)的络合物在空气中自然晾干。

**A5.3** 将滤纸上的络合物移入烧杯中，用少量60℃~70℃的蒸馏水将滤纸洗净，洗涤液直接注入烧杯中。将烧杯中溶液和上浮的脂肪酸滴全部倒入分液漏斗中。用少量的60℃~70℃蒸馏水洗涤烧杯、玻璃棒和搅拌棒，重复二至三次。再用5mL~10mL石油醚洗涤烧杯、玻璃棒和搅拌棒，重复二至三次。所有洗涤液要保证全部注入分液漏斗中。然后，将分液漏斗稍加摇动，静置分层。弃去下层水相，将上层的脂肪酸液相每次用约30mL的60℃~70℃蒸馏水洗涤，重复四至五次。

**A5.4** 将水洗过的脂肪酸液相放入已恒重的锥形瓶内，用少量石油醚洗涤分液漏斗二至三次，洗涤液也一并放入锥形瓶内。将锥形瓶放在水浴上蒸去石油醚(石油醚可用冷凝管回收)，剩下脂肪酸，再置于105℃~110℃烘箱中烘4h以上，然后进行称量恒重，至连续两次称量之差不大于0.0004g为止。

## A6 计算

石油酸中的脂肪酸含量$X$[%($m/m$)]按式(A1)计算：

$$X=\frac{m_1}{m_2}\times A \qquad \text{(A1)}$$

式中：$m_1$——锥形瓶中脂肪酸的质量，g；

$m_2$——脱油石油酸试样的质量，g；

$A$——未脱油试样的石油酸百分含量，%($m/m$)。

## A7 精密度

按下述规定判断测定结果的可靠性(95%置信水平)。

**A7.1** 重复性：同一操作者重复测定的两个结果之差不应大于下表中所列的数值。

**A7.2** 再现性：不同实验室提供的两个结果之差不应大于下表中所列的数值。

%

| 脂 肪 酸 | 重 复 性 | 再 现 性 |
|---|---|---|
| 0~2.00 | 0.26 | 0.43 |
| >2.00~5.00 | 0.41 | 0.74 |
| >5.00~10.00 | 0.60 | 1.00 |

## A8 报告

取重复测定两个结果的算术平均值，作为试样的测定结果，以%($m/m$)表示，取到小数点后两位。

---

**附加说明：**

本标准由中国石化兰州炼油化工总厂和新疆石油管理局提出。

本标准由石油化工科学研究院技术归口。

本标准由中国石化兰州炼油化工总厂和独山子炼油厂共同起草。

本标准主要起草人申国禧、赵晓亭。

本标准参照采用前苏联国家标准 ГОСТ 13302-77(83)《石油酸》。

ICS 75.080
E 30

SH

# 中华人民共和国石油化工行业标准

NB/SH/T 0967—2017

# 润滑剂包装标识通则

**Packaged lubricant identification general rule**

2017-12-27 发布　　　　2018-06-01 实施

国家能源局　发布

# 前　　言

本标准按照 GB/T 1. 1—2009 给出的规则起草。

本标准由中国石油化工集团公司提出。

本标准由全国石油产品和润滑剂标准化技术委员会在用润滑油液应用及监控分技术委员会归口。

本标准起草单位：中国石化润滑油有限公司、鞍山海华油脂化学有限公司、中国石油天然气股份有限公司兰州润滑油研发中心

本标准主要起草人：张君、邵晓涛、潘威、李元鸿、薛永红、陈孟博、喻芸、李明慧。

本标准为首次发布。

# 润滑剂包装标识通则

## 1 范围

本标准规定了与润滑剂直接接触的最小单元包装标识的基本要求和主要展示版面的标注内容。

本标准适用于国内销售的润滑剂产品的包装标识。

## 2 规范性引用文件

下列文件对于本文件的应用是必不可少的。凡是注日期的引用文件，仅所注日期的版本适用于本文件。凡是不注日期的引用文件，其最新版本（包括所有的修改单）适用于本文件。

国家质量监督检验检疫总局令第75号《定量包装商品计量监督管理办法》。

## 3 术语和定义

下列术语和定义适用于本标准。

3.1

**产品标识 identification**

产品标识是指用于识别产品及其质量、数量、特征、特性和使用方法所做的各种表示的统称。产品标识可以用文字、符号、数字、图案以及其他说明物等表示，并通过印刷、打印、喷印或粘贴形式附在产品包装上。

3.2

**润滑剂包装标识 packaged lubricant identification**

经预先定量包装，向消费者直接提供的与润滑剂产品直接接触的最小单元包装的标识物，包括文字、图形、符号及一切说明物。

3.3

**产品最小包装单元 minimum packing unit**

是指产品销售的最小单元包装，如一个销售单元的包装中含有不同品种、多个独立包装可单独销售的产品，每件独立包装的标识应当分别标注。

3.4

**主要展示版面 display panel**

润滑剂包装物或包装容器上容易观察到的版面。

## 4 基本要求

4.1 应符合国家法律、法规的规定，并符合相应产品质量标准的规定。

4.2 不得以直接或间接暗示性的文字、图形、符号，误导消费者将购买的润滑剂或润滑剂的某一性质与另一产品混淆。

4.3 润滑剂包装标识内容，应使用规范的中文（但不包括注册商标、具有装饰作用的各种艺术字、进口产品的制造者和地址），可以同时使用拼音、少数民族文字或外文。

4.4 包装润滑剂标识上使用的计量单位为法定计量单位。

## 5 主要展示版面的标注内容

### 5.1 润滑剂产品名称

5.1.1 国家标准、行业标准、地方标准或企业标准对润滑剂的产品名称有规定的，应当采用国家标准、行业标准、地方标准或企业标准规定的名称。

5.1.2 无国家标准、行业标准、地方标准或企业标准中规定的名称时，应使用不使消费者误解或混淆的常用名称或通俗名称。

### 5.2 润滑剂品种代号或质量等级

润滑剂的品种代号或质量等级应按照每个产品对应的国家标准、行业标准、地方标准或企业标准的要求标注。

### 5.3 润滑剂牌号或黏度等级

润滑剂的牌号或黏度等级应按照每个产品对应的国家标准、行业标准、地方标准或企业标准要求标注。

### 5.4 净含量

净含量的标注应由“净含量”、数字和法定计量单位组成。

### 5.5 产品标准代号

在国内生产并在国内销售的包装润滑剂（不包括进口包装润滑剂）标识应标注产品所执行的标准代号和顺序号。

### 5.6 制造者、经销者的名称和地址

5.6.1 应标注润滑剂的制造、包装或经销单位经依法登记注册的名称和地址。

5.6.2 有下列情形之一的，应按下列规定予以标注：

——依法独立承担法律责任的集团公司、集团公司的分公司（子公司），应标注各自的名称和地址。

——依法不能独立承担法律责任的集团公司的分公司（子公司）或集团公司的生产基地，可以标注集团公司和分公司（生产基地）的名称、地址，也可以只标注集团公司的名称、地址。

——受其他单位委托加工包装润滑剂但不承担对外销售，应标注委托单位和受委托单位的名称和地址，或仅标示委托单位的名称和地址。

——进口包装润滑剂应标注原产国的国名或地区名称（指香港、澳门、台湾），以及在中国依法登记注册的代理商、进口商或经销商的名称和地址。

### 5.7 日期标识

应清晰标识润滑剂生产日期，生产日期也可包含在产品批号信息中。

ICS 75.140
E 49

SH

# 中华人民共和国石油化工行业标准

NB/SH/T 6000—2019

# 乙二醇基变流器冷却液

Ethylene glygol base inverter coolant

2019-11-04 发布　　2020-05-01 实施

国家能源局　发布

# 前 言

本标准按照 GB/T 1.1—2009 给出的规则起草。

本标准由中国石油化工集团有限公司提出。

本标准由全国石油产品和润滑剂标准化技术委员会在用润滑油液应用及监控分技术委员会（SAC/TC280/SC6）归口。

本标准起草单位：中国石化润滑油有限公司、中国铁路上海局集团有限公司南京东机务段、中车永济电机有限公司。

本标准主要起草人：樊秀菊、张凯蛟、杨兵、李宁、张旭诚、刘立刚、李守蓉。

本标准为首次发布。

# 乙二醇基变流器冷却液

## 1 范围

本标准规定了以乙二醇、水和缓蚀剂为主要组分配制成的变流器冷却液的产品分类、要求和试验方法、检验规则、标志和包装、运输和贮存及注意事项等。

本标准所属产品适用于各种采用液体循环冷却的内燃机车、电力机车和动车组变流器系统，其他类似冷却方式的变流器系统可参照执行。

## 2 规范性引用文件

下列文件对于本文件的应用是必不可少的。凡是注日期的引用文件，仅所注日期的版本适用于本文件。凡是不注日期的引用文件，其最新版本（包括所有的修改单）适用于本文件。

GB/T 1690 硫化橡胶或热塑性橡胶耐液体试验方法

SH/T 0065 发动机冷却液或防锈剂试验样品的取样及其水溶液的配制

SH/T 0066 发动机冷却液泡沫倾向测定法（玻璃器皿法）

SH/T 0067 发动机冷却液和防锈剂灰分含量测定法

SH/T 0068 发动机冷却液及其浓缩液密度或相对密度测定法（密度计法）

SH/T 0069 发动机防冻剂、防锈剂和冷却液 pH 值测定法

SH/T 0084 冷却系统化学溶液对汽车上有机涂料影响的试验法

SH/T 0085 发动机冷却液腐蚀测定法（玻璃器皿法）

SH/T 0086 发动机冷却液的浓缩液中水含量测定法（卡尔·费休法）

SH/T 0089 发动机冷却液沸点测定法

SH/T 0090 发动机冷却液冰点测定法

SH/T 0091 发动机冷却液和防锈剂储备碱度测定法

SH/T 0164 石油产品包装、贮运及交货验收规则

SH/T 0621 发动机冷却液氯含量测定法

NB/SH/T 0828 发动机冷却液中硅与其他元素含量的测定 电感耦合等离子体原子发射光谱法

## 3 产品分类

本标准所属的乙二醇基变流器冷却液分为浓缩液和工作液两大类别，工作液按照冰点分为-25 号、-40 号和-50 号三个牌号。

## 4 要求和试验方法

本标准产品的要求和试验方法见表 1。

**表 1　乙二醇基变流器冷却液要求和试验方法**

| 项目 | 质量指标 | | | | 试验方法 |
|---|---|---|---|---|---|
| | 浓缩液 | 工作液 | | | |
| | | -25 号 | -40 号 | -50 号 | |
| 颜色 | 有醒目颜色 | | | | 目测 |
| 气味 | 无异味 | | | | 嗅觉 |
| 密度（20℃）/（$g/cm^3$） | 1. 108～1. 144 | ≥1. 050 | ≥1. 065 | ≥1. 076 | SH/T 0068 |
| 沸点/℃ | ≥163. 0 | ≥106. 5 | ≥108. 0 | ≥109. 0 | SH/T 0089 |
| 冰点/℃ | — | ≤-25. 0 | ≤-40. 0 | ≤-50. 0 | SH/T 0090 |
| 水分（质量分数）/% | ≤5. 0 | — | | | SH/T 0086 |
| 灰分（质量分数）/% | ≤5. 0 | ≤2. 5 | ≤3. 0 | | SH/T 0067 |
| pH 值 | — | 7. 5～9. 0 | | | SH/T 0069 |
| 储备碱度/mL | 报告 | | | | SH/T 0091 |
| 氯含量/（mg/kg） | ≤25 | | | | SH/T 0621 |
| 硅含量/（mg/kg） | ≤20 | | | | NB/SH/T 0828 |
| 对有机涂料的影响 | 无影响 | | | | SH/T 0084 |
| 泡沫倾向<br>（88℃±1℃）<br>泡沫体积/mL<br>消泡时间/s | <br><br>≤150<br>≤5 | | | | SH/T 0066 |
| 橡胶相容性试验<br>（70℃±2℃，120h）<br>三元乙丙橡胶<br>质量变化率/%<br>硬度变化/IRHD<br>体积变化率/%<br>拉伸强度变化率/%<br>扯断伸长率/%<br>氟橡胶<br>质量变化率/%<br>硬度变化/IRHD<br>体积变化率/%<br>拉伸强度变化率/%<br>扯断伸长率/% | <br><br><br>±10. 0<br>±10. 0<br>±15. 0<br>±20. 0<br>±20. 0<br><br>±10. 0<br>±10. 0<br>±15. 0<br>±20. 0<br>±20. 0 | | | | GB/T 1690 |

表 1（续）

| 项目 | 质量指标 | | | | 试验方法 |
| --- | --- | --- | --- | --- | --- |
| | 浓缩液 | 工作液 | | | |
| | | −25 号 | −40 号 | −50 号 | |
| 玻璃器皿腐蚀试验<br>(88℃±2℃，336 h±2 h)<br>金属试片质量变化值/（mg/片） | | | | | SH/T 0085 |
| 黄铜 | ±5 | | | | |
| 紫铜 | ±5 | | | | |
| 钢 | ±5 | | | | |
| 铸铁 | ±5 | | | | |
| 铸铝 A[a] | ±5 | | | | |
| 铸铝 B[b] | ±5 | | | | |
| 铸铝 C[c] | ±5 | | | | |
| 铸铝 D[d] | ±5 | | | | |

[a] 化学组成为硅 5.50%～6.50%、铜 3.00%～4.00%、铁<1.20%、锰<0.80%、镁 0.10%～0.50%、镍<0.50%、钛<0.25%、锌<1.00%、铝余量。尺寸为 50.0 mm×25.0 mm×3.5 mm，中心有一个直径为 7.0mm 的通孔。

[b] 化学组成为镁 0.45%～0.9%、硅 0.20%～0.60%、铁<0.35%、铜<0.10%、锰<0.10%、铬<0.10%、锌<0.10%、钛<0.10%、其他<0.15%、铝余量。尺寸为 50.0 mm×25.0 mm×3.5 mm，中心有一个直径为 7.0 mm 的通孔。

[c] 化学组成为铁<0.70%、硅<0.60%、锰 1.00%～1.50%、锌<0.10%、铜 0.05%～0.20%、其他<0.15%、铝余量。尺寸为 50.0 mm×25.0 mm×3.5 mm，中心有一个直径为 7.0 mm 的通孔。

[d] 化学组成为硅 4.50%～6.00%、铁<0.80%、铜<0.30%、钛<0.20%、锌<0.10%、锰<0.05%、镁<0.05%、其他<0.15%、铝余量。尺寸为 50.0 mm×25.0 mm×3.5 mm，中心有一个直径为 7.0 mm 的通孔。

## 5 检验规则

### 5.1 检验分类和检验项目

#### 5.1.1 出厂检验

出厂批次检验项目包括：气味、密度、沸点、冰点、pH 值、储备碱度。

在原材料和工艺条件没有发生可能影响产品质量的变化时，出厂周期检验项目包括：水分、灰分、氯含量、硅含量、对有机涂料的影响、泡沫倾向、橡胶相容性试验和玻璃器皿腐蚀试验，每半年检验一次。

#### 5.1.2 型式检验

型式检验项目为第 4 章表 1 所规定的所有项目。

在下列情况下进行型式检验：

a）新产品投产或产品定型鉴定时；

b）原材料、工艺等发生较大变化，可能影响产品质量时；

c）出厂检验结果与上次型式检验结果有较大差异时。

### 5.2 组批

在原料、工艺不变的条件下，产品每生产一罐或釜为一组（批），按批进行检验。

## 5.3 取样

按照 SH/T 0065 进行，每批产品取样量需要满足检验和留样要求，或是从包装好的产品中随机抽取样品作为检验和留样用。

## 6 标志和包装

本产品的标志和包装应按照 SH/T 0164 的规定进行。产品包装上应包含：

a）产品名称；

b）生产企业名称及地址；

c）生产日期及批号。

## 7 运输和贮存

本产品应贮存在阴凉、通风的地方，避免阳光直射，其运输应符合 SH/T 0164 的规定。

## 8 注意事项

a）本产品不可饮用；

b）为了避免腐蚀风险，杜绝使用镀锌容器。

ICS 75.120
CCS E 40

SH

# 中华人民共和国石油化工行业标准

NB/SH/T 6045—2021

# 脂肪酸酯型难燃液压液(HFDU)

**Fatty acid ester-base fire resistant hydraulic fluids (HFDU)**

2021-11-16 发布　　2022-05-16 实施

国家能源局 发布

# 前　　言

本文件按照 GB/T 1.1—2020《标准化工作导则　第 1 部分：标准化文件的结构和起草规则》的规定起草。

请注意本文件的某些内容可能涉及专利。本文件的发布机构不承担识别专利的责任。

本文件由中国石油化工集团有限公司提出。

本文件由全国石油产品和润滑剂标准化技术委员会合成油脂分技术委员会（SAC/TC280/SC5）归口。

本文件起草单位：中国石化润滑油有限公司合成油脂分公司、中国石油天然气股份有限公司润滑油分公司、辽宁海华科技股份有限公司、重庆钢铁股份有限公司、首钢京唐钢铁联合有限责任公司。

本文件主要起草人：康涛、杨超、李元鸿、陈光福、刘雨、刘月皞、杜云仙。

# 脂肪酸酯型难燃液压液（HFDU）

## 1 范围

本文件规定了以脂肪酸酯为基础油，加入功能添加剂调制而成的脂肪酸酯型难燃液压液（HFDU）的技术要求和试验方法，检验规则，标识、包装、储运及交货验收。

本文件所属产品适用于冶金、煤炭、电力等行业的高温、近火或有着火危险的工作环境，作为液压系统的液力传递介质。使用温度范围为：-20℃～+90℃。

## 2 规范性引用文件

下列文件对本文件的应用是必不可少的。凡是注日期的引用文件，仅所注日期的版本适用于本文件。凡是不注日期的引用文件，其最新版本（包括所有的修改单）适用于本文件。

GB/T 260 石油产品水含量的测定 蒸馏法

GB/T 265 石油产品运动黏度测定法和动力黏度计算法

GB/T 1884 原油和液体石油产品密度实验室测定法（密度计法）

GB/T 1885 石油计量表

GB/T 1995 石油产品黏度指数计算法

GB/T 2013 液体石油化工产品密度测定法

GB/T 3141 工业液体润滑剂 ISO 黏度分类

GB/T 3142 润滑剂承载能力的测定 四球法

GB/T 3535 石油产品倾点测定法

GB/T 3536 石油产品闪点和燃点的测定 克利夫兰开口杯法

GB/T 4756 石油液体手工取样法

GB/T 4945 石油产品和润滑剂酸值和碱值测定法（颜色指示剂法）

GB/T 5096 石油产品铜片腐蚀试验法

GB/T 7304 石油产品酸值的测定 电位滴定法

GB/T 7305 石油和合成液水分离性测定法

GB/T 11133 石油产品、润滑油和添加剂中水含量的测定 卡尔·费休库仑滴定法

GB/T 11143 加抑制剂矿物油在水存在下防锈性能试验法

GB/T 12579 润滑油泡沫特性测定法

GB/T 13377 原油和液体或固体石油产品 密度或相对密度的测定 毛细管塞比重瓶和带刻度双毛细管比重瓶法

GB/T 14832 标准弹性体材料与液压液体的相容性试验

GB/T 37222 难燃液压液喷射燃烧持久性测定 空锥射流喷嘴试验法

DL/T 432 电力用油中颗粒度测定方法

DL/T 1420 磷酸酯抗燃油水解安定性测定法

SH/T 0103 含聚合物油剪切安定性的测定 柴油喷嘴法

NB/SH/T 0164 石油及相关产品包装、储运及交货验收规则

NB/SH/T 0189 润滑油抗磨损性能的测定 四球法
NB/SH/T 0306 润滑油承载能力的评定 FZG 目测法
SH/T 0307 石油基液压油磨损特性测定法（叶片泵法）
SH/T 0308 润滑油空气释放值测定法
NB/SH/T 0567 液体与热表面接触燃烧性的测定 歧管引燃法
SH/T 0604 原油和石油产品密度测定法（U 形振动管法）
SH/T 0752.2 无水难燃液压液抗腐蚀性测定法
SH/T 0785 难燃液芯式燃烧持久性测定法
SH/T 0787 石油基液压油高压叶片泵磨损特性测定法
NB/SH/T 0870 石油产品的动力黏度和密度的测定及运动黏度的计算 斯塔宾格黏度计法
NB/SH/T 0967 润滑剂包装标识通则

ISO 4263-3 石油及相关产品 用 TOST 试验测定加抗氧剂油品和液体老化性能 第 3 部分：无水合成液压液试验程序

ISO/TS 15029-2 石油和相关产品测定耐火流体的喷雾引燃特性 第 2 部分：喷雾试验 稳焰热释放法

## 3 术语和定义

本文件没有需要界定的术语和定义。

## 4 技术要求和试验方法

脂肪酸酯型难燃液压液（HFDU）的技术要求和试验方法见表 1。

**表 1 脂肪酸酯型难燃液压液（HFDU）的技术要求和试验方法**

| 项 目 | | 质量指标 | | 试验方法 |
|---|---|---|---|---|
| 黏度等级（GB/T 3141） | | 46 号 | 68 号 | |
| 外观 | | 均匀透明液体 | | 目测 |
| 运动黏度/（$mm^2/s$）<br>40℃ | | 41.4～50.6 | 61.2～74.8 | GB/T 265[a] |
| 黏度指数 | 不小于 | 170 | | GB/T 1995 |
| 闪点（开口）/℃ | 不低于 | 270 | | GB/T 3536 |
| 燃点/℃ | 不低于 | 300 | | GB/T 3536 |
| 倾点/℃ | 不高于 | -20 | | GB/T 3535 |
| 酸值/（mgKOH/g） | | 报告 | | GB/T 4945[b] |
| 水分（质量分数）/% | 不大于 | 0.1 | | GB/T 11133[c] |
| 密度（15℃）/（$kg/m^3$） | | 报告 | | GB/T 1884[d] |
| 液相锈蚀（60℃，24h） | | 无锈 | | GB/T 11143（A 法） |
| 铜片腐蚀（T2 铜，100℃，3h）/级 | 不大于 | 1b | | GB/T 5096 |
| 空气释放值/min | 不大于 | 15 | 25 | SH/T 0308 |

**表 1　脂肪酸酯型难燃液压液（HFDU）的技术要求和试验方法（续）**

| 项　目 | 质量指标 | | 试验方法 |
|---|---|---|---|
| 黏度等级（GB/T 3141） | 46 号 | 68 号 | |
| 抗乳化性（40-37-3mL，54℃）/min | 报告 | | GB/T 7305 |
| 泡沫性（泡沫倾向/泡沫稳定性）/（mL/mL）<br>24℃　　不大于<br>93.5℃　　不大于<br>后 24℃　　不大于 | <br>100/0<br>100/0<br>100/0 | | GB/T 12579 |
| 歧管着火试验（400℃） | 通过 | | NB/SH/T 0567 |
| 清洁度/级　　不大于 | 报告 | | DL/T 432 |
| 喷雾燃烧试验<br>火焰燃烧持续时间/s<br>可燃性系数 | <br>协商[e]<br>协商[e] | | <br>GB/T 37222<br>ISO/TS 15029-2 |
| 芯式燃烧持久性/s | 报告 | | SH/T 0785 |
| 腐蚀防护试验<br>金属目测/级　　不大于<br>液体目测/级　　不大于<br>金属质量变化/mg<br>钢、铜和黄铜<br>铝<br>锌 | <br>3<br>协商[e]<br><br>-11～+5<br>-5～+5<br>-22～+5 | | SH/T 0752.2 |
| 剪切安定性（17.5MPa，250 次循环后）/%<br>20 运动黏度变化/%<br>40℃运动黏度变化/%<br>100℃运动黏度变化/%<br>酸值变化/（mgKOH/g） | <br>-10～+1<br>-5～+5<br>-7～+7<br>-0.5～+0.5 | | SH/T 0103<br><br><br><br>GB/T 4945[b] |
| 氧化寿命/h | 协商[e] | | ISO 4263-3 |
| 水解安定性<br>酸值增长/（mgKOH/g） | <br>报告 | | DL/T 1420 |
| 橡胶相容性<br>FKM2，NBR1，NBR2（100℃，168h）<br>体积变化/%<br>硬度变化 | <br><br>协商[e]<br>协商[e] | | GB/T 14832 |
| 四球试验<br>磨斑直径（392 N，60 min，75 ℃，1200 r/min）/mm<br>最大无卡咬负荷 $P_B$/N | <br>协商[e]<br>协商[e] | | <br>NB/SH/T 0189<br>GB/T 3142 |

表 1　脂肪酸酯型难燃液压液（HFDU）的技术要求和试验方法（续）

| 项　目 | 质量指标 | | 试验方法 |
|---|---|---|---|
| 黏度等级（GB/T 3141） | 46 号 | 68 号 | |
| 叶片泵试验<br>磨损量/mg | 协商[e] | | SH/T 0307 |
| FZG/失效级 | 协商[e] | | NB/SH/T 0306 |

[a] 测定方法也包括 NB/SH/T 0870，结果有争议时以 GB/T 265 为仲裁方法。
[b] 测定方法也包括 GB/T 7304，结果有争议时以 GB/T 4945 为仲裁方法。
[c] 测定方法也包括 GB/T 260，结果有争议时以 GB/T 11133 为仲裁方法。
[d] 测定方法也包括 SH/T 0604、GB/T 1885、GB/T 2013、GB/T 13377。
[e] 指标值由供需双方协商确定。

## 5　检验规则

### 5.1　检验分类

本文件检验分出厂检验和型式检验。

#### 5.1.1　出厂检验

出厂批次检验项目包括：外观、运动黏度、黏度指数、酸值、闪点、倾点、泡沫性、水分、清洁度。

出厂周期检验项目包括：燃点、密度、空气释放值、抗乳化性、铜片腐蚀、剪切安定性、歧管着火试验、液相锈蚀试验每年至少进行一次检验。

#### 5.1.2　型式检验

型式检验项目包括第 4 章表 1 中规定的所有检验项目。

在下列情况下进行型式检验：

a）新产品投产或产品定型鉴定时；

b）原材料、生产工艺等发生较大变化，可能影响产品性能时；

c）出厂检验结果与上次型式检验结果有较大差异时。

### 5.2　组批

在原材料、生产工艺不变的条件下，产品每生产一罐或釜为一组（批），按批进行检验。

### 5.3　取样

取样按 GB/T 4756 进行，每批产品取样 4L 作为检验和留样用。

### 5.4　判定规则

出厂检验或型式检验结果符合第 4 章表 1 的技术要求，判定为合格。

### 5.5 复验规则

如出厂检验或型式检验结果中有不符合第4章表1技术要求的规定时，按GB/T 4756的规定自同批产品中重新抽取双倍量样品，对不符合项目进行复验；复验结果如仍不符合技术要求，则判定该批产品为不合格。

## 6 标识、包装、储运及交货验收

本产品标识按NB/SH/T 0967进行。

本产品包装、储运及交货验收按NB/SH/T 0164进行。

ICS 75.100
CCS E 49

SH

# 中华人民共和国石油化工行业标准

NB/SH/T 6047—2021

# 电动汽车冷却液

**Electric vehicle coolant**

2021-11-16 发布 2022-05-16 实施

国家能源局 发布

# 前　　言

本文件按照 GB/T 1.1—2020《标准化工作导则　第 1 部分：标准化文件的结构和起草规则》的规定起草。

请注意本文件的某些内容可能涉及专利。本文件的发布机构不承担识别专利的责任。

本文件由中国石油化工集团有限公司提出。

本文件由全国石油产品和润滑剂标准化技术委员会在用润滑油液应用及监控分技术委员会（SAC/TC280/SC6）归口。

本文件起草单位：中国石化润滑油有限公司、中国石油天然气股份有限公司润滑油公司、重庆长安汽车股份有限公司、厦门金龙旅行车有限公司、中公高远（北京）汽车检测技术有限公司、比亚迪汽车股份有限公司、北京新能源汽车股份有限公司。

本文件主要起草人：耿立波、雷凌、李鹏、卿辉斌、黄海鹏、杨朝山、杨兵、焦健、李清、张丽娅、邸鹏伟、赵东方、付陈玲、郭利伟、张勤、刘新勇。

# 电动汽车冷却液

## 1 范围

本文件规定了以乙二醇、水和缓蚀剂为主要组分配制而成的电动汽车冷却液的产品分类、技术要求和试验方法、检验规则、标志和包装、储运及交货验收、注意事项等。

本文件适用于采用液冷板温控的动力蓄电池、电机和控制器等系统的电动汽车冷却液。

## 2 规范性引用文件

下列文件中的内容通过文中的规范性引用而构成本文件必不可少的条款。其中，注日期的引用文件，仅该日期对应的版本适用于本文件；不注日期的引用文件，其最新版本（包括所有的修改单）适用于本文件。

GB/T 528 硫化橡胶或热塑性橡胶 拉伸应力应变性能的测定

GB/T 1690 硫化橡胶或热塑性橡胶 耐液体试验方法

GB/T 3190 变形铝及铝合金化学成分

GB/T 6682 分析实验室用水规格和试验方法

GB/T 23436 汽车风窗玻璃清洗液

GB 29743 机动车发动机冷却液

GB/T 33402 硅橡胶混炼胶 一般用途

HG/T 4903 动态全硫化热塑性弹性体（TPV）三元乙丙橡胶/聚丙烯型

NB/SH/T 0164 石油及相关产品包装、储运及交货验收规则

SH/T 0065 发动机冷却液或防锈剂试验样品的取样及其水溶液的配制

SH/T 0066 发动机冷却液泡沫倾向测定法（玻璃器皿法）

SH/T 0067 发动机冷却液和防锈剂灰分含量测定法

SH/T 0068 发动机冷却液及其浓缩液密度或相对密度测定法（密度计法）

SH/T 0069 发动机防冻剂、防锈剂和冷却液 pH 值测定法

SH/T 0084 冷却系统化学溶液对汽车上有机涂料影响的试验法

SH/T 0085 发动机冷却液腐蚀测定法（玻璃器皿法）

SH/T 0086 发动机冷却液的浓缩液中水含量测定法（卡尔·费休法）

SH/T 0089 发动机冷却液沸点测定法

SH/T 0090 发动机冷却液冰点测定法

SH/T 0091 发动机冷却液和防锈剂储备碱度测定法

SH/T 0621 发动机冷却液氯含量测定法

## 3 术语和定义

下列术语和定义适用于本文件。

3.1

**电动汽车冷却液浓缩液 electric vehicle coolant concentrate**

水分含量不大于5.0%的电动汽车冷却液。

3.2

**电动汽车冷却液稀释液 electric vehicle coolant predilute**

直接用于电动汽车温控系统，具有特定冰点数值的电动汽车冷却液。

3.3

**电动汽车冷却液原液 electric vehicle coolant undilute**

未使用水稀释的电动汽车冷却液，包括电动汽车冷却液浓缩液和稀释液。

## 4 产品分类

本文件所属产品分浓缩液和稀释液。

本文件所属的稀释液按冰点划分为-25号、-30号、-35号、-40号、-45号和-50号六个牌号。

## 5 技术要求和试验方法

电动汽车冷却液的技术要求和试验方法见表1。

**表1 电动汽车冷却液的技术要求和试验方法**

| 项目 | | 质量指标 | | | | | | | 试验方法 |
|---|---|---|---|---|---|---|---|---|---|
| | | 浓缩液 | 稀释液 | | | | | | |
| | | | -25号 | -30号 | -35号 | -40号 | -45号 | -50号 | |
| 外观 | | 无沉淀及悬浮物、清亮透明液体 | | | | | | | 目测 |
| 颜色 | | 有醒目颜色 | | | | | | | 目测 |
| 密度（20.0℃）/（$g/cm^3$） | | 1.108~1.144 | ≥1.050 | ≥1.055 | ≥1.060 | ≥1.065 | ≥1.070 | ≥1.076 | SH/T 0068 |
| 冰点/℃ | 原液 | — | ≤-25.0 | ≤-30.0 | ≤-35.0 | ≤-40.0 | ≤-45.0 | ≤-50.0 | SH/T 0090 |
| | 50%体积稀释液[a] | ≤-36.4 | — | | | | | | |
| 沸点/℃ | 原液 | ≥163.0 | ≥106.5 | ≥107.0 | ≥107.5 | ≥108.0 | ≥108.5 | ≥109.0 | SH/T 0089 |
| | 50%体积稀释液[a] | ≥108.0 | — | | | | | | |
| 灰分（质量分数）/% | | ≤2.5 | ≤1.2 | | | ≤1.5 | | | SH/T 0067 |
| pH值 | 原液 | — | 7.5~11.0 | | | | | | SH/T 0069 |
| | 50%体积稀释液[a] | 7.5~11.0 | — | | | | | | |
| 氯含量/（mg/kg） | | ≤25 | | | | | | | SH/T 0621 |
| 水分（质量分数）/% | | ≤5.0 | — | | | | | | SH/T 0086 |
| 储备碱度/mL | | 报告值 | | | | | | | SH/T 0091 |
| 对汽车有机涂料的影响 | | 无影响 | | | | | | | SH/T 0084 |

**表 1 电动汽车冷却液的技术要求和试验方法（续）**

<table>
<tr><th rowspan="3">项目[a]</th><th colspan="7">质量指标</th><th rowspan="3">试验方法</th></tr>
<tr><th rowspan="2">浓缩液</th><th colspan="6">稀释液</th></tr>
<tr><th>-25 号</th><th>-30 号</th><th>-35 号</th><th>-40 号</th><th>-45 号</th><th>-50 号</th></tr>
<tr><td>玻璃器皿腐蚀（88 ℃±2 ℃，336 h ±2 h）</td><td colspan="7"></td><td rowspan="9">SH/T 0085[b]</td></tr>
<tr><td>质量变化/（mg/试片）</td><td colspan="7"></td></tr>
<tr><td>紫铜</td><td colspan="7">±5</td></tr>
<tr><td>黄铜</td><td colspan="7">±5</td></tr>
<tr><td>钢</td><td colspan="7">±5</td></tr>
<tr><td>铸铝</td><td colspan="7">±10</td></tr>
<tr><td>6 系铝[c]</td><td colspan="7">±10</td></tr>
<tr><td>3 系铝[d]</td><td colspan="7">±10</td></tr>
<tr><td>4 系铝[e]</td><td colspan="7">±10</td></tr>
<tr><td>泡沫倾向（70℃±1℃）</td><td colspan="7"></td><td rowspan="3">SH/T 0066[f]</td></tr>
<tr><td>泡沫体积/mL</td><td colspan="7">≤150</td></tr>
<tr><td>泡沫消失时间/s</td><td colspan="7">≤5.0</td></tr>
<tr><td>稳定性试验</td><td colspan="7"></td><td rowspan="3">GB/T 23436 附录 H[g]</td></tr>
<tr><td>低温稳定性（-15℃±2℃）</td><td colspan="7">无结晶性沉淀</td></tr>
<tr><td>高温稳定性（70℃±2℃）</td><td colspan="7">无结晶性沉淀</td></tr>
<tr><td>橡胶相容性试验[h]（70℃，168h）</td><td colspan="7"></td><td rowspan="11">GB/T 1690[g]</td></tr>
<tr><td>三元乙丙胶</td><td colspan="7"></td></tr>
<tr><td>体积变化率/%</td><td colspan="7">±20</td></tr>
<tr><td>硬度变化（IRRD）</td><td colspan="7">±15</td></tr>
<tr><td>断裂拉伸强度变化率/%</td><td colspan="7">±20</td></tr>
<tr><td>扯断伸长率/%</td><td colspan="7">±60</td></tr>
<tr><td>硅橡胶</td><td colspan="7"></td></tr>
<tr><td>体积变化率/%</td><td colspan="7">±10</td></tr>
<tr><td>硬度变化（IRRD）</td><td colspan="7">±15</td></tr>
<tr><td>断裂拉伸强度变化率/%</td><td colspan="7">±20</td></tr>
<tr><td>扯断伸长率/%</td><td colspan="7">±20</td></tr>
</table>

[a] 稀释液所用的水应符合 GB/T 6682 规定的三级水要求。

[b] 装配顺序为：黄铜支架、绝缘垫圈、6 系铝、绝缘垫圈、3 系铝、绝缘垫圈、4 系铝、绝缘垫圈、铜试片、黄铜垫圈、黄铜试片、绝缘垫片、钢试片、钢垫圈、铸铝试片、绝缘垫圈、黄铜支架。试验用液按 GB 29743 附录 A 配制。

[c] 6 系铝为 GB/T 3190 中的 6063 铝材。尺寸为 50.0 mm×25.0 mm×3.5 mm，中心有一个直径为 7.0 mm 的通孔。

[d] 3 系铝为 GB/T 3190 中的 3003 铝材。尺寸为 50.0 mm×25.0 mm×3.5 mm，中心有一个直径为 7.0 mm 的通孔。

[e] 4 系铝为 GB/T 3190 中的 4043 铝材。尺寸为 50.0 mm×25.0 mm×3.5 mm，中心有一个直径为 7.0 mm 的通孔。

[f] 泡沫倾向的试验温度由 88℃±1℃修改为 70℃±1℃，泡沫倾向试验用参比液按 GB 29743 附录 B 配制。

[g] 浓缩液按照体积比 50%配制成稀释液，稀释液样品采用原液试验。

[h] 三元乙丙胶符合 HG/T 4903 硬度等级为 D 要求的 20-73A 的橡胶片，硅橡胶符合 GB/T 33402 VMQ 50-G 的要求，尺寸均满足 GB/T 528 中 2 型的要求。

## 6 检验规则

### 6.1 检验分类

#### 6.1.1 出厂检验

出厂批次检验项目包括：外观、颜色、冰点、沸点、pH 值、密度、储备碱度、泡沫倾向。

在原材料和工艺条件没有发生可能影响产品质量的变化时，出厂周期检验项目应包括：灰分、氯含量、对有机涂料的影响、水分、玻璃器皿腐蚀、稳定性试验、橡胶相容性，每半年检验一次。

#### 6.1.2 型式检验

型式检验项目包括第 5 章表 1 规定的所有检验项目。

在下列情况下进行型式检验：

a）新产品投产或产品定型检验时；

b）原材料、生产工艺等发生较大变化，可能影响产品质量时；

c）出厂检验结果与上次型式检验结果有较大差异时。

### 6.2 组批

在原材料、工艺不变的条件下，产品每生产一罐或釜为一组（批），按批进行检验。

### 6.3 取样

取样按 SH/T 0065 进行，每组（批）产品取样量应满足检验和留样要求，或是从包装好的产品中随机抽取样品作为检验和留样用。

### 6.4 判定规则

出厂检验结果全部符合第 5 章表 1 中的技术指标要求，则判定该批产品合格。

### 6.5 复验规则

如出厂检验结果中有不符合第 5 章表 1 中的技术要求的规定时，按 SH/T 0065 的规定自同批产品中重新抽取双倍样品进行复检，复检结果如仍有不符合技术要求时，则判定该批产品为不合格。

## 7 标志和包装

本产品的标志和包装应按照 NB/SH/T 0164 的规定进行，产品包装上应包含：

a）产品名称；

b）生产企业名称及地址；

c）生产日期及批号；

d）产品使用方法等。

## 8 储运及交货验收

本产品应储存在阴暗、通风的地方，避免阳光直射，其储运及交货验收应符合 NB/SH/T 0164 的规定。

## 9 注意事项

a）本产品不可饮用；

b）为了避免腐蚀风险，杜绝使用镀锌容器。

ICS 75.120
CCS E 39

SH

中华人民共和国石油化工行业标准

NB/SH/T 6086—2024

# 合成酯型（HEES）可生物降解液压液

## HEES biodegradable hydraulic fluids

2024-12-25 发布 2025-06-25 实施

国家能源局 发布

# 目　次

# 前　言

本文件按照 GB/T 1.1—2020《标准化工作导则　第 1 部分：标准化文件的结构和起草规则》的规定起草。

请注意本文件的某些内容可能涉及专利。本文件的发布机构不承担识别专利的责任。

本文件由中国石油化工集团有限公司提出。

本文件由全国石油产品和润滑剂标准化技术委员会合成油脂分技术委员会（SAC/TC280/SC5）归口。

本文件起草单位：中国石化润滑油有限公司合成油脂分公司、中石化石油化工科学研究院有限公司、中国石油天然气股份有限公司润滑油分公司、首钢京唐钢铁联合有限责任公司和重庆钢铁股份有限公司。

本文件主要起草人：马楷、孙晓勃、鱼鲲、刘中国、赵玉贞、孙大新、刘雨、曹丽明、宋朝新、马宏、裴洋、杜云仙、李尚青。

本文件于 2024 年首次发布。

# 合成酯型（HEES）可生物降解液压液

## 1 范围

本文件规定了以合成酯为基础油，加入特殊添加剂调制而成的合成酯型（HEES）可生物降解液压液的技术要求、试验方法、检验规则、标识、包装、储运及交货验收。

本文件适用于有环保要求的液压系统中使用的液压液。

## 2 规范性引用文件

下列文件中的内容通过文中的规范性引用而构成本文件必不可少的条款。其中，注日期的引用文件，仅该日期对应的版本适用于本文件；不注日期的引用文件，其最新版本（包括所有的修改单）适用于本文件。

GB/T 265 石油产品运动粘度测定法和动力粘度计算法
GB/T 508 石油产品灰分测定法
GB/T 1884 原油和液体石油产品密度实验室测定法（密度计法）
GB/T 3141 工业液体润滑剂 ISO 粘度分类
GB/T 3142 润滑剂承载能力的测定 四球法
GB/T 3535 石油产品倾点测定法
GB/T 3536 石油产品闪点和燃点的测定 克利夫兰开口杯法
GB/T 4756 石油液体手工取样法
GB/T 4945 石油产品和润滑剂酸值和碱值测定法（颜色指示剂法）
GB/T 5096 石油产品铜片腐蚀试验法
GB/T 6540 石油产品颜色测定法
GB/T 7304 石油产品酸值的测定 电位滴定法
GB/T 7305 石油和合成液水分离性测定法
GB/T 11133 石油产品、润滑油和添加剂中水含量的测定 卡尔·费休库仑滴定法
GB/T 11143 加抑制剂矿物油在水存在下防锈性能试验法
GB/T 12579 润滑油泡沫特性测定法
GB/T 14832 标准弹性体材料与液压液体的相容性试验
GB/T 19936.1 齿轮 FZG 试验程序 第 1 部分：油品的相对胶合承载能力 FZG 试验方法 A/8.3/90
DL/T 432 电力用油中颗粒度测定方法
GJB 380.4A 航空工作液污染测试 第 4 部分：用自动颗粒计数法测定固体颗粒污染度
GJB 1264.4 航空涡轮发动机润滑油试验方法低温下静置后的粘度及粘度变化测定法
NB/SH/T 0164 石油及相关产品包装、储运及交货验收规则
NB/SH/T 0189 润滑油抗磨损性能的测定 四球法
SH/T 0307 石油基液压油磨损特性测定法（叶片泵法）
SH/T 0308 润滑油空气释放值测定法
SH/T 0604 原油和石油产品密度测定法（U 形振动管法）

NB/SH/T 0450　合成油氧化腐蚀测定法

NB/SH/T 0830　非石油基和石油基液压油磨损特性叶片泵测定法

NB/SH/T 0870　石油产品动力黏度和密度的测定及运动黏度的计算　斯塔宾格黏度计法

NB/SH/T 0967　润滑剂包装标识通则

ISO 4263-3　Petroleum and related products-Determination of the ageing behaviour of inhibited oils and fluids using the TOST test—Part 3: Anhydrous procedure for synthetic hydraulic fluids（石油及相关产品　用TOST 试验测定加抗氧剂油品和液体老化性能　第 3 部分：无水合成液压液试验程序）

ISO 6341　Water quality-Determination of the inhibition of the mobility of Daphnia magna Straus（Cladocera, Crustacea）（水质-测定水蚤（枝角目，甲壳纲）流动性的抑制-急性毒性）

ISO 7346-2　Water quality-Determination of the acute lethal toxicity of substances to a fresh water fish [Brachydanio rerio Hamilton-Buchanan (Teleostei, Cyprinidae)]—Part 2: Semi-static method［水质-对淡水鱼（真骨总目，鲤科）急性致死物质毒性的测定　第 2 部分：半静态法］

ISO 8192　Water quality; Test for inhibition of oxygen consumption by activated sludge（水质-活性污泥碳氧化和铵氧化耗氧抑制试验）

ISO 9439　Water quality-Evaluation of ultimate aerobic biodegradability of organic compounds in aqueous medium-Carbon dioxide evolution test（水质-水介质中有机化合物最终有氧生物降解能力的评价　二氧化碳产生试验）

ISO 14593　Water quality-Evaluation of ultimate aerobic biodegradability of organic compounds in aqueous medium-Method by analysis of inorganic carbon in sealed vessels ($CO_2$ headspace test)［水介质中有机化合物最终有氧生物降解能力的评价　密封容器中无机碳分析法（$CO_2$ 顶空试验）］

OECD GUIDELINE FOR TESTING OF CHEMICALS Ready Biodegradability Method 301B（化学品试验 OECD 指南　可生物降解性 301B）

SAE AS4059　Aerospace Fluid Power-Cleanliness Classification for Hydraulic Fluids（航空航天液压油污染物分级标准）

## 3　术语和定义

下列术语和定义适用于本文件。

### 3.1　HEES

全称是 Hydraulic Environmental Ester oil Synthetic，是一种以合成酯为基础油的可生物降解液压油。合成酯类似于甘油三酯，但组分属于非天然来源，即含有非植物基的酸和醇，需通过化学合成获得。

## 4　技术要求和试验方法

合成酯型（HEES）可生物降解液压液的技术要求和试验方法应符合表 1 的规定。

表 1 合成酯型（HEES）可生物降解液压液的技术要求和试验方法

| 项目 | | 质量指标 | | 试验方法 |
|---|---|---|---|---|
| 黏度等级（GB/T 3141） | | 46 号 | 68 号 | |
| 外观 | | 清亮透明液体 | | 目测 |
| 运动黏度/（mm²/s） | | | | GB/T 265[a] |
| -20℃ | | 协商 | 协商 | |
| 0℃ | 不大于 | 780 | 1400 | |
| 40℃ | | 41.4～50.6 | 61.2～74.8 | |
| 100℃ | 不小于 | 6.1 | 7.8 | |
| 密度（15℃）/（kg/m³） | | 报告 | | GB/T 1884[b] |
| 色度/号 | | 报告 | | GB/T 6540 |
| 灰分（质量分数）/% | | 协商 | | GB/T 508 |
| 倾点/℃ | 不高于 | -15 | -12 | GB/T 3535 |
| 闪点（开口）/℃ | 不低于 | 185 | 195 | GB/T 3536 |
| 7 天后低温流动性/℃ | | 协商 | | GJB 1264.4 |
| 酸值/（mgKOH/g） | | 协商 | | GB/T 4945[c] |
| 水含量/（mg/kg） | 不大于 | 1000 | | GB/T 11133 |
| 清洁度/级 | 不高于 | 9 | | GJB 380.4A 和 SAE AS4059[d] |
| 铜片腐蚀（100℃，3h）/级 | 不大于 | 1 | | GB/T 5096 |
| 泡沫特性（泡沫倾向性/稳定性）（mL/mL） | | | | GB/T 12579 |
| 24℃ | 不大于 | 150/0 | | |
| 93℃ | 不大于 | 80/0 | | |
| 后 24℃ | 不大于 | 150/0 | | |
| 空气释放值（50℃）/min | 不大于 | 10 | | SH/T 0308 |
| 水分离性（54℃）/min | 不大于 | 30 | | GB/T 7305 |
| 液相锈蚀（蒸馏水） | | 合格 | | GB/T 11143 |
| 橡胶相容性[e] | | | | GB/T 14832 |
| 丁腈橡胶（NBR1）（80℃，1000h） | | | | |
| 邵尔硬度变化/IRHD | | ±10 | — | |
| 体积变化/% | | -3～+10 | — | |
| 拉断伸长率变化率/% | 不大于 | 30 | — | |
| 拉伸强度变化率/% | 不大于 | 30 | — | |
| 聚氨酯橡胶（AU）（80℃，1000h） | | | | |
| 体积变化/% | | 协商 | — | |
| 氢化丁腈橡胶（HNBR）（80℃，1000h） | | | — | |
| 邵尔硬度变化/IRHD | | ±10 | — | |
| 体积变化/% | | -3～+10 | — | |
| 拉断伸长率变化率/% | 不大于 | 30 | — | |
| 拉伸强度变化率/% | 不大于 | 30 | | |

表 1　合成酯型（**HEES**）可生物降解液压液的技术要求和试验方法（续）

| 项目 | | 质量指标 | | 试验方法 |
|---|---|---|---|---|
| 黏度等级（GB/T 3141） | | 46 号 | 68 号 | |
| 氟橡胶（FKM2）（80℃，1000h） | | | — | GB/T 14832 |
| 邵尔硬度变化/IRHD | | ±10 | — | |
| 体积变化/% | | -3～+10 | — | |
| 拉断伸长率变化率/% | 不大于 | 30 | — | |
| 拉伸强度变化率/% | 不大于 | 30 | | |
| 氢化丁腈橡胶（HNBR）（100℃，1000h） | | | | |
| 邵尔硬度变化/IRHD | | — | ±10 | |
| 体积变化/% | | — | -3～+10 | |
| 拉断伸长率变化率/% | 不大于 | — | 30 | |
| 拉伸强度变化率/% | 不大于 | — | 30 | |
| 氟橡胶（FKM2）（100℃，1000h） | | | | |
| 邵尔硬度变化/IRHD | | — | ±10 | |
| 体积变化/% | | — | -3～+10 | |
| 拉断伸长率变化率/% | 不大于 | — | 30 | |
| 拉伸强度变化率/% | 不大于 | — | 30 | |
| 氧化安定性（120℃，48h，50mL 空气/min） | | | | NB/SH/T 0450 |
| 40℃运动黏度变化/% | | 报告 | 报告 | |
| 酸值增加/（mgKOH/g） | | 报告 | 报告 | |
| 氧化寿命 | | | | ISO 4263-3 |
| 酸值变化增加 2mgKOH/g 的时间 | | 报告 | 报告 | |
| FZG（A/8.3/90）/级 | | | | GB/T 19936.1 |
| 失效负荷 | 不小于 | 10 | 10 | |
| 叶片泵试验/mg | | | | SH/T 0307[f] |
| 定子失重 | 不大于 | 120 | 120 | |
| 叶片失重 | 不大于 | 30 | 30 | |
| 四球试验 | | | | |
| 磨斑直径（392N，60min，75℃，1200r/min）/mm | | 报告 | 报告 | NB/SH/T 0189 |
| 最大无卡咬负荷 $P_B$/N | | 报告 | 报告 | GB/T 3142 |
| 生物可降解率（28d）/% | 不小于 | 60 | 60 | ISO 14593[g] |
| 毒性试验 | | | | |
| 鱼类毒性（96h，LC50）/（mg/L） | 不小于 | 100 | 100 | ISO 7346-2 |
| 水蚤毒性（48h，EC50）/（mg/L） | 不小于 | 100 | 100 | ISO 6341 |
| 细菌抑制（3h，EC50）/（mg/L） | 不小于 | 100 | 100 | ISO 8192 |

[a] 测定方法也包括 NB/SH/T 0870，结果有争议时以 GB/T 265 为仲裁方法。

[b] 测定方法也包括 SH/T 0604。

[c] 测定方法也包括 GB/T 7304，结果有争议时以 GB/T 4945 为仲裁方法。

[d] 测定方法也包括 DL/T 432。

[e] 用户有特殊要求时，可按双方协商的条件进行。AU 橡胶试验件由厂家协商提供或指定。

[f] 测定方法也包括 NB/SH/T 0830。

[g] 测定方法也包括 ISO 9439 或者 OECD 301B。

## 5 检验规则

### 5.1 检验分类

本文件检验分出厂检验和型式检验。

#### 5.1.1 出厂检验

本产品的出厂检验包括出厂批次检验和出厂周期检验项目。

出厂批次检验项目包括：外观、密度、酸值、色度、运动黏度、闪点、水分离性、水含量、泡沫、铜片腐蚀、清洁度。

在原材料和工艺条件没有发生可能影响产品质量的变化时，出厂周期性检验项目包括：空气释放值、灰分、四球试验、倾点和液相锈蚀，每年至少检验一次。

#### 5.1.2 型式检验

型式检验项目包括第 4 章表 1 中规定的所有检验项目。

在下列情况下进行型式检验：

a） 新产品投产或产品定型鉴定时；

b） 原材料、生产工艺等发生较大变化，可能影响产品性能时；

c） 出厂检验结果与上次型式检验结果有较大差异时。

### 5.2 组批

在原材料、生产工艺不变的条件下，产品每生产一罐或釜为一组（批），按批进行检验。

### 5.3 取样

取样按 GB/T 4756 进行，每批产品取样 4L 作为检验和留样用。

### 5.4 判定规则

出厂检验或型式检验结果符合本文件第 4 章表 1 的技术要求时，则判定该批产品合格。

### 5.5 复验规则

如出厂检验或型式检验结果中有不符合第 4 章表 1 技术要求的规定时，则按 GB/T 4756 的规定自同批产品中重新抽取双倍量样品，对不符合项目进行复验，复验结果如仍不符合第 4 章规定的技术要求时，则判定该批产品为不合格。

## 6 标识、包装、储运及交货验收

本产品标识按 NB/SH/T 0967 规定进行。

本产品包装、储运及交货验收按 NB/SH/T 0164 规定进行。

# 附录　石油和石油产品试验方法行业标准2025 第一～第十分册总目录

## 第一分册目录

## 第二分册目录

## 第三分册目录

## 第四分册目录

## 第五分册目录

## 第六分册目录

## 第七分册目录

## 第八分册目录

## 第九分册目录

## 第十分册目录